Nadvornik/Brauneis/Grechenig/Herbst/Schuschnig

•

Praxishandbuch des modernen Finanzmanagements

Praxishandbuch des modernen Finanzmanagements

Wolfgang Nadvornik
Alexander Brauneis
Sibylle Grechenig
Alexander Herbst
Tanja Schuschnig

Bibliografische Information Der Deutschen Bibliothek

Die Deutsche Bibliothek verzeichnet diese Publikation in der Deutschen National-
bibliografie; detaillierte bibliografische Daten sind im Internet über http://dnb.ddb.de
abrufbar.

ISBN: 978-3-7143-0137-3

Es wird darauf verwiesen, dass alle Angaben in diesem Fachbuch trotz sorgfältiger Bearbeitung ohne Gewähr erfolgen und eine Haftung der Autoren oder des Verlages ausgeschlossen ist.

© LINDE VERLAG WIEN Ges.m.b.H., Wien 2009
1210 Wien, Scheydgasse 24, Tel.: 01 / 24 630
www.lindeverlag.at

Satz: deleatur.com, 1050 Wien, Hartmanngasse 15
Druck: Hans Jentzsch & Co. GmbH, 1210 Wien, Scheydgasse 31

Carpe Librum!

Größtmögliche **Flexibilität** bei gleichze4itig **attraktiven inhaltlichen Angeboten** – dafür steht dieses Buch.

Größtmögliche **Flexibilität** deshalb, da der/die Leser/-in in **autodidaktischer** Weise (als Einzelne/-r oder in der Gruppe, ob IT-vernetzt oder nicht) die Inhalte erarbeiten kann. Übersichtliche Einführungen zu jedem Thema werden mit anschließenden konkreten Fallbeispielen vertieft, die sukzessive die Bearbeitung umfassenderer Inhalte ermöglichen.

Attraktive inhaltliche Angebote deshalb, da mit diesem Werk eine sehr bewusste und zugleich umsichtige Auswahl von Themen der Finanzwirtschaft erfolgt, die dem/der Leser/-in sowohl einen **Überblick** zum gesamten Fach des Finanzmanagements wie auch einen **Einblick** in die wichtigsten Teilgebiete des Faches ermöglichen – die also vom grundlegenden Verständnis zum anwendungsorientierten Einsatz von **Finanzmanagement schlechthin** führen.

Das Buch wendet sich daher an alle **am Finanzmanagement Interessierten** – insbesondere **Studierende** und **Praktiker** –, die eine Einführung in das Finanzmanagement oder/und auch – bei Auseinandersetzung mit den vertiefenden Kapiteln bzw. Fallbeispielen – eine intensive umfassende Beschäftigung mit dem Finanzmanagement wollen. Die Intensität bestimmt der/die Leser/-in selbst.

Langjährige **Erfahrung des Autorenteams** in **Praxis** und **Lehre** bei gleichzeitiger **wissenschaftlicher** Auseinandersetzung hat zu eben dieser Auswahl von Inhalten und der Entscheidung für dieses autodidaktisch orientierte Konzept geführt.

Es fanden bewusst Vereinfachungen inhaltlicher und formaler Art – sowohl im Text wie auch in den Beispielen – Verwendung; dies gilt ebenso für gewählte Formulierungen, um so den Zugang zum Fach zu erleichtern – kurzum: es wurde aus methodisch-didaktischen Gründen der leichteren Lesbarkeit der Vorzug gegenüber wissenschaftlicher Perfektion eingeräumt.

Anerkennend verweise ich auf die **vielfältigen Anregungen**, die wir im Laufe der Jahre seitens der **Studierenden der Betriebswirtschaftslehre** aber auch **anderer Fachgebiete**, seitens der **Fachkollegen** und vor allem seitens der **Praxis** bekommen und in diesem Buch verarbeiten konnten.

Dank gebührt an dieser Stelle ganz besonders den Mitautoren, ohne deren Engagement und Termintreue dieses Werk nicht in dieser Form hätte realisiert werden können. Ebenso richte ich hier Dankesworte an den **Linde Verlag** (stellvertretend namentlich Herrn Dr. Oskar Mennel sowie Herrn Mag. Roman Kriszt), der eine professionelle und zugleich persönlich äußerst angenehme Zusammenarbeit sicherstellte.

Schließen möchte ich mit einem **Wunsch an unsere Leser/-innen**:

Möge die in diesem Werk getroffene Auswahl der Inhalte des Finanzmanagements und das auf Selbststudium basierende didaktische Konzept dazu führen, „verlorene Kilometer" sowohl im Studium wie auch in der Praxis zu reduzieren und vom Überblick über das zum Einblick in das Finanzmanagement zu gelangen – ganz im Sinne:

Carpe Diem!

Wolfgang Nadvornik

Inhaltsverzeichnis

Abbildungsverzeichnis

Abkürzungsverzeichnis

ABGB	Allgemeines bürgerliches Gesetzbuch (nach ö. Recht)
A	Annuität
AB	Abschreibung
Abs	Absatz
Abz	Abzüglich
AfA	Abschreibung für Abnutzung
AG	Aktiengesellschaft (nach ö./d. Recht)
AK	Anschaffungskosten
ao	außerordentliche
APV	Adjusted Present Value
AV	Anlagevermögen
AW	Anschaffungswert / -auszahlung
AWS	Austria Wirtschaftsservice
AZ	Auszahlung
BABEG	Betriebsansiedlungs- und Beteiligungsgesellschaft
BaFin	Bundesanstalt für Finanzaufsicht
betriebsn.	betriebsnotwendig
BGB	Bürgerliches Gesetzbuch (nach d. Recht)
BIZ	Bank für internationalen Zahlungsausgleich
BMF	Bundesministerium für Finanzen der Republik Österreich
BR	Bezugsrecht
bspw	beispielsweise
BS	Bilanzsumme
BV	Bezugsverhältnis
BW	Barwert
BWG	Bankwesengesetz
bzw	beziehungsweise
C	Konvexität, Convexity
c	Preis eines Calls
CAPM	Capital Asset Pricing Model
CCA	Comparative Company Approach
Cov	Kovarianz
CV	Continue Value
D	Duration
dAktG	deutsches Aktiengesetz
DC	Dollar Convexity
DCF	Discounted Cash Flow
DD	Dollar Duration
dEStG	deutsches Einkommensteuergesetz
E[.]	Erwartungswert
EAD	Exposure at Default
EBIT	Earnings before interest and tax
EFRE-Fonds	Europäische Fonds für Regionale Entwicklung
EGT	Ergebnis gewöhnlicher Geschäftstätigkeit
EK	Eigenkapital

ERP	European Recovery Program
ESt	Einkommensteuer (nach ö./d. Recht)
EUR	Euro
EURIBOR	european interbank offered rate
EW	Endwert
EZ	Einzahlung
EZÜ	Einzahlungsüberschüsse
f	Forwardrate, Terminzinssatz
f.	folgende
FCF	Free Cash Flow
ff.	fortfolgende
FIBU	Finanzbuchhaltung
FK	Fremdkapital
FMA	Finanzmarktaufsicht
FTE	Flow to Equity
FV	future value, Endwert
GesbR	Gesellschaft bürgerlichen Rechts nach ö. Recht
GmbH	Gesellschaft mit beschränkter Haftung (nach ö./d. Recht)
GmbHG	Gesetz über Gesellschaft mbH (nach ö. Recht)
HGB	Handelsgesetzbuch (nach d. Recht)
i	Zinssatz, Kalkulationszinssatz, Spotrate, Kassazinssatz
IAS	International Accounting Standards
IDW	Institut deutscher Wirtschaftsprüfer
IFRS	International Financial Reporting Standards
IRB	Internal Ratings-Based Approach
K	Gesamtkosten, Kurswert eines Wertpapiers
KESt	Kapitalerstragsteuer
kfix	fixe Kosten
kfr	kurzfristig
KG	Kommanditgesellschaft (nach ö./d. Recht)
KMU	Klein- und Mittelunternehmen
KöSt	Körperschaftsteuer (nach ö./d. Recht)
KSG	Kärntner Sanierungsgesellschaft
kvar	variable Kosten
KWF	Kärntner Wirtschaftsförderungsfonds
KWG	Kreditwesengesetz
LE	Liquidationserlös
LGD	Loss Given Default
lgfr	langfristig
LIBOR	London interbank offered rate
LL	Lieferung und Leistung
ln(.)	natürlicher Logarithmus
M	Maturity
max	maximal
MD	Modified Duration
min	minimal
MRP	Marktrisikoprämie
NOPLAT	Net operating profit after adjusted taxes

NPO	Non Profit Organisation
ö./d. Recht	österreichisches/deutsches Recht
o.a.	oben angeführt
öAktG	österreichisches Aktiengesetz
OeNB	Österreichische Nationalbank
öEStG	österreichisches Einkommensteuergesetz
OG	Offene Gesellschaft (nach ö. Recht)
ÖVFA	Österreichische Vereinigung für Finanzanalyse und Anlageberatung
p	Wahrscheinlichkeit (probability)
p	Preis eines Puts
p.a.	per anno
PD	Probability of Default
p.m.	pro Monat
p.q.	pro Quartal
p.s.	pro Semester (halbjährlich)
PV	present value, Barwert
Θ	Risiko-Ertrags-Präferenzparameter
r	Rendite
ρ	Korrelation, Korrelationskoeffizient
RONA	Return on Net Assets
ROS	Return on Sales
RP	Risikoprämie
RST	Rückstellung
s	Steuersatz
σ	Standardabweichung
S	Aktienkurs
$\sigma2$	Varianz
SMR	Sekundärmarktrendite
sog.	sogenannt
Stk.	Stück
t	Zeitindex
TCF	Total Cash Flow
TEUR	Tausend Euro
U	Unternehmen
U(.)	Nutzenfunktion
udgl.	und dergleichen
UGB	Unternehmensgesetzbuch (nach ö. Recht)
USt	Umsatzsteuer (nach ö./d. Recht)
UV	Umlaufvermögen
UW	Unternehmenswert
V	value, Wert zu einem beliebigen Zeitpunkt
VPI	Verbraucherpreisindex
w	Gewicht(ung)
WACC	Weighted Average Cost of Capital
WBK	Wiederbeschaffungskosten
X	Ausübungspreis
Z	Zahlung
z.B.	zum Beispiel

I. Grundlagen der modernen Finanzwirtschaft

1. Einleitung

Die Finanzwirtschaft hat in den letzten Jahren und Jahrzehnten fundamentale Veränderungen erlebt. Wurde dieser Bereich des unternehmerischen Handelns zunächst nur als Hilfsfunktion zur Leistungserstellung betrachtet, wird in der modernen Betriebswirtschaftslehre finanzwirtschaftlichen Entscheidungen größte Bedeutung beigemessen. Dies liegt nicht zuletzt in dem Umstand begründet, dass Entscheidungen im Unternehmen zu einem überwiegenden Teil vor dem Hintergrund monetärer Zielgrößen getroffen werden. So verfolgen Unternehmen beispielsweise das Ziel der Gewinn- und/oder der Umsatzmaximierung, andere Zielsetzungen können in der Maximierung der Rentabilität des eingesetzten Kapitals begründet liegen, wiederum andere formulieren das Ziel einer Kostenminimierung, weiters könnten etwa die Aktionäre einer Aktiengesellschaft an einer Maximierung der ausgeschütteten Dividende interessiert sein. Die Konsequenzen solcher Entscheidungen können durch Zahlungsströme charakterisiert werden. So ist etwa die Anschaffung einer neuen Fertigungsanlage mit einer anfänglichen Auszahlung und (durch den Verkauf der produzierten Güter) künftigen Einzahlungen verbunden. Eine Kreditaufnahme hingegen zeichnet sich etwa durch eine anfängliche Einzahlung mit folgenden Auszahlungen (den zu leistenden Zins- und Tilgungszahlungen) aus. Eine nicht zu vernachlässigende Rolle spielt hierbei die Beurteilung des mit den getroffenen Dispositionen verbundenen finanzwirtschaftlichen Risikos – fraglich ist, ob die mit der neuen Produktionsanlage hergestellten Waren auch kostendeckend abgesetzt werden können, auch ist bei variabel verzinsten Darlehensvereinbarungen die Gefahr steigender Zinsen ins Kalkül zu ziehen. Das moderne Finanzmanagement stellt geeignete Instrumentarien zur Verfügung, um eben diese Risikoquellen einerseits in einer monetären Dimension zu erfassen und andererseits dadurch zu steuern. Die Vielfalt der durch dieses Fachgebiet abgedeckten Fragestellungen erstreckt sich von grundlegenden Entscheidungen bezüglich der Anschaffung von Produktionsmittel (Maschinen, Immobilien) oder auch finanziellen Produktionsfaktoren (Versicherungen, zinsbringende Spareinlagen oder Unternehmensbeteiligungen) über Darlehensverträge in verschiedensten Ausprägungen, die Frage der Kapitalstruktur, Entscheidungen bezüglich der Dividendenpolitik, bis hin zu kapitalmarktorientierten Anlagegütern (Aktien und Anleihen) sowie derivativen Instrumenten (Optionen) und strukturierten Produkten (Zertifikaten). Die Bedeutung des modernen Finanzmanagements wird auch durch nobelpreisgewürdigte wissenschaftliche Beiträge unterstrichen, zu erwähnen sind die Arbeiten von Merton H. Miller und Franco Modigliani zur Unternehmensfinanzierung, die Erkenntnisse von Harry M. Markowitz zur modernen Portfoliotheorie, die Ideen von William F. Sharpe zur Ermittlung von Renditen risikobehafteter Ansprüche oder auch die Optionspreistheorie von Myron S. Scholes, Fisher S. Black und Robert C. Merton. Angesichts des immer häufigeren Auftretens turbulenter Zeiten an internationalen Finanzmärkten, dem fortwährenden Trend des Entstehens immer komplexerer Finanzprodukte und des Zusammenwachsens der globalen Finanzwirtschaft muss diesem Gebiet auch in Zukunft besondere Aufmerksamkeit geschenkt werden, die Bewirtschaftung finanzieller Ressourcen und das Management der damit verbundenen Risiken spielt eine bedeutende Rolle.

2. Die Säulen finanzwirtschaftlichen Managements

Das wissenschaftliche Fach der Finanzwirtschaft unterteilt sich klassischerweise in die Teilbereiche

- Investitionsrechnung
- Unternehmensfinanzierung
- Kapitalmarkttheorie

Das aus dem angloamerikanischen entlehnte – und der Finanzwirtschaft gleichzuhaltende – Fach der Corporate Finance („Unternehmensfinanzierung") befasst sich im Speziellen zusätzlich mit Überlegungen zur optimalen Kapitalstruktur, der Dividendenpolitik eines Unternehmens und neben der generellen Investitionsbeurteilung und -bewertung auch noch mit der Wertermittlung von ganzen Unternehmen im Zuge der Unternehmensbewertung.

2.1. Disposition und Akquisition liquider Mittel – Investition und Finanzierung

Grundlegende betriebswirtschaftliche Entscheidungen sind jene über die Verwendung und die Beschaffung von Kapital im Zuge der Investitionstätigkeit (Mittelverwendung) und der Finanzierung solcher Vorhaben (Mittelbeschaffung). Die Dimensionen dieser Entscheidungen sind hinsichtlich der zeitlichen Komponente als auch des mit der Entscheidung verbundenen Volumens finanzieller Mittel höchst variabel. Im Bereich der Investition wird überschüssige Liquidität beispielsweise kurzfristig am Geldmarkt angelegt, demgegenüber stehen aber auch sich über Jahrzehnte erstreckende Investitionsvorhaben, etwa wenn ein Unternehmen Liegenschaften mit Betriebsgebäuden neu bebaut. Ebenso sind im Bereich der Planung der Beschaffung finanzieller Mittel kurzfristige und betragsmäßig kleine Dispositionen zu treffen, etwa wenn die Lieferantenrechnung durch Ausnutzen des von der Hausbank gewährten Kontokorrentkredits beglichen wird. Andererseits sind zum Beispiel im Zuge von Börsegängen großer Unternehmen Kapitalzuflüsse im Bereich von mehreren hundert Millionen Euro zu managen.

2.2. Verarbeitung und Analyse von Finanzinformationen im Rahmen der Jahresabschlussanalyse

Getroffene finanzwirtschaftliche Entscheidungen von Unternehmen spiegeln sich im aufzustellenden Jahresabschluss des Unternehmens wider. Für externe an der Gebarung des Unternehmens Interessierte ist der Jahrsabschluss eine fundamentale Informationsquelle. Im Zuge der Jahresabschlussanalyse können die darin enthaltenen (hauptsächlich) quantitativen Informationen zu aussagekräftigen Kennzahlen verarbeitet werden. Auch für unternehmensinterne Zwecke ist die Jahresabschlussanalyse ein wertvolles Instrumentarium. Sie ermöglicht es dem Unternehmen, finanzwirtschaftliche Ziele an Kennzahlen zu knüpfen und den Grad der Zielerreichung zu messen.

2.3. Finanzwirtschaftliche Bewertungsverfahren

Diesbezüglich relevante Bewertungsfragen können in dreierlei Hinsicht differenziert werden:

- Bewertung von Kreditrisiken
- Bewertung von risikobehafteten Ansprüchen
- Bewertung von ganzen Unternehmen

Im Zuge der Unternehmensfinanzierung sind durch den Gläubiger die mit der Kreditgewährung verbundenen Risiken zu beurteilen. Dies geschieht im Rahmen der Kreditwürdigkeitsprüfung, die unter anderem die Jahresabschlussanalyse und ihre Ergebnisse als Informationsquelle verwendet.

In einer kapitalmarktorientierten Betrachtung von Investitionsalternativen sind die Eigenschaften von Finanzinstrumenten wie Anleihen, Aktien und Optionen und vor dem Hintergrund des damit einhergehenden Risikos Modelle zur Ermittlung eines angemessenen Kaufpreises für diese Produkte von Bedeutung.

Die Beurteilung und Bewertung ganzer Unternehmen eröffnet ausgehend von Überlegungen bezüglich des mit dem Erwerb eines Unternehmens verbundenen Risikos, Modelle und Verfahren zur Ermittlung eines angemessenen Wertes bzw. Preises.

3. Aufbau des Buches

In den folgenden sechs Kapiteln werden dem Leser zunächst die Grundlagen der Mittelverwendung (Investition – Kapitel 2) und Mittelbeschaffung (Finanzierung – Kapitel 3) näher gebracht. Damit eng verbunden ist die im vierten Kapitel dargestellte Jahresabschlussanalyse.

Einen breiten Überblick einer Vielzahl finanzwirtschaftlicher Bewertungsverfahren enthalten die Kapitel fünf, sechs und sieben. Die Kreditwürdigkeitsprüfung, die Wertpapieranalyse und die Unternehmensbewertung sind jene Teilgebiete der modernen Finanzwirtschaft, die schwerpunktmäßig behandelt werden.

Das Buch folgt diesem Aufbau:

- Kapitel II – Investitionsrechnung
  - Eine allgemeine Diskussion des Begriffs Investition ist in Abschnitt A zu lesen.
  - Abschnitt B erörtert den Ablauf der Investitionsplanung, vom Erkennen eines Investitionsbedarfs bis hin zur finanzwirtschaftlichen Ex-post-Kontrolle des durchgeführten Projekts.

- ☐ Abschnitt C präsentiert einfache (statische) Rechenverfahren zur Beurteilung von Investitionsvorhaben.
- ☐ Abschnitt D schließlich befasst sich mit fortgeschrittenen Investitionsrechenverfahren und präsentiert zudem nützliche finanzmathematische Werkzeuge.
- ■ Kapitel III – Instrumente der Betrieblichen Finanzierung
  - ☐ In Abschnitt A finden sich Grundlagen zur Betrieblichen Finanzierung.
  - ☐ Abschnitt B widmet sich der Außenfinanzierung. Behandelt werden typische Instrumente wie Kredit, Leasing oder auch kapitalmarktorientierte Finanzierungsformen wie die Kapitalerhöhung von Aktiengesellschaften sowie Anleihen. Außerdem werden andere Formen der Kapitalbeschaffung wie die Subventionsfinanzierung, der Lieferantenkredit oder auch der Kontokorrentkredit näher beleuchtet.
  - ☐ Abschnitt C bereitet die Instrumente der Innenfinanzierung auf, neben der Selbstfinanzierung durch Gewinneinbehaltung werden auch Instrumente wie die Rückstellungs- und Abschreibungsfinanzierung behandelt.
- ■ Kapitel IV – Jahresabschlussanalyse
  - ☐ Abschnitt A präsentiert die rechtlichen Anforderungen an einen Jahresabschluss.
  - ☐ In Abschnitt B findet sich eine umfangreiche Darstellung von Werkzeugen und Kennzahlen zur Jahresabschlussanalyse.
- ■ Kapitel V – Bank- und Kreditmanagement
  - ☐ Zunächst wird in Abschnitt A das Bankwesen mit seinen Aufgaben und Funktionen erläutert.
  - ☐ Abschnitt B befasst sich mit dem Kreditgeschäft und Möglichkeiten der Überprüfung der Kreditwürdigkeit von kapitalsuchenden Unternehmen und Personen.
  - ☐ Abschnitt C beinhaltet als Komplement zum vorhergehenden Abschnitt das Einlagengeschäft, dem zweiten Geschäftsfeld von Geschäftsbanken.
- ■ Kapitel VI – Wertpapieranalyse
  - ☐ In Abschnitt A werden zunächst jene Märkte näher dargestellt, an denen der Handel mit Wertpapieren erfolgt, die Finanzmärkte.
  - ☐ Abschnitt B zeigt Möglichkeiten auf, Wertpapiere durch Kennzahlen zu charakterisieren.
  - ☐ In Abschnitt C werden Anleihen im Allgemeinen sowie Bewertungsmethoden und Kennzahlen diskutiert.
  - ☐ Abschnitt D ist Aktien, der Portfoliotheorie und Bewertungsmodellen (hauptsächlich dem CAP-Modell) vorbehalten.
  - ☐ In Abschnitt E finden sich Ausführungen zu derivativen Instrumenten wie Futures, Optionen und Swaps, außerdem werden Modelle zur Bepreisung solcher Instrumente skizziert.
- ■ Kapitel VII – Unternehmensbewertung
  - ☐ Abschnitt A erörtert Grundlagen der Unternehmensbewertung wie z.B. mögliche Zwecke und Anlässe einer Bewertung.

☐ In Abschnitt B wird der Ablauf einer Unternehmensbewertung diskutiert.

☐ Abschnitt C präsentiert im Detail konkrete Bewertungsverfahren, die in Einzel-, Gesamt- und Mischbewertungsverfahren aufgeteilt werden. Zentrales Thema sind Ertragswertverfahren und Dicounted-Cash-Flow-Verfahren.

☐ In Abschnitt D werden Spezialfälle wie die Bewertung von kleinen Unternehmen oder ertragsschwachen Unternehmen analysiert.

Das ganze Buch ist durchgehend mit (am blauen Hintergrund erkennbaren) Übungsbeispielen ausgestattet. Diese wenden zuvor erarbeitete Theorie unmittelbar praktisch an und zeigen anhand von Fallbeispielen und konkretem Daten- und Zahlenmaterial die finanzwirtschaftliche Dimension auf. Leser, die nur an der jeweiligen Theorie interessiert sind, können diese Teile überspringen; Leser, die ausschließlich die praktische Umsetzung des modernen Finanzmanagements fokussieren wollen, halten sich an die blau hinterlegten Textpassagen.

II. Investitionsrechnung

A. Investition

Im nachfolgenden Abschnitt werden die wesentlichsten Grundlagen im Bereich Investition und Beurteilungskriterien für Investitionsprojekte behandelt. Da im Zuge einer Investitionsdurchführung Entscheidungen bezüglich der Wahl einer Investitionsalternative zu treffen sind, wird in der Praxis auf verschiedene Verfahren mit unterschiedlichen Schwerpunktsetzungen zurückgegriffen. Je nach Ausgestaltung dieser unterscheidet man zwischen statischen und dynamischen Investitionsrechenverfahren. Weiters wird, ausgehend vom theoretischen Ablauf einer Investitionsentscheidung, die Nutzungsdauerfrage bzw. die Ersatzzeitpunktfrage geklärt.

1. Begriffsbestimmung

Unter **Investition** wird die Verwendung von finanziellen Mitteln zur Beschaffung von Vermögenswerten, die zur Erzielung eines wirtschaftlichen Nutzens im Unternehmen dienen sollen, verstanden. Wird diese Verwendung der finanziellen Mittel bilanzmäßig dargestellt, wird eine Investition der Aktivseite als Mittelverwendung zugeordnet. Eine Investition kann somit den Bereich des Anlagevermögens oder des Umlaufvermögens betreffen. Diese Vermögenswerte können im Anlagevermögen (§ 198 Abs. 2 UGB) den Bereich der immateriellen Vermögensgegenstände (z.B. Konzessionen, Rechte etc.), der Sachanlagen (z.B. Grundstücke, Maschinen etc.) oder der Finanzanlagen (z.B. Anteile, Wertpapiere, Beteiligungen etc.) betreffen. Im Umlaufvermögen (§ 198 Abs. 4 UGB) können Investitionen auszugsweise in den Bereichen Vorräte oder Wertpapiere getätigt werden. Zur vollständigen Darstellung der Bilanz wird an dieser Stelle bereits auf die Passivseite der Bilanz verwiesen. Diese berücksichtigt den Bereich der **Finanzierung**, also die Beschaffung und Bereitstellung (Mittelherkunft) von Geld- und Sachmitteln, somit die Kapitalbeschaffung. Nachfolgende vereinfachte Darstellung soll die bilanzielle Zuordnung der Investitionen und der Finanzierung darstellen.

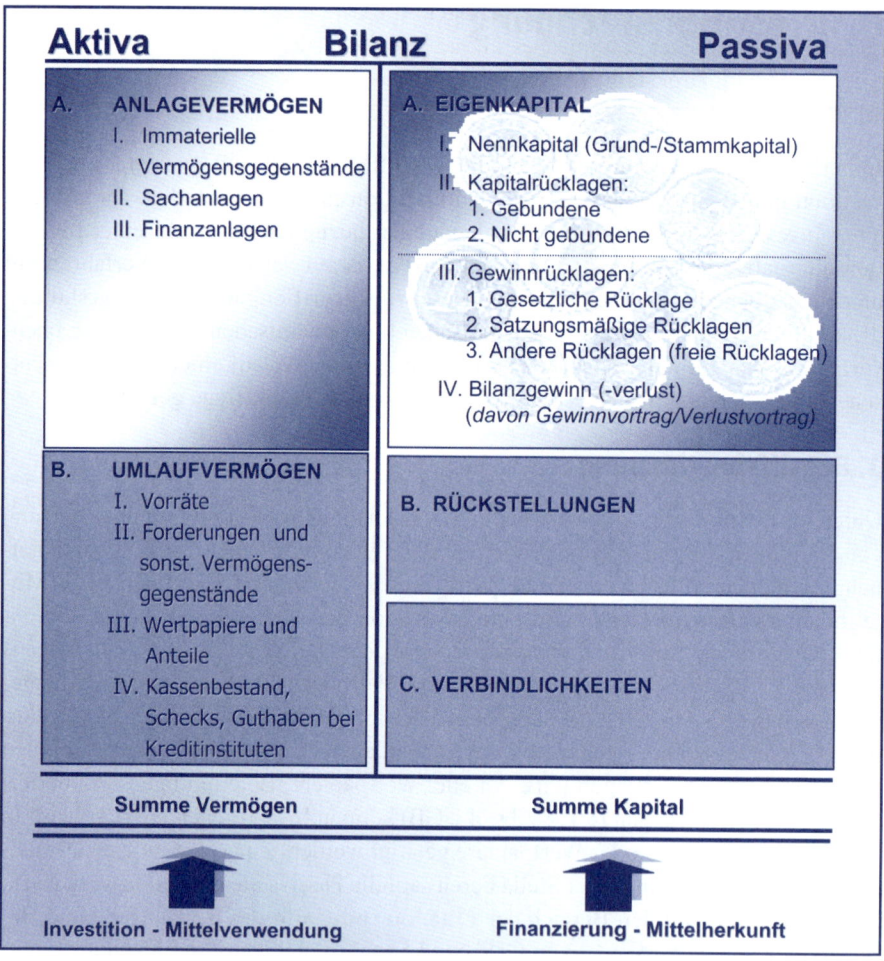

Abbildung II.1: Bilanzielle Darstellung Investition

2. Definitionen

Die Definitionsbestimmung einer Investition kann unter verschiedenen Gesichtspunkten erfolgen. Die zwei im Vordergrund stehenden sind der

- zahlungsbestimmte Investitionsbegriff und der
- vermögensorientierte Investitionsbegriff.

Der **zahlungsbestimmte Investitionsbegriff** fokussiert den Umstand, dass eine Investition durch einen Zahlungsstrom gekennzeichnet ist. Dieser beginnt (t_0) mit einer Auszahlung (AZ – Anschaffung der Investition) und wird dann durch Einzahlungen (EZ) und Auszahlungen (AZ) zu späteren Zeitpunkten (t_1–t_4) gekennzeichnet. Ein eventueller Liquidationserlös (LE) am Ende des Betrachtungszeitraumes ist ebenfalls als Einzahlung zu berücksichtigen. Im Mittelpunkt steht somit die pagatorische Sichtweise. Der zahlungsbestimmte Investitionsbegriff kann wie folgt durch einen Zeitstrahl dargestellt werden.

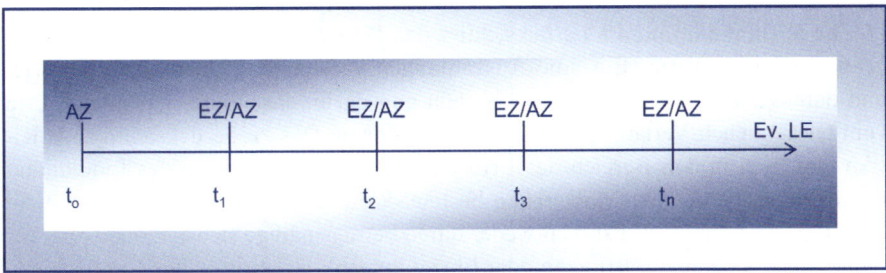

Abbildung II.2: Zahlungsbestimmter Investitionsbegriff

Der **vermögensorientierte Investitionsbegriff** fokussiert die bilanzielle Darstellung einer Investition. Eine Investition wird dabei als eine Umwandlung von Kapital in Vermögenswerte verstanden. Diese Umwandlung kann bilanziell durch die Darstellung von Vermögen und Kapital verdeutlicht werden (siehe Abbildung II.1)

Zu den bereits erwähnten Investitionsbegriffen sind der kombinationsbestimmte Investitionsbegriff und der dispositionsbestimmte Investitionsbegriff zu ergänzen. Der kombinationsbestimmte Investitionsbegriff beinhaltet eine Kombination angeschaffter Investitionsobjekte zu neuen Produktionsausrüstungen. Der dispositionsbestimmte Investitionsbegriff beruht auf der Tatsache, dass durch durchgeführte Investitionen die Dispositionsfreiheit des Unternehmens hinsichtlich des zur Verfügung stehenden Kapitals eingeschränkt wird, d.h. es erfolgt eine Bindung finanzieller Mittel.

3. Merkmale

Jede Investition ist finanzwirtschaftlich insbesondere durch die drei Merkmale

- Erfolg,
- Liquidität und
- Risiko

gekennzeichnet.

Die **Erfolgskomponente** zeichnet sich dadurch aus, dass eine getätigte Investition zum künftigen Erfolg eines Unternehmens beitragen soll. Die Höhe des dadurch erwirtschafteten Erfolges lässt sich durch die Investitionsrechnung ermitteln. Der Erfolg einer Investition ist dabei umso höher zu bewerten, je höher der daraus erwirtschaftete Zahlungsüberschuss ist.

Die **Liquiditätskomponente** beinhaltet die Annahme, dass jede Investition zur Erhaltung der Liquidität des Unternehmens beiträgt. Dieser Beitrag basiert auf dem Umstand, dass Investitionen ins Anlage- als auch Umlaufvermögen dazu beitragen, dass das Unternehmen in der Lage ist, am Absatzmarkt Produkte oder Dienstleistungen anzubieten und diese auch zu vermarkten. Durch diese Vermarktung wird die Liquidität im Unternehmen gewährleistet. Weiters beeinflusst eine Investition die Kapitalbindung im Unternehmen. Diese ist vom Prozess der Investition (Bindung von Kapital) und Desinvestition (Freisetzung von Kapital) abhängig.

Die **Risikokomponente** berücksichtigt den Umstand, dass eine Investition aufgrund geplanter Werte (Ein- und Auszahlungen, Kosten und Leistungen) bewertet und durchgeführt wird. Das Risiko besteht nun darin, dass diese geplanten Werte vom tatsächlichen Verlauf dieser abweichen können. Das zu berücksichtigende Risiko lässt sich in den Bereich des Erfolgsrisikos und den Bereich des Liquiditätsrisikos unterteilen. Das Erfolgsrisiko besteht darin, dass der geplante Erfolg nicht eintritt. Dieser Umstand kann entweder durch betragsmäßige (Kosten oder Auszahlungen sind höher als Leistungen oder Einzahlungen) oder zeitmäßige Unterschiede (zeitlicher Anfall der Leistungen oder Einzahlungen tritt erst später ein als geplant) der Planung von den Ist-Werten eintreten. Das Liquiditätsrisiko kann wiederum betragsmäßig (Liquiditätsverlust durch nicht mögliche oder nur teilweise Desinvestition) oder zeitmäßig (Liquiditätsverlust durch verspätete Desinvestition) auftreten. Darunter ist der Umstand zu verstehen, dass eine geplante Desinvestition nicht oder nur verzögert erfolgen kann.

Investitionen weisen weiters Merkmale auf, die die Notwendigkeit einer vorhergehenden genauen Planung hervorheben. Investitionen sind zumeist mit langfristigen Kapitalbindungen verbunden, welche sich oftmals nur unter Verlusten wieder rückgängig machen lassen. Weiters bringen durchgeführte Investitionen Änderungen im Bereich der Kostenstrukturen eines Unternehmens mit sich. So ist grundsätzlich mit einer Erhöhung im Fixkostenbereich zu rechnen.

4. Klassifizierung

Investitionen können nach folgenden Kriterien klassifiziert werden:

- Investitionsobjekt
- Investitionsanlass
- Investitionsbereich

In Hinblick auf das **Investitionsobjekt** lassen sich Finanzinvestitionen und Realinvestitionen unterscheiden. Den **Finanzinvestitionen**, welche als Kapitalbindung in finanzielle Anlageformen bezeichnet werden, werden spekulative und anlageorientierte Investitionen zugeordnet. Das Unterscheidungsmerkmal liegt in der zeitlichen Dimension und in der Zielsetzung. Während spekulative Investitionen (z.B. Aktien, Optionen etc.) kurzfristigen Charakter aufweisen und ausschließlich auf Gewinnerzielung aus sind, werden anlageorientierte Investitionen (z.B. Sparbuch, Staatsanleihen etc.) dem langfristigen Bereich zugeordnet und durch andere Zielsetzungen, z.B. Einfluss determiniert. **Realinvestitionen** können in (materielle) güterwirtschaftliche Investitionen und (immaterielle) Potentialinvestitionen unterteilt werden. Während die Zielsetzung der güterwirtschaftlichen Investitionen (z.B. Anlagen, Gebäude, Fahrzeuge etc.) in der Bereitstellung von Gütern (Betriebsmitteln) liegt, fokussieren Potentialinvestitionen (z.B. Aus- und Weiterbildung, Werbung, Know-how) die Wettbewerbsfähigkeit von Unternehmen. Nachfolgende Abbildung stellt die Klassifizierung nach Investitionsobjekten grafisch dar.

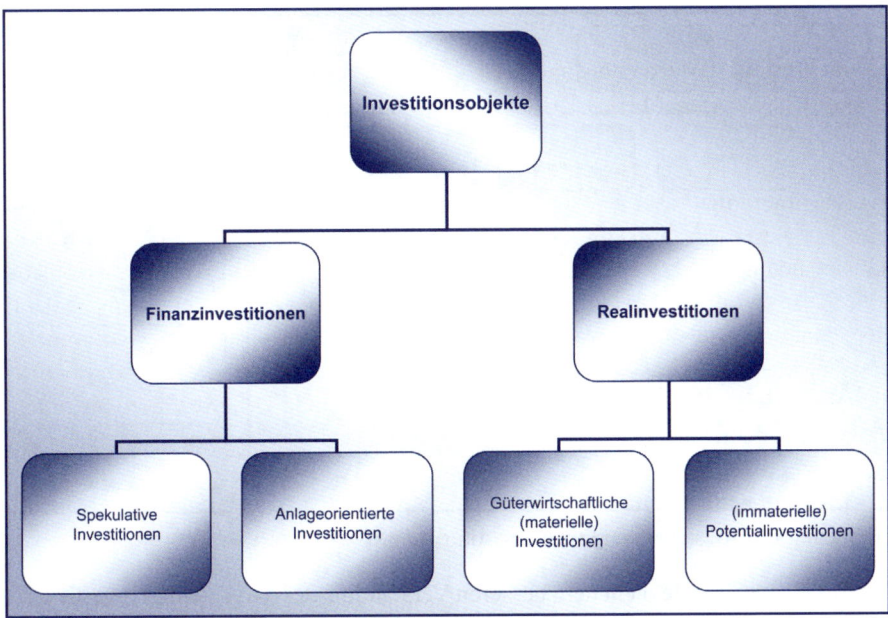

Abbildung II.3: Klassifizierung nach Investitionsobjekten

Hinsichtlich des **Investitionsanlasses** werden unterschiedliche Einteilungen vorgenommen. Eine eindeutige Abgrenzung dieser bzw. eine eindeutige Zuordnung einer Investition zu einem Investitionsanlass ist oftmals nicht möglich. Grundsätzlich lässt sich eine Investition als Errichtungsinvestition, laufende Investition oder Ergänzungsinvestition deklarieren. Während bei den laufenden Investitionen und den Ergänzungsinvestitionen bereits ein Standort des Unternehmens besteht, wird im Zuge von Errichtungsinvestitionen ein Unternehmen erstmalig aufgebaut. Nachfolgende Abbildung stellt die verschiedenen Investitionsanlässe kurz dar und untergliedert diese wiederum.

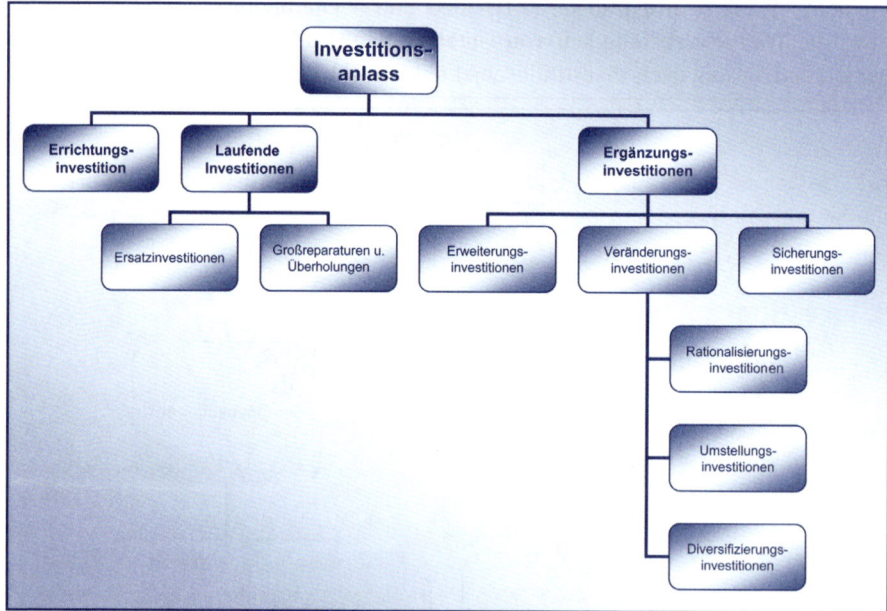

Abbildung II.4: Klassifizierung nach Investitionsanlass

Nachstehende Tabelle dient dem besseren Verständnis der dargestellten Investitionsanlässe. Diese können, wie bereits erwähnt, jedoch nicht strikt voneinander getrennt
betrachtet werden. Immer wieder werden Investitionen durchgeführt, die mehreren
unterschiedlichen Investitionsanlässen zugeordnet werden können. So treffen in der
Praxis häufig eine Rationalisierungsinvestition und eine Ersatzinvestition zusammen.

Investitionsanlass	Beschreibung
Ersatz-investitionen	Bisherige Betriebsmittel werden durch identische Betriebsmittel ersetzt. Hier kann es zu einer Überschneidung mit der Rationalisie-rungsinvestition kommen, wenn es sich um kein identisches Be-triebsmittel handelt, sondern um eine Weiterentwicklung.
Großreparaturen u. Überholungen	Reparaturen bzw. Überholungen bestehender Betriebsmittel.
Erweiterungs-investitionen	Ziel dieser Investition ist es, die Kapazität oder das Leistungsver-mögen zu erhöhen. Es werden alte Betriebsmittel, welche wirt-schaftlich oder technisch nicht mehr nutzbar sind, durch neue er-setzt.
Veränderungs-investitionen	Im Zuge der Veränderungsinvestitionen werden Veränderungen spezieller Modifikationen vorgenommen. Hierzu zählen die Rati-onalisierungs- (Ziel z.B. Kostenreduktion), die Umstellungs- (Ziel z.B. Änderung der Absatzmengen) sowie die Diversifizierungs-investitionen (Ziel z.B. Veränderung des Absatzprogramms).

Sicherungs-investitionen	Investitionen, die der Sicherung des Unternehmensfortbestandes dienen. Hierzu zählen Investitionen in den Bereich der Ausschaltung von Gefahrenquellen wie auch in den Bereich Forschung & Entwicklung, Vorratshaltung etc.

Der **Investitionsbereich** wird durch den Unternehmensbereich beschrieben, in dem eine Investition stattfindet. So können z.B. Investitionen im Beschaffungsbereich, Produktionsbereich, Absatzbereich, in der Forschung und Entwicklung, in der Verwaltung getätigt werden.

B. Investitionsplanung

Die Investitionsrechnung stellt ein Modell für Vorteilhaftigkeitsentscheidungen bei Investitionsobjekten dar und ist als ein Element des internen Rechnungswesens einzuordnen. Sie dient somit zur internen Entscheidungsfindung unter Sicherheit (sichere Erwartungshaltungen) bezüglich der Wahl einer Investitionsalternative. Dafür stehen unterschiedliche Verfahren, je nach Schwerpunktsetzung (Entscheidungskriterium) zur Verfügung. Je nachdem welches Kriterium für die Entscheidungsfindung relevant ist, können unterschiedliche Verfahren zur Anwendung gebracht werden. Unter Sicherheit heißt, dass im Bereich der nachfolgend angeführten Investitionsrechnungen davon ausgegangen wird, dass die zur Ermittlung der Vorteilhaftigkeit benötigten Daten sicher sind und keinem Unsicherheitsfaktor unterliegen.

1. Investitionsarten und Entscheidungsfälle

Wird eine Investition geplant, durchläuft die Entscheidung unterschiedliche Phasen. Nachfolgend werden diese Phasen kurz erläutert:

■ **Einzelinvestitionsentscheidung**
Hier steht die Frage nach der absoluten Investitionsentscheidung im Vordergrund. Soll eine geplante Investition getätigt werden oder nicht? Es handelt sich somit um die Grundentscheidung einer Investition. Ein Investitionsobjekt ist somit dann absolut vorteilhaft, wenn eine Investition im Vergleich zur Unterlassensalternative (die geplante Investition wird nicht durchgeführt) vorzuziehen ist. Nachfolgendes Beispiel soll dies verdeutlichen.

Übungsbeispiel 1: Einzelinvestitionsentscheidung
Eine zur Auswahl stehende Investitionsalternative liefert einen geplanten Gewinn in Höhe von EUR 10.000,–.

Aufgabenstellung:
Beurteilen Sie die absolute Vorteilhaftigkeit.

Lösung Einzelinvestitionsentscheidung:
Die Alternative ist als absolut vorteilhaft zu beurteilen. Die Begründung liegt genau in dem theoretisch beschriebenen Entscheidungsfall – Alternative oder

Unterlassensalternative. Würde die Investition durchgeführt werden, wäre ein Gewinn in Höhe von EUR 10.000,– zu erwarten; die Unterlassenalternative würde hingegen EUR 0,– erwirtschaften. Somit kann die absolute Investitionsentscheidung nur für die Investitionsalternative ausfallen.

■ **Auswahlentscheidung**

Soll eine Investition durchgeführt werden, fällt also die Einzelinvestitionsentscheidung für eine Investition aus, muss eine (relative) Auswahlentscheidung getroffen werden. Darunter versteht man die Auswahl eines Investitionsobjektes unter mehreren zur Auswahl stehenden. Die Frage, welches Investitionsobjekt von mehreren realisiert werden soll, steht hierbei im Mittelpunkt. Diese Auswahl kann anhand unterschiedlicher Kriterien, bspw. Kosten, Rendite, Amortisation, Gewinn, Überschüsse, Kapitalrückflüsse, erfolgen. Ein Investitionsobjekt ist dann als relativ vorteilhaft zu beurteilen, wenn es hinsichtlich der zur Anwendung kommenden Kriterien eine bessere Beurteilung als die zur Auswahl stehenden Investitionsobjekte aufweisen kann. Als Beispiel einer relativen Auswahlentscheidung folgende Darstellung:

Übungsbeispiel 2: Relative Auswahlentscheidung

Eine zur Auswahl stehende Alternative A liefert einen geplanten Gewinn in Höhe von EUR 10.000,–, eine zweite zur Auswahl stehende Alternative B liefert einen geplanten Gewinn in Höhe von EUR 12.000,–.

Aufgabenstellung:
Beurteilen Sie die relative Vorteilhaftigkeit.

Lösung Relative Auswahlentscheidung:
Im Zuge der relativen Vorteilhaftigkeitsentscheidung werden die zur Auswahl stehenden Alternativen verglichen. In diesem Beispiel handelt es sich um die Alternative A und die Alternative B. Relativ vorteilhaft ist jene Alternative, die in Abhängigkeit des Entscheidungskriteriums die „beste" Variante ist. In diesem Fall ist das Entscheidungskriterium der Gewinn. Je höher der Gewinn, desto besser. Alternative A erwirtschaftet EUR 10.000,–, Alternative B hingegen EUR 12.000,–. D.h. Alternative B ist als relativ vorteilhaft zu beurteilen.

Hinweis:
Ergänzt man nun die absolute um die relative Vorteilhaftigkeitsbeurteilung, kommt man in diesem Beispiel auf folgendes Ergebnis: Alternative A und Alternative B sind absolut vorteilhaft, da beide einen Gewinn erwirtschaften und somit mehr erwirtschaften als die Unterlassensalternative erreichen könnte. Die relative Vorteilhaftigkeit liegt aufgrund des höheren Gewinns bei der Alternative B.

■ **Nutzungsdauerentscheidung**

Nach der Auswahlentscheidung stellt sich die Frage nach der optimalen wirtschaftlichen Nutzungsdauer für das gewählte Investitionsobjekt. Diese Entscheidung ist vor Beginn der erstmaligen Nutzung des Investitionsobjektes zu tätigen.

Übungsbeispiel 3: Nutzungsdauerentscheidung

Die Wahl aus der Aufgabenstellung des Übungsbeispiels 2 fällt auf die Alternative B, da diese sowohl absolut als auch relativ vorteilhaft ist.

Aufgabenstellung:
Ermitteln Sie die optimale Nutzungsdauer der Alternative B.

Lösung Nutzungsdauerentscheidung:

Die Ermittlung der optimalen Nutzungsdauer der Alternative B kann unter unterschiedlichen Gesichtspunkten erfolgen. Diese werden im jeweiligen Abschnitt (Abschnitt II.D.7) näher erläutert. Das Ergebnis der Ermittlung dieser optimalen Nutzungsdauer kann z.B. 5 Jahre betragen. Dies bedeutet, dass die wirtschaftlich sinnvolle Nutzungsdauer der Alternative B 5 Jahre beträgt.

■ **Entscheidung über den optimalen Ersatzzeitpunkt**

Die Frage, ob und wann die Erstinvestition durch eine weitere Investition ersetzt wird, wird als optimaler Ersatzzeitpunkt verstanden. Diese Entscheidung wird häufig nach Beginn der Nutzung des Investitionsobjektes gefällt.

Übungsbeispiel 4: Optimaler Ersatzzeitpunkt

Die Wahl aus der Aufgabenstellung des Übungsbeispiels 2 fällt auf die Alternative B, da diese sowohl absolut als auch relativ vorteilhaft ist.

Aufgabenstellung:
Ermitteln Sie den optimalen Ersatzzeitpunkt der Alternative B.

Lösung Optimaler Ersatzzeitpunkt:

Hier wird von der Annahme ausgegangen, dass die Alternative B langfristig im Unternehmen genutzt wird, d.h. die Frage, wann diese Alternative durch eine neue idente Alternative ersetzt wird, steht im Vordergrund. Die Berechnung kann ergeben, dass es wirtschaftlich sinnvoll ist, die Alternative nach 3 Jahren durch eine neue zu ersetzen. Detaillierte Ausführungen zur Ermittlung des optimalen Ersatzzeitpunktes folgen in Kapitel II.D.7.

■ **Programmentscheidung**

Die Programmentscheidung beschäftigt sich mit dem Umfang und der Zusammensetzung eines Investitionsprogramms.

Übungsbeispiel 5: Programmentscheidung

Die Frage der absoluten sowie relativen Vorteilhaftigkeit ist geklärt. Alternative B wird danach angeschafft und auch die Nutzungsdauer bzw. der optimale Ersatzzeitpunkt ist geplant.

Aufgabenstellung:
Welche zusätzlichen Programmentscheidungen bringt die Investition in Alternative B mit sich?

Lösung Programmentscheidung:

Geht man von der Annahme aus, dass es sich bei der Alternative B um eine komplexe Maschinenanlage handelt, stellt sich die Frage, ob zu deren Anwendung weiteres Personal benötigt wird oder ob es zu einer Um- bzw. Weiterschulung des bestehenden Personals kommen muss. Weiters kann bei einer Kapazitätszunahme gefordert werden, dass der Vertrieb dementsprechend angepasst wird oder neue bzw. erweiterte Marketingmaßnahmen getätigt werden, um den Verkauf der erstellten Produkte sicherzustellen. Dies beeinflusst konsequenterweise die Auswahl-, Nutzungsdauer- und Programmentscheidung.

Die Investitionsrechnung (statische und dynamische) hilft bei der Einzelinvestitionsentscheidung sowie bei der Auswahlentscheidung. Dabei wird auf ökonomisch relevante Daten zur Ermittlung der Vorteilhaftigkeit zurückgegriffen. Je nachdem welche Daten für ein Unternehmen relevant sind, kommen unterschiedliche Investitionsrechenarten zur Anwendung. Beispiele sind: Kosten, Nutzungsdauer, Zinssatz, Kapitalrückflüsse, steuerliche Konsequenzen etc. Auf Basis der Investitionsrechnung sind weiters die Nutzungsdauerentscheidung sowie die Entscheidung über den optimalen Ersatzzeitpunkt zu treffen.

2. Ablauf eines Entscheidungsprozesses

Jede durchgeführte Investition benötigt eine sorgfältige Planung. Die Begründung liegt in der bereits erläuterten Risikobehaftung sowie in der langfristig kaum reversiblen Kapitalbindung. Somit sollte jede Investitionsentscheidung einen Entscheidungsprozess durchlaufen, welcher folgender grafischen Darstellung folgt:

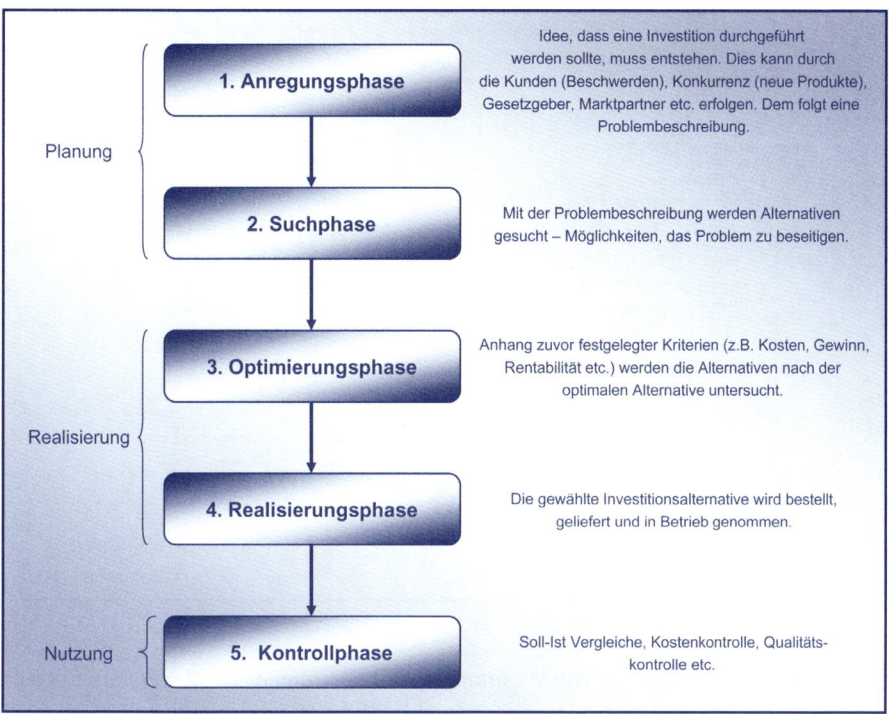

Abbildung II.5: Ablauf eines Entscheidungsprozesses

3. Grundlagen der Investitionsrechnung

Aufgrund des hohen einhergehenden Risikos bei Tätigung einer Investition ist die Investitionsrechnung zur Überprüfung der Sinnhaftigkeit (Ermittlung der monetären Vorteilhaftigkeit von Investitionsobjekten) von Investitionsprojekten heranzuziehen. Bei der Investitionsrechnung handelt es sich im Unterschied zur Kosten- und Leistungsrechnung um eine fallweise erstellte Rechnung, d.h. eine Investitionsrechnung wird nur in einem konkreten Anlassfall durchgeführt. Die Unterscheidung zwischen statischen und dynamischen Investitionsrechenverfahren ruht auf der unterschiedlichen Berücksichtigung des Zeitfaktors in der Berechnung der Vorteilhaftigkeiten einzelner Investitionsobjekte. Während die statischen Investitionsrechenverfahren als einperiodige Verfahren den zeitlichen Aspekt nicht bzw. nur unvollständig berücksichtigen, findet dieser in den dynamischen Investitionsrechnungen sehr wohl seinen Niederschlag. Nachfolgende Darstellung gibt einen Überblick über die Investitionsrechenverfahren unter Sicherheit, kategorisiert nach statischen sowie dynamischen Investitionsrechenverfahren.

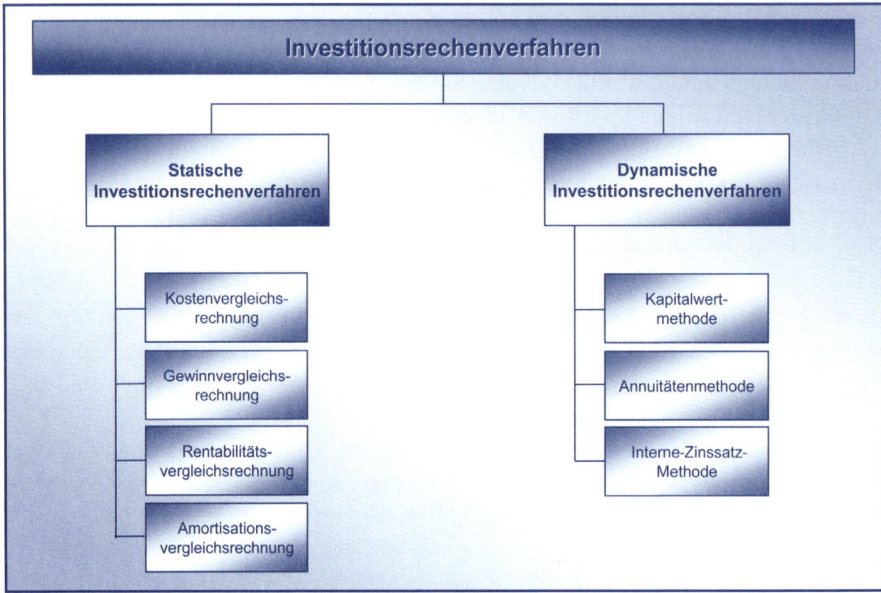

Abbildung II.6: Investitionsrechenverfahren

Um im weiteren Verlauf der Ausarbeitungen ein begriffliches Grundverständnis voraussetzen zu können, folgen einige ausgewählte Begriffsbestimmungen:

■ Anschaffungswert/-auszahlungen: Der für die Beschaffung eines Investitionsobjektes benötigte finanzielle Betrag wird als Anschaffungswert bzw. Anschaffungsauszahlung definiert.

■ Restwert/Liquidationserlös: Jedes Investitionsobjekt scheidet nach einer gewissen Zeit wieder aus dem Unternehmen aus. Ist das Investitionsobjekt beim Ausscheiden in der Lage, über den Markt einen (Kapital-)Betrag zu lukrieren, wird dieser Betrag als Restwert bzw. Liquidationserlös bezeichnet und in der Investitionsrechnung berücksichtigt. Die Unterscheidung Restwert und Liquidationserlös bezieht sich auf die Unterscheidung in statische und dynamische Investitionsrechnung. Der Restwert findet zumeist in der statischen, der Liquidationserlös zumeist in der dynamischen Investitionsrechnung Anwendung. In den vorliegenden Ausführungen werden die Begriffe Restwert sowie Liquidationserlös synonym verwendet.

C. Statische Investitionsrechnung

1. Grundlagen

Die den statischen Investitionsrechenverfahren zugehörigen Verfahren unterscheiden sich hinsichtlich ihrer jeweils zu Grunde liegenden Zielgrößen. So können als Zielgrößen bzw. Bewertungskriterien die Komponenten Kosten, Gewinn, Rentabilität oder Amortisationszeit herangezogen werden. Da diese Verfahren dem konkreten zeitlichen Aspekt (zeitliche Verteilung der Zahlungsströme) keine Berücksichtigung zuteil werden lassen, wird mit Durchschnittswerten gerechnet, d.h. die dem jeweiligen Investitionsobjekt zugehörigen Daten werden periodisiert. Als Durchschnittswerte sollen jedoch nicht die Werte der Anfangsperiode (Jahr der Anschaffung) herangezogen werden, da diese aufgrund sich ändernder Faktoren im Zeitablauf (z.B. Personalkosten, Materialkosten) nicht repräsentativ sind. Die Ermittlung der jeweiligen Vorteilhaftigkeitsbestimmungen erfolgt anhand von Kosten und Leistungen, die auf die Dauer der Nutzung des Investitionsobjektes (periodisiert) – in Form von Durchschnittswerten – zugerechnet werden. Kosten stellen einen betriebsbedingten Werteverzehr dar, Leistungen hingegen einen betriebsbedingten Wertezugang. Die statischen Investitionsrechenverfahren sind aufgrund der damit zur Anwendung kommenden Durchschnittswerte einfache Verfahren, die mit wenig Rechenaufwand zu einer Vorteilhaftigkeitsbestimmung einzelner Investitionsobjekte führen. Aus diesem Grund und infolge der vorliegenden Plausibilität und Verständlichkeit sind die statischen Investitionsrechenverfahren in der Praxis auch weit verbreitet. Der große Kritikpunkt der gesamten statischen Investitionsrechenverfahren beruht jedoch auf diesem ungenügend berücksichtigten Zeitfaktor, welcher bei Nichtberücksichtigung zu gravierenden Fehlentscheidungen führen kann.

Die statischen Investitionsrechenverfahren weisen eine Reihe von Prämissen auf, unter deren Berücksichtigung die einzelnen Verfahren ihre Anwendung finden. Diese Prämissen sind:

- Sicherheit aller Daten: Die in der statischen Investitionsrechnung zur Anwendung kommenden Daten (Kosten und Leistungen) unterliegen der Annahme, dass diese sicher sind, d.h. in Zukunft wirklich realisiert werden können.
- Isolierte Zurechnung aller relevanten Wirkungen der Investitionsobjekte: Die Daten, die zur Berechnung der Vorteilhaftigkeit einzelner Investitionsobjekte benötigt werden (z.B. Kosten und Leistungen) sind bekannt und können isoliert den einzelnen Investitionsobjekten zugerechnet werden.
- Keine Beziehung der Investitionsobjekte untereinander: Es liegen keine Interdependenzen zwischen den zur Auswahl stehenden Investitionsobjekten vor.
- Nutzungsdauer ist bekannt: Die Nutzungsdauer wird als gegeben hingenommen und grenzt somit den Zeitrahmen der Berechnung ein.
- Alternativen sind nach Art, Kapitaleinsatz und Nutzungsdauer vergleichbar.

Wie aus Abbildung II.6 ersichtlich, können den statischen Investitionsrechenverfahren folgende Rechenverfahren zugeordnet werden:

- Kostenvergleichsrechnung
- Gewinnvergleichsrechnung
- Rentabilitätsvergleichsrechnung
- Amortisationsvergleichsrechnung

2. Kostenvergleichsrechnung

2.1. Methodik

Da die **Kostenvergleichsrechnung** der statischen Investitionsrechnung zugehörig ist, werden als Basis zur Berechnung der Vorteilhaftigkeit Durchschnittskosten herangezogen. Eine erlösseitige Betrachtung der Investitionsobjekte kann dabei aufgrund der Annahme, dass alle Investitionsobjekte einen Erlös in gleicher Höhe erwirtschaften können, unterbleiben. Zur Beurteilung der Vorteilhaftigkeit werden die in der Zukunft mit den zur Auswahl stehenden Investitionsobjekten verursachten durchschnittlichen Kosten verglichen. Die wirtschaftliche Vorteilhaftigkeit liegt bei jenem Investitionsobjekt, welches die geringsten durchschnittlichen Kosten aufweist. Die Vorteilhaftigkeit beruht auf einem differenzierten umfassenden Vergleich der durchschnittlichen Kosten (Periodenkosten oder Stückkosten) eines jeden Investitionsobjektes. Hierbei sind jene Kosten zu berücksichtigen, die in direktem Zusammenhang mit der Durchführung der jeweiligen Investitionen stehen.

> Ein Investitionsobjekt kann dann als **relativ vorteilhaft** beurteilt werden, wenn seine zugehörigen durchschnittlichen Kosten (Perioden- oder Stückkosten) geringer als die Kosten der anderen zur Auswahl stehenden Investitionsobjekte sind.

Nachfolgende Tabelle mit dem vereinfachten Grundschema einer Kostenvergleichsrechnung verdeutlicht die Vorgehensweise zur Ermittlung der jeweiligen durchschnittlichen Gesamtkosten.

Kostenartenrechnung (Zielgröße Kosten)			
Kostenarten	Investitionsobjekt A	Investitionsobjekt B	Anmerkungen
Fixe Kosten			
Kapitalkosten			kalk. Abschreibung, kalk. Zinsen
Fixe Betriebskosten			
So. fixe Kosten			
Variable Kosten			
Var. Betriebskosten			Basis: Auslastungsmenge (Stk.)
So. variable Kosten			Basis: Auslastungsmenge (Stk.)
Gesamtkosten			

Die zur Berücksichtigung kommenden Kostenarten lassen sich beispielsweise in **Kapitalkosten** (kalkulatorische Abschreibung, kalkulatorische Zinsen) sowie **Betriebskosten** untergliedern. Während die Kapitalkosten Fixkostencharakter aufweisen, können sich die Betriebskosten in fixe als auch variable Kosten aufgliedern. Die

Höhe der zur Anwendung kommenden Kosten ist als Durchschnittsgröße über die geplante Nutzungsdauer zu sehen.

Die Unterscheidung zwischen **fixen Kosten** und **variablen Kosten** ergibt sich aufgrund der unterschiedlichen Reaktion dieser auf schwankende Beschäftigungsgrade (in der Investitionsrechnung Auslastungsmenge = produzierte und abgesetzte Menge). Während **fixe Kosten** als beschäftigungsunabhängige Kosten definiert werden, gelten **variable Kosten** als beschäftigungsabhängige Kosten. Anzumerken sind an dieser Stelle weiters so genannte Mischkosten, die nur zum Teil vom Beschäftigungsgrad abhängig sind. Die Zerlegung dieser Mischkosten in fixe Kosten und variable Kosten wird als Kostenauflösung bezeichnet. **Fixe Kosten** sind demzufolge unabhängig vom jeweiligen Beschäftigungsgrad, d.h. sie variieren nicht mit der Höhe der Auslastungsmenge. Ihnen werden auszugsweise die Kapitalkosten, Raumkosten und Gehälter zugeordnet. **Variable Kosten** hingegen reagieren auf Beschäftigungsänderungen proportional (gleichlaufender An-/Abstieg zur Beschäftigungsänderung), progressiv (stärkerer An-/Abstieg zur Beschäftigungsänderung), degressiv (schwächerer An-/Abstieg zur Beschäftigungsänderung) oder regressiv (gegenläufiger An-/Abstieg zur Beschäftigungsänderung). Ihnen werden auszugsweise die Materialkosten, Reparaturkosten und Energiekosten zugeordnet. Unter der **Kapazität** (Stk./Jahr) eines einzelnen Investitionsobjektes ist das maximale Leistungsvermögen (Leistungsmenge) des Investitionsobjektes pro Jahr (pro Periode) zu verstehen. Zu beachten ist, dass die geplante Auslastungsmenge (geplante produzierte und abgesetzte Menge) für die Kostenvergleichsrechnung relevant ist. Die Kapazität eines jeden Investitionsobjektes stellt hierbei den maximalen Rahmen dar, innerhalb dessen sich die geplante Auslastungsmenge bewegen kann. Nachfolgendes Beispiel soll die Vorgehensweise der Kostenvergleichsrechnung exemplarisch darstellen und schrittweise aufarbeiten.

Übungsbeispiel 6: Kostenvergleichsrechnung

Sie selbst würden sich als innovativer Geschäftsführer bezeichnen. Aufgrund konkreter Überlegungen beschließen Sie, eine hochwertige neue Investition durchzuführen, um die erfolgreichen Ergebnisse der Forschungs- und Entwicklungsabteilung mitsamt der erfolgreichen Prototypproduktion in veräußerbare Produkte umzuwandeln. In einer Vorauswahl haben Sie zahlreiche Angebote über die benötigte Produktionsanlage ausgesondert. Ihnen liegen nun noch zwei Angebote über Produktionsanlagen (A bzw. B) vor, auf denen Sie die marktfähigen Produkte selbst fertigen können, sowie ein Angebot über die mögliche Fremdfertigung der Produkte.

		Produktionsanlage A	Produktionsanlage B
Anschaffungskosten (AK)	EUR	150.000,00	200.000,00
Nutzungsdauer	Jahre	7	7
Materialkosten	EUR/Stück	8,50	7,50

Miete	EUR/Jahr	1.000,00	1.000,00
Löhne	EUR/Jahr	95.000,00	75.000,00
Gehälter	EUR/Jahr	9.000,00	9.000,00
Instandhaltungskosten (fix)	EUR/Jahr	2.800,00	2.200,00
Energiekosten	EUR/Jahr	39.600,00	22.500,00
so. fixe Kosten	EUR/Jahr	1.400,00	1.200,00
so. variable Kosten	EUR/Jahr	10.000,00	9.000,00
Kalkulationszinssatz	%	10,00%	10,00%
Kapazität	Stück	18.000,00	15.000,00

Als dritte Handlungsmöglichkeit steht Ihnen ein Fremdbezug zur Verfügung. Dabei handelt es sich um die zu fertigenden Teile. Vom möglichen Zulieferer liegt Ihnen ein Angebot über EUR 30,– pro Stück vor. Es wird mit einer geplanten Auslastungsmenge (produzierte und abgesetzte Menge) von 15.000 Stück/Jahr gerechnet!

Aufgabenstellung:

■ Welche der drei vorliegenden Angebote würden Sie unter dem Gesichtspunkt der Kostenminimierung wählen? Die Erlöse (Leistungen) sind bei jeder Alternative gleich hoch und damit für die Entscheidung im Weiteren nicht gesondert zu berechnen. Berücksichtigen Sie, dass die Produktionsanlage B einen Liquidationserlös in Höhe von EUR 80.000,– aufweist, die Produktionsanlage A kann nach Ablauf der Nutzungsdauer nur noch verschrottet werden.

■ Ermitteln Sie die kritischen Auslastungsmengen. Beschreiben Sie auch innerhalb welcher Auslastungsintervalle die drei Investitionsalternativen am jeweils kostengünstigsten sind.

Die zu berücksichtigenden **Kapitalkosten** untergliedern sich in die kalkulatorische Abschreibung und die kalkulatorischen Zinsen. Beide Kostenpositionen werden den Fixkosten zugeordnet. Die **kalkulatorische Abschreibung** erfasst den betriebsbedingten Werteverzehr des begrenzt nutzbaren betriebsnotwendigen Anlagevermögens und spiegelt somit die durchschnittlichen Kosten der Nutzung eines Investitionsobjektes je Periode wider. Die Ermittlung der durchschnittlichen kalkulatorischen Abschreibung wird grundsätzlich als lineare Abschreibung vorgenommen und so auf die Jahre der Nutzungsdauer verteilt. (Anzumerken ist an dieser Stelle, dass unabhängig vom Abschreibungsverfahren durch die Durchschnittsbildung häufig eine gleichmäßige Verteilung der Abschreibungsbeträge auf die Nutzungsdauer erfolgt.) Der abzuschreibende Betrag ergibt sich als Differenz von Anschaffungskosten (Anschaffungspreis und Anschaffungsnebenkosten) und Liquidationserlös (Differenz Verkaufserlös am Ende der Nutzungsdauer und mit der Beendigung der Nutzung einhergehende Kosten wie z.B. Abrisskosten – kann auch negativ sein). Diese Differenz ist, wie den nachfolgenden Formeln zu entnehmen ist, auf die Nutzungsdauer zu verteilen.

$$\text{Kalkulatorische Abschreibung} = \frac{\text{Anschaffungskosten}}{\text{Nutzungsdauer}}$$

$$\text{Kalkulatorische Abschreibung} = \frac{\text{Anschaffungskosten} - \text{Liquidationserlös}}{\text{Nutzungsdauer}}$$

Die nachfolgende Abbildung verdeutlicht den betriebsbedingten Werteverzehr und die sich daraus ergebende kalkulatorische Abschreibung (ohne Liquidationserlös) grafisch.

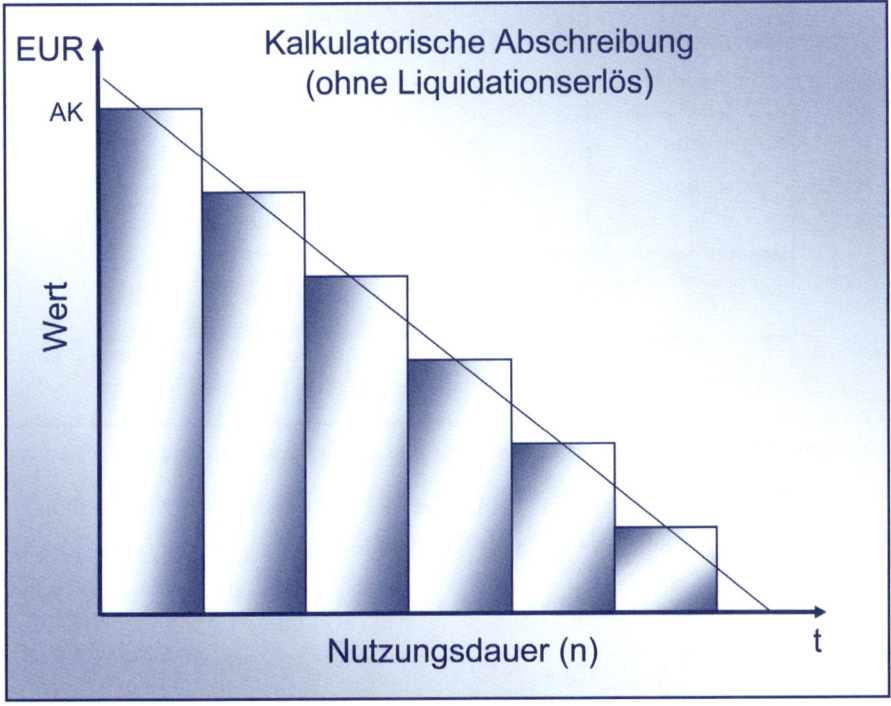

Abbildung II.7: Kalkulatorische Abschreibung (ohne Liquidationserlös)

Die nachfolgende Abbildung verdeutlicht den betriebsbedingten Werteverzehr und die daraus ergebene kalkulatorische Abschreibung (mit Liquidationserlös) grafisch.

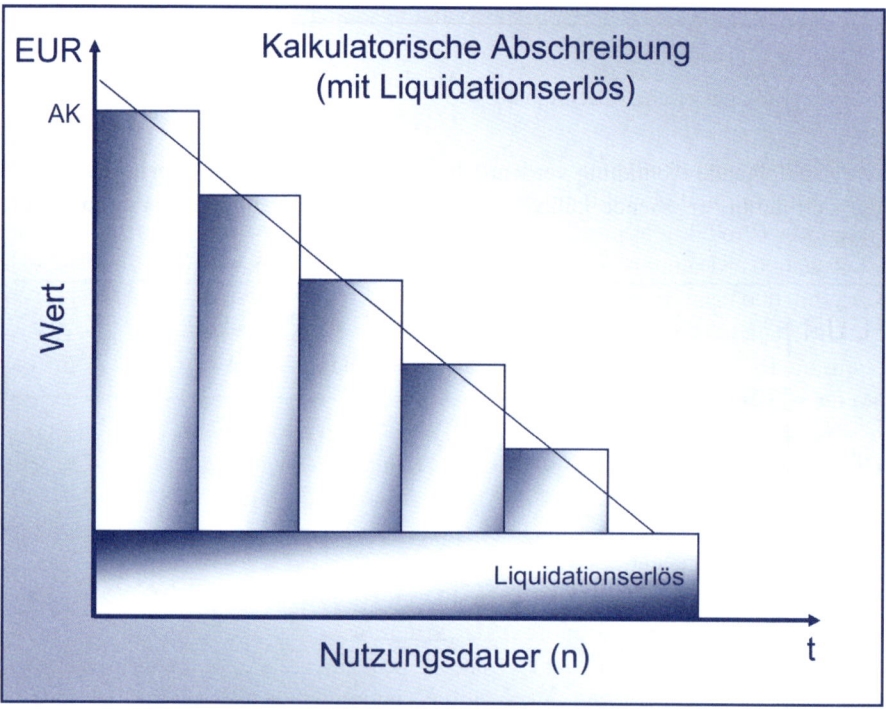

Abbildung II.8: Kalkulatorische Abschreibung (mit Liquidationserlös)

Nachfolgend der Lösungsweg zur Ermittlung der kalkulatorischen Abschreibung – basierend auf die Angaben des Übungsbeispieles 6.

Lösung Kalkulatorische Abschreibung:

Produktionsanlage A:
AK = EUR 150.000,–
Liquidationserlös = EUR 0,–

$$\text{Kalkulatorische Abschreibung} = \frac{\text{Anschaffungskosten} - \text{Liquidationserlös}}{\text{Nutzungsdauer}} =$$

Nutzungsdauer = 7 Jahre

$$= \frac{150.000}{7} = 21.428,57$$

Produktionsanlage B :
AK = EUR 200.000,–
Liquidationserlös = EUR 80.000,–

Nutzungsdauer = 7 Jahre

$$\text{Kalkulatorische Abschreibung} = \frac{\text{Anschaffungskosten}}{\text{Nutzungsdauer}} =$$

$$= \frac{200.000 - 80.000}{7} = 17.142,86$$

Das Beispiel zeigt deutlich den Vergleich der Berechnung der kalkulatorischen Abschreibung mit und ohne Liquidationserlös. Durch Berücksichtigung des Liquidationserlöses (Produktionsanlage B) vermindert sich der abzuschreibende Betrag um EUR 80.000,–. Dadurch werden nicht die vollen Anschaffungskosten in Höhe von EUR 200.000,– auf die Nutzungsdauer von 7 Jahren linear verteilt, sondern lediglich die Differenz in Höhe von EUR 120.000,–. Bei der Produktionsanlage A gibt es keinen Liquidationserlös, dementsprechend werden die gesamten Anschaffungskosten auf die Nutzungsdauer linear verteilt.

Die in der Investitionsrechnung zur Berücksichtigung kommenden **kalkulatorischen Zinsen** dienen der Vergleichbarkeit unterschiedlich hoher Kapitaleinsätze (Anschaffungskosten) einzelner Investitionsobjekte und spiegeln die durchschnittlichen Kosten der Kapitalbindung eines Investitionsobjektes je Periode wider. Sie repräsentieren den Gegenwert für den entgangenen Nutzen durch die Bereitstellung des benötigten Kapitals und stellen somit **Opportunitätskosten** dar. Da in der statischen Investitionsrechnung im Zuge der Ermittlung der kalkulatorischen Zinsen in der Regel keine Unterscheidung zwischen Eigenkapital und Fremdkapital getroffen wird, kann dieser entgangene Nutzen auf das gesamte **durchschnittlich gebundene Kapital** berechnet werden. Die Ermittlung des durchschnittlich gebundenen Kapitals wird durch die Annahme einer kontinuierlich, gleich bleibenden Nutzung bzw. Amortisation des gebundenen Kapitals zwischen dem Beginn des Planungszeitraumes (Investitionszeitpunkt, Anschaffungskosten) und dem Ende des Planungszeitraumes (ev. Liquidationserlös) erleichtert.

Wird das durchschnittlich gebundene Kapital ohne Liquidationserlös ermittelt, ist der Durchschnitt aus der Kapitalbindung zu Beginn des Planungszeitraumes und am Ende des Planungszeitraumes zu ermitteln. Unter o.a. Annahme ergibt sich das durchschnittlich gebundene Kapital wie folgt:

$$\text{Durchschnittlich gebundenes Kapital} = \frac{\text{Anschaffungskosten}}{2}$$

Die nachfolgende Abbildung verdeutlicht die kontinuierliche Amortisation des Kapitaleinsatzes und das sich daraus ergebende durchschnittlich gebundene Kapital grafisch.

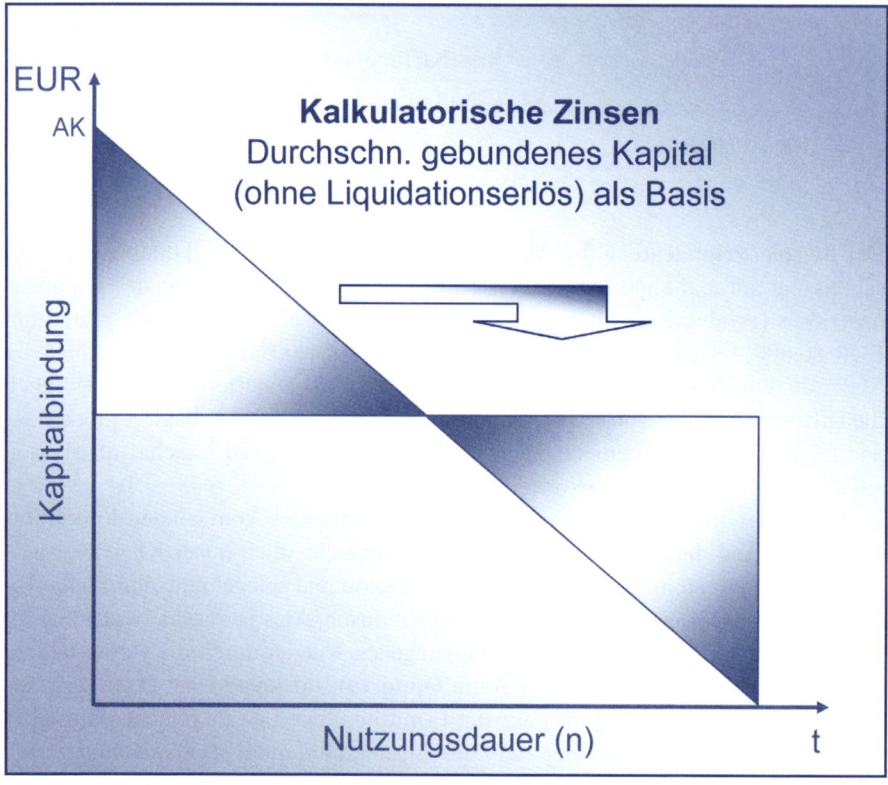

Abbildung II.9: Kalkulatorische Zinsen (ohne Liquidationserlös)

Wie aus der Abbildung ersichtlich ist, entspricht das durchschnittlich gebundene betriebsnotwendige Kapital (ohne Liquidationserlös) genau der Hälfte des Anschaffungswertes.

Wird das durchschnittlich gebundene Kapital mit Liquidationserlös ermittelt, entspricht dieses wiederum dem Durchschnitt aus der Kapitalbindung zu Beginn des Planungszeitraumes und am Ende des Planungszeitraumes. In diesem Fall muss jedoch der vorhandene Liquidationserlös in die Betrachtung miteinbezogen werden, wodurch das durchschnittlich gebundene Kapitel nicht mehr der Hälfte der Anschaffungskosten entspricht, sondern sich um die Hälfte des Liquidationserlöses erhöht. Unter o.a. Annahme ergibt sich das durchschnittlich gebundene Kapital wie folgt:

$$\text{Durchschnittlich gebundenes Kapital} = \frac{\text{Anschaffungskosten} + \text{Liquidationserlös}}{2}$$

Die nachfolgende Abbildung verdeutlicht die kontinuierliche Amortisation des Kapitaleinsatzes und das sich daraus ergebende durchschnittlich gebundene betriebsnotwendige Kapital unter Berücksichtigung eines Liquidationserlöses grafisch.

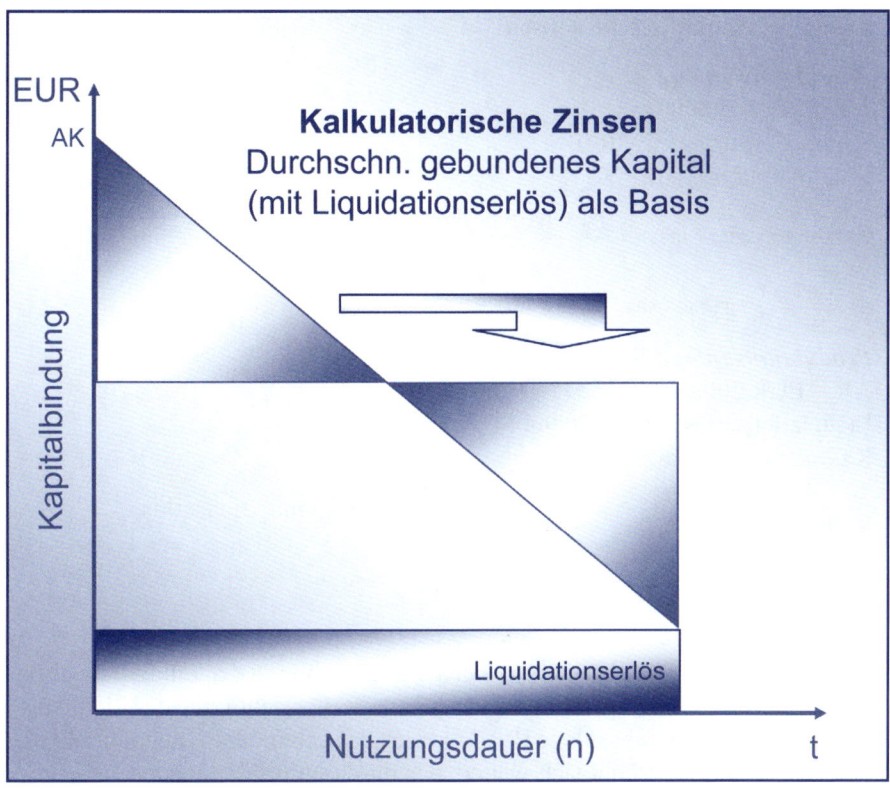

Abbildung II.10: Kalkulatorische Zinsen (mit Liquidationserlös)

Die Herleitung der oben angeführten Formel zur Ermittlung der kalkulatorischen Zinsen unter Berücksichtigung eines Liquidationserlöses kann wie folgt durchgeführt werden:

$$\text{Durchschnittlich gebundenes Kapital} = \frac{\text{Anschaffungswert} - \text{Liquidationserlös}}{2} + \text{Liquidationserlös}$$

entspricht umgeformt:

$$\text{Durchschnittlich gebundenes Kapital} = \frac{\text{Anschaffungswert} + \text{Liquidationserlös}}{2}$$

Die anzusetzenden kalkulatorischen Zinsen werden durch Multiplikation des durchschnittlich gebundenen Kapitals mit dem **Kalkulationszinssatz** ermittelt. Der Kalkulationszinssatz entspricht dabei in der Regel jener Verzinsung, zu der das gebundene Kapital hätte alternativ angelegt werden können.

Kalkulatorische Zinsen = durchschnittlich gebundenes Kapital * Kalkulationszinssatz

Nachfolgend der Lösungsweg zur Ermittlung der kalkulatorischen Zinsen – basierend auf den Angaben des Übungsbeispieles 6.

Lösung Kalkulatorische Zinsen:

Produktionsanlage A:
AK = EUR 150.000,–
Liquidationserlös = EUR 0,–
Kalkulationszinssatz = 10 %

$$\text{Kalkulatorische Zinsen} = \frac{\text{Anschaffungskosten} + \text{Liquidationserlös}}{2} * i =$$

$$= \frac{150.000 + 0}{2} * 0,10 = 7.500,–$$

Produktionsanlage B :
AK = EUR 200.000,–
Liquidationserlös = EUR 80.000,–
Kalkulationszinssatz = 10 %

$$\text{Kalkulatorische Zinsen} = \frac{\text{Anschaffungskosten} + \text{Liquidationserlös}}{2} * i =$$

$$= \frac{200.000 + 80.000}{2} * 0,10 = 14.000,–$$

Das Beispiel zeigt deutlich den Vergleich der Berechnung der kalkulatorischen Zinsen mit und ohne Liquidationserlös. Durch Berücksichtigung des Liquidationserlöses (Produktionsanlage B) erhöht sich das gebundene Kapital um EUR 80.000,–. Dadurch erhöht sich weiters das durchschnittlich gebundene Kapital um EUR 40.000,– und wird sodann mit 10 % verzinst. Dies ergibt kalkulatorische Zinsen in Höhe von EUR 14.000,–. Bei der Produktionsanlage A gibt es keinen Liquidationserlös, dementsprechend ergibt sich das durchschnittlich gebundene Kapital aus der Hälfte der Anschaffungskosten. Multipliziert mit 10 % erhält man kalkulatorische Zinsen in Höhe von EUR 7.500,–.

Die zur Ermittlung der durchschnittlichen Gesamtkosten benötigten **Betriebskosten** lassen sich auszugsweise in folgende Kostenarten untergliedern:

- Personalkosten (Löhne, Gehälter, Sozialleistungen)
- Materialkosten (Fertigungsstoffe, Hilfsstoffe, Betriebsstoffe)
- Raumkosten
- Energiekosten
- Instandhaltungskosten (Instandsetzungskosten, Inspektionskosten, Wartungskosten)
- Werkzeugkosten

Diese sind in Abhängigkeit ihrer Reaktion auf sich ändernde Beschäftigungsgrade den fixen Kosten oder den variablen Kosten zuzuordnen und dementsprechend zu behandeln. Nachfolgend der Lösungsweg zur Ermittlung der Betriebskosten – basierend auf den Angaben des Übungsbeispieles 6.

Lösung Betriebskosten:

Produktionsanlage A:

Fixe Kosten:	Miete	EUR 1.000,–
	Gehälter	EUR 9.000,–
	Instandhaltung	EUR 2.800,–
	So. fixe Kosten	EUR 1.400,–
Variable Kosten:	Material	EUR 127.500,– (8,50 * 15.000)
	Löhne	EUR 79.166,67 (95.000/18.000*15.000)
	Energie	EUR 33.000,– (39.600/18.000*15.000)
	So. var. Kosten	EUR 8.333,33 (10.000/18.000*15.000)

Produktionsanlage B:

Fixe Kosten:	Miete	EUR 1.000,–
	Gehälter	EUR 9.000,–
	Instandhaltung	EUR 2.200,–
	So. fixe Kosten	EUR 1.200,–
Variable Kosten:	Material	EUR 112.500,– (7,5 * 15.000)
	Löhne	EUR 75.000,– (Auslastungsmenge)
	Energie	EUR 22.500,– (Auslastungsmenge)
	So. var. Kosten	EUR 9.000,– (Auslastungsmenge)

Fremdbezug:

Variable Kosten: EUR 30,– pro Stück   EUR 450.000,– (30*15.000)

Das Beispiel zeigt die unterschiedliche Berechnungsweise der variablen Kosten bei der Produktionsanlage A und B. Während die Produktionsanlage B eine Kapazität von 15.000 Stück aufweist, können mit der Produktionsanlage A 18.000 Stück produziert werden. Die geplante Auslastungsmenge (= produzierte und abgesetzte Menge) beträgt allerdings bei den drei alternativen Investitionsobjekten 15.000 Stück. Somit müssen die variablen Kosten beider Alternativen für die geplante Auslastung berechnet werden. So werden bei der Produktionsanlage B lediglich die Materialkosten (Angabe pro Stück) für 15.000 Stück berechnet. Alle weiteren variablen Kosten (Löhne, Energie, Sonstige) können ohne Umformung übernommen werden. Die Begründung liegt darin, dass sowohl die Kapazität als auch die geplante Auslastung gleich hoch sind. Anders verhält sich der Fall der Produktionsanlage A. Hier müssen alle variablen Kosten ebenfalls für die geplante Auslastung berechnet werden. Die Materialkosten sind wiederum in Stück gegeben, müssen deshalb lediglich für die 15.000 Stück berechnet werden. Alle weiteren variablen Kosten (Löhne, Energie, Sonstige) müssen vorerst auf ein Stück ausgelegt werden (Division durch die Kapazitätsmenge) und dann auf die geplante Auslastung (15.000 Stück) ausgelegt werden. Die Fixkosten können, da sie beschäftigungsunabhängig sind, bei beiden Investitionsobjekten übernommen werden. Die Kosten des Fremdbezugs belaufen sich auf EUR 450.000,–. Diese setzen sich lediglich aus den variablen Kosten/Stück mal der Auslastungsmenge (Anzahl der im Fremdbezug erworbenen Stücke) zusammen.

Durch Summierung der Kapitalkosten und Betriebskosten erhält man die durchschnittlichen Gesamtkosten pro Periode der zur Auswahl stehenden Investitionsobjekte. Sofern keine weiteren Annahmen getroffen werden, ist von einem linearen Gesamtkostenverlauf auszugehen. Die vollständige tabellarische Darstellung der Kostenvergleichsrechnung ergibt nun folgendes Bild:

Lösung (tabellarische Darstellung) Kostenvergleichsrechnung:

	Produktionsanlage A		Produktionsanlage B	
Kapitalkosten				
kalk. Abschreibung	21.428,57		17.142,86	
kalk. Zinsen	7.500,00	28.928,57	14.000,00	31.142,86
weitere fixe Kosten				
Miete	1.000,00		1.000,00	
Gehälter	9.000,00		9.000,00	
Instandhaltungskosten	2.800,00		2.200,00	
so. fixe Kosten	1.400,00	14.200,00	1.200,00	13.400,00
Summe fixe Kosten		**43.128,57**		**44.542,86**
Variable Kosten				
Materialkosten	127.500,00		112.500,00	
Löhne	79.166,67		75.000,00	
Energiekosten	33.000,00		22.500,00	
so. variable Kosten	8.333,33		9.000,00	
Summe variable Kosten		**248.000,00**		**219.000,00**
Summe Gesamtkosten		**291.128,57**		**263.542,86**

Fremdbezug: Gesamtkosten in Höhe von EUR 450.000,–

Eine Interpretation der Ergebnisse einer Kostenvergleichsrechnung kann lediglich anhand einer relativen Vorteilhaftigkeitsbestimmung erfolgen. Ein Investitionsobjekt ist dann als relativ vorteilhaft zu beurteilen, wenn die durchschnittlichen Kosten geringer als die der anderen zur Wahl stehenden Investitionsobjekte sind. Demzufolge liegt die relative Vorteilhaftigkeit bei jenem Investitionsobjekt, welches die minimalen durchschnittlichen Kosten aufweist. Eine absolute Vorteilhaftigkeit kann bei der Kostenvergleichsrechnung nicht bestimmt werden, da die Absolutentscheidung eines Investitionsobjektes immer negativ ausfallen würde, da anhand des Kriteriums Kosten entschieden wird und die Unterlassensalternative keine Kosten aufweist.

Lösung Interpretation Kostenvergleichsrechnung:
Hinsichtlich des durchgeführten Übungsbeispiels 6 kann folgende Beurteilung der Vorteilhaftigkeit unter dem Gesichtspunkt der Kostenminimierung abgegeben werden: Die Produktionsanlage A verursacht durchschnittliche Gesamtkosten (Periodenkosten) in Höhe von EUR 291.128,57, die Produkti-

onsanlage B hingegen in Höhe von EUR 263.542,86. Der Fremdbezug würde EUR 450.000,– kosten. Die relative Vorteilhaftigkeit der drei Investitionsalternativen liegt somit beim Investitionsobjekt B, da dieses Investitionsobjekt die niedrigsten durchschnittlichen Gesamtkosten (Periodenkosten) aufweist. Eine Beurteilung der absoluten Vorteilhaftigkeit kann nicht erfolgen, die Durchführung der alternativen Investitionsobjekte würde jeweils Kosten mit sich bringen, die Unterlassenalternative keine Kosten verursachen.

Hinweis:
An dieser Stelle ein wichtiger Hinweis bezüglich der Auslastungsmenge und der Kapazität: wie bereits erwähnt, ist die Auslastungsmenge für die Kostenvergleichsrechnung von Relevanz. Die Kapazität gibt lediglich den Rahmen dafür vor. Hierbei ist jedoch darauf zu achten, dass die angegebene Kapazität den maximalen Rahmen für die Auslastungsmenge angibt, d.h. liegt eine Kapazität in Höhe von 20.000 Stück vor und könnte das Unternehmen jedoch eine Auslastungsmenge in Höhe von 22.000 Stück aufweisen, kann der Kostenvergleich nicht auf der Basis von 22.000 Stück berechnet werden, es kann nicht über die Kapazitätsgrenze hinaus produziert werden. Hier müssten dann Alternativüberlegungen angestellt werden. Es gibt mehrere Möglichkeiten, die hier zur Anwendung kommen können. Auszugsweise seien erwähnt:

- Alternative mit 20.000 Stück wird realisiert, die fehlenden 2.000 Stück werden per Fremdbezug gekauft
- Alternative mit 20.000 Stück wird nicht in die engere Auswahl der Investitionsentscheidung genommen und scheidet vorzeitig aus
- Alternative mit 20.000 Stück und eine zusätzliche Alternative (mit einer entsprechenden Kapazität) werden realisiert

Zu beachten ist, dass die jeweiligen „Zusatzüberlegungen" dann dementsprechend in den Berechnungen mitberücksichtigt werden müssen.

Eine Beurteilung auf Basis von durchschnittlichen **Periodenkosten** (Gesamtkosten) kann bei gleicher quantitativer und qualitativer Leistung der zu vergleichenden Investitionsobjekte erfolgen. Diese Prämisse gilt quantitativ dann als erfüllt, wenn alle Investitionsobjekte eine idente Auslastungsmenge vorweisen. Die Berechnung der durchschnittlichen Periodenkosten wird somit auf Basis derselben Stückzahl (=Auslastungsmenge) durchgeführt und kann dementsprechend auch interpretiert werden.

Lösung Periodenkosten:
Beim angeführten Übungsbeispiel 6 handelt es sich um eine Beurteilung mittels Kostenvergleichsrechnung auf Basis von durchschnittlichen Periodenkosten (Gesamtkosten). Diese Berechnung kann durchgeführt werden, da beide Investitionsobjekte über eine idente geplante Auslastungsmenge verfügen. Beide Investitionsobjekte werden mit 15.000 Stück produzierter und abgesetzter Menge geplant.

Eine Beurteilung auf Basis von **Stückkosten** muss dann durchgeführt werden, wenn es hinsichtlich der quantitativen Leistung der Investitionsalternativen Abweichungen gibt. Eine Berechnung anhand durchschnittlicher Periodenkosten würde in dem Fall zu einer Fehlinterpretation der Ergebnisse führen. Die Stückkosten je Investitionsobjekt werden durch Verteilung der Gesamtkosten auf die produzierte und abgesetzte Menge ermittelt. Die Eignung der Kostenvergleichsrechnung auf Basis der Stückkosten ist umstritten, da etwa die Preise der zu fertigenden Erzeugnisse von der Höhe der Absatzmenge abhängen können. Nachfolgende Beispiele dient der leichteren Nachvollziehbarkeit der Notwendigkeit einer Berücksichtigung von durchschnittlichen Stückkosten.

Lösung Stückkosten:
Bei dem angeführten Übungsbeispiel 6 müsste dann ein Kostenvergleich auf Basis von Stückkosten durchgeführt werden, wenn die Alternative A 15.000 Stück und die Alternative B 20.000 Stück produzieren sowie absetzen könnte. Hierbei würde es sich um eine Abweichung hinsichtlich der quantitativen Leistung handeln. Aufgrund dieser Abweichung kann kein (Perioden-)Gesamtkostenvergleich (Basis Alternative A 15.000 Stück, Basis Alternative B 20.000 Stück) erfolgen, da dieser Vergleich auf Basis unterschiedlicher Daten erfolgen würde. Somit müssten die ermittelten Gesamtkosten durch die jeweilige produzierte und abgesetzte Menge des betrachteten Investitionsobjektes dividiert werden. Durch diese Division erhält man die Kosten pro Stück.
Die ermittelten Gesamtkosten einer Alternative betragen z.B. EUR 120.000,– (bezogen auf 15.000 Stück), die ermittelten Gesamtkosten einer zweiten Alternative betragen z.B. EUR 150.000,– (bezogen auf 20.000 Stück). Bei den angegebenen Mengen handelt es sich jeweils um die Ausbringungsmenge. Hier kann kein Periodenvergleich durchgeführt werden, da die jeweiligen Gesamtkosten eine (quantitativ) andere Basis aufweisen. Um hier eine Aussage hinsichtlich der relativen Vorteilhaftigkeit treffen zu können, müssen die ermittelten Gesamtkosten auf Stückkosten heruntergebrochen werden. Alternative A 120.000/15.000 = 8,– pro Stück, Alternative B 150.000/20.000 = 7,5 pro Stück. Somit kann eine Beurteilung vorgenommen werden. Alternative B wäre in diesem Fall als relativ vorteilhaft zu bewerten, da die durchschnittlichen Stückkosten niedriger sind als jene der Alternative A.

2.2. Kritische Auslastungsmenge

Soll eine Kostenvergleichsrechnung durchgeführt werden, ohne dass die geplante Auslastung bekannt ist bzw. als sicher angenommen werden kann, so wird die **kritische Auslastungsmenge** als Beurteilungskriterium herangezogen. Diese kritische Auslastungsmenge wird durch Gleichsetzung der Kostenfunktionen einzelner Investitionsobjekte ermittelt und gibt jene Menge an, bei der die Kosten zweier Investitionsobjekte gleich hoch sind. Als Kostenfunktion wird in diesem Zusammenhang die Zusammensetzung der Gesamtkosten K als eine Funktion von variablen Kosten pro Stück k_{var}, der Menge x und fixen Kosten K_{fix} verstanden.

$$K = K_{fix} + k_{var} * x$$

Die Fixkosten können dabei aus der (oben durchgeführten) Kostenvergleichsrechnung entnommen werden (Summe Fixkosten). Die variablen Stückkosten werden durch Division der gesamten variablen Kosten (Summe variable Kosten) durch die Auslastungsmenge (der durchgeführten Kostenvergleichsrechnung) ermittelt. Durch Gleichsetzung der Kostenfunktion zweier Investitionsobjekte (1, 2) ergibt sich, unter Einsetzen der jeweiligen Variablen (K_{fix} – fixe Kosten, k_{var} – variable Kosten/Stück, x – kritische Auslastungsmenge) folgendes Bild:

$$K_{fix1} + k_{var1} * x = K_{fix2} + k_{var2} * x$$

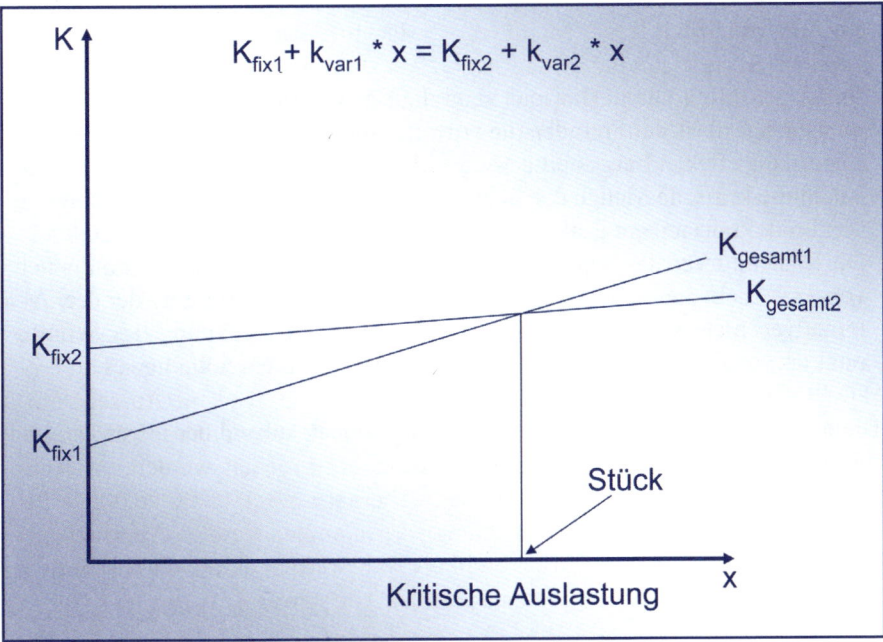

Abbildung II.11: Kritische Auslastungsmenge

Die Verlängerung des Schnittpunkts der Gesamtkostenlinien auf die X-Achse (Stück) wird als die kritische Auslastungsmenge bezeichnet. Bis zu diesem Punkt (Stückzahl) arbeitet die Anlage 1 kostengünstiger als die Anlage 2. Ab diesem Punkt ist die Anlage 2 vorzuziehen. Zu beachten ist, dass die Ermittlung der kritischen Auslastungsmenge immer unter Berücksichtigung der (maximalen) Kapazität jedes einzelnen Investitionsobjektes durchgeführt werden muss.

Lösung Ermittlung kritische Auslastung:
Berechnung variabler Stückkosten:
A: 248.000 / 15.000 = EUR 16,53 / Stück
B: 219.000 /15.000 = EUR 14,60 / Stück
FB: EUR 30,–/Stk.

Gleichsetzung Kostenfunktion Fremdbezug und Produktionsanlage B:
30 * x = 44.542,86 + 14,60 * x
x = 2.892,39 Stück

Gleichsetzung Kostenfunktion Produktionsanlage A und Produktionsanlage B:
43.128,57 + 16,53 * x = 44.542,86 + 14,60 * x
x = 732,79 Stück

Gleichsetzung Kostenfunktion Fremdbezug und Produktionsanlage A:
30 * x = 43.128,57 + 16,53 * x
x = 3.201,82 Stück

Im fortgeführten Übungsbeispiel zeigt die Berechnung der kritischen Auslastungsmenge, dass der Fremdbezug wirtschaftlicher (kostengünstiger) arbeitet, solange die effektiv hergestellte Menge kleiner oder gleich 2.892 Stück ist. Sobald diese kritische Menge überschritten wird, erweist sich eine Bevorzugung von Produktionsanlage B als vorteilhaft.
Die Kostenkurven der Produktionsanlagen A und B schneiden sich im Bereich von 732 Stück, dieser Schnittpunkt ist jedoch für die Beurteilung der drei Alternativen nicht von Relevanz. Weiters wäre eine Berechnung des Schnittpunktes von Fremdbezug und Produktionsanlage A nicht nötig gewesen.

Die o.a. Beurteilungen sowie die Begründung können anhand der folgenden grafischen Darstellung leicht nachvollzogen werden.

Lösung Ermittlung kritische Auslastung grafische Darstellung:

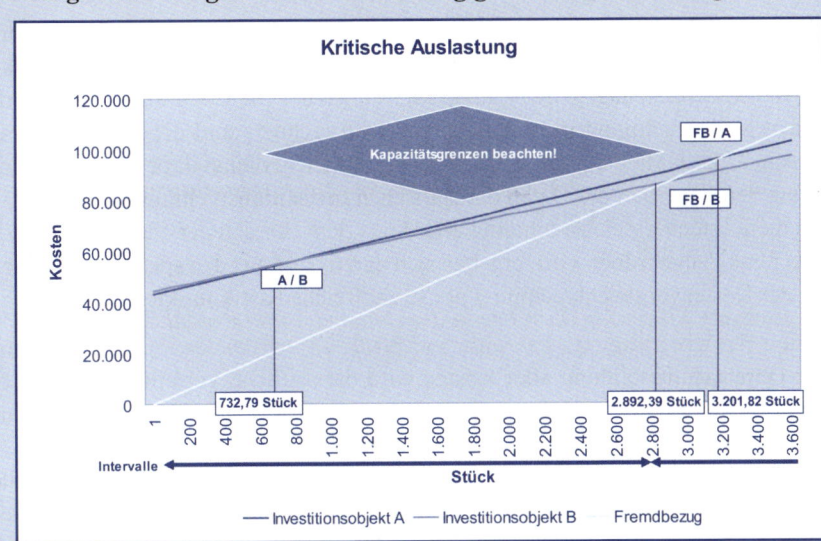

Anhand der grafischen Darstellung können die Schnittpunkte der Kostenfunktionen der einzelnen Alternativen leicht abgelesen werden. Weiters kann anhand der grafischen Darstellung erkannt werden, welche Alternativen, sprich welche Kostenfunktionen, gleichgesetzt werden müssen. So ist aus der Grafik ersichtlich, dass die Berechnung des Schnittpunktes zwischen Produktionsanlage A und Produktionsanlage B nicht relevant ist. In diesem Schnittpunkt (bzw. bei dieser Menge) ist der Fremdbezug günstiger als beide Alternativen. Weiters ist der Schnittpunkt zwischen dem Fremdbezug und der Produktionsanlage A nicht relevant, da an diesem Punkt die Produktionsanlage B günstiger ist.

Hilfestellung zur grafischen Darstellung:
- Auf der Y-Achse werden die Fixkosten aufgetragen: Investitionsobjekt A EUR 43.128,57, Investitionsobjekt B EUR 44.542,86 und Fremdbezug EUR 0,–
- Variable Kosten pro Stück auftragen: Investitionsobjekt A EUR 16,53/Stück, Investitionsobjekt B EUR 14,60/Stück, Fremdbezug EUR 30,–/Stück
- Gesamtkostenkurve auftragen
- Schnittpunkte der jeweiligen Kostenfunktionen geben Auskunft über die notwendigen Gleichstellungen der Kostenfunktionen

Kapazitätsgrenzen der einzelnen Investitionsobjekte beachten! Ab 2.893 Stück ist die Produktionsanlage B kostengünstiger. Jedoch ist hier darauf zu achten, dass das Intervall bei der Kapazität der Produktionsanlage B endet, d.h. von 2.893 bis 15.000 Stück ist die Produktionsanlage B relativ vorteilhaft.

Auslastungsintervalle: 0 – 2.892 Stück Fremdbezug

2.893 – 15.000 Stück Produktionsanlage B

2.3. Modellbeurteilung

Die Kostenvergleichsrechnung wird in der Praxis häufig angewandt. Die Begründung liegt in der Einfachheit der Anwendbarkeit bzw. Durchführbarkeit des Verfahrens. Probleme treten dagegen vor allem im Bereich der Datenermittlung auf. Da die Kostenvergleichsrechnung mit geplanten Werten rechnet, sind diese Werte immer mit einem Unsicherheitsfaktor belastet. Dieser Unsicherheitsfaktor wird durch die Prämisse der Sicherheit der Daten der statischen Investitionsrechnung umgangen.

Da die Kostenvergleichsrechnung allerdings dem Bereich der statischen Investitionsrechnung zugeordnet wird, ergeben sich daraus und aus den spezifischen Eigenheiten der Kostenvergleichsrechnung per se zahlreiche Kritikpunkte:

- Keine Berücksichtigung der zeitlichen Struktur anfallender Zahlungen: Durch die Durchschnittsbildung aller Kosten wird die zeitliche Verteilung dieser nicht berücksichtigt. Hier wird demzufolge kein Unterschied zwischen einer Zahlung zu Beginn oder am Ende der Nutzungsdauer gemacht.

- Verrechnung durchschnittlicher Kosten: Durch die Durchschnittsbildung aller Kosten wird keine Rücksicht auf tatsächlich angefallene Zahlungen genommen. Die Repräsentativität der herangezogenen Durchschnittswerte ist somit fraglich.

- Reine Kostenbetrachtung: Die Kostenvergleichsrechnung vernachlässigt, aufgrund der Annahme, dass die Erträge bei allen Investitionsalternativen gleich hoch sind, die Ertragsseite in ihrer Beurteilung. Die kostengünstigste Investitionsalternative muss jedoch nicht zwingend die gewinnmaximale Investitionsalternative sein.

- Keine Beziehung zur Höhe des eingesetzten Kapitals: Die Rentabilität, sprich die Verzinsung des eingesetzten Kapitals, wird nicht beachtet. Die Höhe des eingesetzten Kapitals wird lediglich durch das Aussetzen der kalkulatorischen Zinsen berücksichtigt. Die Frage, ob eine Investition rentabel ist, wird durch die bloße Beurteilung anhand der verursachten Kosten nicht beantwortet.

- Keine Berücksichtigung von Kostenveränderungen: Mögliche Veränderungen der Kosteneinflussgrößen werden nicht berücksichtigt (z.B. Änderungen der Löhne, Rohstoffe). Es wird davon ausgegangen, dass alle in die Kostenvergleichsrechnung eingehenden Größen über die gesamte betrachtete Nutzungsdauer konstant bleiben.

- Beurteilung ausschließlich anhand der relativen Vorteilhaftigkeit: Eine Beurteilung kann anhand der absoluten Vorteilhaftigkeit der Ergebnisse der Kostenvergleichsrechnung nicht vorgenommen werden, da ein Kostenvergleich einer Alternative mit den nicht vorhandenen Kosten der Unterlassensalternative niemals zu einer absoluten Vorteilhaftigkeit der zur Auswahl stehenden Investitionsalternative führen kann. Somit kann eine Einzelinvestition mit der Kostenvergleichsrechnung nicht beurteilt werden.

- Isolierte Investitionsbetrachtung: Die Beurteilung einzelner Investitionsobjekte anhand einer isolierten Betrachtung stellt eine Prämisse der statischen Investitionsrechnung dar. Diese Isolation verhindert jegliche Synergieeffekte in anderen

Bereichen (z.B. Kostendegressionen durch höhere Auslastungen, Engpässe in vor- und nachgelagerten Produktionsbereichen).

Die Kostenvergleichsrechnung kommt vor allem im Zuge von Ersatzinvestitionen oder Erweiterungsinvestitionen zur Anwendung. Eine Beurteilung anhand der Kostenvergleichsrechnung sollte lediglich dann durchgeführt werden, wenn die Ertragserwartung in den Hintergrund gerückt wird. Dies ist dann der Fall, wenn eine Investition aus betrieblichen Gründen getätigt werden muss, um z.B. den Betriebsablauf aufrechthalten zu können. Die o.a. Annahmen sind somit für die Aussagefähigkeit der Kostenvergleichsrechnung von essentieller Bedeutung!

3. Gewinnvergleichsrechnung

3.1. Methodik

Die **Gewinnvergleichsrechnung**, ebenfalls ein Verfahren der statischen Investitionsrechnung, erweitert die Kostenvergleichsrechnung um die Berücksichtigung durchschnittlicher Erlöse (Umsatz pro Stück mal Stück). Zur Beurteilung der Vorteilhaftigkeit werden somit die in Zukunft mit den alternativen Investitionsobjekten erwirtschaftbaren durchschnittlichen Gewinne (Saldo aus durchschnittlichen Erlösen und durchschnittlichen Kosten) verglichen. Die wirtschaftliche Vorteilhaftigkeit liegt bei jenem Investitionsobjekt, welches einen positiven bzw. den höchsten durchschnittlichen Gewinn aufweist.

Die Vorteilhaftigkeit beruht somit auf einem differenzierten umfassenden Vergleich der durchschnittlichen Gewinne pro Periode (Gesamtgewinn) eines jeden Investitionsobjektes. Hierbei sind wiederum nur jene Gewinne zu berücksichtigen, die in direktem Zusammenhang mit der Durchführung der jeweiligen Investition stehen.

Ein Investitionsobjekt kann dann als **absolut vorteilhaft** beurteilt werden, wenn der zugehörige durchschnittliche Gewinn (Gesamtgewinn) größer/gleich null ist.

Ein Investitionsobjekt kann dann als **relativ vorteilhaft** beurteilt werden, wenn der zugehörige durchschnittliche Gewinn (Gesamtgewinn) größer als die durchschnittlichen Gewinne aller zur Auswahl stehenden Investitionsobjekte ist.

Die nachfolgende Tabelle mit dem Grundschema einer Gewinnvergleichsrechnung verdeutlicht die Vorgehensweise zur Ermittlung der jeweiligen durchschnittlichen Gewinne.

Gewinnvergleichsrechnung (Zielgröße Gewinn)			
	Investitions-objekt A	Investitions-objekt B	Anmerkungen
Fixe Kosten			
Kapitalkosten			
Fixe Betriebskosten			
So. fixe Kosten			
Variable Kosten			
Var. Betriebskosten			Basis: Auslastungsmenge (Stk.)
So. var. Kosten			Basis: Auslastungsmenge (Stk.)
Gesamtkosten			
Gesamterlös			Auslastungsmenge * Preis/Stk.
Gesamtgewinn			Basis: Auslastungsmenge (Stk.) je Investitionsobjekt

Der **durchschnittliche Gesamtgewinn** eines Investitionsobjektes ergibt sich aus dem Saldo der durchschnittlichen Erlöse und den durchschnittlichen Kosten (vgl. die Ergebnisse Kostenvergleichsrechnung). Im Gegensatz zur Kostenvergleichsrechnung wird bei der Ermittlung des durchschnittlichen Gesamtgewinns auf eine Berücksichtigung unterschiedlicher geplanter Auslastungsmengen (geplante produzierte und abgesetzte Menge) verzichtet. Hierbei erfolgt somit keine zwingende Unterscheidung zwischen Periodengewinn und Stückgewinn, relevant ist die Ermittlung des durchschnittlichen Gesamtgewinns zu den jeweils geplanten Auslastungsmengen (unter Berücksichtigung der maximalen Kapazität) je Investitionsobjekt. So kann ein Investitionsobjekt bei gleicher geplanter Auslastungsmenge sowohl mit dem durchschnittlichen Periodengewinn als auch mit dem Stückgewinn (Vorgehensweise wie bei der Kostenvergleichsrechnung, Berechnung Periodengewinn dividiert durch die geplante Ausbringungsmenge) beurteilt werden. Weichen die geplanten Ausbringungsmengen jedoch voneinander ab, so muss die Beurteilung anhand des durchschnittlichen Gesamtgewinns vorgenommen werden. Somit ist es insgesamt betrachtet sinnvoll, den Gewinnvergleich anhand der durchschnittlichen Gesamtgewinne durchzuführen. Die Kapazität eines jeden Investitionsobjektes stellt hierbei jedoch ebenfalls den maximalen Rahmen dar, innerhalb dessen sich die geplante Auslastungsmenge bewegen kann. Nachfolgendes Beispiel soll die Vorgehensweise der Gewinnvergleichsrechnung exemplarisch darstellen und schrittweise aufarbeiten.

Übungsbeispiel 7: Gewinnvergleichsrechnung

(Fortsetzung Übungsbeispiel 6 Kostenvergleichsrechnung – Bezugnahme lediglich auf Produktionsanlage A und Produktionsanlage B)

Ergebnisse der Kostenvergleichsrechnung:

	Produktionsanlage A		Produktionsanlage B	
Kapitalkosten				
kalk. Abschreibung	21.428,57		17.142,86	
kalk. Zinsen	7.500,00	28.928,57	14.000,00	31.142,86
weitere fixe Kosten				
Miete	1.000,00		1.000,00	
Gehälter	9.000,00		9.000,00	
Instandhaltungskosten	2.800,00		2.200,00	
so. fixe Kosten	1.400,00	14.200,00	1.200,00	13.400,00
Summe fixe Kosten		**43.128,57**		**44.542,86**
Variable Kosten				
Materialkosten	127.500,00		112.500,00	
Löhne	79.166,67		75.000,00	
Energiekosten	33.000,00		22.500,00	
so. variable Kosten	8.333,33		9.000,00	
Summe variable Kosten		**248.000,00**		**219.000,00**

Das innovative Produkt kann auf dem Markt voraussichtlich um einen Preis von EUR 20,– /Stk. abgesetzt werden.

Aufgabenstellung:
Für welche der beiden Produktionsanlagen würden Sie sich unter dem Gesichtspunkt der Gewinnmaximierung entscheiden?

Die vollständige tabellarische Darstellung der Gewinnvergleichsrechnung ergibt nun folgendes Bild:

Lösung Gewinnvergleichsrechnung:
Die Berechnung der Gesamtkosten (Periodenkosten) kann aus dem Übungsbeispiel 6 übernommen werden.

	Produktionsanlage A		Produktionsanlage B	
Kapitalkosten				
kalk. Abschreibung	21.428,57		17.142,86	
kalk. Zinsen	7.500,00	28.928,57	14.000,00	31.142,86
weitere fixe Kosten				
Miete	1.000,00		1.000,00	
Gehälter	9.000,00		9.000,00	
Instandhaltungskosten	2.800,00		2.200,00	
so. fixe Kosten	1.400,00	14.200,00	1.200,00	13.400,00
Summe fixe Kosten		**43.128,57**		**44.542,86**

Variable Kosten				
Materialkosten	127.500,00		112.500,00	
Löhne	79.166,67		75.000,00	
Energiekosten	33.000,00		22.500,00	
so. variable Kosten	8.333,33		9.000,00	
Summe variable Kosten		248.000,00		219.000,00
Summe Gesamtkosten		291.128,57		263.542,86
Gesamterlös		300.000,00		300.000,00
Gesamtgewinn		8.871,43		36.457,14

Die Gesamtkosten der Kostenvergleichsrechnung werden dem Gesamterlös gegenübergestellt. Der Gesamterlös ergibt sich durch Multiplikation des Verkaufspreises in Höhe von EUR 20,– pro Stück mit der abgesetzten Menge von (15.000 Stück).

Gesamterlös A: 20 * 15.000 = EUR 300.000,–
Gesamterlös B: 20 * 15.000 = EUR 300.000,–

Der durchschnittliche Gesamtgewinn ergibt sich nun wie folgt:

Durchschnittlicher Gesamtgewinn A: 300.000 – 291.128,57 = EUR 8.871,43
Durchschnittlicher Gesamtgewinn B: 300.000 – 263.542,86 = EUR 36.457,14

Die Interpretation der Ergebnisse der Gewinnvergleichsrechnung kann, im Unterschied zur Kostenvergleichsrechnung, sowohl für absolute als auch relative Vorteilhaftigkeitsbestimmungen erfolgen. Ein Investitionsobjekt ist dann als absolut vorteilhaft zu beurteilen, wenn der durchschnittliche Gewinn größer als null ist, somit das Objekt einen Gewinn und keinen Verlust aufweisen kann. Ein Investitionsobjekt ist dann als relativ vorteilhaft zu beurteilen, wenn der durchschnittliche Gewinn höher als der der anderen zur Wahl stehenden Investitionsobjekte ist. Demzufolge liegt die relative Vorteilhaftigkeit bei jenem Investitionsobjekt, welches den höchsten durchschnittlichen Gewinn aufweist.

Lösung Interpretation Gewinnvergleichsrechnung:
Hinsichtlich des durchgeführten Übungsbeispiels kann folgende Beurteilung der Vorteilhaftigkeit unter dem Gesichtspunkt der Gewinnmaximierung abgegeben werden: Die Produktionsanlage A erwirtschaftet einen geplanten durchschnittlichen Gewinn in Höhe von EUR 8.871,43, die Produktionsanlage B hingegen in Höhe von EUR 36.457,14. Die absolute Vorteilhaftigkeit ist somit bei Produktionsanlage A und Produktionsanlage B gegeben, da beide einen positiven durchschnittlichen Gewinn aufweisen. Die relative Vorteilhaftigkeit der zwei Investitionsalternativen liegt bei Produktionsanlage B, da diese Alternative den höchsten durchschnittlichen Gewinn aufweist.

Hinweis:
Würde eine dieser Alternativen einen Verlust erwirtschaften, wäre diese Alternative als nicht absolut vorteilhaft zu beurteilen.
Würden beide Alternativen unterschiedliche Auslastungsmengen aufweisen, müsste trotzdem, im Unterschied zur Kostenvergleichsrechnung, der Gesamtgewinn und nicht der Stückgewinn errechnet werden.

3.2. Modellbeurteilung

Die Gewinnvergleichsrechnung wird in der Praxis weniger häufig angewandt als die Kostenvergleichsrechnung. Dies ist vor dem Hintergrund zu sehen, dass die Gewinnvergleichsrechnung zuvor den Kritikpunkt der Kostenvergleichsrechnung „Reine Kostenbetrachtung" aufwiegt, indem die Erlösseite mit in die Beurteilung einbezogen wird, sich aber in der Durchführung aufwendiger gestaltet.

Da die Gewinnvergleichsrechnung ebenfalls dem Bereich der statischen Investitionsrechnung zugeordnet wird, ergeben sich daraus (vgl. bereits die Kritik an der Kostenvergleichsrechnung) und aus den spezifischen Eigenheiten der Gewinnvergleichsrechnung weitere Kritikpunkte:

- Keine Berücksichtigung der zeitlichen Struktur anfallender Kosten und Erlöse.
- Verrechnung durchschnittlicher Kosten und Erlöse.
- Problematische Erlös- und Gewinnzuordnung: Die Zurechnung einzelner Erlöse sowie die damit in Verbindung stehende Gewinnzuordnung auf einzelne Investitionsobjekte ist oftmals lediglich mittels Hilfskonstruktionen möglich.
- Keine Beziehung zur Höhe des eingesetzten Kapitals: Die Rentabilität, sprich die Verzinsung des eingesetzten Kapitals, wird nicht berücksichtigt. Durch die Beurteilung rein anhand des durchschnittlichen Gewinns wird die Frage, ob die Investition rentabel ist, nicht beantwortet.
- Erhöhte Unsicherheit: Im Vergleich zur Kostenvergleichsrechnung ist die Gewinnvergleichsrechnung mit höherer Unsicherheit verbunden, da sowohl die Kosten- als auch die Erlösseite geplant werden muss. Vor allem der Bereich der Erlöse ist mit erhöhter Unsicherheit verbunden, da dieser verstärkt auf den Einfluss externer Faktoren (Nachfrage, Preisentwicklung etc.) reagiert. Diese Problematik wird wiederum durch die Prämisse der Sicherheit der Daten der statischen Investitionsrechnung umgangen.

Die Gewinnvergleichsrechnung ist durch den Einbezug der Erlösseite aussagekräftiger als die reine Kostenvergleichsrechnung. Grundsätzlich kann jedoch davon ausgegangen werden, dass beide Investitionsrechenarten, aufgrund der statischen Betrachtung, den gleichen Aussagedefiziten unterliegen.

4. Rentabilitätsvergleichsrechnung

4.1. Methodik

Die **Rentabilitätsvergleichsrechnung** basiert in ihrer Vorgehensweise sowohl auf den Ergebnissen der Kosten- als auch Gewinnvergleichsrechnung und berechnet die durchschnittlichen geplanten Rentabilitäten einzelner Investitionsobjekte durch Gegenüberstellung des Mitteleinsatzes (**Kapitalgröße** – Ursache – eingesetztes Kapital – durchschnittliche Kapitalbindung) und der damit erzielten Leistung (**Gewinngröße** – Wirkung – erwirtschaftetes Kapital). Zur Beurteilung der Vorteilhaftigkeit wird die gesamte geplante Verzinsung des durchschnittlich eingesetzten Kapitals (= Rentabilität) eines jeden einzelnen Investitionsobjektes ermittelt. Die wirtschaftliche Vorteilhaftigkeit liegt bei jenem Investitionsobjekt, welches die höchste durchschnittliche Verzinsung aufweist.

Ein Investitionsobjekt kann dann als **absolut vorteilhaft** beurteilt werden, wenn die durchschnittliche Verzinsung die fixierte Mindestrentabilität übersteigt.

Ein Investitionsobjekt kann dann als **relativ vorteilhaft** beurteilt werden, wenn die durchschnittliche Verzinsung eines Investitionsobjektes höher ist als die durchschnittlichen Verzinsungen der zur Auswahl stehenden Investitionsobjekte und zudem die fixierte Mindestrentabilität übersteigt.

Die Vorteilhaftigkeitsberechnung beruht somit auf einem differenzierten Vergleich der durchschnittlichen Verzinsung eines jeden Investitionsobjektes. Hierbei sind wiederum jene Kosten bzw. Erlöse zu berücksichtigen, die in direktem Zusammenhang mit der jeweiligen Investition stehen.

Anzumerken ist an dieser Stelle, dass die fixierte Mindestrentabilität aus den Vorstellungen eines Investors abgeleitet wird (= Kalkulationszinssatz Abschnitt II.D.2). Hier liegt demzufolge keine objektive sondern eine subjektive Komponente vor. Die nachfolgende Formel verdeutlicht die Vorgehensweise zur Ermittlung der jeweiligen durchschnittlichen Verzinsungen.

$$\text{Rentabilität} = \frac{\text{Gewinngröße}}{\text{Kapitalgröße}} = \frac{\text{Durchschnittlicher Gewinn} + \text{durchschnittliche Zinsen}}{\text{Durchschnittliche Kapitalbindung}}$$

Nachfolgendes Beispiel soll die Vorgehensweise der Rentabilitätsvergleichsrechnung exemplarisch darstellen und schrittweise aufarbeiten.

Übungsbeispiel 8: Rentabilitätsvergleichsrechnung

(Fortsetzung Übungsbeispiel 7 – Bezug auf Produktionsanlage A und Produktionsanlage B)

Ergebnis der Gewinnvergleichsrechnung:

	Produktionsanlage A		Produktionsanlage B	
Kapitalkosten				
kalk. Abschreibung	21.428,57		17.142,86	
kalk. Zinsen	7.500,00	28.928,57	14.000,00	31.142,86
weitere fixe Kosten				
Miete	1.000,00		1.000,00	
Gehälter	9.000,00		9.000,00	
Instandhaltungskosten	2.800,00		2.200,00	
so. fixe Kosten	1.400,00	14.200,00	1.200,00	13.400,00
Summe fixe Kosten		43.128,57		44.542,86
Variable Kosten				
Materialkosten	127.500,00		112.500,00	
Löhne	79.166,67		75.000,00	
Energiekosten	33.000,00		22.500,00	
so. variable Kosten	8.333,33		9.000,00	
Summe variable Kosten		248.000,00		219.000,00
Summe Gesamtkosten		291.128,57		263.542,86
Gesamterlös		300.000,00		300.000,00
Gesamtgewinn		8.871,43		36.457,14

Aufgabenstellung:
Ermitteln Sie die Vorteilhaftigkeit der zwei Produktionsanlagen A und B anhand des Kriteriums der Rentabilität des eingesetzten Kapitals.

Die zur Berechnung benötigten **durchschnittlichen Gewinne** eines jeden Investitionsobjektes können aus dem Ergebnis der Gewinnvergleichsrechnung entnommen werden. Dieses Ergebnis, der Gewinn oder Verlust, entspricht bereits einem Durchschnittswert (Prämisse der statischen Investitionsrechnung), somit unterbleibt eine weitere Durchschnittsbildung. Die zur Anwendung kommende durchschnittliche Gewinngröße darf jedoch nicht durch kalkulatorische Zinsen vermindert verwendet werden. Die Berechnung der durchschnittlichen Verzinsung, ohne Addition der kalkulatorischen Zinsen, führt zu einem Ergebnis, welches lediglich eine durchschnittliche Verzinsung über die kalkulatorischen Zinsen hinaus ergeben würde. Die Zielsetzung der Rentabilitätsvergleichsrechnung liegt jedoch in einer Ermittlung der durchschnittlichen Verzinsung des gesamten eingesetzten Kapitals.

Lösung Gewinngröße:
Der durchschnittliche Gewinn je Produktionsanlage kann aus dem Ergebnis der Gewinnvergleichsrechnung entnommen werden.

Produktionsanlage A: EUR 8.871,43
Produktionsanlage B: EUR 36.457,14

Die durchschnittlichen Zinsen können als kalkulatorische Zinsen der Kostenvergleichsrechnung entnommen werden:

Produktionsanlage A: EUR 7.500,–
Produktionsanlage B: EUR 14.000,–

Somit ergeben sich nach deren Addition folgende Gewinngrößen:

Gewinngröße Produktionsanlage A: 8.871,43 + 7.500 = EUR 16.371,43
Gewinngröße Produktionsanlage B: 36.457,14 + 14.000 = EUR 50.457,14

Die zur Anwendung kommende **durchschnittliche Kapitalbindung** entspricht dem
durchschnittlich gebundenen Kapital aus der Berechnung der kalkulatorischen Zinsen. In Abhängigkeit davon, ob ein Liquidationserlös erwirtschaftet werden kann
oder nicht, ergibt sich die gleiche Berechnung wie in Abschnitt II.C.2 ausführlich
dargestellt. Demzufolge werden abnutzbare Vermögenswerte mit dem halben Anschaffungswert (bzw. unter Berücksichtigung eines eventuellen Restwertes/Liquida-
tionserlös), nicht abnutzbare Vermögenswerte (z.B. Grundstücke) mit den vollen Anschaffungskosten, da sie keiner Abschreibung unterliegen (= Durchschnitt aus Anschaffungswert und Endwert ergibt wieder Anschaffungswert), angesetzt. Nachfolgende Formel verdeutlicht diese Vorgehensweise noch einmal:

$$\text{Durchschnittlich gebundenes Kapital} = \frac{\text{Anschaffungskosten} + \text{Liquidationserlös}}{2}$$

Lösung Kapitalgröße:
Die Kapitalgröße entspricht der durchschnittlichen Kapitalbindung, welche
bereits im Zuge der Ermittlung der kalkulatorischen Zinsen zur Anwendung
gekommen ist.

Produktionsanlage A:

$$\text{Durchschn. gebundenes Kapital} = \frac{\text{Anschaffungskosten} + \text{Liquidationserlös}}{2} =$$

$$\frac{150.000 + 0}{2} = 75.000,–$$

Produktionsanlage B:

$$\text{Durchschn. gebundenes Kapital} = \frac{\text{Anschaffungskosten} + \text{Liquidationserlös}}{2} =$$

$$\frac{200.000 + 80.000}{2} = 140.000,–$$

Den bisherigen Ausführungen sowie Berechnungen zu Folge ergibt sich nun folgende Lösung mittels Rentabilitätsvergleich:

Lösung Rentabilitätsvergleichsrechnung:

Produktionsanlage A:

$$\text{Rentabilität} = \frac{\text{Gewinngröße}}{\text{Kapitalgröße}} = \frac{\text{Durchschnittlicher Gewinn} + \text{durchschnittliche Zinsen}}{\text{Durchschnittliche Kapitalbindung}} =$$

$$= \frac{16.371,43}{75.000} = 0,2183 * 100 = 21,83\ \%$$

Produktionsanlage B:

$$\text{Rentabilität} = \frac{\text{Gewinngröße}}{\text{Kapitalgröße}} = \frac{\text{Durchschnittlicher Gewinn} + \text{durchschnittliche Zinsen}}{\text{Durchschnittliche Kapitalbindung}} =$$

$$= \frac{50.457,14}{140.000} = 0,3604 * 100 = 36,04\ \%$$

Die Interpretation der Ergebnisse der Rentabilitätsvergleichsrechnung kann anhand der absoluten wie auch relativen Vorteilhaftigkeitsbestimmung erfolgen. Ein Investitionsobjekt ist dann als absolut vorteilhaft zu beurteilen, wenn die durchschnittliche Verzinsung höher als die geforderte Mindestverzinsung (Kalkulationszinssatz) ist. Das Investitionsobjekt erwirtschaftet somit einen höheren prozentuellen Erfolg als gefordert. Ein Investitionsobjekt ist dann als relativ vorteilhaft zu beurteilen, wenn es die höchste durchschnittliche Verzinsung, sprich den höchsten prozentuellen Erfolg, aufweisen kann.

Lösung Interpretation der Ergebnisse:
Hinsichtlich des durchgeführten Übungsbeispiels kann folgende Beurteilung der Vorteilhaftigkeit unter dem Gesichtspunkt der Rentabilität abgegeben werden: Die Produktionsanlage A erwirtschaftet eine durchschnittliche Verzinsung in Höhe von 21,83 %, die Produktionsanlage B in Höhe von 36,04 %. Die fixierte Mindestrentabilität, in dem Fall der Kalkulationszinssatz aus der Kostenvergleichsrechnung, beträgt 10,0 %. Somit kann folgende Beurteilung der Ergebnisse vorgenommen werden: Beide Produktionsanlagen weisen eine absolute Vorteilhaftigkeit auf, da beide eine Rentabilität erwirtschaften, die höher als der Kalkulationszinssatz ist. Die relative Vorteilhaftigkeit liegt jedoch bei Produktionsanlage B vor, da diese eine höhere durchschnittliche Verzinsung, sprich Rentabilität, als die Produktionsanlage A aufweist.

4.2. Modellbeurteilung

Die Rentabilitätsvergleichsrechnung findet in der Praxis häufig Anwendung. Die Begründung liegt in der Möglichkeit, mit den Ergebnissen der Rentabilitätsvergleichsrechnung eine Aussage über die absolute Wirtschaftlichkeit eines Investitionsobjektes treffen zu können, welche nicht auf einem Absolutwert (wie den Kosten in der Kostenvergleichsrechnung oder Gewinnen in der Gewinnvergleichsrechnung) sondern auf einem relativen (prozentuellen) Wert basiert. Ausgehend von der Kritik an der Kosten- wie auch Gewinnvergleichsrechnung, wonach kein eingesetztes Kapital berücksichtig wird, geht dieses in die Berechnung der Vorteilhaftigkeit mittels der Rentabilitätsvergleichsrechnung ein. Als problematisch ist jedoch anzuführen, dass eine unterschiedliche Ausgestaltung der einzelnen Komponenten (Gewinngröße und Kapitalgröße) zu unterschiedlichen Ergebnissen und somit zu variierenden Interpretationen führen kann.

Da die Rentabilitätsvergleichsrechnung ebenfalls der statischen Investitionsrechnung zugehörig ist, treten hierbei die gleichen Probleme auf, welche bereits im Bereich der Kosten- als auch Gewinnvergleichsrechnung angeführt wurden. An dieser Stelle werden diese lediglich kurz erwähnt, ergänzt um die Kritikpunkte, welche sich spezifisch aus der Rentabilitätsvergleichsrechnung ergeben:

- Keine Berücksichtigung der zeitlichen Struktur anfallender Zahlungen
- Verrechnung durchschnittlicher Kosten und Erlöse
- Problem der Zurechenbarkeit
- Erhöhte Unsicherheit
- Berücksichtigung unterschiedlicher Kapitaleinsätze: Bei einer endgültigen Beurteilung mittels der Rentabilitätsvergleichsrechnung sollte immer Rücksicht auf die Kapitaleinsätze genommen werden. Sollte der Fall eintreten, dass unterschiedliche Kapitaleinsätze auftreten, muss die Anlage des vorhandenen Differenzbetrages (AW Alternative A – AW Alternative B) mitberücksichtigt werden. Den Prämissen zufolge muss davon ausgegangen werden, dass dieser Differenzbetrag in Höhe der ermittelten durchschnittlichen Rentabilität veranlagt werden kann. Ist dies nicht der Fall, bzw. kann diese Verzinsung nicht erreicht werden, muss dies in die Entscheidungsfindung miteinbezogen werden.

5. Amortisationsvergleichsrechnung

5.1. Methodik

Die **Amortisationsvergleichsrechnung** berechnet die Anzahl an Perioden, die benötigt werden, um den Kapitaleinsatz aus den Investitionsrückflüssen wiederzugewinnen. Es wird somit das eingesetzte Kapital mit den durchschnittlichen Rückflüssen aus dem Investitionsobjekt in Verbindung gebracht, wodurch ein Zurückgreifen auf die Ergebnisse der Kosten- bzw. Gewinnvergleichsrechnung notwendig ist. Zur Beurteilung der Vorteilhaftigkeit wird jeweils die Amortisationszeit oder Amortisationsdauer (Wiedergewinnungszeit) ermittelt. Die Amortisationszeit ist jene Anzahl an Perioden, in denen die Anschaffungskosten durch die Rückflüsse egalisiert werden. Die wirtschaftliche Vorteilhaftigkeit liegt bei jenem Investitionsobjekt, welches die kürzeste Amortisationszeit aufweist. Die Berurteilung der Vorteilhaftigkeit beruht somit auf einem differenzierten Vergleich der Amortisationszeiten eines jeden Investitionsobjektes.

Ein Investitionsobjekt kann dann als **absolut vorteilhaft** beurteilt werden, wenn die maximal zulässige Amortisationsdauer nicht überschritten wird.

Ein Investitionsobjekt kann dann als **relativ vorteilhaft** beurteilt werden, wenn die Amortisationsdauer des Investitionsobjektes geringer als die Amortisationsdauer der zur Auswahl stehenden Investitionsobjekte ist und die maximal zulässige Amortisationsdauer nicht überschritten wird.

Die maximal zulässige Amortisationsdauer entspricht einer subjektiven Größe des Investors. Die maximale Amortisationsdauer kann jedoch anhand der zulässigen technischen Nutzungsdauer eines Investitionsobjektes ermittelt werden. Diese stellt den äußersten Rahmen der Amortisationsdauer dar.

Die nachfolgende Aufstellung mit dem Grundschema einer Amortisationsvergleichsrechnung verdeutlicht die Vorgehensweise zur Ermittlung der absoluten und relativen Vorteilhaftigkeit eines Investitionsobjektes. Zu beachten ist hierbei, dass im Zuge der Amortisationsvergleichsrechnung auf zwei unterschiedliche Berechnungsweisen (Durchschnittsmethode, Kumulationsmethode) zurückgegriffen werden kann.

Amortisationsvergleichsrechnung (Zielgröße Wiedergewinnungszeit)	
Investitionsobjekt A	Kapitaleinsatz : Investitionsrückflüsse
Investitionsobjekt B	Kapitaleinsatz : Investitionsrückflüsse

Das eingesetzte Kapital (**Kapitaleinsatz**) setzt sich aus dem Anschaffungswert, vermindert um einen eventuellen Liquidationserlös, zusammen. Diese Verminderung des Anschaffungswertes um den Liquidationserlös ergibt sich aus der Tatsache, dass das Risiko eines möglichen Kapitalverlustes durch die Generierung eines Liquidationswertes vermindert wird. Da der Liquidationserlös in Form von finanziellen Mitteln in das Unternehmen zurückfließt, muss dieser demzufolge auch nicht amortisiert werden.

Die Amortisationsdauer wird als jener Zeitraum interpretiert, in dem das eingesetzte Kapital über den Umsatzprozess wieder in das Unternehmen zurückfließt. Die Mittel, welche aus diesem Umsatzprozess generiert werden, werden als **Investitionsrückflüsse** bezeichnet. Diese Investitionsrückflüsse ergeben sich, da die Amortisationsvergleichsrechnung der statischen Investitionsrechnung angehört, aus den durchschnittlichen Kosten und Leistungen pro Periode. Dazu sind beispielsweise Produktverkauf oder Zinseinnahmen etc. zu zählen. Richtig wäre die Vorgehensweise des Vergleichs der durchschnittlichen Einzahlungen und Auszahlungen pro Periode. Da die statische Investitionsrechnung jedoch, wie bereits erwähnt, auf Kosten und Leistungen beruht, erfolgt somit ein Vergleich der durchschnittlichen Kosten und Leistungen pro Periode jedoch modifiziert, etwa unter Berücksichtigung der Abschreibung. Die Abschreibung stellt nämlich eine Position dar, welche als Kosten definiert wird, somit in die Kostenvergleichsrechnung miteinbezogen wird, jedoch keine adäquate laufende Auszahlung (kein Liquiditätsabfluss) darstellt. Für die Bestimmung der Investitionsrückflüsse müssen die Rückflüsse demzufolge um die Abschreibung korrigiert werden. Eine Korrektur um die kalkulatorischen Zinsen kann in Erwägung gezogen werden. Handelt es sich annahmegemäß bei den kalkulatorischen Zinsen um Fremdkapitalzinsen, so stellen diese Auszahlungen dar und eine Korrektur dieser kann unterlassen werden. Beinhalten die kalkulatorischen Zinsen jedoch auch Komponenten von Eigenkapitalzinsen, so stellen diese keine Auszahlung dar und müssten korrigiert werden.

Übungsbeispiel 9: Amortisationsvergleichsrechnung

Auf Ihrem Schreibtisch liegen mehrere Angebote für ein neues Objekt zur Ansicht. Nach Durchsicht der Angebote nehmen Sie zwei Alternativen in die engere Auswahl. Diese zwei unterschiedlichen Objekte sind durch folgende Daten gekennzeichnet:

		Alternative A	Alternative B
Anschaffungskosten	EUR	150.000,00	170.000,00
Nutzungsdauer	Jahre	5,00	5,00
Restwert	EUR	14.000,00	8.000,00
Gewinn 1. Jahr	EUR	30.000,00	60.000,00
Gewinn 2. Jahr	EUR	25.000,00	48.000,00
Gewinn 3. Jahr	EUR	35.000,00	35.000,00
Gewinn 4. Jahr	EUR	40.000,00	30.000,00
Gewinn 5. Jahr	EUR	43.000,00	25.000,00

Aufgabenstellung:
- Ermitteln Sie die Dauer der Amortisationszeit beider Investitionsalternativen anhand der Durchschnittsrechnung.
- Ermitteln Sie die Dauer der Amortisationszeit anhand der Kumulationsmethode.

Annahme: Kalkulatorische Zinsen sind nicht zu bereinigen! Es ist von einer linearen Abschreibung auszugehen.

Die **Durchschnittsmethode** beruht auf einer Glättung (Durchschnittsbildung) gleich bleibender Rückflüsse.

Die Vorgehensweise der Durchschnittsmethode liegt in einer Division des Kapitaleinsatzes durch die geglätteten (durchschnittlichen) Investitionsrückflüsse. Daraus ergibt sich folgende Formel:

$$\text{Amortisationsdauer} = \frac{\text{Eingesetztes Kapital} - \text{Restwert}}{\text{Durchschnittlicher Gewinn} + \text{Abschreibung}}$$

Folgendes Beispiel soll die Vorgehensweise verdeutlichen:

Lösung Durchschnittsmethode:
Ermittlung durchschnittlicher Gewinn:

$$\text{Durchschnittlicher Gewinn A} = \frac{30.000 + 25.000 + 35.000 + 40.000 + 43.000}{5} = 34.600,-$$

$$\text{Durchschnittlicher Gewinn B} = \frac{60.000 + 48.000 + 35.000 + 30.000 + 25.000}{5} = 39.600,-$$

Ermittlung kalkulatorische Abschreibung:

$$\text{Alternative A} = \frac{150.000 - 14.000}{5} = 27.200,-$$

$$\text{Alternative B} = \frac{170.000 - 8.000}{5} = 32.400,-$$

Ermittlung Amortisationsdauer:

$$\text{Amortisationsdauer A} = \frac{\text{Eingesetzes Kapital} - \text{Restwert}}{\text{Durchschnittlicher Gewinn} + \text{Abschreibung}} =$$

$$= \frac{150.000 - 14.000}{34.600 + 27.200} = 2,2 \text{ Jahre}$$

$$\text{Amortisationsdauer B} = \frac{\text{Eingesetzes Kapital} - \text{Restwert}}{\text{Durchschnittlicher Gewinn} + \text{Abschreibung}} =$$

$$= \frac{170.000 - 8.000}{39.600 + 32.400} = 2,25 \text{ Jahre}$$

Alternative A amortisiert sich nach 2,2 Jahren, Alternative B amortisiert sich nach 2,25 Jahren.

Anwendung findet die Durchschnittsmethode dort, wo eine Glättung der Investitionsrückflüsse kein verfälschtes Bild ergibt. Weisen die geplanten durchschnittlichen Gewinne keine hohen Schwankungen auf, führt eine Durchschnittsbildung zu keiner Verfälschung der Investitionsrückflüsse. Unterliegt das Investitionsobjekt einer linearen Abnutzung, entsprechen die durchschnittlichen Abschreibungsbeträge der tatsächlichen Abschreibung. Sind diese Prämissen als nicht erfüllt anzusehen, ist die Kumulationsmethode anzuwenden.

Die **Kumulationsmethode** verzichtet auf eine Glättung der Investitionsrückflüsse und summiert die tatsächlichen Investitionsrückflüsse pro Periode, bis der Kapitaleinsatz amortisiert ist.

Diese Vorgehensweise erweitert die statische Amortisationsrechnung um einen dynamischen Aspekt. Nachfolgendes Schema stellt die Ermittlung der Amortisationsdauer mittels der Kumulationsmethode dar.

Kumulationsmethode			
	Investitionsrückfluss	kumulierte Rückflüsse	Vergleich Kapitaleinsatz
Periode 1			
Periode 2			
....			
Periode n			

Zum besseren Verständnis wird die Lösung von Übungsbeispiel 9 nach der Kumulationsmethode durchgeführt, die folgendes Bild ergibt:

Lösung Kumulationsmethode:

Kumulationsmethode Alternative A				
	Investitions-rückfluss	Abschreibung	kumulierte Rückflüsse	Vergleich Kapitaleinsatz
Periode 1	30.000,00	27.200,00	57.200,00	78.800,00
Periode 2	25.000,00	27.200,00	109.400,00	26.600,00
Periode 3	35.000,00	27.200,00	171.600,00	-35.600,00
Periode 4	40.000,00	27.200,00	238.800,00	-102.800,00
Periode 5	43.000,00	27.200,00	309.000,00	-173.000,00

Kumulationsmethode Alternative B				
	Investitions-rückfluss	Abschreibung	kumulierte Rückflüsse	Vergleich Kapitaleinsatz
Periode 1	60.000,00	32.400,00	92.400,00	69.600,00
Periode 2	48.000,00	32.400,00	172.800,00	-10.800,00
Periode 3	35.000,00	32.400,00	240.200,00	-78.200,00
Periode 4	30.000,00	32.400,00	302.600,00	-140.600,00
Periode 5	25.000,00	32.400,00	360.000,00	-198.000,00

Nach der Kumulationsmethode amortisiert sich Alternative A im 3. Jahr, Alternative B hingegen bereits im 2. Jahr.

Anwendung findet die Kumulationsmethode dort, wo sich durch eine Glättung der Investitionsrückflüsse ein verfälschtes Bild ergeben würde. Weiters ist der Zeitpunkt der Rückflüsse für einen Investor von Relevanz. Je früher Kapital in das Unternehmen zurückfließt, desto früher kann damit wieder gearbeitet werden. Unterliegt das Investitionsobjekt nicht einer linearen Abnutzung, würde eine Glättung ebenfalls zu unrealistischen Annahmen führen

Die Interpretation der Ergebnisse der Amortisationsvergleichsrechnung kann anhand der absoluten wie auch relativen Vorteilhaftigkeitsbestimmung erfolgen. Ein Investitionsobjekt kann dann als absolut vorteilhaft beurteilt werden, wenn die ermittelte Amortisationsdauer die fixierte maximale Amortisationszeit nicht überschreitet. Somit kann eine absolute Vorteilhaftigkeit festgestellt werden, da das Investitionsobjekt in der Lage ist, die eingesetzten Mittel innerhalb z.B. der technischen Nutzungsdauer über den Umsatzprozess wieder in das Unternehmen zurückfließen zu lassen. Ein Investitionsobjekt kann dann als relativ vorteilhaft beurteilt werden, wenn es eine ermittelte Amortisationsdauer aufweist, welche geringer als die der zur Auswahl stehenden Investitionsalternativen ist und die fixierte maximale Amortisationszeit nicht überschreitet. Die Begründung dafür liegt auch in einer Risikominimierung. Je näher der Amortisationszeitpunkt in der Zukunft liegt, desto geringer sind die Risiken bzw. die Unsicherheiten bezüglich Liquiditätsbelastungen sowie künftiger Umwelt- und Marktveränderungen. Je weiter der Amortisationszeitpunkt in der Zukunft liegt, desto größer wird auch die Unsicherheit, dass sich veränderte Marktgegebenheiten negativ auf die Entwicklung der Amortisationsdauer auswirken.

> **Lösung Interpretation:**
> Aufgrund der Berechnungen mittels der **Durchschnittsmethode** ist der Alternative A der Vorzug zu geben. Es ist aber sowohl Alternative A wie auch Alternative B absolut vorteilhaft, da beide Alternativen eine Amortisationsdauer aufweisen, die unter der Nutzungsdauer der Objekte liegt. Die relative Vorteilhaftigkeit liegt jedoch bei Alternative A, da diese eine kürzere Amortisationszeit aufweist.
> Aufgrund der Berechnungen mittels der **Kumulationsmethode** ist der Alternative B der Vorzug zu geben. Alternative A sowie Alternative B weisen eine absolute Vorteilhaftigkeit auf, da beide eine Amortisationsdauer haben, die unter der zulässigen Nutzungsdauer liegt. Die relative Vorteilhaftigkeit liegt jedoch bei Alternative B (amortisiert sich im 2. Jahr), da sie eine kürzere Amortisationsdauer als Alternative A (amortisiert sich im 3. Jahr) aufweist.

5.2. Modellbeurteilung

Die Amortisationsvergleichsrechnung ist ein Verfahren, welches den liquiditätsorientierten Gesichtspunkt in den Mittelpunkt stellt und dabei den Risikoaspekt fokussiert. Es wird jener Zeitraum ermittelt, welcher benötigt wird, um die investierten Mittel über den Markt wieder in das Unternehmen zurückfließen zu lassen. Je kürzer die Amortisationszeit, desto geringer ist das damit einhergehende Risiko.

Da die Amortisationsvergleichsrechnung ebenfalls dem Bereich der statischen Investitionsrechnungen zugeordnet wird, ergeben sich daraus (lediglich kurz angeführt) und aus den spezifischen Eigenheiten der Amortisationsrechnung per se zahlreiche Kritikpunkte:

- Keine Berücksichtigung der zeitlichen Struktur anfallender Zahlungen.
- Verrechnung durchschnittlicher Kosten und Leistungen.
- Probleme der Zurechenbarkeit der Erträge.
- Langfristige Investitionen mit einhergehenden hohen Anschaffungsauszahlungen werden tendenziell schlechter beurteilt.
- Vernachlässigung der Investitionsrückflüsse nach dem Amortisationszeitpunkt bei Anwendung der Kumulationsmethode: Die Investitionsrückflüsse, welche nach dem ermittelten Amortisationszeitpunkt erwirtschaftet werden können, fließen nicht in die Beurteilung der Vorteilhaftigkeit ein. Durch eine unterschiedliche Entwicklung dieser bei den zur Auswahl sehenden Investitionsobjekten kann es zu Fehlentscheidungen kommen.
- Verrechnung durchschnittlicher Rückflüsse: Bei Anwendung der Durchschnittsmethode. Diese sollte wie bereits erwähnt nur dann zur Anwendung kommen, wenn die Investitionsrückflüsse über den betrachteten Zeitraum konstant sind, d.h. eine Durchschnittsbildung nicht zu einer Verfälschung der tatsächlichen Rückflüsse führt. Die Anwendung der Kumulationsmethode erscheint auch insofern problematisch, als die benötigten Daten, sprich die Investitionsrückflüsse je Periode, genau vorhergesagt werden müssen.
- Nichtberücksichtigung unterschiedlicher Nutzungsdauern: Weisen die zur Auswahl stehenden Investitionsobjekte unterschiedlich lange Nutzungsdauern auf, wird dies in der Beurteilung anhand der Kumulationsmethode nur insoweit berücksichtigt, dass die maximal zulässige Amortisationszeit der einzelnen Investitionsobjekte davon abhängig ist.

Trotz der Einfachheit der Anwendung sollte die Amortisationsvergleichsrechnung lediglich als Zusatzinstrument zur Investitionsentscheidung herangezogen werden. Eine reine Vorteilhaftigkeitsbestimmung basierend auf der Amortisationsvergleichsrechnung bietet keine bzw. wenig Aussagen über Gewinn, Kosten oder Rentabilität einzelner Investitionsobjekte. Eine ausschließliche Verwendung der Amortisationsrechnung wird lediglich dann empfohlen, wenn Investitionsobjekte miteinander verglichen werden, die kosten- und ertragsmäßige Ähnlichkeiten (im Sinne der Zahlungsstromorientierung) aufweisen

D. Dynamische Investitionsrechnung

1. Grundlagen

Die den dynamischen Investitionsrechenverfahren zugehörigen Verfahren unterscheiden sich ebenfalls hinsichtlich ihrer jeweils zu Grunde liegenden Zielgrößen. So können hierbei der Kapitalwert (Gesamterfolg), die Annuität (Periodenerfolg) oder der interne Zinssatz (Rentabilität) als Zielgrößen verwendet werden. Die dynamischen Verfahren berücksichtigen als **Mehrperiodenmodelle** den zeitlichen Anfall der Einzahlungen und Auszahlungen und bedienen sich dabei finanzmathematischer Grundlagen. Somit wird die Vorteilhaftigkeit von Investitionsobjekten nicht mit Durchschnittswerten berechnet, sondern mit Zahlungsströmen, die während der Nutzungsdauer der Investitionsobjekte auftreten. Die Ermittlung der jeweiligen Vorteilhaftigkeit erfolgt somit auf Basis von Ein- und Auszahlungen. Einzahlungen bewirken einen Zufluss von liquiden Mitteln, Auszahlungen hingegen einen Abfluss von liquiden Mitteln. Die in der statischen Investitionsrechnung zur Berücksichtigung kommenden kalkulatorischen Zinsen per se bleiben in der dynamischen Investitionsrechnung unberücksichtigt, da diese im Zuge der Diskontierung (Abzinsung) der Zahlungsströme der Investitionsobjekte berücksichtigt werden. Die kalkulatorische Abschreibung per se, welche die Anschaffungswerte auf die Nutzungsdauer verteilt, findet ebenfalls keine Berücksichtigung, da die Anschaffungsauszahlungen direkt in der dynamischen Investitionsrechnung berücksichtigt werden.

Die dynamischen Investitionsrechenverfahren weisen eine Reihe von Prämissen auf, die bei ihrer Anwendung von Relevanz sind. Diese Annahmen sind:

- Die einzelnen Investitionsobjekte sind durch Ein- und Auszahlungen gekennzeichnet, die bekannt sind: Einzahlungen beinhalten dabei die Erlöse aus Leistungen sowie einen eventuellen Liquidationserlös, Auszahlungen beinhalten Ausgaben zur Herstellung oder Anschaffung inklusive Nebenkosten sowie laufenden Ausgaben.
- Zuordnung der Zahlungsströme zum Periodenende.
- Sichere Erwartungen über die Zukunft: Die zur Anwendung kommenden Daten werden als sicher angenommen.
- Wiederanlage der Einzahlungsüberschüsse: Es wird davon ausgegangen, dass sämtliche Überschüsse der Investitionsobjekte zum angegebenen Kalkulationszinssatz reinvestiert, sprich veranlagt, werden können.
- Vollkommener Kapitalmarkt: Unter die Prämisse eines vollkommenen Kapitalmarktes werden folgende Annahmen subsumiert:
  - ☐ Keine Unterscheidung zwischen Eigen- und Fremdkapital: Somit steht jedem Investor, unabhängig von der Bonität, Kapital zur Verfügung.
  - ☐ Unbegrenzt zur Verfügung stehendes Kapital: Kapital steht unbegrenzt und unabhängig von der Bonität zur Verfügung.
  - ☐ Vollkommene Marktinformation: Alle am Markt tätigen Teilnehmer haben homogene Erwartungen und treffen ihre Entscheidungen aufgrund gleicher, allgemein anerkannter Erwartungen.
  - ☐ Einheitlicher Kapitalmarktzins – Sollzinssatz entspricht Habenzinssatz: Unabhängig davon, ob Kapital aufgenommen oder veranlagt wird, der zur Anwendung kommende Zinssatz ist gleich hoch.

Die dynamischen Investitionsrechenverfahren weisen in ihrer Gesamtheit einige Kritikpunkte auf, welche an dieser Stelle kurz angeführt werden:

- Unsicherheitsproblem: Das Unsicherheitsproblem ergibt sich aus der Prämisse der Sicherheit der zur Anwendung kommenden Daten. Zukünftige Entwicklungen und Ereignisse können nicht mit Sicherheit vorhergesagt werden.

- Zurechnungsproblem: Die verursachungsgerechte Zuordnung der Ein- und Auszahlungen auf die jeweiligen Investitionsobjekte stellt häufig eine große Heraus-
  forderung dar.
- Zinssatzproblem: Die Bestimmung des Kalkulationszinssatzes kann mittels subjektiver Schätzung oder objektiver Ermittlung erfolgen. Unabhängig von der Ermittlung nimmt der zur Anwendung kommende Zinssatz erheblichen Einfluss
  auf die Ergebnisse der durchgeführten Investitionsrechnung und somit auf die
  Entscheidung für oder gegen ein Investitionsobjekt.
- Entscheidungsproblem: Einzelne dynamische Investitionsrechenverfahren können im Vergleich untereinander zu abweichenden Vorteilhaftigkeitsbeurteilun-
  gen führen.

Wie aus Abbildung II.6 ersichtlich, können den dynamischen Investitionsrechenverfahren folgende Methoden zugeordnet werden:

- Kapitalwertmethode
- Annuitätenmethode
- Methode des internen Zinssatzes

Da im Zuge der Anwendung der dynamischen Investitionsrechnung finanzmathematische Grundlagen als Vorkenntnisse benötigt werden, gibt der nachfolgende Abschnitt eine kurze Einführung in diese Thematik. Hierbei handelt es sich lediglich
um eine Einführung in jene Bereiche, die für die Berechnung der dynamischen Investitionsrechenverfahren benötigt werden.

2. Finanzmathematische Grundlagen

Der im Zuge der dynamischen Investitionsrechnungen zur Anwendung kommende
Diskontierungszinssatz wird als **Kalkulationszinsfuß** bezeichnet.

> Dieser Kalkulationszinsfuß ist die vom Investor **geforderte Mindestverzin-
> sung**, die er in Anbetracht des mit der Investition verbundenen **Risikos** für an-
> gemessen hält und die er **realistisch** gesehen erzielen kann.

Diese geforderte Mindestverzinsung ist eine häufig subjektiv ermittelte Größe und
repräsentiert eine Alternativanlage. Der zur Anwendung kommende Kalkulationszinsfuß i hat einen hohen Einfluss auf die Ergebnisse der Investitionsrechnungen. Ein
höherer oder niedriger Kalkulationszinsfuß kann eine absolute als auch relative Investitionsentscheidung herbeiführen bzw. verändern. Da er ein Investitionsvorhaben
entscheiden kann, wird der Bemessung des Kalkulationszinssatzes eine hohe Bedeutung beigemessen. Er kann auf verschiedenen Wegen ermittelt werden. Grundsätzlich kann eine Orientierung am Kapitalmarkt erfolgen (objektive Ermittlung). Hierbei wird der Kapitalmarktzinssatz (z.B. jener für risikofreie Staatsanleihen) als Ba-
sisizinssatz herangezogen. Weiters ist es möglich, dass der Kalkulationszinssatz auf
Branchenzinssätzen (durchschnittliche Rendite einer Branche) oder auch auf unter-

nehmensspezifischen Zinssätzen (gewichteter Kapitalkostensatz – Weighted Average Cost of Capital) basiert. Gemeinsam ist allen Vorgehensweisen, dass das mit der Investition verbundene Risiko miteinbezogen werden muss, somit im Vergleich zu einer risikolosen Anleihe ein Risikozuschlag und somit eine Erhöhung des Basiszinssatzes zu erfolgen hat.

Die zur Anwendung kommenden finanzmathematischen Grundlagen der dynamischen Investitionsrechnung beschränken sich auf Bar- und Endwertermittlungen. Ein **Barwert** BW ist dabei ein auf den Beginn des Planungszeitraumes abgezinster Wert von Zahlungen. Der Kalkulationszinssatz fließt hierbei in den Abzinsungsfaktor $(1+i)^{-n}$ ein. Es wird somit der heutige Wert eines zukünftigen Zahlungsstromes ermittelt, wobei eine Unterscheidung zwischen einer einmaligen Zahlung und immer wieder kehrenden Zahlungen zu machen ist.

Ein **Endwert** (EW) hingegen ist der auf das Ende eines Planungszeitraumes aufgezinste Wert von Zahlungen. Der Kalkulationszinssatz fließt hierbei in den Aufzinsungsfaktor $(1+i)^{n}$ ein. Es wird somit ausgehend von einem heutigen Wert oder einem Wert, der näher in der Zukunft liegt, auf einen weiter in der Zukunft liegenden Wert übergeleitet. Hier ist ebenfalls eine Unterscheidung zwischen einer einmaligen Zahlung und immer wiederkehrenden Zahlungen zu machen.

Die jeweiligen Bar- als auch Endwerte werden dabei unter Berücksichtigung der Zinsen und Zinseszinsen ermittelt. Als **Zinseszinsen** wird dabei verstanden, dass die angefallenen Zinsen am Ende einer Zinsperiode dem Kapital hinzugefügt und weiter verzinst werden. Das angesparte Kapital wächst somit pro Periode um den Aufzinsungsfaktor.

Eine weitere wichtige Komponente in der Finanzmathematik ist die **Annuität** A. Eine Annuität stellt gleich hohe periodisch wiederkehrende Zahlungen dar. Dabei ist eine Unterscheidung darin zu machen, ob die Verteilung eines heute zur Verfügung stehenden Betrages oder eines in Zukunft zur Verfügung stehenden Betrages erfolgen soll. In diesem Zusammenhang ist es auch wichtig, eine Unterscheidung zwischen **nachschüssigen** und **vorschüssigen** Zahlungen vorzunehmen. Nachschüssige Zahlungen erfolgen jeweils am Periodenende, vorschüssige Zahlungen hingegen jeweils am Periodenanfang. Die Unterscheidung ist für die Berücksichtigung der Zinsen sowie Zinseszinsen von Bedeutung.

Im nachfolgenden Abschnitt werden die unterschiedlichen Varianten der Bar- und Endwertermittlung dargestellt und mit einfachen Beispielen verdeutlicht. Die Darstellung der **Barwertermittlung** mittels Zeitstrahl ergibt folgendes Bild:

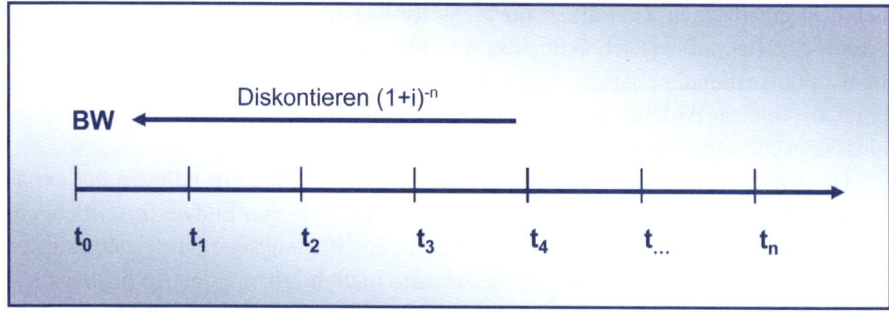

Abbildung II.12: Zeitstrahl

Übungsbeispiel 10: Barwertermittlung bei einmaliger Zahlung

Sie möchten sich in 10 Jahren einen lang ersehnten Traum erfüllen. Hierzu benötigen Sie dann allerdings EUR 50.000,–.

Aufgabenstellung:
Wie viel Kapital müssen Sie heute einmal anlegen, um den gewünschten Betrag zum gegebenen Zeitpunkt zu erhalten? Gehen Sie bei Ihren Berechnungen von einer Verzinsung in Höhe von 10 % p.a. aus.

Lösung Barwertermittlung bei einmaliger Zahlung:

$$BW_{t=0} = A * \frac{1}{(1+i)^n} = 50.000 * \frac{1}{(1+0,10)^{10}} = 19.277,16$$

In diesem Fall ergibt sich der Barwert durch Multiplikation der EUR 50.000,– mit dem Abzinsungsfaktor.

Übungsbeispiel 11: Barwertermittlung bei mehrmaligen unterschiedlichen Zahlungen

Sie benötigen EUR 1.000,– am Ende des 1. Jahres, EUR 2.000,– am Ende des 2. Jahres, EUR 3.000,– am Ende des 3. Jahres und EUR 4.000,– am Ende des 4. Jahres.

Aufgabenstellung:
Welchen Betrag müssten Sie heute anlegen, um diese Auszahlungen gewährleisten zu können? Gehen Sie dabei von einer Verzinsung in Höhe von 5 % p.a. aus.

Lösung Barwertermittlung bei mehrmaligen unterschiedlichen Zahlungen:

$$BW_{t=0} = \sum_{t=0}^{n} A * (1+i)^{-t}$$

$$BW = 1.000 * (1+0,05)^{-1} + 2.000 * (1+0,05)^{-2} + 3.000 * (1+0,05)^{-3} +$$
$$4.000 * (1+0,05)^{-4} = 8.648,76$$

Hier ergibt sich der Barwert durch Multiplikation der einzelnen Werte mit dem jeweiligen Barwertfaktor.

Übungsbeispiel 12: Barwertermittlung bei mehrmaligen gleich hohen Zahlungen (vorschüssig)

Sie benötigen jedes Jahr jeweils zu Beginn des Jahres EUR 1.000,–.

Aufgabenstellung:
Ermitteln Sie den Betrag, den Sie heute veranlagen müssten, um das gesetzte Ziel zu erreichen. Gehen Sie dabei von einer Verzinsung in Höhe von 5 % p.a. und einer Laufzeit von 10 Jahren aus.

Lösung Barwertermittlung bei mehrmaligen gleich hohen Zahlungen (vorschüssig):

$$BW_{t=0} = A * \frac{1 - \dfrac{1}{(1+i)^n}}{1 - \dfrac{1}{(1+i)}} = 1.000 * \frac{1 - \dfrac{1}{(1+0,05)^{10}}}{1 - \dfrac{1}{(1+i)}} = 8.107,82$$

Übungsbeispiel 13: Barwertermittlung bei mehrmaligen gleich hohen Zahlungen (nachschüssig)

Sie rechnen mit einer Studiendauer von 5 Jahren und benötigen dazu jährlich EUR 2.000,– am Ende des Jahres zur Abdeckung der anfallenden Kosten.

Aufgabenstellung:
Welchen Betrag müssten Sie heute zu einem Zinssatz von 5 % p.a. anlegen, um diese Auszahlungen zu gewährleisten?

Lösung Barwertermittlung bei mehrmaligen gleich hohen Zahlungen (nachschüssig):

$$BW_{t=0} = A * \frac{1 - \dfrac{1}{(1+i)^n}}{i} = 2.000 * \frac{1 - \dfrac{1}{(1+0,05)^5}}{0,05} = 8.658,95$$

Übungsbeispiel 14: Ermittlung Annuität (nachschüssig)

Sie haben zum Zwecke eines Wohnungserwerbs einen Kredit in Höhe von EUR 50.000,– aufgenommen. Als Rückzahlungsvariante wurde ein Annuitätendarlehen vereinbart, d.h. Sie zahlen jährlich gleich hohe Annuitäten (Zinsen und Tilgung).

Aufgabenstellung:
Ermitteln Sie die jährliche Annuität, wenn ein Zinssatz in Höhe von 10 % p.a. vereinbart wurde. Es wurde eine Kreditlaufzeit von 15 Jahren vereinbart.

Lösung Ermittlung Annuität (nachschüssig):

Umformen der BW-Formel – gesucht ist die Annuität (A)

$$BW_{t=0} = A * \frac{1 - \dfrac{1}{(1+i)^n}}{i}$$

$$A = BW_{t=0} * \frac{i}{1 - \dfrac{1}{(1+i)^n}} = 50.000 * \frac{0,10}{1 - \dfrac{1}{(1+0,10)^{15}}} = 6.573,69$$

Übungsbeispiel 15: Ermittlung Barwert – ausgehend von Annuität (nachschüssig)

Sie möchten aufgrund eines günstigen Angebots ein Grundstück am See pachten. Da Sie momentan aber über einen relativ hohen Kapitalbetrag verfügen, überlegen Sie sich, die gesamte Pachtsumme auf einmal am Beginn zu zahlen. Der jährliche Pachtzins beträgt EUR 1.250,–, der Zinssatz wird in Höhe von 8 % p.a. vereinbart. Die Pachtdauer wird mit 8 Jahren fixiert.

Aufgabenstellung:
Wie hoch wäre der Zahlungsbetrag, den Sie bereits am Beginn für die gesamte Pachtdauer zu zahlen hätten? Gehen Sie davon aus, dass der jährliche Pachtzins als auch der zu ermittelnde Zahlungsbetrag jeweils nachschüssig bezahlt werden.

Lösung Ermittlung Barwert – ausgehend von Annuität (nachschüssig):

$$BW_{t=0} = A * \frac{1 - \dfrac{1}{(1+i)^n}}{i} = 1.250 * \frac{1 - \dfrac{1}{(1+0,08)^8}}{0,08} = 7.183,30,-$$

Hinweis:
Würde man in diesem Übungsbeispiel davon ausgehen, dass sowohl der jährliche Pachtzins als auch der zu ermittelnde Zahlungsbetrag jeweils zu Beginn der Periode gezahlt werden würden, sprich vorschüssig, würde sich in der Ermittlung des Barwertes lediglich die zur Anwendung kommende Formel verändern. Dann würde anstatt der nachschüssigen Barwertformel die vorschüssige Barwertformel dazu verwendet werden, den zu ermittelnden Zahlungsbetrag zu berechnen. Folgende Formel würde dann zur Anwendung kommen:

$$BW_{t=0} = A * \frac{1 - \dfrac{1}{(1+i)^n}}{1 - \dfrac{1}{(1+i)}}$$

Die Darstellung der **Endwertermittlung** mittels Zeitstrahl ergibt folgendes Bild:

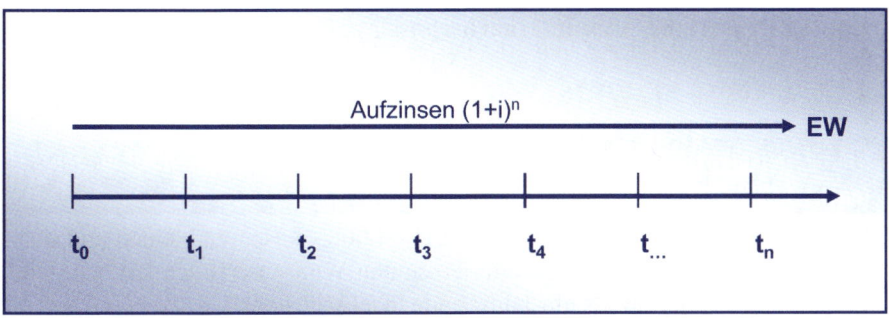

Abbildung II.13: Zeitstrahl

Übungsbeispiel 16: Endwertermittlung bei einmaliger Zahlung

Im Zuge einer Finanzberatung wird festgestellt, dass Sie einen Betrag in Höhe von EUR 10.000,– frei zur Verfügung haben. Nach Beratung entschließen Sie sich, ein Kapitalsparbuch zu eröffnen. Ihre Hausbank legt Ihnen ein Angebot vor. Sie legen zum heutigen Tag EUR 10.000,– auf Ihr Sparbuch und lassen das Geld für 4 Jahre am Sparbuch liegen. Sie rechnen mit einer Verzinsung in Höhe von 10 % p.a.

Aufgabenstellung:
Über welchen Geldbetrag verfügen Sie nach Ablauf der genannten Frist?

Lösung Endwertermittlung bei einmaliger Zahlung:

$$EW_{t=0} = A * (1 + i)^n = 10.000 * (1 + 0,10)^4 = 14.641,-$$

In diesem Fall ergibt sich der Endwert durch Multiplikation der EUR 10.000,– mit dem Aufzinsungsfaktor.

Übungsbeispiel 17: Endwertermittlung bei mehrmaligen unterschiedlichen Zahlungen

Sie planen, jährlich einen bestimmten Kapitalbetrag anzusparen. Sie legen im 1. Jahr EUR 1.000,–, im 2. Jahr EUR 2.000,–, im 3. Jahr EUR 3.000,– und im 4. Jahr EUR 4.000,– zum Ansparen zur Seite. Die Sparbeträge legen Sie jeweils am Jahresende ein.

Aufgabenstellung:
Berechnen Sie, über wie viel Kapital Sie am Ende des 5. Jahres verfügen. Gehen Sie dabei von einem Zinssatz in Höhe von 5 % p.a. aus.

Lösung Endwertermittlung bei mehrmaligen unterschiedlichen Zahlungen:

$$EW_{t=0} = \sum_{t=0}^{n} A \cdot (1 + i)^t$$

$$EW = 1.000 * (1 + 0,05)^4 + 2.000 * (1 + 0,05)^3 + 3.000 * (1 + 0,05)^2 +$$

$$4.000 * (1 + 0,05)^1 = 11.038,26$$

Übungsbeispiel 18: Endwertermittlung bei mehrmaligen gleich hohen Zahlungen (nachschüssig)

Sie gehen davon aus, dass Sie jährlich EUR 1.000,– ansparen können und sich somit in ein paar Jahren einen lang ersehnten Wunsch erfüllen können. Die Einzahlung erfolgt jeweils am Jahresende (nachschüssig).

Aufgabenstellung:
Berechnen Sie, über wie viel Kapital Sie nach 5 Jahren und einer Verzinsung in Höhe von 3 % p.a. verfügen können.

Lösung Endwertermittlung bei mehrmaligen gleich hohen Zahlungen (nachschüssig):

$$EW_{t=0} = A * \frac{(1+i)^n - 1}{i} = 1.000 * \frac{(1+0,03)^5 - 1}{0,03} = 5.309,14$$

Übungsbeispiel 19: Annuitätenermittlung – ausgehend vom Endwert (vorschüssig)

Sie erwägen nach dem Ende Ihres Studiums in Österreich ein Post-Graduate-Studium im Ausland zu absolvieren und veranschlagen die von Ihnen dabei zu tragenden Kosten. Die Kosten des Aufbaustudiums belaufen sich auf EUR 110.000,–. Die Ansparfrist beträgt 7 Jahre.

Aufgabenstellung:
Welchen Betrag müssten Sie ab heute jährlich, jeweils am Anfang des Jahres, einzahlen, um am Ende der Frist von 7 Jahren über den erforderlichen Betrag zu verfügen? Gehen Sie bei Ihren Berechnungen von einer Verzinsung in Höhe von 8 % p.a. aus.

Lösung Annuitätenermittlung – ausgehend vom Endwert (vorschüssig):

$$EW_{t=0} = A * \frac{(1+i)^n - 1}{1 - \dfrac{1}{(1+i)}}$$

Da in diesem Fall jedoch der Endwert (EUR 110.000,–) gegeben ist und die Annuität gesucht wird, muss die Formel entsprechend umgeformt werden.

$$A = EW_{t=0} * \frac{1 - \dfrac{1}{(1+i)}}{(1+i)^n - 1} = 110.000 * \frac{1 - \dfrac{1}{(1+0,08)}}{(1+0,08)^7 - 1} = 11.414,78$$

In der Praxis sind die zur Anwendung kommenden Zinssätze oft als Jahreszinssätze (p.a. – per anno) angegeben. Oftmals wird es notwendig sein, diese Jahreszinssätze in **unterjährige Zinssätze** umzuwandeln. Diese unterjährigen Zinssätze können halbjährlich (i_2 – p.s. – pro Semester), vierteljährlich (i_4 – p.q. – pro Quartal), monatlich (i_{12} – p.m. – pro Monat) oder täglich (i_{365} bzw. i_{360} – je nach der zur Anwendung kommenden Zinskonvention) sein. Für die Berechnung der unterjährigen Verzinsung ist folgende Formel notwendig:

$$\text{Unterjähriger Zinssatz} = \sqrt[m]{(1+i)} - 1$$

Übungsbeispiel 20: Unterjährige Verzinsung

Im Zuge einer Finanzberatung wird festgestellt, dass Sie einen Betrag in Höhe von EUR 10.000,– frei zur Verfügung haben. Nach langer Beratung entschließen Sie sich, ein Kapitalsparbuch zu eröffnen. Ihre Hausbank legt Ihnen ein Angebot vor. Sie legen zum heutigen Tag EUR 10.000,– auf Ihr Sparbuch und lassen das Geld für 4 Jahre am Sparbuch liegen. Sie rechnen mit einer Verzinsung in Höhe von 1 % p.q.

Aufgabenstellung:
Über welchen Geldbetrag verfügen Sie nach Ablauf der genannten Frist?

Lösung Unterjährige Verzinsung:
Da es sich bei diesem Übungsbeispiel um eine jährliche Einzahlung (Annuität) handelt und lediglich ein unterjähriger Zinssatz vorliegt, muss dieser dementsprechend angepasst werden. Das bedeutet, dass aus dem unterjährigen Zinssatz ein Zinssatz p.a. ermittelt werden muss.

Ermittlung jährliche Verzinsung:

$\text{Unterjähriger Zinssatz} = \sqrt[m]{(1+i)} - 1$

$\text{Vierteljährlicher Zinssatz} = \sqrt[4]{(1+i)} - 1 = 0,01 \qquad / +1$

$\sqrt[4]{(1+i)} = 1,01 \quad / \text{ hoch } 4$

$(1+i) = 1,0406 \quad / -1$

$i = 0,0406 = 4,06\,\% \text{ p.a.}$

Ermittlung Endwert:

$$EW_{t=0} = A * (1+i)^n = 10.000 * (1+0,0406)^4 = 11.725,61$$

3. Kapitalwertmethode

3.1. Methodik

Da die Kapitalwertmethode zur dynamischen Investitionsrechnung gehört, werden als Basis zur Berechnung der Vorteilhaftigkeit von Investitionsobjekten im Unterschied zur statischen Investitionsrechnung Ein- und Auszahlungen herangezogen.

Die Frage, die mittels der Kapitalwertmethode beantwortet werden soll, ist, ob ein Investitionsobjekt in der Lage ist, mit Hilfe der künftigen Einzahlungsüberschüsse das eingesetzte Kapital zu amortisieren, die festgelegte Verzinsung zu erreichen und eventuell noch einen zusätzlichen finanziellen Überschuss (Kapitalwert) zu erwirtschaften. Zur Beurteilung der Vorteilhaftigkeit werden genau diese Fragen beantwortet, indem die künftigen Einzahlungsüberschüsse aus dem Investitionsobjekt auf einen bestimmten Zeitpunkt auf- oder abgezinst werden und dem investierten Kapital gegenübergestellt werden. Der damit ermittelte Wert wird als Kapitalwert bezeichnet. Die wirtschaftliche Vorteilhaftigkeit liegt bei jenem Investitionsobjekt, das den höchsten Kapitalwert aufweist.

> Der Kapitalwert ist die Summe aller auf einen Zeitpunkt ab- bzw. aufgezinsten Ein- und Auszahlungen, die durch die Realisation eines Investitionsobjektes verursacht werden. Häufig wird der Kapitalwert als Barwertdifferenz zwischen den abgezinsten Ein- und Auszahlungen und der Anschaffungsauszahlung interpretiert.

Die Vorteilhaftigkeit beruht demgemäß auf einem differenzierten umfassenden Vergleich der ermittelten Kapitalwerte eines jeden Investitionsobjektes. Hierbei sind jene Ein- und Auszahlungen zu berücksichtigen, die in direktem Zusammenhang mit der Durchführung der jeweiligen Investition stehen.

Das **eingesetzte Kapital** entspricht der Auszahlung, welche aufgrund der Anschaffung eines Investitionsobjektes erfolgt. Der Barwert der Anschaffungsauszahlungen (AW) bezieht sich immer auf den Beginn der ersten Periode. Diese Vorgehensweise macht in der Folge den Einsatz finanzmathematischer Methoden erforderlich.

Die zur Anwendung kommenden **Einzahlungsüberschüsse** $E_t - A_t$ werden als Differenz zwischen den geplanten Einzahlungen E_t und Auszahlungen A_t eines Investitionsobjektes ermittelt. Da sich diese Einzahlungsüberschüsse über die geplante Nutzungsdauer des Investitionsobjektes verteilen, müssen diese, um eine Vergleichbarkeit mit dem eingesetzten Kapital herstellen zu können, auf einen bestimmten Zeitpunkt ab- bzw. aufgezinst werden. Die Ein- und Auszahlungen eines Investitionsobjektes fallen annahmegemäß immer am Ende einer Periode an. Ein eventuell zur Anwendung kommender Restwert ist als Einzahlung zu sehen und wird ebenfalls dem Ende der Periode zugeordnet.

Der **festgelegte Zinssatz** entspricht dem bereits beschriebenen Kalkulationszinssatz i. Durch Diskontierung der Einzahlungsüberschüsse mit dem Kalkulationszinssatz findet die geforderte Verzinsung bei der Ermittlung des Kapitalwertes ihren Niederschlag.

Der Kapitalwert ergibt sich sodann aus der Differenz des eingesetzten Kapitals sowie der diskontierten Einzahlungsüberschüsse. Die nachfolgende Formel mit dem Grundschema einer Kapitalwertmethode verdeutlicht die Vorgehensweise zur Ermittlung der jeweiligen Kapitalwerte:

$$Kapitalwert = -AW + \sum_{t=1}^{n} (E_t - A_t) * \frac{1}{(1+i)^t}$$

Nachfolgendes Beispiel soll die Vorgehensweise der Kapitalwertmethode exemplarisch darstellen und schrittweise aufarbeiten.

Übungsbeispiel 21: Kapitalwertmethode

Das Maschinenbauunternehmen CNC Technics Austria ist sehr erfolgreich im Osteuropageschäft tätig. Aufgrund der weiter steigenden Nachfrage ist im Rahmen einer Ausweitung der Produktionskapazitäten die Anschaffung neuer Fertigungsmaschinen erforderlich. Nach einer Vorauswahl mehrer Angebote stehen Sie vor der Entscheidung zwischen zwei Maschinen mit folgenden Konditionen, wobei die zurechenbaren Einzahlungen jährlich um einen gewissen Prozentsatz des Vorjahreswertes zunehmen.

		Maschine A	Maschine B
Anschaffungsauszahlung	EUR	100.000,00	120.000,00
Nutzungsdauer	Jahre	5	5
Kalkulationszinssatz	%	8,00	8,00
Einzahlung 1. Jahr	EUR	68.000,00	70.000,00
Prozentsatz der Zunahme der Einzahlungen	%	10,00	10,00
Auszahlung 1. Jahr	EUR	65.000,00	10.000,00
Auszahlung 2. Jahr	EUR	46.000,00	19.400,00
Auszahlung 3. Jahr	EUR	32.000,00	41.700,00
Auszahlung 4. Jahr	EUR	45.000,00	72.170,00
Auszahlung 5. Jahr	EUR	52.000,00	76.787,00

Aufgabenstellung:
Für welche der Maschinen würden Sie sich entscheiden, wenn Sie den Kapitalwert als Entscheidungskriterium heranziehen? Achten Sie darauf, dass die Maschine A nach Ende der Nutzungsdauer noch einen Restwert in Höhe von EUR 16.000,– erwirtschaften kann. Maschine B kann nach Ablauf der Nutzungsdauer nur noch verschrottet werden.

Lösung Kapitalwertmethode:
Ermittlung Einzahlungen:
Da die Einzahlungen einem jährlichen Wachstum in Höhe von 10 % des Vorjahreswertes unterliegen, ergibt sich folgende Einzahlungsstruktur der beiden Maschinen:

Einzahlungsstruktur		Maschine A	Maschine B
Einzahlung 1. Jahr	EUR	68.000,00	70.000,00
Einzahlung 2. Jahr	EUR	74.800,00	77.000,00
Einzahlung 3. Jahr	EUR	82.280,00	84.700,00
Einzahlung 4. Jahr	EUR	90.508,00	93.170,00
Einzahlung 5. Jahr	EUR	99.558,80	102.487,00

Demzufolge wird mit folgenden Einzahlungsüberschüssen (EZÜ) gerechnet:

EZÜ		Maschine A	Maschine B
EZÜ 1. Jahr	EUR	3.000,00	60.000,00
EZÜ 2. Jahr	EUR	28.800,00	57.600,00
EZÜ 3. Jahr	EUR	50.280,00	43.000,00
EZÜ 4. Jahr	EUR	45.508,00	21.000,00
EZÜ 5. Jahr	EUR	47.558,80	25.700,00

Zu berücksichtigen ist, dass die Maschine A im 5. Jahr noch einen Restwert in Höhe von EUR 16.000,– erwirtschaften kann. Dieser muss dem EZÜ des 5. Jahres noch hinzugerechnet werden, wodurch sich ein EZÜ im 5. Jahr für Maschine A in Höhe von EUR 63.558,80 ergibt.
Der Kapitalwert kann nun wie folgt berechnet werden:

$$\text{Kapitalwert} = -AW + \sum_{t=1}^{n} (E_t - A_t) * \frac{1}{(1+i)^t}$$

$$\text{Kapitalwert Maschine A} = -100.000 + 3.000 * (1+0,08)^{-1} + 28.800 * (1+0,08)^{-2} + 50.280 * (1+0,08)^{-3} + 45.508 * (1+0,08)^{-4} + 63.558,80 * (1+0,08)^{-5} = 44.089,81$$

$$\text{Kapitalwert Maschine B} = -120.000 + 60.000 * (1+0,08)^{-1} + 57.600 * (1+0,08)^{-2} + 43.000 * (1+0,08)^{-3} + 21.000 * (1+0,08)^{-4} + 25.700 * (1+0,08)^{-5} = 51.999,67$$

Eine Interpretation der Ergebnisse der Kapitalwertmethode kann nach der absoluten als auch da nach der relativen Vorteilhaftigkeitsbestimmung erfolgen. Ein Investitionsobjekt ist dann als absolut vorteilhaft zu beurteilen, wenn der ermittelte Kapitalwert positiv ist. Ist der ermittelte Kapitalwert positiv, bedeutet dies, dass das eingesetzte Kapital amortisiert ist, die geforderte Mindestverzinsung erreicht wird und zudem ein finanzieller Überschuss in Höhe des Kapitalwertes zur weiteren Verwendung zur Verfügung steht. Ergibt sich bei der Ermittlung des Kapitalwertes ein negativer Wert, so bedeutet dies, dass das Investitionsobjekt nicht in der Lage ist, die geforderte Verzinsung zu erreichen. Ein Investitionsobjekt ist dann als relativ vorteilhaft zu beurteilen, wenn der ermittelte Kapitalwert höher ist als jener der alternativ zur Verfügung stehenden Investitionsobjekte und zudem positiv ist. Demzufolge liegt die relative Vorteilhaftigkeit bei jenem Investitionsobjekt, welches den höchsten positiven Kapitalwert aufweist, da dieses Investitionsobjekt den höchsten zusätzlich frei verfügbaren Überschuss erwirtschaftet. Dieser Überschuss in Höhe des Kapitalwertes spiegelt den Gesamterfolg der geplanten Investition wider. Nachfolgende Abbildung verdeutlicht grafisch die Vorgehensweise der Kapitalwertmethode und erläutert die nachfolgenden Interpretationsmöglichkeiten.

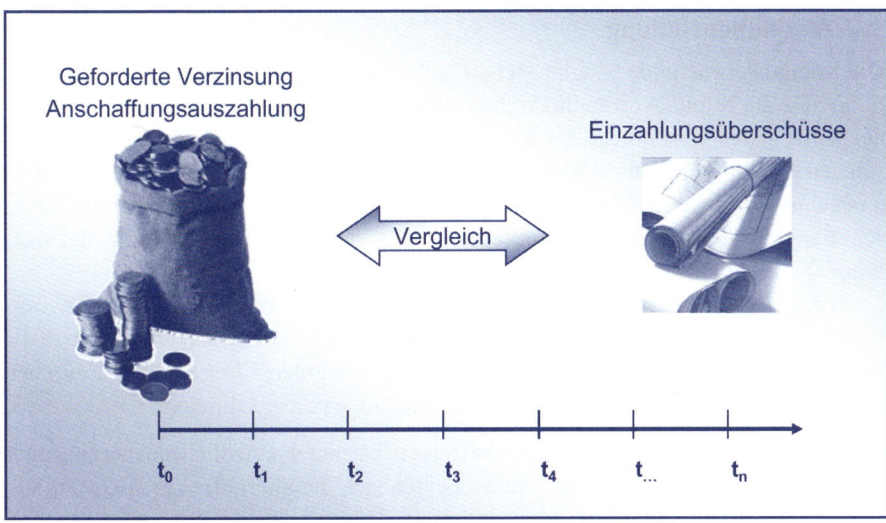

Abbildung II.14: (Grafische) Interpretation Kapitalwertmethode

Die Interpretationsmöglichkeiten der ermittelten Kapitalwerte stellen sich grundlegend wie folgt dar:

KW > 0	Investition erbringt neben der Amortisation des eingesetzten Kapitals und einer Verzinsung des gebundenen Kapitals in Höhe des Kalkulationszinssatzes einen zusätzlichen Überschuss in Höhe des Kapitalwertes.
KW = 0	Investition erbringt die Amortisation des eingesetzten Kapitals und eine Verzinsung des gebundenen Kapitals in Höhe des Kalkulationszinssatzes, jedoch keinen Überschuss.
KW < 0	Investition amortisiert Teile des eingesetzten Kapitals bzw. erreicht teilweise die geforderte Verzinsung in Höhe des Kalkulationszinssatzes, jedoch keinen Überschuss.

Lösung Interpretation:
Maschine A weist einen positiven Kapitalwert in Höhe von EUR 44.089,81 auf, Maschine B ebenfalls einen positiven Kapitalwert in Höhe von EUR

51.999,67. Demzufolge können beide Alternativen als absolut vorteilhaft interpretiert werden. Beide erbringen neben der Amortisation des eingesetzten Kapitals und einer Verzinsung des gebundenen Kapitals in Höhe des Kalkulationszinssatzes einen zusätzlichen Überschuss in Höhe des Kapitalwertes. Die relative Vorteilhaftigkeit liegt bei Maschine B, da diese den höheren Kapitalwert und demzufolge einen höheren Gesamtüberschuss aufweisen kann.

3.2. Modellbeurteilung

Die Kapitalwertmethode ist eine Methode, die in der Praxis häufig ihre Anwendung findet. Da die Kapitalwertmethode der dynamischen Investitionsrechnung zugeordnet wird, gelten wesentliche im Bereich der statischen Investitionsrechnung angeführten Kritikpunkte für sie nicht. So ist sie realitätsnäher als die statische Investitionsrechnung, da sie sich der Ein- und Auszahlungen bedient sowie nicht mit Durchschnittswerten rechnet und den zeitlichen Faktor (zeitliche Struktur anfallender Zahlungen) mit in die Beurteilung einbezieht.

Jedoch ist an dieser Stelle auch darauf hinzuweisen, dass die dynamische Investitionsrechnung vom Konstrukt wiederum kritische Aspekte mit sich bringt, die in die Beurteilung der Vorteilhaftigkeiten mit einbezogen werden müssen. Weiters ergeben sich aufgrund der Spezifika der Kapitalwertmethode per se zahlreiche Kritikpunke:

- Bedingte Beurteilung der Vorteilhaftigkeit bei unterschiedlicher Nutzungsdauer und/oder Kapitalbindung: Unterscheiden sich die alternativ zur Auswahl stehenden Investitionsobjekte hinsichtlich der Höhe der Kapitalbindung (Anschaffungsauszahlungen), so wird dies im Rahmen der Kapitalwertermittlung nicht berücksichtigt. Diese Problematik kann durch Ansetzen einer Differenzinvestition gelöst werden. Weiters wird einer eventuell unterschiedlichen Nutzungsdauer keine Beachtung geschenkt. Hier müsste, um eine ausreichende Vergleichbarkeit herstellen zu können, eine Ersatzinvestition für die fehlende Nutzungsdauer angeschafft werden.
- Zurechenbarkeit der Zahlungsreihen: Die Zurechenbarkeit einzelner Zahlungsreihen auf ein einzelnes Investitionsobjekt kann aufgrund fehlenden Datenmaterials leiden. Weiters muss die Ungewissheit der Zahlungsreihen hinsichtlich ihres zeitlichen Anfalls berücksichtigt werden.
- Subjektive Wahl des Kalkulationszinssatzes: Die Höhe des zur Anwendung kommenden Kalkulationszinssatzes hat erheblichen Einfluss auf den ermittelten Kapitalwert. Da der Kalkulationszinssatz als geforderte Mindestverzinsung des Investors gesehen wird, obliegt dem Investor eine gewisse subjektive Entscheidungskraft über die Höhe des ermittelten Kapitalwertes. Je höher der Kalkulationszinssatz, desto niedriger der Kapitalwert, je niedriger der Kalkulationszinssatz, desto höher der Kapitalwert.
- Prämissen der dynamischen Investitionsrechnung:
  □ Annahme des vollkommenen Kapitalmarktes: Das theoretische Konstrukt eines vollkommenen Kapitalmarktes kann einer realitätsnahen Überprüfung

nicht standhalten. Sowohl der einheitliche Soll- und Habenzinssatz als auch die Annahme, beliebig viel Kapital aufnehmen zu können, stehen in keinem Verhältnis zur Realität. So werden z.B. in der Praxis für die Aufnahme von Kapital und die Veranlagung von Kapital unterschiedliche Zinssätze veranschlagt. Weiters liegt eine Beschränkung hinsichtlich der Aufnahme von Kapital vor.

☐ Wiederanlage frei werdender Mittel: Der Annahme, dass die frei werdenden Mittel zum Kalkulationszinssatz wiederveranlagt werden können, kann nicht kritiklos zugestimmt werden.

☐ Annahme sicherer Erwartungen: Künftig zu erwartende Einzahlungsüberschüsse sind immer Prognosen, die mit Unsicherheiten verbunden sind. Nachträgliche Änderungen der geplanten Erwartungen können im Konstrukt berücksichtigt werden, führen jedoch zu einem erhöhten zeitlichen Aufwand.

☐ Zurechnung der Zahlungen zu bestimmten Zeitpunkten: Wie erwähnt, werden die Anschaffungsauszahlungen, die Ein- und Auszahlungen während der Nutzungsdauer sowie ein eventueller Restwert einem gewissen Zeitpunkt (Beginn oder Ende der Periode) zugeordnet. In der Realität lassen sich diese Zahlungsströme jedoch nicht immer dem Beginn oder dem Ende einer Periode zuordnen. Häufig fallen diese Zahlungsströme unter der Periode an. Eine Berücksichtigung der zeitlich unterschiedlich anfallenden Zahlungsströme kann nur unter erheblichem Mehraufwand erfolgen.

Die Kapitalwertmethode ist eine Methode, die sowohl in der Praxis als auch in der Wissenschaft gerne angewendet wird. Die Beurteilung einzelner Investitionsobjekte sollte jedoch nicht ohne Berücksichtigung der erwähnten Kritikpunkte erfolgen. Vor allem den Prämissen der dynamischen Investitionsrechnung ist hierbei Beachtung zu schenken.

4. Steuern im Kapitalwertmodell

4.1. Methodik

Nachfolgend wird das Kapitalwertmodell um die Wirkung von Steuern auf die Investitionsobjekte erweitert. Dabei sind in der bisherigen Vorgehensweise zwei Komponenten zu verändern. Einerseits müssen die Einzahlungsüberschüsse um die jeweilige Steuerbelastung bzw. Steuerersparnis modifiziert werden und andererseits muss der Kalkulationszinssatz an die Steuer angepasst werden.

Um die jeweiligen Anpassungen vornehmen zu können bzw. die Wirkung von Steuern auf die Ergebnisse des Kapitalwertes leicht verständlich zu untersuchen, soll von folgenden Prämissen ausgegangen werden:

■ **Fälligkeit der Steuern:** Die Steuer, die das Unternehmen auf den Gewinn einer Periode zu entrichten hat, ist jeweils am Periodenende fällig.

■ **Einheitlicher Steuersatz:** Es kommt ein einheitlicher Steuersatz (auf Unternehmensebene – Durchschnittssteuersatz gemäß Einkommensteuergesetz bzw. Körperschaftsteuergesetz) zur Anwendung. Diese richten sich nach der jeweiligen Rechtsform des Unternehmens. Die Höhe der Steuerzahlung ist proportional zum Gewinn zu sehen.

- **Die Alternativanlage unterliegt ebenfalls der Steuer:** Diese Steuerbelastung muss jedoch nicht mit der Unternehmenssteuer übereinstimmen.
- **Verluste gelten als ausgleichsfähig:** Werden durch die geplante Investition Verluste generiert, wird davon ausgegangen, dass diese Verluste mit anderen Unternehmensbereichen, die Gewinne erwirtschaften müssen, in derselben Periode gegenverrechnet werden. Damit kommt es in der Periode, in der ein Verlust generiert wird, zu einer Steuerersparnis, die in der Investitionsrechnung berücksichtigt werden muss.
- **Ein- und Auszahlungen entsprechen steuerlichen Erträgen und Aufwendungen:** Die im Zuge der Kapitalwertberechnung benötigten Ein- sowie Auszahlungen entsprechen jeweils, mit Ausnahme der Anschaffungsauszahlung, steuerlichen Erträgen und Aufwendungen. Die Anschaffungsauszahlungen werden steuerlich mittels der Abschreibung in den Nutzungsperioden des Investitionsobjektes berücksichtigt. Hinsichtlich der Steuerwirkung ist somit zu beachten, dass die Anschaffungsauszahlungen keinen Einfluss auf den steuerlichen Gewinn nehmen, die Abschreibung (AB) als Aufwand jedoch sehr wohl. Grundsätzlich wird von einem linearen Abschreibungsverlauf ausgegangen. Die Abschreibung muss demzufolge in die Berechnung einbezogen werden und wirkt sich steuermindernd auf die Einzahlungsüberschüsse (EZÜ) aus.

Die nachfolgende Formel mit dem Grundschema einer Kapitalwertmethode unter Berücksichtigung von Steuern ($KW_{Steuern}$) verdeutlicht die Vorgehensweise zur Ermittlung der jeweiligen Kapitalwerte:

$$KW_{Steuern} = -AW + \sum_{t=1}^{n} \left[EZÜ_t - s * \left(EZÜ_t - AB_t \right) \right] * \frac{1}{\left(1 + i^* \right)^t}$$

Wie aus der Formel ersichtlich, bleibt die grundlegende Vorgehensweise der Kapitalwertmethode bestehen. Diese wurde bereits im vorherigen Abschnitt mittels der nachfolgenden Formel erläutert:

$$\text{Kapitalwert} = -AW + \sum_{t=1}^{n} \left(E_t - A_t \right) * \frac{1}{\left(1 + i \right)^t}$$

Die Erweiterung dieses Grundschemas betrifft die bereits erwähnten Einzahlungsüberschüsse $\left[EZÜ_t - s * \left(EZÜ_t - AB_t \right) \right]$ sowie den Kalkulationszinssatz i^*. Nachfolgendes Beispiel soll die Vorgehensweise der Berücksichtigung von Steuern im Kapitalwertmodell exemplarisch darstellen und schrittweise lösen:

Übungsbeispiel 22: Steuern im Kapitalwertmodell:

(Fortsetzung Übungsbeispiel 21)
Die Kapitalwertmethode aus Übungsbeispiel 21 ergab folgende Ergebnisse:

Kapitalwert Maschine A $= -100.000 + 3.000 * (1+0,08)^{-1} + 28.800 * (1+0,08)^{-2} +$

$50.280 * (1+0,08)^{-3} + 45.508 * (1+0,08)^{-4} + 63.558,80 * (1+0,08)^{-5} = 44.089,81$

Kapitalwert Maschine B $= -120.000 + 60.000 * (1+0,08)^{-1} + 57.600 * (1+0,08)^{-2} +$

$43.000 * (1+0,08)^{-3} + 21.000 * (1+0,08)^{-4} + 25.700 * (1+0,08)^{-5} = 51.999,67$

Aufgabenstellung:
Das Unternehmen wird als GmbH geführt und unterliegt somit der Körperschaftsteuer (KöSt) in Höhe von 25 %. Sie unterstellen eine vollständige (lineare) Abschreibung der Anschaffungskosten über die Nutzungsdauer. Steuerzahlungen fallen annahmegemäß jeweils am Jahresende an. Etwaige Verluste gelten als ausgleichsfähig und können mit Gewinnen aus anderen Unternehmensbereichen noch im selben Jahr aufgerechnet werden. Die Alternativveranlagung unterliegt ebenfalls einer 25 %igen Steuerbelastung. Beurteilen Sie die beiden Maschinen auf Basis der Kapitalwertmethode unter Berücksichtigung von Steuern. *Zusatzangabe:* Berücksichtigen Sie dabei, dass die Zinsen nicht steuerwirksam sind, d.h. diese bei der Modifikation der EZÜ nicht berücksichtigt werden müssen.

Das Ziel der Modifikation der Einzahlungsüberschüsse ist, dass aus den Einzahlungsüberschüssen vor Steuern (jene Einzahlungsüberschüsse welche im Kapitalwertmodell ohne Steuerberücksichtung herangezogen werden) Einzahlungsüberschüsse nach Steuern werden. Als Zwischenschritt ist der steuerpflichtige Gewinn als Steuerbemessungsgrundlage zu ermitteln. Da die Ein- sowie Auszahlungen gemäß den Prämissen den steuerlichen Erträgen und Aufwendungen entsprechen, ist die Steuerbemessungsgrundlage auf Basis dieser zu ermitteln. Lediglich die Abschreibung korrigiert (vermindert) die Einzahlungsüberschüsse. Zu berücksichtigen ist, dass ein eventuell auftretender Liquidationserlös in den Einzahlungsüberschüssen vor Steuern berücksichtigt wird, in der Ermittlung der Abschreibung jedoch nicht. Der Schritt, in dem von den Einzahlungsüberschüssen die Abschreibung abgezogen wird, dient der Ermittlung des steuerpflichtigen Gewinnes oder Verlustes. Da in der Steuerrechnung ein Liquidationserlös in der Berechnung der Abschreibung keine Berücksichtigung finden darf, wird diese lediglich durch Division der Anschaffungskosten durch die Nutzungsdauer ermittelt. Auf Basis dieser Steuerbemessungsgrundlage wird die jeweilige Steuerbelastung (bei steuerpflichtigem Gewinn) bzw. Steuerersparnis (bei Verlust) ermittelt, welche die Einzahlungsüberschüsse vor Steuern senkt oder erhöht. Das Beispiel soll diese Vorgehensweise verdeutlichen:

Lösung Modifikation Einzahlungsüberschüsse:

Die aus dem Übungsbeispiel 21 ermittelten EZÜ vor Steuern ergaben folgendes Bild:

EZÜ		Maschine A	Maschine B
EZÜ 1. Jahr	EUR	3.000,00	60.000,00
EZÜ 2. Jahr	EUR	28.800,00	57.600,00
EZÜ 3. Jahr	EUR	50.280,00	43.000,00
EZÜ 4. Jahr	EUR	45.508,00	21.000,00
EZÜ 5. Jahr	EUR	47.558,80	25.700,00

Diese EZÜ vor Steuern sind nun so zu modifizieren, dass EZÜ nach Steuern ermittelt werden können:

Maschine A:

In einem ersten Schritt ist die jeweilige Steuerersparnis bzw. Steuerbelastung zu ermitteln. Hierbei wird so vorgegangen, dass die EZÜ vor Steuern um die Abschreibung modifiziert werden und das ermittelte Ergebnis den steuerpflichtigen Gewinn darstellt. In diesem Fall ergibt sich die Abschreibung wie folgt: EUR 100.000,– dividiert durch die Nutzungsdauer von 5 Jahren. Dies ergibt eine Abschreibung in Höhe von EUR 20.000,–. Ausgehend von diesem steuerpflichtigen Gewinn kann die jeweilige Steuerersparnis bzw. Steuerbelastung ermittelt werden.

Maschine A – Steuerermittlung		t_1	t_2	t_3	t_4	t_5
EZÜ	EUR	3.000,00	28.800,00	50.280,00	45.508,00	47.558,80
– Abschreibung	EUR	20.000,00	20.000,00	20.000,00	20.000,00	20.000,00
Steuerpflichtiger Gewinn	EUR	-17.000,00	8.800,00	30.280,00	25.508,00	27.558,80
davon 25 % KÖSt	EUR	4.250,00	-2.200,00	-7.570,00	-6.377,00	-6.889,70

Eine Steuerersparnis ergibt sich bei Maschine A im 1. Jahr. Da durch die Modifikation der EZÜ vor Steuern um die Abschreibung eine negative Steuerbemessungsgrundlage (Verlust) erwirtschaftet wird, können unter der Prämisse der Ausgleichsfähigkeit von Verlusten, die 25 % KÖSt steuermindernd, sprich als Steuerersparnis, angesetzt werden. In den restlichen Jahren t_2 – t_5 wird jeweils ein Gewinn erwirtschaftet, dieser unterliegt jeweils einer 25 %igen Steuerbelastung.

Diese Steuerersparnis bzw. Steuerbelastung muss nun mit den EZÜ vor Steuern gegenverrechnet (EZÜ vor Steuern – Steuerbelastung bzw. + Steuerersparnis) werden. Dies ergibt folgendes Bild:

Maschine A EZÜ nach Steuern		t_1	t_2	t_3	t_4	t_5
EZÜ vor Steuern	EUR	3.000,00	28.800,00	50.280,00	45.508,00	47.558,80
Steuerersparnis/-belastung	EUR	4.250,00	-2.200,00	-7.570,00	-6.377,00	-6.889,70
EZÜ nach Steuern	EUR	7.250,00	26.600,00	42.710,00	39.131,00	40.669,10

Maschine B:

Maschine B – Steuerermittlung		t_1	t_2	t_3	t_4	t_5
EZÜ	EUR	60.000,00	57.600,00	43.000,00	21.000,00	25.700,00
– Abschreibung	EUR	24.000,00	24.000,00	24.000,00	24.000,00	24.000,00
Steuerpflichtiger Gewinn	EUR	36.000,00	33.600,00	19.000,00	-3.000,00	1.700,00
davon 25 % KÖSt	EUR	-9.000,00	-8.400,00	-4.750,00	750,00	-425,00

Maschine B – EZÜ nach Steuern		t_1	t_2	t_3	t_4	t_5
EZÜ vor Steuern	EUR	60.000,00	57.600,00	43.000,00	21.000,00	25.700,00
Steuerersparnis/-belastung	EUR	-9.000,00	-8.400,00	-4.750,00	750,00	-425,00
EZÜ nach Steuern	EUR	51.000,00	49.200,00	38.250,00	21.750,00	25.275,00

Diese EZÜ nach Steuern stellen die Basis zur weiteren Ermittlung des Kapitalwertes dar.

Hinweis:
Zu berücksichtigen ist, dass die Abschreibung nicht im Sinne der kalkulatorischen Abschreibung der statischen Investitionsrechnung berechnet werden darf. Die im Zuge der Ermittlung der Steuerbemessungsgrundlage (steuerpflichtiger Gewinn) benötigte Abschreibung wird mittels Division der Anschaffungsauszahlung durch die Nutzungsdauer ermittelt. Ein eventuell vorhandener Liquidationserlös darf nicht in die Berechnung der Abschreibung einfließen. Bei den Einzahlungsüberschüssen wird er jedoch sehr wohl berücksichtigt. Würde das berechnete Übungsbeispiel um einen Liquidationserlös bei Maschine B in Höhe von EUR 5.000,– erweitert werden, würde dies folgendes Bild ergeben:

Annahme: Maschine B – Steuerermittlung		t_1	t_2	t_3	t_4	t_5
EZÜ	EUR	60.000,00	57.600,00	43.000,00	21.000,00	25.700,00
Liquidations-erlös	EUR					**5.000,00**
EZÜ gesamt	EUR	60.000,00	57.600,00	43.000,00	21.000,00	**30.700,00**
– Abschreibung	EUR	**24.000,00**	**24.000,00**	**24.000,00**	**24.000,00**	24.000,00
Steuerpflichtiger Gewinn	EUR	36.000,00	33.600,00	19.000,00	-3.000,00	6.700,00
davon 25 % KÖSt	EUR	-9.000,00	-8.400,00	-4.750,00	750,00	-1.675,00

In den EZÜ würde sich von t_1–t_4 nichts verändern. Im 5. Jahr (t_5) würden die EZÜ um EUR 5.000,– zunehmen, da Liquidationserlöse als Einzahlungen angesehen werden. Diese Erhöhung führt zu einer Erhöhung der gesamten EZÜ des 5. Jahres. Die Berechnung der Abschreibung verändert sich jedoch nicht! Hier erfolgt somit keine Berücksichtigung des Liquidationserlöses in der Berechnung der Abschreibung. Die weitere Vorgehensweise ist mit der o.a. ident.

Wären die berücksichtigten Zinsen steuerlich absetzbar, müssten diese ebenfalls, wie die Abschreibung, in der Modifikation der EZÜ berücksichtigt werden. Dies wäre z.B. der Fall, wenn es sich hierbei lediglich um Fremdkapitalzinsen handelt. Diese stellen steuerlich absetzbare Zahlungen dar und verringern somit die Steuerbelastung.

Da der Kalkulationszinssatz als geforderte Mindestverzinsung des Investors angesehen wird und dementsprechend einer Alternativverzinsung (Opportunitätskosten) entspricht, ist dieser bei Modifikation der Einzahlungsüberschüsse um die Steuer ebenfalls der entsprechenden Steuerbelastung zu unterwerfen (= Modifikation des Kalkulationszinssatzes). Dies entspricht dem Grundsatz der Verfügbarkeitsäquivalenz. Diese Äquivalenz fordert, dass eine Berechnung des Kapitalwertes auf Basis von Einzahlungsüberschüssen nach Steuern auch eine Nachsteuergröße bei der Alternativanlage benötigt. Somit muss der zur Diskontierung zur Anwendung kommende Kalkulationszinssatz versteuert werden. Der belastende Steuersatz kann, muss jedoch nicht, mit dem Steuersatz der Einzahlungsüberschüsse ident sein. Die Alternativrendite kann unter Umständen einer anderen Steuerbelastung unterliegen. Die Modifikation des Kalkulationszinssatzes geht nach folgender Formel, wobei i dem Kalkulationszinssatz vor Steuern und s dem jeweiligen Steuersatz entspricht.

$$i^* = i * (1 - s)$$

Lösung Modifikation Kalkulationszinssatz:
In Übungsbeispiel 21 wird von einem Kalkulationszinssatz in Höhe von 8 % p.a. ausgegangen. Dieser muss nun um die jeweilige Steuer modifiziert wer-

den. Da die Alternativveranlagung ebenfalls einer 25 %igen Steuerbelastung unterliegt, wird diese wie folgt berechnet:

$$i^* = i*(1-s) = 0,08*(1-0,25) = 6\,\%$$

Dieser versteuerte Kalkulationszinssatz in Höhe von 6 % wird nun zur Diskontierung der EZÜ nach Steuern herangezogen.

Hinweis:

Wie bereits erwähnt, muss die steuerliche Belastung der Alternativveranlagung nicht der Steuerbelastung des Unternehmens entsprechen. Unterliegt die Alternative einer anderen Steuerbelastung, ist die Modifikation des Kalkulationszinssatzes mit der jeweiligen, der Alternative zugehörigen, Steuerbelastung vorzunehmen.

Nachfolgendes zusammengefügtes Beispiel zeigt die weitere Vorgehensweise in der Ermittlung der Kapitalwerte nach Steuern.

Lösung Steuern im Kapitalwertmodell:

Kapitalwert Maschine A $= -100.000 + 7.250*(1+0,06)^{-1} + 26.600*(1+0,06)^{-2} +$

$42.710*(1+0,06)^{-3} + 39.131*(1+0,06)^{-4} + 40.669,10*(1+0,06)^{-5} = 27.759,40$

Kapitalwert Maschine B $= -120.000 + 51.000*(1+0,06)^{-1} + 49.200*(1+0,06)^{-2} +$

$38.250*(1+0,06)^{-3} + 21.750*(1+0,06)^{-4} + 25.275*(1+0,06)^{-5} = 40.131,46$

Die grundsätzliche Interpretation der Ergebnisse der Kapitalwertmethode mit Steuerberücksichtigung entspricht jener der Kapitalwertmethode ohne Steuerberücksichtigung. Somit kann sowohl eine absolute als auch eine relative Vorteilhaftigkeit bestimmt werden.

Durch die Berücksichtigung der Steuerwirkung in der Kapitalwertmethode kann es im Vergleich zu den Ergebnissen der Kapitalwertmethode ohne Steuerberücksichtigung zu unterschiedlichen Ergebnissen kommen. So kann sich sowohl die absolute als auch die relative Vorteilhaftigkeit ändern. Dieses Phänomen wird als **Steuerparadoxon** bezeichnet. Die Begründung dieser Veränderung ist auf zwei Wirkungen zurückzuführen. Einerseits vermindern Steuerzahlungen die Einzahlungsüberschüsse (negative Wirkung auf die Höhe des Kapitalwerts) und andererseits den Kalkulationszinssatz (positive Wirkung auf die Höhe des Kapitalwerts). Welche dieser beiden entgegengesetzt wirkenden Effekte stärker ist, hängt letztendlich von der Struktur der zugrunde liegenden Zahlungsreihe ab.

Interpretation Steuern im Kapitalwertmodell:

Nach Berücksichtigung der Steuerwirkung im Kapitalwertmodell ergibt sich für Maschine A ein Kapitalwert in Höhe von EUR 27.759,40 und für Maschine B ein Kapitalwert in Höhe von EUR 40.131,46. Somit verändert sich in der Vorteilhaftigkeitsbestimmung zur Kapitalwertmethode ohne Steuerberücksichtigung nichts. Maschine A sowie Maschine B sind absolut vorteilhaft, Maschine B bleibt relativ vorteilhaft.

Hinweis:
Die Berücksichtigung von Steuern kann dazu führen, dass sich die absolute und/oder relative Vorteilhaftigkeit von Investitionsobjekten verändern. Im dargestellten Übungsbeispiel verändert sich diese Vorteilhaftigkeitsbestimmung nicht, somit liegt kein Steuerparadoxon vor. Dieses tritt nur dann ein, wenn sich diese Vorteilhaftigkeitsbestimmung vor und nach Berücksichtigung von Steuern verändert.

Als Beispiel sei hier vereinfacht angeführt:

Kapitalwert vor Steuern:
Maschine A: EUR 20.000,–
Maschine B: EUR 23.000,–

Kapitalwert nach Steuern:
Maschine A: EUR 15.000,–
Maschine B: EUR 14.000,–

Hier liegt der Fall vor, dass Maschine B ohne Berücksichtigung von Steuern relativ vorteilhaft ist, nach Berücksichtigung von Steuern die relative Vorteilhaftigkeit jedoch bei Maschine A liegt. Hier liegt dann der Fall eines Steuerparadoxons vor.

4.2. Modellbeurteilung

Hinsichtlich der Modellbeurteilung sei an dieser Stelle auf die Modellbeurteilung der Kapitalwertmethode ohne Steuerberücksichtigung verwiesen. Weiters ist spezifisch auf das Modell der Kapitalwertermittlung mit Steuerberücksichtigung Folgendes kritisch anzumerken: In der Kapitalwertmethode unter Berücksichtigung von Steuern wird davon ausgegangen, dass eine lineare Besteuerung vorliegt. In der Praxis erfolgt aber eine differenzierte steuerliche Belastung (Körperschaftsteuer, Einkommensteuer etc.). Oftmals beeinflussen Freibeträge, progressive Tarife udgl. die Höhe der Steuerzahlungen derart, dass sich diese nicht proportional zum Gewinn verhalten.

5. Annuitätenmethode

5.1. Methodik

Die Annuitätenmethode berechnet im Gegensatz zur Kapitalwertmethode, welche den Gesamterfolg einer Investition ermittelt, den **Periodenerfolg** einer Investition. Dabei wird ermittelt, welcher Betrag einem Investor pro Periode frei zur Verfügung steht, ohne dass die Amortisation des eingesetzten Kapitals und die geforderte Verzinsung des gebundenen Kapitals gefährdet sind. Dieser Betrag wird als Annuität bezeichnet und zur Beurteilung der Vorteilhaftigkeit herangezogen. Die wirtschaftliche Vorteilhaftigkeit liegt bei jenem Investitionsobjekt, welches die höchste Annuität aufweist.

Vereinfacht gesagt wird der positive Kapitalwert eines Investitionsobjektes als Basis herangezogen und unter Berücksichtigung finanzmathematischer Grundlagen (Zinsen und Zinseszinsen) auf die gesamte Nutzungsdauer verteilt. Jenem Objekt, welches dann den höchsten frei verfügbaren Kapitalbetrag aufweisen kann, wird die Vorteilhaftigkeit zugesprochen.

> Ein Investitionsobjekt kann dann als **absolut vorteilhaft** beurteilt werden, wenn die ermittelte Annuität positiv ist.
>
> Ein Investitionsobjekt kann dann als **relativ vorteilhaft** beurteilt werden, wenn die ermittelte Annuität höher ist als die der zur Auswahl stehenden Investitionsobjekte und zudem positiv ist.

Die nachfolgende Formel mit dem Grundschema einer Annuitätenmethode , welche die nach A umgeformte BW-Formel (nachschüssig) darstellt, verdeutlicht die Vorgehensweise zur Ermittlung der jeweiligen Annuitäten:

$$Annuität = KW * \frac{i}{1-(1+i)^{-n}}$$

Daraus ergibt sich, dass mittels Multiplikation des Kapitalwertes mit dem **Wiedergewinnungsfaktor** $\frac{i}{1-(1+i)^{-n}}$

die jeweilige Annuität ermittelt werden kann. Nachfolgendes Beispiel soll die Vorgehensweise der Annuitätenmethode exemplarisch darstellen und schrittweise aufarbeiten.

Übungsbeispiel 23: Annuitätenmethode

(Fortsetzung Übungsbeispiel 21)
Die Ermittlung der Kapitalwerte ergab folgendes Bild:

Kapitalwert Maschine A $= -100.000 + 3.000*(1+0,08)^{-1} + 28.800*(1+0,08)^{-2} +$
$50.280*(1+0,08)^{-3} + 45.508*(1+0,08)^{-4} + 63.558,80*(1+0,08)^{-5} = 44.089,81$

Kapitalwert Maschine B $= -120.000 + 60.000*(1+0,08)^{-1} + 57.600*(1+0,08)^{-2} +$
$43.000*(1+0,08)^{-3} + 21.000*(1+0,08)^{-4} + 25.700*(1+0,08)^{-5} = 51.999,67$

Aufgabenstellung:
Für welche Maschine würden Sie sich entscheiden, wenn Sie die Annuitätenmethode als Entscheidungskriterium heranziehen?

Lösung Annuitätenmethode:
Annuität Maschine A $= KW * \frac{i}{1-(1+i)^{-n}} = 44.089,81 * \frac{0,08}{1-(1+0,08)^{-5}} = 11.042,58$

$$\text{Annuität Maschine B} = KW * \frac{i}{1-(1+i)^{-n}} = 51.999,67 * \frac{0,08}{1-(1+0,08)^{-5}} = 13.023,65$$

Eine Interpretation der Ergebnisse der Annuitätenmethode kann nach der absoluten und relativen Vorteilhaftigkeitsbestimmung erfolgen. Ein Investitionsobjekt ist als absolut vorteilhaft zu beurteilen, wenn die ermittelte Annuität positiv ist. Der Investor kann somit pro Periode über einen Betrag in Höhe der Annuität frei verfügen, ohne dass die Amortisation des eingesetzten Kapitals und die geforderte Verzinsung gefährdet ist. Von der absoluten Vorteilhaftigkeit führt die Annuitätenmethode zum gleichen Ergebnis wie die Kapitalwertmethode. Nur ein positiver Kapitalwert, der dadurch absolut vorteilhaft ist, kann zu einer positiven Annuität führen, welche dann ebenfalls als absolut vorteilhaft beurteilt wird. Ein Investitionsobjekt kann dann als relativ vorteilhaft beurteilt werden, wenn die ermittelte Annuität höher ist als jene der alternativ zur Verfügung stehenden Investitionsobjekte und zudem positiv ist.

Lösung Interpretation:
Auf Grundlage der Annuitätenmethode sind die Maschine A und die Maschine B als absolut vorteilhaft zu beurteilen, da beide eine positive Annuität aufweisen. Diese absolute Vorteilhaftigkeitsbestimmung der Annuitätenmethode muss immer mit der absoluten Vorteilhaftigkeitsbestimmung der Kapitalwertmethode übereinstimmen. Ein positiver Kapitalwert führt zu einer positiven Annuität, ein negativer Kapitalwert zu einer negativen Annuität.
Die relative Vorteilhaftigkeit liegt bei Maschine B, da diese eine höhere Annuität aufweist.

Hinweis:
Die Interpretation der relativen Vorteilhaftigkeit der ausgewählten Maschinen stimmt mit den Ergebnissen der Kapitalwertmethode aus Übungsbeispiel 21 überein. Die muss bei gleicher Nutzungsdauer der betrachteten Investitionsalternativen der Fall sein. Weichen die Nutzungsdauern der Investitionsalternativen allerdings voneinander ab, so kann die Annuitätenmethode unter Umständen eine andere relative Vorteilhaftigkeit ergeben.

Annahmegemäß ergibt sich bei der Kapitalwertmethode z.B.:
KW A = EUR 10.000,– bei einer Nutzungsdauer von 3 Jahren
KW B = EUR 10.000,– bei einer Nutzungsdauer von 2 Jahren

Die Annuitätenmethode führt nun, unter Verwendung eines Kalkulationszinssatzes in Höhe von 1 % zu folgenden Ergebnissen:
Annuität A = EUR 3.400,22
Annuität B = EUR 5.075,12

Hier kann man gut erkennen, dass es hinsichtlich der relativen Vorteilhaftigkeitsbestimmung zwischen der Kapitalwertmethode einerseits und der Annuitätenmethode andererseits zu unterschiedlichen Interpretationen kommen kann. Dies ergibt sich hier aufgrund der unterschiedlichen Anzahl von Jahren, auf die der jeweilige Kapitalwert verteilt wird.

5.2. Modellbeurteilung

Die Annuitätenmethode ist eine Methode, die in der Praxis wenig verbreitet ist. Dies ist deshalb verwunderlich, da für einen Investor die Kenntnis des Periodenerfolges einer Investition oftmals mehr Bedeutung hat als jene des Gesamterfolgs.

Da die Annuitätenmethode eine Form der dynamischen Investitionsrechnungen ist, wird an dieser Stelle auf eine nochmalige detaillierte Darstellung der Kritikpunkte der dynamischen Investitionsrechnung verzichtet. Die Kritikpunkte werden lediglich kurz dargestellt, erweitert jedoch um die jene der Annuitätenmethode per se:

- Keine Beurteilung bei unterschiedlicher Nutzungsdauer möglich: Bei Verwendung der Annuitätenmethode kann nur im Fall der unendlich identischen Reinvestition auf die Wahl eines gemeinsamen Planungshorizonts verzichtet werden. Die Annuitätenmethode kann bei unterschiedlichen Nutzungsdauern zu einem anderen Ergebnis der relativen Vorteilhaftigkeit als die Kapitalwertmethode führen. Dies liegt daran, dass die ermittelten Kapitalwerte auf unterschiedliche Anzahlen von Perioden verteilt werden.
- Kein selbständiges Vorteilhaftigkeitskriterium bei Bestimmung der absoluten Vorteilhaftigkeit: Da die Annuitätenmethode von der absoluten Beurteilung zum gleichen Ergebnis führt wie die Kapitalwertmethode, ist diese als kein selbständiges Vorteilhaftigkeitskriterium anzusehen. Dies trifft ebenfalls, unter der Voraussetzung gleicher Nutzungsdauern, auf die relative Vorteilhaftigkeit zu.
- Zurechenbarkeit der Zahlungsreihen
- Subjektive Wahl des Kalkulationszinssatzes
- Prämissen der dynamischen Investitionsrechnung
    - □ Annahme des vollkommenen Kapitalmarktes
    - □ Wiederanlage frei werdender Mittel
    - □ Annahme sicherer Erwartungen

Die Annuitätenmethode ist eine Rechenart, die in der Praxis neben der Investitionsbeurteilung auch bei Krediten und Darlehen im Kreditbereich zur Berechnung der Annuitäten (hierbei ist unter Annuität die Summe aus Tilgung und Zinszahlungen zu verstehen) im Tilgungsplan als auch zur Bestimmung von Kapitalwerten einer unendlichen Kette von Investitionen ihre Anwendung findet. Hier kommt vor allem die Formel der ewigen Rente zur Anwendung.

6. Interne-Zinssatz-Methode

6.1. Methodik

Die Interne-Zinssatz-Methode berechnet als dynamische Investitionsrechnung nicht den Gesamterfolg bzw. den Periodenerfolg eines Investitionsobjektes, sondern hat als Zielsetzung, dessen relative Rendite zu ermitteln. Diese relative Rendite entspricht sodann der tatsächlichen Verzinsung (**Effektivverzinsung**) des geplanten Investitionsobjektes, womit der damit ermittelte Kapitalwert Null ergeben muss, da ein eventueller Überschuss (bzw. Fehlbetrag) über die Amortisation des eingesetzten Kapitals in der Verzinsung beinhaltet ist. Die wirtschaftliche Vorteilhaftigkeit liegt bei jenem Investitionsobjekt, welches die höchste interne Verzinsung aufweist.

> Der **interne Zinssatz** ist jener Zinssatz, bei dessen Verwendung als Kalkulationszinssatz der Kapitalwert eines Investitionsobjektes Null wird. Er gibt somit die Effektivverzinsung des gebundenen Kapitals an.

Folgt man dieser Definition, ergibt sich, dass der interne Zinssatz jener Zinssatz ist, bei dessen Verwendung als Kalkulationszinssatz die Amortisation des eingesetzten Kapitals erreicht wird. Weiters erwirtschaftet das Investitionsobjekt genau den Zinssatz, der als Kalkulationszinssatz (interner Zinssatz) eingesetzt wurde. Ein Überschuss bzw. Fehlbetrag kann somit nicht als Kapitalwert ermittelt werden. Dieser Zinssatz, der effektiv auf das gebundene Kapital erwirtschaftet wird, wird interner Zinssatz bezeichnet. Die Basis für die Berechnung des internen Zinssatzes ist wiederum die Kapitalwertgleichung, die eine Funktion des Zinssatzes darstellt. Gesucht ist also jener Zinssatz, der bei gegebenen Ein- und Auszahlungen einen Kapitalwert von Null ergibt. Grafisch kann der Sachverhalt wie folgt dargestellt werden:

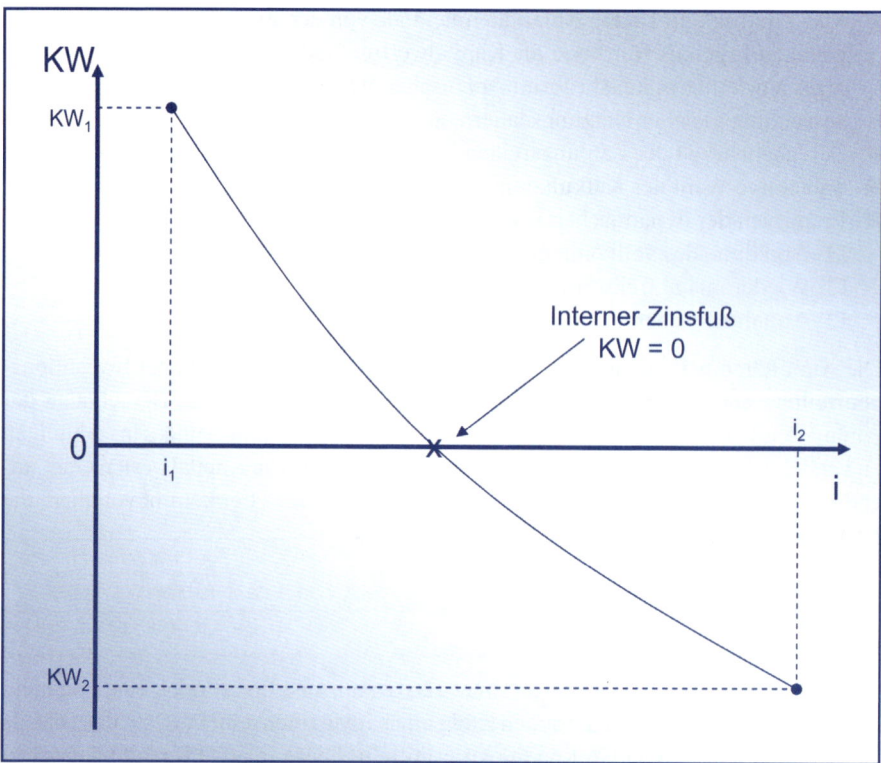

Abbildung II.15: Ermittlung interner Zinsfuß

Wie der Abbildung zu entnehmen ist, liegt der interne Zinssatz direkt am Schnittpunkt der Kapitalwertfunktion mit der Zinsachse (X-Achse (i)).

Ein Investitionsobjekt kann dann als **absolut vorteilhaft** beurteilt werden, wenn der ermittelte interne Zinssatz den Kalkulationszinssatz übersteigt.

Ein Investitionsobjekt kann dann als **relativ vorteilhaft** beurteilt werden, wenn der ermittelte interne Zinssatz höher ist als der der zur Auswahl stehenden Investitionsobjekte und zudem über dem Kalkulationszinssatz liegt.

Die nachfolgende Formel mit dem Grundschema einer Internen-Zinssatz-Methode verdeutlicht die Vorgehensweise zur Ermittlung der jeweiligen internen Zinssätze:

$$Interner\ Zinssatz = i_1 - KW_1 * \frac{i_2 - i_1}{KW_2 - KW_1}$$

Nachfolgendes Beispiel soll die Vorgehensweise der Internen-Zinsfuß-Methode exemplarisch darstellen und schrittweise aufarbeiten.

Übungsbeispiel 24: Interne-Zinssatz-Methode

(Fortsetzung Übungsbeispiel 21)
Die Ermittlung der Kapitalwerte (Kalkulationszinssatz 8 % p.a.) ergab folgendes Bild:

Kapitalwert Maschine A = $-100.000 + 3.000 *(1 + 0,08)^{-1} + 28.800 * (1 + 0,08)^{-2} +$ $50.280 * (1 + 0,08)^{-3} + 45.508 * (1 + 0,08)^{-4} + 63.558,80 * (1 + 0,08)^{-5} = 44.089,81$

Kapitalwert Maschine B = $-120.000 + 60.000 *(1 + 0,08)^{-1} + 57.600 * (1 + 0,08)^{-2} +$ $43.000 * (1 + 0,08)^{-3} + 21.000 * (1 + 0,08)^{-4} + 25.700 * (1 + 0,08)^{-5} = 51.999,67$

Aufgabenstellung:
Bestimmen Sie rechnerisch die interne Verzinsung für beide Maschinen und begründen Sie auf Basis dieses Vorteilhaftigkeitskriteriums Ihre Investitionsentscheidung!

Die Vorgehensweise zur Ermittlung des internen Zinssatzes besteht nun darin, anhand einer Interpolation bzw. Extrapolation näherungsweise den internen Zinssatz zu ermitteln. Hierbei werden mittels zwei unterschiedlichen Zinssätzen (Kalkulationszinssatz und Versuchszinssatz) zwei Kapitalwerte (KW_1, KW_2) eines jeden Investitionsobjektes ermittelt. Die zwei Zinssätze (i_1, i_2) sowie die ermittelten Kapitalwerte werden sodann in die oben angeführte Formel (lineare Interpolation bzw. Extrapolation) eingesetzt und man erhält näherungsweise den internen Zinssatz. Interpolation bedeutet hierbei, dass ein Kapitalwert positiv und ein Kapitalwert negativ ist und sich der gesuchte interne Zinssatz innerhalb der beiden eingesetzten Kalkulationszinssätze befindet (Beispiel siehe Abbildung II.15). Extrapolation bedeutet, dass beide Kapitalwerte positiv oder negativ sind und sich der gesuchte Zinssatz außerhalb des berücksichtigten Kalkulationszinssatzintervalles befindet. Nachfolgende Abbildung soll die Extrapolation grafisch nochmals verdeutlichen:

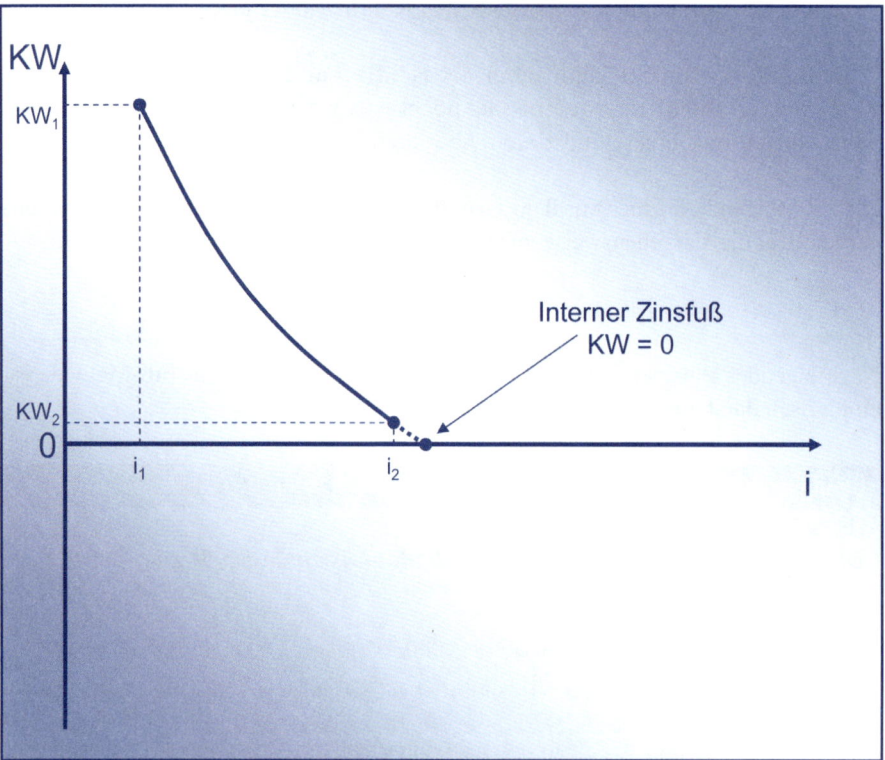

Abbildung II.16: Extrapolation

Wie in den Abbildungen ersichtlich, ergibt sich der näherungsweise ermittelte interne Zinssatz am Schnittpunkt der Geraden durch die Punkte der zwei mit den beiden Versuchszinssätzen ermittelten Kapitalwerte und der Abszisse. Die Genauigkeit des ermittelten internen Zinssatzes hängt von den Abständen der beiden Zinssätze und vom Abweichen der ermittelten Kapitalwerte von Null ab. Die Näherungslösung ist umso genauer, je näher die zwei Zinssätze beieinander liegen und je näher die damit ermittelten Kapitalwerte bei Null liegen. Rechnerisch kann der interne Zinssatz näherungsweise durch Verwenden des oben angeführten Zusammenhangs gefunden werden. Hierzu sind einfach die zwei gewählten Zinssätze und die beiden damit ermittelten Kapitalwerte in die Formel einzusetzen.

Die in dem Übungsbeispiel ermittelten internen Zinssätze stellen lediglich Näherungswerte dar. Diese eingesetzt in die Kapitalwertformel ergeben annähernd einen Kapitalwert in Höhe von Null. Warum es sich bei den ermittelten Werten lediglich um Näherungswerte handelt, zeigt folgende Abbildung:

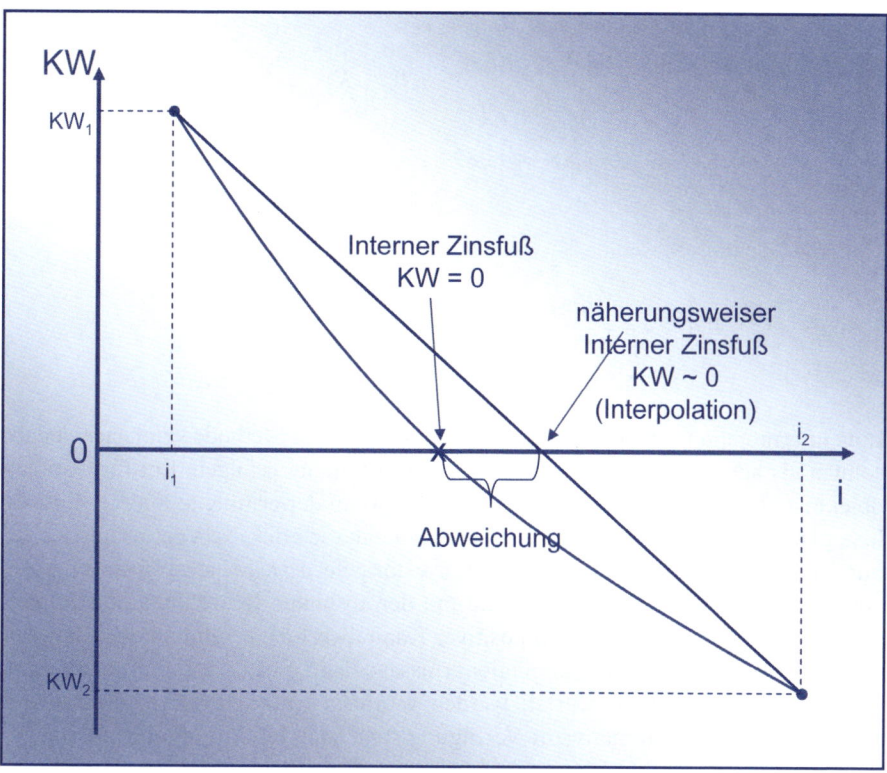

Abbildung II.17: Darstellung des Näherungsverfahrens

Die lineare Verbindung zwischen den zwei ermittelten Kapitalwerten ergibt die grafische Lösung der Inter- bzw. Extrapolation. Dieser ermittelte interne Zinssatz weicht jedoch geringfügig vom exakten Wert (x) ab. Die exakte Ermittlung des internen Zinssatzes kann z.B. anhand von Tabellenkalkulationen (z.B. Excel) ermittelt werden.

Lösung Interne-Zinssatz-Methode:

Kapitalwert (Kalkulationszinssatz 8 % p.a.):
Maschine A: EUR 44.089,81
Maschine B: EUR 51.999,67

Kapitalwert (Versuchszinssatz 15 % p.a.):
Kapitalwert Maschine A $= -100.000 + 3.000 * (1+0,15)^{-1} + 28.800 * (1+0,15)^{-2} +$

$50.280 * (1+0,15)^{-3} + 45.508 * (1+0,15)^{-4} + 63.558,80 * (1+0,15)^{-5} = 15.064,85$

Kapitalwert Maschine B $= -120.000 + 60.000 * (1+0,15)^{-1} + 57.600 * (1+0,15)^{-2} +$

$43.000 * (1+0,15)^{-3} + 21.000 * (1+0,15)^{-4} + 25.700 * (1+0,15)^{-5} = 28.785,25$

$$\text{Interner Zinsfuß Maschine A} = i_1 - KW_1 * \frac{i_2 - i_1}{KW_2 - KW_1} =$$

$$= 0{,}08 - 44.089{,}81 * \frac{0{,}15 - 0{,}08}{15.064{,}85 - 44.089{,}81} = 18{,}63\,\%$$

$$\text{Interner Zinsfuß Maschine B} = i_1 - KW_1 * \frac{i_2 - i_1}{KW_2 - KW_1} =$$

$$= 0{,}08 - 51.999{,}67 * \frac{0{,}15 - 0{,}08}{28.785{,}25 - 51.999{,}67} = 23{,}68\%$$

Eine Interpretation der Ergebnisse der Internen-Zinssatz-Methode kann nach der absoluten als auch relativen Vorteilhaftigkeitsbestimmung erfolgen. Ein Investitionsobjekt ist als absolut vorteilhaft zu beurteilen, wenn der ermittelte interne Zinssatz höher ist als der Kalkulationszinssatz, sprich wenn die effektive Verzinsung des gebundenen Kapitals höher ist als die vom Investor geforderte Mindestverzinsung. Die absolute Vorteilhaftigkeit stimmt somit mit der absoluten Beurteilung der Kapitalwertmethode überein, da nur ein positiver Kapitalwert dazu führen kann, dass der interne Zinssatz über dem Kalkulationszinssatz liegt. Ein Investitionsobjekt kann dann als relativ vorteilhaft beurteilt werden, wenn der ermittelte interne Zinssatz höher ist als jener der alternativ zur Verfügung stehenden Investitionsobjekte und zudem höher als der Kalkulationszinssatz ist.

Lösung Interpretation:
Maschine A weist eine interne Verzinsung in Höhe von 18,63 % p.a., Maschine B in Höhe von 23,68 % p.a. auf. Somit können beide Maschinen als absolut vorteilhaft beurteilt werden, da beide eine höhere interne Verzinsung aufweisen können, als der Kalkulationszinssatz ausmacht.
Die relative Vorteilhaftigkeit liegt bei Maschine B, da diese eine höhere Verzinsung erwirtschaften kann.

6.2. Modellbeurteilung

In Hinblick auf die Interpretierbarkeit ist der Internen-Zinssatz-Methode im Vergleich zur Kapitalwert- als auch Annuitätenmethode der Vorzug zu geben. Die Begründung liegt in einer möglichen Aussage über die Rentabilität des gebundenen Kapitals eines Investitionsobjektes.

Diesem Vorzug stehen jedoch einzelne Kritikpunkte gegenüber. Da die Interne-Zinssatz-Methode den dynamischen Investitionsrechnungen zugehörig ist, wird an dieser Stelle auf eine wiederholende detaillierte Darstellung der diesbezüglichen Kritikpunkte verzichtet, erwähnt seien jedoch:

- Absolute Vorteilhaftigkeitsbeurteilung stimmt mit Kapitalwertmethode überein: Da nur ein positiver Kapitalwert zu einer internen Verzinsung führen kann, die über dem Kalkulationszinssatz liegt, muss das Ergebnis der absoluten Vorteilhaftigkeitsbestimmung der Internen-Zinssatz-Methode mit dem Ergebnis der absoluten Vorteilhaftigkeitsbestimmung der Kapitalwertmethode übereinstimmen.

- Wiederanlage frei werdender Mittel: Im Gegensatz zur Kapitalwertmethode, bei der die Prämisse vorliegt, dass die frei werdenden Mittel zum Kalkulationszinssatz veranlagt werden können, geht die Interne-Zinssatz-Methode weiter und legt die Prämisse auf eine Wiederanlage zum ermittelten internen Zinssatz fest. Diese Annahme bzw. Prämisse ist ebenfalls realitätsfern.

- Näherungsweise Berechnung: Durch die Inter- bzw. Extrapolation ist lediglich eine näherungsweise Berechnung des internen Zinssatzes möglich. Diese Vorgehensweise stößt aufgrund eines nicht linearen Verlaufes des Kapitalwertes auf Kritik. Häufig wird jedoch das näherungsweise Ergebnis des internen Zinssatzes als hinreichend empfunden.

- Prämissen der dynamischen Investitionsrechnung:
  - ☐ Annahme des vollkommenen Kapitalmarktes
  - ☐ Annahme sicherer Erwartungen

7. Nutzungsdauerentscheidung

7.1. Grundlagen

Die Nutzungsdauer eines Investitionsobjektes ist jener Zeitraum, in dem das Investitionsobjekt im Unternehmen zweckgerecht genutzt wird. Zur Bestimmung der optimalen Nutzungsdauer eines Investitionsobjektes ist es vorerst notwendig, verschiedene Nutzungsdauerarten begrifflich als auch inhaltlich voneinander abzugrenzen. Die **wirtschaftliche Nutzungsdauer** (bzw. optimale Nutzungsdauer) ist jener Zeitraum, über den es aus ökonomischer Sicht sinnvoll ist, das Investitionsobjekt zu nutzen. Ökonomisch sinnvoll bedeutet in diesem Zusammenhang, dass sich die Weiternutzung für das Unternehmen rentiert (z.B. eine eventuelle Reparatur wäre technisch noch möglich, jedoch wirtschaftlich nicht mehr sinnvoll). Faktoren, die diesen Umstand verstärken können, sind bspw. technischer Verschleiß (z.B. Rosten), technische Weiterentwicklung (z.B. kostengünstigere, weiterentwickelte, qualitativ höherwertigere Investitionsobjekte) oder wirtschaftliche Weiterentwicklung (Nachfrageänderung). Diese wirtschaftliche Nutzungsdauer kann jedoch von zahlreichen weiteren Faktoren beeinflusst bzw. begrenzt werden. Das ergibt sich unter anderem auch aus bestimmten Varianten der Nutzungsdauerbemessung. Nachfolgend werden diese kurz erläutert:

- **technische Nutzungsdauer**: Die technische Nutzungsdauer stellt den maximalen Zeitraum dar, in dem ein Investitionsobjekt aufgrund seiner physischen Ausstattung genutzt werden kann. Nach Ablauf dieser technischen Nutzungsdauer kann ein Investitionsobjekt bspw. aufgrund des Verschleißes nicht mehr die ihm zugeteilten Funktionen erfüllen oder wird aufgrund zu hoher Reparaturkosten nicht mehr genutzt. Die Bestimmung der technischen Nutzungsdauer ist häufig schwer zu ermitteln.

- **rechtliche Nutzungsdauer**: Die rechtliche Nutzungsdauer wird durch vertragliche bzw. rechtsverbindliche Bestimmungen geregelt. So laufen Lizenzverträge, Mietverträge, Leasingverträge etc. für eine bestimmte Dauer und fixieren somit die jeweilige rechtliche Nutzungsdauer.

- **betriebsgewöhnliche Nutzungsdauer**: Die betriebsgewöhnliche Nutzungsdauer stellt jene Nutzungsdauer dar, die von der Finanzverwaltung als typische Nutzungsdauer eines Investitionsobjektes deklariert wird. Diesbezüglich gibt es umfassende Erfahrungswerte.

Wie bereits erwähnt, wird im Rahmen der Ermittlung der optimalen Nutzungsdauer grundsätzlich von der wirtschaftlichen Nutzungsdauer ausgegangen.

7.2. Methodik

Grundsätzlich kann gesagt werden, dass die optimale Nutzungsdauer dann erreicht ist, wenn aus dem Investitionsobjekt der höchste Überschuss erwirtschaftet werden kann. Hierbei wird wiederum auf die Kapitalwertmethode zurückgegriffen. Diesbezüglich ist somit sowohl auf die Prämissen als auch die Kritik der Kapitalwertmethode hinzuweisen. Ein Überschuss liegt dann vor, wenn ein positiver Kapitalwert ermittelt wird. Die optimale Nutzungsdauer liegt somit in jenem Zeitraum vor, in dem der höchste Kapitalwert erwirtschaftet werden kann. Berücksichtigt werden müssen hierbei die laufenden Einzahlungsüberschüsse sowie jeweils ein Restwert, der am Nutzungsdauerende noch erzielt werden kann. Diese Restwerte unterliegen der Prämisse, dass diese jeweils am Periodenende anfallen und wie die Einzahlungsüberschüsse im Zeitablauf (Verlauf der Nutzung) sinken.

Für die Ermittlung der optimalen Nutzungsdauer kann grundsätzlich von folgenden drei verschiedenen Szenarien ausgegangen werden:

- Investition ohne Nachfolgeobjekt
- Investition bei einmaliger, identischer Wiederholung
- Investition bei unendlich vielen identischen Wiederholungen

Im Bereich der Investition bei einmaliger, identischer Wiederholung und der Investition bei unendlich vielen identischen Wiederholungen ist im Vergleich zur Investition ohne Nachfolgeobjekt für die Bestimmung der optimalen Nutzungsdauer weiters der optimale Ersatzzeitpunkt zu ermitteln.

7.3. Investition ohne Nachfolgeobjekt

Von einer Investition ohne Nachfolgeobjekt wird dann gesprochen, wenn nach dem Ausscheiden der Erstinvestition aus dem Unternehmen keine Nachfolgeinvestition durchgeführt wird. Diese Annahme ist in der Praxis relativ selten gerechtfertigt, da meist von einer dauerhaften Tätigkeit eines Unternehmens ausgegangen wird, womit Nachfolgeinvestitionen vonnöten sind. Es gibt jedoch Ausnahmefälle, in denen eine **Investition ohne Nachfolgeobjekt** auch gerechtfertigt werden kann; beispielsweise, wenn ein Produkt nach dem Nutzungsdauerende keinen Absatzmarkt mehr hat, sprich sich die Nachfragesituation derart verändert hat, dass das Produkt nicht mehr abgesetzt werden kann.

> Eine Nutzungsdauer ist wirtschaftlich dann optimal, wenn der höchste (positive) Kapitalwert des Investitionsobjektes erreicht wird.

Die Berechnung der optimalen Nutzungsdauer einer Investition ohne Nachfolgeobjekt geschieht durch Ermittlung der Kapitalwerte für einzelne mögliche Nutzungsdaueralternativen. Dort, wo der höchste Kapitalwert erwirtschaftet werden kann, liegt die optimale Nutzungsdauer. Nachfolgendes Beispiel soll die Vorgehensweise der Ermittlung der optimalen Nutzungsdauer einer Investition ohne Nachfolgeobjekt exemplarisch darstellen und schrittweise aufarbeiten.

Übungsbeispiel 25: Optimale Nutzungsdauer (ohne Nachfolger)

Die Zell AG betreibt zur Herstellung von Wärmepumpen folgende Maschine:

		Maschine	
Anschaffungskosten	EUR	2.000,00	
Nutzungsdauer	Jahre	5	
Kalkulationszinssatz	%	9,00	
		Rückflüsse	**Restwerte**
1. Jahr	EUR	1.000,00	1.500,00
2. Jahr	EUR	900,00	1.000,00
3. Jahr	EUR	530,00	600,00
4. Jahr	EUR	424,00	200,00
5. Jahr	EUR	100,00	0,00

Aufgabenstellung:
Ermitteln Sie die optimale Nutzungsdauer der Maschine unter der Annahme, dass die Produktion nach Beendigung der Nutzungsdauer derselben eingestellt wird.

Lösung Optimale Nutzungsdauer (ohne Nachfolger):
Bei einer einmaligen Investition ohne Nachfolgeobjekt findet sich die optimale Nutzungsdauer dort, wo der höchste Kapitalwert (KW) erwirtschaftet werden kann. Somit ist wie folgt vorzugehen: Zuerst wird für jedes einzelne Jahr, beginnend bei einer Nutzungsdauer von einem Jahr, der jeweilige Kapitalwert ermittelt. Für das erste Jahr beträgt der mögliche Kapitalwert EUR 293,58. Dieser ergibt sich durch die negative Komponente des Anschaffungswertes (EUR 2.000,–), den Einzahlungsüberschuss (EZÜ) des 1. Jahres (EUR 1.000,–) und den Restwert (RW) am Ende des 1. Jahres (EUR 1.500,–).

Jahr	EZÜ	BW EZÜ	BW kum	RW	BW RW	KW
0	-2.000,00		-2.000,00			
1	1.000,00	917,43	-1.082,57	1.500,00	1.376,15	293,58
2	900,00	757,51	-325,06	1.000,00	841,68	516,62
3	530,00	**409,26**	**84,20**	600,00	**463,31**	**547,51**
4	424,00	300,37	384,57	200,00	141,69	526,26
5	100,00	64,99	449,57	0,00	0,00	449,57

Exemplarisch wird die Ermittlung für das erste und dritte Jahr dargestellt:

Kapitalwert Maschine 1. Jahr $= -2.000 + 1.000 * (1 + 0,09)^{-1} + 1.500 * (1 + 0,09)^{-1} = 293,58$

Kapitalwert Maschine 3. Jahr $= -2.000 + 1.000 * (1 + 0,09)^{-1} + 900 * (1 + 0,09)^{-2} +$
$530 * (1 + 0,09)^{-3} + 600 * (1 + 0,09)^{-3} = 547,51$

Beachtet werden muss, dass niemals die Restwerte der Vorjahre mit in die Berechnung miteinbezogen werden. Pro Berechnung muss immer nur jener Restwert berücksichtigt werden, der am Ende der jeweils betrachteten Nutzungsdauer-Alternative lukriert werden kann. So wird bei der Alternative von 3 Jahren lediglich der Restwert in Höhe von EUR 600,- berücksichtigt, die restlichen Restwerte werden außer Acht gelassen.

Der Berechnung zufolge erwirtschaftet die Maschine den höchsten Kapitalwert, wenn sie drei Jahre lang genutzt wird. Hier liegt somit die optimale Nutzungsdauer der Maschine, wenn davon ausgegangen wird, dass diese nach Ausscheiden aus dem Unternehmen nicht wieder neu angeschafft wird.

Hinweis:

Würde das Investitionsobjekt länger oder kürzer als die ermittele optimale Nutzungsdauer genutzt werden, sinkt der Kapitalwert. Der durch das Investitionsobjekt erwirtschaftete Überschuss würde, wie aus der Abbildung ersichtlich, niedriger sein als bei der optimalen Nutzungsdauer. Die Gesamtüberschüsse des Investitionsobjektes sind somit bei einer Nutzung über 3 Jahre am höchsten.

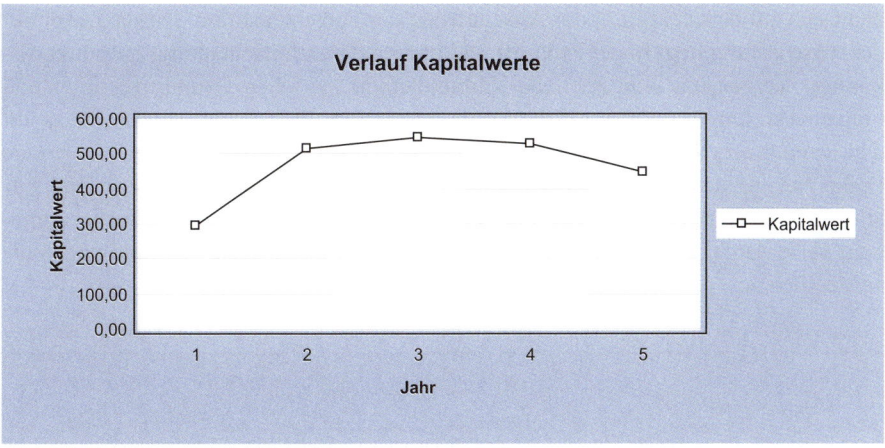

Abschließend ist nochmals kritisch auf die Annahme hinzuweisen, dass eine getätigte Investition keinen Nachfolger hat; diese Prämisse ist in der Praxis relativ selten anzutreffen. Die Tätigkeit eines Unternehmens wird grundsätzlich langfristig angelegt sein, eine Betrachtung lediglich einer einmalig durchgeführten Investition wird somit nur in Ausnahmefällen gerechtfertigt sein.

7.4. Investition bei einmaliger, identischer Wiederholung

Von einer Investition bei einmaliger, identischer Wiederholung wird dann gesprochen, wenn nach dem Ausscheiden der Erstinvestition aus dem Unternehmen eine identische Wiederanschaffung erfolgt. Wichtig hierbei ist, dass es sich um eine identische Reinvestition handelt, das Folgeinvestitionsobjekt somit eine identische geplante Zahlungsreihe wie die Erstinvestition aufweist. Die Berechnung des optimalen Ersatzzeitpunktes (Austausch der Investitionsobjekte) einer Investition bei einmaliger, identischer Wiederholung erfolgt abermals durch Ermittlung des maximalen Kapitalwertes. Diesmal jedoch nicht anhand einer einzeln durchgeführten Investition, sondern anhand einer zweigliedrigen Investitionskette.

> Der optimale Ersatzzeitpunkt liegt dort, wo der Kapitalwert der zweigliedrigen Investitionskette maximal ist.

Die Berechnung des optimalen Ersatzzeitpunktes einer Investition bei einmaliger, identischer Wiederholung erfolgt so, dass untersucht wird, wo der optimale Zeitpunkt liegt, um die Grundinvestition durch die Folgeinvestition zu ersetzen. Dies erfolgt durch Ermittlung der jeweiligen Gesamtkapitalwerte (Grundinvestition und Nachfolgeinvestition). Da die Folgeinvestition keinen Nachfolger hat, kann die optimale Nutzungsdauer dieser wie in Abschnitt II.D.7.3 beschrieben ermittelt werden. Der Gesamtkapitalwert ergibt sich aus dem Kapitalwert der Grundinvestition (jeweils mit der untersuchten Nutzungsdauer) und dem abgezinsten maximalen Kapitalwert der Folgeinvestition. Der maximale Kapitalwert der Folgeinvestition bezieht sich auf den Zeitpunkt der Anschaffung der Folgeinvestition. Dieser Zeitpunkt der Anschaffung liegt in der Zukunft und muss auf den Entscheidungszeitpunkt diskontiert werden, da eine zeitliche Verbundenheit zwischen Grundinvestition und Folgeinvestition vorliegt. Wird die Grundinvestition für ein Jahr genutzt, muss auf den Kapitalwert der Folgeinvestition ein Jahr gewartet werden. Dies erfordert eine Diskontierung des maximalen Kapitalwertes der Folgeinvestition für ein Jahr. Für alle weiteren Nutzungsdaueralternativen der Grundinvestition ist die gleiche Vorgehensweise durchzuführen. Nachfolgende Abbildung soll diesen Umstand nochmals verdeutlichen:

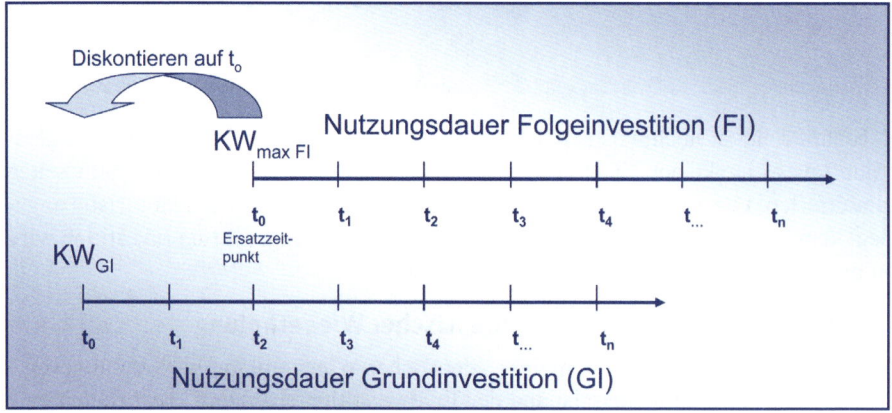

Abbildung II.18: Investition mit identischer Folgeinvestition

Entsprechend der Abbildung ergibt sich für die Berechnung des maximalen Kapitalwertes der gesamten Investitionskette folgende Formel:

$$KW_{Gesamt} = KW_{GI} + KW_{max\,FI} * (1+i)^{-n}$$

Je länger nun die Grundinvestition im Unternehmen bleibt, desto später beginnt die Nutzung der Folgeinvestition und desto später tritt der ermittelte Überschuss (Kapitalwert) der Folgeinvestition ein. Weiters gilt, dass im Falle einer endlichen identischen Investition die optimale Nutzungsdauer der einzelnen Investitionsobjekte mit steigender Anzahl an Folgeinvestitionen tendenziell abnimmt (Gesetz der Ersatzinvestitionen). Nachfolgendes Beispiel soll die Vorgehensweise zur Ermittlung der optimalen Nutzungsdauer einer Investition bei einmaliger, identer Wiederholung exemplarisch darstellen und schrittweise aufarbeiten.

Übungsbeispiel 26: Optimale Nutzungsdauer (ein Nachfolger)

(Fortsetzung Übungsbeispiel 25)

Aufgabenstellung:
Ermitteln Sie unter der Annahme, dass die Maschine einmalig durch eine idente Anlage ersetzt wird, ihren optimalen Ersatzzeitpunkt.

Lösung Optimale Nutzungsdauer (ein Nachfolger):

Die Ermittlung der optimalen Nutzungsdauer bzw. des optimalen Ersatzzeitpunktes in einer zweigliedrigen Investitionskette erfolgt so, dass der höchste Kapitalwert dieser Kette gesucht wird. Vorzugehen ist dabei wie folgt: Da die Nachfolgeinvestition keinen Nachfolger hat, kann der maximale Kapitalwert in Höhe von EUR 547,51 (aus Übungsbeispiel 25) übernommen werden. Nun stellt sich jedoch die Frage, wie lang die erste Maschine im Unternehmen bleibt und wann diese durch die zweite idente Maschine ersetzt wird.

Jahr	t_0 Grundinv.	t_1 Folgeinv.	t_2 Folgeinv.	t_3 Folgeinv.	t_4 Folgeinv.	t_5 Folgeinv.	Summe KW
0							
1	293,58	547,51					795,88
2	**516,62**		**547,51**				**977,45**
3	547,51			547,51			970,29
4	526,26				547,51		914,13
5	449,57					547,51	805,41

Der ermittelte maximale Kapitalwert der Nachfolgeinvestition (EUR 547,51) bezieht sich jeweils (wie in der Kapitalwertmethode üblich) auf den Investitionszeitpunkt dieser Maschine. Je nachdem, wie lang nun die erste Maschine im Unternehmen bleibt, verzögert sich die Erwirtschaftung des Kapitalwertes der zweiten Maschine. Genau dieser Umstand muss in die Berechnung miteinbezogen werden.

Zum näheren Verständnis werden wieder die Kapitalwerte des 1. Jahres und des 3. Jahres exemplarisch dargestellt:

Kapitalwert Maschine 1. Jahr $= 293,58 + 547,51 * (1 + 0,09)^{-1} = 795,88$

Kapitalwert Maschine 3. Jahr $= 547,51 + 547,51 * (1 + 0,09)^{-3} = 970,29$

Wird die erste Maschine ein Jahr lang im Unternehmen eingesetzt, erwirtschaftet diese einen Kapitalwert in Höhe von EUR 293,58, die Nachfolgeinvestition erwirtschaftete die EUR 547,51 – allerdings erst nach einem Jahr, da vorher die erste Maschine im Einsatz ist. Um beide Überschüsse jedoch auf einen Zeitpunkt zu beziehen, muss der Kapitalwert der zweiten Maschine auf den heutigen Zeitpunkt (t_0) abgezinst werden. Genauso verhält es sich bei der Berechnung des Kapitalwertes im 3. Jahr. Die erste Maschine erwirtschaftet über eine Nutzungsdauer von drei Jahren einen Kapitalwert in Höhe von EUR 547,51, die zweite Maschine wiederum EUR 547,51 – allerdings wieder erst in drei Jahren, wodurch eine Diskontierung über drei Jahre notwendig wird.

Der optimale Ersatzzeitpunkt der ersten Maschine liegt nach einer zweijährigen Nutzung vor (höchster Kapitalwert), die optimale Nutzungsdauer der Nachfolgeinvestition beträgt 3 Jahre.

Abschließend ist kritisch anzumerken, dass die Annahme einer identischen Folge-investition, wodurch es zu identen Zahlungsströmen kommt, zweifelhaft ist.

7.5. Investition bei unendlich vielen identischen Wiederholungen

Von einer Investition bei unendlich vielen identischen Wiederholungen wird dann gesprochen, wenn nach dem Ausscheiden der Erstinvestition aus dem Unternehmen unendlich viele identische Wiederanschaffungen erfolgen. Wichtig hierbei ist, dass es sich um identische Reinvestitionen handelt, die Folgeinvestitionsobjekte somit eine zur Erstinvestition identische Zahlungsreihe aufweisen. Die optimale Nutzungsdauer aller Investitionsobjekte in einer unendlichen Kette identischer Investitionen ist gleich lang. Diese liegt dort, wo der höchste Kapitalwert erwirtschaftet werden kann. Die Kapitalwertermittlung einer unendlichen Kette an Investitionen kann ermittelt werden, indem die jeweilige Annuität A durch den Kalkulationszinssatz i dividiert wird. Die Formel zur Ermittlung des Kapitalwertes KW einer unendlichen Kette (ewige Rente) sieht wie folgt aus:

$$KW = \frac{A}{i}$$

Obiger Ausdruck ermittelt allgemein den Barwert (bzw. den Kapitalwert, wenn bereits Einzahlungsüberschüsse in die Formel eingesetzt werden) einer nie endenden Reihe von Zahlungen in konstanter Höhe und wird daher als **ewige Rente** bezeichnet. Zur Durchführung dieser Berechnung ist es zunächst notwendig, auf die Annuitätenmethode zurückzugreifen. Jeder für die einzelnen Nutzungsdaueralternativen ermittelte Kapitalwert (Jahr 1 bis Jahr n) ist in eine entsprechende Annuität umzuwandeln. Beispielsweise resultieren aus der Entscheidung, ein Investitionsobjekt alle 3 Jahre zu ersetzen, Einzahlungen in Höhe des Kapitalwerts zu jedem Ersatz-zeitpunkt (sowie bei der erstmaligen Anschaffung des Investitionsobjekts). Die Vergleichbarkeit mit anderen Nutzungsdaueralternativen (z.B. wenn beschlossen würde, alle 2 Jahre zu ersetzen und daraus Einzahlungen in Höhe des entsprechenden Kapitalwerts in zweijährigen Abständen) ist nur dann gewährleistet, wenn der Zufluss dieser Beträge auf einen gemeinsamen Zeitraum bezogen wird. So können mittels der Annuitätenformel sowohl Einzahlungen in zwei- wie auch Einzahlungen in dreijährigen Abständen auf jährliche Einzahlungen transformiert und so Vergleichbarkeit geschaffen werden.

Für die Beurteilung des optimalen Ersatz-Zeitintervalls gilt daher Folgendes:

> Der optimale Ersatzzeitpunkt für alle Investitionen ist jener Zeitpunkt, in dem die maximale Annuität erreicht wird.

Die Ermittlung der jeweiligen Annuitäten erfolgt durch Auflösung der nachschüssigen Barwertformel (Kapitalwert)

$$KW = A * \frac{1 - \frac{1}{(1+i)^n}}{i} \text{ nach A.}$$

Dies ergibt dann folgendes Bild: $A = KW * \dfrac{i}{1 - \dfrac{1}{(1+i)^n}}$

Nachfolgendes Beispiel soll die Vorgehensweise der Ermittlung der optimalen Nutzungsdauer einer Investition bei unendlich vielen identischen Wiederholungen exemplarisch darstellen und schrittweise aufarbeiten.

Übungsbeispiel 27: Optimale Nutzungsdauer (unendlich viele identische Nachfolger)

(Fortsetzung Übungsbeispiel 25)
Aufgabenstellung:
Ermitteln Sie den optimalen Ersatzzeitpunkt der Maschine unter der Annahme, dass dieselbe unendlich oft durch identische Maschinen ersetzt wird.

Lösung Optimale Nutzungsdauer (unendlich viele identische Nachfolger):
Im Zuge der Ermittlung der optimalen Nutzungsdauer bzw. des optimalen Ersatzzeitpunktes eine unendlich oft durchgeführten identischen Investition muss zuerst die Annuität einer jeden Nutzungsdaueralternative ermittelt werden. Dieser Ermittlung entspricht folgende Formel:

$A = KW * \dfrac{i}{1 - \dfrac{1}{(1+i)^n}}$

Für das erste Jahr ergibt sich somit folgende Berechnung:

$A = 293{,}58 * \dfrac{0{,}09}{1 - \dfrac{1}{(1+0{,}09)^1}} = 320{,}-$

Auf den gesamten Zeitraum bezogen ergibt sich folgendes Bild:

Ersatzzeitpunkt	t_1	t_2	t_3	t_4	t_5
KW Grundinv.	293,58	516,62	547,51	526,26	449,57
Annuität	**320,00**	293,68	216,30	162,44	115,58

Hierbei ist zu erkennen, dass bei einer Nutzungsdauer von einem Jahr die höchste Annuität erreicht werden kann. Entsprechend der o.a. Erläuterung, wonach die optimale Nutzungsdauer bei Erreichen der höchsten Annuität vorliegt ergibt sich: Die Maschine hat eine optimale Nutzungsdauer von einem Jahr bzw. der optimale Ersatzzeitpunkt liegt bei einem Jahr.
Will man die Berechnung „zu Ende" führen und, wie bei den beiden vorangehenden Abschnitten auch den Kapitalwert ermitteln, wird wie folgt weitergerechnet: Der Kapitalwert einer unendlichen Kette ergibt sich durch folgende Formel im Sinne einer ewigen Rente

$$KW = \frac{A}{i}$$

Ersatzzeitpunkt	t_1	t_2	t_3	t_4	t_5
NKW Grundinv.	293,58	516,62	547,51	526,26	449,57
Annuität	**320,00**	293,68	216,30	162,44	115,58
Kapitalwert	**3.555,56**	3.263,16	2.403,30	1.804,88	1.284,22

Somit ist ersichtlich, dass die Annahme richtig ist, dass dort, wo die Annuität am höchsten ist, auch der maximale Kapitalwert liegt.

Wie bereits erwähnt, sind fortlaufende (unendliche) Folgeinvestitionen in der Praxis eines Unternehmens nicht abwegig. Die Annahme der identischen Folgeinvestition unterliegt jedoch einerseits der Kritik, dass diese Folgeinvestitionen (z.B. aufgrund technologischer Fortschritte) tatsächlich kaum zu realisieren sind. Da andererseits jedoch auch kaum verwertbare Informationen über jene Investitionsobjekte vorliegen, durch die in Zukunft aktuell genutzte Investitionsobjekte ersetzt werden und daher möglicherweise zukünftig geänderte Kapitalwerte nur bedingt vorhergesagt werden können, wird der Anwendbarkeit halber von konstanten Kapitalwerten ausgegangen. Somit ist die vereinfachte Annahme der unendlichen identischen Folgeinvestition wieder gerechtfertigt.

Verwendete und weiterführende Literatur

- Däumler, K.D., Grabe, J.: Betriebliche Finanzwirtschaft, 9. Auflage, Kiel, 2008.
- Drosse, V.: Investition – Intensivtraining, 2. Auflage, Wiesbaden, 1999.
- Götze, U., Blöch, J.: Investitionsrechnung – Modell und Analysen zur Beurteilung von Investitionsvorhaben, 3. Auflage, Berlin, 2002.
- Heidorn, T.: Finanzmathematik in der Bankpraxis, 5. Auflage, Wiesbaden, 2006.
- Lechner, K., Egger, A., Schauer, R.: Einführung in die allgemeine Betriebswirtschaftslehre, 23. Auflage, Wien, 2006.
- Olfert, K.: Investition, 10. Auflage, Ludwigshafen, 2006.
- Olfert, K., Reichel, C.: Kompakt-Training, 2. Auflage, Ludwigshafen, 2002.
- Kuhnle-Schaden, A., Kuhnle, R.: Bankgeschäfte nachgerechnet!, 2. Auflage, Wien, 2007.
- Nadvornik, W., Schuschnig, T.: Investitionsrechnung (Investitionsentscheidung) unter Unsicherheit. In: Häberle, S.G., Das neue Lexikon der Betriebswirtschaftslehre, 1. Auflage, München, 2008, S. 626-628.
- Swoboda, P.: Investition und Finanzierung, Göttingen, 1996.
- Urnik, S., Schuschnig, T.: Investitionsmanagement, Finanzmanagement, Bilanzanalyse, Wien, 2007.
- Wöhe, G., Bilstein, J.: Grundzüge der Unternehmensfinanzierung, 9. Auflage, München, 2002.

III. Instrumente der betrieblichen Finanzierung

Das vorherige Kapitel vermittelte die Grundkenntnisse der Investitionsrechnung, die eine Beurteilung konkreter Investitionsvorhaben aus finanzwirtschaftlicher Sicht ermöglichen und damit eine Hilfestellung bei zu treffenden Investitionsentscheidungen bieten sollen. Im Zuge dessen werden Fragen beantwortet, ob überhaupt und wenn ja, in welche der zur Verfügung stehenden Alternativen investiert werden soll. Der nun folgende Abschnitt soll klären, wie geplante Investitionen betriebswirtschaftlich finanziert werden können. Dazu wird eine Definierung des Finanzierungsbegriffs vorgenommen. Im Anschluss daran werden unterschiedliche Systematisierungsmöglichkeiten bestehender Finanzierungsarten skizziert, die Bedeutung und Funktion des Eigen- und Fremdkapitals analysiert sowie ausgewählte Finanzierungsformen nach genannten Gliederungskriterien vorgestellt.

A. Grundlagen

1. Finanzierungsbegriff

In der Literatur konnte sich bis dato keine einheitliche Definition des Finanzierungsbegriffs etablieren. Um im Folgenden von einem einheitlichen Begriffsverständnis ausgehen zu können, muss daher zunächst der den weiteren Ausführungen zu Grunde gelegte Finanzierungsbegriff definiert werden.

1.1. Finanzierung im Allgemeinen

> Im **Allgemeinen** bedeutet **Finanzierung**, dem Unternehmen in Abhängigkeit von bestimmten Erfordernissen Kapital zuzuführen **(Kapitalbeschaffung)**.

Somit werden sämtliche lang-, mittel- und kurzfristigen Maßnahmen, die zur Bereitstellung zusätzlicher finanzieller Mittel gesetzt werden und zur Erhöhung des insgesamt im Unternehmen zur Verfügung stehenden Kapitals führen, unter dem allgemeinen Finanzierungsbegriff subsumiert.

Darunter fällt die Bereitstellung von finanziellen Mitteln jeglicher Art

- zur Durchführung der betrieblichen Leistungserstellung und -verwertung, wie der
  - ☐ Beschaffung von Roh-, Hilfs- und Betriebsstoffen,
  - ☐ Bezahlung von Arbeitskräften,
  - ☐ Finanzierung des Vertriebsweges sowie
- zur Vornahme bestimmter (außerordentlicher) finanztechnischer Vorgänge, wie der
  - ☐ Gründung (anfängliche Kapitalausstattung des Unternehmens),
  - ☐ Umwandlung (Rechtsformänderung, Umstrukturierung des Unternehmens),
  - ☐ Fusion (Zusammenschluss von mehreren zu einem Unternehmen),

- ☐ Kapitalerhöhung (Zuführung von Eigenkapital, z.B. zu Expansionszwecken),
- ☐ Kapitalherabsetzung (Eigenkapitalminderung, z.B. bei Gesellschafteraustritt),
- ☐ Sanierung (Unternehmensfortführung unter Rationalisierungsmaßnahmen),
- ☐ Liquidation (freiwillige Auflösung des Unternehmens) und dem
- ☐ Insolvenz (etwa zwangsweise Auflösung des Unternehmens).

1.2. Finanzierung im Speziellen

Im **Speziellen** umfasst die **Finanzierung** neben der Kapitalbeschaffung auch alle **Kapitaldispositionen**, die die Durchführung der Betriebsprozesse betreffen.

Maßnahmen, die zur Veränderung der Zusammensetzung des Kapitals führen, seine Höhe jedoch unberührt lassen, werden somit der Finanzierung im Speziellen zugeordnet.

1.3. Begriffsabgrenzung aus bilanzieller Sicht

Sowohl die begriffstechnische Differenzierung der Finanzierung im Innenverhältnis (allgemeine versus spezielle Finanzierung) als auch ihre Unterscheidung zur in Kapitel II. beschriebenen Investitionsrechnung kann vom Standpunkt der Bilanz aus veranschaulicht werden (siehe folgende Abbildung).

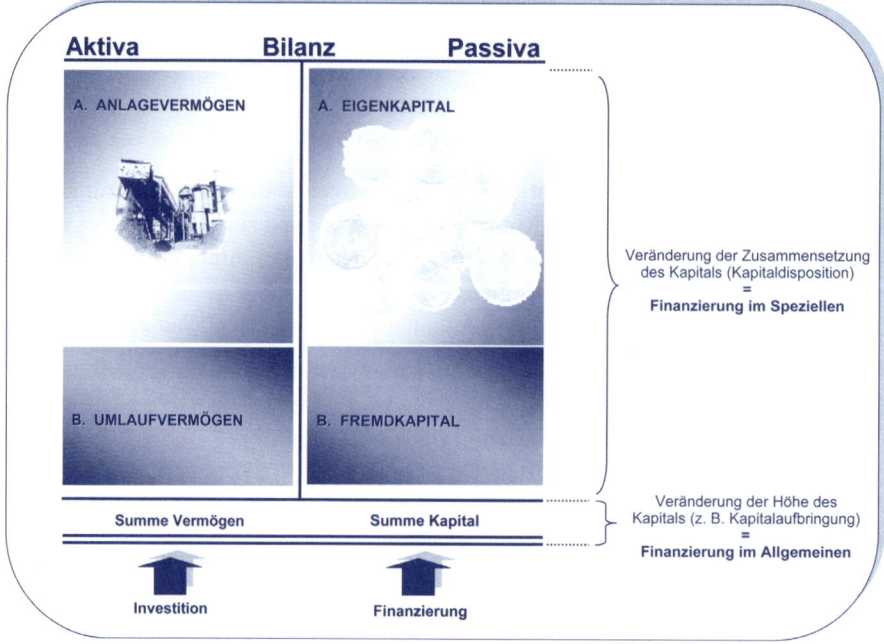

Abbildung III.1: Bilanzielle Darstellung von Investition und Finanzierung (vereinfacht)

Auf der Aktivseite, bestehend aus den beiden Positionen des Anlage- und Umlauf-vermögens, ist zu erkennen, worin das jeweilige Unternehmen investiert hat, d.h. wofür das zur Verfügung stehende Kapital verwendet wurde (Investition). Legt man den Fokus der Betrachtung hingegen auf die Passivseite, so gibt diese Auskunft da-rüber, woher die Mittel zur Anschaffung des vorhandenen Vermögens gekommen sind (Finanzierung). Findet eine Erhöhung/Verminderung des insgesamt zur Verfü-gung stehenden Kapitals statt (z.B. durch den Eintritt neuer Gesellschafter oder die Aufnahme weiterer Kredite), so wird diese Kapitalveränderung der Finanzierung/ Definanzierung im Allgemeinen zugeordnet. Werden hingegen Dispositionen in der Struktur der Passivseite vorgenommen, ohne gleichzeitig ihre Höhe zu verändern (z.B. durch die Substitution von Fremd- durch Eigenkapital im Falle der Tilgung von Krediten durch Einlagen neu hinzutretender Beteiligter), so wird ebenfalls von ei-nem Finanzierungsvorgang, nun jedoch im Speziellen, gesprochen.

2. Finanzierungsarten

Die sich in der vorangegangenen Abbildung hinter den Positionen Eigen- und Fremd-kapital verbergenden Finanzierungsformen können mannigfaltig gestaltet werden. Zur Wahrung des Überblicks ist eine umfassendere Systematisierung erforderlich. Sie kann anhand folgender Kriterien vorgenommen werden:

2.1. Gliederung nach der Dauer der Kapitalbereitstellung

Hinsichtlich der zeitlichen Begrenzung von zur Verfügung stehenden finanziellen Mittel hat sich in der Praxis eine Einteilung in unbefristet (ohne vorab vereinbarten Rückzahlungszeitpunkt), befristet (zeitlich begrenzt), kurz- (bis zu einem Jahr), mit-tel- (länger als ein Jahr, aber kürzer als fünf Jahre) oder langfristig (länger als fünf Jahre) bereitstehendes Kapital durchgesetzt. Diese Kategorisierung deckt sich mit je-ner der Rechnungslegungslegungsvorschriften und kann differenziert je Finanzie-rungsinstrument dem Anhang des Jahresabschlusses – entnommen werden.

2.2. Gliederung nach dem Anlass der Finanzierung

Bezüglich der unterschiedlichen Finanzierungsmotive kann eine Zweiteilung in rou-lierende Finanzierungen für tägliche oder periodisch vorkommende Bedarfsfälle ei-nerseits sowie für einmalig oder gelegentlich gegebene Anlässe (wie Gründungen, Umwandlungen, Spaltungen, Verschmelzungen, Fusionen, Sanierungen, Konkurs oder Liquidation) andererseits erfolgen.

2.3. Gliederung nach der Rechtsstellung des Kapitalgebers

Je nachdem, ob dem Unternehmen im Zuge der Finanzierungsart Eigen- oder Fremd-kapital zugeführt wird, erfolgt nach dem Kriterium der Rechtsstellung des Kapital-gebers eine Klassifikation als Eigen- oder Fremdfinanzierung. Eine Differenzierung fällt – insbesondere in Anbetracht modernerer Finanzierungsformen – nicht immer leicht. Eine grobe Orientierungshilfe bietet folgender Kriterienkatalog:

Kriterium	Eigenkapital	Fremdkapital
Rechtsverhältnis	Beteiligungsverhältnis	Schuldverhältnis
Fristigkeit der Bereit-stellung	unbefristet	befristet
Verzinsung	kein Anspruch	Anspruch besteht
steuerliche Absetz-barkeit	begrenzt	Zinsen steuerlich absetzbar
Gewinnbeteiligung	ja	nein
Mitbestimmung	durch Kapitalgeber	nicht gegeben
Geldentwertung (Risiko)	vom EK-Geber getragen	vom FK-Geber getragen
Interessenlage	am Unternehmenserhalt interessiert	Interesse am Erhalt des Fremd-kapitals

In aller Regel werden einzelne Finanzierungsarten nicht alle Merkmalsausprägungen einer Kategorie kumulativ erfüllen. Eher wird eine finale Klassifikation anhand überwiegend gegebener – im Folgenden näher beleuchteter – Einzelkriterien erfolgen.

Aus Haftungssicht wird Fremdkapital gegenüber Eigenkapital stets eine bevorrechtete Rolle eingeräumt. Begründet liegt dies in der nach dem Rechtsverhältnis des Kapitalgebers zum Kapitalnehmer bestehenden Differenzierung. Eigenkapital wird als Beteiligungsverhältnis mit Nachrang angesehen. Fremdkapital hingegen grundsätzlich als bevorrechtet zu behandelndes Schuldverhältnis klassifiziert. Auswirkungen ergeben sich dadurch insbesondere im Konkursfall. Eigenkapitalgeber erhalten (Teile) ihrer Einlage erst dann refundiert, wenn zuvor sämtliche Fremdkapitalgeber aus der Liquidation hinreichend befriedigt wurden.

Hinsichtlich der Fristigkeit der Bereitstellung des Kapitals lässt sich eine Unterscheidung zwischen Eigen- und Fremdkapital nach folgendem Grundsatz vornehmen: Unbefristet zur Verfügung stehende Passiva werden tendenziell als Eigenkapital klassifiziert. Auch noch so langfristig verfügbare, aber zumindest in irgendeiner Form von der Dauer der Zurverfügungstellung her limitierte liquide Mittel werden hingegen tendenziell als Fremdkapital eingestuft. Während Erstere für gewöhnlich nur im Zuge der Liquidation bzw. dem Ausscheiden von Anteilseignern zurückbezahlt werden, ist bei Letzteren eine Tilgung zum vorab vereinbarten Zeitpunkt unterstellt.

Die Entschädigung der Fremdkapitalgeber erfolgt durch seitens des Kapitalnehmers zu entrichtende, steuerlich absetzbare Zinsen, deren Höhe sich je nach getroffener Vereinbarung (Kreditvertrag, Anleihebedingungen) grundsätzlich unabhängig von der Erfolgssituation des kapitalnehmenden Unternehmens ergibt.

Eigenkapitalgebern wird ein derartiger „gesicherter" Anspruch hingegen nicht zuteil. Ihre Entschädigung ergibt sich in der Regel in Abhängigkeit vom erzielten Unternehmensgewinn. Die konkrete Verteilung des im jeweiligen Geschäftsjahr erwirtschafteten Erfolges auf die Gesellschafter kann im Gesellschaftsvertrag geregelt werden. Mangels einer derartigen Vereinbarung regelt das öUGB bzw. dHGB die Gewinn- und Verlustverteilung. Demnach gebührt jedem Arbeitsgesellschafter ein den Umständen angemessener Betrag vom Jahresgewinn. Eine Möglichkeit, an Eigenkapitalgeber ausgeschüttete Gewinne analog zu entrichteten Fremdkapitalzinsen steuermindernd anzusetzen, besteht ex lege nicht.

Bei Betrachtung der im Zuge der Kapitalbereitstellung einzuräumenden Mitbestimmungsmöglichkeit lässt sich ein weiterer, zwischen Eigen- und Fremdkapitalgeber gegebener, gravierender Unterschied erkennen. Während Gläubiger nicht direkt in betriebliche Entscheidungen eingebunden werden müssen, obliegt Beteiligten hingegen ein unmittelbares Mitbestimmungsbrecht. Wie stark einzelne Gesellschafter tatsächlich Einfluss auf strategische und/oder operative Weichenstellungen nehmen können, hängt wesentlich von deren Beteiligungshöhe und dem damit verbundenen Ausmaß des Mitspracherechts ab. So wird einem einzelnen Aktionär mit nur einem von 100.000 Stimmrechten im Zuge der Hauptversammlung wenig Augenmerk geschenkt werden. Umgekehrt können hingegen auch Fremdkapitalgeber erheblichen – wenn auch nur indirekten Einfluss – auf die Unternehmensleitung nehmen. Fälle, in denen Banken als primäre Kapitalgeber Druck auf die Geschäftsführung zur Beeinflussung betrieblicher Entscheidungen nahmen, sind hinreichend bekannt.

Hinsichtlich der Tragung des Risikos der Geldentwertung (Inflation) sind Eigen- und Fremdkapitalgeber grundsätzlich gleichgestellt. Beiden selbst obliegt das Risiko, dass ihre anfänglich gegebene Einlage bzw. ihr zur Verfügung gestellter Kredit im Rückzahlungszeitpunkt real betrachtet einen geringeren Wert als zuvor aufweist. Es ist aber durchaus möglich, dass ein Unternehmen steigende Preise überwälzen und damit seinen Wert für die Eigentümer steigern kann.

Zusammenfassend lässt sich aus diesen Unterscheidungskriterien die generelle Interessenlage der Kapitalgeber sowie die Bedeutung und Funktion des Eigen- bzw. Fremdkapitals ableiten. Anteilseigner sind primär am Erhalt des Unternehmens („going concern") zur Verwirklichung ihrer Geschäftsidee interessiert. Dafür stellen sie gewinnberechtigtes Haftungs- bzw. Risikokapital zur Verfügung, das ihnen bestimmte Herrschaftsrechte einräumt, sich im Fall des Falles schützend vor das Fremdkapital stellt und ob dieser Funktion eine wichtige Bedeutung in der zur Fremdkapitalaufbringung notwendigen Kreditprüfung erlangt. Bei Gläubigern steht hingegen vorwiegend die Erzielung einer adäquaten Rendite im Vordergrund. Der Fortbestand des Unternehmens über die Dauer der Kapitalbindung hinaus steht nicht im Fokus der Betrachtung.

2.4. Gliederung nach der Herkunft des Kapitals

Wird dem Unternehmen Kapital – unbeachtlich seiner rechtlichen Stellung – von auf Geld- bzw. Kapitalmärkten auftretenden Akteuren außerhalb des Unternehmens (wie Banken) zugeführt, so spricht man von Außenfinanzierung. Generiert ein Unternehmen hingegen Kapital im Zuge des internen Wertschöpfungsprozesses (z.B. durch die Erzielung von Umsatzerlösen für produzierte Güter und Dienstleistungen) aus eigener Kraft heraus, ohne dabei als Nachfrager auf Finanzmärkten aufzutreten, wird dies als Innenfinanzierung bezeichnet.

Wenngleich in der Literatur eine Vielzahl weiterer Kriterienkataloge zur Ordnung von Finanzierungsarten bestehen, konnte sich insbesondere die Herkunft des Kapitals (bei der eine weitere Untergliederung in Eigen- und Fremdfinanzierung möglich ist) als meist verwendetes Systematisierungskriterium etablieren. Einzelne im weiteren Verlauf vorgestellte Finanzierungsformen werden daher auch nach diesem Merkmal differenziert dargestellt.

B. Ausgewählte Formen der Außenfinanzierung

Wird einem Unternehmen Kapital – ungeachtet dessen rechtlicher Stellung – aus unternehmensexternen Quellen zugeführt, wird von **Außenfinanzierung** gesprochen.

Als Kapitalgeber fungieren dabei auf Geld- oder Kapitalmärkten (wie z.B. Börsen) auftretende Akteure (Investoren). Kapitalnehmenden Unternehmen kann dadurch sowohl Eigen- als auch Fremdkapital zur Verfügung gestellt werden. Die in der Praxis im Außenfinanzierungsbereich häufig vorkommenden Finanzierungsarten können in Kombination mit der Untergliederung in Eigen- und Fremdfinanzierung in folgender Gesamtübersicht zusammengefasst werden:

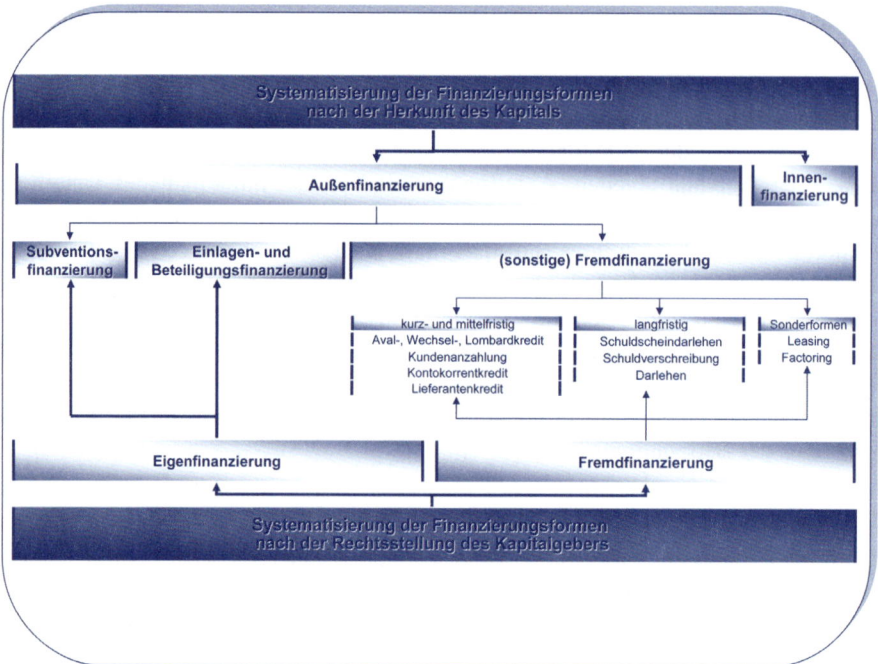

Abbildung III.2: Formen der Außenfinanzierung

Eine betriebswirtschaftlich ausgewogene Kombination abgebildeter Mittelaufbringungsmöglichkeiten setzt möglichst genaue Kenntnisse über deren Rahmenbedingungen und Einsatzmöglichkeiten voraus. Sie sollen im Folgenden je Finanzierungsform skizziert werden.

1. Subventionsfinanzierung

Unter **Subventionen** werden durch öffentliche Institutionen gewährte Zuschüsse, Beihilfen, Prämien oder Zuwendungen verstanden. Werden sie zur Finanzierung von Vermögen bzw. Leistungen u.Ä. verwendet, wird von **Subventionsfinanzierung** gesprochen.

Beihilfengewährende Stellen bestehen insbesondere sowohl auf Landes-, Bundes- als auch europäischer Ebene. Bezogen etwa auf das Land Kärnten sind dies der Kärntner Wirtschaftsförderungsfonds (KWF), die Kärntner Betriebsansiedlungs- und Beteiligungsgesellschaft (BABEG) sowie die Kärntner Sanierungsgesellschaft (KSG). Allen dreien liegen, entsprechend ihrer Namensgebung, unterschiedliche Förderintentionen zu Grunde. Als zentrale Förderstellen der Republik Österreich können das Austria Wirtschaftsservice (AWS), die BÜRGES-Länderbank, die Innovationsagentur GmbH sowie der ERP-Fonds genannt werden. Zur Komplettierung des jeweiligen nationalen Angebots stehen etwa auf supranationaler Ebene zudem Gelder des Europäischen Fonds für Regionale Entwicklung (EFRE-Fonds) zur Verfügung. Eine ähnlich hierarchisch strukturierte Förderlandschaft lässt sich in Deutschland finden.

Kennzeichnend für die Subventionsfinanzierung ist, dass kein wechselseitiger Leistungsaustausch zwischen zuwendungsgebender Institution und beihilfenempfangendem Unternehmen stattfindet. Die Beihilfengewährung kann daher nicht mit anderen Rechtsgeschäften, wie dem Abschluss eines Kaufvertrages, bestehend aus Lieferung (Leistung) einerseits und Bezahlung (Gegenleistung) andererseits, verglichen werden. Meist müssen zum Förderungserhalt nur bestimmte Auflagen (wie die zweckgebundene Verwendung der Mittel durch Investition in bestimmte Produktionsanlagen mit vorab deklarierter Behaltefrist) eingehalten werden. Ein darüber hinaus gehender Einfluss des Subventionsgebers (z.B. in Form von Stimmrechten) besteht in aller Regel nicht.

Nachdem die Subventionszuwendung vor allem auf langfristigen Motiven wie der regionalen Strukturverbesserung, der Förderung von Industrieansiedlungen, der Stützung von Exporten oder der Stärkung der (internationalen) Wettbewerbsfähigkeit zur Arbeitsplatzerhaltung bzw. -schaffung beruht, sind gewährte Mittel in aller Regel nicht rückzahlpflichtig. Die Art und Weise wie die konkrete Förderung erfolgt, kann mannigfaltig gestaltet werden. Die Angebotsplatte reicht von der direkten Zurverfügungstellung von Investitionskapital mittels stimmrechtsloser Beteiligungen über die Vergabe von zinsbegünstigten Krediten bis hin zur Einräumung von Ausfallsbürgschaften und Bankgarantien, die eine Fremdkapitalbeschaffung erleichtern sollen; derartige Förderungen werden häufig direkt – d.h. nur im Antragswege –

gewährt. Ferner werden seitens der Legislative bestimmten Gruppen von Unternehmen wirtschaftspolitisch motivierte Begünstigungen auch indirekt – d.h. ohne vorheriges Ansuchen – eingeräumt. Als Beispiele können hierzu genannt werden:

- steuerliche Begünstigungen auf nicht entnommene Gewinne i.S.d. § 11a öEStG (als Anreiz zur Kapitalerhaltung im Unternehmen)
- steuerliche Abzugsfähigkeit von Eigenkapitalzuwachszinsen gemäß § 11 öEStG (zur Annäherung an eine finanzierungsneutrale Besteuerung, da durch sie sowohl Eigen- als auch Fremdkapitalkosten gewinn- und steuermindernd berücksichtigt werden können)
- Zurverfügungstellung von der Öffentlichkeit, primär aber bestimmten Betrieben dienender Infrastruktur (wie beispielsweise Autobahnzubringern zu Geschäftslokalen)

Aufgrund der Eigenschaft der Subventionsfinanzierung, Kapital bereitzustellen, ohne gleichzeitig nennenswerte Verpflichtungen wie die Gewährung von Mitspracherechten oder Zinsansprüchen zu bedingen, kann ihr ein klarer Vorzug gegenüber anderen Finanzierungsformen eingeräumt werden. Nachdem die im Rahmen der Subventionsfinanzierung lukrierten Mittel dem Unternehmen von externen, auf eigenen Märkten agierenden Kapitalgebern zufließen, kann eine Zuordnung zum Außenfinanzierungsbereich vorgenommen werden. Infolge der in aller Regel gegebenen Erhöhung des bilanziellen Eigenkapitals des Beihilfenempfängers durch den Förderbetrag findet in der Literatur zudem eine Subsumierung unter der Eigenfinanzierung statt. In der Praxis kann jedoch auch eine Zuordnung zum Fremdfinanzierungsbereich nicht gänzlich ausgeschlossen werden. Als Beispiele hierzu sind insbesondere durch Förderstellen unter Auflagen vergebene Darlehen zu nennen.

2. Einlagen- bzw. Beteiligungsfinanzierung

Wird einem Unternehmen durch
- den Eigentümer bei Einzelunternehmen,
- die Gesellschafter bei Personengesellschaften oder
- die Anteilseigner bei Kapitalgesellschaften

Eigenkapital von außen zugeführt, so handelt es sich um eine **Einlagen- bzw. Beteiligungsfinanzierung.**

Nicht jede Zuführung von Kapital – auch wenn sie von den Gesellschaftern oder Anteilseignern des jeweiligen Unternehmens selbst vorgenommen wird – kann jedoch automatisch unter die Einlagen- bzw. Beteiligungsfinanzierung eingeordnet werden. So würde die Gewährung eines Gesellschafterdarlehens (Zurverfügungstellung fremder Mittel durch die an einer Kapitalgesellschaft Beteiligten) das im Unternehmen insgesamt zur Verfügung stehende Kapital zwar erhöhen, von einer nach obiger Definition geforderten Eigenkapitalzuführung könnte jedoch nicht gesprochen werden. Thesaurierte (einbehaltene) Gewinne wären hingegen zwar als die Eigenkapitalbasis verbreiternd anzusehen, in Ermangelung eines nach vorheriger Begriffsbestimmung geforderten Zuflusses an liquiden Mitteln von außen liegt eine Einlagen- bzw. Beteiligungsfinanzierung jedoch erneut nicht vor.

Die Möglichkeiten, Einlagen- bzw. Beteiligungsfinanzierung betreiben zu können, werden wesentlich durch die Rechtsform des Unternehmens determiniert. Am schwierigsten gestaltet sie sich bei Einzelunternehmen. Von der Möglichkeit der Inanspruchnahme (atypischer) stiller Gesellschafter i.S.d. §§ 178ff. öUGB bzw. 230ff. dHGB, die nach außen hin nicht in Erscheinung treten, einmal abgesehen, kann das benötigte Eigenkapital nur vom Geschäftsinhaber selbst zugeführt werden. Maximal mögliche Einlagebeträge korrespondieren daher stets mit dem zur Verfügung stehenden (Privat-)Vermögen des Einzelunternehmers; ausgleichend dafür wird ihm der Vorteil, ohne Mitspracherechte weiterer Partner die Geschäfte leiten zu können, zuteil.

Weitaus mehr Möglichkeiten zur Einlagen- bzw. Beteiligungsfinanzierung bieten sich hingegen Personengesellschaften (wie Offenen Handelsgesellschaften: öOGs, dOHGs, Kommanditgesellschaften: KGs oder Gesellschaften bürgerlichen Rechts, geregelt in den §§ 105ff. öUGB bzw. ebenda nach dHGB sowie in den §§ 705ff. BGB), sei es durch die Aufnahme neuer, stiller, voll- bzw. beschränkt haftender Gesellschafter oder die Erhöhung bestehender Einlagen bisheriger Anteilseigner. Aufgrund der nur bei Kommanditeinlagen beschränkbaren Haftung bietet insbesondere die KG innerhalb dieser Rechtsformgruppe klare Vorzüge in punkto Eigenkapitalbeschaffung, da neu hinzutretende Kommanditisten leichter als voll haftende Gesellschafter der OG bzw. Komplementäre der KG gefunden werden können.

Am leichtesten können von Kapitalgesellschaften (GmbH, geregelt im GmbHG; AG nach dem AktG) zusätzliche Eigenmittel aufgebracht werden. Als Gründe sind die auf die Einlage beschränkte Haftung der Gesellschafter, die größere Fungibilität der Anteile (leichtere Übertragbarkeit, die bei GmbH-Anteilen durch den zwingend vorgeschriebenen Notariatsakt und den außerbörslichen Handel jedoch eingeschränkt wird) anzuführen. Begriffstechnisch gilt es zu unterscheiden, ob die Gesellschafter einer GmbH oder Aktionäre (Anteilseigner einer Aktiengesellschaft) Eigenkapital zuführen. Im ersten Fall wird von einer Erhöhung des Stammkapitals, im Letzteren von einem Anstieg des Grundkapitals gesprochen. Unabhängig vom jeweils bestehenden Finanzierungsbedarf normiert das Gesellschaftsrecht in den §§ 7 AktG bzw. 6 öGmbHG und 5 dGmbHG im Gründungsfall aufzubringende Mindesteigenkapitalvolumina, die sich bei Aktiengesellschaften auf € 70.000,– nach österreichischem bzw. € 50.000,– nach deutschem Recht, bei Gesellschaften mit beschränkter Haftung hingegen auf € 35.000,– nach österreichischem bzw. € 25.000,– nach deutschem Recht belaufen. Aufgrund der besonderen Bedeutung der Beteiligungsfinanzierung bei Kapitalgesellschaften sollen im nächsten Abschnitt gängige Eigenmittelaufbringungs- bzw. -minderungsmöglichkeiten in den Fokus der Betrachtung gerückt werden.

2.1. Kapitalerhöhung

Unter einer **Kapitalerhöhung im weiteren Sinne** kann jede Kapitalerweiterung eines Betriebes durch eigene oder fremde Mittel verstanden werden. **Im engeren Sinne** – der Begriffsdefinition der Einlagen- und Beteiligungsfinanzierung entsprechend – wird darunter lediglich die Erhöhung des Grundkapitals einer AG oder des Stammkapitals einer GmbH, also die ausschließliche Zuführung von Eigen-, nicht aber auch von Fremdkapital subsumiert.

Rechtsformdifferenziert betrachtet, bieten sich einer GmbH im Wesentlichen jene Kapitalaufbringungsformen, wie sie auch für Personengesellschaften bestehen. Vielschichtigere Möglichkeiten bestehen hingegen bei Aktiengesellschaften. Sie sollen im weiteren Verlauf – wie folgend illustriert – erörtert werden.

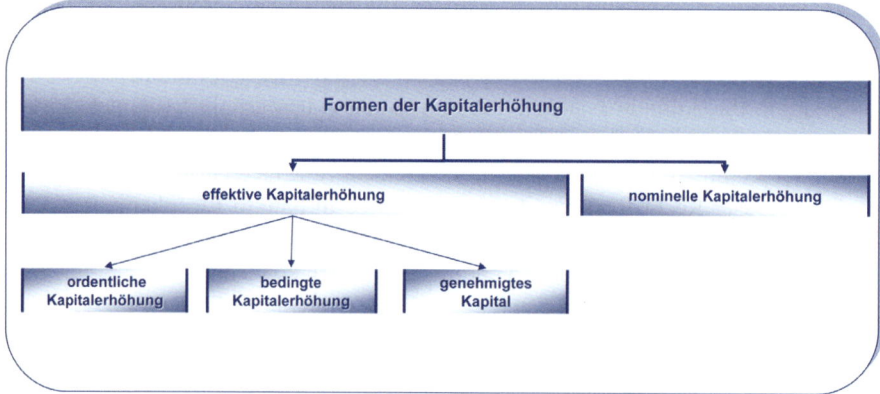

Abbildung III.3: Formen der Kapitalerhöhung

Zum besseren Verständnis der weiteren Ausführungen sollen zunächst einige Grundbegriffe definiert werden. **Aktien** sind Urkunden (Wertpapiere), die ein anteilsmäßiges Mitgliedschaftsrecht an einer AG verkörpern. Sie lauten auf einen als **Nenn-** bzw. **Nominalwert** bezeichneten, in Geld ausgedrückten Betrag. Die Summe der Nennwerte aller Aktien ist gleich dem Grundkapital der Gesellschaft. Die Eigentümer der Aktien werden **Aktionäre** genannt. Sie stellen die Eigenkapitalgeber einer Aktiengesellschaft dar. Ihre Haftung ist auf die Einlage beschränkt, ihre Beteiligung von der Mitarbeit grundsätzlich völlig getrennt zu sehen. Ihnen zuteil werdende (Kontroll-)Rechte sind gesetzlich genau geregelt. Unter anderem fallen darunter:

- Recht zur Teilnahme an der Hauptversammlung: Darunter wird die jährliche Zusammenkunft aller Aktionäre verstanden, im Zuge dessen die Wahl der Aufsichtsratsmitglieder (den AG-internen „Kontrolleuren") stattfindet, die Festlegung von Gewinnausschüttungen vorgenommen, die Ernennung des Wirtschaftsprüfers beschlossen und über die Vornahme einer Kapitalerhöhung entschieden wird.
- Stimmrecht auf der Hauptversammlung: Jedem Aktionär steht in der Regel ein, nach seinem Anteil an der AG entsprechend gewichtetes, Stimmrecht bei der

Hauptversammlung zu. Da die Summe der Nennwerte aller Aktien stets dem Grundkapital entspricht, kann die Stimmgewichtsberechnung nach folgender Formel vorgenommen werden: Nennwert der Aktie im Verhältnis zum Grundkapital gleich dem prozentuellen Anteil einer Aktie am Eigenkapital der Gesellschaft. Durch die Multiplikation dieses Anteils mit der Anzahl der von einem Aktionär gehaltenen Aktien ergibt sich danach sein Stimmgewicht (bei der Hauptversammlung).

- Laufender Gewinnanspruch: Diese besteht im Anrecht auf Auszahlung einer Dividende, sofern im jeweiligen Wirtschaftsjahr ein Gewinn erwirtschaftet und dessen Ausschüttung im Zuge der Hauptversammlung beschlossen wurde.
- Anrecht auf Liquidationserlös: Im Falle der Auflösung der Gesellschaft wird den Aktionären ein Anspruch auf eine (nachrangige) Rückzahlung ihrer Einlage zuteil.
- Anspruch auf regelmäßige Informationen: Dazu zählen insbesondere Verständigungen über Ort und Zeit stattfindender Hauptversammlungen, über geplante Gewinnausschüttungen und Änderungen der mit der Aktie verbundenen Rechte. Solche Informationen werden im Wesentlichen vom Vorstand, dem Leitungsorgan der Aktiengesellschaft, bereitgestellt.

Aktien eignen sich ob ihrer leichten Vergleichbarkeit durch gesetzlich normierte Rechte und Pflichten bei bekanntem Kaufpreis zum leichten Tausch (An- und Verkauf), der im Allgemeinen über Börsen abgewickelt wird. Dadurch wird ein äußerst unkompliziertes Eingehen und Beenden der Gesellschafterstellung ermöglicht. Zum Erwerb einer Aktie muss – und zwar unabhängig vom jeweils bestehenden Nominalbetrag – entweder ihr **Emissionskurs (Ausgabekurs)** oder aktueller **Kurs(wert) (synonym: Börsekurs)** aufgebracht werden. Ersterer stellt den seitens der Organe einer AG im Gründungsfall (bezeichnet als Going Public oder Initial Public Offering) bzw. im Rahmen einer späteren Kapitalerhöhung nach bestimmten Verfahren festgelegten Ausgabepreis dar. Er muss ausschließlich für den Bezug von am so genannten **Primärmarkt** offerierten Aktien bezahlt werden. Sie gelangen erstmalig zur Ausgabe, d.h. werden nicht von bisherigen Aktionären, sondern direkt von der sie ausgebenden Gesellschaft verkauft. Ihr Kaufpreis in Form des Emissionskurses fließt der AG unmittelbar als neues Eigenkapital zu. Der Börsenkurs bildet sich hingegen angebots- bzw. nachfragebestimmt an der Börse. Er besitzt insbesondere für den Kauf von Aktien bisheriger Aktionäre, die ihre Anteile über die Börse am so genannten **Sekundärmarkt** abtreten wollen, Gültigkeit. Seine Höhe tangiert danach lediglich das Vermögen des jeweiligen (Ver-)Käufers und betrifft somit nicht das ausgebende Unternehmen, er spiegelt sich daher auch nicht in dessen Bilanz wider.

Zur Deckung entstandener Ausgabekosten werden Aktien häufig zu einem höheren „Preis" als ihrem Nennwert (**„über pari"**) ausgegeben. Der Unterschiedsbetrag zwischen Nennwert und Emissionspreis wird als **Agio** bezeichnet. Er wird bilanziell neben den in das Grundkapital zu verbuchenden Nennwert erfolgsneutral in die gebundene Kapitalrücklage eingestellt und darf als solcher künftig nur mehr zur Abdeckung eines entstandenen Bilanzverlustes aufgelöst, nicht aber zur Gewinnausschüttung herangezogen werden. Eine Emittierung unter dem Nominalwert (**„unter pari"**), also unter Vornahme eines als **Disagio** bezeichneten Abschlags ist aktienrechtlich nicht erlaubt (Verbot der Unterpariemission, § 9 öAktG sowie § 9 dAktG).

Übungsbeispiel zur Aktienausgabe mit Agio:

Aufgabenstellung:

Ein Tochterunternehmen der Fast Underground AG überlegt sich, sein Initial Public Offering wie folgt zu gestalten: Ausgabe von 10.000 Aktien, Nominale à € 1.000, Emission zu 120 %. Illustrieren und erläutern Sie das geplante Vorhaben aus bilanzieller Sicht.

Lösung:

Werden 10.000 Stück an Aktien mit einem Nominale von à € 1.000 zu 120 % ausgegeben, so fließen der betrachteten AG in Summe € 12 Mio. zu. € 10 Mio. werden davon im Grundkapital erfasst, € 2 Mio. in die Kapitalrücklage eingebucht. Der „über pari" liegende, dem erstmaligen Kaufpreis der Aktien gleichzusetzende und von der begebenden Gesellschaft selbst festgesetzte Ausgabekurs (=Emissionspreis) beläuft sich auf € 1.200, € 1.000 entfallen davon auf das Nominale, € 200 stellen das zu entrichtende Agio dar. Der Anteil einer Aktie verkörpert einen Anteil i.H.v. 0,01 % (Nominale von € 1.000 bezogen auf € 10 Mio. Grundkapital bzw. 1 von 10.000 Stück an Aktien).

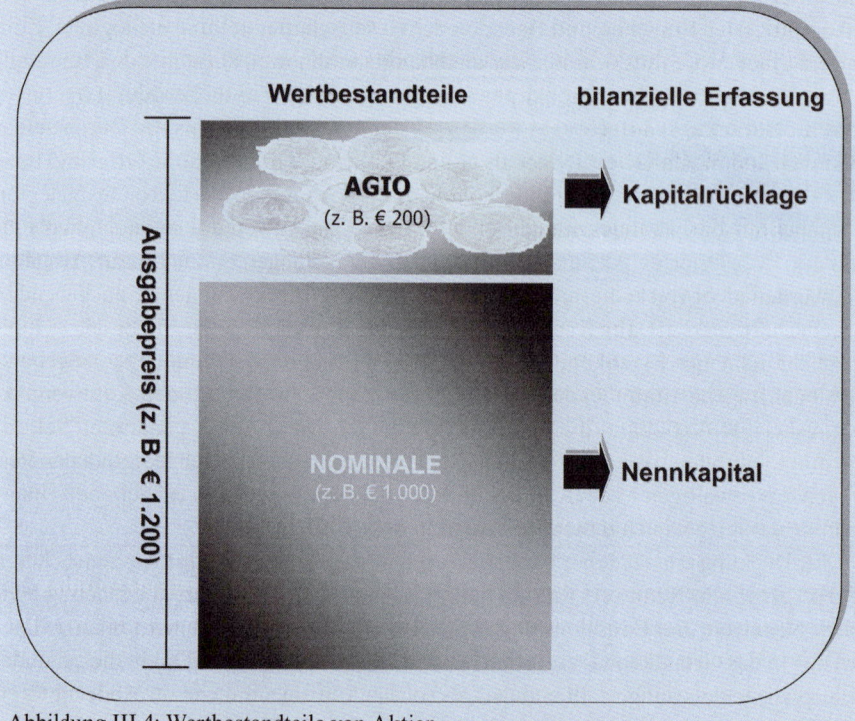

Abbildung III.4: Wertbestandteile von Aktien

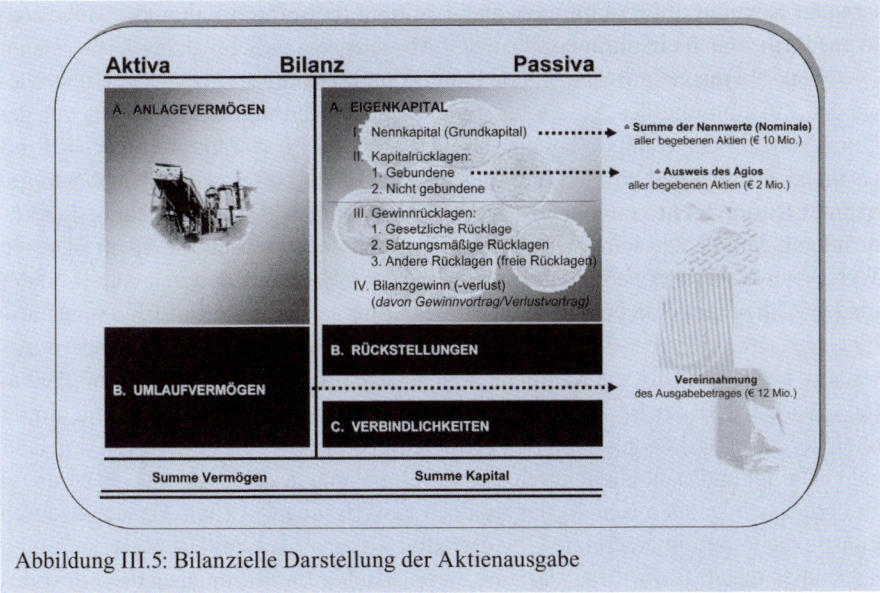

Abbildung III.5: Bilanzielle Darstellung der Aktienausgabe

Nach dieser grundlegenden Einführung nun zu den in Abbildung III.4 dargestellten Kapitalerhöhungsformen.

Im Rahmen der **effektiven Kapitalerhöhung**, geregelt in den §§ 149–173 öAktG bzw. 182–206 dAktG, findet eine tatsächliche Erhöhung des Eigenkapitals statt. Durch die Ausgabe neuer Aktien werden zusätzliche Mittel generiert, die die Eigenkapitalbasis des Unternehmens verbreitern und zur Finanzierung von Vermögen zur Verfügung stehen.

Wie die effektive Kapitalerhöhung im Konkreten erfolgt, hängt von der Wahl der ex lege zur Verfügung stehenden Gattungen – der ordentlichen bzw. bedingten Kapitalerhöhung oder dem genehmigten Kapital – ab.

Die **ordentliche Kapitalerhöhung** i.S.d. §§ 149–158 öAktG (§§ 182–191 dAktG), auch als Kapitalerhöhung gegen Einlagen bezeichnet, stellt den in der Praxis am häufigsten vorkommenden Typ effektiver Erhöhungsformen dar, bei dem zusätzliche Eigenmittel durch den Erwerb junger (neu auszugebender) Aktien seitens bestehender oder erst hinzutretender Gesellschafter gegen Barzahlung oder Sacheinlage aufgebracht werden.

Als deren Hauptmotive sind die Erlangung von liquiden Mitteln größeren Ausmaßes zur Realisierung von Großinvestitionen bzw. Expansionen zu nennen. Aufgrund gesetzlicher Normen müssen dazu folgende Voraussetzungen erfüllt werden: Die ordentliche Kapitalerhöhung muss mittels ¾-Mehrheit durch die Hauptversammlung beschlossen werden. Die durch die Hauptversammlung akkordierte Kapitalerhöhung ist unter Nennung ihrer konkreten Ausgestaltung (betreffend Zeitpunkt, Höhe etc.) in das Firmenbuch einzutragen.

Ob es überhaupt zur Kapitalerhöhung kommt, hängt somit von der überwiegenden Zustimmung der Alt-Aktionäre, das sind Anteilseigner, die bereits vor der Durchführung der Kapitalerhöhung an der AG beteiligt waren, ab. Lässt sich unter ihnen die notwendige Mehrheit finden, steht jedem von ihnen zudem ein so genanntes **Bezugsrecht** zum bevorrechteten Erwerb junger Aktien zu. Jeder Alt-Aktionär kann damit einen seiner bisherigen Beteiligung entsprechenden Anteil an neuen Wertpapieren selbst erwerben und potenzielle Neu-Aktionäre dadurch vom Kauf der jungen Aktien ausschließen. Sein bisheriges Stimmgewicht würde sich daraufhin – im Gegensatz zu seiner nominell (gestiegenen) Beteiligungshöhe – nicht ändern. Alternativ bietet sich ihm die Möglichkeit des – ebenfalls über die Börse abwickelbaren – Verkaufs seiner Bezugsrechte. Wählt der Alt-Aktionär diese Variante, nimmt er an der Kapitalerhöhung nicht teil, bleibt lediglich mit seiner bisherigen Aktienanzahl beteiligt und ermöglicht durch die Weiterreichung des Bezugsrechts nachrangig zu berücksichtigenden Neu-Aktionären den Erwerb junger Aktien. Da sich dadurch künftig mehr stimmberechtigte Gesellschafter als zuvor auf der Hauptversammlung gegenüberstehen, führt diese Variante automatisch zum Stimmgewichtsverlust des bisherigen Anteilseigners.

Durch das Konstrukt des Bezugsrechts kann also – unabhängig von der grundlegenden Entscheidung, ob eine Kapitalerhöhung überhaupt durchgeführt werden soll – vermieden werden, dass vor der Kapitalerhöhung seitens der Alt-Aktionäre bestandene Stimmrechtsverhältnisse dadurch verwässert werden. Zum besseren Verständnis dieser **ersten** wesentlichen **Funktion des Bezugsrechts** sei folgendes, bewusst überzeichnetes Beispiel gegeben:

Übungsbeispiel zur ersten Funktion des Bezugsrechts:

Gesetzt den Fall, ein an einer AG zu 100 % beteiligter Aktionär mit insgesamt 1.000 von 1.000 Aktien (=Stimmrechten) veräußert im Zuge einer 100 %igen Kapitalerhöhung (=Verdoppelung des ursprünglichen Grundkapitals von z.B. € 1 Mio. auf € 2 Mio.) all seine Bezugsrechte, so würde dies bedeuten, dass zu seinen bisherigen „1.000 Stimmen" künftig eine weitere (un-)bestimmte Anzahl an Neu-Aktionären mit ebenso vielen Stimmrechten (=Aktien) hinzutritt. Entsprechend den dann gegebenen Verhältnissen stellt sich eine Verschiebung seines Stimmgewichts von 100 % auf nur mehr 50 % ein. Schließlich stehen seinen 1.000 Stimmrechten ebenso viele weitere bzw. seiner nominellen Beteilung i.H.v. € 1 Mio. eine weitere in selber Höhe von anderen Aktionären gegenüber. Würde diese Stimmrechtsverschiebung nicht der Intention des Anteilseigners entsprechen, so müsste er an der beschlossenen Kapitalerhöhung in vollem Umfang teilnehmen. Dazu dürfte er keines der ihm zustehenden Bezugsrechte veräußern und alle bevorrechtet erwerbbaren Neu-Aktien selbst beziehen. Ob der Alt-Aktionär über die notwendigen liquiden Mittel (€ 1.000.000) verfügt, um an der Erhöhung teilnehmen, d. h. die 1.000 jungen Aktien kau-

---

fen zu können, ist dabei eine andere Frage. Das ihm grundlegend zustehende Recht zum bevorrechteten Erwerb der Aktien hilft ihm allerdings hinsichtlich allfälliger Stimmgewichtsverschiebungen wenig, wenn er den „Kaufpreis" der jungen Wertpapiere nicht aufbringen kann. Klarerweise wird sich diese Situation bei einem 100%igen Eigentümer, der als alleiniger Entscheidungsträger eine Kapitalerhöhung in der Regel wohl nicht beschließen würde, so nicht ergeben; jedoch lässt sich daraus die Bedeutung der Grundvoraussetzung einer ¾-Mehrheit im Falle vieler, nur im geringen Ausmaß Beteiligter und nicht zur Erhöhung ihrer Einlage bereiter Gesellschafter klar erkennen.

Aufbauend auf dieses Beispiel stellt sich die Frage, wie bei unterschiedlicher Beteiligungshöhe sichergestellt wird, dass jeder Aktionär – unabhängig von der Entscheidung seiner Mitgesellschafter – mit jenem Vorkaufsrecht bedacht wird, das eine Stimmrechtsverschiebung wider Willen ausschließt. Zur Beantwortung kann folgende Berechnung des **Bezugsverhältnisses** dienen:

$$\text{Bezugsverhältnis} = \frac{\text{Anzahl}_{\text{Aktien alt}}}{\text{Anzahl}_{\text{Aktien neu}}}$$

Das Bezugsverhältnis ergibt sich somit aus der Relation der (an der Börse) vor der Durchführung der Kapitalerhöhung notierenden Aktienanzahl (Anzahl$_{\text{Aktien alt}}$) zur Stückzahl der neu auszugebenden Wertpapiere (Anzahl$_{\text{Aktien neu}}$). Alternativ würde die Berechnung des Verhältnisses des bisherigen Grundkapitals zum nominellen Erhöhungskapital zum identischen Ergebnis führen. Das Resultat drückt aus, für wie viele alte Aktien eine neue bevorrechtet erworben werden kann oder anders gesagt, wie viele Zustimmungen bisheriger Gesellschafter mit jeweils einem Anteil erforderlich sind, um eine junge Aktie zum Emissionspreis beziehen zu dürfen. Zur leichteren Nachvollziehbarkeit auch hierzu ein Beispiel:

Übungsbeispiel zum Bezugsverhältnis:

Aufgabenstellung:
Verdeutlichen Sie anhand eines Beispiels Bedeutung und Funktion des Bezugsverhältnisses.

Lösung:
Besaß ein Alt-Aktionär bis dato 500 von 1.000 Stück an Aktien und sollen eben so viele neu (1.000 Stück) ausgegeben werden, beläuft sich das Bezugsverhältnis auf 1:1 (1.000 Anzahl$_{\text{Aktien alt}}$ / 1.000 Anzahl$_{\text{Aktien neu}}$). Jeder im Zuge der Kapitalerhöhung neu hinzutreten wollende Gesellschafter müsste im vorliegenden Fall zum Erwerb einer jungen Aktie zuvor die Zustimmung eines bisherigen, mit einer Aktie beteiligten Gesellschafters einholen. Dem Alt-Aktionär bieten sich entsprechend dem Bezugsverhältnis die Möglichkeiten, entweder 500 Stück an neuen Aktien selbst zu erwerben, oder aber dem neuen Anteilseigner durch den (teilweisen) Verkauf seiner Bezugsrechte in Summe (bis zu) 500 Aktienkäufe zu gewähren. Je nachdem für welche der beiden Va-

rianten er sich in welchem Ausmaß entscheidet, verändert sich sein bisheriges Stimmgewicht (nicht). Verkauft er beispielsweise 50 % seiner Bezugsrechte (also 250 von 500 Stück) und erwirbt er mit dem Rest der ihm zustehenden 250 Bezugsrechte genauso viele junge Aktien (berechnet 250 verbleibende Bezugsrechte / Bezugsverhältnis von 1), verändert sich sein Stimmanteil wie folgt: Bisheriger Stimmanteil: 500 von 1.000 Stück = 50 %; neuer Stimmanteil: 750 (500 Stück alte Aktien plus 250 Stück neue Aktien) von 2.000 Stimmen insgesamt, ergibt einen Anteil von nunmehr 37,5 %.

Unabhängig vom sich allfällig verändernden Stimmrechtsanteil wurde bisher außer Acht gelassen, welche Auswirkungen sich auf den Börsekurs des jeweiligen Wertpapiers durch die Durchführung einer ordentlichen Kapitalerhöhung ergeben können. Dem soll im Folgenden nachgegangen werden. Findet eine effektive Kapitalerhöhung statt, so werden junge Aktien – wie bereits erläutert – zum Emissionskurs ausgegeben, der (meist) unter dem aktuellen Börsewert der Altaktien liegt. Die dafür sprechenden Gründe sind mannigfaltig. Zum einen kann als Argument ein erwarteter Verfall des Börsekurses bisherig emittierter Titel während der Ausgabephase genannt werden. Würde der ex-ante angesetzte (sich während der Zeichnungsfrist nicht verändernde) Emissionspreis dem anfänglichen Börsekurs entsprechen und käme es in weiterer Folge zum tatsächlichen Kursrückgang an der Börse, würde der Ausgabepreis der neuen Aktien über dem aktuellen Börsekurs der alten liegen. Wohl kaum jemand würde bei einer derartigen Konstellation den Erwerb der Jungaktien dem am Sekundärmarkt möglichen, vergleichsweise günstigeren Kauf der Altaktien vorziehen. Zum anderen besteht bei einem unter dem aktuellen Börsekurs liegenden Ausgabepreis durchaus eine Anreizwirkung zur Zeichnung junger, anstelle bereits an der Börse zum Kauf offerierter, teurerer Alt-Aktien. Davon würden auch Alt-Aktionäre profitieren, die so ihre Beteiligung erweitern können. Daraus folgt: Während der Ausgabephase können Aktien ein und derselben AG zu unterschiedlichen Kursen erworben werden. Nachdem sie aber mit den gleichen Rechten ausgestattet sind, liegen keine Gründe vor, die derartige Preisunterschiede rechtfertigen. Es erscheint somit logisch, dass sich zwischen alten und jungen Aktien bestehende Preisdifferenzen kurz- bis mittelfristig auf ein gemeinsames Maß – zwischen dem Ausgabepreis und dem Börsekurs liegend – einpendeln werden.

Übungsbeispiel betreffend Absinken des Börsekurses:

Aufgabenstellung:
Verdeutlichen Sie anhand eines Beispiels, wie sich der Depotwert gehaltener Aktien rein durch die Vornahme einer ordentlichen Kapitalerhöhung ändern kann.

Lösung:
Gesetzt den Fall, ein Alt-Aktionär besaß vor der Durchführung einer Kapitalerhöhung 10 Aktien zu einem Kurswert von à € 1.000, so würde sich im Falle

eines kapitalerhöhungsbedingten Kursrückgangs auf z.B. € 990 ein Wertverlust von € 100 einstellen (Vermögen vor Kapitalerhöhung: 10 Aktien * € 1.000 abzüglich Vermögen nach Kapitalerhöhung: 10 Aktien * € 990).

Zur Kompensation dieses buchmäßigen Wertverfalls können dem Alt-Aktionär zustehende Bezugsrechte gewinnbringend (über die Börse) verkauft werden. Neben der Wahrung der Stimmrechtsverhältnisse ermöglicht das **Bezugsrecht** im Rahmen seiner **zweiten Funktion** somit auch, durch die Kapitalerhöhung auf Seiten der Alt-Aktionäre eintretende vermögenswerte Nachteile zu verhindern. Doch wie lässt sich der monetäre (rechnerische) Wert des Bezugsrechts ex ante quantifizieren? Dazu muss in einem ersten Schritt der sich nach Kapitalerhöhung einstellende, als **Mittelkurs** bezeichnete, neue Börsekurs wie nachstehend angeführt, ermittelt werden:

$$\text{Mittelkurs} = \frac{\text{Kurswert}_{alt} + \text{Kurswert}_{neu}}{\text{Anzahl}_{Aktien\,alt} + \text{Anzahl}_{Aktien\,neu}}$$

Im Zuge der Berechnung wird, wie der Zähler obiger Formel zeigt, zuerst die gesamte Börsenkapitalisierung des Unternehmens ermittelt. Sie entspricht der Summe aller an der Börse notierenden Aktien multipliziert mit ihrem aktuellen Börsekurs. Da alte und junge Aktien zu gesonderten Preisen bezogen werden können, wird auch ihr „Kurswert" getrennt ermittelt: Jener der alten entspricht der Anzahl der vor dem Zeitpunkt der Kapitalerhöhung bereits ausgegebenen Aktien multipliziert mit ihrem Börsekurs; jener der jungen hingegen der Stückzahl erst zu emittierender Aktien multipliziert mit ihrem Emissionspreis. Wird die so ermittelte Börsenkapitalisierung auf die Gesamtmenge der an der Börse notierenden Aktien vereilt, ergibt sich ein durchschnittlicher Kurswert, von dem angenommen wird, dass er sich nach der Kapitalerhöhung ergeben wird. In weiterer Folge kann durch seine Gegenüberstellung mit dem vor der Kapitalerhöhung gegebenen Börsekurs jener Kursverlust ermittelt werden, der auf die einzelne Alt-Aktie entfällt. Ihn gilt es durch den Verkaufserlös des **Bezugsrechts** auszugleichen. Er stellt somit gleichzeitig dessen **monetären Wert** dar. Seine Ermittlung gestaltet sich demnach wie folgt:

$$\text{Bezugsrecht} = \text{Kurs}_{alt} - \text{Mittelkurs}$$

Übungsbeispiel zur ordentlichen Kapitalerhöhung:

Aufgabenstellung:
Die Fast Underground AG beabsichtigt, eine ordentliche Kapitalerhöhung durchzuführen. Gegenwärtig verteilt sich ihr Grundkapital auf 10.000 Aktien mit einem Nennwert von je € 50. Im Zuge der Erhöhung sollen 5.000 neue Aktien zu einem Emissionskurs von € 100 ausgegeben werden. Der momentane Börsekurs beläuft sich auf € 130. Die sich in diesem Zusammenhang ergebenden Fragen sind:

■ Welches Bezugsverhältnis ergibt sich für Alt-Aktionäre?

- Wie viel Kapital fließt der Fast Underground AG durch die Kapitalerhöhung zu?
- Welcher Mittelkurs wird sich nach der Ausgabe der jungen Aktien einstellen?
- Welchen rechnerischen Wert besitzt das Bezugsrecht?
- Wie viele junge Aktien kann ein Alt-Aktionär bevorrechtet beziehen, wenn er vor Durchführung der Kapitalerhöhung 2.000 Aktien hält und sein Bankkonto einen positiven Saldo von € 50.000 aufweist?
- Wie lässt sich nachvollziehen, dass sich das Vermögen dieses Aktionärs auch ohne seine Teilnahme an der Kapitalerhöhung nicht ändert?
- Welche Veränderungen würden sich bei Beantwortung vorheriger Frage ergeben, wenn der Aktionär zu 50 % an der Kapitalerhöhung teilnimmt?
- Wie gewährleistet die Funktion des Bezugsrechts den Ausgleich von ansonsten auf Seiten eines Alt-Aktionärs eintretenden Vermögensverlusten? Unterstellen Sie, dass der Alt-Aktionär zwei Aktien der Fast Underground AG im Depot hält.

Lösung:

ad erste Teilaufgabe:

Die ordentliche Kapitalerhöhung entspricht einer Steigerung des bisherigen Grundkapitals um 50 %. Sie ergibt sich sowohl aus dem Verhältnis der neuen zu den alten Aktien (5.000 Stück bezogen auf 10.000 Stück) als auch aus der Relation des neu hinzukommenden Nominalkapitals zum bisherigen Grundkapital (€ 250.000 frisches Nominalkapital [berechnet € 50 Nennwert je Aktie * 5.000 Stück an neuen Aktien = € 250.000] bezogen auf € 5 Mio. bisheriges Grundkapital [berechnet € 50 Nennwert je Aktie * 10.000 Stück an alten Aktien]). Das Bezugsverhältnis lässt sich wie folgt ermitteln:

$$\text{Bezugsverhältnis (BV)} = \frac{10.000 \; \text{Anzahl}_{\text{Aktien alt}}}{5.000 \; \text{Anzahl}_{\text{Aktien neu}}} = 2$$

Alternativ würde, wie nachstehend ersichtlich, auch das Verhältnis des bisherigen Nennkapitals zum neu hinzukommenden bzw. seine Relation zur prozentuellen Kapitalerhöhung zum gleichen Ergebnis führen.

$$BV = \frac{500.000 \; \text{Nennkapital}_{\text{alt}}}{250.000 \; \text{Nennkapital}_{\text{neu hinzukommend}}} = \frac{100 \,\% \; \text{Nennkapital}_{\text{alt}}}{50 \,\% \; \text{Nennkapital}_{\text{neu hinzukommend}}}$$

Das ermittelte Verhältnis von 2:1 sagt aus, dass ein Alt-Aktionär pro zwei Stück an gehaltenen Aktien das Vorkaufsrecht auf eine zu emittierende Neu-Aktie besitzt bzw. ein potentieller Neu-Aktionär zwei Bezugsrechte von Alt-Aktionären erwerben muss, um eine neue Aktie beziehen zu können.

ad zweite Teilaufgabe:

In Summe fließt der Fast Underground AG frisches Kapital i.H.v. € 500.000 zu (€ 100 Emissionskurs * 5.000 neu ausgegebene Aktien). Davon werden € 250.000 im Nennkapital erfasst, ebenso viel wird in die Kapitalrücklage eingestellt. Anzumerken gilt es an dieser Stelle, dass in der Praxis häufig zunächst nur das Ausmaß der Kapitalerhöhung in absoluter Höhe beschlossen wird. Die zur Aufbringung benötigte Anzahl neu auszugebender Aktien wird hingegen erst bei Kenntnis von Emissionskosten und Ausgabekursen fixiert. Unter der Voraussetzung, dass die Emissionskosten 4 % des Ausgabeerlöses betragen, hätte man im vorliegenden Fall in einem ersten Schritt eine Erhöhung um € 500.000 beschlossen (€ 480.000 Kapitalbedarf + € 20.000 Emissionskosten (4 % von € 500.000 Emissionserlös). Erst in einem zweiten Schritt wäre dann bei endgültiger Fixierung des Ausgabekurses i.H.v. € 100 die Anzahl der neu auszugebenden Aktien (€ 500.000 : 100 Ausgabekurs = 5.000 Stück) beschlossen worden.

ad dritte Teilaufgabe:

Aufgrund des sich unter dem aktuellen Börsekurs befindlichen Emissionspreises wird ein Absinken des Börsekurses erwartet. Sein künftiger Wert lässt sich wie folgt ermitteln:

$$\text{Mittelkurs} = \frac{10.000 \text{ Stk.} * \text{€} 130 + 5.000 \text{ Stk.} * \text{€} 100}{10.000 \text{ Stk.} + 5.000 \text{ Stk.}} = \text{€} 120$$

ad vierte Teilaufgabe:

Der Wert des Bezugsrechts ergibt sich wie folgt:

$$\text{Wert des Bezugsrechts} = \text{€} 130 \text{ Kurs}_{alt} - \text{€} 120 \text{ Mittelwertkurs} = \text{€} 10$$

ad fünfte Teilaufgabe:

Da pro zwei Stück an gehaltenen Aktien eine junge Aktie bevorrechtet erworben werden kann, ergibt sich bei einem bisherigen Bestand von 2.000 Aktien ein Bezugsrecht für 1.000 weitere.

$$\text{Anspruch auf junge Aktien} = \frac{2.000 \text{ (Stk. alte Aktien)}}{2 \text{ (Bezugsverhältnis)}} = 1.000 \text{ Stk.}$$

ad sechste Teilaufgabe:

Nimmt der Alt-Aktionär nicht an der Kapitalerhöhung teil, d.h. veräußert er all seine ihm zustehenden Bezugsrechte, so zeigt seine Vermögenssituation vor und nach der Kapitalerhöhung folgendes Bild:

Vermögen vor Kapitalerhöhung:

Position	Wertermittlung	€
+ Saldo Bankkonto	Nominalwert	€ 50.000
+ Depotwert	2.000 Stk. Aktien * € 130 aktueller Kurs	€ 260.000
= Gesamtvermögen		€ 310.000

Vermögen nach Kapitalerhöhung:

Position	Wertermittlung	€
+ Saldo Bankkonto	anfänglicher Saldo	€ 50.000
	zuzüglich Verkaufserlös der Bezugsrech-te: € 10 * 2.000 Stk.	€ 20.000
+ Depotwert	2.000 Stk. € 120	€ 240.000
= Gesamtvermögen		**€ 310.000**

Aufgrund des Veräußerungserlöses der Bezugsrechte ist es zu keiner Veränderung der Höhe des Vermögens gekommen. Lediglich seine Zusammensetzung hat sich verändert. Wies das Konto zuvor einen Saldo von € 50.000 auf,
so beläuft sich dieser nach Kapitalerhöhung auf € 70.000. Im Gegensatz dazu
hat sich der im Depot liegende Aktienwert von € 260.000 auf € 240.000 reduziert. Damit einhergehend hat sich auch das Stimmgewicht des Alt-Aktionärs
verringert.

ad siebente Teilaufgabe:

Auch eine 50%ige Teilnahme an der Kapitalerhöhung zeigt keine Auswirkung
auf die Vermögenssituation der Höhe nach.

Vermögen vor Kapitalerhöhung:

Position	Wertermittlung	€
+ Saldo Bankkonto	Nominalwert	€ 50.000
+ Depotwert	2.000 Stk. Aktien * € 130 aktueller Kurs	€ 260.000
= Gesamtvermögen		**€ 310.000**

Vermögen nach Kapitalerhöhung:

Position	Wertermittlung	€
+ Saldo Bankkonto	anfänglicher Saldo	€ 50.000
	zuzüglich Verkaufserlös der Bezugs-rechte: € 10 * 1.000 Stk.	€ 10.000
	abzüglich Kaufpreis junger Aktien: 500 Stk. * € 100	−€ 50.000
+ Depotwert	2.500 Stk. * € 120	€ 300.000
= Gesamtvermögen		**€ 310.000**

Nachdem für jede Alt-Aktie der insgesamt 2.000 gehaltenen Aktien ein Bezugsrecht vorliegt, verfügt der Alt-Aktionär über 2.000 Bezugsrechte. Davon
werden 1.000 (50 %) zu à € 10 verkauft. Es ergibt sich ein Gesamterlös von
€ 10.000. Für den Neuerwerb der jungen Aktien verbleiben 1.000 weitere Bezugsrechte. Aufgrund des ermittelten Bezugsverhältnisses von 2:1 können mit
ihnen 500 junge Aktien (1.000 Bezugsrechte, 2 Bezugsverhältnis) zu einem
Emissionskurs von € 100 erworben werden, was sich am Bankkonto mit einer Belastung von € 50.000 zu Buche schlägt. Die Höhe des Gesamtvermögens bleibt erneut gewahrt. Innerhalb der Vermögenspositionen haben sich

Verschiebungen ergeben: Das Bankkonto wurde durch den Erwerb der neuen Aktien belastet sowie den Verkauf der Bezugsrechte entlastet und weist einen endgültigen Salo i.H.v. € 10.000 auf. Der Depotwert beläuft sich hingegen auf nunmehr € 300.000.

ad achte Teilaufgabe:

Wie die Funktion des Bezugsrechts den Ausgleich von Vermögensverlusten bei zwei gehaltenen Aktien gewährleistet, lässt sich wie folgt grafisch darstellen:

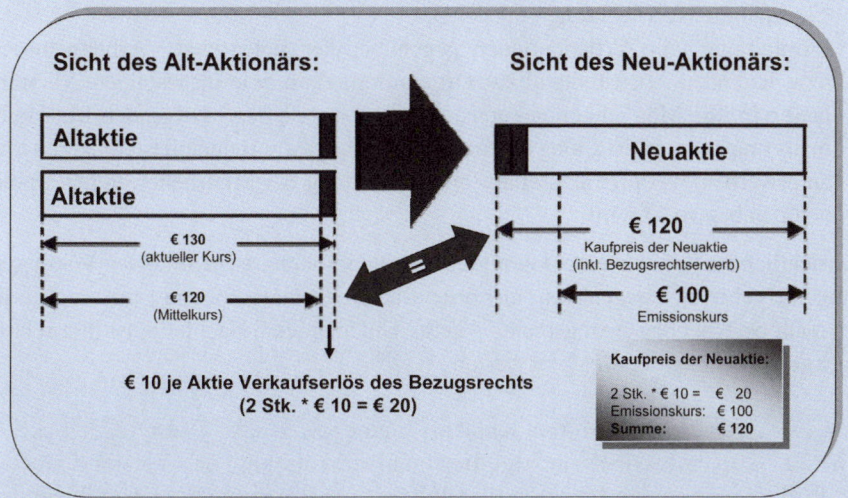

Abbildung III.6: Wertfunktion des Bezugsrechts

Ein mit zwei Aktien beteiligter Alt-Aktionär verliert aufgrund des durch die Kapitalerhöhung bedingten Kursverfalls je gehaltenem Titel € 10 an Depotwert. Der dadurch entstehende Verlust i.H.v. € 20 wird durch den Verkauf des Bezugsrechts – zustehend je gehaltener Alt-Aktie – zu € 10 pro Stück wieder ausgeglichen. Der Neu-Aktionär kann hingegen junge Aktien zum Emissionspreis i.H.v. € 100 erwerben, dazu muss er jedoch zuvor zwei Bezugsrechte zum Preis von insgesamt € 20 erwerben. Der von ihm auf diese Weise in Summe zu entrichtende Betrag i.H.v. € 120 entspricht genau dem sich einstellenden Mittelkurs; der Kaufpreis der jungen Aktie genau dem erhaltenen Kurswert.

Bei der in den §§ 159–168 öAktG (§§ 192–201 dAktG) geregelten **bedingten Kapitalerhöhung** findet ebenfalls eine effektive Verbreiterung der Eigenkapitalbasis durch die Ausgabe junger Aktien statt. Im Gegensatz zur ordentlichen Kapitalerhöhung ist sie jedoch nur im Rahmen gesetzlich taxativ angeführter Zwecke bis zur maximalen Höhe von 50 % des bisherigen Grundkapitals zulässig.

Ex lege werden folgende Zwecke determiniert:

- Tausch von Wandelschuldverschreibungen und Optionsanleihen in Aktien: An der Aktiengesellschaft über diese Wertpapiere beteiligte Fremdkapitalgeber erhalten das Recht, anstelle der Tilgung ihres zur Verfügung gestellten Fremdkapitals Aktien der gleichen Gesellschaft zu einem ex ante festgelegten Tauschverhältnis beziehen zu können.
- Vorbereitung auf einen Unternehmenszusammenschluss: Dabei werden etwa Aktien von der übernehmenden Gesellschaft an die Anteilseigner der übertragenden AG ausgegeben, das Eigenkapital dadurch insgesamt erhöht und eine rechtliche Unternehmensverflechtung eingeleitet.
- Einräumung von Aktienoptionen gegenüber der Belegschaft: Arbeitnehmern bzw. leitenden Angestellten bzw. Organmitgliedern (wie insbesondere Vorständen) wird die Möglichkeit geboten, Aktien ihres sie beschäftigenden Unternehmens (meist unter Erfüllung bestimmter Auflagen wie Behaltefristen) begünstigt zu erwerben, wodurch u.a. eine stärkere Bindung der Mitarbeiter an das Unternehmen bezweckt wird.

Hinsichtlich im Rahmen einer bedingten Kapitalerhöhung zu erfüllenden Voraussetzungen ergeben sich gegenüber einer ordentlichen Kapitalerhöhung – mit Ausnahme des nicht bestehenden Bezugsrechts – keine Unterschiede. Nachteilig ist ihre relativ enge gesetzliche Anwendung zu werten.

> Im Zuge des **„Genehmigten Kapitals"**, geregelt in den §§ 169–173 öAktG (§§ 202–206 dAktG), ermächtigt die Hauptversammlung den Vorstand innerhalb einer maximalen Frist von fünf Jahren eine Erhöhung des Grundkapitals im Ausmaß von bis zu 50 % des bestehenden Nennkapitals durchzuführen.

Weder die Anlässe für die Kapitalerhöhung noch die Höhe des neu aufzunehmenden Kapitals werden dabei ex ante festgelegt. Beschlossen wird nur eine mögliche zukünftige Ausgabe junger Aktien. Bezweckt wird primär, dem Vorstand ohne neuerliche Formalitäten (wie der i. a. R. gegebenen, zeitintensiven Anberaumung einer Hauptversammlung und der folgenden Beschlussfassung) eine Kapitalerhöhung zu einem späteren – aus Finanzierungssicht (kosten-)günstigen – Zeitpunkt zu ermöglichen. Die zu erfüllenden Voraussetzungen (Beschlussfassung mittels ¾-Mehrheit, [grundlegende] Eintragung ins Firmenbuch, Gewährung von Bezugsrechten) richten sich sinngemäß nach den Vorschriften bei der ordentlichen Kapitalerhöhung.

> Die **nominelle Kapitalerhöhung** (synonym: **Kapitalerhöhung aus Gesellschaftsmitteln**) wird, im Gegensatz zu den Formen der effektiven Kapitalerhöhung, ohne die Neuzuführung von Eigenkapital vollzogen. Anstelle dessen wird eine Umschichtung einzelner Eigenkapitalpositionen in das Grundkapital vorgenommen.

Sowohl das aktivseitige Gesellschaftsvermögen (u.a. in Form von liquiden Mitteln) als auch die Gesamthöhe des zur Verfügung stehenden Kapitals ändert sich dabei nicht. Durch die Wandlung von (nicht) gebundenen Kapital- bzw. (Gewinn-)Rücklagen in Grundkapital (Passivtausch) müssen mehr Aktien als bisher in Umlauf gebracht werden, damit die im Zuge der Gründung festgelegte Relation von „Nennwert je Aktie * Anzahl der Aktien im Umlauf = Grundkapital" beibehalten werden kann. Die neu auszugebenden Aktien werden als Berichtigungs- bzw. Gratisaktien bezeichnet und den bisherigen Aktionären – ohne weitere Einlageverpflichtungen auszulösen – im entsprechenden Ausmaß gleichsam automatisch zuteil. Die Anwendung des Bezugsrechts wird obsolet. Grafisch lässt sich die nominelle Kapitalerhöhung wie folgt illustrieren:

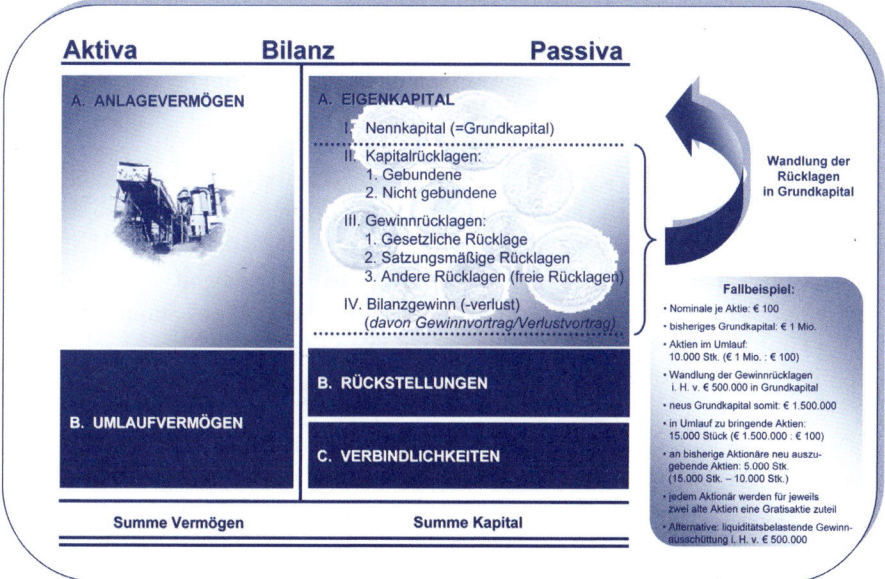

Abbildung III.7: Bilanzielle Darstellung der nominellen Kapitalerhöhung

Hinsichtlich der zur Durchführung zu erfüllenden gesetzlichen Voraussetzungen ergeben sich gegenüber den bisher diskutierten Formen keine Unterschiede. Die für eine nominelle Kapitalerhöhung sprechenden Gründe sind vielfältig. Obwohl das insgesamt zur Verfügung stehende Eigenkapital nicht erhöht wird, verändert sich die für die Kreditwürdigkeit entscheidende Haftungsbasis dennoch zum Positiven. Begründet ist dies vor allem in der durch die Kapitalwandlung gegebenen, stärkeren Eigenkapitalerhaltung, da zuvor bestandene Rücklagen leichter aufgelöst werden können als Nennkapital (in Form von Herabsetzungen) verringert werden kann. Weiters können auch kurstaktische Argumente für eine nominelle Kapitalerhöhung sprechen. Die Thesaurierung von Gewinnen führt zu steigenden Erwartungen hinsichtlich künftiger Ausschüttungen. Sie lassen die Börsekurse steigen und verringern die Fungibilität der Anteile, da Kleinanleger ob der hohen Anschaffungskosten derartige Wertpapiere kaum mehr erwerben. Dem kann durch nominelle Erhöhung und der damit stets einhergehenden, nach unten gerichteten Kurskorrektur entgegengetreten werden. Zudem bietet die Ausgabe von Gratisaktien die Möglichkeit, Aktionäre an erzielten Unternehmenserfolgen partizipieren zu lassen, ohne liquiditätsbelastende Ausschüttungen vornehmen zu müssen. Der im Zuge der Aktienausgabe Anteilseignern zuteil werdende monetäre Wert stellt letztlich nichts anderes als thesaurierte Gewinne dar. Würden sie ausbezahlt werden, wäre damit ein Mittelabfluss auf Seiten der AG verbunden. Nicht so jedoch, wenn Aktionären stattdessen wertentsprechende Berichtigungsaktien zukommen, durch deren Verkauf an Dritte sie indirekt zur Auszahlung ihres Gewinnanteils gelangen könnten.

2.2. Kapitalherabsetzung

Naturgemäß bieten sich – im Gegensatz zur Kapitalerhöhung – auch Möglichkeiten der Kapitalherabsetzung. Es handelt sich dann um eine Einlagen- bzw. Beteiligungsfinanzierung. Gängige Formen dieser werden im Folgenden – mit Fokus auf Kapitalgesellschaften – dargestellt.

> Unter einer **Kapitalherabsetzung im weiteren Sinne** wird jede durch die Reduktion des Einsatzes von eigenen oder fremden Mitteln bedingte Kapitalminderung eines Betriebes verstanden. **Im engeren Sinne** – der Begriffsdefinition der Einlagen- und Beteiligungsdefinanzierung entsprechend – wird darunter lediglich die Senkung des Grundkapitals einer AG oder des Stammkapitals einer GmbH, also der ausschließliche Abzug von Eigen-, nicht aber auch jener von Fremdkapital subsumiert.

Im Falle einer GmbH führt die Kapitalherabsetzung zur (teilweisen) Rückzahlung von Stammeinlagen bisheriger Gesellschafter. Nach dem – dem Gläubigerschutz Rechnung tragenden – GmbHG ist dazu eine Beschlussfassung der Gesellschafter mit einfacher Mehrheit, die Bekanntmachung in den Blättern der Gesellschaft, die Befriedigung von Gläubigern, die der Herabsetzung nicht zustimmen, sowie die Anmeldung der Herabsetzung zum Firmenbuch notwendig. Als konkrete Ausprägungsformen i. S. d. AktG sind darüber hinaus zu nennen:

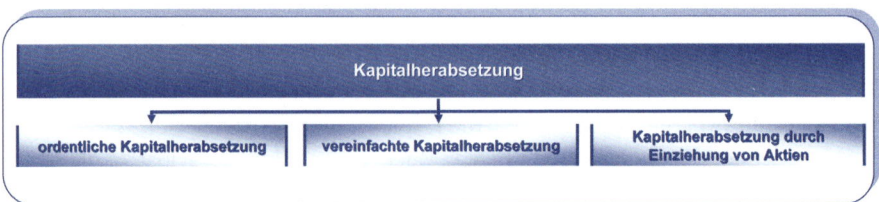

Abbildung III.8: Formen der Kapitalherabsetzung

Aufgrund der mit der Kapitalherabsetzung einhergehenden Minderung des Haftungskapitals müssen zu Zwecken des Gläubigerschutzes strenge formale Anforderungen erfüllt werden. Welche konkrete Form im jeweiligen Fall gewählt wird, ist zweckbestimmt und lässt sich aus folgenden Ausführungen ableiten.

Im Zuge der **ordentlichen Kapitalherabsetzung** – geregelt in den §§ 175–181 öAktG bzw. 222–228 dAktG – findet nicht nur eine effektive Reduzierung des Grund-, sondern auch des insgesamt im Unternehmen gebundenen Kapitals statt. Frei gesetztes Kapital wird dabei an die Aktionäre zurückbezahlt.

Die Umsetzung erfolgt in zwei Schritten: Die als „Herunterstempeln" bezeichnete Minderung der Nominalbeträge je Aktie (bzw. die alternativ mögliche Zusammenlegung mehrerer Aktien zu einer) führt zunächst zur passivseitigen Reduktion des Grundkapitals. In einem weiteren Schritt ergibt sich aktivseitig ein liquiditätswirksamer Abfluss in Höhe der Reduktion des Nennwerts. In Summe wurde somit sowohl das zur Verfügung stehende Kapital als auch seine Verwendung reduziert; bilanzielle Summengleichheit ist erneut gegeben. Motiv ist meist, im Unternehmen (zu viel) gebundenes Kapital – z.B. aus Rentabilitätsüberlegungen – abzuziehen. Der Beschluss zur ordentlichen Herabsetzung bedarf, wie jener der ordentlichen Erhöhung, einer ¾-Mehrheit. Gläubiger können zudem binnen bestimmter Fristen Nachschusspflichten von Sicherheiten einfordern. Zahlungen an Aktionäre können erst nach Erfüllung dieser Voraussetzungen und Bekanntmachung der ordentlichen Herabsetzung im Firmenbuch geleistet werden.

Auch im Rahmen der **vereinfachten Kapitalherabsetzung** (§§ 182–191 öAktG; §§ 229–236 dAktG) findet eine Reduktion des Nominales je Aktie statt, wodurch erneut Kapital freigesetzt wird, das im Gegensatz zur ordentlichen Herabsetzung jedoch nicht an die Aktionäre ausbezahlt, sondern zur Abdeckung bis dato entstandener und vom Eigenkapital offen als Negativposten abgesetzter Bilanzverluste herangezogen bzw. zur Dotierung von gebundenen Kapitalrücklagen verwendet wird.

Vorliegende Form kann als gedankliches Gegenstück zur nominellen Kapitalerhöhung angesehen werden. Auch dort wird die Zusammensetzung des Eigenkapitals verändert, ohne jedoch seine effektive Höhe zu tangieren. Parallelen hinsichtlich der technischen Umsetzung ergeben sich zur ordentlichen Herabsetzung. Unterschiede ihr gegenüber sind lediglich im nicht gegebenen Abfluss von liquiden Mitteln und dem ausschließlichen Zweck einer buchmäßigen Sanierung zu erkennen. Da keine besonderen Vorschriften betreffend den Gläubigerschutz beachtet werden müssen, wird von einer vereinfachten Herabsetzung gesprochen.

Liegt der Börsekurs einer Aktie unter ihrem Nominalwert, so ist die dritte Art durchführbarer Kapitalherabsetzungen die in den §§ 192–194 öAktG (§§ 237–239 dAktG), geregelte **Kapitalherabsetzung durch Einziehung von Aktien** möglich. Dabei unterbreitet die Aktiengesellschaft ihren Aktionären das Angebot zum Rückerwerb von emittierten Aktien.

Leisten die Anteilseigner dem Folge, erhalten sie dafür den zu diesem Zeitpunkt an der Börse notierenden Kurswert. Auf Seiten der AG führt der Kauf der eigenen Aktien zu einem buchmäßigen Gewinn in Höhe der Differenz zwischen dem (liquiditätswirksam) zu entrichtenden Kaufpreis (Börsekurs) und dem bilanziell dafür erhaltenen Nominalwert, der zur Abdeckung entstandener Unternehmensverluste herangezogen werden kann. Unterschiede zur vereinfachten Kapitalherabsetzung bestehen im Wesentlichen in folgenden Punkten: Ob und in welchem Umfang die Aktionäre an der Herabsetzung teilnehmen, bleibt ihnen individuell überlassen. Dem für alle Anteilseigner gültigen Angebot muss nicht verpflichtend Folge geleistet werden. Ferner müssen die zur Auszahlung an die Aktionäre benötigten liquiden Mittel vorhanden sein. Als Durchführungsvoraussetzungen gilt es jene der ordentlichen Herabsetzung zu erfüllen.

3. Kurz- bzw. mittelfristige Fremdfinanzierung

Im vorherigen Kapitel wurden ausschließlich Außenfinanzierungsformen dargestellt, die der Eigenfinanzierung zuzuordnen sind. Folgende Abschnitte richten den Fokus der Betrachtung hingegen auf im Fremdfinanzierungsbereich bestehende Außenfinanzierungsinstrumente. Wie im Rahmen der Grundlagen erläutert, sind diese im Wesentlichen bzw. teilweise vereinfachend durch folgende Merkmale charakterisiert:

- Nominalanspruch
  Der Kapitalgeber hat Anspruch auf gänzliche Rückzahlung des von ihm zur Verfügung gestellten Kapitals zum vereinbarten Tilgungszeitpunkt.
- Zinsanspruch
  Unabhängig davon, ob das kapitalnehmende Unternehmen einen Gewinn erzielt oder nicht, hat der Gläubiger ein Anrecht auf Verzinsung.
- Kapitalbefristung
  Bereits im Zuge der Kapitalbereitstellung werden Rückzahlungszeitpunkte vereinbart. Fremdkapital steht dem Unternehmen daher nur befristet zur Verfügung.
- Haftungsausschluss
  Fremdkapitalgeber haften nicht für ihr zur Verfügung gestelltes Kapital. Im Konkursfall erhalten sie ihren Kapitaleinsatz gegenüber Eigentümern (Beteiligten) bevorrechtet zurückbezahlt.
- Stimmrechtslosigkeit
  Gläubigern werden weder Stimm- noch Mitspracherechte an der Unternehmensführung zuteil.
- Steuerliche Anerkennung von Fremdkapitalzinsen
  An den Kapitalgeber entrichtete Zinsen stellen Betriebsausgaben dar und vermindern den steuerpflichtigen Gewinn des kapitalnehmenden Unternehmens.

- Kreditwürdigkeitsprüfung

  Der Bereitstellung von Fremdkapital geht in aller Regel eine entsprechende Kredit(würdigkeits)prüfung (Analyse der Bonität des potentiellen Schuldners) voraus.

- Kapitalaufbringung über Geld- und Kapitalmärkte

  Als Kapitalgeber fungieren nicht am Unternehmen beteiligte Dritte, wie z.B. Banken, die Kapital von außen zuführen.

In der Praxis ist eine Vielzahl unterschiedlicher Fremdfinanzierungsarten anzutreffen. Im Folgenden sollen davon nur einige ausgewählte Formen beleuchtet werden. Wie in Abbildung III.3 ersichtlich ist, lassen sie sich – nach der Dauer der Kapitalbereitstellung – in kurz-, mittel- oder langfristige Instrumente untergliedern. Bestimmte Arten werden zudem ungeachtet ihrer Laufzeit unter die Sonderformen der Fremdfinanzierung subsumiert. Zu den am häufigsten in Anspruch genommenen Formen der kurz- bzw. mittelfristigen Fremdfinanzierung – mit Laufzeiten von wenigen Tagen bis zu einem Jahr – zählen der Aval-, Wechsel- bzw. Lombardkredit, die Kundenanzahlung sowie der Kontokorrent- und Lieferantenkredit.

3.1. Avalkredit

> Beim **Avalkredit** ermöglicht eine Bank ihrem Kunden, sie im Zuge der Aufnahme von Verbindlichkeiten bei Dritten als Bürge einzusetzen.

In erster Linie zielt das Kreditinstitut dabei nicht auf die Zurverfügungstellung von liquiden Mitteln **(Geldleihe)**, sondern lediglich auf die Hingabe seines „guten Namens" **(Kreditleihe)** ab. Durch diese Vorgangsweise soll die Kreditwürdigkeit des Kunden verbessert und ihm dadurch ein leichteres Eingehen von Verbindlichkeiten gegenüber Dritten ermöglicht werden. Für das Kreditinstitut entsteht mit der Einräumung eine Eventualschuld, die nur dann zu einer Verbindlichkeit wird, wenn der Kreditnehmer seinen Leistungsverpflichtungen gegenüber Dritten nicht nachkommt.

Für die Übernahme dieses Risikos werden Spesen – betitelt als sog. **Avalprovision** – veranschlagt, die sich derzeit je nach Bonität des Kunden auf 1 bis 3 % des Garantiebetrages belaufen. Der Avalkredit findet insbesondere dort praktische Anwendung, wo Dritte mangels einer eingehenden Kreditwürdigkeitsprüfung – wie insbesondere im Exportgeschäft der Fall – auf zusätzliche Sicherheiten angewiesen sind. Als Ausprägungsformen sind zu nennen:

- **Zollaval**

  Die Stundung von Zöllen anstelle ihrer sofortigen Entrichtung bei Grenzübertritt erfordert behördenseitig die Beistellung von Sicherheiten, z.B. die Bürgschaft einer Bank.

- **Frachtaval**

  Um von Frachtführern die Möglichkeit eingeräumt zu bekommen, anfallende Transportkosten erst nach Übergabe der Ware am Bestimmungsort entrichten zu brauchen, müssen insbesondere im internationalen Warenverkehr Bankgarantien vorgewiesen werden können.

■ **Anzahlungsgarantie**

Dabei verbürgt sich ein Kreditinstitut dafür, dass seitens seines Kunden von Dritten vereinnahmte Anzahlungen jederzeit refundiert werden können, sofern die die Anzahlung bedingenden Leistungen vom Kunden nicht erbracht werden.

■ **Leistungsgarantie**

Wurden Konventionalstrafen vereinbart, so ist zur Sicherstellung allenfalls fällig werdender Ausgleichszahlungen meist eine eigene Bankbürgschaft beizubringen.

Grafisch lässt sich der Ablauf eines Avalkredites – am Beispiel eines Frachtavals – wie folgt darstellen:

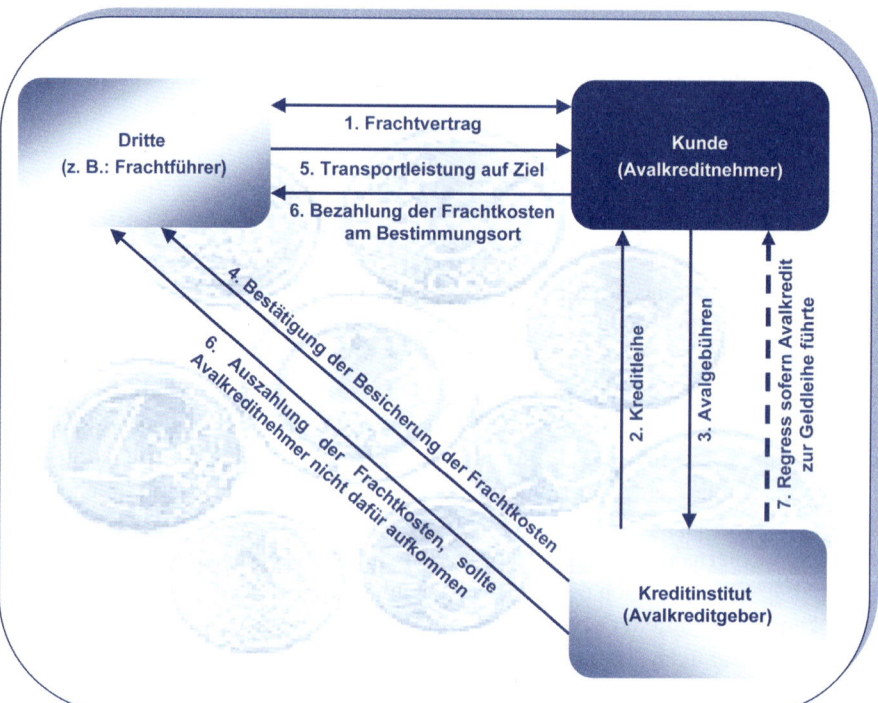

Abbildung III.9: Avalkredit

Ungeachtet, ob im Rahmen des Avalkredites auf den Bürgen (in Form des Kreditinstitutes) zugegriffen wird oder nicht, findet jedenfalls eine Erhöhung der dem Unternehmen zur Verfügung stehenden, fremden Mittel statt: Entweder durch das Kreditinstitut im Falle seiner Inanspruchnahme als Bürge oder durch sonstige Dritte, wie Zollbehörden, die Abgaben stunden. In beiden Fällen werden die Merkmale der Außen- und Fremdfinanzierung somit erfüllt.

3.2. Wechselkredit

> Der **Wechselkredit** stellt je Ausprägungsform einen Fall der Geld- oder Kreditleihe dar, bei dem die Kreditvergabe auf Basis eines gezeichneten Wechsels erfolgt.

Unter einem Wechsel wird ein Zahlungsversprechen des Ausstellers verstanden, dessen Einhaltung strengen gesetzlichen Regelungen (Wechselgesetz), unterliegt und durch Unterzeichnung des Wechsels – ähnlich einem Schuldschein – dokumentiert wird. Wechselstrenge liegt vor, da die Eintreibung von durch Wechsel besicherten Forderungen äußerst rasch möglich ist. So kann bei Gericht im Falle der Zahlungsverweigerung des Ausstellers im Rahmen eines Wechselprozesses innerhalb weniger Tage entweder eine gerichtliche Abmahnung des Schuldners oder alternativ ein sofort vollstreckbares Pfändungsurteil erwirkt werden.

In der Praxis wird zwischen Handels- und Finanzwechseln unterschieden. Erstere dienen der Besicherung von Lieferungen und Leistungen auf Ziel. Sie werden durch den Empfänger der Leistung unterschrieben, der damit die im Wechsel genannte Verbindlichkeit anerkennt und sich gleichzeitig dazu verpflichtet, diese zum vereinbarten Zeitpunkt an den Überbringer des Wechsels zu begleichen. Den Finanzwechseln wird hingegen kein Handelsgeschäft zu Grunde gelegt. Sie werden ausschließlich zur Besicherung von vergebenen Krediten herangezogen.

Unabhängig von der Art des Wechsels kann ihn sein Inhaber entweder bis zu seiner Fälligkeit selbst behalten. In einem solchen Fall erfüllt der Wechsel ausschließlich eine Sicherungsfunktion bestehender Forderungen. Alternativ ist jedoch auch seine Übertragung durch Übergabe an Dritte an zahlungsstatt möglich. Zu den Ausprägungsformen des Wechselkredites zählen:

■ **Diskontkredit**
Dabei erwirbt die kreditgewährende Bank einen Wechsel vor seiner Fälligkeit und zahlt den durch den Wechsel verbrieften Wert unter Abzug von Zinsen an den Überbringer aus, wodurch ein Geldleihegeschäft vorliegt. Eine Tilgung des Kredites erfolgt im Weiteren nicht mehr durch den eigentlichen Kreditnehmer (dem Überbringer des Wechsels), sondern durch den im Wechsel genannten Schuldner. Gedanklich ist der Wechselkredit somit einer Forderungsabtretung des Überbringers gleichzusetzen. Zur Vorstreckung des Zahlungseinganges der Forderung (dem sog. Diskont) werden durch das Kreditinstitut Zinsen, Provisionen und Gebühren verrechnet. Grafisch lässt sich der Diskontkredit wie nachstehend angeführt veranschaulichen.

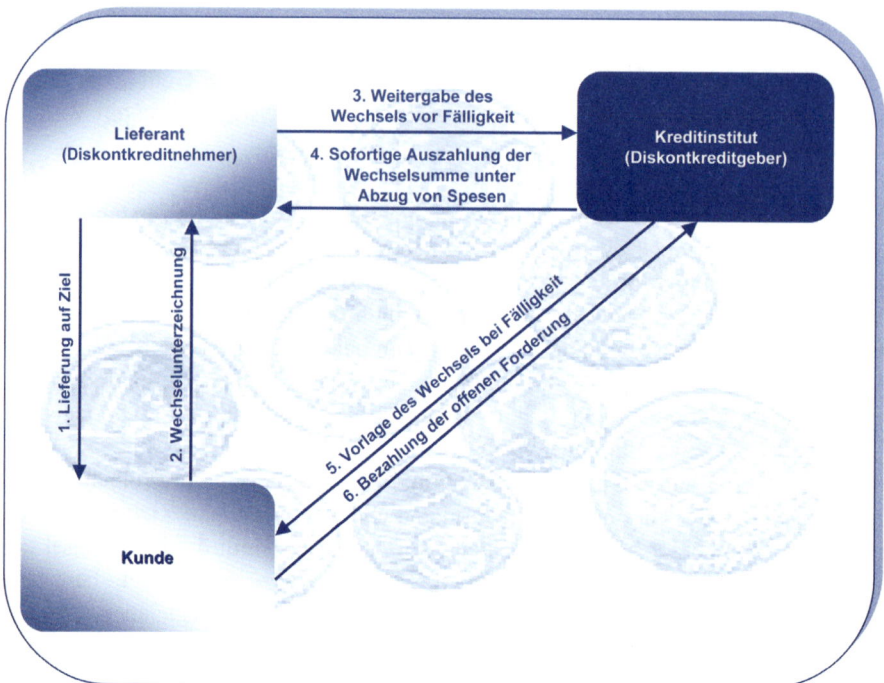

Abbildung III.10: Diskontkredit

- **Akzeptkredit**

  Beim Akzeptkredit gewährt die Bank einen Kredit, indem sie innerhalb festgelegter Höhen vom Kreditnehmer ausgestellte, auf sie gezogene Wechsel (sog. Solawechsel) akzeptiert. Dadurch erwächst ihr die Pflicht, an die Überbringer der Wechsel darin genannte Beträge zum Fälligkeitszeitpunkt auszuzahlen. Damit einhergehend wird der Kreditnehmer angehalten, auf die Bank gezogene Wechselsummen dieser unmittelbar vor deren Fälligkeit zur Verfügung zu stellen. Dadurch muss das Kreditinstitut keine liquiden Mittel, sondern nur die eigene Bonität zur Verfügung stellen (Kreditleihe), wozu Provisionen verrechnet werden. Es ergibt sich folgendes Bild:

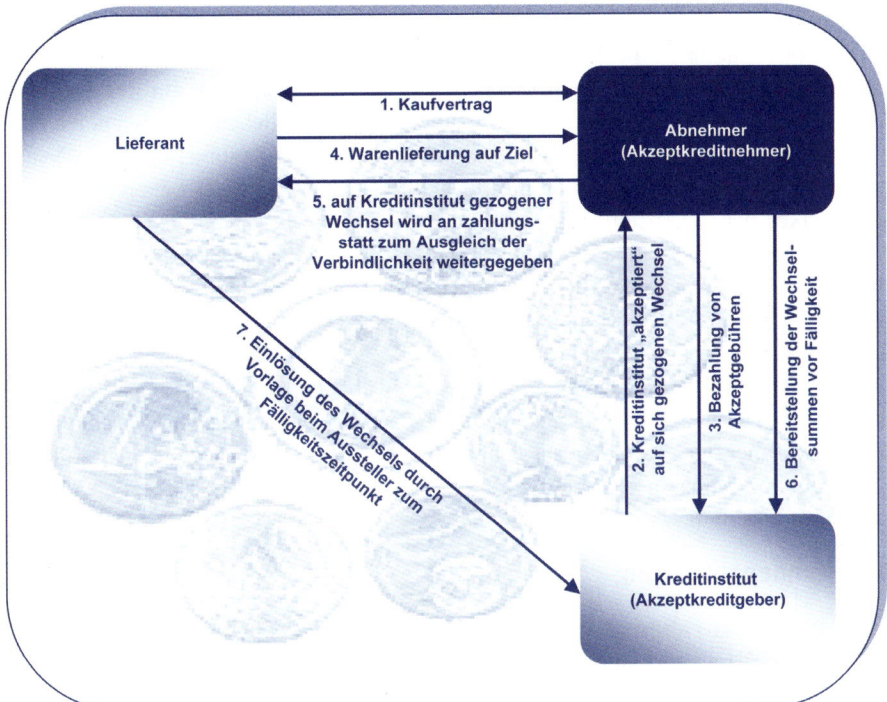

Abbildung III.11: Akzeptkredit

Nachdem sowohl der Diskont- als auch der Akzeptkredit schlussendlich zu einer effektiven Zuzählung fremder Mittel durch Dritte führen – bei ersterer Form direkt durch das kreditgewährende Institut, bei letzterer indirekt durch einen Dritten, der dazu nur aufgrund der Haftung des zusätzlich involvierten Kreditinstitutes bereit ist – kann vorliegendes Finanzierungsinstrument dem Fremd- bzw. Außenfinanzierungsbereich zugeordnet werden.

3.3. Lombardkredit

Der **Lombardkredit** ist ein Kredit, der durch die Verpfändung von beweglichen Sachen und Rechten besichert ist.

Als Pfandobjekte kommen insbesondere Wertpapiere und Edelmetalle in Frage. Schließlich zeichnen sie sich gerade durch eine schnelle Liquidierbarkeit (Veräußerungsmöglichkeit) und einfache Bewertbarkeit aufgrund öffentlich bekannter Preise (Börsenkurse) aus. Beliehen wird meist nicht der gesamte Wert des Sicherungsgutes, sondern nur ein um einen Sicherheitsabschlag verminderter Betrag. Die dafür sprechenden Gründe sind einerseits die während des Verpfändungszeitraumes gegebenen Wertschwankungen des Sicherungsgutes. Andererseits muss berücksichtigt werden, dass im Verwertungsfall anfallende Veräußerungskosten den erzielbaren Wert des Pfandobjektes schmälern.

Der entscheidende Vorteil des Lombardkredites ist in seiner Besicherung durch materielle oder immaterielle Vermögenswerte des Kreditnehmers zu sehen, die dazu nicht verkauft werden müssen. Daher eignet er sich insbesondere zur kurzfristigen Beschaffung von liquiden Mitteln. Aufgrund der aus rechtlichen Gründen notwendigen körperlichen Übergabe der Pfandgegenstände an den Gläubiger liegt sein Nachteil in der während der Verpfändung für den Schuldner nicht gegebenen Nutzungsmöglichkeit der Gegenstände.

Die Kosten des Lombardkredites liegen meist zwischen jenen des Wechseldiskont- und Kontokorrentkredites. Ihren Hauptbestandteil bilden Kreditzinsen und sonstige Kosten zur Bewertung, Verwahrung und Verwaltung der Pfandobjekte, wie Lager-, Transport- und Versicherungskosten.

Nachdem im Rahmen der Lombardkreditgewährung fremde Mittel von externen Kapitalgebern zur Verfügung gestellt werden, die gegenüber anderen Fremdfinanzierungsformen nur besonders besichert werden, kann eine eindeutige Zuordnung dieses Finanzierungsinstrumentes zum Außen- und Fremdfinanzierungsbereich vorgenommen werden.

3.4. Kundenanzahlung

Die **Kundenanzahlung** ist ein Kredit, der dadurch entsteht, dass der Abnehmer einer Ware Zahlungen leistet, bevor deren Lieferung erfolgt.

Der Kunde stellt dadurch seine Zahlungsfähigkeit und -willigkeit unter Beweis. Beim Lieferanten führt die Anzahlung zur Verbesserung der Liquidität. Üblich ist ein derartiges Vorgehen insbesondere in Branchen mit langen Produktionszeiten (wie dem Schiffs- oder Wohnungsbau), bei der Fertigung von Großanlagen oder zu Kundenbindungszwecken im Rahmen von Spezialanfertigungen. Zu welchen Zeitpunkten und in welcher Höhe Anzahlungen gegenüber dem Kunden durchgesetzt werden können, hängt wesentlich von den branchenüblichen Zahlungskonditionen und der Marktmacht des Lieferanten ab.

Zunächst entstehen für die erhaltenen Anzahlungen keine direkten Kosten wie etwa für die Kapitalbereitstellung zu leistende Zinszahlungen. Die vom Kunden vorab geleisteten Zahlungen werden aber auf lange Sicht möglicherweise zu einem geminderten Rechnungspreis (bspw. in Form von Rabatten oder Preisnachlässen) führen, denn welcher Kunde würde über eine mehrjährige Produktionsdauer verteilt Zahlungen leisten, wenn er anstelle dessen den Kaufpreis in selber Höhe erst zum Fertigstellungszeitpunkt entrichten könnte?

Nachdem erhaltene Anzahlungen Verbindlichkeiten darstellen (Verpflichtungen zur Leistungserbringung), werden sie der Fremdfinanzierung zugeordnet. Zwar werden Anzahlungen kundenseitig aufgebracht, können aufgrund ihres noch nicht mit erbrachten Leistungen in Verbindung stehenden Charakters aber dennoch nicht als realisierte Umsatzerlöse angesehen werden. Ihre Vereinnahmung durch den Lieferanten wird stets als erfolgsneutraler Mittelzufluss bei gleichzeitigem Aufbau von Verbindlichkeiten, ähnlich der Auszahlung eines Darlehensbetrages, verbucht. Nach der Herkunft des Kapitals wird nach herrschender Lehrmeinung daher von Außenfinanzierung gesprochen.

3.5. Kontokorrentkredit

> Ein **Kontokorrentkredit** (synonym: **Dispositionskredit** oder kurz **Dispokredit**), geregelt in den §§ 355–357 öUGB bzw. ebenda nach dHGB i.V.m. den §§ 607–610ff. BGB, ist ein mit dem Kreditinstitut individuell vereinbarter Betriebsmittelkredit, den der Kreditnehmer bis zu einem vereinbarten Maximalbetrag, dem sog. Kreditrahmen, jederzeit in Anspruch nehmen kann.

Kennzeichnend für den Kontokorrentkredit ist die flexible, laufende Verrechnung (italienisch: conto corrente), die sowohl Guthaben- als auch Schuldverhältnisse zulässt. Während seiner Laufzeit können vom Kreditnehmer sowohl Kontoüberziehungen bis zur Höhe des vereinbarten Kreditlimits **(Kreditlinie)** als auch ihr späterer Ausgleich ohne vorherige Rücksprache mit der kreditgewährenden Bank vorgenommen werden. Es lässt sich kaum ein Unternehmen finden, das nicht auf diese Finanzierungsform zurückgreift. Sei es, um einen kurzfristig bestehenden Liquiditätsüberschuss ohne Bindungsverpflichtung in zinsbringendes Buchgeld umzuwandeln oder einen schlagartig gegebenen Liquiditätsbedarf auszugleichen. Die äußerst flexible Nutzungsmöglichkeit des Kontokorrentkredites lässt sich wie folgt grafisch darstellen:

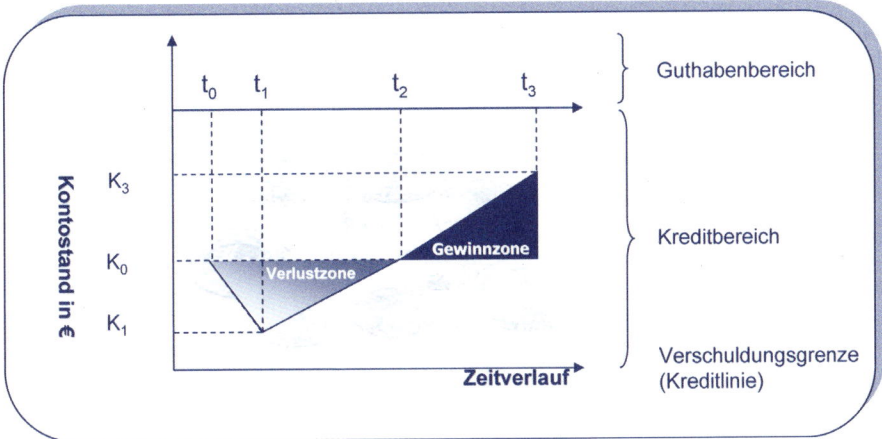

Abbildung III.12: Kontokorrentkredit

Man stelle sich dazu einen Hotelleriebetrieb vor. Zu Saisonbeginn (t_0) muss dessen Geschäftskonto zur Finanzierung von Betriebsmitteln (wie zu erneuerndem Kleinmobiliar, Getränkevorräten und Lebensmitteln) überzogen werden (K_0). Nach dem Eröffnungsmonat (t_1) werden erstmals Lohn- und Gehaltszahlungen fällig, die durch erneute Kontoüberziehung finanziert werden. Der in Anspruch genommene Kreditrahmen steigt auf (K_1) an. Durch die fortwährend gute Auslastung während der Saison (t_2) werden allmählich liquide Überschüsse erzielt, die eine teilweise Rückzahlung zuvor aufgenommener Fremdmittel ermöglichen (Schnittpunkt K_0/t_2). Schließlich gelangt das Unternehmen in die Gewinnzone. Immer mehr an liquidem Überschuss wird erzielt. Durch ihn kann der negative Saldo des Kontokorrentkontos zunehmend verringert werden (Schnittpunkt: K_3/t_3).

Die Einräumung eines Kreditrahmens setzt zumeist voraus, dass der Kreditnehmer seinen Zahlungsverkehr weitestgehend über ein Institut – nämlich die kreditgewährende Hausbank – abwickelt. Zur Einhaltung dieser Grundregel verpflichten so genante **Ausschließlichkeitserklärungen**. Der durch die Führung des Kontos gewährte Einblick in die wirtschaftliche Lage des Unternehmens gibt der kontoführenden Bank Möglichkeiten, die Kreditwürdigkeit des Kunden besser zu beurteilen. Ist die Bonität des Kunden für die flexible Kreditgewährung nicht ausreichend, müssen zusätzliche Sicherheiten wie Bürgschaften, Pfandrechte oder Wechselakzepte beigebracht werden.

In der Praxis sind häufig folgende Zahlungsverpflichtungen seitens des Kreditnehmers mit Kontokorrentkrediten verbunden:

- **Sollzinsen**

  Sie werden für den in Anspruch genommenen Kredit – also für das Ausmaß der tatsächlichen Kontoüberziehung – verrechnet. Ihre Angabe erfolgt als (zumeist jährlicher) Prozentsatz. Durch Multiplikation mit dem offenen Kreditbetrag ergeben sich die in Geldwerten zu entrichtenden (periodenbezogenen – z.B. jährlichen) Zinsen.

- **Kreditprovision**

  Dieses auch als Bereitstellungsprovision bezeichnete Entgelt wird für jene Teile des Kreditrahmens verrechnet, die bis dato noch nicht in Anspruch genommen wurden. Warum Spesen trotz Nichtinanspruchnahme eines Kredites verrechnet werden, lässt sich u.a. wie folgt begründen: Wird einem Unternehmen ein Kreditrahmen von € 100.000 zur jederzeitigen Abrufbarkeit eingeräumt, so muss die Bank ihrerseits Vorsorge treffen, diesen Betrag auch tatsächlich umgehend zur Verfügung stellen zu können. Für diese Bereitschaft fällt Kreditprovision an.

- **Überziehungszinsen**

  Obwohl Kreditlinien einen zentralen Bestandteil der Kreditvertragsbedingungen bilden, besteht dennoch in aller Regel die Möglichkeit, bei einem kurzfristigen, darüber hinaus gehenden Liquiditätsbedarf eine weitere Überziehung des Kontos vorzunehmen. Für die Kreditlinie überschreitende Beträge werden zusätzlich zu den Sollzinsen Überziehungszinsen eingehoben.

- **Umsatzprovision**

  Umsatzprovisionen, angegeben als Prozentsatz vom größeren Umsatzsaldo aus Guthaben- und Schuldbestand, dienen zur Deckung bankenseitig bestehender Verwaltungskosten und werden deshalb häufig in Rechnung gestellt.

- **Kontoführungsgebühren**

  Zur Refinanzierung von Spesen, wie Porti für die Zusendung der Kontoauszüge, werden im Zuge einer monatlichen, viertel- oder halbjährlichen Abrechnung Kontoführungsgebühren eingehoben, die sich auf einem vom Kontovolumen unabhängigen Fixbetrag belaufen oder in Abhängigkeit der vorgenommenen Buchungszeilen verrechnet werden.

Nachdem Flexibilität höhere Kosten bedingt, sind Kontokorrentkredite in aller Regel teurer als Darlehen mit fester Laufzeit und Tilgung. Dennoch bietet diese Finanzierungsform entscheidende Vorteile. Dazu gehören:

- **Freie Verfügbarkeit innerhalb des Kreditrahmens**
  Durch den Einsatz von Kontokorrentkrediten wird die Dispositionsfreiheit und Elastizität des Unternehmens in finanzieller Hinsicht vergrößert. Liquide Spitzenbelastungen können dadurch leichter ausgeglichen werden.
- **Gewährleistung der Zahlungsfähigkeit**
  Nicht ausgenützte Teile des Kreditrahmens stellen eine Liquiditätsreserve dar. Sie können bei Bedarf flexibel und rasch, ohne gesonderte Kreditwürdigkeitsprüfung in Anspruch genommen werden.
- **Vermeidung von Lieferantenkrediten**
  Durch die Überziehung des Kontos kann die Inanspruchnahme von Lieferantenkrediten vermieden und dadurch eine vergleichsweise noch höhere Belastung, wie sie sich aus dem Verzicht auf den Skontoabzug ergeben kann, verhindert werden.
- **Kein Bedarf zusätzlicher Kreditsicherheiten**
  Um überhaupt zur Einräumung eines Kreditrahmens zu gelangen, wird zwar eine eingehende Kreditwürdigkeitsprüfung vonnöten sein. Bei seiner späteren Inanspruchnahme innerhalb des vereinbarten Rahmens sind jedoch keine zusätzlichen Sicherheiten zu stellen.

Nachteile des Kontokorrentkredits sind hingegen in der hohen Kostenbelastung sowie dem tiefen Einblick des Kreditinstitutes in die aktuelle Betriebssituation zu orten. Insbesondere Letzterer darf nicht unterschätzt werden. Werden weitestgehend alle Transaktionen eines Unternehmens über ein und dasselbe Konto abgewickelt, so kann das Kreditinstitut daraus weit reichende Schlussfolgerungen über Beziehungen zu Abnehmern und Lieferanten erkennen. Insbesondere im Zuge eingehender Kreditwürdigkeitsprüfungen im Rahmen der Vergabe von langfristigen Darlehen größeren Volumens findet dieser als „Pulsschlag" des Kontos bezeichnete Informationsgehalt bedeutenden Niederschlag.

Nachdem der Kontokorrentkredit unmittelbar mit einer Zuzählung fremder Mittel durch Kreditinstitute (Auszahlung von Fremdkapital durch Dritte über den Geldmarkt) verbunden ist, lässt sich daraus seine Klassifikation als Fremd- bzw. Außenfinanzierungsinstrument ableiten.

3.6. Lieferantenkredit

Der **Lieferantenkredit** ist ein kurzfristig gewährter Kredit, bei dem der Kunde dem Lieferanten nicht sofort bei Erhalt der Ware die Rechnung bezahlt. Dafür wird ein Zahlungszeitraum (Zahlungsziel) vereinbart, innerhalb dessen offen gebliebene Forderungen beglichen werden müssen.

Für den kreditgewährenden Verkäufer stellt der Lieferantenkredit im Wesentlichen ein Mittel zur Verkaufsförderung, das zur Steigerung des Umsatzes sowie zur Sicherung und/oder Ausweitung bestehender Geschäftsbeziehungen dienen soll, dar. Als Merkmale des Lieferantenkredites sind zu nennen:

- Zahlungsstundung
  Gewährte Lieferantenkredite ermöglichen dem Kunden, bezogene Waren erst nach deren Weiterverkauf und mit den damit erzielten Erlösen zu bezahlen. Die dabei durch den Lieferanten gegebene Zwischenfinanzierung wirkt verkaufsfördernd.
- Formlosigkeit
  Die Vergabe von Lieferantenkrediten erfolgt ohne eingehende Kreditwürdigkeitsprüfung. Lieferungen und Leistungen auf Ziel zu erbringen ist, von wenigen Ausnahmen wie der IT-Branche abgesehen, in allen Wirtschaftszweigen üblich. Lediglich Neukunden bilden eine Ausnahme. Ihre Bonität wird meist durch Abfragen bei Kreditschutzverbänden (wie dem KSV von 1870) überprüft. Dadurch sollen bisherige Widrigkeiten bei der Begleichung offener Posten bei anderen Lieferanten aufzeigt und eine Lieferung auf Ziel ohne vorherige Geschäftsbeziehung verhindert werden.
- Kreditsicherung durch Eigentumsvorbehalt oder Wechselakzept
  Trotz mangelnder Kenntnis der Bonität erfolgt eine Kreditvergabe ohne die Beibringung umfangreicher Sicherheiten. Meist begnügt sich der Lieferant damit, unter Eigentumsvorbehalt, bei dem die Ware bis zur vollständigen Bezahlung sein Eigentum bleibt, auf Ziel zu liefern. Vereinzelt werden in der Praxis ergänzend dazu Wechselakzepte des Kunden vorausgesetzt.
- Abhängigkeit der Kredithöhe vom Wareneinkauf
  Lieferantenkredite stellen so genannte Sach- oder Handelskredite dar, bei der der Kreditgegenstand in der Übertragung von Waren und nicht in der Zurverfügungstellung von Geldmitteln liegt. Daraus ergibt sich, dass eingeräumte Kreditlinien stets in gleicher Höhe zu den gelieferten Warenwerten verlaufen.
- Kreditkosten sind im Kaufpreis enthalten
  Vom Lieferanten in Rechnung gestellte Verkaufspreise schließen die Kosten des Lieferantenkredites stets ein. Sie werden im so genannten Skontosatz ausgedrückt. Dabei handelt es sich um einen prozentuellen Preisabzug, der dem Käufer gewährt wird, sofern er die Ware innerhalb der Skontofrist bezahlt. Dieser Skonto beinhaltet die Kosten für die Kreditgewährung und das damit in Verbindung stehende Risiko. Im Unterschied zum Rabatt, der aus bestimmten Gründen wie Mängeln oder Abnahmen größeren Umfangs gewährt wird, stellt der Skonto somit einen ausschließlich zahlungszeitpunktabhängigen „Nachlass" dar.

Zwar werden die Kosten des Lieferantenkredites bilanziell als Teil der Anschaffungskosten angesehen, d.h. nicht extra als Zinsaufwand, sondern im Zuge des Verbrauchs als Wareneinsatz erfasst, dennoch stellen sie für den Käufer Kreditkosten dar. Umgekehrt sind nicht in Abzug gebrachte Skontobeträge auf Seiten des Verkäufers bilanziell als Erlöse zu klassifizieren. De facto handelt es sich dabei aber um Finanzierungsgrößen.

Um die Kosten des Lieferantenkredites mit anderen Finanzierungsformen vergleichbar machen zu können, muss der für wenige Kalendertage angegebene Skontosatz in einen äquivalenten Jahreszinssatz umgerechnet werden. Schließlich können nur Zinssätze, die sich über eine gleich lange Verzinsungsperiode erstrecken, miteinander verglichen werden. Zur Umrechnung kann folgende, näherungsweise Berechnungsformel herangezogen werden:

$$p = \frac{S}{z-f} * 360$$

S repräsentiert den vom Lieferanten gewährten Skontosatz. Bei einem Skonto von 3 % entspricht S 0,03, z spiegelt das in Tagen bei Inanspruchnahme des Lieferantenkredites maximal gewährte Zahlungsziel wider, f steht für die Skontofrist, also jene Zeitspanne in Tagen, innerhalb derer unter Abzug des Skontos bezahlt werden kann. Die Differenz z–f ergibt schließlich die Laufzeit des Lieferantenkredites. Wird der Skontosatz S durch die Dauer der Kreditlaufzeit in Tagen z–f dividiert, erhält man einen fiktiven Satz, der – bezogen auf den Rechnungsbetrag – pro Tag der Inanspruchnahme des Lieferantenkredites als Kreditkosten verrechnet wird. Durch seine Multiplikation mit 360 (die Summe der Tage eines Kalenderjahres repräsentierend) ergibt sich ein näherungsweiser Jahreszinssatz, der die Verzinsung des Lieferantenkredits bemisst (p).

Übungsbeispiel I zum Lieferantenkredit:

Aufgabenstellung:
Die Fast Underground AG legt Rechnungen mit dem Zusatz: „Zahlbar innerhalb von 8 Tagen abzüglich 1,5 % Skonto bzw. innerhalb von 45 Tagen netto Kassa". Zur Überziehung Ihres Geschäftskontos werden Ihnen effektiv 9 % p.a. an Zinsen verrechnet. Entscheiden Sie, welche der zur Verfügung stehenden Finanzierungsvarianten für Sie als Kunde der Fast Underground AG die kostengünstigere ist.

Lösung:
Zur Beantwortung der Frage muss der Skontosatz zunächst, wie nachstehend angeführt, in einen äquivalenten Jahreszinssatz umgerechnet werden.

$$p = \frac{0,015}{45-8} * 360 = 14,595 \ldots \% \, p.a.$$

Die Kosten des Lieferantenkredites entsprechen somit einer Verzinsung von rund 14,60 % p.a. Nachdem bei Überziehung des Geschäftskontos hingegen „nur" 9 % p.a. in Rechnung gestellt werden, wird angeraten, den vergleichsweise teureren Lieferantenkredit nicht in Anspruch zu nehmen, sondern von der Fast Underground AG eingehende Rechnungen stets unter Abzug des Skontos zu bezahlen und dazu benötigte Mittel durch Überziehung des Geschäftskontos bereitzustellen.

Die Vorteile des Lieferantenkredites sind aufgrund seiner Formlosigkeit insbesondere in seiner schnellen und bequemen Ausnützbarkeit zu sehen. Das Fehlen einer systematischen Kreditwürdigkeitsprüfung ermöglicht seine Inanspruchnahme zudem selbst bei bereits ausgeschöpften Kreditlinien der Hausbank. Seine wesentlichen Nachteile liegen in den hohen Kosten sowie in der, durch die Kreditgewährung entstehenden Abhängigkeit vom Lieferanten.

Nachdem der Lieferantenkredit zu einem Anstieg der Verbindlichkeiten aus Lieferungen und Leistungen gegenüber Dritten und damit zur Erhöhung des Fremdkapitals führt, kann er eindeutig dem Fremd- bzw. Außenfinanzierungsbereich zugeordnet werden.

Übungsbeispiel II zum Lieferantenkredit:

Aufgabenstellung:
Die Fast Underground AG bezieht von einem Lieferanten Rohstoffe im Wert von € 312.500. Als Zahlungskondition wurde vereinbart: „Zahlbar innerhalb von 10 Tagen abzgl. 1 % Skonto bzw. innerhalb von 40 Tagen netto Kassa."

■ Welchem Zinssatz p.a. kommt die Inanspruchnahme des Lieferantenkredites gleich?

■ Welche Kosten in absoluter Höhe ergeben sich, wenn sich die Fast Underground AG dazu entschließt, den Skonto nicht auszunützen, d.h. den Lieferantenkredit in Anspruch nimmt?

■ Die Fast Underground AG überlegt, den angebotenen Skonto auszunützen. Dazu soll das Geschäftskonto der Hausbank überzogen werden. Es weist im Zeitpunkt der Warenlieferung und Rechnungslegung einen Saldo von +/− € 0,– auf. Optimistischerweise wird davon ausgegangen, dass mit Ablauf der Zahlungsfrist (in 40 Tagen) die Zahlung eines Kunden i.H.v. € 375.000 auf dem Geschäftskonto eingegangen sein wird. Die Hausbank stellt bei Kontoüberziehung Sollzinsen i. H. v. 10 % p.a. in Rechnung. Berechnen Sie finanzmathematisch (unter Zugrundelegung von 360 Kalendertagen pro Jahr) die sich bei Kontoüberziehung im Gegensatz zur Ausnützung des Lieferantenkredites ergebende Ersparnis.

Hinweis: Umsatzsteuerliche Aspekte sollen bei der Beantwortung obiger Fragestellungen vernachlässigt werden!

Lösung:
ad erste Teilaufgabe:
Bei Anwendung dargestellter Formel ergibt sich folgender, näherungsweiser Jahreszins:

$$p = \frac{0{,}01}{40-10} * 360 = 12 \% \text{ p.a.}$$

Der Skonto i.H.v. 1 % entspricht einer jährlichen Verzinsung von 12 %. Die Kosten des Lieferantenkredites sind zu einer alternativen Finanzierungsform mit 12 %iger Verzinsung p.a. äquivalent. Vergleicht man diesen Wert mit den unter Teilaufgabe drei genannten Sollzinsen i.H.v. 10 % p.a., wird ersichtlich, dass es sich im vorliegenden Fall beim Lieferantenkredit um einen zum Kontokorrentkredit vergleichsweise teureren Kredit handelt.

ad zweite Teilaufgabe:

Wird der Lieferantenkredit in Anspruch genommen, so wird der gesamte Rechnungsbetrag i.H.v. € 312.500 erst zu t_2 (siehe Abbildung III.14) fällig. Wird hingegen zu t_1 unter Abzug des Skontos bezahlt, sind nur mehr € 309.375 an den Lieferanten zu überweisen (€ 312.500 abzüglich 1 % Skonto = € 309.375). Durch die Gegenüberstellung beider Beträge ergeben sich die Kosten des Lieferantenkredites.

	€
+ Gesamtkosten bei Inanspruchnahme des Lieferantenkredites	€ 312.500,00
− Gesamtkosten bei Bezahlung unter Abzug des Skontos	−€ 309.375,00
= Kosten des Lieferantenkredites	€ 3.125,00

ad dritte Teilaufgabe:

Zur Berechnung der sich bei der Kontoüberziehung im Gegensatz zur Ausnützung des Lieferantenkredites ergebenden Ersparnis müssen zunächst bei beiden Varianten entstehende Kosten in absoluter Höhe ermittelt werden. Jene des Lieferantenkredites wurden bereits unter Teilaufgabe zwei berechnet und belaufen sich auf € 3.125. Es stellt sich nun die Frage, welche Kosten im Rahmen der Kontoüberziehung anfallen. Zu ihrer Beantwortung sind folgende Überlegungen anzustellen: Wie folgende Abbildung zeigt, kann mit der Überweisung des Rechnungsbetrages unter Abzug des Skontos aufgrund gegebener Zahlungskonditionen maximal zehn Tage (also bis zu t_1) zugewartet werden. Ein Ausgleich des dann zu überziehenden Geschäftskontos wird hingegen erst mit Eingang der Kundenzahlung in 40 Tagen (zu t_2) erwartet. In der dazwischen liegenden Zeitspanne von 30 Tagen wird das Konto einen negativen Saldo in Höhe der an den Lieferanten zu t_1 überwiesenen € 309.375 aufweisen. Dafür werden dem Konto Sollzinsen von 10 % p.a. – die Kosten des Kontokorrentkredites – zu t_2 angelastet.

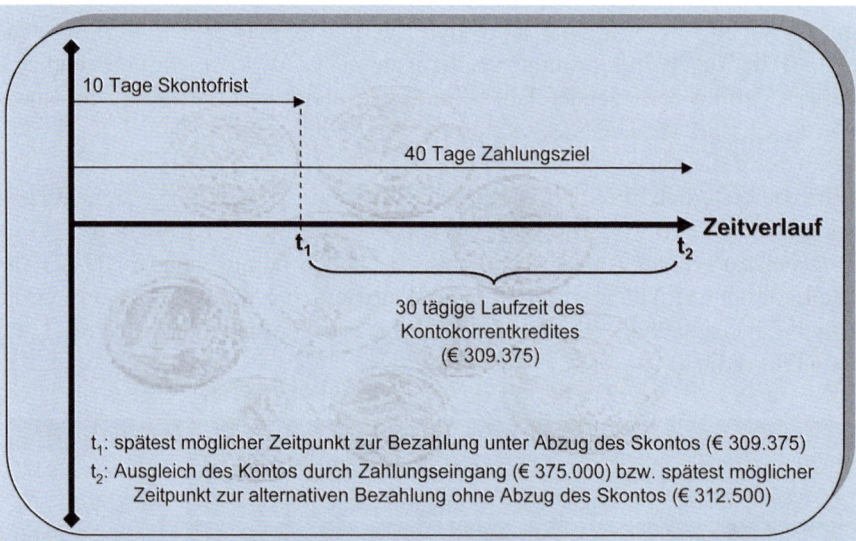

Abbildung III.13: Lieferantenkredit I

In absoluter Höhe ergibt sich folgende Zinsbelastung:

Kontostand je Zeitpunkt	€
– Kontostand zu t_1	–€ 309.375,00
+ Kontostand zu t_2 vor Ausgleich durch die Kundenzahlung	€ 311.842,00
= Sollzinsen	€ 2.467,00

Der zu t_2 ausgewiesene Kontostand ergibt sich aus der Aufzinsung des Kreditbetrages um 30 Tage (€ 309.375 * 1,0002648^{30} ~ € 311.842), wozu angegebene Sollzinsen i.H.v. 10 % p.a. herangezogen und zuvor – finanzmathematisch korrekt – in eine äquivalente, tageweise Verzinsung gewandelt wurden ($\sqrt[360]{1,1} - 1 = 0,0002648$). Durch den Vergleich der Kontostände zu t_1 und t_2 treten die für die 30tägige Finanzierung der € 309.375 anfallenden Sollzinsen i.H.v. € 2.467 in Erscheinung. Abschließend müssen sie den Kosten des Lieferantenkredites gegenübergestellt werden, um zur absoluten Kostenersparnis des Kontokorrentkredites zu gelangen. Es ergibt sich:

Kosten je Kreditart	€
+ Kosten Lieferantenkredit	€ 3.125,00
– Kosten Kontokorrentkredit	–€ 2.467,00
= Kostenersparnis	€ 658,00

In der Praxis lassen sich derartige Vorteilhaftigkeitsberechnungen mittels Buchhaltungsprogrammen auf unkomplizierte Weise umsetzen. Alternativ stehen kostenlose „Skontorechner" webbasiert (z.B. unter http://www.wirtschaftsblatt.at/abo/script_rechner.php?&rcat=skonto&kicat=9&navcat=9) zur Verfügung.

Übungsbeispiel III zum Lieferantenkredit:

Aufgabenstellung:

Die Fast Underground AG erhält am 5. Juli eine am gleichen Tag ausgestellte Lieferantenrechnung. Die Rechnungssumme beläuft sich auf € 86.000. Betreffend die vereinbarten Zahlungskonditionen lässt sich folgender, am Belegende angeführter Vermerk finden: „Zahlbar innerhalb von 8 Tagen mit 2 % Skonto bzw. 30 Tage netto Kassa." Zur Finanzierung der Lieferung steht ein Termingeld von € 150.000 zur Verfügung, das mit Wertstellung 20. Juli auf dem Kontokorrentkonto gutgeschrieben wird.

Die Treasury-Abteilung überlegt, ob sie die Rechnung zu Lasten des Kontokorrentkontos innerhalb der Skontofrist oder per 20. Juli nach Gutschrift des Termingeldes begleichen soll. Der derzeitige Stand des Kontokorrentkontos beträgt € 40.000 (Soll); weitere Zahlungen innerhalb des Zeitraumes bzw. über den 20. Juli hinausgehend bleiben unberücksichtigt. Als Konditionen für das Kontokorrentkonto sind vereinbart:

Kreditlinie:	€ 120.000
Sollzinssatz:	7 % p.a.
Kreditprovision:	2 % p.a.
Überziehungsprovision:	5 % p.a.
Guthabenzins:	0 % p.a.

Treffen Sie eine Entscheidung bezüglich des Zahlungstermins! Berechnen Sie, wie hoch der absolute Vorteil der günstigeren Zahlungsweise ist! Umsatzsteuerliche Aspekte können vernachlässigt werden.

Lösung:

Die möglichen Zahlungsströme lassen sich wie nachstehend angeführt darstellen:

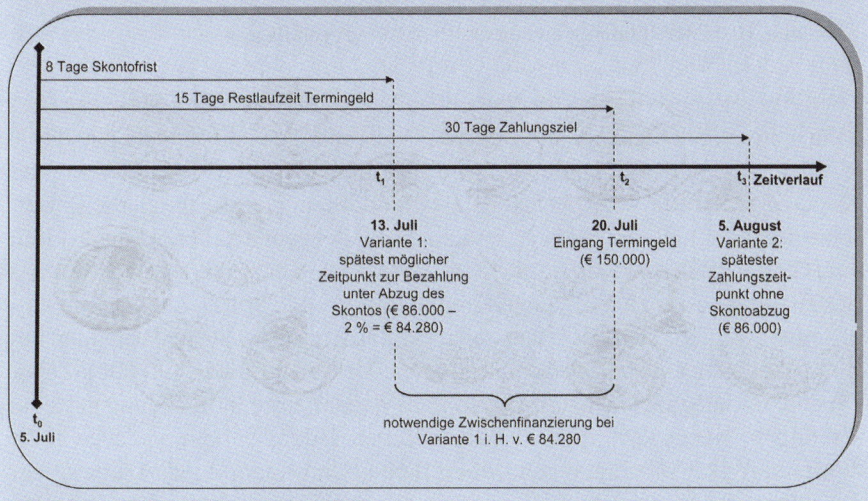

Abbildung III.14: Lieferantenkredit II

Die Kosten des Lieferantenkredites ermitteln sich wie folgt: € 86.000 * 2 % = € 1.720. Zur Berechnung der Kosten des alternativ in Anspruch zu nehmenden Kontokorrentkredites sind folgende Überlegungen anzustellen: Eine Zwischenfinanzierung müsste sich vom 13. bis zum 20. Juli erstrecken, da die am 13. zu tätigende erneute Kontoüberziehung erst durch das am 20. Juli einlangende Termingeld wieder ausgeglichen werden kann. Die aufgrund gegebener Kreditkonditionen auf einzelne Teilbeträge entfallenden Zinsen lassen sich wie nachstehend angeführt darstellen:

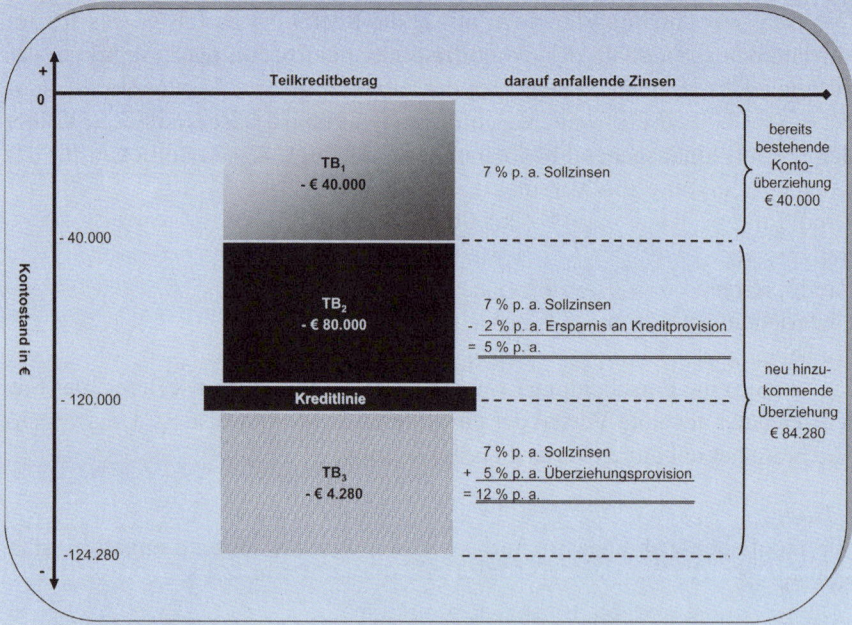

Abbildung III.15: Kreditzinsen und deren Bemessungsgrundlage

Für die bereits bestehende Überziehung (TB_1) müssen weiterhin Sollzinsen bezahlt werden. Sie fließen in die weiteren Berechnungen jedoch nicht ein, da sie unabhängig von der zu treffenden Entscheidung, ob mittels Lieferanten- oder Kontokorrentkredit finanziert werden soll, anfallen. Nur die durch die Bezahlung der Lieferantenrechnung zusätzlich entstehenden Überziehungszinsen sind für die weiteren Überlegungen relevant. Zur Berechnung ihrer Höhe muss der zu TB_1 neu hinzukommende Kreditbetrag (€ 84.280) in Teilbereiche aufgesplittet werden: Für TB_2 fallen zunächst Sollzinsen an. Seine Aufnahme bedingt aber auch eine gänzliche Ausnützung der Kreditlinie (€ 120.000). Zuvor für den bis dato noch nicht ausgeschöpften Kreditbetrag in Rechnung gestellte Kreditprovisionen (2 % von € 80.000) entfallen dadurch. Dies muss auch in die Vorteilhaftigkeitsüberlegungen mit einfließen und findet durch Kürzung der Kreditkosten um entfallende Kreditprovisionen Berücksichtigung. Die Aufnahme des TB_2 verursacht schlussendlich somit nur mehr 5 % p.a. an zusätzlichen Kreditkosten. Anders gestaltet sich die Situation beim TB_3. Für die durch ihn gegebene Überschreitung der Kreditlinien werden neben den allgemeinen Sollzinsen (7 % p.a.) zusätzlich Überziehungsprovisionen (5 % p.a.) eingehoben. Da durch seine Aufnahme aufgrund bereits voll ausgeschöpfter Kreditlinien ein Entfall weiterer Kreditprovisionen nicht gegeben ist, hat eine zu TB_2 analoge Kürzung der Kreditzinsen zu unterbleiben. Die sich für die Teilbeträge im Rahmen der siebentägigen Kreditlaufzeit in absoluten Werten ergebenden Kreditzinsen lassen sich wie folgt berechnen:

Kreditkosten je Teilbetrag	€
+ Kreditkosten TB_2 ($= € 80.000 * 1,000135537^7 - € 80.000$)	€ 75,93
+ Kreditkosten TB_3 ($= € 4.280 * 1,000314851^7 - € 4.280$)	€ 9,44
= Summe der Kontokorrentkosten	**€ 85,37**

Die zu ihrer Ermittlung notwendigen unterjährigen Zinssätze wurden wie nachstehend angeführt ermittelt:

(1) für 5 % p. a. : $\sqrt[360]{1,05} - 1 = 0,000135537$

(2) für 12 % p. a. : $\sqrt[360]{1,12} - 1 = 0,000314851$

Als endgültiger Kostenvorteil des Kontokorrentkredites gegenüber dem Lieferantenkredit ergibt sich:

Kosten je Kreditart	€
– Kosten Kontokorrentkredit	– € 85,37
+ Kosten Lieferantenkredit	€ 1.720,00
= Kostenersparnis	**€ 1.634,63**

Fazit all dieser Berechnungen ist: Die Fast Underground AG sollte sich zur Ausnützung des Skontos und Überziehung des Geschäftskontos entscheiden. Als Zahlungstermin für die um den Skonto verminderte Rechnungssumme (€ 84.280) ist der 13. Juli festzusetzen. In Summe ergibt sich bei einer derartigen Vorgangsweise eine Kostenersparnis i.H.v. € 1.634,63.

4. Langfristige Fremdfinanzierung

Neben den vorhin erläuterten Formen der kurz- bzw. mittelfristigen Fremdfinanzierung sind im Außenfinanzierungsbereich insbesondere das Schuldscheindarlehen, die Anleihe sowie das Darlehen in der Praxis häufig verwendete Formen der langfristigen Fremdfinanzierung.

4.1. Schuldscheindarlehen

> Das **Schuldscheindarlehen** ist ein langfristig, anleiheähnlich gewährter Kredit größeren Umfangs, der von Kapitalsammelstellen unter Erfüllung bestimmter Voraussetzungen außerbörslich bereitgestellt wird.

Grundlage des Darlehens bildet die Unterzeichnung des als Schuldschein betitelten Vertrages im Rahmen dessen – ähnlich einem Kreditvertrag – die konkreten Bedingungen der Darlehensgewährung wie Dauer, Höhe und Tilgungsform festgelegt werden. Seine Funktion ist im Wesentlichen in der Beweissicherung und nicht in der zur Übertragung notwendigen Verbriefung der Forderung – wie bei Anleihen – begründet. Die Grenzen zum Darlehensvertrag verlaufen fließend. Als Kapitalsammelstellen kommen Unternehmen, bei denen sich durch freiwillige oder gesetzliche Selbstfinanzierung große Kapitalsummen angesammelt haben und zur langfristigen Veranlagung bereitstehen, in Betracht. Als Beispiele sind insbesondere Versicherungsgesellschaften, (Bauspar-)Kassen bzw. Sozialversicherungsträger zu nennen. Als Kreditnehmer kommen meist nur Großunternehmen mit allerbester Bonität in Frage, da kapitalgebende Stellen – wie Lebensversicherungsgesellschaften – strenge gesetzliche Vorschriften bei der Veranlagung ihres Deckungsstockes erfüllen müssen. Unter einem Deckungsstock werden zur Risikoabdeckung thesaurierte (einbehaltene) Prämieneinnahmen verstanden, die nur zu einem geringen Teil zur Auszahlung gelangen und bis dahin als so genanntes Sondervermögen unter besonderen Auflagen zinsbringend angelegt werden dürfen. Damit ein Schuldscheindarlehen als Veranlagung für einen Deckungsstock in Frage kommen kann, muss dieses unter anderem folgende Anforderungen erfüllen:

- Besicherung durch Grundpfandrechte (Hypotheken) oder
- Besicherung durch Bürgschaften des Bundes bzw. der Länder,
- Laufzeiten unter 15 Jahren,
- erstmalige Tilgungsmöglichkeit nach 2 bis 5 Jahren.

Da sich die Größenordnung eines Schuldscheindarlehens zwischen € 500.000 und rund € 50 Mio. bewegt, erfolgt die Kapitalaufbringung meist nicht allein durch eine einzelne Kapitalsammelstelle. Eher werden derartige Volumina durch einen Zusammenschluss mehrer Kapitalgeber aufgebracht. Ist dies der Fall, wird nicht mehr von einem **Einzel-**, sondern **Konsortialdarlehen** gesprochen. Je nachdem, ob die Dauer der Kapitalnutzung der Kapitalbereitstellungsspanne entspricht, erfolgt eine nähere Bezeichnung als **fristenkongruentes** oder **revolvierendes Schuldscheindarlehen**.

Gegenüber Anleihen weisen Schuldscheindarlehen eine höhere Verzinsung und ein geringeres Volumen auf. Die Vorteile dieser Finanzierungsform liegen einerseits in ihrer flexiblen Anpassungsmöglichkeit an einen schwankenden Kapitalbedarf. Andererseits müssen bei der Aufnahme eines Schuldscheindarlehens keine besonderen Publizitätsvorschriften erfüllt werden. Als Kosten der Kapitalbereitstellung fallen meist Zinsen, die rund einen halben Prozentpunkt über jenen von Anleihen liegen, Treuhandgebühren, die für die Verwaltung von eingeräumten Sicherheiten anfallen und sich auf ein bis zwei Prozent der Darlehenssumme belaufen sowie Vermittlungsprovisionen i.H.v. rund 1,5 % des Kreditbetrages, für zwischen Kapitalgeber und -nehmer agierende Kreditinstitute, an. Nachdem beim Schuldscheindarlehen Fremdkapital durch Dritte (in Form der Kapitalsammelstellen) bereitgestellt wird, kann von Fremd- bzw. Außenfinanzierung gesprochen werden.

4.2. Anleihen

Als **Anleihen** (synonym: **Schuldverschreibungen, Obligationen, festverzinsliche Wertpapiere**) werden langfristige Darlehen, die Unternehmen, öffentliche Institutionen und Gebietskörperschaften durch die Ausgabe von Teilschuldverschreibungen an ein breites Publikum über die Börse begeben, bezeichnet.

Als Kapitalgeber fungieren sowohl private als auch institutionelle Anleger, wie Banken, Versicherungen, Fonds oder Großunternehmen. Sie zeichnen (erwerben) die an der Börse zu (schwankenden) Kursen angebotenen Teilschuldverschreibungen (Wertpapiere) und werden dadurch zu Fremdkapitalgebern des die Anleihe begebenden Unternehmens. Jeder dieser Teilschuldverschreibungen wird ein fixer Nominalwert (z.B. € 100) zu Grunde gelegt. Er entspricht einem kleinen Anteil am Gesamtvolumen der Anleihe und verleiht dem Wertpapier seinen Namen. Durch dieses Konstrukt besteht die Möglichkeit, große Anleihenvolumina (Darlehenssummen) auf eine Vielzahl unterschiedlicher Kapitalgeber mit jeweils geringem Einsatz zu stückeln (verteilen). Ein Umstand, der Anleihen insbesondere für Kleinanleger attraktiv werden lässt. Durch den Kauf der Teilschuldverschreibung erworbene Rechte, wie Zins- und Tilgungsansprüche, können entweder durch den Verkauf des Wertpapiers über die Börse an Dritte übertragen oder bis zum Ende der Anleihelaufzeit gegenüber dem kapitalnehmenden Unternehmen eingefordert werden. Darlehensnehmer werden meist durch große Industrieunternehmen oder dem Staat repräsentiert. Da im Gegensatz zur Ausgabe von Aktien keine bestimmte Rechtsform Voraussetzung zur Auflage einer Anleihe ist, ist es auch Nicht-Aktiengesellschaften damit ermöglicht, liquide Mittel über die Börse zu generieren. Nicht in jedem Fall tritt das Unternehmen dazu unmittelbar auf dem Kapitalmarkt auf. Häufig wird ein Bankenkonsortium zwischengeschaltet, dem die Aufgabe der Platzierung der Anleihen am Kapitalmarkt übertragen wird.

Aktien und Anleihen werden oft in einem Atemzug genannt. Obwohl es sich bei beiden Titeln um Wertpapiere, die dem Zweck der Finanzierung dienen, handelt, bestehen zwischen ihnen dennoch signifikante Unterschiede. Wesentlichster davon ist, dass Anleihen im Gegensatz zu Aktien Gläubigerrechte (Fremdkapital) verbriefen, d.h. grundsätzlich unabhängig vom Erfolg oder Misserfolg des Unternehmens Zins- und Tilgungsansprüche, ohne gleichzeitig Mitspracherechte einzuräumen, begründen. Wie diese Rechte im konkreten Fall gestaltet sind und welcher Kapitaleinsatz zu ihrer Erlangung aufzubringen ist, kann vom kapitalnehmenden Unternehmen individuell festlegt und den publizierten Anleihebedingungen des jeweiligen Wertpapiers entnommen werden. So sind sowohl laufende als auch endfällige, fixe oder variable Zinszahlungen, meist angegeben in Hundert des Nominales, üblich. Auch Tilgungen werden entweder in Raten (für gewöhnlich nach tilgungsfreien Jahren) oder am Ende der Anleihelaufzeit vorgenommen. Zudem entspricht der Nennwert einer Teilschuldverschreibung in aller Regel weder dem Ausgabe- noch dem Rückzahlungsbetrag. Für gewöhnlich erfolgt eine Ausgabe unter dem Nennwert, während die Tilgung zu einem höheren Kurs erfolgt. Dadurch soll Anlegern ein Anreiz zum Kauf gegeben werden, da die zwischen anfänglichem Kapitaleinsatz und schlussendlicher Tilgung bestehende Differenzen für sie einen zusätzlichen „Ertrag" darstellen. Einen ersten groben Anhaltspunkt, wie die konkreten Anleihebedingungen gestaltet sind, liefert die Bezeichnung der Anleihengattung. Häufig vorkommende Formen sind:

- Industrie- bzw. Staatsanleihen
  Ihre Bezeichnung erfolgt nach den kapitalnehmenden Stellen. Industrieanleihen werden durch private Großunternehmen, Staatsanleihen hingegen seitens der öffentlichen Hand ausgegeben.
- Zerobonds bzw. Nullkuponanleihen
  Dabei handelt es sich um Anleihen ohne laufende Zinszahlungen. Sie werden erst gemeinsam mit dem Rückzahlungsbetrag am Ende der Laufzeit ausbezahlt.
- Floating Rate Notes
  Darunter werden Anleihen verstanden, bei denen die laufende Verzinsung periodisch – meist alle 3 bis 6 Monate – entsprechend der Entwicklung internationaler Leitzinssätze (wie dem LIBOR, der London Interbank Offered Rate, dem Zinssatz, zu dem Banken am Londoner Handelsplatz Geld tauschen) angepasst wird.

Als Kosten im Zuge der Finanzierung durch Anleihen fallen staatliche Genehmigungsgebühren, Veröffentlichungs- und Werbekosten, Prüfungshonorare von Aufsichtsorganen oder treuhänderischen Verwaltern sowie laufende Zins- und Besicherungskosten an. Anleihen stellen nach der Rechtsstellung des Kapitalgebers eindeutig Fremdkapital dar. Zudem werden dem Unternehmen liquide Mittel von unternehmensexternen Akteuren des Geld- bzw. Kapitalmarktes zur Verfügung gestellt. Eine Klassifikation der Anleihe als Fremd- bzw. Außenfinanzierungsinstrument lässt sich somit unstrittig vornehmen.

Übungsbeispiel zur Finanzierung durch Anleihen:

Aufgabenstellung:
Die Fast Underground AG überlegt sich, in ihr aktienlastiges Portfolio (Wertpapierdepot) eine risikoarme österreichische Staatsanleihe aufzunehmen. Die Anleihe mit einem Nennbetrag von € 1.000 hat eine Restlaufzeit von 5 Jahren und wird am Ende ihrer Laufzeit zu 103 % ihres Nominales getilgt. Die jährlichen, nachschüssigen Zinszahlungen belaufen sich auf € 50. Gegenwärtig wird die Anleihe zu einem Kurs von € 972 an der Börse gehandelt. Der aktuelle Marktzinssatz beträgt 6,75 % p.a. Ermitteln Sie, ob der zum Kauf der Anleihe zu entrichtende Börsekurs (Kaufpreis) als gerechtfertigt angesehen wer-

den kann. Greifen Sie im Zuge Ihrer Überlegungen auf im Rahmen der Investitionsrechenverfahren dargestellte Barwertermittlungsmethoden zurück. Entscheiden Sie, ob sich die Fast Underground AG zum Erwerb dieses Titels entscheiden sollte.

Lösung:

Die mit der Anleihe verbundenen Zahlungsströme lassen sich wie folgt darstellen:

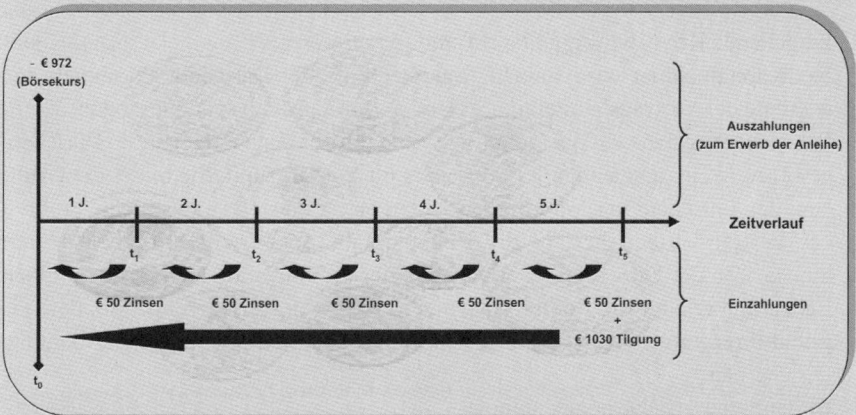

Abbildung III.16: Zahlungsströme der Anleihe

Zeichnet die Fast Underground AG die Anleihe, erwirbt sie damit jährlich nachschüssige Zinsansprüche i.H.v. € 50. Zudem wird ihr am Ende der Anleihenlaufzeit eine Kapitalrückzahlung von € 1.030 zuteil. Sie ergibt sich aufgrund der Anleihentilgung zu 103 % des Nominalbetrags. Bei einem Kalkulationszinssatz von 6,75 % p.a. entspricht der Barwert dieser Auszahlungsreihe

$$\text{€ } 50 * \frac{1 - 1{,}0675^{-5}}{0{,}0675} + 1.030 * 1{,}0675^{-5} = \text{€ } 949{,}40$$

Er drückt aus, wie viel bei gegebener Verzinsung (hier 6,75 % p.a.) zum Zeitpunkt t_0 investiert werden muss um, unter Berücksichtigung von Zinsen und Zinseszinsen, zur angeführten Auszahlungsreihe zu gelangen. Der Barwert spiegelt somit einen nach finanzmathematischen Regeln retrograd (d.h. ausgehend von der Auszahlungsreihe) ermittelten, maximalen Kaufpreis wider. Wird er mit dem aktuellen Börsekurs verglichen, lässt sich daraus ableiten, ob das betrachtete Wertpapier zu einem fairen (Börsekurs = Barwert), überhöhten (Börsekurs > Barwert) oder günstigen Kaufpreis (Börsekurs < Barwert) erworben werden kann. Im vorliegenden Fallbeispiel liegt der Börsekurs über dem ermittelten Barwert. Von einem Kauf ist der Fast Underground AG daher abzuraten. Schließlich würde bei einer Verzinsung der Alternativanlage von 6,75 % p.a. und einem anfänglichen Kapitaleinsatz von € 972 die Einzahlungsreihe dieser höher als jene der Anleihe ausfallen.

4.3. Darlehen

Wenn jemandem verbrauchbare Sachen unter der Auflage übergeben werden, dass er zwar willkürlich darüber verfügen könne, aber nach einer gewissen Zeit ebenso viel von derselben Gattung und Güte zurückgeben soll, besteht ein **Darlehen** i.S.d. § 983 ABGB bzw. nach den §§ 607ff. BGB.

Das Darlehen stellt die Grundform der langfristigen Fremdfinanzierung dar und weist als solches folgende Merkmale auf:

- Eingehende Kreditwürdigkeitsprüfung
  Der Kapitalnehmer wird sowohl zum Zeitpunkt der Darlehensvergabe als auch während der Vertragslaufzeit umfassenden Bonitätsanalysen unterzogen. Vor der Darlehensvergabe steht die Quantifizierung des für den Gläubiger bei Darlehensgewährung einzugehenden Kreditrisikos im Vordergrund. Sie bildet die Grundlage der Entscheidung, ob eine Darlehensvergabe erfolgt oder nicht. Während der Vertragslaufzeit besteht die Hauptaufgabe der Kreditwürdigkeitsprüfung hingegen in der laufenden Überwachung der Zahlungsfähigkeit des Schuldners. Bedeutung erlangt die Bonitätsanalyse im Falle von Darlehen insbesondere aufgrund ihrer langen Vertragslaufzeiten und der damit einhergehenden Planungsunsicherheit.
- Umfangreiche Sicherheitenstellung
  Zur Erlangung von Darlehen müssen meist umfangreiche Sicherheiten wie Hypotheken, Pfandrechte oder Bürgschaften beigebracht werden. Sie dienen im Wesentlichen der Prophylaxe gegen eine sich im Zeitverlauf verschlechternde Bonität des Schuldners.
- Kündigungszeitpunkte werden ex ante festgelegt
  Das Recht des Schuldners, die Darlehensvereinbarung durch vorzeitige Rückzahlung auflösen zu können, ist in aller Regel erst nach Ablauf vereinbarter Zinsbindungsfristen, innerhalb derer eingangs festgelegte Zinskonditionen seitens des Darlehensgebers nicht verändert werden dürfen, möglich. Eine Kündigung durch den Gläubiger ist per se nur bei vertragswidrigem Verhalten des Schuldners zulässig.
- Laufende Zinsanpassung
  Während der Darlehenslaufzeit sind periodische Zinsanpassungen, meist auf Basis der Veränderung eines risikolosen Referenzzinssatzes, auf den ein Zuschlag für das mit der Darlehensvergabe verbundene Risiko aufgeschlagen wird, üblich. Fixzinsvereinbarungen werden, wenn überhaupt, nur mehr für einen begrenzten Zeitraum und nur zu bestimmten Finanzierungsanlässen (wie der Baufinanzierung) getroffen.

Als kapitalgebende Stellen kommen sowohl Kreditinstitute, Bausparkassen und Versicherungen als auch private Personen in Betracht. Schuldnerstellung nehmen meist Unternehmen, die öffentliche Hand, aber auch Private ein. Zwar werden die Begriffe Darlehen und Kredit meist synonym verwendet, dennoch bestehen zwischen ihnen juristische Unterschiede. Rechtsgrundlage des Kredites bildet ein Konsensualvertrag, der durch Willensübereinstimmung der Vertragspartner zu Stande kommt. Das Darlehen wird hingegen ausschließlich durch einen Realvertrag begründet, der erst mit der tatsächlichen Zuzählung (also der körperlichen Übergabe der verbrauchbaren Sache) Rechtsgültigkeit erlangt. Auswirkungen von praktischer Relevanz zeigt eine Differenzierung im Zuge der gesetzlichen Vergebührung: Während Darlehen unabhängig von ihrer Laufzeit mit Abgaben belastet werden, sind Kreditverträge mit einer Tilgungsdauer von unter 5 Jahren anders als jene mit Laufzeiten von mehr als 5 Jahren zu vergebühren.

Aufgrund der kapitalmarktseitigen Aufbringung fremder Mittel durch Dritte stellt das Darlehen die klassische Form der Fremd- und Außenfinanzierung dar. Seine Tilgung kann unterschiedlich gestaltet erfolgen. Entsprechend der getroffenen Vereinbarungen lassen sich im Wesentlichen drei Arten unterscheiden:

■ **Annuitätendarlehen**

Dabei leistet der Kapitalnehmer regelmäßig Annuitäten in immer gleicher Höhe. Der auf die Tilgung entfallende Anteil jeder Annuität nimmt im Zeitverlauf zu, jener der zu entrichtenden Zinsen hingegen ab. Grafisch lässt sich dieser Sachverhalt wie folgt veranschaulichen:

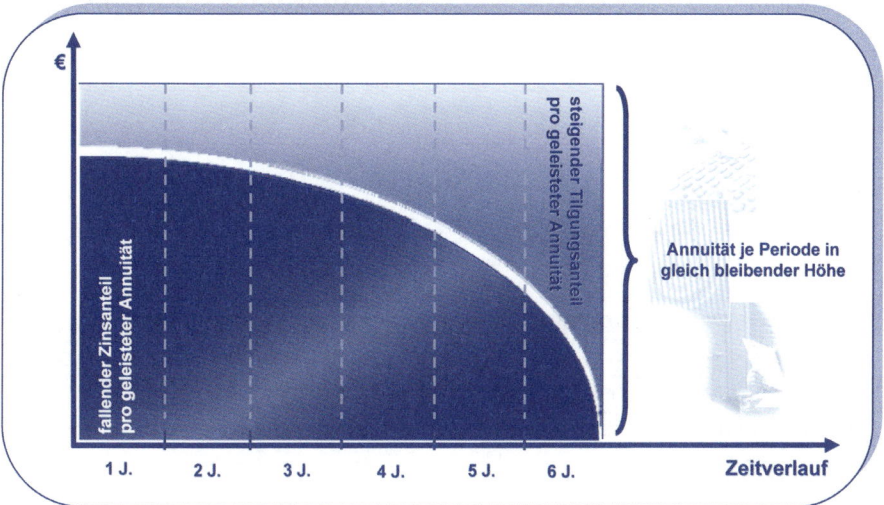

Abbildung III.17: Annuitätendarlehen

Begründet liegt dieser Verlauf darin, dass anfangs, also bei gänzlich offenem Darlehensbetrag, pro Periode mehr an Zinsen bezahlt werden müssen, als nach bereits (teilweise) erfolgter Tilgung. Bei konstanten Annuitäten muss zu Beginn somit der Großteil der geleisteten Zahlungen zur Zinsabdeckung herangezogen werden. Nur ein vergleichsweise geringer Anteil kann als aus Annuität abzüglich Zinsen übrigbleibende Residualgröße zur Tilgung verwendet werden. Deutlich lässt sich dieser Umstand nochmals im nachstehend angeführten Tilgungsplan erkennen.

Übungsbeispiel zum Annuitätendarlehen:

Aufgabenstellung:

Als Finanzcontroller der Fast Underground AG wird Ihnen die Aufgabe zuteil, den Tilgungsplan zu folgendem Darlehen aufzustellen:

Höhe des Darlehens: € 100.000

Laufzeit: 5 Jahre

Verzinsung: 8 % p.a.

Tilgung: jährlich nachschüssige Annuitätentilgung

Lösung:

Zur Lösung ist in einem ersten Schritt die Berechnung der pro Periode zu leistenden Annuität vorzunehmen. Dazu wird auf folgende, aus der Finanzmathematik bekannte, nachschüssige Barwertformel für mehrmalig gleich hohe Zahlungen zurückgegriffen:

$$BW = A * \frac{1-(1+i)^{-n}}{i}$$

Darin entspricht die aufgenommene und rückzuzahlende Darlehenssumme dem Barwert (BW); die pro Periode in gleicher Höhe zu entrichtende – bis dato unbekannte – Annuität der Variable (A). (i) repräsentiert den anzuwendenden Zinssatz; (n) die Darlehenslaufzeit. Demnach ergibt sich bei Einsatz bekannter Größen folgende Gleichung:

$$100.000 = A * \frac{1-1{,}08^{-5}}{0{,}08}$$

Sie wird nach der einzig Unbekannten, der zu errechnenden Annuität (A) aufgelöst. Es ergibt sich ein Wert i.H.v. rund € 25.045,65, der in den Tilgungsplan übernommen werden kann.

Tilgungsplan				
	Schuld am Beginn der Periode	Zinsen	Tilgung	Annuität	Schuld am Ende der Periode
1. Jahr	100.000,00	8.000,00	17.045,65	25.045,65	82.954,35
2. Jahr	82.954,35	6.636,35	18.409,30	25.045,65	64.545,05
3. Jahr	64.545,05	5.163,60	19.882,05	25.045,65	44.663,00
4. Jahr	44.663,00	3.573,04	21.472,61	25.045,65	23.190,39
5. Jahr	23.190,39	1.855,23	23.190,42	25.045,65	-0,03
Summe			100.000,03		

Die Beträge der restlichen Zeilen und Spalten des Rasters sind schnell erklärt: Die anfängliche Schuld beträgt € 100.000. Für ihre einjährige Zurverfügungstellung müssen € 8.000 an Zinsen bezahlt werden (€ 100.000 Schuld am Beginn der Periode * 8 % p.a. = € 8.000). Am Ende des ersten Jahres wird eine die Zinsen übersteigende Annuität von € 25.045,65 geleistet. Zur Tilgung verbleiben somit € 17.045,65 (Annuität – Zinsen = Tilgung). Daraus ergibt sich eine Restschuld am Ende der Periode i.H.v. € 82.954,35 (Schuld am Beginn der Periode – Tilgung = Restschuld am Ende der Periode). Sie stellt gleichzeitig den noch offenen Darlehensbetrag am Beginn des nächsten Jahres dar. Das Berechnungsschema startet für die Folgeperioden erneut nach selbem Muster. Am Ende der fünfjährigen Laufzeit ist die Restschuld „Null". Weder weitere Tilgungen noch Zinszahlungen müssen durchgeführt werden. Das Darlehen ist zur Gänze getilgt, der Tilgungsplan fertig gestellt. Die im letzten Jahr ausgewiesene Verbindlichkeit i.H.v. € – 0,03 ergibt sich lediglich aus Rundungsdifferenzen und kann vernachlässigt werden.

- **Abzahlungs- bzw. Ratendarlehen**

  Ein Darlehen, bei dem – wie nachstehende Grafik verdeutlicht – die jährlich zu leistenden Annuitäten im Zeitablauf trotz pro Periode gleich bleibender Tilgungsleistung abnehmen, wird Abzahlungsdarlehen (synonym: Ratendarlehen) genannt.

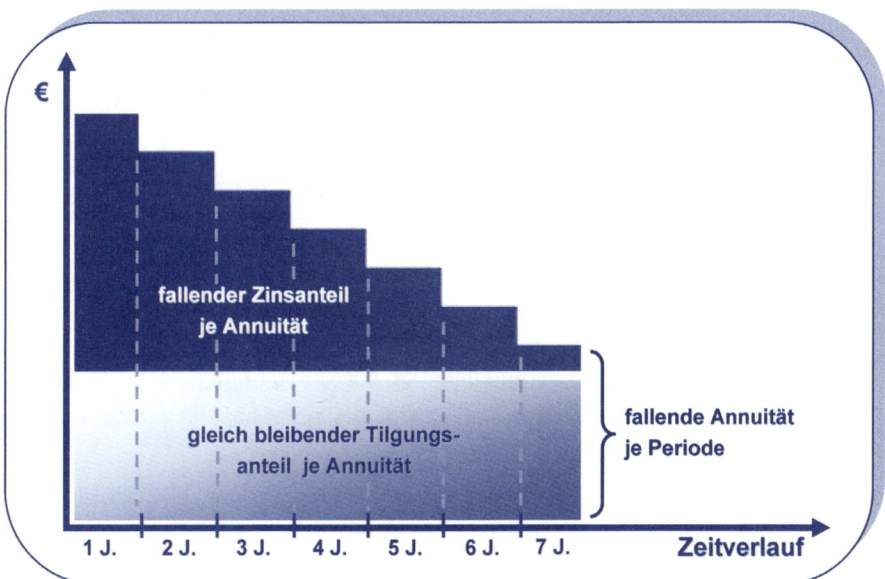

Abbildung III.18: Abzahlungs- bzw. Ratendarlehen

Sinkende Annuitäten ergeben sich, da auf den stets gleichen Tilgungsbetrag mit fortschreitender Rückzahlung ein immer geringer werdender Zinsanteil aufgeschlagen wird; ein Umstand, der sich aufgrund des stetig kleiner werdenden, offenen Darlehensbetrages ergibt und auch aus folgendem Tilgungsplan ersichtlich ist.

Übungsbeispiel zum Abzahlungs- bzw. Ratendarlehen:

Aufgabenstellung:

Als Finanzcontroller der Fast Underground AG wird Ihnen die Aufgabe zuteil, den Tilgungsplan zu folgendem Darlehen aufzustellen:

Höhe des Darlehens: € 100.000
Laufzeit: 5 Jahre
Verzinsung: 8 % p.a.
Tilgung: jährlich, nachschüssig, in konstanter Höhe

Lösung:

Zur Aufstellung des Tilgungsplanes muss in einem ersten Schritt die pro Periode zu leistende Tilgung ermittelt werden. Sie ergibt sich, indem die zurückzuzahlende Darlehenssumme über die Laufzeit verteilt wird (€ 100.000 : 5 Jahre = € 20.000 Tilgungsbetrag je Periode). Daraufhin können die Zeilen des Tilgungsplanes, jeweils eine Periode der Darlehenslaufzeit darstellend, nach folgendem Schema befüllt werden:

(1)   Schuld am Beginn der Periode * Zinssatz = Zinsen
(2)   Zinsen + konstante Tilgung = Annuität
(3)   Schuld am Periodenbeginn – Tilgung = Schuld am Periodenende

Es ergibt sich folgendes Bild:

Tilgungsplan					
	Schuld am Beginn der Periode	Zinsen	Tilgung	Annuität	Schuld am Ende der Periode
1. Jahr	100.000,00	8.000,00	20.000,00	28.000,00	80.000,00
2. Jahr	80.000,00	6.400,00	20.000,00	26.400,00	60.000,00
3. Jahr	60.000,00	4.800,00	20.000,00	24.800,00	40.000,00
4. Jahr	40.000,00	3.200,00	20.000,00	23.200,00	20.000,00
5. Jahr	20.000,00	1.600,00	20.000,00	21.600,00	–
Summe			100.000,00		

■ **Festdarlehen**

Das Festdarlehen zeichnet sich dadurch aus, dass während seiner Laufzeit lediglich anfallende Zinsen gezahlt werden müssen. Eine Tilgung wird erst am Ende der Laufzeit durch eine einmalige Zahlung vorgenommen. Grafisch lässt sich dieser Sachverhalt wie folgt veranschaulichen:

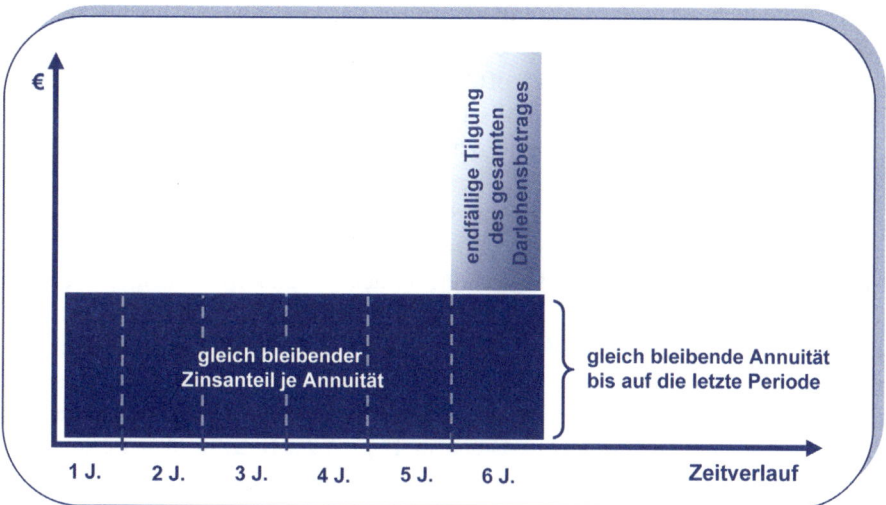

Abbildung III.19: Festdarlehen

Entsprechend einfach gestaltet sich auch der dazugehörige Tilgungsplan, wie nachstehendes Beispiel zeigt.

Übungsbeispiel zum Festdarlehen:

Aufgabenstellung:

Als Finanzcontroller der Fast Underground AG wird Ihnen die Aufgabe zuteil, den Tilgungsplan zu folgendem Darlehen aufzustellen:

Höhe des Darlehens: € 100.000
Laufzeit: 5 Jahre
Verzinsung: 8 % p.a.
Tilgung: endfällig

Lösung:

Tilgungsplan					
	Schuld am Beginn der Periode	Zinsen	Tilgung	Annuität	Schuld am Ende der Periode
1. Jahr	100.000,00	8.000,00	–	8.000,00	100.000,00
2. Jahr	100.000,00	8.000,00	–	8.000,00	100.000,00
3. Jahr	100.000,00	8.000,00	–	8.000,00	100.000,00
4. Jahr	100.000,00	8.000,00	–	8.000,00	100.000,00
5. Jahr	100.000,00	8.000,00	100.000,00	108.000,00	–
Summe			100.000,00		

Wie ersichtlich ist, bleiben Anfangs- und Restschuld pro Periode immer gleich, da Tilgungen während der Laufzeit unterbleiben. Die Zinsen werden deshalb stets vom selben, noch gänzlich offenen Darlehensbetrag berechnet, weshalb ihre Höhe im Zeitverlauf ebenfalls unverändert bleibt. In Ermangelung von Tilgungen entsprechen sie zudem der pro Jahr zu leistenden Annuität. Eine Rückzahlung erfolgt erst am Ende der Laufzeit als einmalige Zahlung in voller Höhe des aufgenommenen Betrages.

Welche der drei Tilgungsvarianten schlussendlich gewählt wird, hängt wesentlich vom Verlauf der Rückflüsse ab, die jene Investitionen erwirtschaften, die durch das Darlehen finanziert werden. Werden Einzahlungsüberschüsse von Investitionsbeginn an in annähernd konstanter Höhe erwartet, ist das Annuitätendarlehen ob seiner gleich bleibenden Zahlungen zu bevorzugen. Werden liquide Mittel im Rahmen der Leistungserstellung hingegen vorwiegend am Beginn der Nutzungsdauer des fremdfinanzierten Objekts generiert, entspricht dies eher dem Verlauf der Annuitäten eines Ratendarlehens. Insbesondere in Branchen mit langen Fertigungszeiten, in denen nennenswerte Erlöse erst nach umfangreich erbrachten Vorleistungen erzielt werden, findet hingegen das Ratendarlehen Anwendung.

Die Kapitalkosten eines Darlehens umfassen neben Zinsen und bankenseitig verrechneten Bearbeitungsgebühren häufig auch ein **Damnum**. Darunter versteht man jenen Teil der aufgenommen Schuld, der zwar nicht ausbezahlt wird, aber zurückbezahlt werden muss. Durch seine Vereinbarung tritt eine Verteuerung des Darlehens in zweifacher Weise auf: Einerseits muss mehr an Tilgung geleistet werden als ausbezahlt wurde. Andererseits erhöht ein vereinbartes Damnum indirekt die zu entrichtenden Nominalzinsen.

Übungsbeispiel zum Damnum:

Aufgabenstellung:
Ein Darlehensvertrag der Fast Underground AG weist folgende Konditionen auf:
Darlehenshöhe: € 100.000
Damnum: 1 %
Laufzeit: 5 Jahre bei endfälliger Tilgung
Zinssatz: 10 % p.a.
Zeigen Sie, wie sich das vereinbarte Damnum auf die Kosten des Darlehens auswirkt.

Lösung:
Aufgrund des Damnums ergibt sich für den Darlehensnehmer ein Auszahlungsbetrag i.H.v. € 99.000 (€ 100.000 – 1 % Damnum), eine Tilgungsverpflichtung von € 100.000 sowie eine jährliche Zinsbelastung von € 10.000 (€ 100.000 * 10 %). Das Damnum von € 1.000 stellt Kosten in selber Höhe dar, die ob ihrer Fremdfinanzierung bis zum Ende der Laufzeit zudem Zinskosten

von € 100 p.a. verursachen (€ 1.000 Damnum zu 10 % p.a. fremdfinanziert ergibt € 100 an Zinsen).

Zum Vergleich von Darlehen mit unterschiedlichen Konditionen bzw. zur relativen Vorteilhaftigkeitsermittlung gegenüber sich bietenden, alternativen Finanzierungsformen ist ein alle Kapitalkosten auf einen gemeinsamen Nenner bringender Vergleichswert vonnöten. Dieser wird als **Effektivzinssatz** bzw. interner Zinsfuß der Darlehensvergabe bezeichnet und drückt in einem Zinssatz (angegeben als %-Wert der zur Verfügung stehenden Darlehenssumme) alle mit der Kapitalaufnahme verbundenen einmaligen und laufenden Kosten aus, die pro Periode der Darlehenslaufzeit an den Kapitalgeber zu entrichten sind. Seine Berechnung kann mit Hilfe der folgenden, in der Praxis üblichen Faustformel vorgenommen werden:

$$i_{eff} = \frac{i_{nom} + \dfrac{d}{mRLZ}}{100 - d}$$

i_{nom} repräsentiert die während der Darlehenslaufzeit regelmäßig anfallenden Kosten, ausgedrückt in Hundert der noch offenen Restschuld. Ihren wesentlichen Bestandteil bildet die Nominalverzinsung, die der Variable ihren Namen verleiht. Da sie pro Periode anfällt, kann ihr Einbezug in die Effektivzinssatzberechnung ohne vorherige Verteilung über die Darlehenslaufzeit erfolgen. Anders gestaltet sich die Vorgangsweise hingegen im Falle einmalig zu entrichtender Kosten, wie etwa dem Damnum (d). Seinen Wert gilt es zu periodisieren. Liegt ein Festdarlehen vor, kann (d) dazu einfach linear auf die Laufzeit der Schuld (mRLZ für **mittlere Restlaufzeit**) verteilt werden (d : mRLZ). Dadurch erhält man einen pro Periode vom offenen Darlehensbetrag zu entrichtenden Prozentsatz, der jenem des einmalig zu zahlenden Damnums entspricht. Durch seine Summierung mit i_{nom} stellt sich ein jährlich – unter Berücksichtigung sowohl laufender als auch einmaliger Kosten – in Abhängigkeit des Tilgungsbetrages zu leistender Zins (i_{nom} + d : mRLZ) ein. Da zu Vergleichszwecken nie auf einen Zinssatz zurückgegriffen wird, der sich auf Basis des zurückzuzahlenden Kapitals, sondern immer in Relation zu dem zur Verfügung gestellten Betrag versteht, muss der bis dato errechnete Kostensatz in einem nächsten Schritt dahingehend adaptiert werden. Dazu wird das bisherige Ergebnis aus (i_{nom} + d : mRLZ) durch (100 – d), also durch den Anteil des Auszahlungsbetrages (€ 99.000) am Rückzahlungsbetrag (€ 100.000) dividiert.

Übungsbeispiel zur Effektivverzinsung von Festdarlehen:

Aufgabenstellung:
Ein Darlehensvertrag der Fast Underground AG weist folgende Konditionen auf:

Darlehenshöhe: € 100.000
Damnum: 1 %
Laufzeit: 5 Jahre bei endfälliger Tilgung

Zinssatz: 10 % p.a.
Ermitteln Sie die Effektivverzinsung des Darlehens.

Lösung:

$$i_{eff} = \frac{i_{nom} + \dfrac{d}{mRLZ}}{100 - d} = \frac{10 + \dfrac{1}{5}}{100 - 1} = 10{,}30\,\%$$

Der bereits periodisiert vorliegende Wert von i_{nom} kann in die Berechnung übernommen werden. Das anfängliche Damnum wird hingegen über die Laufzeit verteilt. Ob anfänglich 1 % an Damnum (also € 1.000) oder pro Periode 0,20 % (1/5) vom offenen Darlehensbetrag bezahlt werden (0,20 % * € 100.000 = € 200), führt bei 5-jähriger Laufzeit zum gleichen Ergebnis (5 * € 200 = € 1.000). Werden beide Zinssätze addiert und auf den zur Verfügung stehenden Darlehensbetrag bezogen, ergibt sich die pro Jahr der Inanspruchnahme vorliegende, reale Verzinsung von 10,30 %. Die errechnete Effektivverzinsung liegt über der nominellen, da zusätzlich zu ihrem laufenden Anfall einmalig, am Beginn der Darlehensaufnahme anfallende Kosten in Form des Damnums in die Betrachtung mit einbezogen werden.

Wird hingegen, wie bei Annuitäten- oder Ratendarlehen der Fall, von einer schrittweisen Tilgung während der Laufzeit ausgegangen, hat eine lineare Verteilung einmaliger Kosten über die Restlaufzeit zu unterbleiben. Schließlich steht der anfänglich aufgenommene Darlehensbetrag nicht mehr gänzlich bis zum Ende der Laufzeit zur Verfügung, wodurch obig erläuterte, für die einfache Periodisierung sprechende Begründung, nicht mehr gegeben werden kann. Anstelle der linearen Verteilung hat eine Aliquotierung einmaliger Kosten auf nur mehr jene Jahre zu erfolgen, in denen der Darlehensbetrag – wie auch schon im Falle des Festdarlehens – in vollem Umfang zur Verfügung steht. Hilfe bei der Berechnung dieses Zeitraumes bietet nachstehende Formel:

$$mRLZ = tfp + \frac{tp + 1}{2}$$

tfp entspricht der Anzahl tilgungsfreier Perioden; tp hingegen jener, in denen eine Tilgung vorgenommen wird. Die Summe von tfp und tp entspricht der vereinbarten Darlehenslaufzeit. Wie sich die durch die Formel ermittelte Zeitspanne nachvollziehen lässt, kann am besten anhand eines Beispieles demonstriert werden.

Übungsbeispiel zur Ermittlung der mittleren Restlaufzeit:

Aufgabenstellung:

- Ermitteln Sie anhand der Formel der mittleren Restlaufzeit, über welche Zeitspanne ein Darlehen mit 5-jähriger Laufzeit bei jährlich konstanter Tilgung in vollem Umfang zur Verfügung steht.
- Illustrieren Sie vorherig angestellte Berechnungen.

Lösung:

ad erste Teilaufgabe:

Aufgrund der von Beginn an stattfindenden Tilgung ergibt sich als mittlere Restlaufzeit:

$$(1) \qquad mRLZ = tfp + \frac{tp + 1}{2}$$

$$(2) \qquad mRLZ = 0 + \frac{5 + 1}{2} = 3$$

ad zweite Teilaufgabe:

Wird ein Darlehen i.H.v. € 100.000 mit einer Laufzeit von 5 Jahren bei jährlich konstanter, nachschüssiger Tilgung aufgenommen, entwickelt sich der zur Verfügung stehende Betrag wie folgt:

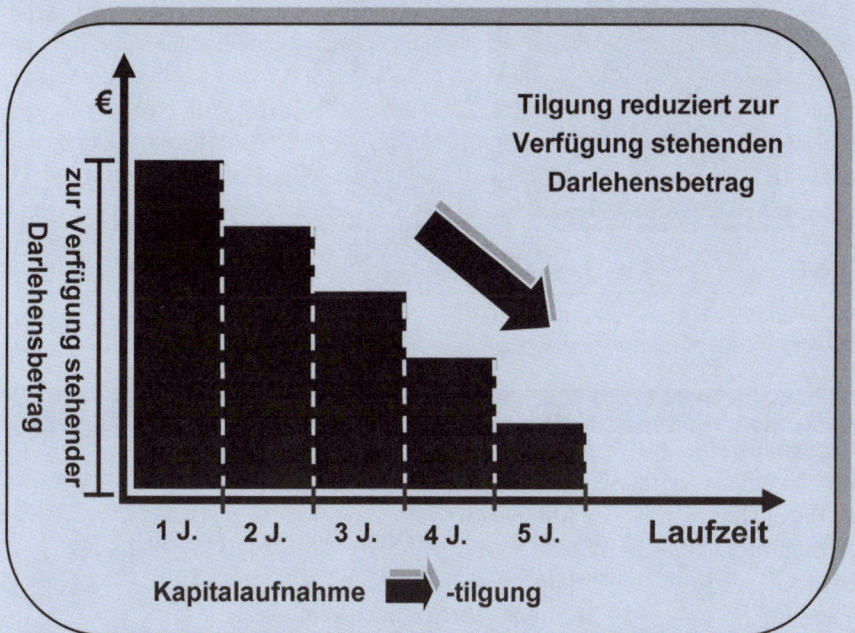

Abbildung III.20: Mittlere Restlaufzeit I

Bis zum Ende des ersten Jahres steht der gesamte Darlehensbetrag zur Verfügung. Er reduziert sich vom zweiten bis zum letzten Jahr jährlich um die Tilgungsrate. Betrachtet man, wie in nachstehender Abbildung angeführt, die im vierten und fünften Jahr offene Schuld und addiert man sie gedanklich zum in der zweiten und dritten Periode zur Verfügung stehenden Kapital, lässt sich erkennen, dass das aufgenommene Darlehen insgesamt für eine Zeitspanne von drei Jahren in vollem Umfang bereitgestellt wird; ein Wert, der sich auch nach den Berechnungen der mittleren Restlaufzeit ergeben hat.

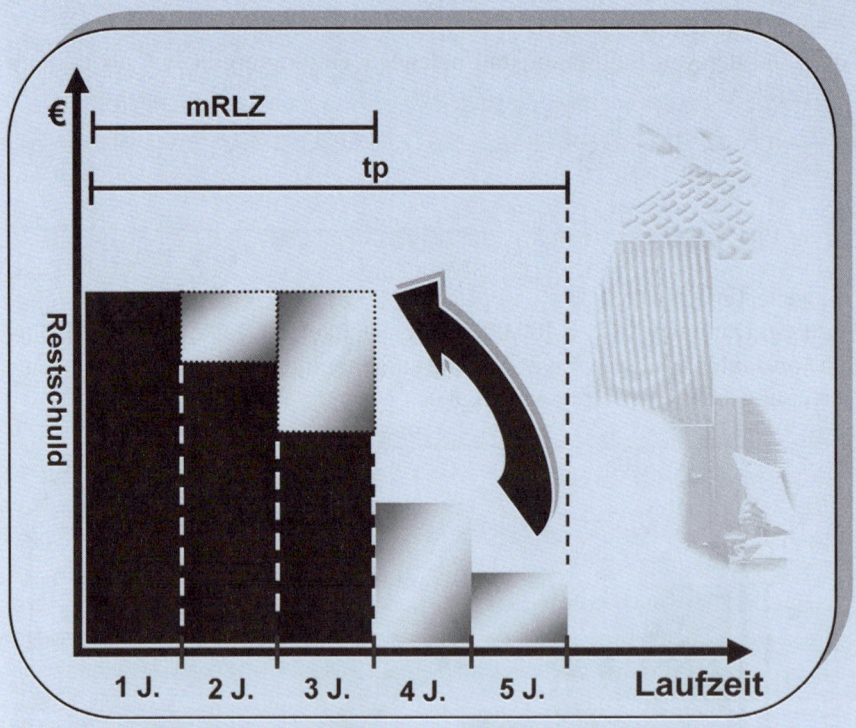

Abbildung III.21: Mittlere Restlaufzeit II

Übungsbeispiel zur Effektivverzinsung von Ratendarlehen:

Aufgabenstellung:
Ein Darlehensvertrag weist folgende Konditionen auf:

Darlehenshöhe:	€ 100.000
Damnum:	5 %
Laufzeit:	5 Jahre
Tilgung:	konstant, jährlich nachschüssig
tilgungsfreie Perioden:	eine
Zinssatz:	10 % p.a.

Ermitteln Sie die Effektivverzinsung des Darlehens.

Lösung:

(1) $\quad mRLZ = tfp + \dfrac{tp+1}{2} = 1 + \dfrac{4+1}{2} = 3,5$

(2) $\quad i_{eff} = \dfrac{i_{nom} + \dfrac{d}{mRLZ}}{100-d} = \dfrac{10 + \dfrac{5}{3,5}}{100-5} = 12,03\,\%$

Bezogen auf das ausbezahlte Kapital stellt sich eine Verzinsung – laufende und einmalige Kosten berücksichtigend – von 12,03 % ein. Alternative Finanzierungsformen mit niedrigerer realer Verzinsung sind daher als vorteilhafter anzusehen, eine Inanspruchnahme jener mit höherer Verzinsung ist hingegen nicht empfehlenswert.

Zu bedenken gilt es, dass vorgestellte Formeln nur eine (grobe) Näherungslösung liefern. Eine mathematisch exakte Berechnung der Effektivverzinsung ist jedoch schwierig, da dazu Gleichungen „nten-Grades", entsprechend der Darlehenslaufzeit (n), gelöst werden müssten. Dabei würde der (effektive) Zinssatz jene zu ermittelnde Variable darstellen, bei deren Anwendung der Barwert der Annuitäten dem Darlehensbetrag gleicht, oder anders gesagt, der Kapitalwert der mit dem Darlehen verbundenen Ein- und Auszahlungsreihe „Null" ergibt. Algebraisch wird dabei bei bereits vierjähriger Laufzeit (n=4) an Grenzen gestoßen. Exaktere Ergebnisse lassen sich bei darüber hinaus gehender Darlehenslaufzeit nur durch eine Verfeinerung der Näherungslösung erzielen. Als dazu geeignet sind insbesondere die in Tabellenkalkulationsprogrammen zur Verfügung stehenden Iterationsmechanismen (wie z.B. die Zielwertsuche in Microsoft Excel) zu klassifizieren. Hinzuweisen gilt es ferner darauf, dass mit dem vorgestellten Modell der Effektivverzinsung nicht nur die Konditionen unterschiedlicher Darlehensformen miteinander verglichen werden können, sondern vielmehr jede Finanzierungsart, die einmalige und laufende Kosten bedingt, in eine vergleichende Betrachtung einbezogen werden kann.

Übungsbeispiel zur Effektivverzinsung von Anleihen:

Aufgabenstellung:

Die Fast Underground AG überlegt, überschüssige liquide Mittel in einer Unternehmensanleihe anzulegen, die zu einem Kurs von 99 % des Nennbetrages ausgegeben und entsprechend den Konditionen der Anleihe zu 106 % desselbigen getilgt wird. Die Nominalverzinsung beträgt bei einer Laufzeit von 8 Jahren und einem Nennbetrag von € 100.000 5 % p.a. Ermitteln Sie zu Vergleichszwecken mit alternativen Anlageformen, die eine Rendite von rund 5 % p.a. erwirtschaften, den Effektivzinssatz der Anleihe. Treffen Sie eine Auswahlentscheidung hinsichtlich der zur Verfügung stehenden Anlageformen.

- Gehen Sie bei Ihren Berechnungen einmal von der Tilgung der Anleihe am Ende ihrer Laufzeit aus.
- Unterstellen Sie ein in einer weiteren Variante, dass Rückzahlungen nach drei tilgungsfreien Jahren in gleichmäßigen, nachschüssigen Raten während der verbleibenden Restlaufzeit erfolgen.

Lösung:

Im Gegensatz zu Aktien ist bei Anleihen eine Emission unter pari, d.h. unter dem Nennwert, möglich. Betrachtet man die mit der Anleihe zusammenhängende Ein- und Auszahlungsreihe, ergibt sich folgendes Bild: Zum Erwerb des Wertpapiers müssen € 99.000 aufgewendet werden. Dieser Betrag kann einer anfänglichen „Anschaffungsauszahlung" gleichgesetzt werden. Ihm gegenüber stehen ein laufender Zins- (5 % p.a. von € 100.000 = € 5.000 p.a.) und ein einmaliger Tilgungsanspruch (105 % von € 100.000 = € 106.000). Sie können als Einzahlungen klassifiziert werden. Soll darauf aufbauend die Effektivverzinsung ermittelt werden, müssen bekannte Absolutgrößen in Relativwerte gewandelt werden. Wird dazu der Nennwert der Anleihe als Basis verwendet, ergeben sich laufende Einzahlungsüberschüsse von 5 % p.a. sowie ein einmaliger Überschuss i.H.v. 6 % des Nominalbetrages. Je Tilgungsvariante lässt sich daraus die Effektivverzinsung wie nachstehend angeführt ableiten:

ad erste Teilaufgabe:

$$i_{eff} = \frac{i_{nom} + \dfrac{d}{mRLZ}}{100 - d^{*}} = \frac{5 + \dfrac{6}{8}}{100 - 1} = 5{,}80\,\%$$

Auch hier gilt wieder: Einmalig erzielte Einzahlungsüberschüsse (6 %) sind zu periodisieren; laufend anfallende Zinsen verstehen sich hingegen bereits als annualisierte Größen. Soll das Ergebnis der Berechnung die reale Verzinsung des eingesetzten (€ 99.000) und nicht des nominellen Kapitals (€ 100.000) widerspiegeln, gilt es erneut, den errechneten Zinssatz als Summe von (i_{nom}) und periodisiertem (d) dahingehend zu adaptieren. Dazu muss die errechnete Verzinsung im Sinne einer einfachen Schlussrechnung durch den Anteil des Kapitaleinsatzes am Nominalkapital (hier 99 %) dividiert werden. Eine Korrektur um (100 – d = 94) wie in den vorherigen Beispielen würde zum falschen Ergebnis führen, da dadurch der Unterschied zwischen Nominal- (100 %) und Tilgungsbetrag (106 %) anstelle der Differenz zwischen Kapitaleinsatz (99 %) und Nennwert (100 %) berücksichtigt werden würde. Da die sich schlussendlich ergebende Effektivverzinsung höher als jene der Alternativanlagen ist, ist die Anleihe als Anlageform zu bevorzugen. Das in die Anleihe investierte Kapital wird – unter Berücksichtigung einmaliger und laufender Auszahlungen – mit 5,80 % p.a. verzinst.

ad zweite Teilaufgabe:

Werden bereits während der Laufzeit Kapitalrückzahlungen vorgenommen, hat eine Verteilung einmaliger Ansprüche anhand der zu ermittelnden mittleren Restlaufzeit zu erfolgen. Sie ergibt sich wie nachstehend angeführt:

$$(1) \qquad mRLZ = tfp + \frac{tp+1}{2} = 0 + \frac{7+1}{2} = 4$$

Als Effektivverzinsung resultiert daraus:

$$(2) \qquad i_{eff} = \frac{i_{nom} + \dfrac{d}{mRLZ}}{100 - d\,*} = \frac{5 + \dfrac{6}{4}}{100 - 1} = 6{,}57\,\%$$

Während die Anleihe somit 6,57 % p.a. an Zinsen erwirtschaftet, sind bei alternativen Investments hingegen nur 5 % erzielbar. Auch in diesem Falle ist die Anleihe gegenüber anderen Anlageformen daher zu bevorzugen. Warum die Effektivverzinsung bei identer Höhe der Rückflüsse und gleichem anfänglichen Kapitaleinsatz nur durch die Änderung der Tilgungsvariante um 0,77 Prozentpunkte von 5,8 % p.a. auf 6,57 % p.a. ansteigt, lässt sich wie folgt begründen. Im Zuge der ersten Variante bleibt das anfänglich in die Anleihe investierte Kapital während der gesamten Laufzeit darin in voller Höhe gebunden; bei Letzterer hingegen nur während der ersten drei tilgungsfreien Jahre. Obwohl der durchschnittliche Kapitaleinsatz des Investors im zweiten Fall somit geringer als im ersten ist, besteht bei beiden Varianten ein identer Zins- und Tilgungsanspruch. Dadurch ergibt sich eine höhere Verzinsung des eingesetzten Kapitals, die sich im Anstieg der Effektivverzinsung widerspiegelt.

Übungsbeispiel zur vergleichenden Betrachtung von Annuitäten-, Raten- und Festdarlehen anhand der Effektivzinssatzmethode:

Aufgabenstellung:

Der Fuhrpark der Fast Underground AG muss während einer Expansionsphase um zahlreiche Vehikel erweitert werden. Der dabei entstehende Finanzierungsbedarf beläuft sich auf rund € 495.000. Zu seiner Deckung liegen seitens der Hausbank nach zahlreichen Verhandlungsrunden mit dem Firmenkundenbetreuer folgende, teils noch näher zu spezifizierende Angebote vor:

Variante 1 – Annuitätendarlehen:

Höhe:	€ 500.000
Damnum:	1 % p.a.
Laufzeit:	7 Jahre
Zinssatz:	8 % p.a.
Tilgung:	jährlich, jeweils am Jahresende

Variante 2 – Ratendarlehen:
Alternativ zu Variante 1 schlägt der Firmenkundenbetreuer auf Nachfrage eine Rückzahlung in Form von gleich hohen, ab dem 4. Jahr beginnenden, jeweils am Jahresende zu entrichtenden Tilgungszahlungen vor. Die übrigen Daten des Darlehensvertrages bleiben unverändert.

Variante 3 – Festdarlehen:
Aufgrund der hinreichenden Bonität und der langjährig erfolgreich verlaufenen Geschäftsbeziehung zur Hausbank wäre als dritte Alternative auch eine einmalige Tilgung des Darlehensbetrages am Ende der Laufzeit – zu ansonsten gleichen Konditionen – denkbar. Inwieweit bei dieser Variante zusätzliche Sicherheiten (wie z.B. Hypotheken) gestellt werden müssten, ist bis dato noch offen.

Variante 1 stellt das auf erstmalige Anfrage hin unterbreitete Angebot dar. Da sich die Fast Underground AG zum gegebenen Zeitpunkt in einer umfassenden Expansionsphase befindet, kann nicht davon ausgegangen werden, dass in absehbarer Zeit Tilgungsverpflichtungen aus dem Darlehensvertrag nachgekommen werden kann. Seitens der Gesellschaft wird aus Sicht der Liquiditätsplanung daher Variante 3, ob ihrer geringen Annuitäten während der Laufzeit, favorisiert. Variante 2 stellt hingegen die seitens der Bank aus Risikogesichtspunkten angestrebte Kompromisslösung dar.

- Stellen Sie – zum Zweck der langfristigen Liquiditätsplanung des Unternehmens – für jede der drei angebotenen Darlehensvarianten den dazugehörigen Tilgungsplan auf. Ermitteln Sie im Zuge dessen die sich unbeachtlich ihres zeitlichen Anfalls pro Variante ergebende Zinsbelastung in absoluter Höhe. Zeigen Sie ferner die je Vertragsbedingung mit der Rückzahlung des Darlehens verbundenen Zahlungen insgesamt.
- Ermitteln Sie die Effektivverzinsung je Darlehensvariante.
- Vergleichen Sie die drei Angebote abschließend sowohl aus kosten- als auch aus liquiditätsorientierter Sicht.

Lösung:
ad Variante 1 – Annuitätendarlehen:
Zur Aufstellung des Tilgungsplanes ist in einem ersten Schritt die Ermittlung der pro Jahr zu leistenden Annuität vonnöten. Sie ergibt sich bei Verwendung der nachschüssigen Barwertformel für mehrmalig gleich hohe Zahlungen wie folgt:

(1) $\quad BW = A * \dfrac{1-(1+i)^{-n}}{i}$

(2) $\quad € 500.000 = A * \dfrac{1-1{,}08^{-7}}{0{,}08} \rightarrow € 96.036{,}20$

Darauf aufbauend ergibt sich der Tilgungsplan wie nachstehend angeführt:

Tilgungsplan – Annuitätendarlehen					
	Schuld am Beginn der Periode	Zinsen	Tilgung	Annuität	Schuld am Ende der Periode
1. Jahr	500.000,00	40.000,00	56.036,20	96.036,20	443.963,80
2. Jahr	443.963,80	35.517,10	60.519,10	96.036,20	383.444,70
3. Jahr	383.444,70	30.675,58	65.360,62	96.036,20	318.084,08
4. Jahr	318.084,08	25.446,73	70.589,47	96.036,20	247.494,61
5. Jahr	247.494,61	19.799,57	76.236,63	96.036,20	171.257,98
6. Jahr	171.257,98	13.700,64	82.335,56	96.036,20	88.922,42
7. Jahr	88.922,42	7.113,79	88.922,41	96.036,20	0,01
Summe		172.253,41	499.999,99	672.253,40	

Die Restschuld am Ende des 7. Jahres i.H.v. € 0,01 resultiert ausschließlich aus Rundungsdifferenzen und soll nicht weiter hinterfragt werden. Über die Laufzeit verteilt müssen in Summe € 172.253,41 an Zinsen bezahlt und € 500.000 getilgt werden. Insgesamt ergibt sich somit ein Rückzahlungsbetrag i.H.v. € 672.253,40, der verteilt über jährlich nachschüssige Annuitäten von jeweils € 96.036,20 im Rahmen der Liquiditätsplanung berücksichtigt werden müsste. Warum sich die Darlehenssumme bei einem grundlegenden Finanzierungsbedarf von € 495.000 auf € 500.000 beläuft, liegt im Damnum begründet: Zwar muss eine halbe Million Euro zurückbezahlt werden, ausbezahlt wird hingegen nur der um das Damnum verminderte Betrag von € 495.000. Er entspricht exakt dem Finanzierungsbedarf. Real (effektiv) bedingt das Darlehen eine Verzinsung von 8,33 % p.a. Dieser Wert resultiert aus:

$$(1) \qquad mRLZ = tfp + \frac{tp+1}{2} = 0 + \frac{7+1}{2} = 4$$

$$(2) \qquad i_{eff} = \frac{i_{nom} + \dfrac{d}{mRLZ}}{100 - d} = \frac{8 + \dfrac{1}{4}}{100 - 1} = 8,33\,\%$$

Pro Jahr der Darlehenslaufzeit fallen somit im Durchschnitt – näherungsweise berechnet – 8,33 % der offenen Schuld an Kosten für die Kapitalbereitstellung an. Aufgrund des zu berücksichtigenden Damnums liegt die Effektivverzinsung über der nominellen.

ad Variante 2 – Ratendarlehen:

Als Darlehenslaufzeit wurden 7 Jahre vereinbart. Da die ersten 3 davon tilgungsfrei sind, verbleiben nur mehr 4 Perioden zur Darlehensrückzahlung. Daraus resultiert eine Tilgungshöhe von € 125.000 pro Jahr (€ 500.000 Darlehenshöhe : 4 Tilgungsperioden). Der Tilgungsplan gestaltet sich demnach wie folgt:

Tilgungsplan – Ratendarlehen					
	Schuld am Beginn der Periode	Zinsen	Tilgung	Annuität	Schuld am Ende der Periode
1. Jahr	500.000,00	40.000,00	–	40.000,00	500.000,00
2. Jahr	500.000,00	40.000,00	–	40.000,00	500.000,00
3. Jahr	500.000,00	40.000,00	–	40.000,00	500.000,00
4. Jahr	500.000,00	40.000,00	125.000,00	165.000,00	375.000,00
5. Jahr	375.000,00	30.000,00	125.000,00	155.000,00	250.000,00
6. Jahr	250.000,00	20.000,00	125.000,00	145.000,00	125.000,00
7. Jahr	125.000,00	10.000,00	125.000,00	135.000,00	–
Summe		220.000,00	500.000,00	720.000,00	

In Summe müssen € 220.000 an Zinsen, also um € 47.746,59 mehr als im vorherigen Fall, bezahlt werden. In Kombination mit dem Tilgungsbetrag (€ 500.000) ergibt sich dadurch eine Rückzahlungsverpflichtung von insgesamt € 720.000. Sie verteilt sich im Gegensatz zum Annuitätendarlehen auf pro Periode in unterschiedlicher Höhe zu leistende Annuitäten. Wie ersichtlich ist, gilt es zu beachten, dass tilgungsfreie Jahre nicht mit annuitätenlosen Perioden gleichzusetzen sind. Schließlich wird während dieser Zeit Kapital zwar tilgungsfrei, aber nicht gleichzeitig auch zinslos zur Verfügung gestellt. Annuitäten tilgungsfreier Jahre korrespondieren somit stets mit der Höhe der zu entrichtenden Zinsen. Hinsichtlich der Effektivverzinsung ergeben sich folgende Auswirkungen:

$$(1) \quad mRLZ = tfp + \frac{tp+1}{2} = 3 + \frac{4+1}{2} = 5,5$$

$$(2) \quad i_{eff} = \frac{i_{nom} + \dfrac{d}{mRLZ}}{100-d} = \frac{8 + \dfrac{1}{5,5}}{100-1} = 8,26\,\%$$

Trotz Anstieg der absoluten Zinsbelastung auf € 220.000 hat sich die reale Verzinsung hingegen von 8,33 % p.a. um 0,07 Prozentpunkte auf 8,26 % p.a. verringert. Diese Entwicklung lässt sich bei Beachtung zweier Umstände nachvollziehen:

■ Erstens steht der Darlehensbetrag aufgrund tilgungsfreier Jahre bei Variante zwei länger (nämlich bis zum Ende der 4. Periode) zur Verfügung als im ersten Fall (hier beginnt die Rückzahlung bereits im ersten Jahr). Da Nominalzinsen immer in Abhängigkeit von der offenen Schuld zu entrichten sind, müssen beim Ratendarlehen daher auch klarerweise mehr Zinsen in absoluter Höhe bezahlt werden. Am Verhältnis des Zinsaufwandes zum dafür erhaltenen Kapital ändert sich dadurch aber nichts. Die Nominalverzinsung, ausgedrückt in Prozent der offenen Schuld, ist genau so hoch wie zuvor (8 % p.a.). Der veränderte Tilgungsverlauf nimmt somit rein über den Weg der Nominalverzinsung keinen Einfluss auf den Effektivzins.

- Zweitens fällt das Damnum in beiden Fällen in gleicher absoluter und relativer Höhe (i.H.v. jeweils € 5.000 bzw. 1 % der Darlehenssumme) an, obwohl aufgenommene Beträge bei zweiter Variante länger als bei Ersterer zur Verfügung stehen. Der Kapitalnehmer erhält somit bei gleichen anfänglichen Kosten (in Form des Damnums) beim Ratendarlehen mehr an Leistung (einen länger in voller Höhe zur Verfügung stehenden Kapitalbetrag). Dieser Umstand wird im sinkenden Effektivzinssatz, resultierend aus der größeren mittleren Restlaufzeit und der damit einhergehenden stärkeren Verteilung des Damnums, zum Ausdruck gebracht.

ad Variante 3 – Festdarlehen:

Der Tilgungsplan des Festdarlehens ist wie nachstehend angeführt aufzustellen:

Tilgungsplan					
	Schuld am Beginn der Periode	Zinsen	Tilgung	Annuität	Schuld am Ende der Periode
1. Jahr	500.000,00	40.000,00	–	40.000,00	500.000,00
2. Jahr	500.000,00	40.000,00	–	40.000,00	500.000,00
3. Jahr	500.000,00	40.000,00	–	40.000,00	500.000,00
4. Jahr	500.000,00	40.000,00	–	40.000,00	500.000,00
5. Jahr	500.000,00	40.000,00	–	40.000,00	500.000,00
6. Jahr	500.000,00	40.000,00	–	40.000,00	500.000,00
7. Jahr	500.000,00	40.000,00	500.000,00	540.000,00	–
Summe		280.000,00	500.000,00	780.000,00	

Wie ersichtlich ist, fällt bei dieser Tilgungsvariante die Zinsbelastung in absoluter Höhe am höchsten aus. In Summe ergibt sich in Kombination mit dem Tilgungsbetrag ein Rückzahlungserfordernis von € 780.000. Die dem entsprechende Effektivverzinsung lässt sich wie folgt ermitteln:

$$(1) \qquad mRLZ = tfp + \frac{tp+1}{2} = 6 + \frac{1+1}{2} = 7$$

$$(2) \qquad i_{eff} = \frac{i_{nom} + \dfrac{d}{mRLZ}}{100-d} = \frac{8 + \dfrac{1}{7}}{100-1} = 8,23\,\%$$

Erneut findet eine Reduktion der realen Verzinsung von 8,26 % p.a. auf 8,23 % p.a. statt, die sich anlog zu jener des Ratendarlehens begründen lässt.

ad abschließender Gesamtvergleich:

Wird ein Vergleich der vorliegenden Varianten rein aus kostenrechnerischer Sicht und unter Außerachtlassung des grundlegend gegebenen Liquiditätsbedarfes angestellt, so geht das Festdarlehen aufgrund der geringsten Effektivverzinsung insofern als klarer Sieger hervor. Zwar ist bei dieser Variante die höchste Zinsbelastung in absoluter Höhe gegeben, dafür steht das aufgenommene Kapital aber auch länger als bei jeder anderen Form zur Verfügung (siehe folgende Abbildung).

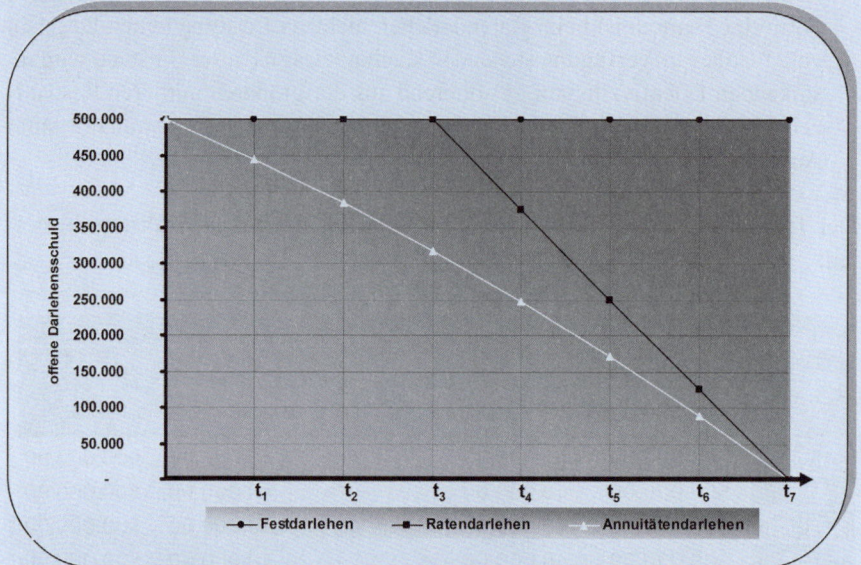

Abbildung III.22: Restbeträge von Darlehen unterschiedlicher Tilgungsformen

Aus liquiditätsorientierten Gesichtspunkten stellt sich jedoch primär die Frage, welche Tilgungsform am ehesten den sich durch die Erweiterung des Fuhrparks ergebenden Rückflüssen entspricht. Schließlich kann nur jene Darlehensform gewählt werden, deren Annuität durch die Rückflüsse aufgebracht werden kann. Im vorliegenden Beispiel ist dies nach der Aufgabenstellung beim Festdarlehen der Fall. Sowohl aus kosten- als auch aus liquiditätsorientierter Sicht ist somit das Festdarlehen zu präferieren.

Übungsbeispiel zum vorschüssigen Annuitätendarlehensowie zur Ermittlung der Darlehenslaufzeit:

Aufgabenstellung:
Für die Anschaffung eines neuen Geschäftslokales benötigt die Fast Underground AG ein Darlehen in Höhe von € 100.000. Die Hausbank bietet folgende drei Möglichkeiten zur Rückzahlung des Darlehens an, wobei die Laufzeit bei einem Zinssatz von 7 % p.a. jeweils 10 Jahre betragen soll:

■ Das Darlehen soll am Ende der Laufzeit inklusive der bis dahin angefallenen Zinsen zurückbezahlt werden. Welchen Betrag muss die Fast Underground

AG hierfür aufwenden? Während der Laufzeit werden weder Zins- noch Til-gungszahlungen vorgenommen.

- Die Rückzahlung erfolgt in zehn gleichen, vorschüssigen Annuitäten. Ermit-teln Sie den jährlich zu leistenden Betrag!
- Das Darlehen soll in zehn gleichen Tilgungsraten vorschüssig getilgt werden. Stellen Sie den dazugehörigen Tilgungsplan auf!

Abschließend stellt sich die Frage, welche Gesamtlaufzeit das Darlehen ha-ben würde, wenn Sie eine jährliche, nachschüssige Annuität von € 7.000 bzw. € 10.000 bei gleichem Zinssatz leisten?

Lösung:

ad erste Teilaufgabe:

Zur Berechnung des endfälligen Tilgungsbetrages kann auf die aus der Fi-nanzmathematik bekannte Endwertformel zurückgegriffen werden. Es ergibt sich:

(1) $\quad EW = A * (1+i)^{-n}$

(2) $\quad EW = € 100.000 * 1,07^{10} = € 196.715,14$

Zur Tilgung des aufgenommenen Darlehens müssen, sofern während der Lauf-zeit weder Tilgungs- noch Zinszahlungen geleistet werden, am Ende der 10-jährigen Laufzeit € 196.715,14 an den Gläubiger entrichtet werden.

ad zweite Teilaufgabe:

Bei Anwendung der Barwertformel für mehrmalig gleich hohe Zahlungen am Beginn der Periode ergibt sich:

(1) $\quad BW = A * \dfrac{1-(1+i)^{-n}}{1-(1+i)^{-1}}$

(2) $\quad € 100.000 = A * \dfrac{1-1,07^{-10}}{1-1,07^{-1}} = € 13.306,31$

Zur Tilgung des Darlehens müssen demnach innerhalb der 10-jährigen Lauf-zeit jeweils zu Jahresbeginn € 13.306,31 an Annuität geleistet werden.

ad dritte Teilaufgabe:

Die Formulierung, dass das Darlehen „(…) in zehn gleichen Tilgungsraten vorschüssig getilgt werden (…)" soll, gibt an, dass es sich bei dieser Varian-te um ein Ratendarlehen (mit konstantem Tilgungsanteil bei variabler Annu-ität) handelt. Würde hingegen von gleich bleibenden Annuitäten gesprochen werden, wäre ein Annuitätendarlehen (mit fixer Annuität bei sich verändern-dem Zins- und Tilgungsanteil) gegeben. Eine genaue Differenzierung zwi-schen den Begriffen „konstante Rate" einerseits und „fixe Annuität" ander-seits ist zur Erstellung des Tilgungsplanes notwendig. Er ist im vorliegenden Fall wie folgt zu gestalten:

Tilgungsplan					
	Schuld am Beginn der Periode	Zinsen	Tilgung	Annuität	Schuld am Ende der Periode
t_0	100.000,00		10.000,00	10.000,00	90.000,00
t_1	90.000,00	6.300,00	10.000,00	16.300,00	80.000,00
t_2	80.000,00	5.600,00	10.000,00	15.600,00	70.000,00
t_3	70.000,00	4.900,00	10.000,00	14.900,00	60.000,00
t_4	60.000,00	4.200,00	10.000,00	14.200,00	50.000,00
t_5	50.000,00	3.500,00	10.000,00	13.500,00	40.000,00
t_6	40.000,00	2.800,00	10.000,00	12.800,00	30.000,00
t_7	30.000,00	2.100,00	10.000,00	12.100,00	20.000,00
t_8	20.000,00	1.400,00	10.000,00	11.400,00	10.000,00
t_9	10.000,00	700,00	10.000,00	10.700,00	–
t_{10}	–	–		–	–
Summe			100.000,00		

Aufgrund der vorschüssigen Tilgung wird die erste Rate bereits zu Vertragsabschluss, also zum Zeitpunkt der Darlehensaufnahme (t_0), fällig. Dem Kapitalnehmer werden dadurch von Anfang an nur € 90.000 zur Verfügung gestellt. Daher sind nach Ablauf des ersten Jahres (zu t_1) auch nur dafür 7 % an Zinsen zu bezahlen. Die erste Annuität i.H.v. € 10.000 beinhaltet keinen Zinsanteil, da die gewährten € 100.000 keine Zeitspanne zur Verfügung standen, sondern sofort, d.h. im Zuzählungszeitpunkt zu t_0, um € 10.000 verringert wurden. Die restlichen Zeilen des vorschüssigen Tilgungsplanes werden wie jene des nachschüssigen aufgestellt: Die Zinsen ergeben sich in Abhängigkeit von der Restschuld am Beginn der Periode, die Annuität aus errechneten Zinsen und konstanter Tilgung, die Restschuld am Ende der Periode aus der Differenz zwischen anfänglicher Schuld und Tilgung. Aufgrund der vorschüssigen Tilgung ist das Darlehen bereits am Ende des 9. Jahres (also zu t_9) gänzlich zurückbezahlt.

ad vierte Teilaufgabe:

Werden jährlich nachschüssige Annuitäten geleistet, steht dem Kapitalnehmer vom Zeitpunkt des Vertragsabschlusses bis zum Ende des ersten Jahres der volle Darlehensbetrag, also € 100.000, zur Verfügung. Bei einem Zinssatz von 7 % p.a. resultiert daraus eine Zinsverpflichtung von € 7.000 p.a. Beläuft sich die Annuität – wie im ersten Fall angenommen – auf selbigen Betrag, wird deutlich, dass dessen Höhe nur zur Zinsabdeckung ausreicht, nicht aber auch einen Tilgungsanteil beinhaltet. Eine Verringerung der Restschuld ist dadurch nicht möglich. Ohne Erhöhung der Annuität würde sich auch in den darauf folgenden Jahren keine Veränderung ergeben. Eine unendliche Darlehenslaufzeit wäre gegeben.

Werden hingegen € 10.000 an Annuität geleistet, ist von einem Tilgungsanteil je Annuität auszugehen, der zur kontinuierlichen Rückzahlung der Schuld führt. Zur Berechnung der bis zur gänzlichen Tilgung benötigten Zeitspanne kann folgende Gleichung aufgestellt werden, bei der die Laufzeit (n) die unbekannte Größe darstellt, nach der die Gleichung schrittweise aufgelöst werden muss:

(1) $BW = A * \dfrac{1-(1+i)^{-n}}{i}$

(2) $€\,100.000 = €\,10.000 * \dfrac{1-1,07^{-n}}{0,07}$ / * 0,07

(3) $€\,7.000 = €\,10.000 * (1-1,07^{-n})$ / : 10.000

(4) $0,7 = 1-1,07^{-n}$ / −1

(5) $-0,3 = -1,07^{-n}$ / * − 1

(6) $0,3 = 1,07^{-n}$ / (log) bzw. alternativ (ln)

(7) $\log 0,3 = -n \log 1,07$ / : log 1,07

(8) $\dfrac{\log 0,3}{\log 1,07} = -n$

(9) $-17,79 = -n$ / * −1

(10) $n = 17,79$ Perioden

Zur Lösung der Gleichung wird zur Umkehr des Potenzierungsvorganges auf den Logarithmus zurückgegriffen. Danach gilt:

$b = a^{x} \Leftrightarrow x = {}^{a}\!\log b$ (Logarithmus zur Basis A) bzw. $x = \log b / \log a$

Ob an dieser Stelle der dekadische Logarithmus mit dem Basiswert 10 (Log-Taste am Taschenrechner) verwendet, oder ob auf den natürlichen Logarithmus auf Basis der Euler'schen Zahl (e = 2,71828 …) zurückgegriffen wird (als „ln" auf Tastaturen zu finden), spielt für das Berechnungsergebnis keine Rolle. Als Lösung ergibt sich jedenfalls n = 17,79. Es bedarf also der Entrichtung von 17 Annuitäten á € 10.000 und einer zusätzlichen, ein Jahr darauf stattfindenden Restzahlung geringeren Werts, um das Darlehen zur Gänze zurückzubezahlen. Die Gesamtlaufzeit beträgt demnach 18 Jahre.

Übungsbeispiel zum unterjährigen Tilgungsplan:

Aufgabenstellung:

Als langjähriger Mitarbeiter der Fast Underground AG beabsichtigen Sie, eine Eigentumswohnung in unmittelbarer Nähe zu Ihrem Arbeitsplatz zu erwerben. Als Immobilie fassen Sie ein 60m² großes Loft ins Auge, dessen Anschaffungskosten Sie auf einen Quadratmeterpreis von € 1.100 schätzen. Aufgrund Ihrer äußerst angespannten finanziellen Situation können Sie bei Vertragsabschluss jedoch ausschließlich die anfallenden Rechtsgeschäftsgebühren begleichen. Eine selbst teilweise Eigenfinanzierung des Kaufpreises ist Ihnen unmöglich. Die Verkäuferin, eine 60-jährige Dame, ist jedoch nicht bereit, die Wohnung gegen Ratenzahlung zu veräußern. Infolgedessen wenden Sie sich daher zwecks Darlehensfinanzierung an Ihre Hausbank. Diese unterbreitet Ihnen folgende 2 Angebote:

1. Angebot:

Darlehenshöhe:	€ 67.347,–
Damnum:	2 %
Laufzeit:	30 Jahre
Zinssatz:	6 % p.a.
Tilgung:	in gleich bleibenden, monatlich nachschüssigen Annuitäten nach 2 tilgungsfreien Jahren

2. Angebot:

Darlehenshöhe:	€ 66.000,–
Laufzeit:	30 Jahre
Zinssatz:	8 % p.a.
Tilgung:	in gleich bleibenden Annuitäten, jeweils zu Monatsbeginn ab dem ersten Jahr

Aufgrund Ihrer angestellten Haushaltsrechnung wissen Sie, dass Sie monatlich maximal € 420,– (unabhängig ob vor- oder nachschüssig) zur Kaufpreisfinanzierung aufwenden können.

- Ermitteln Sie, welche der beiden Darlehensvarianten Ihre Haushaltsrechnung zulässt und welche aus finanzmathematischer Sicht das Günstigere ist.
- Stellen Sie für Ihre gewählte Darlehensform einen genauen Tilgungsplan auf. Beschränken Sie sich dabei auf die ersten 3 Tilgungsmonate.
- 2 Jahre nach Vertragsabschluss widerfährt Ihnen nach Ihrer dritten Scheidung eine wahre Glückssträhne. Sie erben von Ihrem verstorbenen Onkel € 20.000 und steigen darüber hinaus zum Finanzcontroller der Fast Underground AG auf. Dadurch sind Sie in der Lage, monatlich nachschüssig rund € 700 zur Rückzahlung aufzuwenden. Sie stellen sich daher die Frage, um wie viele Jahre sich die Gesamtlaufzeit des Darlehens verkürzen würde, wenn Sie die erhöhte Annuität leisten und die Erbschaft zur Tilgung heranziehen würden.

Lösung:

ad erste Teilaufgabe:

Nachdem sich die Anschaffungskosten des Lofts auf € 66.000 belaufen (60 m² á € 1.100 = € 66.000), ist ein Darlehen in entsprechender Auszahlungshöhe aufzunehmen. Da die Konditionen bei Variante eins ein Damnum beinhalten, das den Auszahlungsbetrag verringert, sind € 67.347 als Rückzahlungssumme anzusetzen (€ 67.347 – 2 % Damnum = € 66.000,06), beim zweiten Angebot in Ermangelung eines Unterschiedes zwischen Auszahlungs- und Rückzahlungsbetrag hingegen nur die benötigten € 66.000. Stellt sich die Frage nach der Leistbarkeit, müssen die je Variante monatlich zu entrichtenden Annuitäten berechnet und mit dem sich laut Haushaltsrechnung ergebenen Betrag verglichen werden. Im Falle des ersten Angebots ergibt sich unter Anwendung der Barwertformel für mehrmalig gleich hohe, nachschüssige Zahlungen (monatlich über 28 Jahre, also 336 Mal [12 * 28 = 336] zu leisten):

(1) $\quad i_{monatlich} = \sqrt[12]{1{,}06} - 1 = 0{,}00486755$

(2) $\quad € 67.347 = A * \dfrac{1 - 1{,}00486755^{-336}}{0{,}00486755} = € 407{,}54$

Daraus folgt: Zur Rückzahlung monatlich erforderliche € 407,54 stehen verfügbaren € 420 gegenüber – das Darlehen ist leistbar. Ein Darlehen zu unter Punkt zwei genannten Konditionen ist aufgrund seiner das Haushaltsbudget überschreitenden Annuitäten, monatlich zu zahlen über 30 Jahre (also 12 * 30 = 360 Mal), hingegen nicht finanzierbar (siehe nachstehende Berechnung).

(1) $\quad i_{monatlich} = \sqrt[12]{1{,}08} - 1 = 0{,}00643403$

(2) $\quad € 66.000 = A * \dfrac{1 - 1{,}00643403^{-360}}{0{,}00643403} = € 471{,}50$

Stellt sich die Frage nach dem günstigeren Angebot, muss über die Effektivverzinsung verglichen werden. Sie ergibt sich für die erste Variante wie folgt:

(1) $\quad mRLZ = tfp + \dfrac{tp+1}{2} = 2 + \dfrac{28+1}{2} = 16{,}5$

(2) $\quad i_{eff} = \dfrac{i_{nom} + \dfrac{d}{mRLZ}}{100 - d} = \dfrac{6 + \dfrac{2}{16{,}5}}{100 - 2} = 6{,}246\,\%$

Bei Inanspruchnahme des zweiten Darlehens beläuft sie sich hingegen auf:

(1) $\quad mRLZ = tfp + \dfrac{tp+1}{2} = 0 + \dfrac{30+1}{2} = 15{,}5$

(2) $\quad i_{eff} = \dfrac{i_{nom} + \dfrac{d}{mRLZ}}{100 - d} = \dfrac{8 + \dfrac{0}{15{,}5}}{100 - 0} = 8\,\%$

Zusammenfassend ergibt sich: Die erste Darlehensvariante ist aufgrund ihrer geringeren Effektivverzinsung günstiger und ob ihrer kleineren Annuitäten zudem leistbar. Ihre Inanspruchnahme wird daher empfohlen.

ad zweite Teilaufgabe:

Aus den Darlehenskonditionen wird ersichtlich, dass eine schrittweise Rückzahlung des offenen Betrages erst nach 2 tilgungsfreien Jahren, also im 25. Monat einsetzt. Da die Aufgabenstellung erst ab diesem Zeitraum und nur für die darauf folgenden 3 Monate eine Aufstellung des Tilgungsplanes erfordert, ergibt sich folgendes Bild:

Tilgungsplan				
	Schuld am Beginn der Periode	Zinsen	Tilgung	Annuität	Schuld am Ende der Periode
t_{25}	67.347,00	327,81	79,73	407,54	67.267,27
t_{26}	67.267,27	327,43	80,11	407,54	67.187,16
t_{27}	67.187,16	327,04	80,50	407,54	67.106,66

Da monatliche Annuitäten geleistet werden, muss auch der Tilgungsplan in diesem zeitlichen Abstand erstellt werden. Eine Zeile umfasst daher nicht mehr ein gesamtes Kalenderjahr, sondern nur mehr einen Monat. Die nach zwei Jahren (zu Beginn des 25. Monats) offene Schuld beläuft sich noch immer auf die Höhe des aufgenommenen Darlehensbetrages. Schließlich wurde sie, ob der davor liegenden tilgungsfreien Perioden, nicht geschmälert. Da während dieses Zeitraumes aber zumindest die auf sie anfallenden Zinsen entrichtet wurden, erhöhte sich die Schuld auch nicht. Zur Beantwortung der Frage, in welcher Höhe Zinsen für eine einmonatige Zurverfügungstellung von € 67.347 bei 6 % p.a. anfallen, muss der diesem Satz entsprechende monatliche Zins – der bereits im Rahmen der ersten Teilaufgabe ermittelt wurde – herangezogen werden. Durch seine Multiplikation mit dem offenen Darlehensbetrag ergeben sich die durch die nächste Annuität zu deckenden Zinsen. Weitere Unterschiede gegenüber jährlich aufzustellenden Tilgungsplänen ergeben sich nicht. Eine nähere Erläuterung weiterer Aufstellungsschritte kann daher unterbleiben.

ad dritte Teilaufgabe:

Nach zweijähriger Vertragslaufzeit ist noch immer ein Betrag von € 67.347 offen. Er könnte durch eine einmalige Zahlung in Höhe der Erbschaft (€ 20.000) vermindert werden. Verbleiben zu tilgende € 47.347, die durch monatlich nachschüssige Raten i.H.v. € 700 abbezahlt werden könnten. Es ergibt sich:

(1) $\quad i_{monatlich} = \sqrt[12]{1{,}06} - 1 = 0{,}00486755$

(2) $\quad € 47.347 = € 700 * \dfrac{1 - 1{,}00486755^{-n}}{0{,}00486755} \rightarrow n = 82{,}23$ neue Tilgungszeit in Monaten

Anstelle einer 30-jährigen Gesamtlaufzeit wären zur Abbezahlung nach 2 tilgungsfreien Jahren somit nur mehr rund 7 weitere Jahre (82,23 Monate : 12 = 6,8525 Jahre) notwendig, woraus sich eine Verkürzung der Darlehenslaufzeit um 21 Jahre ergibt (30 Jahre geplante Laufzeit – 2 in Anspruch genommene, tilgungsfreie Jahre – 7 Tilgungsperioden = Verkürzung der Laufzeit um 21 Jahre).

5. Sonderformen der Fremdfinanzierung

Unter den auch als Finanzierungssurrogate bezeichneten Sonderformen der Fremdfinanzierung werden Instrumente eingeordnet, die die Liquidität im Unternehmen schonen oder verbessern, ohne dass neues Eigen- oder Fremdkapital zugeführt wird. Als in der Praxis häufig vorkommende Formen sind diesbezüglich, wie in Abbildung III.3 ersichtlich, sowohl das Leasing als auch das Factoring anzuführen.

5.1. Leasing

Beim **Leasing** überträgt der **Leasinggeber** dem **Leasingnehmer** das Nutzungsrecht an einer Sache auf bestimmte Zeit gegen Entgelt (**Leasingrate**).

Zivilrechtlicher Eigentümer des Leasingobjektes bleibt stets der Leasinggeber, da die dem Leasingnehmer zur Nutzung überlassene Sache bei ihm – wenn überhaupt – nur wirtschaftliches Eigentum begründet. Die Funktion der Finanzierungsform „Leasing" ergibt sich im engeren Sinn aus der etymologischen Bedeutung von „to lease" für „mieten" oder „pachten". Demnach stellt das Leasing eine Form der entgeltlichen Gebrauchsüberlassung dar. Im weiteren Sinne erfüllt das Leasing darüber hinaus meist aber auch folgende Funktionen:

- Finanzierungsfunktion
  Das Leasing ermöglicht dem Unternehmen, Vermögensgegenstände im Produktionsprozess zu nutzen, die es nicht selbst erworben, sondern nur angemietet hat. Dies bringt den entscheidenden Vorteil mit sich, dass der Kaufpreis dieser Gegenstände nicht sofort zum Zeitpunkt der Anschaffung aufgebracht werden muss, sondern alternativ in Form der Leasingraten über die Leasingdauer verteilt abbezahlt werden kann. Dadurch wird das Eigenkapital des Unternehmens geschont, ein ansonsten sprunghaft gegebener Liquiditätsbedarf geglättet und Kreditreserven werden freigehalten.
- Risikofunktion
  Gegenüber der Kreditfinanzierung bietet das Leasing ob seiner Möglichkeit zur Übertragung von in Zusammenhang mit dem Leasingobjekt bestehenden Risiken auf den Leasinggeber entscheidende Vorteile. So kann beispielsweise das Risiko einer raschen (technischen) Überalterung oder jenes des plötzlichen wirtschaftlichen Untergangs der angemieteten Sache auf den Vermieter übertragen werden.

- Dienstleistungsfunktion

  Warum einer Finanzierung durch Leasing – im Vergleich zu anderen Finanzierungsformen – der Vorzug gegeben wird, liegt meist in den umfangreichen Services, die der Leasinggeber zusätzlich zur reinen Gebrauchsüberlassung erbringt, begründet. Als Beispiele hierzu sind zu nennen: Dienstleistungen, wie die laufende Wartung des Leasingobjektes; Beratungsservices über zur Verfügung stehende Investitionsalternativen; kostengünstige Umstiegsmöglichkeiten auf neuere Versionen immaterieller Vermögenswerte (Softwareprogramme) oder Modelle im Bereich des Sachanlagevermögens (Personenkraftwagen); beschaffungsmarktseitige Unterstützung bei nicht für den Massenmarkt produzierten Gütern, wie Booten, Flugzeugen oder sonstigen Einzelanfertigungen, die im Rahmen von Spezialleasingverträgen angemietet werden.

Inhaltlich können Leasingverträge mannigfaltig gestaltet werden. Zu ihrer Systematisierung konnte sich in der Literatur bis dato kein einheitlicher Kriterienkatalog etablieren. Folgende Aufzählung möglicher Ordnungsmerkmale weist daher nur demonstrativen Charakter auf.

- **Art des Leasinggegenstandes**

  Je nach Art des zur Verfügung gestellten Leasinggegenstandes kann zwischen Mobilien- und Immobilienleasing differenziert werden. Bei ersterer, auch als Equipmentleasing bezeichnete längerlebige Form, erfolgt eine nähere Unterteilung geleaster Objekte in Konsum- bzw. Investitionsgüter. Von privaten Haushalten gemietete, langlebige Vermögenswerte wie Computer, Fernseher, Fahrzeuge oder Einrichtungsgegenstände werden dem Konsumgüterleasing, im betrieblichen Bereich eingesetztes Anlagevermögen hingegen dem Investitionsgüterleasing zugeordnet. Handelt es sich bei den geleasten Objekten um Grundstücke, Gebäude, Fabriks-, Betriebs-, oder Lagerhallen, wird von Immobilienleasing gesprochen.

- **Stellung des Leasinggebers**

  Wird der Leasingvertrag unmittelbar zwischen dem Leasingnehmer und dem Hersteller des Leasingobjektes abgeschlossen, liegt direktes Leasing vor. Werden produzierte Güter vom Hersteller an eine eigene Gesellschaft veräußert und erst von ihr weitervermietet, wird von indirektem Leasing gesprochen.

- **Verpflichtungscharakter des Leasingvertrages**

  Nach dem Umfang der durch Leasinggeber und -nehmer übernommenen Rechte und Pflichten lässt sich eine Unterscheidung in Dienstleistungs- bzw. Finanzierungsleasing vornehmen.

  - ☐ Das **operating lease (Dienstleistungsleasing)** kennzeichnet die kurzfristige, sowohl für Leasinggeber als auch -nehmer zu bestimmten Kündigungsterminen bestehende, einem Mietvertrag gleichkommende, Ausstiegsmöglichkeit. Vorteile erwachsen daraus insbesondere dem Leasingnehmer. Sei es, weil er ein falsches Objekt erworben hat, oder dessen technische Überholung bereits nach kurzer Gebrauchsfrist vorliegt. Aus seiner Sicht ist das Dienstleistungsleasing insbesondere dann sinnvoll, wenn das Leasinggut für eine wesentlich kürzere als die technisch mögliche Nutzungsdauer benötigt wird (z.B. um kurzfristige Kapazitätsschwankungen ausgleichen zu können). Die Risiken von Fehlinvestitionen, einer allfälligen Anschlussvermietung, der technischen und wirtschaftlichen Entwertung (Verschleiß im Zuge des Gebrauchs, Ersatz durch kostengünstigere Produktionstechnologien) sowie des zufälligen Untergangs des Leasinggutes (z.B. durch Brand oder Unfall) werden auf den Vermieter übertragen. Aufgrund des dadurch gegebenen Interesses des Leasinggebers am möglichst langen Erhalt des Leasingobjektes in einem hinreichend gutem Zustand ist er es auch, der Versicherungs- und Wartungsverpflichtungen nachkommt. Als Leasingobjekte kommen insbesondere Gegenstände in Frage, bei denen eine rasche Anschlussvermietung bzw. ein zügiger Verkauf am Ende der Leasingdauer seitens des Leasinggebers angenommen werden kann. Vorwiegend Anwendung findet diese Leasingvariante daher bei für den Massenmarkt produzierten, homogenen Konsum- und Investitionsgütern.

☐ Besteht innerhalb einer so genannten Grundmietzeit, die zwar kürzer als die betriebswirtschaftliche Nutzungsdauer ist, grundsätzlich doch einen längeren Zeitraum umfasst, keine oder nur eine äußerst eingeschränkte Kündigungsmöglichkeit und trägt der Leasingnehmer Kosten- und Risiken der Investition selbst, wird von **finance lease (Finanzierungsleasing)** gesprochen. Im Vordergrund steht die Finanzierungsfunktion, Risikoaspekte und Zusatzleistungen treten in den Hintergrund. Je nachdem in welchem Umfang die Anschaffungskosten des Leasingobjekts durch die Ratenzahlung amortisiert werden, wird näher zwischen Voll- oder Teilamortisationsleasing unterschieden. Bei Letzterem reichen die Mietzahlungen nicht gänzlich zur Deckung anfänglicher Anschaffungskosten aus, weshalb für gewöhnlich bereits bei Vertragsabschluss eine irreführend als Andienungsrecht bezeichnete Kaufverpflichtung zu einem ex ante festgelegten Preis vereinbart wird. Beim Vollamortisationsleasing geht das Leasingobjekt ob seiner vollständigen Abbezahlung am Ende der Vertragslaufzeit hingegen meist automatisch in das zivilrechtliche Eigentum des Leasingnehmers über oder kann von ihm zu einem symbolischen Kaufpreis (i.H.v. z.B. nur mehr einem Euro) erworben werden. In beiden Fällen bestehen nach Beendigung des Mietverhältnisses für gewöhnlich Kauf- oder Vertragsverlängerungsoptionen. Einerseits soll dem Leasingnehmer dadurch ein Anreiz geboten werden, mit Leasingobjekten sorgsamer umzugehen, um damit eine kostengünstige, über die vereinbarte Nutzungsdauer hinausgehende Verwendungsmöglichkeit sicherzustellen. Andererseits möchte sich der Leasinggeber dadurch eine leichtere Verwertung des Objektes am Ende der Vertragslaufzeit ermöglichen, sei es durch eine weitere Vermietung an den bisherigen wirtschaftlichen Eigentümer oder einen Verkauf an jenen zu günstigen Konditionen.

Ob der Leasingnehmer wirtschaftliches Eigentum an der gemieteten Sache erwirbt, muss in Anbetracht des erläuterten Variantenreichtums von Leasingveträgen im Einzelfall beurteilt werden. Auswirkungen diesbezüglich zeigen sich in der Bilanzierung von Leasingverträgen. Während im Rahmen von Finanzierungsleasing geleaste Gegenstände grundsätzlich bilanziell dem Leasingnehmer zugerechnet werden, erfolgt die Zurechnung von durch Dienstleistungsleasing angemieteten Objekten beim Leasinggeber. Bilanzielle Zurechnung beim Leasingnehmer bedeutet, dass von ihm geleaste Objekte in seiner Bilanz wie selbst erworbene Vermögensgegenstände aktiviert und in weiterer Folge nur verteilt über ihre Nutzungsdauer gewinnmindernd (steuersenkend) abgeschrieben werden können. Gleichzeitig gilt es, in der Bilanz eine Leasingverpflichtung zu passivieren. Zahlungen an den Leasinggeber sind in eine Zinsaufwands- und Rückzahlungskomponente aufzuspalten. Erstere fließt in den Zinsaufwand – gleichzusetzen mit Fremdkapitalzinsen – gewinn- und steuermindernd ein, Letztere verringert die gegenüber dem Leasinggeber bestehende Verbindlichkeit. Erfolgt hingegen eine Zurechnung des Leasingobjektes beim Leasinggeber, stellen bezahlte Raten für den Leasingnehmer gänzlich (sonstigen) betrieblichen Aufwand dar. Eine Aktivierung unterbleibt, wodurch sich eine Gewinn- und Steuerwirkung in voller Höhe der entrichteten Mietzahlungen einstellt. Zur weitestgehenden Vermeidung allfällig bestehender Ermessensspielräume hinsichtlich der Zurechnung von Leasingobjekten bzw. zur Aushebelung von Vertragskonstruktionen, die bilanziell vorgeschriebene Nutzungsdauern bewusst zu unterwandern versuchen, wurden seitens der Finanzverwaltungen genaue Kriterienkataloge entwickelt, an Hand derer eine Klassifikation von Leasinggeschäften im bilanziellen Sinne zu erfolgen hat. Sie lassen sich für Österreich in den Einkommensteuerrichtlinien 2000 in den Randziffern 135ff. bzw. für Deutschland in den vier, nach Voll- und Teilamortisations- sowie Mobilien- und Immobilienleasing getrennten Erlässen des Bundesministeriums der Finanzen finden. Infolge ihrer Komplexität soll eine nähere Betrachtung an dieser Stelle jedoch unterbleiben und ein Verweis auf die vertiefende Literatur vorgenommen werden.

Da das Leasing im Wesentlichen als Substitut zum Kredit angesehen wird, stellt sich in der betrieblichen Praxis die Frage, ob benötigte Vermögensgegenstände entweder geleast oder alternativ selbst angeschafft und über Kredit fremdfinanziert werden sollen. Eine Beurteilung, welche der beiden Varianten die vorteilhaftere ist, lässt sich aufgrund der mannigfaltigen Einflussfaktoren relativ schwer vornehmen. Schließlich gilt es unterschiedliche Steuerwirkungen, verschiedene Zahlungskonditionen und differenziert gestaltete Rechte und Pflichten in eine vergleichende Betrachtung aufzunehmen. Geht man jedoch vereinfachend davon aus,

- dass sämtliche mit dem Investitionsobjekt verbundenen einmaligen und laufenden Auszahlungen (für Wartungen, Versicherungen etc.) bekannt sind und jeweils am Jahresende anfallen,
- dass die schlussendlich gewählte Finanzierungsvariante keinen Einfluss auf die Nutzungsmöglichkeit des Investitionsobjektes und die damit verbundenen Rechte

und Pflichten des Nutzers nimmt (also etwa keiner Beschränkung der Kilometer-Leistung beim PKW-Leasing unterliegt),

- dass für jede Finanzierungsalternative die vorzunehmenden Auszahlungen (in Form von Leasingraten oder Annuitäten) in kalkulierter Höhe aufgebracht werden können,
- dass Auszahlungen zu unterschiedlichen Zeitpunkten in verschiedener Höhe anfallen,
- dass Steuerzahlungen von der Finanzierungsart beeinflusst und daher mit in die Betrachtung aufgenommen werden müssen (z.B. durch Berücksichtigung der ersparten Steuern als Einzahlungen am jeweiligen Jahresende),
- dass durch die Nutzung des anzuschaffenden Investitionsobjektes Einzahlungen unabhängig von der gewählten Finanzierungsvariante anfallen (da es beispielsweise einem Passagier gleichgültig sein wird, ob das ihn befördernde Flugzeug seitens der Airline geleast oder kreditfinanziert wurde,
- und dass die mit dynamischen Investitionsrechenverfahren verbundenen Prämissen zumindest annähernd erfüllt werden können,

so ist insofern ein grober Wirtschaftlichkeitsvergleich auf Basis des Kapitalwertkalküls unter Berücksichtigung ertragsteuerlicher Wirkungen möglich. Zwar liefert der ermittelte Kapitalwert infolge der zu Grunde gelegten Prämissen nur eine näherungsweise ermittelte Entscheidungsgrundlage; die Alternative dagegen, nämlich keine Berechnungen anzustellen und rein intuitiv zu entscheiden, bringt aber auch keine größere Planungssicherheit mit sich bzw. zeugt betriebswirtschaftlich vielleicht sogar von mangelnder Sorgfalt.

Eine Zuordnung des Finanzierungssurrogates „Leasing" zum Außen- und langfristigen Fremdfinanzierungsbereich erfolgt deshalb, da dem Unternehmen von externen Kapitalgebern in Form der Leasinggesellschaften mit Gläubigerstellung Vermögensgegenstände (in der Regel längerfristig) zur Verfügung gestellt werden.

Übungsbeispiel zum Wirtschaftlichkeitsvergleich Leasing versus Kredit I:

Aufgabenstellung:

Zu Beginn des nächsten Jahres plant die Fast Underground AG ein neues, prestigeträchtiges Geschäftslokal in Wiens nobelster Lage zu eröffnen. Um die stilgerechte Möblierung der Filiale kümmert sich ein szenebekannter Innenarchitekt. Um die geplante Schauküche als zentrales Element in das Raumkonzept integrieren zu können, schlägt er die Anschaffung der Designerküche „Amuse Gueule" von Cook & Look vor. Aufgrund des günstigen Zinsniveaus wird eine Fremdfinanzierung des rund € 100.000 teuren Objekts angestrebt.

Die Hausbank bietet folgende Konditionen an:

Kreditlaufzeit: 3 Jahre

Verzinsung: 5 % p.a.

Tilgung: jährlich nachschüssige Annuitätentilgung

Alternativ bietet die Firma Cook & Look ein direktes Herstellerleasing zu nachstehenden Bedingungen an:

Leasingraten: 3 x jährlich nachschüssig i.H.v. € 35.627
Kaufoption: € 10.000, zu entrichten mit der letzten Leasingrate
Bilanzierung: steuerliche Zurechnung beim Leasinggeber
Die betriebsgewöhnliche Nutzungsdauer beläuft sich annahmegemäß auf 3 Jahre. Erst danach soll über die weitere Verwendung der Küche (Verkauf oder Weiternutzung) entschieden werden. Dem Leistungsbudget kann entnommen werden, dass bereits im Eröffnungsjahr im Zusammenhang mit der Schauküche von einer Überschreitung des Break-Even-Points um rund € 50.000 ausgegangen wird. Zudem wird für die Folgejahre ein progressiver Gewinnverlauf prognostiziert. Entscheiden Sie auf Basis des Kapitalwertkalküls unter Berücksichtigung ertragsteuerlicher Wirkungen und unter Zugrundelegung der im Kapitel Leasing genannten Prämissen, welche der vorliegenden Finanzierungsvarianten die wirtschaftlich sinnvollere ist.

Lösung:

Nachdem das Modell „Amuse Gueule" im Sinne der Investitionsrechnung bereits als absolut und relativ vorteilhaft klassifiziert wurde, ist die grundlegende Entscheidung, ob und in welches Objekt investiert werden soll, schon getroffen. Der Kapitalbedarf und seine Deckungsmöglichkeiten sind bekannt. Nur mehr hinsichtlich der Finanzierungsform gilt es, eine Auswahlentscheidung zu treffen. Dazu müssen die Kapitalwerte beider Finanzierungsalternativen anhand ihrer Auszahlungsreihe ermittelt und gegenübergestellt werden. Hierzu ist je Finanzierungsvariante wie folgt vorzugehen:

Step 1: Ermittlung der Auszahlungsreihe vor Steuern
Step 2: Berechnung der sich pro Periode durch die Investition und
deren Finanzierung ergebenden Steuerersparnis
Step 3: Kürzung der Auszahlungsreihe vor Steuern um ersparte Steuern
Step 4: Ermittlung des Kapitalwertes der Auszahlungsreihe nach Steuern
ad Kreditvariante:
Step 1:
Da ein Annuitätendarlehen vorliegt, müssen zunächst die pro Periode zu zahlenden Annuitäten berechnet werden. Sie stellen gleichzeitig die mit der Kreditvariante verbundene Auszahlungsreihe vor Berücksichtigung ertragsteuerlicher Aspekte dar. Unter Verwendung der nachschüssigen Barwertformel für mehrmalig gleich hohe Zahlungen ergibt sich:

$$(1) \qquad BW = A * \frac{1-(1+i)^{-n}}{i}$$

$$(2) \qquad € 100.000 = A * \frac{1-1,05^{-3}}{0,05} = € 36.720,86$$

Step 2:
Eine Steuerersparnis durch die fremdfinanzierte Investition tritt ein, da durch sie steuerlich anerkannte Betriebsausgaben verursacht werden. Sie setzen

sich einerseits aus den anfallenden Kreditzinsen und andererseits aus der Abschreibung (Verteilung der Anschaffungskosten über die Nutzungsdauer) zusammen. Zur Ermittlung Ersterer ist der den Kreditkonditionen entsprechende Tilgungsplan aufzustellen.

Tilgungsplan				
	Schuld am Beginn der Periode	Zinsen	Tilgung	Annuität	Schuld am Ende der Periode
t_1	100.000,00	5.000,00	31.720,86	36.720,86	68.279,14
t_2	68.279,14	3.413,96	33.306,90	36.720,86	34.972,24
t_3	34.972,24	1.748,61	34.972,25	36.720,86	-0,01
Summe			100.000,01		

Bei einer dreijährigen Nutzungsdauer ergibt sich zudem eine jährliche Abschreibung i.H.v. € 33.333,33 (€ 100.000 : 3 Jahre Nutzungsdauer), die die zweite Komponente der Betriebsausgaben darstellt. Hervorzuheben gilt es, dass an dieser Stelle berechnete Abschreibungen immer Abschreibungen im buchhalterischen und nie im kostenrechnerischen Sinne darstellen. Schließlich gilt es, einen Teil der Steuerbemessungsgrundlage und nicht jenen weiter zu verrechnender Kosten zu ermitteln. Wäre im vorliegenden Fall von einem Restwert am Ende der Nutzungsdauer auszugehen, würde dieser die pro Periode anzusetzende Abschreibung nicht mindern, sondern würde allenfalls am Ende der Nutzungsdauer zu einem steuerpflichtigen Gewinn aus dem Abgang der Anlage führen! Durch die Summierung der pro Periode anfallenden Abschreibungen und Zinsen ergeben sich, wie nachstehende Tabelle zeigt, die jährlich steuermindernd zu berücksichtigenden Betriebsausgaben.

Berechnung der KöSt-Ersparnis			
	t_1	t_2	t_3
− Afa lt. FIBU	-33.333,33	-33.333,33	-33.333,32
− Zinsen lt. FIBU	-5.000,00	-3.413,96	-1.748,61
= $\sum$ Gewinnwirkung	-38.333,33	-36.747,29	-35.081,93
* 25 % ersparte KöSt	**9.583,33**	**9.186,82**	**8.770,48**

Durch ihre Multiplikation mit dem Ertragsteuersatz des Unternehmens, der 25%igen öKöSt, ergibt sich die durch die Investition jährlich eintretende Steuerersparnis. Sie wird aufgrund getroffener Prämissen als am Jahresende einzahlungswirksam vereinnahmt angenommen.

Step 3:

In einem nächsten Schritt gilt es die ohne Berücksichtigung von Steuern anfallende Auszahlungsreihe um die in Step 2 berechneten Steuerersparnisse zu kürzen. Es ergibt sich folgendes Bild:

Berechnung der Auszahlungsreihe nach Steuern			
	t_1	t_2	t_3
− Annuität	-36.720,86	-36.720,86	-36.720,86
+ ersparte KöSt	9.583,33	9.186,82	8.770,48
= Auszahlungsreihe nach Steuern	**-27.137,53**	**-27.534,04**	**-27.950,38**

Step 4:

Abschließend ist der Kapitalwert der Auszahlungsreihe nach Steuern zu ermitteln. Durch ihn wird berücksichtigt, dass je Finanzierungsform Auszahlungen in unterschiedlicher Höhe zu verschiedenen Zeitpunkten anfallen. Im Zuge seiner Berechnung stellt sich die Frage nach dem anzuwendenden Zins. Im Rahmen des Kapitalwertkalküls wurde auf den, bei alternativen Finanzierungsformen anfallenden Zinssatz als Diskontierungsfaktor zurückgegriffen. Bei Berücksichtigung ertragsteuerlicher Aspekte wurden sowohl die Einzahlungsüberschüsse als auch der Alternativzinssatz um anfallende Steuern gekürzt. Überträgt man diese Überlegungen auf das vorliegende Beispiel, so liegt die Verwendung des Kreditzinssatzes als Diskontierungsfaktor nahe. Nachdem hier um die Steuern reduzierte Zahlungen abgezinst werden sollen, kann zudem eine Korrektur des anzuwendenden Zinssatzes um die auf ihn anfallende Steuer notwendig sein. Somit ergibt sich:

(1) $\quad i^* = i * (1-s) = 0{,}05 * (1-0{,}25) = 0{,}0375$

(2) $\quad KW = -27.137{,}53 * 1{,}0375^{-1} - 27.534{,}04 * 1{,}0375^{-2} - 27.950{,}38 * 1{,}0375^{-3} = -76.764{,}10$

Dass der Kapitalwert einen negativen Wert aufweist, begründet sich darin, dass nur die um ersparte Steuern gekürzten Auszahlungen, nicht aber auch Einzahlungen mit in die Berechnungsgrundlage aufgenommen werden. Der Kapitalwert kann daher an dieser Stelle nicht größer oder gleich „Null" werden. Im Sinne einer relativen Vorteilhaftigkeitsvermittlung ist das auch nicht notwendig. Würden wir uns im Bereich der dynamischen Investitionsrechenverfahren bewegen und einen Kapitalwert kleiner „Null" erhalten, müsste dies bedeuten, dass nicht investiert werden soll. Diese Frage stellt sich hier jedoch nicht mehr. Hier gilt es nur mehr zu klären, welches der sich bietenden Finanzierungsinstrumente die geringeren Investitionskosten verursacht. Die Interpretation des Ergebnisses der Kapitalwertberechnung im Rahmen des Vergleichs Leasing versus Kredit ist daher anders vorzunehmen als im Zuge der dynamischen Investitionsrechnung. Hier gilt: Wähle jene Finanzierungsalternative, bei der der Kapitalwert am geringsten negativ ist, d.h. die „Finanzierungskosten" am günstigsten sind. Zu Vergleichszwecken bedarf es des Kapitalwertes der Leasingvariante. Er soll im Folgenden ermittelt werden.

ad Leasingvariante:

Step 1:

Wird die Leasingvariante als Finanzierungsform gewählt, fallen laufende Auszahlungen in Höhe der zu entrichtenden Leasingraten sowie eine einmalige Auszahlung am Ende der Leasingdauer (infolge Ausübung der Kaufoption) zugleich mit der letzten Rate an. Die Kaufoption wird annahmegemäß ausgenützt, um die Vergleichbarkeit mit der Kreditvariante zu gewährleisten. Denn bei der Kreditvariante steht die Küche am Ende der Kreditlaufzeit im Eigentum der Fast Underground AG und kann von ihr entweder weiterhin genutzt, oder – eventuell – gewinnbringend verkauft werden. Die gleiche Situation muss zu Vergleichszwecken auch bei der Leasingvariante gelten. Das ist aber nur möglich, wenn die Kaufoption eingelöst wird.

Step 2:

Aufgrund der Zurechnung des Leasingobjektes zum Leasinggeber stellen sowohl die Kaufoption als auch die laufenden Leasingraten Betriebsausgaben dar. Sie mindern den steuerpflichtigen Gewinn je Periode und führen somit zu einer Ertragsteuerersparnis. Im Detail ergibt sich:

Berechnung der KöSt-Ersparnis			
	t_1	t_2	t_3
– Leasingrate	-35.627,00	-35.627,00	-35.627,00
– Anschlusszahlung	–	–	-10.000,00
= ∑ Gewinnwirkung	-35.627,00	-35.627,00	-45.627,00
* 25 % ersparte KöSt	**8.906,75**	**8.906,75**	**11.406,75**

Step 3:

Durch Saldierung ersparter Steuern mit zu tätigenden Auszahlungen ergibt sich folgende Auszahlungsreihe nach Steuern:

Berechnung der Auszahlungsreihe nach Steuern			
	t_1	t_2	t_3
– Leasingrate	-35.627,00	-35.627,00	-45.627,00
+ ersparte KöSt	8.906,75	8.906,75	11.406,75
= Auszahlungsreihe nach Steuern	**-26.720,25**	**-26.720,25**	**-34.220,25**

Step 4:

Bei erneuter Anwendung des Zinssatzes nach Steuern von 3,75 % p.a. resultiert daraus folgender Kapitalwert:

$KW = -26.720,25 * 1,0375^{-1} - 26.720,25 * 1,0375^{-2} - 34.220,25 * 1,0375^{-3} = -81.220,16$

abschließender Gesamtvergleich:

Während sich im Zuge der Kreditfinanzierung ein Kapitalwert von € – 76.764,09 ergibt, beläuft sich dieser bei der Leasingvariante auf € – 81.220,16. Somit ist der Kapitalwert der Kreditfinanzierung um € 4.456,06 geringer negativ und dieser Finanzierungsform ist unter den gegebenen Bedingungen der Vorzug zu geben.

Übungsbeispiel zum Wirtschaftlichkeitsvergleich Leasing versus Kredit II:

Aufgabenstellung:

Die Fast Underground AG entschließt sich zur Anschaffung von Klein-LKWs (Summe der Anschaffungskosten: € 76.809; bilanzielle [betriebsgewöhnliche] Nutzungsdauer: 5 Jahre). Infolge knapper liquider Mittel trotz hoher Gewinne ist das Unternehmen auf die ausschließliche Fremdfinanzierung angewiesen. Als Alternativen bieten sich:

Alternative 1 – Kreditfinanzierung:

Kreditsumme:	€ 100.000
Zinssatz:	8 % p.a.
Laufzeit	5 Jahre
Tilgung:	vorschüssiges Annuitätendarlehen, 5 Jahresraten
Restwert der Klein-LKWs:	€ 5.000 am Ende der Nutzungsdauer

Alternative 2 – Leasing:

bilanzielle Zurechnung:	beim Leasinggeber
Zahlungsmodus:	4 nachschüssige Jahresraten i.H.v. € 26.720
Kaufoption:	Anschlusszahlung am Ende des 4. Jahres (€ 10.000)
Restwert der Klein-LKWs:	€ 0

Welche der beiden Finanzierungsalternativen erscheint angesichts der Konditionen des Leasing- und Kreditvertrages günstiger? Beachten Sie, dass von einem Verkauf der Klein-LKWs am Ende der 5-jährigen Nutzungsdauer ausgegangen werden kann! Legen Sie Ihrer Entscheidung Kapitalwertberechnungen unter Berücksichtigung der ertragsteuerlichen Wirkungen mit einem Zinssatz von 8 % p.a. vor Ertragsteuern zu Grunde.

Lösung:

Die Lösung baut auf den im vorherigen Beispiel gegebenen Kommentaren auf.

ad Kreditvariante:

Step 1:

Zur Ermittlung der Annuität muss auf die vorschüssige Barwertformel für immer gleich hohe Zahlungen zurückgegriffen werden. Es ergibt sich:

$$(1) \qquad BW = A * \frac{1-(1+i)^{-n}}{1-(1+i)^{-1}}$$

$$(2) \qquad € \, 100.000 = A * \frac{1-1,08^{-5}}{1-1,08^{-1}} = € \, 23.190,41$$

Darauf aufbauend lässt sich folgender Tilgungsplan erstellen:

Tilgungsplan					
	Schuld am Beginn der Periode	Zinsen	Tilgung	Annuität	Schuld am Ende der Periode
t_0	100.000,00		23.190,41	23.190,41	76.809,59
t_1	76.809,59	6.144,77	17.045,64	23.190,41	59.763,95
t_2	59.763,95	4.781,12	18.409,29	23.190,41	41.354,66
t_3	41.354,66	3.308,37	19.882,04	23.190,41	21.472,62
t_4	21.472,62	1.717,81	21.472,60	23.190,41	0,02
Summe			99.999,98		

Aufgrund der Kreditverpflichtung ergeben sich pro Periode zu leistende Auszahlungen i.H.v. € 23.190,41. Sie sind vorschüssig, d.h. am Beginn des jeweiligen Jahres zu entrichten. Die erste Annuität kürzt dadurch den auszubezahlenden Kreditbetrag auf nur mehr € 76.809,59. Er reicht zur Finanzierung der geplanten Anschaffungskosten aber dennoch aus.

Step 2:

Schwierig gestaltet sich im vorliegenden Fall die Ermittlung der durch die fremdfinanzierte Investition eintretenden Steuerersparnis. Als gewinn- und damit steuerwirksam sind Abschreibungen, Fremdkapitalzinsen und – aufgrund des Verkaufs am Ende der Nutzungsdauer – aufzudeckende stille Reserven zu berücksichtigen. Zunächst zur Abschreibung: Sie fällt erstmalig am Ende des ersten Jahres der Nutzung der Fahrzeuge, also zu t_1, an und mindert dort den steuerpflichtigen Gewinn. Sie ist in steuerlich zulässiger Höhe, d.h. ohne Kürzung um den Restwert, anzusetzen (€ 76.809 Anschaffungskosten [AK] : 5 Jahre Nutzungsdauer = € 15.361,80 jährliche Abschreibung [Afa]). Weiters zu den Zinsen: Sie können dem Tilgungsplan entnommen werden. Wie dort ersichtlich ist, enthält erst die zweite Annuität einen Zinsanteil. Obwohl diese erst zu Beginn des zweiten Jahres geleistet wird (vorschüssige Zahlung zu t_1), wirken sich annahmegemäß in ihr enthaltene Zinsen aufgrund der bilanziellen Erfassung des Zinsaufwandes bereits im ersten Jahr, also schon zu t_1, steuermindernd aus. Schließlich gilt es noch den Restwert zu berücksichtigen: Er wird im Zuge des Verkaufes der Klein-LKWs am Ende ihrer Nutzungsdauer erzielt und ist als Einzahlung anzusehen. Da die Anlagengegenstände zu diesem Zeitpunkt keinen Restbuchwert mehr aufweisen (€ 76.809 AK – 5 * Afa i.H.v. € 15.361,80 = € 0), aber einem Verkaufserlös von € 5.000 aufweisen, werden stille Reserven in selber Höhe zu t_5 aufgedeckt und sind zu diesem Zeitpunkt – von Steuerbegünstigungsmöglichkeiten abgesehen – der Besteuerung zu unterwerfen. In Summe resultiert daraus folgende Gewinn- und Steuerwirkung (annahmegemäß bei 25% KöSt):

Berechnung der KöSt-Ersparnis					
	t_1	t_2	t_3	t_4	t_5
– Afa lt. FIBU	-15.361,80	-15.361,80	-15.361,80	-15.361,80	-15.361,80
– Zinsen lt. FIBU	-6.144,77	-4.781,12	-3.308,37	-1.717,81	–
+ Gewinn aus Abgang	–	–	–	–	5.000,00
= ∑ Gewinnwirkung	-21.506,57	-20.142,92	-18.670,17	-17.079,61	-10.361,80
* 25 % ersparte KöSt	**5.376,64**	**5.035,73**	**4.667,54**	**4.269,90**	**2.590,45**

Step 3:
Die Auszahlungsreihe nach Steuern lässt sich wie folgt ermitteln:

Berechnung der KöSt-Ersparnis						
	t_0	t_1	t_2	t_3	t_4	t_5
– Annuität	-23.190,41	-23.190,41	-23.190,41	-23.190,41	-23.190,41	
+ Erlös Restwert	–	–	–	–	–	5.000,00
+ ersparte KöSt	–	5.376,64	5.035,73	4.667,54	4.269,90	2.590,45
= Auszahlungsreihe nach Steuern	**-23.190,41**	**-17.813,77**	**-18.154,68**	**-18.522,87**	**-18.920,51**	**7.590,45**

Wie ersichtlich ist, setzt sich die Auszahlungsreihe aus drei Komponenten zusammen: Erstens aus den vorschüssig pro Periode zu zahlenden Annuitäten. Zweitens aus der je Jahr eintretenden Steuerersparnis. Und drittens muss sie um den am Ende der Nutzungsdauer erzielten Verkaufserlös gekürzt werden.
Step 4:
Schlussendlich leitet sich daraus folgender Kapitalwert ab:

(1) $i* = i * (1–s) = 0,08 * (1–0,25) = 0,06$

(2) $KW = -23.190,41 - 17.813,77 * 1,06^{-1} - 18.154,68 * 1,06^{-2} - 18.522,87 * 1,06^{-3} - 18.920,51 * 1,06^{-4} + 7.590,45 * 1,06^{-5} = -81.020,40$

Die erste Annuität muss nicht mehr abgezinst werden, da sie zu t_0, also am Beginn des ersten Jahres und damit am Anfang des Beobachtungszeitraumes geleistet wird.

ad Leasingvariante:
Step 1:
Auszahlungen stellen bei der Leasingfinanzierung die laufenden Raten sowie die am Ende der Laufzeit zu entrichtende Kaufoption dar. Warum trotz angestrebten Verkaufs der Klein-LKWs am Ende ihrer Nutzungsdauer die Kaufoption zu Leasingende ausgeübt wird, lässt sich wie folgt begründen: Bei der Kre-

ditvariante stehen die Fahrzeuge bis zu ihrem Verkauf zu t_5, also bis zum Ende ihrer 5-jährigen Nutzungsdauer, zur Verfügung. Die Laufzeit des Leasings ohne Kaufoption erstreckt sich hingegen auf nur 4 Jahre. Wird die Kaufoption somit nicht ausgeübt, würde ein Kapitalwertvergleich „hinken", da eine vierjährige Nutzungsmöglichkeit (im Leasingfall) einer fünfjährigen (bei fremdfinanziertem Kauf) gegenübergestellt werden würde. Eine wesentlich bessere Entscheidungsgrundlage ist hingegen gegeben, wenn die Kaufoption Berücksichtigung findet. Dann – und nur dann – kann in beiden Fällen von gleich langer Nutzungsmöglichkeit ausgegangen werden. Dass im Falle der Leasingvariante nach Ausübung der Kaufoption und weiterer einjähriger Nutzung (von t_4 bis t_5) im Gegensatz zum fremdfinanzierten Kauf im Verkaufszeitpunkt t_5 kein Restwert mehr erzielt wird, kann mit der beim Leasing als sorgloser angenommenen Behandlung der Klein-LKWs begründet werden.

Step 2:

Aufgrund der bilanziellen Zurechnung der Leasingobjekte zum Leasinggeber stellen sowohl die laufend entrichteten Raten als auch die zur Ausübung der Kaufoption aufgewendeten € 10.000 Betriebsausgaben dar. Daraus resultiert folgende Steuerwirkung:

Berechnung der KöSt-Ersparnis						
	t_0	t_1	t_2	t_3	t_4	t_5
– Leasingrate		-26.720,00	-26.720,00	-26.720,00	-26.720,00	–
– Anschluss zahlung	–	–	–	–	-10.000,00	–
= Σ Gewinn wirkung	–	-26.720,00	-26.720,00	-26.720,00	-36.720,00	–
* 25 % er- sparte KöSt	–	6.680,00	6.680,00	6.680,00	9.180,00	–

Step 3:

Aus der Kombination der Auszahlungsreihe vor Berücksichtigung von Steuern mit den durch die Investition als Einzahlungen anzusehenden Steuerersparnissen resultiert nachstehende Auszahlungsreihe unter Berücksichtigung von Steuern.

Berechnung der Auszahlungsreihe nach Steuern						
	t_0	t_1	t_2	t_3	t_4	t_5
– Leasingrate	–	-26.720,00	-26.720,00	-26.720,00	-26.720,00	
– Anschluss- zahlung					-10.000,00	
+ ersparte KöSt	–	6.680,00	6.680,00	6.680,00	9.180,00	
= Auszahlungs- reihe nach Steuern	–	-20.040,00	-20.040,00	-20.040,00	-27.540,00	–

Step 4:
Bei erneuter Anwendung des (Nachsteuer-)Zinssatzes von 6 % p.a. stellt sich folgender Kapitalwert ein:

$$KW = -20.040 * 1{,}06^{-1} - 20.040 * 1{,}06^{-2} - 20.040 * 1{,}06^{-3} - 27.540 * 1{,}06^{-4} = -75.381{,}42$$

abschließender Gesamtvergleich:
Während sich im Zuge der Kreditfinanzierung ein Kapitalwert von € – 81.020,40 einstellt, beläuft sich dieser bei der Leasingvariante auf € – 75.381,42. Somit ist der Kapitalwert bei Leasingfinanzierung um € 5.638,98 geringer negativ und dieser Finanzierungsform unter gegebenen Konditionen daher der Vorzug zu geben.

Übungsbeispiel zum Wirtschaftlichkeitsvergleich Leasing versus Kredit III:

Aufgabenstellung:

Als langjähriger Mitarbeiter der Fast Underground AG würden Sie sich gerne einen Alfa Romeo 147 Inizio 1.6 T. S. mit 105 PS zur ausschließlichen Privatnutzung anschaffen. Da Sie jedoch aufgrund zahlreich besuchter After-Work-Partys nicht mehr über die notwendigen liquiden Mittel zum Barkauf verfügen, ziehen Sie eine Kredit- bzw. Leasingfinanzierung in Betracht. Laut Angebot Ihrer Hausbank würde der aufzunehmende Kredit unter Berücksichtigung sämtlicher Vertragsbestandteile effektive Kosten in Höhe von 6 % p.a. verursachen. Die Leasingvariante würde sich hingegen mit folgenden Konditionen realisieren lassen:

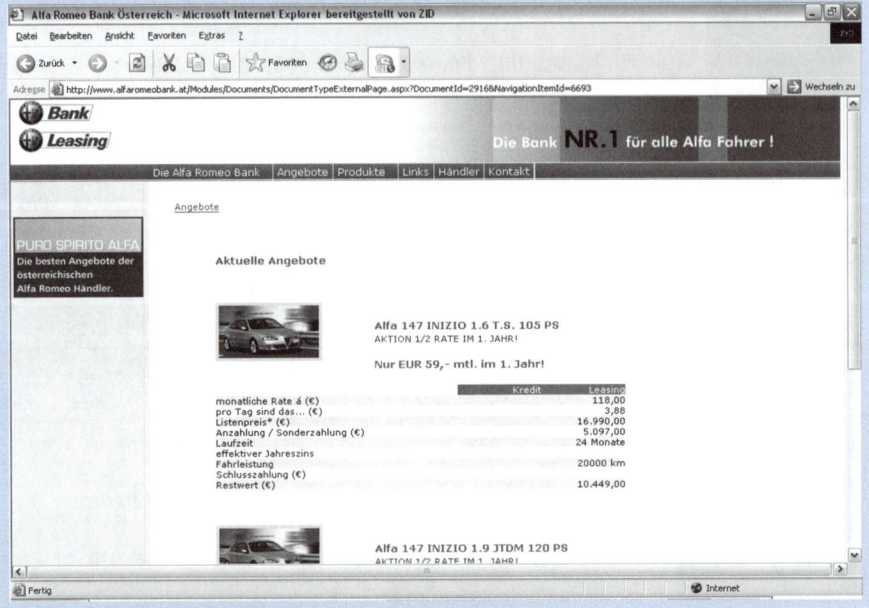

Ermitteln Sie mit Hilfe von Kapitalwertberechnungen die günstigere Finanzierungsvariante. Gehen Sie dabei davon aus, dass sämtliche Leasingraten am Ende der Periode zu leisten sind, die Anzahlung sofort am Beginn der Vertragslaufzeit zu entrichten sowie der Restwert am Ende der 24-monatigen Leasingdauer in bar zu begleichen ist. Allfällige, unterschiedliche Rechtsgeschäfts- und Versicherungsgebühren sowie die Begrenzung der Fahrleistung im Leasingfall vernachlässigen Sie einfachheitshalber.

Lösung:

Da es sich im vorliegenden Beispiel um eine Privatperson als Investor handelt, die einen fremdfinanzierten Kauf vornehmen oder eine Leasingfinanzierung anstreben möchte, sind bei beiden Varianten keine die Auszahlungsreihen kürzenden Steuerersparnisse im Sinne von Betriebsausgaben gegeben. Dies erleichtert die Berechnungen ungemein. Zunächst zum Kapitalwert der Kreditvariante: Die bei Kreditfinanzierung vorliegende Auszahlungsreihe wird durch die zu leistenden Annuitäten repräsentiert. Da Steuerersparnisse nicht mehr berücksichtigt werden müssen, versteht versteht sich diese Auszahlungsreihe bereits als solche im Sinne des vorne dargestellten Step 3. Selbst eine Diskontierung dieser Reihe zu angegebenen Effektivzins kann jedoch unterbleiben. Schließlich würde dieser Vorgang nur den Barwert des Kredites liefern. Da er jedoch dem anfänglichen Kreditbetrag entspricht, kann seine Ermittlung unterbleiben und die Frage nach dem Kapitalwert der Kreditvariante mit der Höhe des in Anspruch genommenen Kredites beantwortet werden. Nachdem der Kaufpreis des KFZ € 16.990 beträgt, stellt er die aufzunehmende Kreditsumme und damit den Kapitalwert der Kreditvariante dar.

Weiters zum Kapitalwert der Leasingvariante: Auch auf ihn wirken ob des Privatkaufs keine steuerlichen Tangenten ein. Sein Wert ergibt sich rein aus der Diskontierung der zu leistenden Raten, dem abgezinsten Wert der Kaufoption sowie der Anzahlung. Als Abzinsungsfaktor wird der Effektivzinssatz des Kredites herangezogen. Nachdem der Inhaber über ein kreditfinanziertes KFZ am Ende der Kreditlaufzeit frei verfügen kann, da er sein zivilrechtlicher Eigentümer ist, muss diese Situation zu Vergleichszwecken auch bei der Leasingvariante durch Ausübung der Kaufoption herbeigeführt werden. Daraus resultiert nachstehende Auszahlungsreihe, die mit einem, dem Effektivzinssatz des Kredites äquivalenten, unterjährigen Zinssatz finanzmathematisch korrekt diskontiert wird:

(1) $\quad \sqrt[12]{1,06} - 1 = 0,00486755$

(2) $\quad KW = -5.097 - 10.449 * 1,0048^{-24} - 59 * \dfrac{1 - 1,0048^{-12}}{0,0048} - 118 * \dfrac{1 - 1,0048^{-12}}{0,0048} * 1,0048^{-12}$

$\quad \rightarrow -16.377,20$

Hierzu einige Anmerkungen: Die Abzinsung wurde mit allen Nachkommastellen des unterjährigen Zinssatzes durchgeführt. Da die Anzahlung zu Beginn der Leasinglaufzeit geleistet wird, muss sie nicht mehr diskontiert werden. Sowohl die während des ersten Jahres nur in halber Höhe (€ 59) als auch die im zweiten Jahr der Laufzeit in vollem Umfang zu entrichtenden Leasingraten (€ 118) müssen ob ihres monatlichen Anfalls mit der Barwertformel für mehrmalig gleich hohe, nachschüssige Zahlungen unter Zugrundelegung eines monatlichen Zinssatzes und der Anzahl ihres monatlichen Anfalls abgezinst werden. Der am Ende der Leasinglaufzeit zu bezahlende Restwert wird über die davor liegende Zeitspanne von 24 Monten zu seinem Einbezug in den Barwert um selbige Periodenanzahl diskontiert. Da sich der Barwert der Leasingraten des 2. Jahres, berechnet durch

$$-118 * \frac{1-1{,}0048^{-12}}{0{,}0048}$$

als auf den Zeitpunkt nach einjähriger Laufzeit abgezinst versteht, muss er zudem um die davorliegenden 12 Monate diskontiert werden. Der Vergleich der sich ergebenden Kapitalwerte zeigt, dass sich bei der Leasingvariante ein geringer negativ ausfallender Kapitalwert einstellt. Diese Finanzierungsform gilt es daher auch bevorzugt anzuwenden.

5.2. Factoring

Unter **Factoring** wird der Ankauf von Forderungen aus Lieferungen und Leistungen durch spezialisierte Finanzierungs- bzw. Tochtergesellschaften von Kreditinstituten (Factor) verstanden.

Die Basis dabei bildet dabei ein zwischen dem Factor (Factoringgesellschaft) einerseits und einem Unternehmen als Klient andererseits abgeschlossener Vertrag. Darin wird festgelegt, welche gegenüber Drittschuldnern bestehenden Forderungen des Unternehmens in welchem Umfang an den Factor abgetreten werden. Der Factor zahlt deren Gegenwert vor Fälligkeit an seinen Klienten aus. Im Gegenzug erhält er Ansprüche auf die nach Ende des gewährten Zahlungszieles eingehenden Forderungen. Es ergibt sich folgendes Bild:

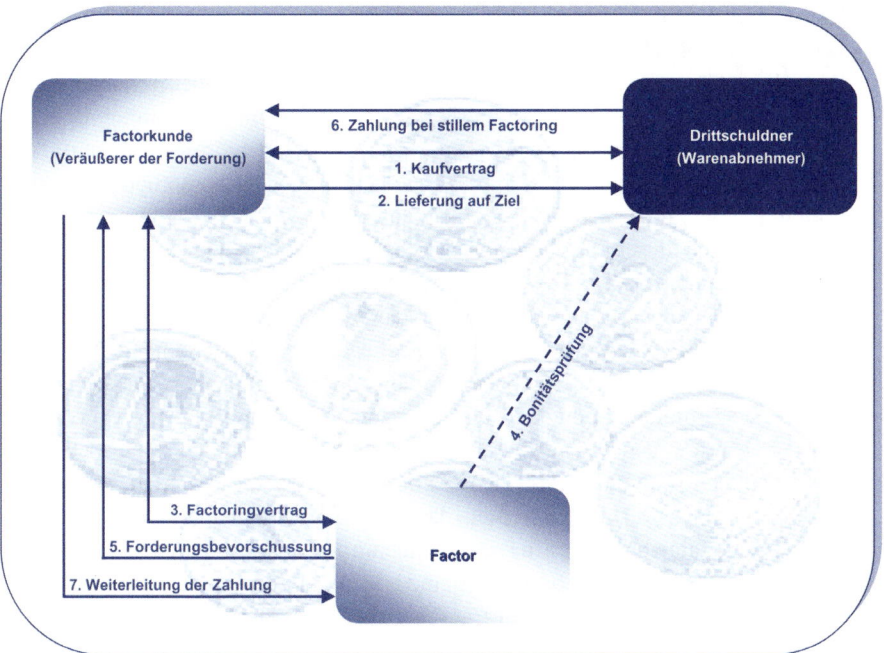

Abbildung III.23: Factoring

Im Unterschied zur **Sicherungsabtretung**, die der Besicherung von Ausleihungen (Krediten) dient, liegt der Zweck des Factorings in der laufenden Forderungsabtretung und der damit einhergehenden Überbrückung der Debitorenlaufzeit. Da neben der reinen Zwischenfinanzierung, anlog zum Leasing, umfangreiche Nebenleistungen seitens des Factors erbracht werden, lässt sich diese Finanzierungsform zudem von **Forderungszessionsgeschäften**, deren Zweck sich ausschließlich auf die Finanzierungsfunktion beschränkt, abgrenzen.

Je nachdem in welchem Umfang Zusatzleistungen erbracht werden, unterscheidet man zwischen dem echten und unechten Factoring. **Echtes Factoring** liegt vor, wenn seitens des Factors folgende drei Funktionen kumulativ wahrgenommen werden:

■ **Finanzierungsfunktion**

Sie bildet den Kern der vom Factor übernommenen Aufgaben und besteht in der Zwischenfinanzierung der offenen Posten vom Zeitpunkt ihres Entstehens (der Lieferung oder Leistung auf Ziel) bis zu ihrer Fälligkeit. In welchem Umfang Forderungen bevorschusst ausbezahlt werden, hängt wesentlich von ihrer erwarteten Eingangshöhe ab. In der Praxis hat sich gezeigt, dass Vorfinanzierungen für gewöhnlich nur zu 80 % bis 90 % des Forderungsgegenwertes durchgeführt werden. Vorgenommene Abschläge sollen unter anderem als Vorsorge gegen eventuelle Reklamationen oder Forderungsausfälle, die ursprüngliche Forderungshöhen noch nachträglich kürzen können, dienen.

■ **Delkrederefunktion**

Durch sie wird das Risiko der Zahlungsunfähigkeit des Abnehmers der Waren oder Dienstleistungen an den Factor übertragen. Ob schlussendlich eingehende Forderungen zur Deckung des am Beginn der Debitorenlaufzeit ausbezahlten Betrages ausreichen, tangiert den abtretenden Unternehmer nicht mehr. Ihm obliegt aufgrund des übernommenen Ausfallsrisikos des Factors keine Nachschusspflicht mehr (Beibringung neuer Forderungen als Ersatz für dubios gewordene Altforderungen). Dass der Übernahme dieser Funktion eine eingehende bonitätsmäßige Überprüfung der Drittschuldner durch den Factor vorausgeht, liegt auf der Hand. Schließlich gilt es, mehrere Risiken zu begrenzen. Einerseits müssen durch eine breite Streuung übernommener Forderungen auf unterschiedliche Abnehmer Klumpenrisiken vermieden werden. Unter diesem Risiko wird die Gefahr verstanden, dass durch eine eintretende Zahlungsunfähigkeit nur eines Schuldners ein Großteil bevorschusster Beträge mit einem Schlag ausfällig wird. Demgemäß werden Höchstbeträge je Drittschuldner, die vom Factor gleichzeitig maximal zediert werden, festgesetzt. Andererseits muss vermieden werden, dass ein Unternehmen nur jene Forderungen an den Factor abtritt, deren Eingang es ohnehin für dubios hält. Dem wird entgegengetreten, indem eine Übernahme einzelner Forderungen ausgeschlossen und stattdessen nur eine Abtretung in Bausch und Bogen, also gesamter Forderungsbündel, vereinbart wird.

■ **Dienstleistungs- und Servicefunktion**

Im Rahmen dieser Funktion werden vom Factor Aufgaben übernommen, die ansonsten vom externen Rechnungswesen seines Klienten wahrzunehmen wären. Darunter fallen Leistungen wie das Führen der Debitorenbuchhaltung oder die Erhaltung eines straffen Mahn- und Inkassowesens. Dieses Outsourcing bringt für beide Seiten Vorteile. Einerseits wird das Unternehmen um Verwaltungsaufgaben und damit um Fixkosten entlastet. Zudem profitiert es vom spezifischen Know-how des Factors. So wird durch die Zurverfügungstellung von statistischen Auswertungen, die über eine nach Debitoren gegliederte offene Postenliste hinausgehen, unter anderem eine Verbesserung des Vertriebssystems und des Marketings ermöglicht. Als Beispiele hierzu sind die Auflistung von das vereinbarte Zahlungsziel regelmäßig überschreitenden Debitoren, die intensivere Fokussierung auf Großkunden bzw. Kunden mit kurzen Debitorenlaufzeiten und hohem Auftragsvolumen oder die stärkere Bewerbung von Produkten und Dienstleistungen in Gebieten mit bis dato geringem Kundenstock, aber bestehendem Marktpotential zu nennen. Das Spezialwissen des Factors hilft aber auch, dubios gewordene Forderungen effektiver und vor allem kostengünstiger einzutreiben. Andererseits erhält die Factoringgesellschaft durch die Übernahme dieser Aufgaben einen fundierten Einblick in die Marktsituation des Unternehmens und das Zahlungsverhalten seiner Kunden. Ein Umstand, der sich bei übernommener Delkrederefunktion zur Risikoreduktion als nützlich erweist. Nachteile entstehen möglicherweise nur für das die Aufgaben abtretende Unternehmen. Schließlich gerät es in eine gewisse Abhängigkeit zum Factor, da es im Zeitverlauf sowohl personell als auch materiell nicht mehr in der Lage ist, abgetretene Funktionen ohne Hilfestellung von außen selbst zu erbringen.

Von **unechtem Factoring** wird hingegen gesprochen, wenn vom Factor zwar die Finanzierungs- und Dienstleistungsfunktion, nicht gleichzeitig aber auch die Delkrederefunktion wahrgenommen wird.

Für die an den Factor übertragenen Aufgaben fallen unterschiedliche Gebühren (Kosten) an. Für die Bevorschussung von Forderungen werden Zinsen in äquivalenter Höhe zu jenen von Kontokorrentkrediten verrechnet. Bei übernommener Delkrederefunktion werden zusätzlich Gebühren fällig, deren Ausmaß sich in Abhängigkeit von der Bonität der Drittschuldner ergibt. Bei durchschnittlicher Zahlungsfähigkeit der Kunden beläuft sich ihre Höhe derzeit auf etwa 1,5 % des Forderungsumsatzes. Die Kosten für übernommene Dienstleistungsfunktionen lassen sich hingegen nicht in einem pauschalen Satz ausdrücken, sondern ergeben sich in Abhängigkeit von mehreren Faktoren wie der Anzahl der Kunden, Rechnungen und Buchungszeilen in der Debitorenbuchhaltung oder der Art und dem Umfang neben der Debitorenbuchführung zusätzlich übernommener Leistungen (etwa dem Inkasso, Mahn- und Berichtswesen). Je nachdem, ob bzw. in welcher Form die Abtretung von Forderungen nach außen kommuniziert wird, kann zwischen offenem, halboffenem oder stillem Factoring differenziert werden.

- Von **offenem oder notifiziertem Factoring** wird gesprochen, wenn der Unternehmer die Zession seiner Forderungen offen auf seinen Ausgangsrechnungen ausweist und Kunden dazu auffordert, ihre Schulden durch direkte Zahlung an den Factor zu begleichen.
- **Halb offenes Factoring** liegt hingegen vor, wenn Kunden zwar darüber informiert werden, dass ihre Forderung zediert wurde, es aber ihnen überlassen wird, ob sie ihre Schulden mit befreiender Wirkung durch Überweisung an den Factor oder an das liefernde bzw. leistende Unternehmen begleichen.
- **Stilles oder nicht notifiziertes Factoring** ist gegeben, wenn Abnehmer nicht darüber in Kenntnis gesetzt werden, dass die ihnen gegenüber bestehende Forderung abgetreten wurde. Sie begleichen ihre Schuld stets durch Zahlung an den Lieferanten, der sich gegenüber dem Factor verpflichtet, eingehende Forderungen umgehend an diesen weiterzuleiten. Aus Sicht des Lieferanten wird meist das stille Factoring präferiert, da das Bekanntwerden von Zedierungen rasch Vermutungen über Liquiditätsengpässe aufkommen lässt. Seitens des Factors wird hingegen in aller Regel die notifizierte Variante ob ihrer einfacheren Abwicklung und stärkeren Kontrollmöglichkeit bevorzugt.

Eine Zuordnung des Finanzierungssurrogates „Factoring" zum Außen- und Fremdfinanzierungsbereich erfolgt deshalb, da Forderungen durch am Geldmarkt auftretende Akteure (Factor) bei bevorrechteter Gläubigerstellung zediert werden. Obwohl abgetretene Posten in aller Regel Laufzeiten von nur 30 bis 90 Tagen aufweisen, wird ob des roulierenden Charakters dieser Sonderfinanzierungsform dennoch von Langfristigkeit gesprochen.

C. Ausgewählte Formen der Innenfinanzierung

Während im vorangegangenen Kapitel Formen der Außenfinanzierung dargestellt wurden, soll der Fokus der Betrachtung im Folgenden auf für den Innenfinanzierungsbereich bestehende Instrumente gelegt werden.

> Unter **Innenfinanzierung** werden Finanzierungsarten subsumiert, wodurch Mittel dem Unternehmen im Rahmen seiner laufenden Geschäftstätigkeit als Umsatzerlöse, Zinsen, Beteiligungs- oder sonstige Erträge zufließen.

Derartige Rückflüsse stellen die Wiedergewinnung zuvor investierter Mittel (wie dem Betriebsvermögen) dar, die erneut zur Finanzierung (Kapitalbindung) herangezogen werden können. Die Vorzüge der Innen- gegenüber der Außenfinanzierung liegen insbesondere in der größeren Unabhängigkeit der Entscheidungsträger bei der Kapitalverwendung, da im Zuge der Kapitalaufbringung Dritten weder neue Mitspracherechte eingeräumt werden (es treten keine neuen Kapitalgeber hinzu) noch Verschiebungen in der Eigentümerstruktur stattfinden (das Beteiligungsverhältnis bisheriger Gesellschafter bleibt unverändert). Zudem führen im Innenfinanzierungsbereich erwirtschaftete Mittel meist zu einer Erweiterung der Eigenkapitalbasis, die sich positiv auf die Bonität des Unternehmens auswirkt, seine Kreditwürdigkeit erhöht und dadurch einen leichteren Zugang zu Fremdkapital ermöglicht. Werden im Zuge der Innenfinanzierung zur Verfügung stehende Beträge jedoch in nicht ausreichend gewinnbringende Vermögenswerte investiert, hemmt dies die Gesamtrentabilität des Unternehmens.

Die im Rahmen der Innenfinanzierung bestehenden Instrumentarien lassen sich nach gängiger Literaturmeinung in zwei Kategorien, nämlich in die interne Kapitalbildung einerseits sowie die Vermögensumschichtung andererseits, einteilen. Die aus theoretischer Sicht bei diesen Gattungen bestehenden Finanzierungsalternativen können in Kombination mit der Untergliederung in Eigen- und Fremdfinanzierung in folgende Gesamtübersicht gebracht werden:

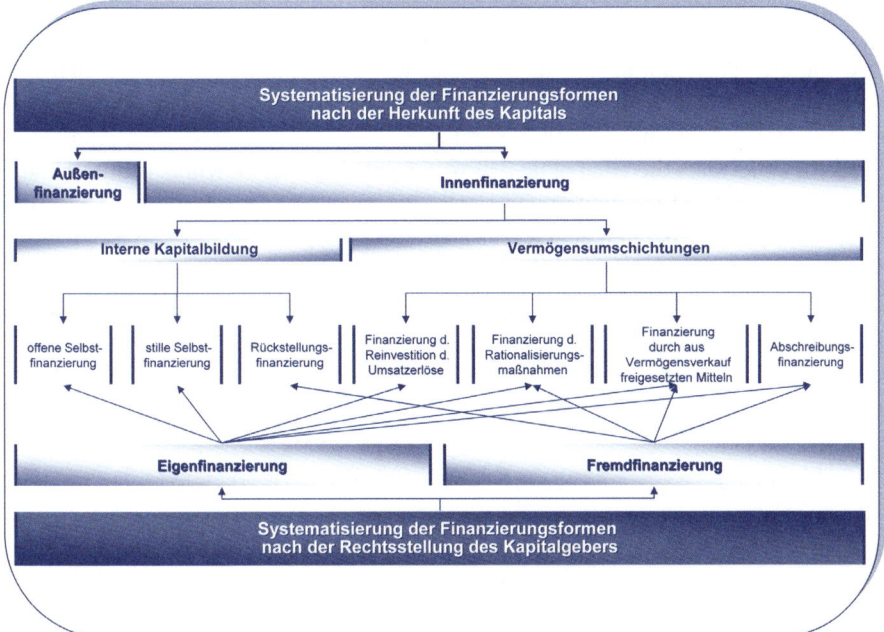

Abbildung III.24: Formen der Innenfinanzierung

Eine betriebswirtschaftlich ausgewogene Kombination abgebildeter Mittelaufbringungsmöglichkeiten setzt genaue Kenntnisse über deren Rahmenbedingungen und Einsatzmöglichkeiten voraus. Sie sollen folgend je Finanzierungsform skizziert werden.

1. Interne Kapitalbildung

Die dem Innenfinanzierungsbereich zugeordnete Form der **internen Kapitalbildung** schlägt sich in einem effektiven Kapitalzuwachs aus der laufenden Geschäftstätigkeit nieder und damit einhergehend in einer **Bilanzverlängerung** (Erhöhung des insgesamt zur Verfügung stehenden Kapitals).

Dazu zählen die offene bzw. stille Selbstfinanzierung sowie die Rückstellungsfinanzierung.

1.1. Offene Selbstfinanzierung

Unter der **offenen Selbstfinanzierung** wird die Einbehaltung (Thesaurierung) von Gewinnen verstanden, die offen im unternehmens- bzw. handelsrechtlichen Jahresabschluss ausgewiesen werden.

In welchem Ausmaß thesaurierte Erfolge zuvor der Ertragsbesteuerung zu unterwerfen sind, ist abhängig von der Rechtsform des Unternehmens. Der lineare Tarif der

Körperschaftsteuer (KöSt) i.H.v. 25 % des steuerpflichtigen Gewinnes nach österreichischem bzw. 15 % nach deutschem Recht findet bei Kapitalunternehmen (AGs
bzw. GmbHs) Anwendung. Die in Österreich bis zu 50 % bzw. in Deutschland bis zu
45 % progressiv gestaffelte Einkommensteuer (ESt) wird hingegen bei Einzelunternehmen und Mitunternehmerschaften wie OGs, KGs bzw. GesbRs schlagend. Analog dazu findet auch die bilanzielle Erfassung einbehaltener Gewinne rechtsformdifferenziert statt: Bei Einzelunternehmen und Personengesellschaften erfolgt der Ausweis auf den Kapitalkonten der Gesellschafter. Kapitalgesellschaften weisen thesaurierte Beträge hingegen passivseitig unter den Gewinnrücklagen bzw. dem Bilanzgewinn aus. Betrachtet man die unternehmens- bzw. handelsrechtlichen Bestimmungen i.S.d. § 224 (3) öUGB bzw. 266 dHGB betreffend die Gliederung der Passivseite der Bilanz, so zeigt sich etwa bei Kapitalgesellschaften folgendes, vereinfachtes
Bild:

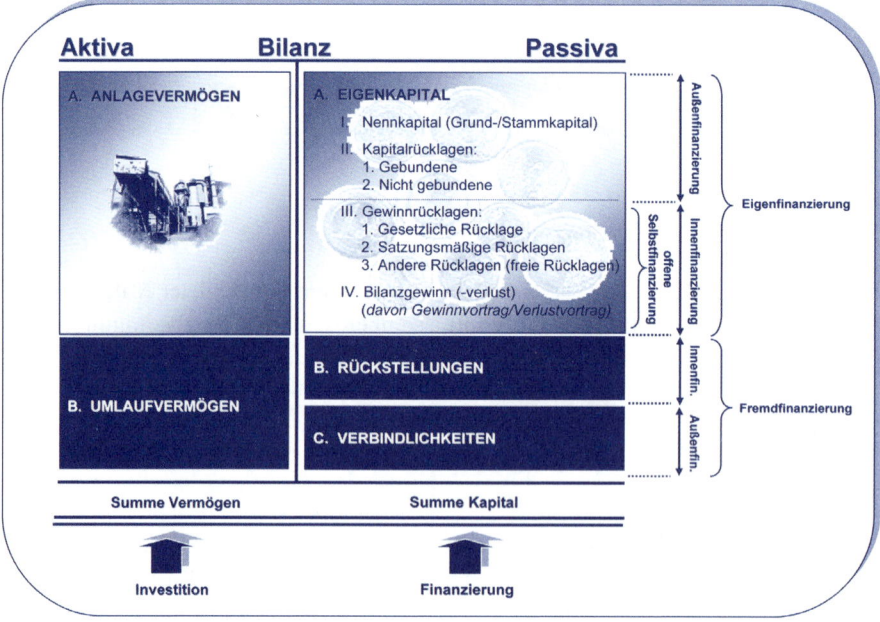

Abbildung III.25: Passivseite der Bilanz

Die Höhe des vom Gewinn freiwillig einbehaltenen Betrages richtet sich bei Einzelunternehmen und Personengesellschaften nach den vorgenommen Privatentnahmen
(den erzielten Gewinn unterschreitende Entnahmen führen zur offenen Selbstfinanzierung, diesen überschreitende Entnahmen führen zur Kapitalverminderung). Bei
Aktiengesellschaften orientiert sich die Gewinnausschüttung u.a. am Gesellschafterbeschluss bzw. zwingend vorzunehmenden Thesaurierungen; demgemäß stellt sich
die Frage, wie viel vom erzielten, versteuerten Gewinn maximal freiwillig einbehalten werden kann, so muss zuvor das gesetzlich notwendige Mindestmaß an Selbstfinanzierung bestimmt werden. Dieses lässt sich nach den Bestimmungen der §§ 130
(3) öAktG bzw. 150 dAktG wie folgt definieren:

In die **gesetzliche Rücklage** ist ein Betrag einzustellen, der mindestens dem zwanzigsten Teil (5 %) des um einen Verlustvortrag geminderten (keinesfalls jedoch um einen Gewinnvortrag erhöhten) Jahresüberschusses nach Berücksichtigung der Veränderung unversteuerter Rücklagen (also zuzüglich Zuführung/abzüglich Auflösung unversteuerter Rücklagen) entspricht, bis der Betrag der gebundenen Rücklagen (bestehend aus gebundener Kapitalrücklage und gesetzlicher [Gewinn-]Rücklage im Sinne vorheriger Abbildung) insgesamt den zehnten oder den in der Satzung bestimmten höheren Teil (für gewöhnlich somit 10 %) des Nennkapitals erreicht hat.

Warum zwar Verlust-, nicht aber auch Gewinnvorträge zu berücksichtigen sind, lässt sich anhand der Bilanzierung dieser Positionen dem Grunde nach erklären. Verlustvorträge repräsentieren in den Vorperioden entstandene, negative Unternehmensergebnisse, die auf neue Rechnung vorgetragen werden. Zu ihrer Deckung müssen in den Folgeperioden – sofern vorhanden – laufende Gewinne herangezogen werden. Erst nach Abdeckung alter Verluste übrigbleibende Gewinnanteile führen zur gesetzlichen Selbstfinanzierung. Wurden hingegen in den Vorperioden Gewinne erwirtschaftet, wurden sie bereits zu diesem Zeitpunkt der gesetzlichen Selbstfinanzierung unterworfen. Werden sie als Gewinnvorträge auf neue Rechnung vorgetragen, wäre es inkonsequent, sie in die Bemessungsgrundlage der gesetzlichen Rücklage erneut einzubeziehen. Warum bei der Berechnung der gesetzlichen Rücklage der Jahresüberschuss als Bemessungsgrundlage gewählt wird, kann anhand des Gliederungsschemas der Gewinn- und Verlustrechnung nachvollzogen werden. Es hat nach öUGB/dHGB folgenden Aufbau:

Verkürzte Gewinn- und Verlustrechnung

	Umsatzerlöse
-	Aufwendungen für Material
-	Personalaufwand
-	Abschreibungen
-	sonstige betriebliche Aufwendungen
=	**Betriebsergebnis**
+	sonstige Zinsen und ähnliche Erträge
-	Zinsen und ähnliche Aufwendungen
=	**Finanzerfolg**
=	**Ergebnis der gewöhnlichen Geschäftstätigkeit**
+/-	außerordentliche Erträge/Aufwendungen
=	**außerordentliches Ergebnis**
+/-	Steuern vom Einkommen und vom Ertrag
=	**Jahresüberschuss/Jahresfehlbetrag**
+/-	Auflösung von/Zuweisung zu unversteuerten Rücklagen
+/-	Auflösung von/Zuweisung zu Kapital- und Gewinnrücklagen
+/-	Gewinnvortrag/Verlustvortrag aus dem Vorjahr
=	**Bilanzgewinn/Bilanzverlust**

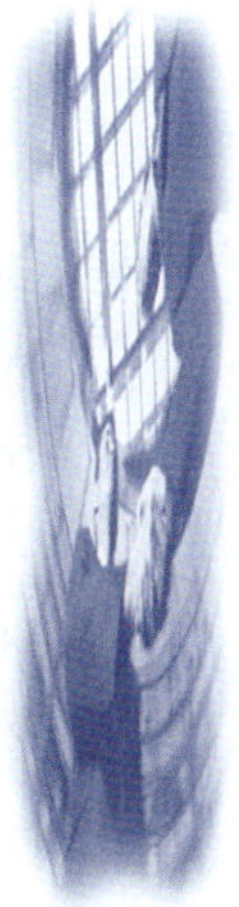

Abbildung III.26: Gliederung der Gewinn- und Verlustrechnung

Der Jahresüberschuss entspricht darin dem Saldo sämtlicher Aufwendungen und Erträge eines Wirtschaftsjahres vor Rücklagenbewegungen. Nachdem die Berechnung der gesetzlichen Rücklage (mit Ausnahme von im Rahmen der Definition genannten Rücklagenbewegungen) auch nur auf dem, im jeweils betrachteten Wirtschaftsjahr entstandenen Gewinn fußen sollte, d.h. nicht durch die Auflösung von sonstigen Rücklagen erhöht bzw. durch die Bildung von freiwilligen Rücklagen gemindert werden soll, ist der Jahresüberschuss jene Zwischengröße in der Gewinn- und Verlustrechnung, die die Bemessungsgrundlage der gesetzlichen Selbstfinanzierung abbildet. Abschließend gilt es noch zu klären, welche Rücklagen im Sinne der obigen Definition als auf die gesetzliche anrechenbar anzusehen sind. Es gilt: Neben bereits bestehenden gesetzlichen Gewinnrücklagen können im Zuge der Berechnung auch gebundene Kapitalrücklagen zum Abzug gebracht werden, da auch sie Beschränkungen hinsichtlich ihrer Ausschüttung unterworfen sind. Andere Rücklagen werden als (zu) leicht ausschüttbar klassifiziert, wodurch ihre Anrechnung auf das gesetzlich zu bildende Rücklagenausmaß nicht möglich ist.

Thesaurierte Erfolge stellen Eigenkapital dar. Ihr Zustandekommen fußt auf der Erzielung von Umsatzerlösen. Sowohl die freiwillige als auch die gesetzliche Selbstfinanzierung können daher der Eigen- und Innenfinanzierung zugeordnet werden.

Übungsbeispiel zur Selbstfinanzierung:

Aufgabenstellung:

Die Fast Underground AG beabsichtigt in zwei Jahren eine Großinvestition in ihr Filialnetz vorzunehmen, die in möglichst großem Ausmaß durch offene Selbstfinanzierung realisiert werden soll. Im abgelaufenen Wirtschaftsjahr konnte ein Jahresüberschuss in Höhe von € 3.245.000 erwirtschaftet werden. Aus der Finanzbuchhaltung sind ferner folgende Salden bekannt:

Bilanzposition:	Saldo:
Grundkapital	€ 6.000.000,00
gesetzliche Rücklage	€ 250.000,00
gebundene Rücklage	€ 245.000,00
Gewinnvortrag aus Vorjahren	€ 600.000,00

- Welchen Betrag kann die Fast Underground AG im abgelaufenen Wirtschaftsjahr durch freiwillige, offene Selbstfinanzierung maximal aufbringen, um die in 2 Jahren anstehende Großinvestition zumindest teilweise eigenfinanzieren zu können?
- Wie würde sich das freiwillige Selbstfinanzierungsvolumen verändern, wenn kein Gewinn-, sondern ein Verlustvortrag in Höhe von € 200.000 vorliegen würde?

Lösung:

ad erste Teilaufgabe:

Zur Beantwortung der ersten Fragestellung muss zunächst die aufgrund aktienrechtlicher Bestimmungen zwingend vorzunehmende Selbstfinanzierung bestimmt werden, um in weiterer Folge den Grad der freiwillig möglichen Gewinnthesaurierung eruieren zu können. Das gesetzlich vorgeschriebene Ausmaß ist dazu zweistufig zu berechnen. Einerseits muss das noch offene, zur Erfüllung der 10 %-Grenze grundlegend gegebene Zuweisungserfordernis ermittelt werden. Andererseits ist nach der 5 %-Regel zu berechnen, wie viel in Abhängigkeit vom im betrachteten Bilanzjahr erwirtschafteten Gewinn zur Erfüllung des noch grundsätzlichen Erfordernisses einbehalten werden muss. Ersteres ergibt sich wie folgt: Grundkapital € 6.000.000 * 10 % = € 600.000. Davon können bereits thesaurierte, ex lege genannte Rücklagenbeträge in Abzug gebracht werden. Demnach ergibt sich:

	2007
+ gesetzlicher Rücklagenbedarf	€ 600.000,00
– gesetzliche Rücklage	–€ 250.000,00
– gebundene Kapitalrücklage	–€ 245.000,00
= grundsätzlich offenes Zuweisungserfordernis	**€ 105.000,00**

Nach der 5 %-Regel ergibt sich nachstehendes Zuweisungserfordernis:

	2007
+ Jahresüberschuss	€ 3.245.000,00
– Verlustvortrag	€ –
–/+ Veränderung unversteuerter Rücklagen	€ –
= Zwischensumme	€ 3.245.000,00
davon 5 % ergibt den in diesem Jahr in Abhängigkeit vom Gewinn max. zwingend zu thesaurierenden **Selbstfinanzierungsbetrag**	**€ 162.250,00**

Einem grundlegenden Zuweisungserfordernis i.H.v. € 105.000 steht somit ein im Sinne der 5 %-Regel vom laufenden Gewinn maximal zu thesaurierender Betrag von € 162.250 gegenüber. Die noch ausständigen Rücklagenbeträge (€ 105.000) sind daher in diesem Wirtschaftsjahr gänzlich aufzufüllen. Die gesetzliche Selbstfinanzierung beläuft sich auf € 105.000. Daraus lässt sich schlussfolgern: Die sich im zweistufigen Prozess ergebende, gesetzliche Selbstfinanzierung wird durch den jeweils wertmäßig geringer ausfallenden Betrag der beiden Stufen limitiert. So kann aufgrund bisher durchgeführter Gewinnthesaurierungen das gesetzlich erforderliche Ausmaß von 10 % des Nennbetrages bereits (weitestgehend) erfüllt sein (wie im vorliegenden Beispiel der Fall). Oder im betrachteten Wirtschaftsjahr wurde nur ein dürftiger Gewinn erzielt und die darauf fußende, 5 %ige Dotierungspflicht fällt daher betragsmäßig geringer als grundsätzlich notwendig aus. Nachdem nun bekannt ist, wie viel gesetzlich einbehalten werden muss, kann darauf aufbauend die maximal mögliche, freiwillige Selbstfinanzierung wie folgt ermittelt werden:

	2007
+ Jahresüberschuss	€ 3.245.000,00
– gesetzliche Selbstfinanzierung	– € 105.000,00
+ Gewinnvortrag	€ 600.000,00
= maximal mögliche, freiwillige Selbstfinanzierung	**€ 3.740.000,00**

ad zweite Teilaufgabe:

An dem grundsätzlich noch offenen Einstellungserfordernis i.H.v. € 105.000 ändert sich nichts. Anders gestaltet sich hingegen die Ermittlung des in Abhängigkeit vom Gewinn ex lege zu thesaurierenden Selbstfinanzierungsbetrages:

	2007
+ Jahresüberschuss	€ 3.245.000,00
– Verlustvortrag	– € 200.000,00
–/+ Veränderung unversteuerter Rücklagen	€ –
= Zwischensumme	€ 3.045.000,00
davon 5 % ergibt den in diesem Jahr in Abhängigkeit vom Gewinn maximal zwingend zu thesaurierenden **Selbstfinanzierungsbetrag**	**€ 152.250,00**

Somit steht eine noch mit € 105.000 aufzufüllende gesetzliche Rücklage einem maximal zu thesaurierenden Gewinn i.H.v. € 152.250 gegenüber. Aufgrund der Limitwirkung des jeweils geringeren Wertes beläuft sich die gesetzliche Selbstfinanzierung erneut auf € 105.000.

Die maximal mögliche freiwillige Selbstfinanzierung errechnet sich wie folgt:

	2007
+ Jahresüberschuss	3.245.000
– gesetzliche Selbstfinanzierung	-105.000
– Verlustvortrag	-200.000
= maximal mögliche, freiwillige Selbstfinanzierung	2.940.000

1.2. Stille Selbstfinanzierung

Unter **stiller Selbstfinanzierung** wird die Einbehaltung von in der Bilanz vorerst nicht in Erscheinung tretenden Gewinnen, so genannten **stillen Reserven (stillen Rücklagen)**, verstanden.

Stille Reserven treten etwa im Verkaufsfall von Vermögensgegenständen als Unterschied zwischen dem niedrigeren abgehenden Buchwert und dem höheren erzielten Erlös in Erscheinung. Ihre vorherige latente Bildung im Zuge der Jahresabschlusserstellung resultiert aus Bewertungsvorschriften im Jahresabschluss, die dem Gläubigerschutz und Vorsichtsprinzip Rechnung tragen. Beispiele hierfür sind:

- **Unterbewertung von Vermögensgegenständen** (z.B. durch die Normierung der historischen Anschaffungs- bzw. Herstellungskosten als Wertobergrenze des bilanziellen Ansatzes von Anlagevermögen selbst bei höheren beizulegenden Werten)
- **Nichtaktivierung aktivierungsfähiger Wirtschaftsgüter** (darunter fallen insbesondere die Geringwertigen Wirtschaftsgüter mit Anschaffungs- oder Herstellungskosten von nicht mehr als € 400 nach § 13 öEStG bzw. € 150 i.S.d. § 6 (2) dEStG [jeweils exklusive USt], die laut steuerlichen und damit auch laut unternehmens- bzw. handelsrechtlichen Vorschriften bereits im Jahr ihrer Anschaffung gänzlich, anstelle ihrer Verteilung über die Nutzungsdauer abgeschrieben werden können)
- **Unterlassung der Zuschreibung von Wertsteigerungen** (z.B. durch Verzicht auf Wertaufholung bei zuvor außerplanmäßig abgeschriebenen Gegenständen des Anlagevermögens)
- **Überbewertung von Passivposten** (z.B. durch im Schätzungsweg überhöht bilanzierte Rückstellungen)

Durch die sich so ergebende Unterbewertung von Aktiva bzw. Überbewertung von Passiva treten ansonsten offen auszuweisende Gewinnanteile nicht in Erscheinung, wodurch sich insbesondere eine auf folgenden Effekten beruhende Finanzierungswirkung ergibt:

- **Steuerstundungseffekt**: Nachdem ein im Zuge der Entstehung von stillen Reserven latent anfallender Gewinn nicht sofort, sondern erst im Zuge seiner Aufdeckung der Besteuerung unterworfen wird, ergibt sich eine Prolongation der auf ihn zu entrichtenden Abgaben. Je nachdem, wie lange eine Aufdeckung unterbleibt, ist dieser Steuerstundungseffekt kurz- oder langfristiger Natur.
- **Zinsgewinn**: Die Stundung der auf den verdeckten Gewinn (die stillen Reserven) lastenden Steuer erfolgt ohne die Verrechnung von „Verzugszinsen" seitens der Finanz. Dies führt zur Gewährung eines zinslosen Kredites in Höhe der verdeckten Abgaben. Sofern sich derartig kostenlos lukrierte Kapitalbeträge zinsbringend im Unternehmen einsetzen lassen, ist damit eine Erhöhung der Rentabilität des Betriebes verbunden.
- **Erhöhtes Finanzierungsvolumen**: Durch die zumindest temporär gegebene Steuerersparnis erhöht sich das Finanzierungsvolumen der stillen gegenüber der offenen Selbstfinanzierung während ihrer Laufzeit um die auf den (latenten) Gewinn erst später zu entrichtenden Abgaben.

Die Vorteile dieser Finanzierungsform sind demgemäß insbesondere in der vorläufigen Nichtbesteuerung zwar entstandener, aber (noch) nicht ausgewiesener Gewinne zu sehen. Zudem verstärkt die stille Selbstfinanzierung die Kapitalerhaltung im Unternehmen, da vorerst nicht in Erscheinung tretende Gewinne auch nicht zur Ausschüttung gelangen können. Nachteile ergeben sich hingegen durch ein bei Bildung von stillen Reserven entstehendes, verzerrtes Bilanzbild. So lassen bilanziell unterbewerte Vermögensgegenstände das Unternehmen bonitätsmäßig schlechter als tatsächlich gegeben erscheinen. Zudem tritt bei schlagartiger Aufdeckung der stillen

Reserven eine Nachversteuerungspflicht ein, die je nach Umfang zu erheblicher liquider Belastung des Unternehmens führen kann.

Hinsichtlich der Systematisierung dieser Finanzierungsform lässt sich eine Zuordnung zur Innenfinanzierung vornehmen, da im Verkaufsfall aufgedeckte Reserven als „sonstige betriebliche Erträge" liquiditätswirksam und den laufenden Gewinn tangierend zufließen. Durch die Klassifikation der stillen Rücklagen als „außerbücherliches" Eigenkapital kann bei Betrachtung der Rechtsstellung des Kapitalgebers ferner von Eigenfinanzierung gesprochen werden.

1.3. Rückstellungsfinanzierung

Rückstellungen können als „bilanzielle Vorsorgen" eines Unternehmens für zukünftige Zahlungsverpflichtungen definiert werden.

Sie unterscheiden sich von Verbindlichkeiten dahingehend, dass sie für zukünftige Auszahlungen gebildet werden, deren Höhe und/oder genauer Fälligkeitszeitpunkt noch nicht sicher feststeht, deren wirtschaftliche Verursachung jedoch in der abgelaufenen Geschäftsperiode liegt. Als Beispiel kann hierzu die vorläufige Unterlassung einer Großreparatur, die innerhalb der Folgeperioden nachgeholt wird, genannt werden. Ein Ausweis derartiger Verpflichtungen als Verbindlichkeit ist mangels konkret vorliegender Daten der Höhe und dem Zeitpunkt nach nicht zulässig. Technisch funktioniert die Bildung von Rückstellungen – auch Dotierung bzw. Dotation genannt – durch die Vornahme einer Aufwandsbuchung, der – vorerst – keine Auszahlung gegenübersteht. Gelingt es nun, die Rückstellungsbildung über die Umsatzerlöse zu lukrieren – etwa nach deren Einbezug in die Produktpreise – ist ein Finanzierungseffekt infolge Rückstellungen gegeben. Zudem wird der so genannte **Gegenwert der Rückstellung** im Unternehmen vorläufig gebunden.

Aufgrund des zeitlichen Auseinanderfallens der Rückstellungsdotierung mit der tatsächlichen Verwendung (Auszahlung) tritt ein finanzmittelwahrender Effekt ein, der es ermöglicht, vorhandenes, als Rückstellung ausgewiesenes Kapital bis zu seiner Verwendung als disponible Größe zur Finanzierung von Vermögen heranzuziehen **(Definition der Rückstellungsfinanzierung)**.

Dieser temporäre Effekt ist umso langfristiger, je größer die Zeitspanne zwischen der unbaren Aufwandsbuchung und der tatsächlichen Auszahlung ist. Neben langfristigen Rückstellungen (mit einer Laufzeit von mehr als einem Jahr), die insbesondere zur Rückstellungsfinanzierung herangezogen werden können, weisen auch kurzfristige Rückstellungen in aller Regel ein dauerhaftes Finanzierungspotential auf. Dies ermöglicht der so genannte **„Bodensatz"**, also jener Anteil des Bestandes an kurzfristigen Rückstellungen, der im Zeitverlauf als Residualgröße (laufender Saldo) zwischen laufender Neudotierung und Verwendung bzw. Auflösung langfristig rückgestellt verbleibt.

Aufgrund der Finanzierung des Rückstellungsbetrages aus dem betrieblichen Umsatzprozess heraus (Weiterverrechnung an den Kunden über die Umsatzerlöse), kann eine Zuordnung zum Innenfinanzierungsbereich vorgenommen werden. Nachdem Rückstellungen zudem als Vorstufe künftiger Verbindlichkeiten anzusehen sind und Letztere stets Fremdkapital darstellen, ist die Rückstellungsfinanzierung nach der Rechtsstellung des Kapitalgebers der Gattung der Fremdfinanzierung zuzuordnen.

Übungsbeispiel zur Rückstellungsfinanzierung mit Gewinnthesaurierung:

Aufgabenstellung:

Die Fast Underground AG erzielt vor Dotierung von Rückstellungen einen unversteuerten Gewinn i.H.v. € 100.000. Im Zuge der Jahresabschlusserstellung bietet sich die Möglichkeit, eine steuerlich anerkannte Rückstellung im Ausmaß von € 10.000 zu bilden. Laut Gesellschafterbeschluss soll ein nach Berücksichtigung dieses Sachverhaltes allfällig übrigbleibender Gewinn gänzlich im Unternehmen belassen werden. Ermitteln Sie die sich ergebenden Selbst- und Innenfinanzierungswirkungen, indem Sie einerseits die Rückstellungsbildung vornehmen und andererseits davon Abstand nehmen:

Lösung:

Um die sich jeweils ergebenden Finanzierungseffekte eruieren zu können, muss folgende Berechnung mit bzw. ohne Rückstellungsdotierung erfolgen:

Finanzierungssituation	Ohne RSt	Mit RSt
+ Gewinn vor KöSt und RSt-Dotierung	€ 100.000,00	€ 100.000,00
– Rückstellungsdotierung		–€ 10.000,00
= Gewinn vor KöSt	€ 100.000,00	€ 90.000,00
– 25 % KöSt	–€ 25.000,00	–€ 22.500,00
= Selbstfinanzierung	**€ 75.000,00**	**€ 67.500,00**
+ Rückstellungsfinanzierung	€ –	€ 10.000,00
= Innenfinanzierung	**€ 75.000,00**	**€ 77.500,00**

Ohne die Vornahme der Rückstellungsdotation wird der erzielte Gewinn gänzlich der Ertragsbesteuerung unterworfen. Der verbleibende Überschuss i.H.v. € 75.000 wird vollständig im Unternehmen thesauriert und nicht in Form von Dividendenzahlungen an die Anteilseigner ausgeschüttet. Somit entspricht er gleichzeitig dem in diesem Jahr erzielten Selbstfinanzierungsvolumen. Da darüber hinaus keine Rückstellungsbildungen erfolgen, deckt sich das Selbst- mit dem Innenfinanzierungsausmaß. Anders stellt sich die Situation im Falle der Rückstellungsdotierung dar. Nur mehr der nach der Zuführung zu den Rückstellungen übrigbleibende Betrag wird der KöSt unterworfen, wodurch sich eine geringere Ertragsteuerbelastung ergibt. Nachdem der Rückstellungsbetrag jedenfalls passivseitig eingestellt wird und unabhängig von allfällig bestehenden Gesellschafterbeschlüssen nicht zur Ausschüttung gelangen kann, stehen für die freiwillige Selbstfinanzierung nunmehr € 67.500 zur Verfügung. Dieser Betrag ergibt sich einerseits aufgrund der negativen Wirkung der Rückstellungsdotierung i.H.v. € 10.000, sowie aufgrund der positiven Wirkung der Ertragsteuerersparnis (€ 2.500) andererseits. Betrachtet man die passivseitig eingestellten Beträge in Summe, so wurden sowohl Rücklagen im Ausmaß von € 67.500 mittels Gesellschafterbeschluss gebildet (Selbstfinanzierung), als auch Kapital i.H.v. € 10.000 rückgestellt, wodurch sich letztendlich ein Innenfinanzierungsvolumen von € 77.500 ergibt.

Das vorhin gegebene Beispiel verdeutlicht zwei wesentliche **Effekte der Rückstellungsfinanzierung**.

- Erstens wird die in der Hauptversammlung grundsätzlich zur Diskussion stehende Ausschüttungsbasis durch die Rückstellungsdotierung verringert **(Ausschüttungsminderungseffekt)**.
- Zweitens verringert die Rückstellungsdotierung die Steuerbemessungsgrundlage im Bildungsjahr. Da die Gewinnminderung aufgrund des zeitlichen „Vorziehens" von ohnehin gegebenen Aufwendungen nur früher, nicht aber auch höher als ohne Rückstellungsbildung ausfällt, ist keine zusätzliche Steuerersparnis gegeben. Lediglich eine Verschiebung der Steuerlast in künftige Perioden findet statt; ein Umstand, der als **Steuerstundungseffekt** bezeichnet wird.

Im eingangs erläuterten Beispiel wurde von einer gänzlichen Gewinnthesaurierung ausgegangen. Das Gegenteil, nämlich die einer Vollausschüttung, soll folgendes Beispiel veranschaulichen.

Übungsbeispiel zur Rückstellungsfinanzierung ohne Gewinnthesaurierung:

Aufgabenstellung:

Die Fast Underground AG erzielt vor der Dotierung von Rückstellungen einen unversteuerten Gewinn i.H.v. € 100.000. Im Zuge der Jahresabschlusserstellung bietet sich die Möglichkeit, eine steuerlich anerkannte Rückstellung im Ausmaß von € 10.000 zu bilden. Laut Gesellschafterbeschluss soll ein nach Berücksichtigung dieses Sachverhaltes allfällig übrigbleibender Gewinn gänzlich an die Anteilseigner ausgeschüttet werden. Ermitteln Sie die sich dadurch ergebenden Selbst- und Innenfinanzierungswirkungen im Falle der Rückstellungsbildung einerseits bzw. ohne Rückstellungsbildung andererseits:

Lösung:

Um die sich jeweils ergebenden Finanzierungseffekte eruieren zu können, muss folgende Berechnung mit bzw. ohne Rückstellungsdotierung erfolgen:

Finanzierungssituation	Ohne RSt	Mit RSt
+ Gewinn vor KöSt und RSt-Dotierung	€ 100.000,00	€ 100.000,00
– Rückstellungsdotierung		–€ 10.000,00
= Gewinn vor KöSt	€ 100.000,00	€ 90.000,00
– 25 % KöSt	–€ 25.000,00	–€ 22.500,00
= verbleibender Gewinn	€ 75.000,00	€ 67.500,00
– Gewinnausschüttung	–€ 75.000,00	–€ 67.500,00
= Selbstfinanzierung	**€ –**	**€ –**
+ Rückstellungsfinanzierung	€ –	€ 10.000,00
= Innenfinanzierung	**€ –**	**€ 10.000,00**

Im Gegensatz zum vorherigen Beispiel ist aufgrund der bestehenden Vollausschüttung in diesem Fall keine Selbstfinanzierung mehr gegeben. Die Dotierung der Rückstellung führt jedoch zu einer nicht ausschüttbaren, passivseitigen Kapitalreserve i.H.v. € 10.000, die den Gesamtbetrag der Innenfinanzierung repräsentiert.

Stellt man nun die Varianten der Rückstellungsfinanzierung mit und ohne Gewinnthesaurierung gegenüber, so ergeben sich folgende Schlussfolgerungen: Die Rückstellungsdotierung führt sowohl bei Gewinnthesaurierung als auch bei Vollausschüttung zur Ausweitung des Innenfinanzierungsvolumens. Durch die Zuführung zur Rückstellung ergibt sich ein Steuerstundungseffekt im Falle zu besteuernder Gewinne. Im Zusammenhang mit einer Vollausschüttung bzw. gänzlichen oder teilweisen Einbehaltung des erzielten Gewinnes ergeben sich unterschiedliche Möglichkeiten der Innen- bzw. Selbstfinanzierung (vgl. die eben vorangegangenen Übungsbeispiele).

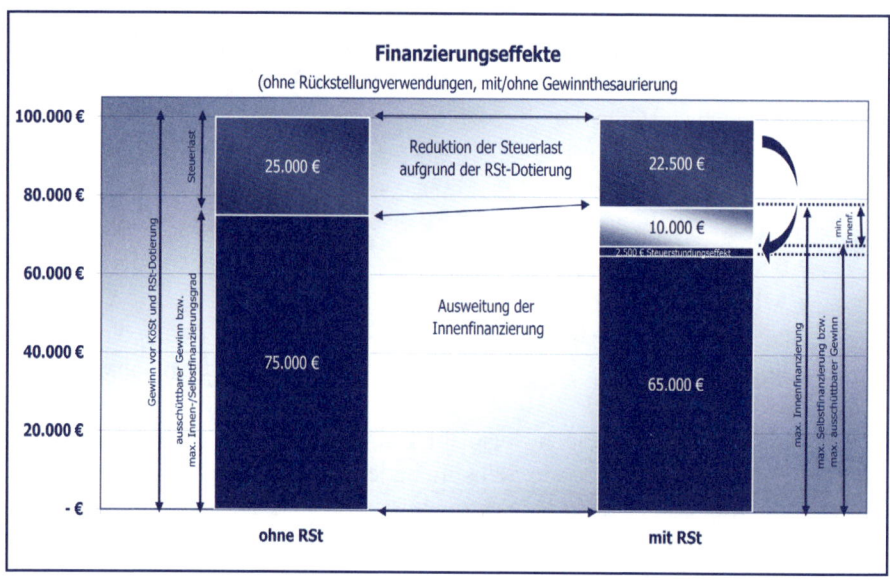

Abbildung III.27: Finanzierungseffekte im Zuge der Rückstellungsfinanzierung

Minimalwerte beziehen sich auf eine Vollausschüttung, Maximalwerte hingegen auf eine gänzliche Gewinnthesaurierung. In aller Regel kann bei Rückstellungen nicht davon ausgegangen werden, dass – wie bisher unterstellt – zwischen ihrer erstmaligen Dotierung und letztmaligen Verwendung bzw. Auflösung keine weiteren Bestandsveränderungen erfolgen. Viel eher werden über die Wirtschaftjahre hinweg sowohl Zuweisungen zu als auch Verwendungen bzw. Auflösungen von Rückstellungen stattfinden. So wird etwa die Rückstellung für die Kosten der jährlichen Wirtschaftsprüfung jährlich an die zu erwartende Honorarnote des Wirtschaftsprüfers „anzupassen" sein. In ein und demselben Wirtschaftsjahr muss daher sowohl mit Dotierungen (für künftige Verbindlichkeiten) als auch mit Verwendungen (für bereits eingegangene Honorarnoten) bzw. Auflösungen (bei niedriger als erwartet eingegangenen Honorarnoten) gerechnet werden. Je nachdem wie sich – pro Periode betrachtet – das Verhältnis zwischen Zuführung und Verwendung bzw. Auflösung verhält, ergibt sich bei **rollierenden Rückstellungen** ein positiver bzw. negativer Finanzierungseffekt. Er lässt sich wie nachstehend abgebildet darstellen:

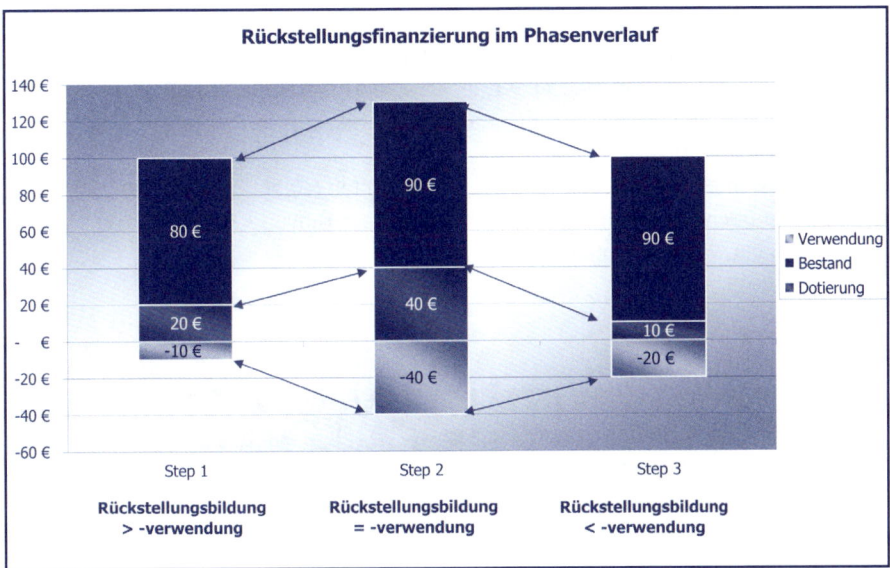

Abbildung III.28: Rückstellungsfinanzierung im Phasenverlauf

In Step 1 tritt ein zunehmender Finanzierungseffekt auf, da die Dotationen der jeweiligen Periode höher als die laufenden Auszahlungen (Verwendungen) sind. Das in Summe im Unternehmen durch die Rückstellung gebundene Kapital wächst an. Wenn ein ansonsten gegebener Gewinn durch die Dotierung der Rückstellungen gemindert wird, weitet sich der Finanzierungseffekt zudem um den Steuerstundungseffekt aus. Entsprechen die Auszahlungen aus den gebildeten Rückstellungen jenen der Neudotierungen, so entsteht kein neuerliches Finanzierungspotential, da sich unbare Aufwendungen und erfolgsunwirksame Auszahlungen die Waage halten. Das Innenfinanzierungsvolumen insgesamt bleibt auf den Bestand vorhandener Rückstellungen begrenzt (Step 2). In Step 3 übersteigen die Auszahlungen die Dotationen, wodurch ein negativer Finanzierungseffekt eintritt, da zuvor gebundene und bis dato disponible Mittel zur Auszahlung gelangen. Zusammenfassend lässt sich somit festhalten, dass sich danach der Rückstellungsfinanzierungseffekt in Abhängigkeit von folgenden Determinanten ergibt: dem Bestand an Rückstellungen, dem Ausmaß jährlich neu zu bildender Rückstellungen sowie den jährlich zu Lasten von Rückstellungen vorzunehmenden Auszahlungen.

Übungsbeispiel zur roulierenden Rückstellungsfinanzierung:

Aufgabenstellung:
Die Fast Underground AG erzielt vor Dotierung der Pensionsrückstellungen einen unversteuerten Gewinn in Höhe von € 1.000.000. Aufgrund von Pensions- bzw. direkten Leistungszusagen an die Mitarbeiter sind im vorliegenden Wirtschaftsjahr Pensionsrückstellungen im Ausmaß von € 400.000 zu bilden. Im Folgenden soll der jährlich neu hinzukommende Selbst- und Innenfinan-

zierungseffekt unter Berücksichtigung der Bildung obiger Pensionsrückstellung ermittelt werden, wenn – jeweils alternativ –

- der gesamte verbleibende Gewinn thesauriert werden soll und Pensionszahlungen in Höhe der Neuzuführung zu den Pensionsrückstellungen vorgenommen werden müssen!
- der gesamte verbleibende Gewinn an die Anteilseigner ausgeschüttet werden soll und Pensionszahlungen in Höhe der Neuzuführung zu den Pensionsrückstellungen vorgenommen werden müssen!

Lösung:

Es ergibt sich folgendes Bild:

Finanzierungssituation	Thesaurierung mit Auszahlung	Ausschüttung mit Auszahlung
+ Gewinn vor KöSt und RSt-Dotierung	€ 1.000.000,00	€ 1.000.000,00
− Rückstellungsdotierung	−€ 400.000,00	−€ 400.000,00
= Gewinn vor KöSt	€ 600.000,00	€ 600.000,00
− 25 % KöSt	−€ 150.000,00	−€ 150.000,00
= verbleibender Gewinn	€ 450.000,00	€ 450.000,00
− Gewinnausschüttung	€ –	−€ 450.000,00
= Selbstfinanzierung	**€ 450.000,00**	**€ –**
+ Rückstellungsfinanzierung (Saldo: Dotierung – Auszahlung)	€ –	€ –
= Innenfinanzierung	**€ 450.000,00**	**€ –**

Durch die Pensionsauszahlung in Höhe der Neudotierung ist im betrachteten Wirtschaftsjahr keine laufende Rückstellungsfinanzierung möglich. Lediglich bereits am Beginn der Geschäftsperiode bestehende Rückstellungsbeträge können aufgrund ihrer Nichtverwendung zur zwischenzeitlichen Finanzierung herangezogen werden.

Lässt man vorherige Ausführungen zur Rückstellungsfinanzierung Revue passieren, drängen sich hinsichtlich ihrer praktischen Anwendung folgende Fragen auf: Welche Rückstellungen dürfen/müssen von bilanzierenden Unternehmen gebildet werden und können daher überhaupt zur Rückstellungsfinanzierung herangezogen werden? In welcher Höhe und mit welcher Fristigkeit sind Rückstellungen anzusetzen? Wo sind Rückstellungen im Jahresabschluss auszuweisen? Diesbezügliche Regelungen lassen sich im § 198 (8) öUGB (§ 249 dHGB) finden. Hinsichtlich Bilanzierung dem Grunde nach sind Rückstellungen anzusetzen für

- ungewisse Verbindlichkeiten (wie z.B. Jahresabschlusserstellungskosten),
- drohende Verluste aus schwebenden Geschäften (wie Fertigungsaufträge, deren vereinbarter Abnahmepreis unter den Herstellungskosten liegt),
- nicht getätigte Aufwendungen (z.B. aufgrund unterlassener Instandhaltungen),

- Anwartschaften auf Abfertigungen gegenüber dem Unternehmen,
- laufende Pensionen,
- nicht konsumierte Urlaube und
- Jubiläumsgelder,

sofern keine untergeordnete Bedeutung besteht. Andere Rückstellungen als die gesetzlich vorgesehenen dürfen nicht gebildet werden. Bezüglich der Bilanzierung der Höhe nach sind Rückstellungen mit jenen Werten auszuweisen, die nach vernünftiger unternehmerischer Sichtweise notwendig sind. Sofern möglich, muss der anzusetzende Rückstellungsbetrag auf Grundlage der vorhandenen Daten berechnet werden. Hinsichtlich der Bewertung von Abfertigungs- und Pensionsrückstellungen ist nach unternehmensrechtlichen Grundsätzen vorzugehen. Vom öUGB (dHGB) abweichende Bestimmungen hinsichtlich des steuerlichen Ansatzes dem Grunde und der Höhe nach lassen sich in den §§ 9 und 14 öEStG (bzw. § 6a dEStG) finden. Hinsichtlich der Bindungsdauer ist bei Abfertigungs- und Pensionsrückstellungen grundsätzlich von Langfristigkeit auszugehen. Rückstellungen für nicht konsumierte Urlaube, Zeitausgleichsrückstellungen sowie Rückstellungen für drohende Verluste aus schwebenden Geschäften werden hingegen tendenziell als kurzfristig klassifiziert. Aufschluss über die im Einzelfall gegebene Laufzeit liefert der Anhang des jeweiligen Jahresabschlusses. Die für Kapitalgesellschaften zwingend einzuhaltenden Gliederungsvorschriften schreiben einen passivseitigen Ausweis der Rückstellungen nach dem Eigenkapital sowie den unversteuerten Rücklagen, jedoch vor den Verbindlichkeiten und passiven Rechnungsabgrenzungen als Fremdkapital eines Unternehmens in folgender Reihenfolge vor: Rückstellungen für Abfertigungen, Rückstellungen für Pensionen, Steuerrückstellungen, sonstige Rückstellungen.

Anzumerken ist, dass grundsätzlich für alle bilanzierenden Unternehmen eine „kostenlose" Rückstellungsfinanzierung besteht, sofern die Gegenwerte der Rückstellungen über die Umsatzerlöse erzielt werden können bzw. die Rückstellungsbildung gesetzlich nicht untersagt ist. Gegenüber der offenen Selbstfinanzierung bietet die Rückstellungsfinanzierung Vorteile, die in einer größeren Finanzierungs- bzw. Ausschüttungsminderungswirkung bzw. auf dem Steuerstundungseffekt beruhen. Nachdem Rückstellungen jedoch unter Fremdkapital subsumiert werden, wirkt sich ihr Ansatz negativ auf den Verschuldungsgrad der Unternehmung aus und erschwert dadurch den Zugang zur Außenfinanzierung, da sowohl Fremd- als auch Eigenkapitalgeber durch ein insofern verstärkt bestehendes Haftungsrisiko abgeschreckt werden könnten. Geplante Auszahlungen aus Rückstellungen müssen zudem oftmals viel früher als geplant vorgenommen werden oder fallen betragsmäßig höher als angenommen aus, was zu einem erheblichen liquiden Engpass im Unternehmen führen kann. Die Bedeutung der Rückstellungsfinanzierung insgesamt tritt – selbst unbeachtlich dieser Nachteile – in letzter Zeit immer mehr in den Hintergrund. Begründet ist dies vor allem in der Einführung des Systems der „Abfertigung Neu" und der damit einhergehenden Auslagerung der Aberfertigungsansprüche auf Mitarbeitervorsorgekassen, die die Bildung von Abfertigungsrückstellungen – als wesentliche Quelle der Rückstellungsfinanzierung – obsolet werden lassen. Gleichläufige Entwicklungen lassen sich bezüglich unternehmensseitig getroffener Pensionszusagen, die ebenfalls vermehrt fondsbasiert (durch Pensionskassen) abgesichert werden, erkennen.

2. Vermögensumschichtung

Waren die im vorangegangenen Kapitel erläuterten Finanzierungsformen durch einen effektiven Kapitalzuwachs einschließlich der damit verbundenen Bilanzverlängerung charakterisiert, so beruhen Finanzierungseffekte aus **Vermögensumschichtungen** vorwiegend auf einem Finanzmittelrückfluss, der sich aufgrund von Veräußerungen vorhandener Vermögensgegenstände ergibt.

Die dazu insbesondere im Sach- und Finanzanlagevermögen durchgeführten Desinvestitionen führen zwar zur aktivseitigen Freisetzung gebundener Mittel, beeinflussen den Gesamtbestand an passivseitig vorhandenem Kapital jedoch nicht. Im Sinne eines Aktivtauschs wird lediglich eine Änderung der aktivseitigen Kapitalverwendung vorgenommen. Beispielsweise werden durch den Verkauf von Anlagegegenständen freigesetzte, liquide Mittel zur Finanzierung von Vorräten herangezogen. Aktivseitig geht Anlagevermögen ab, dafür steigt die Position der Vorräte an. Die Passivseite der Bilanz bleibt unberührt.

2.1. Finanzierung durch Reinvestition der Umsatzerlöse

Umsatzerlöse sind für die Aufrechterhaltung des betrieblichen Geschehens in der Regel unerlässlich.

Geht man von der Annahme aus, dass sämtliche im Wirtschaftsjahr anfallenden Umsatzerlöse Zahlungswirksamkeit besitzen, d.h. bar zufließen, so können sie als Finanzierungsquelle dienen (**Reinvestition der Umsatzerlöse**).

Außer Acht gelassen wird dabei jedoch, dass die erzielten Barumsätze nicht mit (Bar-)Gewinnen gleichzusetzen sind und früher oder später zur Deckung der zur Erfüllung des Unternehmenszwecks zu tätigenden, sonstigen (Bar-)Aufwendungen herangezogen werden müssen. Ein Finanzierungspotential in Höhe der erwirtschafteten Umsätze ist somit nur zwischenzeitlich, bis zur Bezahlung der entstandenen Ausgaben gegeben. Aufgrund der Erlangung des – wenn auch nur temporären – Finanzierungsvolumens aus der laufenden Geschäftstätigkeit heraus kann eine Zuordnung dieses Finanzierungsinstrumentes zum Innenfinanzierungsbereich vorgenommen werden. Aktivtausch im Sinne der Vermögensumschichtung liegt vor, da über Umsatzerlöse generierte, liquide Mittel (wie Kassenbestände) aktivseitig umgeschichtet, also z.B. zur Finanzierung von Umlaufvermögen (wie Vorräten) herangezogen werden. Eine Klassifizierung als Eigenfinanzierungsform lässt sich erst im Falle eines dauerhaften Effektes – analog zur Selbstfinanzierung – eindeutig vornehmen.

2.2. Finanzierung durch Rationalisierungsmaßnahmen

Unter Rationalisierungsmaßnahmen werden sämtliche Bestrebungen eines Unternehmens verstanden, die darauf abzielen, ein bestehendes Maß an Leistungen künftig durch einen geringeren Arbeits-, Zeit- bzw. Kapitaleinsatz zu erbringen. Als Beispiele sind die Erhöhung der Vorratsumschlagshäufigkeit (z.B. durch Just-In-Time-Beschaffung), Rationalisierungen in der Produktion (z.B. durch Einsparungen bei Personal und Materialverbräuchen) sowie die Verringerung der durchschnittlichen Debitorenlaufzeit (z.B. durch ein verbessertes Mahnwesen) zu nennen.

> Bisher nicht notwendigerweise kurz- bzw. mittelfristig im Unternehmen gebundene Mittel (z.B. in Form von Überbeständen im Vorratsbereich) können nach Durchführung von Rationalisierungsmaßnahmen (wie einem Lagerabbau) freigesetzt und alternativen Verwendungsmöglichkeiten zugeführt werden. Dieser Vorgang wird **als Finanzierung durch Rationalisierungsmaßnahmen** bezeichnet.

Ob das jeweilige Unternehmen tatsächlich in der Lage ist, Rationalisierungsmaßnahmen, die zu einer Liquiditätsfreisetzung führen, durchzusetzen, hängt wesentlich von bisher gewonnenen Erfahrungswerten bzw. vom Grad bereits durchgeführter Einsparungen ab. In aller Regel lassen sich finanzmittelstiftende Rationalisierungen erst dann sinnvoll durchführen, wenn das Unternehmen über ausreichendes Know-how im betrieblichen Leistungsprozess verfügt und es zur liquiditätsschonenderen Produktion auch tatsächlich verwerten kann. Umgekehrt zeigt sich, dass nach mehrfach durchgeführten Rationalisierungen jener Punkt erreicht wird, an dem weitere Einsparungen unweigerlich zur Beeinträchtigung der Leistungserbringung führen. Die Erzielung eines nachhaltigen Finanzierungseffektes aus Rationalisierungsmaßnahmen ist dann nicht mehr möglich. Nachdem der Finanzierungseffekt vor allem auf dispositive Entscheidungen im internen Wertschöpfungsprozess zurückzuführen ist, hat eine Subsumierung unter den Innenfinanzierungsbereich zu erfolgen. Aktivtausch im Sinne der Vermögensumschichtung liegt vor, da durch die Minderung einer Vermögensposition (wie z.B. Abbau von Vorräten) der Aufbau einer anderen (wie z.B. dem Anlagevermögen durch Kauf von Maschinen) ermöglicht wird. Je nachdem ob die Freisetzung finanzieller Mittel aus Gegenständen erfolgt, die mit Eigen- oder Fremdkapital finanziert wurden, ist dieses Instrument nach der Rechtsstellung des Kapitalgebers dem Eigen- oder Fremdfinanzierungsbereich zuzuordnen.

2.3. Finanzierung durch aus Vermögensverkauf freigesetzten Mitteln

> Werden im Unternehmen bereits vorhandene, nicht betriebsnotwendige Vermögensgegenstände verkauft und dadurch freigesetzte Mittel anderweitig wieder eingesetzt, so spricht man vom Instrument der **Finanzierung durch aus Vermögensverkauf freigesetzten Mitteln.**

Dabei findet – analog zur Finanzierung durch Rationalisierungsmaßnahmen – keine erneute Kapitalzufuhr, sondern lediglich eine Vermögensumschichtung statt (Substitutionsprinzip). Die Passivseite bleibt unberührt. Die Grenze zur Finanzierung durch Rationalisierungsmaßnahmen verläuft fließend. Als Unterscheidungsmerkmal zwischen den Finanzierungsinstrumenten kann die Fristigkeit des liquidierten Vermögens herangezogen werden. Werden finanzmittelfreisetzende Effekte im kurz- und mittelfristigen (operativen) Bereich erzielt (z.B. durch Minderung der Lagerbestände), wird von der Finanzierung durch Rationalisierungsmaßnahmen gesprochen. Werden hingegen Gegenstände des Anlagevermögens veräußert, so wird dieser Vorgang der Finanzierung durch aus Vermögensverkauf freigesetzten Mitteln zugeordnet. Aufgrund der im deutschsprachigen Raum gegebenen Bilanzierungsvorschriften (§ 201 i.V.m. § 204 öUGB bzw. § 253 dHGB), die einen Wertansatz von Vermögensgegenständen zu den seinerzeitigen Anschaffungs- bzw. Herstellungskosten, vermindert um die Absetzung für Abnutzung erfordern, entspricht der im Veräußerungsfall erzielte Wert in aller Regel nicht dem bilanziell bestehenden. Im Zuge des Verkaufs von Anlagegegenständen treten möglicherweise stille Reserven zu Tage und ziehen eine Nachversteuerung nach sich. Dies kann den Finanzierungseffekt abhängig vom anzuwendenden Steuersatz erheblich schmälern. Zudem gestaltet sich insbesondere die Frage, welche Vermögensgegenstände zur Veräußerung in Betracht gezogen werden können, schwierig. Außer Streit steht dabei, dass ein Verkauf von nicht betriebsnotwendigem Vermögen (wie Grundstücken und leerstehenden Gebäuden) betriebswirtschaftlich sinnvoll erscheint. Ob hingegen auch Teile des betriebsnotwendigen Vermögens zur Freisetzung finanzieller Mittel herangezogen werden können, hängt im Wesentlichen vom gewünschten Finanzierungseffekt ab. Zur kurzfristigen Überbrückung von Liquiditätsengpässen mag der Verkauf von betriebsnotwendigem Vermögen sinnvoll erscheinen. Langfristig gesehen zieht ein derartiges Vorgehen jedoch schwerwiegende Störungen im Leistungserstellungsprozess nach sich (Verlust betriebsnotwendiger Produktionsanlagen), wodurch keine langfristige Finanzierungslösung gegeben ist, sondern lediglich eine kurzfristige Prolongation der Zahlungsfähigkeit erreicht werden kann.

Eine Variante ist das **Sale-and-Lease-Back-Verfahren**, bei dem betriebsnotwendige Vermögensgegenstände des Anlagevermögens an eine Leasinggesellschaft veräußert (sale) und anschließend vom verkaufenden Unternehmen wieder zurückgemietet (lease back) werden.

Dadurch kann ein liquiditätsfreisetzender Effekt erzielt werden, der trotz Veräußerung von Vermögen nicht zur Störung im Leistungserbringungsprozess führt, da verkaufte Anlagegegenstände vom Unternehmen weiterhin genutzt werden können. Zu beachten gilt es dabei, dass der Finanzierungseffekt neben den erläuterten Steuerwirkungen zudem um zahlungswirksam zu entrichtende Leasingraten geschmälert wird, da sie bisherig vorhandene, unbare Abschreibungsaufwendungen ersetzen. Hinsichtlich der Einordnung dieses Finanzierungsinstrumentes in die betriebliche

Finanzwirtschaft kann – mit Bedacht auf im Zuge der Finanzierung durch Rationalisierungsmaßnahmen gegebene Argumentationen – eine Zuordnung zum Innen- bzw. Eigen- oder Fremdfinanzierungsbereich vorgenommen werden.

2.4. Abschreibungsfinanzierung

Abschreibungen haben die Aufgabe, den Wertverzehr von abnutzbaren Anlagegegenständen planmäßig über die Nutzungsdauer zu verteilen. Ob ihr Ansatz linear (gleichmäßig verteilt über die Nutzungsdauer), leistungsbezogen (z.B. in Abhängigkeit der Lastlaufzeit einer Maschine), progressiv (im Zeitverlauf ansteigend) oder degressiv (fallend) erfolgt, ist eine Frage der Kostenrechnung, die auf eine möglichst realistische Darstellung des Wertverzehrs abstellt. Bilanziell erfolgt ihr Ansatz aufgrund steuerrechtlicher Beschränkungen bis auf wenige Ausnahmen (wie der Substanzabschreibung bei Bergbauunternehmen, bei der die Abschreibung je Fördermenge, also leistungsbezogen ermittelt wird) in linearer Abhängigkeit von der Nutzungsdauer. Unabhängig von ihrem Wertansatz stellen Abschreibungen jedenfalls Kosten dar, die in die Preiskalkulation mit einfließen. Sofern die erzielten Preise die Kosten decken, fließen sie dem Unternehmen durch die Vereinnahmung der Umsatzerlöse zu.

> Analog zur Rückstellungsfinanzierung gilt: Die Gegenwerte der Abschreibung werden nicht sofort für Ersatzbeschaffungen benötigt, sondern stehen zwischenzeitlich zur Finanzierung von alternativem Vermögen bzw. zur Schuldentilgung zur Verfügung: Ein Effekt, der als **Abschreibungsfinanzierung** bezeichnet wird.

In welchem Ausmaß eine Finanzierung aus Abschreibungsgegenwerten erfolgen kann, hängt somit wesentlich von folgenden Faktoren ab:

- Anschaffungswert der abzuschreibenden Anlagegüter
- Wahl des Abschreibungsverfahrens
- Weiterverrechenbarkeit der Abschreibungen über Umsatzerlöse
- durchschnittliche Gesamt- und Restnutzungsdauer der Anlagegegenstände
- Ausmaß der Verwendung der verdienten Abschreibungen für weitere Investitionen

Hinzuweisen gilt es auf die Gefahr, dass im Falle durchzuführender Ersatzinvestitionen die zuvor über die Abschreibungsgegenwerte generierten liquiden Mittel bereits anderweitig gebunden sein könnten. Mit ihnen die Ersatzinvestition zu finanzieren wäre dadurch nicht mehr möglich. Liquiditätsengpässe wären die Folge. Erschwerend kommt hinzu, dass selbst bei Übereinstimmung der Zeitspanne des Zwischenfinanzierungsbedarfs mit jener Frist bis zur Ersatzinvestition eine Finanzierung aus Abschreibungen dennoch ausgeschlossen sein kann, sofern die Abschreibungsbeträge zwar umsatzseitig aufgebracht, aber noch nicht in Form liquider Mittel tatsächlich zugeflossen sind (z.B. in forderungsintensiven Branchen mit langen Debitorenlaufzeiten). Nachdem die Abschreibungsfinanzierung auf einem Rückfluss von Umsatzerlösen beruht, kann ihre Zuordnung zum Innenfinanzierungsbereich eindeutig vorgenommen werden. Je nachdem, ob die abzuschreibenden Anlagegegenstände eigen- oder fremdfinanziert werden, erfolgt ihre Klassifikation nach der Rechtsstellung des Kapitalgebers als Eigen- oder Fremdfinanzierung.

Verwendete und weiterführende Literatur

- Becker, H.-P.: Investition und Finanzierung, Grundlagen der betrieblichen Finanzwirtschaft, 1. Auflage, Verlag Gabler, Wiesbaden 2007.
- Benesch, T., Schuch, K.: Basiswissen zu Investition und Finanzierung, 2. Auflage Verlag Linde, Wien 2008.
- Bleis, C.: Grundlagen Investition und Finanzierung: Lehr- und Arbeitsbuch, Verlag Oldenbourg, Wien 2006.
- Boemle, M.: Unternehmensfinanzierung, 13., neu bearbeitete Auflage, Verlag des Kaufmännischen Verbandes Schweiz, Zürich 2002.
- Breuer, W.: Finanzierung: eine systematische Einführung, 2., vollständig überarbeitete und erweiterte Auflage, Verlag Gabler, Wiesbaden 2008.
- Büschgen, H., E.: Grundlagen betrieblicher Finanzwirtschaft, 3. Auflage, Verlag Knapp, Wiesbaden 1991.
- Christians, F., W.: Finanzierungs-Handbuch, 2. Auflage, Verlag Gabler, Wiesbaden 1988.
- Däumler, K.-D.: Betriebliche Finanzwirtschaft, 9., vollständig überarbeitete Auflage, Verlag Neue Wirtschafts-Briefe Herne, Westfalen 2008.
- Drees-Behrens, C.: Finanzmathematik, Investition und Finanzierung, Aufgaben und Fälle, 2., überarbeitete Auflage, Verlag Oldenbourg, München-Wien 2007.
- Drukarczyk, J.: Finanzierung: eine Einführung mit sechs Fallstudien, 10., völlig neu bearbeitete Auflage, Verlag Lucius & Lucius, Stuttgart 2008.
- Eckstein, W., Städtler, A.: Leasing-Handbuch für die betriebliche Praxis, 7., völlig neu bearbeitete Auflage, Verlag Knapp, Frankfurt am Main 2000.
- Egger, A., Samer, H., Bertl, R.: Der Jahresabschluss nach dem Unternehmensgesetzbuch, Band 1, Der Einzelabschluss, Erstellung und Analyse, 12., überarbeitete und erweiterte Auflage, Verlag Linde, Wien 2008.
- Eilenberger, G.: Betriebliche Finanzwirtschaft, 7. Auflage, Verlag Oldenbourg, München-Wien 2003.
- Gräfer, H., Beike, R., Scheld, G., A.: Finanzierung: Grundlagen, Institutionen, Instrumente und Kapitalmarkttheorie, mit Fragen, Aufgaben und Lösungen, 3., überarbeitete und erweiterte Auflage, Steuer- und Wirtschaftsverlag, Hamburg 1997.
- Größl, L.: Betriebliche Finanzwirtschaft, 4. Auflage, Verlag Expert, Renningen-Malmsheim 1999.
- Hagenmüller, K., F.: Leasing-Handbuch für die betriebliche Praxis, 6., völlig neu bearbeitete Auflage, Verlag Knapp, Frankfurt am Main 1992.
- Jahrmann, F.-U.: Finanzierung, 5., wesentlich überarbeitete Auflage, Verlag Neue Wirtschafts-Briefe, Herne-Berlin 2003.
- Janberg, H.: Finanzierungs-Handbuch, 2. Auflage, Verlag Gabler, Wiesbaden 1995.

- Kaserer, C.: Investition und Finanzierung case by case, Verlag Recht und Wirtschaft, Frankfurt am Main 2006.
- Kruschwitz, L.: Finanzierung und Investition, 4., überarbeitete und erweiterte Auflage, Verlag Oldenbourg, München-Wien 2004.
- Kruschwitz, L., Decker, R., Röhrs, M.: Übungsbuch zur betrieblichen Finanzwirtschaft, 7., aktualisierte und erweiterte Auflage, Verlag Oldenbourg, München-Wien 2007.
- Mathesius, J.: Finanzierung, Verlag Richter, Dänischenhagen 2006.
- Olfert, K.: Finanzierung, 13., aktualisierte Auflage, Verlag Kiehl, Ludwigshafen 2005.
- Pernsteiner, H., Andeßner, R.: Finanzmanagement kompakt, 2. Auflage, Verlag Linde, Wien 2007.
- Perridon, L., Steiner, M.: Finanzwirtschaft der Unternehmung, 14., überarbeitete und erweiterte Auflage, Verlag Vahlen, München 2007.
- Rehkugler, H.: Gründzüge der Finanzwirtschaft, Verlag Oldenbourg, München-Wien 2007.
- Röhrenbacher, H.: Finanzierung und Investition (mit Excel), 2., überarbeitete Auflage, Verlag Linde, Wien 2006.
- Schneider, D.: Investition, Finanzierung und Besteuerung, 7., vollständig überarbeitete und erweiterte Auflage, Verlag Gabler, Wiesbaden 1992.
- Seicht, G.: Investition und Finanzierung, 10., aktualisierte und wesentlich erweiterte Auflage, Verlag Linde, Wien 2001.
- Spremann, K.: Wirtschaft, Investition und Finanzierung, 6. Auflage, Verlag Oldenbourg, München 2007.
- Struwe, J.: Finanzierung und Investition in KMU, Verlag Oldenbourg, München 2007.
- Süchting, J.: Finanzmanagement, 6. Auflage, Verlag Gabler, Wiesbaden 1995.
- Thommen, J.-P.: Finanzierung, Einführung in die Unternehmensfinanzierung, Verlag Versus, Zürich 2007.
- Urnik, S., Schuschnig, T.: Investitionsmangement – Finanzmanagement – Bilanzanalyse, Verlag Manz, Wien 2007.
- Vormbaum, H.: Finanzierung der Betriebe, 9. Auflage, Verlag Gabler, Wiesbaden 1996.
- Wagenhofer, A.: Bilanzierung und Bilanzanalyse, Eine Einführung, 9., aktualisierte Auflage, Verlag Linde, Wien 2008.
- Wala, T., Kreidl, C.: Investitionsrechnung und betriebliche Finanzierung, Verlag LexisNexis, Wien 2006.
- Walz, H., Gramlich, D.: Investitions- und Finanzplanung, 6., neu bearbeitete Auflage, Verlag Recht und Wirtschaft, Heidelberg 2004.
- Wöhe, G., Bilstein, J.: Grundzüge der Unternehmensfinanzierung, 9., überarbeitete und erweiterte Auflage, Verlag Vahlen, München 2002.
- Zantow, R.: Finanzierung, Die Grundlagen modernen Finanzmanagements, 2. Ausgabe, Verlag Pearson, München 2007.

Weblinks und Internetquellen

- Subventionsfinanzierung:
  - ☐ Kärntner Wirtschaftsförderungsfonds: www.kwf.at
  - ☐ Austria Wirtschaftsservice: www.awsg.at
  - ☐ Kärntner Betriebsansiedelungs- und Beteiligungsgesellschaft: www.babeg.at
  - ☐ BMF: www.bmf.gv.at/Wirtschaftspolitik/Exportfrderung512/Exportfinanzierung876
- Kapitalerhöhung/-herabsetzung:
  - ☐ Wiener Börse: http://www.wienerborse.at/investors/corporateactions/
- Skontorechner:
  - ☐ Wirtschaftsblatt:http://www.wirtschaftsblatt.at/abo/script_rechner.php?&rcat=skonto&kicat=9&navcat=9
- Leasing-Erlässe des deutschen Bundesministeriums der Finanzen:
  - ☐ Bundesverband Deutscher Leasing-Unternehmen: http://www.bdl-leasing-verband.de/leasing.php?x=9&y=8

IV. Jahresabschluss und -analyse

A. Der Jahresabschluss nach dem UGB

1. Die Bestandteile des Jahresabschlusses

Der **Jahresabschluss** stellt die externe Rechnungslegung des Unternehmens dar. Er ist definitionsgemäß nicht nur zur Selbstinformation des Unternehmers bestimmt, sondern auch zur Information externer Adressaten (z.B. Finanzverwaltung, Anteilseigner, etc). Damit ist eine gesetzliche Regelung dieses Informationsmittels notwendig, die in Österreich in Form des Unternehmensgesetzbuches (UGB) vorliegt und in Deutschland in Form des Handelsgesetzbuches (HGB). Demnach muss der Jahresabschluss aus der Bilanz, der Gewinn- und Verlustrechnung, und – unter bestimmten Voraussetzungen – einem Anhang bestehen und wird gegebenenfalls durch einen Lagebericht ergänzt.

Die **Bilanz**, die in Kontenform dargestellt wird, zeigt gemäß § 224 UGB (bzw. § 247 HGB) auf der Aktivseite das Vermögen (Mittelverwendung) und auf der Passivseite das Kapital (Mittelherkunft) des Unternehmens auf.

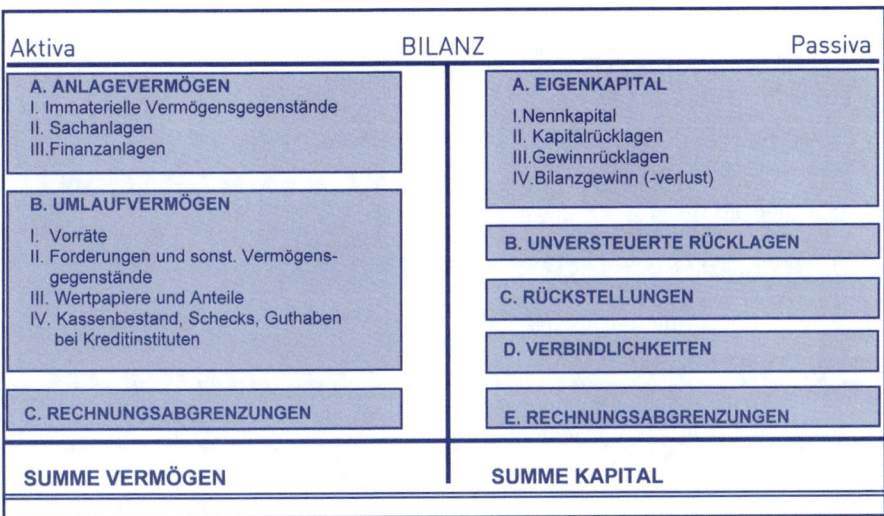

Die **Gewinn- und Verlustrechnung** zeigt gemäß § 231 (1) UGB (bzw. § 275 HGB) die Aufwendungen und Erlöse des Unternehmens in Staffelform auf. Die Gewinn- und Verlustrechnung kann wahlweise nach dem **Gesamt-** oder **Umsatzkostenverfahren** erstellt werden.

Gesamtkostenverfahren	Umsatzkostenverfahren
Umsatzerlöse	Umsatzerlöse
+/− Bestandsveränderungen	− Herstellungskosten
+ Aktivierte Eigenleistungen	Bruttoergebnis vom Umsatz
+ Sonstige betriebliche Erträge	+ Sonstige betriebliche Erträge
− Materialaufwand	− Vertriebskosten
− Personalaufwand	− Verwaltungskosten
− Abschreibungen	− Sonstige betriebliche Aufwendungen
− Sonstige betriebliche Aufwendungen	

Betriebsergebnis (EBIT)
+/− Finanzergebnis
Ergebnis der gewöhnlichen Geschäftstätigkeit
+/− außerordentliches Ergebnis
− Steuern vom Einkommen und vom Ertrag
Jahresüberschuss/Jahresfehlbetrag
+/− Rücklagenveränderungen (Gewinnverwendung)
+/− Gewinn-/Verlustvortrag
Bilanzgewinn/Bilanzverlust

Der **Anhang** soll Bilanz und GuV-Rechnung ergänzen und entlasten. Er enthält gemäß den §§ 236 ff. UGB (§ 284 ff. HGB) folgende Angaben:

Erläuterung der Posten in Bilanz- und GuV-Rechnung
- Angaben bei Änderung von Bilanzierungs- und Bewertungsmethoden
- Bewertung von langfristigen Aufträgen

Zusatzangaben zu Posten der Bilanz und GuV-Rechnung
- Wesentliche Rückstellungen
- Wesentliche Verluste aus Anlagenabgängen
- Haftungsverhältnisse
- Sicherheiten der Verbindlichkeiten

Angaben zu Finanzinstrumenten
- Art und Umfang derivativer Finanzinstrumente

Angaben zu Unternehmen, an denen Beteiligungen bestehen
- Beziehungen zu verbundenen Unternehmen, darunter auch Ergebnisüberrechnungsverträge

Angaben über Organe und Arbeitnehmer
- Kredite und Haftungszusagen gegenüber Vorstand und Aufsichtsrat

Der **Lagebericht** gehört nicht zum eigentlichen Jahresabschluss. Er ist als zusätzliches Informationsinstrument zu verstehen, das gemäß 243 UGB (bzw. § 289 ff. HGB mit geringfügigen Abweichungen zum österreichischen Recht) den Geschäftsverlauf und die Lage des Unternehmens darstellen soll. Er besteht grundsätzlich aus folgenden Teilberichten:

x

Nachtragsbericht
Vorgänge von besonderer Bedeutung, die nach dem Abschlussstichtag eingetreten sind, aufgrund des Stichtagsprinzips i.d.R. jedoch nicht im Jahresabschluss berücksichtigt werden

Prognosebericht
Voraussichtliche Entwicklung des Unternehmens

Entwicklungsbericht
Beleuchtung wesentlicher Forschungs- und Entwicklungsbestrebungen

Geschäftsfeldbericht
Darstellung bestehender Zweigniederlassungen

Finanzbericht
Bericht über Verwendung von Finanzinstrumenten

Der Lagebericht besteht im Gegensatz zum Jahresabschluss zum Großteil aus qualitativen Informationen und ist teilweise auch zukunftsorientiert. Welche Informationen in welchem Umfang in den Lagebericht aufgenommen werden, hängt von der Größe und dem Geschäftsgegenstand des Unternehmens ab.

2. Aufstellungsverpflichtung

Die Verpflichtung zur Erstellung eines Jahresabschlusses trifft alle Kapitalgesellschaften und alle sonstigen Unternehmen (d.h. insbesondere Einzelunternehmen und Personengesellschaften), deren Umsatzerlöse einen jährlichen Schwellenwert von € 400.000,– überschreiten. Der Umfang der zu berücksichtigenden gesetzlichen Vorschriften im Zusammenhang mit der Erstellung des Jahresabschlusses samt Lagebericht hängt jedoch von der Rechtsform und bei Kapitalgesellschaften zusätzlich von ihrer Größe ab. Die Kriterien zur Abgrenzung der drei **Größenklassen** (klein, mittel, groß) von Kapitalgesellschaften sind die Bilanzsumme, die Umsatzerlöse sowie die Anzahl der Arbeitnehmer:

	Kleine Kapitalgesellschaft	**Mittlere Kapitalgesellschaft**	**Große Kapitalgesellschaft**
Bilanzsumme	bis € 4,84 Mio.	von € 4,84 Mio. bis € 19,25 Mio.	über € 19,25 Mio.
Umsatzerlöse	bis € 9,68 Mio.	von € 9,68 Mio. bis € 38,5 Mio.	über € 38,5 Mio.
Arbeitnehmer	bis 50	von 50 bis 250	über 250

Folgende Aufstellungsverpflichtungen treffen die verschiedenen Rechtsformen bzw. Größenklassen:

225

	Sonstige Unternehmen	Kleine GmbH	Kleine AG	Mittlere GmbH	Mittlere AG	Große GmbH	Große AG
Bilanz	nach GoB klar und übersichtlich	explizit festgelegte Gliederung in Kontenform					
GuV	nach GoB klar und übersichtlich	explizit festgelegte Gliederung in Staffelform					
Anhang	Nein	stark verkürzt	verkürzt		Ja	Ja	Ja
Lagebericht	Nein	Nein	Ja	Ja	Ja	Ja	Ja
Aufstellungsfrist	9 Monate	5 Monate	5 Monate	5 Monate	5 Monate	5 Monate	5 Monate

Der fertige Jahresabschluss samt eventuellem Lagebericht muss ebenfalls in Abhängigkeit von der Rechtsform und Unternehmensgröße geprüft, offengelegt und im Amtsblatt der Wiener Zeitung veröffentlicht werden.

	Sonstige Unternehmen	Kleine GmbH	Kleine AG	Mittlere GmbH	Mittlere AG	Große GmbH	Große AG
Prüfungspflicht	Nein	Nein Ausnahme: Aufsichtsratspflicht	Prüfungspflicht				
Offenlegung	Nein	eingeschränkte Bilanz und Anhang	eingeschränkte Bilanz, GuV-Rechnung, Anhang			volle Offenlegung	
Veröffentlichung	Nein	Nur Tag der Einreichung des Jahresabschlusses zum Firmenbuch					Ja

Die **Prüfung** des Jahresabschlusses samt Lagebericht erfolgt durch einen Wirtschaftsprüfer, der auf Vorschlag des Aufsichtsrates durch die Generalversammlung bzw. Hauptversammlung bestellt wird. Im Rahmen der Prüfung des Jahresabschlusses und des Lageberichtes wird allerdings keine Wirtschaftlichkeitsprüfung vorgenommen. Die Prüfungsergebnisse sind im Prüfungsbericht festzuhalten, welcher ausschließlich den geschäftsführenden Organen und dem Aufsichtsrat des Unternehmens zukommt. Außerdem wird von Seiten des Wirtschaftsprüfers je nach Prüfungsergebnis ein eingeschränkter oder uneingeschränkter Bestätigungsvermerk erteilt, der im Gegensatz zum Prüfungsbericht veröffentlicht wird.

Der Jahresabschluss samt Lagebericht und Bestätigungsvermerk ist nach Feststellung durch die General- bzw. Hauptversammlung durch deren Einreichung beim Firmenbuchgericht offenzulegen. Das Firmenbuch ist ein öffentliches Register, das von den Gerichten geführt wird und von jedermann eingesehen werden kann. Mit dieser

Offenlegung im Firmenbuch wird daher der externen Informationsfunktion Rechnung getragen. Große Aktiengesellschaften müssen darüber hinaus für die **Veröffentlichung** von Jahresabschluss, Lagebericht und Bestätigungsvermerk im Amtsblatt zur Wiener Zeitung sorgen.

X 3. Informationsmängel des Jahresabschlusses

Der Jahresabschluss und der Lagebericht dienen als Grundlage für weitere Analysen, die nähere Aussagen über die Lage und Entwicklung des Unternehmens erlauben. Allerdings sind dabei folgende **Informationsmängel** zu bedenken:

- Vergangenheitsorientierung
  Der Jahresabschluss wird für das abgelaufene Wirtschaftsjahr erstellt, und stellt somit eine Ex-post-Betrachtung dar, die kaum Aussagen über die Zukunft enthält.
- Inaktualität der Daten
  Für die Erstellung, Offenlegung und Veröffentlichung des Jahresabschlusses räumt der Gesetzgeber Fristen von 5 bis 9 Monate ein. Damit können Externe erst mit beträchtlicher Verzögerung auf die Informationen zugreifen.
- Statische Ausrichtung
  Der Jahresabschluss bezieht sich auf einen bestimmten Zeitpunkt, den Bilanzstichtag. Er stellt damit eine Momentaufnahme dar, die kaum Aussage über die Situation während des Wirtschaftsjahres erlaubt.
- Quantitative Ausrichtung
  Bilanz, GuV-Rechnung und Anhang enthalten ausschließlich quantitative Daten. Lediglich der Lagebericht kann auch qualitative Informationen enthalten, die eventuell zukunftsorientierte Beurteilungen ermöglichen.
- Verzerrtes Bilanzbild
  Die Ausnutzung bilanzpolitischer Spielräume (z.B. Bilanzierungswahlrechte, Aufwertungsverbote) führt zur Verzerrung der Datenbasis.
- Hoher Aggregationsgrad der Daten
  Einzelposten werden so stark zu Sammelpositionen aggregiert, dass wertvolle Informationen verloren gehen (z.B. sonstige Verbindlichkeiten).

B. Jahresabschlussanalyse

1. Zielanforderung

Die Jahresabschlussanalyse verfolgt das Ziel, die **wirtschaftliche Lage** des Unternehmens zu beurteilen. Die wirtschaftliche Lage des Unternehmens wird dann positiv zu bewerten sein, wenn

- das Unternehmen über die erforderlichen Vermögenswerte verfügt, die Vermögensstruktur den Bedürfnissen der Branche entspricht und die Substanz erhalten werden kann (**Vermögenslage**),

- das Unternehmen in der Lage ist, seinen Zahlungsverpflichtungen nachzukommen und die Struktur und Fristigkeit des Kapitals den Anforderungen entspricht (**Finanzlage**),
- das Unternehmen Erfolg erwirtschaftet und auch in Zukunft erwirtschaften wird (**Ertragslage**).

2. Quellen und Adressaten

Der Jahresabschluss und der Lagebericht gelten als Grundlage der Jahrsabschlussanalyse. Bei interner Jahresabschlussanalyse, d.h. bei Analyse durch das Unternehmen selbst, ist der Zugriff auf die Datenbasis uneingeschränkt. Bei externer Jahresabschlussanalyse, d.h. bei Analyse durch unternehmensfremde Dritte, sorgen die Aufstellungs- und Offenlegungsvorschriften dafür, dass ein Großteil der notwendigen Informationen zugänglich ist. Dritte sind aber auf freiwillige Zusatzinformationen des Unternehmens angewiesen und/oder werden auf zusätzliche Informationsquellen (z.B. Statistiken der Österreichischen Nationalbank, Berichte der Wirtschaftskammer) zurückgreifen müssen, um ihre Analyse abzurunden.

Als Adressaten der Jahresabschlussanalyse sind zunächst der Unternehmer bzw. die Gesellschafter des Unternehmens zu nennen. Die Analyse des vergangenen Geschäftsjahres stellt die Basis für die aktuelle Steuerung und Planung künftiger Perioden dar.

Als externe Adressaten kommen z.B. in Betracht:

- Kreditinstitute, die die Jahresabschlussanalyse als zentralen Bestandteil der Kreditwürdigkeitsprüfung einsetzen
- Finanzanalysten bzw. potentielle Investoren, die die Ertragsaussichten des Unternehmens beurteilen
- Lieferanten, die in erster Linie die Zahlungsfähigkeit des Unternehmens interessieren wird
- Gerichte, die die Sorgfalt der Geschäftsführung eines insolvent gewordenen Unternehmens prüfen

3. Prozess

Die Durchführung der Jahresabschlussanalyse erfordert zunächst die Aufbereitung des vorhandenen Zahlenmaterials. Dazu gehört:

- Aufsplitten von Sammelposten (z.B. Sonstige Verbindlichkeiten nach Fristigkeit)
- Zusammenfassen von Einzelposten (z.B. alle Anlageposten zum Gesamtanlagevermögen)
- Umgruppieren von Positionen (z.B. Übertragung des zur Ausschüttung bestimmten Teils des Bilanzgewinnes vom Eigenkapital ins Fremdkapital)
- Anpassen von Bilanzwerten (z.B. Aufdecken von stillen Reserven, Berücksichtigung von Finanzierungsleasingverträgen)

✗ ■ Berücksichtigung von Aktivierungswahlrechten (z.B. Disagio, derivativer Firmenwert) und -verboten (nicht entgeltlich erworbene immaterielle Vermögensgegenstände, wie z.B. eigene Patente)

Aus diesen Aufbereitungsschritten ergibt sich eine neue Strukturbilanz, die zum Teil neu bewertete Positionen enthält. Diese Strukturbilanz ist die Grundlage für die Bildung von Kennzahlen. Kennzahlen verknüpfen vorhandene Informationen miteinander und bringen damit in komprimierter Form neue Erkenntnisse über das analysierte Unternehmen. In Abhängigkeit von der Form der Verknüpfung unterscheidet man folgende Kennzahlenarten:

✗ **Absolute Kennzahlen**
werden direkt aus dem Jahresabschluss entnommen (z.B. Umsatzerlöse)

Relative Kennzahlen
■ **Gliederungskennzahlen**
   setzen eine Gesamtgröße mit einer Teilgröße in Beziehung
   (z.B. Eigenkapitalquote)
■ **Beziehungskennzahlen**
   setzen Größen miteinander in Beziehung, die im sachlogischen Zusammenhang
   stehen (z.B. Gesamtkapitalrentabilität)
■ **Veränderungskennzahlen**
   stellen die zeitliche Veränderung einer Größe dar

Die ermittelten Kennzahlen müssen interpretiert werden, wobei die spezifische Unternehmenssituation zu berücksichtigen ist. Dazu werden die ermittelten Kennzahlen zunächst im Verbund betrachtet. Sie ergeben das Gesamtbild des Unternehmens. Die Verflechtung und Beeinflussung der verschiedenen Unternehmensbereiche werden hier offengelegt. Die Aussagekraft der Kennzahlen gewinnt zudem durch verschiedene Vergleiche:

Zeitvergleich
Vergleich mit den Kennzahlen desselben Unternehmens aus vorangegangenen Jahren

Soll-Ist-Vergleich
Vergleich mit geplanten Sollwerten desselben Unternehmens

Betriebsvergleich
Vergleich mit den Kennzahlen anderer vergleichbarer (hinsichtlich Branche, Rechtsform, Unternehmensgröße) Unternehmen

4. Teilbereiche

4.1. Analyse der Vermögenslage

Die **Vermögenslage** des Unternehmens wird dann positiv zu bewerten sein, wenn es über die zur Leistungserstellung erforderlichen Vermögenswerte verfügt, die Vermögensstruktur den Bedürfnissen der Branche entspricht und die Substanz erhalten werden kann.

Im Mittelpunkt der Betrachtungen steht damit das Gesamtvermögen des Unternehmens, weshalb als Informationsquelle die Aktivseite der Bilanz herangezogen wird.

Zusätzliche Informationen zum Anlage- und Umlaufvermögen finden sich im Anhang (insbesondere Anlagenverzeichnis, Forderungsspiegel).

Das Gesamtvermögen des Unternehmens setzt sich aus dem Anlage- und Umlaufvermögen zusammen. Das Anlagevermögen (Immaterielles Anlagevermögen, Sachanlagen, Finanzanlagen) ist dazu bestimmt, dauernd dem Geschäftsbetrieb zu dienen. Es sorgt daher in der Regel für eine langfristige Kapitalbindung. Das Umlaufvermögen (Vorräte, Forderungen, Wertpapiere, Liquide Mittel, Rechnungsabgrenzungen) ist hingegen zum laufenden Umschlag bestimmt, und bewirkt nur kurzfristige Kapitalbindung.

■ Intensitätskennzahlen

Intensitätskennzahlen drücken den Anteil einer (in der Regel zusammengefassten) Bilanzposition am Gesamtvermögen des Unternehmens aus. Sie vermitteln einen Eindruck über Art und Zusammensetzung des Gesamtvermögens und über das Ausmaß der Kapitalbindung in Vermögensgegenständen. Beispielhaft soll hier die Anlageintensität angeführt werden:

$$Anlageintensität = \frac{Anlagevermögen}{Gesamtvermögen} *100$$

Die Anlageintensität drückt den Anteil des Anlagevermögens am Gesamtvermögen aus. Eine niedrige Anlageintensität kann ein Hinweis auf mangelnde Investitionstätigkeit in der Vergangenheit sein, wobei bereits voll abgeschriebene oder über Finanzierungsleasingverträge angeschaffte Vermögensgegenstände nicht in der Bilanz aufscheinen. Andererseits bewirkt niedriges Anlagevermögen geringere Fixkosten (Abschreibung, Finanzierungskosten) und ermöglicht eine flexiblere Anpassung an veränderte Beschäftigungsgrade.

■ Anlagenabnutzungsgrad

$$Anlagenabnutzungsgrad = \frac{kum.\ AbschreibungSachAV - Zuschreibungd.GJ}{historischeAKdesSachAVamEnded.GJ} *100$$

Der Anlagenabnutzungsgrad gibt nähere Auskunft über die Altersstruktur des abnutzbaren Anlagevermögens, indem er den prozentuellen Anteil des bereits abgenutzten Anlagevermögens am Gesamtanlagevermögen ermittelt. Je höher der Anlagenabnutzungsgrad, desto größer ist der Reinvestitionsbedarf. Allerdings ist zu bedenken, dass die Abschreibungsmethode und die Wahl der Nutzungsdauer nicht immer der tatsächlichen Abnutzung des Anlagevermögens gerecht werden, und damit die Kennzahl verfälscht sein kann.

■ Abschreibungsquote

$$Abschreibungsquote = \frac{Afad.GJaufSachAV}{durchschn.SachAVzuhistor.AK} *100$$

Die Abschreibungsquote gibt die durchschnittliche jährliche Abschreibung des Sachanlagevermögens in Prozent an. Sie zeigt damit die durchschnittliche Abschreibungsgeschwindigkeit an und gibt einen Hinweis auf die Abschreibungspolitik des Unternehmens. Eine hohe Abschreibungsquote kann bedeuten, dass das Anlagevermögen tatsächlich rasch abgenutzt wird und damit häufige Reinvestitionen nötig sind. Andererseits könnte der tatsächliche Werteverzehr auch der Abschreibung hinterherhinken, was auf die Bildung stiller Reserven schließen ließe. Bei der Interpretation der Kennzahl ist aber zu beachten, dass der Zähler vorhandenes, aber bereits voll abgeschriebenes oder nicht abnutzbares Anlagevermögen nicht enthält. Auch der Nenner der Kennzahl könnte verzerrt sein, und zwar z.B. durch nicht aktivierte geringwertige Wirtschaftsgüter.

■ **Investitionsdeckung**

$$Investitionsdeckung = \frac{Nettosachanlageinvestitionen d.GJ}{Afa auf SachAV d.GJ} * 100$$

	BW SachAV zu Periodenbeginn
+	Zugänge SachAV
+/–	Umbuchungen SachAV
+	Zuschreibungen SachAV
–	Afa SachAV
–	Buchwerte SachAV zu Periodenende
=	BW abgegangenen SachAV
	Zugänge SachAV
–	Buchwerte abgegangenen SachAV
=	Nettosachanlageinvestitionen

Die Investitionsdeckung offenbart die Investitionspolitik des Unternehmens. Sie gibt an, inwieweit das im abgelaufenen Geschäftsjahr abgenutzte und damit ausgefallene Anlagevermögen wieder beschafft wurde. Um Substanzerhaltung zu gewährleisten, müsste die Kennzahl damit einen Wert von 100 % erreichen. Allerdings werden Reinvestitionen üblicherweise nicht laufend, sondern schubweise getätigt, was im Zeitvergleich erkennbar wird. Zu berücksichtigen ist außerdem, dass bei der Ermittlung der Kennzahl die aktuellen Nettosachanlageinvestitionen zu Tageswerten bewertet sind, während die Abschreibung auf der Basis historischer Anschaffungskosten ermittelt wird. Die Verteuerung des betrachteten Vermögensgegenstandes im Zeitablauf wird damit nicht berücksichtigt bzw. bewirkt damit die Anhebung des Sollwertes auf über 100 %.

■ **Umschlagshäufigkeit und Umschlagsdauer**

Umschlagshäufigkeiten können mit allen Bestandsgrößen ermittelt werden. Sie geben an, wie häufig sich die betrachtete Bestandsgröße (arithmetisches Mittel) innerhalb eines Geschäftsjahres umgeschlagen, das heißt erneuert hat. Die Ermittlung

∫der Umschlagshäufigkeit erfolgt durch Gegenüberstellung einer Vermögensposition (Bestandsgröße) mit der Stromgröße, die den Abgang von dieser Vermögensposition darstellt. Die Umschlagshäufigkeit zeigt das Ausmaß der Kapitalbindung bzw. die Liquidierbarkeit der betreffenden Vermögensposition an.

$$Umschlagshäufigkeit = \frac{Stromgröße}{Bestandsgröße} * 100$$

Die Umschlagshäufigkeit kann durch die Umschlagsdauer ergänzt werden. Sie gibt die Zeit (in Tagen) an, in der sich eine Bestandsgröße (arithmetisches Mittel) einmal zur Gänze umschlägt, das heißt erneuert. Je höher die Umschlagshäufigkeit, desto kürzer ist die Umschlagsdauer.

$$Umschlagsdauer = \frac{365}{Umschlagshäufigkeit}$$

∫Im Rahmen der Analyse der Vermögenslage sind die **Lagerumschlagshäufigkeit** und **Lagerumschlagsdauer** sowie die **Debitorenumschlagshäufigkeit (Forderungsumschlagshäufigkeit)** und **Debitorenumschlagsdauer (Forderungsumschlagsdauer)** von Bedeutung:

$$Lagerumschlagshäufigkeit = \frac{Materialeinsatz}{durchschnittl.\, Vorratsbestand} * 100$$

$$Lagerumschlagsdauer = \frac{365}{Lagerumschlagshäufigkeit}$$

∫Die Lagerumschlagshäufigkeit gibt in Kombination mit der Lagerumschlagsdauer über das Lagermanagement des Unternehmens Auskunft. Daraus lassen sich Rückschlüsse auf das Ausmaß der Kapitalbindung und das Risiko der Veralterung und des Schwundes ziehen.

$$Debitorenumschlagshäufigkeit = \frac{Umsatzerlöse + USt}{durchschnittl.\, Forderungen\, aus\, LL} * 100$$

$$Debitorenumschlagsdauer = \frac{365}{Debitorenumschlagshäufigkeit}$$

Die Debitorenumschlagshäufigkeit und -dauer zeigen die durchschnittliche Kreditgewährung des Unternehmens gegenüber seinen Kunden an. Sie decken die Handhabung des Mahnwesens auf und geben damit wiederum Aufschluss über das Ausmaß der Kapitalbindung.

4.2. Analyse der Finanzlage

Die **Finanzlage** des Unternehmens wird dann positiv zu bewerten sein, wenn einerseits die Struktur (Anteil von Eigen-/Fremdkapital am Gesamtkapital) und die Fristigkeit (Dauer, für die das Kapital dem Unternehmen zur Verfügung steht) des Kapitals den spezifischen Anforderungen entsprechen. Beides wird durch die Art und

Ausgestaltung der in Anspruch genommenen Finanzierungsarten bestimmt (**Finanzierungsanalyse**). Die Finanzlage des Unternehmens wird aber auch von seiner Fähigkeit bestimmt, den fälligen Zahlungsverpflichtungen fristgerecht nachkommen zu können. D.h. es muss ausreichend Liquidität vorhanden sein (**Liquiditätsanalyse**).

Die Analyse der Finanzlage umfasst daher zwei einander ergänzende Teilbereiche:

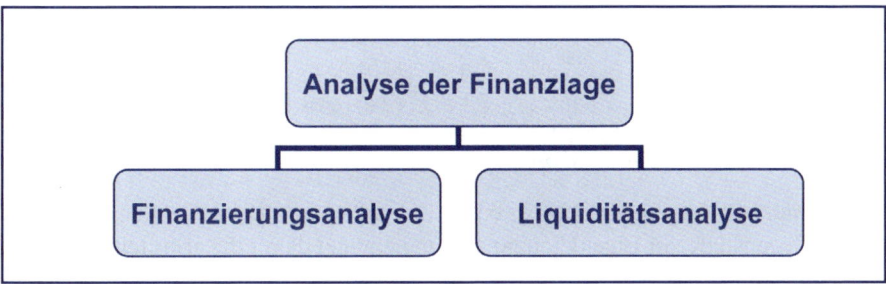

Abbildung IV.1: Analyse der Finanzlage

Im Rahmen der **Finanzierungsanalyse** wird ausschließlich die Passivseite der Bilanz näher betrachtet. Sie setzt sich grundsätzlich aus dem Eigen- und dem Fremdkapital zusammen. Das Eigenkapital besteht aus dem eigentlichen Eigenkapital gemäß Punkt A des Bilanzgliederungsschemas und den unversteuerten Rücklagen (Achtung: latente Steuern stellen Fremdkapital dar). Das Eigenkapital steht dem Unternehmen i.d.R. langfristig bzw. unbefristet zur Verfügung. Das Fremdkapital setzt sich im Wesentlichen aus den Rückstellungen und Verbindlichkeiten zusammen, deren Fristigkeiten aus dem Anhang zu entnehmen sind.

■ **Eigenkapitalquote**

$$Eigenkapitalquote = \frac{Eigenkapital}{Gesamtkapital} * 100$$

Die Eigenkapitalquote zeigt den prozentuellen Anteil des Eigenkapitals am Gesamtkapital. Gleichzeitig ist erkennbar, welcher Anteil des Vermögens mit Hilfe von (langfristigem) Eigenkapital finanziert wurde. Da Eigenkapital als Haftkapital gilt und dem Unternehmen weitgehende Dispositionsfreiheit garantiert, ist eine hohe Eigenkapitalquote zunächst positiv zu bewerten. Insbesondere für potentielle Gläubiger und Investoren bedeutet eine hohe Eigenkapitalquote ein geringes Risiko. Einzig Rentabilitätsüberlegungen können unter bestimmten Voraussetzungen eine Verringerung des Eigenkapitalanteils sinnvoll erscheinen lassen (Leverage-Effekt).

Für die optimale Höhe der Eigenkapitalquote existieren zwar Vorgaben (z.B. Bankers Rule: EK:FK = 2:1). Allerdings sind – wie bei allen anderen Kennzahlen auch – die jeweiligen Rahmenbedingungen (z.B. Branche, Unternehmensgröße, Lebenszyklusphase) für die Interpretation ausschlaggebend.

Das Unternehmensreorganisationsgesetz formuliert die Eigenmittelquote gemäß seinem § 23 folgendermaßen:

$$Eigenmittelquote\ gem\ \S 23\ URG = \frac{Eigenkapital + unversteuerte\ R\ddot{u}cklagen}{Gesamtkapital - von\ den\ Vorr\ddot{a}ten\ absetzbare\ Anzahlungen}$$

Ab einem Unterschreiten des Grenzwertes der Eigenmittelquote gemäß § 23 URG von 8 % und einem Überschreiten des Grenzwertes der Schuldentilgungsdauer gemäß § 24 URG von 15 Jahren geht das URG von gegebenem Reorganisationsbedarf aus. Dieser löst ein Reorganisationsverfahren aus, das der Insolvenzprophylaxe dienen soll.

- **Fremdkapitalquote**

$$Fremdkapitalquote = \frac{Fremdkapital}{Gesamtkapital} * 100$$

Die Fremdkapitalquote gibt den Anteil des Fremdkapitals am Gesamtkapital an. Sie ist das Gegenstück zur Eigenkapitalquote und ergänzt damit die ermittelte Eigenkapitalquote auf 100 %.

- **Gearing**

$$Gearing = \frac{Verzinsliches\ Fremdkapital - Liquide\ Mittel}{Eigenkapital} * 100$$

Das Gearing ergänzt die Eigen- und Fremdkapitalquote. Es stellt eine Variante des Verschuldungskoeffizienten dar (FK:EK) dar. Allerdings stellt diese international übliche Kennzahl im Zähler auf die Nettoverschuldung ab.

- **Selbstfinanzierungsgrad**

$$Selbstfinanzierungsgrad = \frac{Selbstfinanzierung}{Gesamtkapital} * 100$$

+	Gewinnrücklagen
+	thesaurierter Bilanzgewinn
(−)	(Bilanzverlust)
+	Gewinnvortrag
−	Verlustvortrag
+	unversteuerte Rücklagen
=	Selbstfinanzierung

Der Selbstfinanzierungsgrad zeigt das Ausmaß an, in dem einbehaltene Gewinne zur Finanzierung beigetragen haben. Für potentielle Gläubiger zeigt diese Kennzahl die Bereitschaft zur Reinvestition erwirtschafteter Gewinne in das eigene Unternehmen an.

- **Kreditorenumschlagshäufigkeit**

$$Kreditorenumschlagsh\ddot{a}ufigkeit = \frac{Materialeinkauf\ (\text{-}einsatz) + USt}{durchschnittl.\ Verbindlichkeiten\ aus\ LL} * 100$$

$$Kreditorenumschlagsdauer = \frac{365}{Kreditorenumschlagshäufigkeit}$$

Die Kreditorenumschlagshäufigkeit gibt an, wie häufig sich die Verbindlichkeiten aus Lieferungen und Leistungen im Geschäftsjahr erneuert haben. Die Kreditorenumschlagsdauer gibt an, wie viele Tage das Unternehmen im Durchschnitt zur Begleichung seiner Verbindlichkeit verstreichen ließ. Die durchschnittliche Kreditbeanspruchung des Unternehmens bei seinen Lieferanten wird offengelegt und die Beurteilung der Zahlungsmoral bzw. Zahlungspolitik des Unternehmens ermöglicht. Die Kreditorenumschlagshäufigkeit in Verbindung mit der Debitorenumschlagshäufigkeit kann Aufschluss darüber geben, ob das Unternehmen seine Kunden zur Zwischenfinanzierung der eigenen Materialbeschaffung nutzt.

Im Rahmen der **Liquiditätsanalyse** wird die Zahlungsfähigkeit (Liquidität) des Unternehmens beurteilt, was auf zwei verschiedene Arten erfolgen kann:

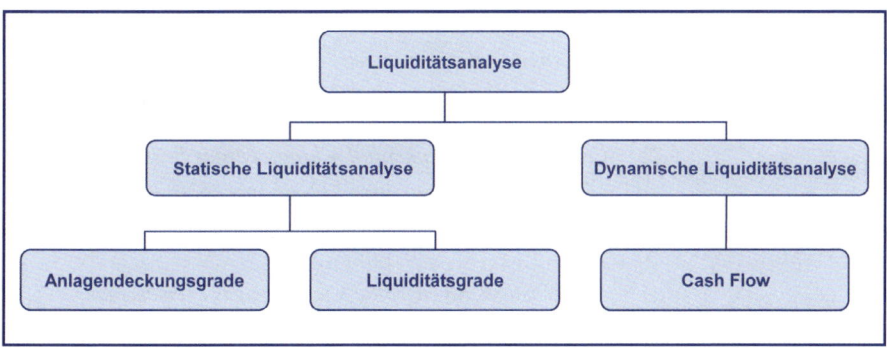

Abbildung IV.2: Liquiditätsanalyse

Im Rahmen der **statischen Liquiditätsanalyse** wird die Liquidität als positiver Zahlungsmittelbestand verstanden. Die Beurteilung der Liquidität beruht hier auf bestandsorientierten Daten, das heißt es werden Bestände der Aktiv- und Passivseite miteinander in Beziehung gesetzt, um damit Aussagen über die Liquidität zu erzielen.

Die **dynamische Liquiditätsanalyse** versteht unter Liquidität die Fähigkeit, jederzeit seinen fälligen Zahlungsverpflichtungen nachzukommen. Es werden Stromgrößen zur Kennzahlenermittlung herangezogen, das heißt es werden die Veränderungen der Bestandsgrößen zur Beurteilung der Liquidität eingesetzt.

■ **Anlagendeckungsgrade**

Die Ermittlung der Anlagendeckungsgrade basiert auf dem **Grundsatz der Fristenkongruenz**. Dieser fordert, dass das Kapital nicht kürzer befristet sein darf, als die damit finanzierten Vermögensgegenstände im Unternehmen gebunden sind. Ansonsten würde eine Finanzierungslücke entstehen, die die Liquidität gefährdet.

Die Anlagendeckungsgrade betrachten den langfristigen Teil der Bilanz. Sie vergleichen langfristig zur Verfügung gestelltes Kapital mit langfristig gebundenem Vermögen, wobei eine Deckung von 100 % gegeben sein soll, um von einer positiven Liquiditätslage sprechen zu können.

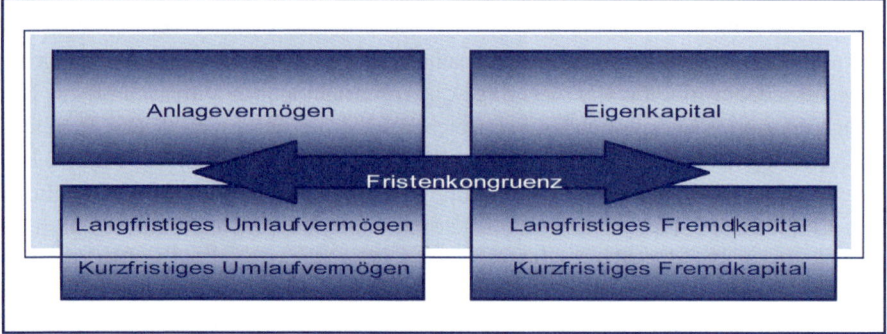

Abbildung IV.3: Fristenkongruenz

$$Anlagendeckungsgrad\ A = \frac{langfristiges\ Eigenkapital}{langfristiges\ Anlagevermögen} * 100$$

$$Anlagendeckungsgrad\ B = \frac{langfristiges\ Eigenkapital + langfristiges\ Fremdkapital}{langfristiges\ Anlagevermögen} * 100$$

$$Anlagendeckungsgrad\ C = \frac{langfristiges\ Eigenkapital + langfristiges\ Fremdkapital}{langfristiges\ Anlagevermögen + langfristiges\ Umlaufvermögen} * 100$$

Die drei angeführten Deckungsgrade geben an, in welchem Ausmaß langfristig gebundene Vermögensgegenstände durch langfristig zur Verfügung gestelltes Kapital finanziert werden. Sie erweitern schrittweise Zähler und Nenner. **Anlagedeckungsgrad A** geht davon aus, dass lediglich das Eigenkapital langfristig zur Verfügung steht, welches zur Finanzierung des Anlagevermögens, das in der Regel zur Gänze langfristig gebunden ist, verwendet werden soll. **Anlagendeckungsgrad B** berücksichtigt, dass auch Teile des Fremdkapitals (über die Fristigkeit der Einzelposten gibt der Anhang Auskunft) auch langfristig zur Verfügung stehen (z.B. Pensionsrückstellung). Erst **Anlagendeckungsgrad C** bezieht alle langfristigen Aktiv- und Passivposten in die Berechnung mit ein und prüft sie auf Fristenkongruenz.

■ Liquiditätsgrade

Die Liquiditätsgrade bewegen sich im kurzfristig ausgerichteten Teil der Bilanz. Es soll geprüft werden, in welchem Ausmaß kurzfristig zur Verfügung gestelltes Fremdkapital sofort durch liquide Mittel unterschiedlich weiter Auslegung getilgt werden könnte.

$$Liquiditätsgrad\ 1 = \frac{Zahlungsmittelbestand}{Kurzfristiges\ Fremdkapital} * 100$$

Liquiditätsgrad 1 ermittelt, in welchem Ausmaß das kurzfristige Fremdkapital (in der Regel kurzfristige Rückstellungen und Verbindlichkeiten) sofort mit den vorhandenen Zahlungsmitteln (das sind Kassa-, Bankbestände) beglichen werden könnten. Da eine zu hohe Kassenhaltung der Rentabilität abträglich wäre, wird ein Anteil von 20 % als ausreichend erachtet, um die Liquidität des Unternehmens als gesichert beurteilen zu können (**One-To-Five-Rule, Cash Ratio**).

$$Liquidit\ddot{a}tsgrad\ 2 = \frac{Monet\ddot{a}res\ Umlaufverm\ddot{o}gen}{Kurzfristiges\ Fremdkapital} * 100$$

Liquiditätsgrad 2 berücksichtigt, dass innerhalb der Frist, in der das angesetzte Fremdkapital fällig wird, auch Forderungen eingehen, und damit zu liquiden Mitteln werden. Daher <u>erweitert</u> diese Kennzahl den Zähler um die <u>kurzfristigen Forderungen</u>, woraus sich das sog monetäre Umlaufvermögen ergibt. Bei Ermittlung des Liquiditätsgrades 2 erlaubt ein Wert von mindestens 100 % eine positive Beurteilung der Liquiditätslage (**Acid-Test-Rule, Quick Ratio**), da man von einer vollkommenen Fristenübereinstimmung ausgehen kann.

$$Liquidit\ddot{a}tsgrad\ 3 = \frac{Kurzfristiges\ Umlaufverm\ddot{o}gen}{Kurzfristiges\ Fremdkapital} * 100$$

Liquiditätsgrad 3 definiert die liquiden Mittel am weitesten. Er geht davon aus, dass das gesamte kurzfristige Umlaufvermögen (d.h. insb auch die Vorräte) in absehbarer Zeit in liquide Mittel umgewandelt werden, weshalb im Zähler nunmehr alle kurzfristigen Positionen des Umlaufvermögens angeführt werden. Hier wird allerdings erst ab einem Wert von 200 % von einer guten Liquiditätssituation gesprochen (**Banker's Rule, Current Ratio**), da die Geldwerdung im Zähler tendenziell länger dauern wird als das Fälligwerden des Fremdkapitals im Nenner.

■ **Cash-Flow**

Der **Cash-Flow** ist der im Innenfinanzierungsbereich erwirtschaftete Überschuss der Einnahmen über die Ausgaben vor Berücksichtigung der Investitions- und Finanzierungsaktivitäten. Der Cash-Flow stellt auf dynamische Größen, nämlich Zahlungsströme ab. Er versucht damit, den wichtigsten Mangel der statischen Liquiditätsanalyse zu beheben.

Der Cash-Flow wird häufig aus der Differenz der zahlungswirksamen Erträge und der zahlungswirksamen Aufwendungen ermittelt. <u>Ein Ertrag oder Aufwand gilt dann als zahlungswirksam, wenn er einen Zahlungsstrom verursacht, der die Liquidität, d.h. den Zahlungsmittelbestand, erhöht oder verringert.</u> Da jedoch *nicht* jeder Aufwand bzw. Ertrag solche Zahlungsströme nach sich zieht (z.B. <u>Abschreibung</u>), unterscheidet sich der Cash-Flow vom Gewinn. <u>Der Cash-Flow muss daher eigens aus der GuV-Rechnung abgeleitet werden.</u>

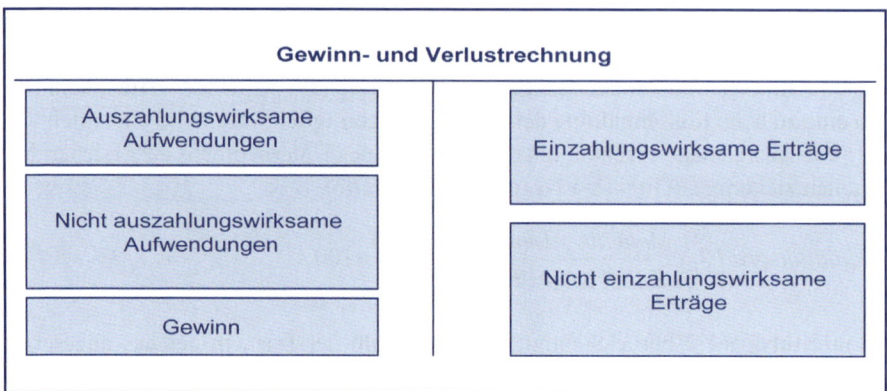

Abbildung IV.4: Gewinn- und Verlustrechnung

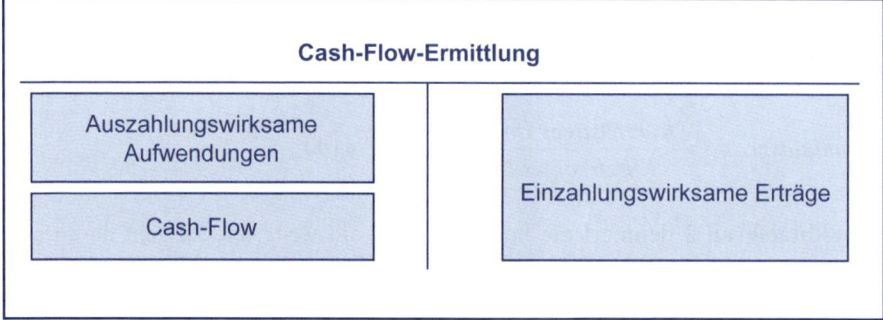

Abbildung IV.5: Cash-Flow-Ermittlung

Zur Ermittlung des Cash-Flows steht dem internen Analysten die **direkte Methode** zur Verfügung, da er über die notwendigen Hintergrundinformationen zur Beurteilung jedes Aufwandes bzw. Ertrages hinsichtlich der Zahlungswirksamkeit verfügt.

Direkte Cash-Flow-Ermittlung
Auszahlungswirksame Aufwendungen
– Einzahlungswirksame Erträge
= **Cash-Flow**

Der externe Analyst kann die **indirekte Methode** anwenden, die ein retrogrades Ermittlungsschema darstellt. Vom Gewinn ausgehend werden folgende Bereinigungen vorgenommen:

Indirekte Cash-Flow-Ermittlung
Gewinn
+ Nicht auszahlungswirksame Aufwendungen
– Nicht einzahlungswirksame Erträge
= **Cash-Flow**

Eine stark vereinfachte Variante der Cash-Flow-Ermittlung stellt jene des **„Praktiker"-Cash-Flows** dar. Hierbei werden nur die wichtigsten und betragsmäßig relevantesten Positionen berücksichtigt, um ausgehend vom Bilanzgewinn den Cash-Flow zu ermitteln. Das Schema ist dergestalt:

Cash-Flow-Ermittlung nach der Praktiker-Methode	
	Gewinn/Verlust
+	Abschreibungen (– Zuschreibungen)
–	Gewinnvortrag (+ Verlustvortrag)
+	Dotierung (– Auflösung) langfristiger Rückstellungen
+	Dotierung (– Auflösung) Rücklagen
+	Buchwert abgegangener Anlagen
=	**Cash-Flow aus dem Ergebnis**

Die Cash-Flow-Ermittlung ist nicht gesetzlich geregelt, weshalb es verschiedenste Berechnungsvarianten gibt. Um für Nachvollziehbarkeit und Vergleichbarkeit zu sorgen, haben verschiedene nationale und internationale Vereinigungen (z. B. Österreichische Vereinigung für Finanzanalyse & Anlageberatung, ÖVFA) Ermittlungsschemata entworfen, die unterschiedliche Bedeutung erlangt haben.

In Österreich wird das Cash-Flow-Ermittlungsschema der ÖVFA äußerst häufig angewendet. Es ist im Wesentlichen äquivalent mit den gängigen internationalen Richtlinien (IFRS, US-GAAP, Stellungnahme des HFA der Deutschen Wirtschaftsprüfer).

Die Ermittlung des ÖVFA-Cash-Flows ist für die Analyse von Einzelabschlüssen geeignet. Es wurde eine staffelförmige Darstellung gewählt, die sich im Einzelnen folgendermaßen gestaltet:

ÖVFA-Ermittlungsschema für den Cash-Flow aus dem operativen Bereich	
+/–	Jahresüberschuss/-fehlbetrag
+	Abschreibungen auf das Anlagevermögen
–	Zuschreibungen auf das Anlagevermögen
+/–	Dotierung/Auflösung langfristiger Rückstellungen
–/+	Gewinne/Verluste aus dem Verkauf von Anlagevermögen
–	Auflösung nichtrückzahlbarer Investitionszuschüsse
+/–	sonstige zahlungsunwirksame Aufwendungen/Erträge
=	**Cash-Flow aus dem Ergebnis**
–/+	Erhöhung/Senkung von Vorräten inkl. geleisteter Anzahlungen, ARA
+/–	Erhöhung/Senkung von erhaltenen Anzahlungen, PRA
–/+	Erhöhung/Senkung von Forderungen LL, Konzernforderungen LL, sonstige Forderungen
+/–	Erhöhung/Senkung von Verbindlichkeiten LL, Schuldwechsel, Konzernverbindlichkeiten LL, sonstige Verbindlichkeiten
+/–	Erhöhung/Senkung kurzfristiger Rückstellungen
=	**Cash-Flow aus dem operativen Bereich (ÖVFA-Cash-Flow)**

Der Cash-Flow ist Maßstab für das Innenfinanzierungspotential des Unternehmens, das für Investitionen, Schuldentilgungen und Ausschüttungen bzw. Entnahmen zur

Verfügung steht bzw. gestanden hat. Denn der Cash-Flow wird in der Regel im abgelaufenen Wirtschaftsjahr bereits (zum Teil) für die angeführten Verwendungszwecke verbraucht worden sein.

- **Cash-Flow-Umsatzrate**

$$Cash\text{-}Flow\text{-}Umsatzrate = \frac{Cash\text{-}Flow}{Umsatzerl\ddot{o}se} * 100$$

Die Cash-Flow-Umsatzrate (oder Cash-Flow in Prozent der Betriebsleistung) gibt an, wie viel Prozent der erzielten Umsatzerlöse als liquide Mittel in das Unternehmen zurück fließen und damit als Cash-Flow anzusehen sind. Während der operative Cash-Flow selbst die Mittelherkunft aus dem betrieblichen Leistungsprozess aufzeigt, ergänzt die Cash-Flow-Umsatzrate die Überlegungen in Richtung Mittelverwendung. Es kann besser beurteilt werden, welcher Anteil der Umsatzerlöse für Investitionen, Tilgungen, Gewinnausschüttungen bzw. -entnahmen verwendet werden kann.

- **Fremdkapitaltilgungsrate**

$$Fremdkapitaltilgungsrate = \frac{Fremdkapitaltilgung}{Cash\text{-}Flow} * 100$$

Die **Fremdkapitaltilgungsrate** widmet sich der Mittelverwendung zum Zwecke der Schuldentilgung. Sie gibt an, welcher prozentuelle Anteil des Cash-Flows zur Rückzahlung von Fremdkapital (im Wesentlichen Bankdarlehen) verwendet wurde.

- **Dynamische Schuldentilgungsdauer**

$$Dynamische\ Schuldentilgungsdauer = \frac{Effektivverschuldung}{Cash\text{-}Flow}$$

+	Fremdkapital
−	Liquide Mittel
−	Wertpapiere des Umlaufvermögens
−	kurzfristige Forderungen
=	Effektivverschuldung

Die **dynamische Schuldentilgungsdauer** gibt an, wie lange das Unternehmen (in Jahren) theoretisch brauchen würde, um die aktuelle Effektivverschuldung mit Hilfe des im abgelaufenen Wirtschaftsjahr erzielten Cash-Flows zu tilgen. Dabei wird davon ausgegangen, dass der Cash-Flow über diesen Zeitraum jährlich in der gleichen Höhe anfällt und ausschließlich zur Tilgung verwendet wird. Je schneller das Unternehmen seine Effektivverschuldung aus eigener Kraft tilgen kann, desto besser. Das Unternehmensreorganisationsgesetz (URG) setzt die **Schuldentilgungsdauer gemäß § 24 URG** in Kombination mit der Eigenkapitalquote gemäß § 23 URG als Indikator für Reorganisationsbedarf ein.

$$Schuldentilgungsdauer\ gem\ \S\ 24\ URG = \frac{bilanzielles\ Fremdkapital}{Mittel\ddot{u}berschuss\ aus\ der\ gew\ddot{o}hnlichen\ Gesch\ddot{a}ftst\ddot{a}tigkeit}$$

+/–	Ergebnis der gew. Geschäftstätigkeit
–	darauf entfallende Ertragsteuern
+/–	Abschreibungen/Zuschreibungen
–/+	Gewinne/Verluste aus dem Abgang von AV
+/–	Dotierung/Auflösung langfristiger Rückstellungen
=	Mittelüberschuss aus der gewöhnlichen Geschäftstätigkeit
+	Rückstellungen
+	Verbindlichkeiten
–	sonst. Wertpapiere und Anteile
–	Kassenbestand, Schecks
–	Guthaben bei Kreditinstituten
–	von Vorräten absetzbare AZ
=	bilanzielles Eigenkapital

Ab einem Überschreiten des Grenzwertes der Schuldentilgungsdauer gem § 24 URG von 15 Jahren und einem Unterschreiten des Grenzwertes der Eigenmittelquote gem § 23 URG von 8 % geht das URG von gegebenem Reorganisationsbedarf aus. Dieser löst ein gesetzlich vorgesehenes Reorganisationsverfahren aus, das der Insolvenz-prophylaxe dienen soll.

■ **Cash-Flow-Privatentnahmerate**

$$Cash\text{-}Flow\text{-}Privatentnahmerate = \frac{Cash\text{-}Flow}{Privatentnahmen} * 100$$

Die Cash-Flow-Privatentnahmerate gibt an, welcher Anteil des Cash-Flows entnommen bzw. ausgeschüttet wurde.

■ **Kapitalflussrechnung** Unternehmenscashflow
Die **Kapitalflussrechnung** ist eine Bewegungsrechnung, die neben der Ermittlung des operativen Cash-Flows auch die Abbildung der Zahlungsströme, die sich aus der Investitions- und Finanzierungstätigkeit ergeben, dargestellt. Es wird nicht nur die Mittelentstehung, sondern auch die gesamte Mittelverwendung abgebildet, wodurch eine genaue Analyse sämtlicher Zahlungsströme, die zur Veränderung der statischen Größe „Zahlungsmittelbestand" geführt haben, ermöglicht wird. Zur Kapitalfluss-rechnung gehört zunächst die Ermittlung des operativen Cash-Flows, die oben bereits besprochen wurde. Ergänzt wird diese um folgende Teilbereiche:

	ÖVFA-Ermittlungsschema für den Cash-Flow aus der Investitionstätigkeit
–	Investitionen in das Anlagevermögen (Geldabfluss für Investitionen, inkl. aktivierter Eigenleistungen)
+	Abgänge aus dem Zahlungsvermögen (Geldabfluss aus dem Verkauf: Restbuchwerte + Gewinne (– Verluste) aus Anlagenabgang
=	**Cash-Flow aus der Investitionstätigkeit**

241

ÖVFA-Ermittlungsschema für den Cash-Flow aus der Finanzierungstätigkeit

+ Einzahlungen aus Kapitalerhöhungen

+ Einzahlungen aus Gesellschafterzuschüssen

– Ausschüttung an Gesellschafter (z.B. Gewinnausschüttung, Kapitalrückzahlungen)

+ Einzahlungen aus kurzfristigen Kreditaufnahmen

+ Einzahlungen aus Anleihen, Darlehen und langfristigen Kreditaufnahmen

+ Einzahlungen aus nicht rückzahlbaren Investitionszuschüssen

–/+ Erhöhung/Senkung von Konzernforderungen (soweit nicht aus LL)

– Rückzahlung kurzfristiger Kredite

– Rückzahlung/Tilgung von Anleihen, Darlehen und langfristigen Krediten

+/– Erhöhung/Senkung von Konzernverbindlichkeiten (soweit nicht aus LL)

= Cash-Flow aus der Finanzierungstätigkeit

ÖVFA-Ermittlungsschema für den Unternehmens-Cash-Flow (ÖVFA-Kapitalflussrechnung)

+/– Cash-Flow aus dem operativen Bereich

+/– Cash-Flow aus der Investitionstätigkeit

+/– Cash-Flow aus der Finanzierungstätigkeit

= Veränderung (Zu- oder Abnahme) der liquiden Mittel

+/– wechselkursbedingte Wertänderungen der liquiden Mittel

+ Anfangsbestand an liquiden Mitteln

= Endbestand an liquiden Mitteln

4.3. Analyse der Ertragslage

■ **Eigenkapitalrentabilität (Return on Equity, ROE)**

$$Eigenkapitalrentabilität = \frac{EGT}{durchschnittliches\ Eigenkapital} * 100$$

Die **Eigenkapitalrentabilität** gibt die Verzinsung (Rentabilität, Rendite) des durchschnittlich eingesetzten Eigenkapitals an. Sie stellt eine Wirkung-Ursache-Beziehung dar. Im Nenner wird als Ursache das eingesetzte Eigenkapital angesetzt, während im Zähler als daraus resultierende Wirkung der erzielte Ertrag (EGT) angesetzt wird. Die Eigenkapitalrentabilität wird auch als Unternehmerrentabilität bezeichnet, da sie in erster Linie für die Eigenkapitalgeber von Interesse ist. Die Eigenkapitalgeber werden an einer möglichst hohen Verzinsung des von ihnen eingesetzten Eigenkapitals interessiert sein.

Als eingesetzte Ergebnisgröße erweist sich das EGT als am prognosefähigsten. Alternativ kann auch der Jahresüberschuss eingesetzt werden, der die tatsächliche Verzinsung im betreffenden Wirtschaftsjahr umfassender abbildet, allerdings durch das einbezogene außerordentliche Ergebnis verfälscht sein kann.

■ **Gesamtkapitalrentabilität (Return on Investment, ROI)**

$$Gesamtkapitalrentabilität = \frac{EGT + Fremdkapitalzinsen}{durchschnittliches\ Gesamtkapital} * 100$$

Die **Gesamtkapitalrentabilität** gibt die Verzinsung des gesamten durchschnittlich eingesetzten Kapitals an. Bei der Ermittlung wird im Zähler sowohl der Ertrag der Eigenkapitalgeber (EGT) als auch der Ertrag der Fremdkapitalgeber (Fremdkapitalzinsen) angesetzt und mit dem eingesetzten Gesamtkapital (Eigenkapital und Fremdkapital) in Beziehung gesetzt. Damit wird die Zusammensetzung des spezifischen Kapitals eines Unternehmens für die Ermittlung der Kennzahl irrelevant, weshalb die Gesamtkapitalrentabilität besser für den zwischenbetrieblichen Vergleich geeignet ist, als die Eigenkapitalrentabilität. Die Gesamtkapitalrentabilität wird auch Unternehmensrentabilität genannt und gilt als zentrale Rentabilitätskennzahl.

Da Zähler und Nenner der Rentabilitätskennzahlen häufig inkonsistent sind (im Zähler fehlen zum Teil erwirtschaftete Erträge z.B. durch Wertsteigerungen eines Grundstückes, während der Nenner nicht das gesamte Kapital abbildet, z.B. selbst erstellte Software), wurden die Rentabilitätskennzahlen weiterentwickelt.

■ **Return on Net Assets (RONA)**

$$Return\ on\ NetAssets = \frac{EGT + Zinsaufwand}{Eigenkapital + verzinsliches\ Fremdkapital}$$

Der **Return on Net Assets** basiert nicht auf dem eingesetzten Gesamtkapital, sondern auf dem investierten Kapital, das heißt auf dem Eigenkapital und dem verzinslichen Fremdkapital. Somit wird im Vergleich zum ROI aus dem Nenner das Fremdkapital eliminiert, das keinen Zinsaufwand verursacht hat.

■ **Umsatzrentabilität (Return on Sales, ROS)**

$$Umsatzrentabilität = \frac{Betriebsergebnis}{Umsatzerlöse} * 100$$

Die **Umsatzrentabilität** zeigt, welcher Anteil der Umsatzerlöse als Gewinn verbleibt. Damit wird die Effizienz des Kerngeschäfts des Unternehmens beleuchtet.

4.4. Der Leverage-Effekt

Die Rentabilität des im Unternehmen befindlichen Kapitals stellt eine zentrale Kenngröße sowohl für unternehmensinterne Zwecke (z.B. Überprüfung der Erreichung von Rentabilitätszielen) als auch für nicht am Unternehmen Beteiligte (z.B. potentielle Investoren, die sich ein Bild von der Ertragskraft des betrachteten Unternehmens verschaffen wollen) dar. Neben der Gesamtkapitalrentabilität ist besonders für die Eigentümer des Unternehmens die Rendite des eingesetzten Eigenkapitals von großem Interesse.

> **Übungsbeispiel zur Ermittlung der Kapitalrentabilität:**
>
> Die Return on Asset GmbH weist folgende vereinfachte Bilanz auf (Angaben in Euro):

Aktiva		Passiva	
Anlagevermögen	100.000	Eigenkapital	125.000
Umlaufvermögen	200.000	Fremdkapital	175.000
	300.000		300.000

Das Unternehmen erwirtschaftete einen Gewinn vor Steuern und Fremdkapitalzinsen (Betriebsergebnis bzw. EBIT [earnings before interests and taxes]) in Höhe von 30.000 Euro. Der durchschnittliche Fremdkapitalzinssatz der Return on Asset GmbH beträgt 8 % p.a. Aus diesen Informationen kann zunächst die Gesamtkapitalrentabilität ermittelt werden:

$$r_{GK} = \frac{30.000}{300.000} = 10\,\%$$

Die absolute Höhe der Fremdkapitalzinsen beläuft sich auf 175.000 * 8 % = 14.000 Euro. Daraus kann nun das EGT (Ergebnis der gewöhnlichen Geschäftstätigkeit) ermittelt werden.

EGT = EBIT – Fremdkapitalzinsen
EGT = 30.000 – 14.000 = 16.000 Euro

Dieser Betrag steht nun zur Gänze den Eigenkapitalgebern zur Verfügung, die Rentabilität des eingesetzten Eigenkapitals kann nun wie folgt berechnet werden:

$$r_{EK} = \frac{16.000}{125.000} = 12{,}8\,\%$$

Der Zusammenhang zwischen der interessierenden Größe Eigenkapitalrentabilität (r_{EK}) und den Parametern bilanzielles Eigenkapital (EK), bilanzielles Fremdkapital (FK), der Gesamtkapitalrentabilität (r_{GK}) und dem Fremdkapitalzinssatz (i) kann wie folgt hergeleitet werden. Die Gesamtkapitalrentabilität des Unternehmens muss sich aus der Entlohnung (dem Gewinn) der Eigenkapitalgeber und der Entlohnung (den Fremdkapitalzinsen) der Fremdkapitalgeber bezogen auf das gesamte im Unternehmen befindliche Kapital ergeben:

$$r_{GK} = \frac{r_{EK} * EK + i * FK}{EK + FK}$$

Der gesamte durch das im Unternehmen befindliche Kapitel (EK + FK) erwirtschaftete Überschuss wird auf zwei Personenkreise verteilt, die Eigentümer und die Fremdkapitalgeber. Fremdkapital zeichnet sich durch eine fixierte (jedenfalls aber durch eine in ihrer Höhe vorab bestimmte) Verzinsung aus, der nach Abzug der Fremdkapitalzinsen verbleibende Überschuss steht in voller Höhe den Eigenkapitalgebern zur Verfügung. Die sich aus Eigenkapitalrendite und Fremdkapitalrendite ergebende gewichtete Rendite ist folglich die Rentabilität des Gesamtkapitals, obige Gleichung stellt exakt diesen Sachverhalt dar. Nach wenigen Umformungen ergibt sich für die Eigenkapitalrendite der folgende Zusammenhang:

$$r_{EK} = r_{GK} + \frac{FK}{EK} * \left[r_{GK} - i \right]$$

Dieser Ausdruck stellt einen Zusammenhang zwischen der Eigenkapitalrentabilität, der Gesamtkapitalrentabilität, dem Fremdkapitalzinssatz und der Kapitalstruktur des Unternehmens (ausgedrückt durch den Quotienten FK / EK) her. Aus obigem Ausdruck ist ersichtlich, dass die Eigenkapitalrentabilität unter der Voraussetzung r_{GK} > i (Gesamtkapitalrentabilität ist größer als der zu leistende Fremdkapitalzinssatz) durch eine zunehmende Verschuldung des Unternehmens (der Quotient FK / EK wird durch einen höheren Fremdkapitalanteil und einen geringeren Eigenkapitalanteil größer) gesteigert werden kann. Das Ausmaß der Steigerung der Eigenkapitalrentabilität hängt vom durch die Kapitalstruktur bestimmten Hebel FK / EK ab, die englischsprachige Literatur spricht von **Leverage**. Der Effekt einer gesteigerten Eigenkapitalrentabilität bei steigender Verschuldung wird daher auch **Leverage-Effekt** genannt. Die zentrale Aussage des Leverage-Effekts ist also:

> Die Eigenkapitalrentabilität nimmt mit ansteigender Verschuldung zu, solange der Fremdkapitalzinssatz geringer als die Gesamtkapitalrentabilität ist.

Fortsetzung des Übungsbeispiels zur Ermittlung der Kapitalrentabilität:

Die Eigenkapitalrentabilität der Return on Asset GmbH kann nun auch nach dem zuvor abgeleiteten Zusammenhang berechnet werden:

$$r_{EK} = 10\ \% + \frac{175.000}{125.000} * \left[10\ \% - 8\ \% \right] = 12{,}8\ \%$$

Das Ergebnis entspricht der zuvor mittels EGT und dem im Unternehmen befindlichen Eigenkapital ermittelten Eigenkapitalrentabilität.

Im Rahmen des Leverage-Effekts werden folgende Annahmen getroffen:

- Konstanter Gesamtkapitaleinsatz. Das gesamte im Unternehmen befindliche Kapital bleibt unverändert, lediglich das Verhältnis von Eigen- und Fremdkapital wird variiert.

- Konstante Gesamtkapitalrendite. Die gewählte Kapitalstruktur eines Unternehmens hat keinen Einfluss auf die Ertragskraft. Die Gesamtkapitalrendite ist somit unabhängig vom konkreten Ausmaß des im Unternehmen vorhandenen Eigen- und Fremdkapitals.

- Konstanter Fremdkapitalzins. Auch der Fremdkapitalzinssatz ist annahmegemäß unabhängig von der gewählten Kapitalstruktur. Diese Annahme ist scharf zu kritisieren, stark verschuldete Unternehmen werden mangels vorhandenen Haftungskapitals (Eigenkapital) in der Regel höhere Kreditkosten zu tragen haben als Unternehmen mit einer soliden Eigenkapitalbasis.

- Uneingeschränkte Verfügbarkeit von Fremdkapital zur Substitution des Eigenkapitals. Ein Unternehmen kann unbeschränkt auf Fremdkapital zugreifen.
- Frei wählbare Kapitalstruktur, die Relation von Eigen- und Fremdkapital kann beliebig gewählt werden. Die Kapitalstruktur ist frei wählbar, Umschichtungen von Eigen- zu Fremdkapital oder umgekehrt sind jederzeit möglich.

Weiters ist zu berücksichtigen, dass für das substituierte Eigenkapital eine attraktive Alternativanlage zur Verfügung stehen muss. Der Eigentümer wird sein Kapital nur dann aus dem Unternehmen abziehen, wenn die Alternative mindestens so viel Rendite erwirtschaftet, um die Kosten des neu ins Unternehmen gekommenen Fremdkapitals decken zu können. Diese Überlegung ist zwar keine Voraussetzung für die Steigerung der Eigenkapitalrendite durch eine steigende Verschuldung, jedoch ist unter ökonomischen Gesichtspunkten eben nur dann eine Substitution von Eigen- durch Fremdkapital sinnvoll, wenn das so freiwerdende Eigenkapital mindestens zum Fremdkapitalzinssatz veranlagt werden kann.

Fortsetzung des Übungsbeispiels zur Ermittlung der Kapitalrentabilität:

Die Return on Asset GmbH erwägt im Rahmen einer umfassenden Unternehmensrestrukturierung auch die Anpassung der Kapitalstruktur. Ausgehend von einer aktuellen Eigenkapitalquote von 125.000 / 300.000 = 41,67 % sollen alternativ dazu – bei gleich bleibendem Gesamtkapitaleinsatz – andere Kapitalstrukturen beurteilt werden. Es wird davon ausgegangen, dass unabhängig vom Ausmaß des im Unternehmen befindlichen Eigenkapitals sowohl Gesamtkapitalrentabilität als auch Fremdkapitalzinssatz konstant bleiben.

Die folgende Grafik zeigt die Auswirkung verschiedener Kapitalstrukturen (ausgedrückt durch die Eigenkapitalquote EK/GK) auf die Eigenkapitalrentabilität der Return on Asset GmbH:

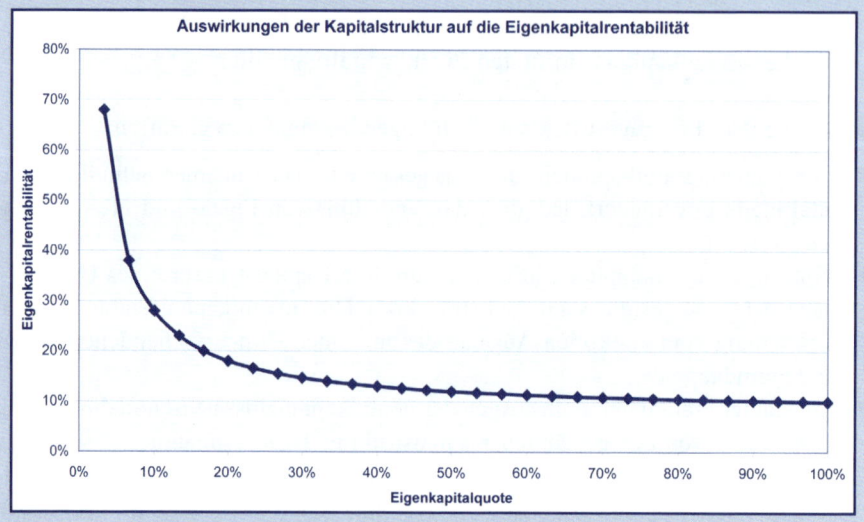

Abbildung IV.6: Kapitalstruktur vs. Eigenkapitalrentabilität

Die nachstehende Tabelle enthält exemplarisch für einige Kapitalstrukturen die resultierenden Eigenkapitalrenditen:

Eigenkapitalquote	EK absolut	FK absolut	rEK
1%	3.000	297.000	208,00%
20%	60.000	240.000	18,00%
40%	120.000	180.000	13,00%
60%	180.000	120.000	11,33%
80%	240.000	60.000	10,50%
100%	300.000	0	10,00%

Bislang wurde unterstellt, dass die Gesamtkapitalrentabilität über dem Fremdkapitalzinssatz liegt. Unter dieser Voraussetzung konnte gezeigt werden, dass eine zunehmende Verschuldung zu einer gesteigerten Eigenkapitalrentabilität führt, in diesem Zusammenhang spricht man auch von der **Leverage-Chance**. Liegt hingegen die Gesamtkapitalrentabilität unter dem Fremdkapitalzinssatz, führt der Ersatz von Eigen- durch Fremdkapital und eine daraus resultierende höhere Verschuldung des Unternehmens zu sinkenden Eigenkapitalrenditen. Unter Umständen sind auch negative Eigenkapitalrenditen möglich, die Fremdkapitalzinsen übersteigen in diesem Fall das EBIT, das betreffende Unternehmen erwirtschaftet Verluste. Diese Situation wird als **Leverage-Gefahr** bezeichnet.

Fortsetzung des Übungsbeispiels zur Ermittlung der Kapitalrentabilität:

Die Hausbank der Return on Asset GmbH beschließt aufgrund einer Analyse des Jahresabschlusses der Return on Asset GmbH und der auf ein größeres Ausfallrisiko hindeutenden Kennzahlen eine Erhöhung des Kreditzinssatzes von 8 auf 9,125 Prozent. Gleichzeitig geht die Return on Asset GmbH im laufenden Geschäftsjahr wegen Absatzschwierigkeiten von einer gesunkenen Gesamtkapitalrentabilität von nur von 8,5 % aus. Aufgrund dieser Informationen und sonst gleich gebliebenen Eckdaten des Unternehmens kann zunächst die Eigenkapitalrentabilität ermittelt werden.

Im ersten Schritt wird auf Basis der geänderten Gesamtkapitalrentabilität und der konstanten Bilanzsumme das Betriebsergebnis (EBIT) ermittelt:

EBIT = 300.000 * 8,5 % = 25.500

Die zu leistenden Fremdkapitalzinsen betragen:

FK-Zinsen = 175.000 * 9,125 % = 15.968,75 Euro

Daraus ergibt sich ein EGT in Höhe von 25.500 – 15968,75 = 9531,25 Euro. Die Eigenkapitalrentabilität lautet:

$$r_{EK} = \frac{9531,25}{125.000} = 7,625\%$$

Alternativ können die geänderten Rentabilitätsdaten des Unternehmens wie folgt verarbeitet werden:

$$r_{EK} = 8,5\% + \frac{175.000}{125.000} * [8,5\% - 9,125\%] = 7,625\%$$

Fortsetzung des Übungsbeispiels zur Ermittlung der Kapitalrentabilität:

Wiederum überlegt die Return on Asset GmbH die Konsequenzen einer Veränderung der Kapitalstruktur auf die Eigenkapitalrentabilität. Die folgende Tabelle zeigt diese für verschiedene Eigenkapitalquoten:

Eigenkapitalquote	EK absolut	FK absolut	r_{EK}
1%	3.000	297.000	-52,14%
5%	15.000	285.000	-3,14%
10%	30.000	270.000	2,99%
20%	60.000	240.000	6,05%
40%	120.000	180.000	7,58%
60%	180.000	120.000	8,09%
80%	240.000	60.000	8,35%
100%	300.000	0	8,50%

Abschließendes Übungsbeispiel zum Leverage-Effekt:

Als geschäftsführender Gesellschafter sind Ihnen sämtliche Details des Jahresabschlusses zum 31.12.2007 sowie das interne Reportingsystem der Optik Lumix GesmbH & Co KG zugänglich. Daraus entnehmen Sie, dass zumindest bilanziell in Summe € 1.200.000,– in das Unternehmen investiert wurde, die Gesamtkapitalrentabilität des Unternehmens innerhalb der letzten Jahre durchwegs 15 % p. a. betrug sowie der Verschuldungsgrad und die Eigenkapitalquote sich exakt die Waage hielten. Nach Rücksprache mit Frau Marcy Rhoades-D'Arcy (Leiterin der Abteilung Treasury) bringen Sie ferner in Erfahrung, dass für das gesamte im Unternehmen befindliche Fremdkapital durchschnittlich 10 % p. a. an Fremdkapitalzinsen bezahlt wurden.

Aufgabenstellung:

- Da Sie als Eigenkapitalgeber vorwiegend an der für Sie erzielten Rendite interessiert sind, Ihnen dazu jedoch keine Berechnungen vorliegen, führen Sie diese mit vorherigen Durchschnittsdaten selbst durch.

- Ferner stellen Sie sich die Frage, ob Sie bei der nächsten Gesellschafterversammlung der Lumix GesmbH & Co KG nicht den Vorschlag zur Substitution von Eigenkapital durch Fremdkapital bei gleich bleibendem Gesamtkapital unterbreiten sollten, um dadurch die den Gesellschaftern und damit auch Ihnen zustehende Rendite verbessern zu können. Wie wird Ihre diesbezügliche Entscheidung ausfallen? Begründen Sie diese aus theoretischer Sicht und gehen Sie dabei auch auf mögliche Gefahren Ihres Vorschlages ausführlich ein.

- Um einerseits auf Nummer sicher zu gehen und andererseits Ihrem Geschäftspartner Ihren Vorschlag besser veranschaulichen zu können, errechnen Sie, wie sich eine Veränderung der Kapitalstruktur, bei der Eigenkapital durch Fremdkapital bei gleich bleibendem Gesamtkapitaleinsatz substituiert wird, auswirkt. Sie überlegen dabei konkret, eine Fremdkapitalquote von 75 % anzustreben.

- Im Rahmen der Besprechung äußern Ihre Geschäftspartner jedoch Einwände. Insbesondere aufgrund der schlechten Wirtschaftsaussichten befürchten Ihre Kollegen für das kommende Jahr eine Reduktion der Gesamtkapitalrentabilität auf 11 % p.a. und ein Ansteigen der Fremdkapitalzinsen auf 12 % p.a. Würden Sie auch unter diesen Prämissen an Ihrem Vorschlag festhalten? Begründen Sie Ihre Entscheidung abermals!

Lösung:

Aus der Angabe geht hervor, dass sich gleich viel Eigen- wie Fremdkapital im Unternehmen befindet (somit jeweils 600.000 Euro). Die Eigenkapitalrentabilität kann daher bei gegebener Gesamtkapitalrendite von 15 % und dem Fremdkapitalzinssatz von 10 % wie folgt ermittelt werden:

$$r_{EK} = 15\% + \frac{600.000}{600.000} * [15\% - 10\%] = 20\%$$

Aufgrund der Tatsache, dass die Gesamtkapitalrentabilität über dem Fremdkapitalzinssatz liegt, kann den Gesellschaftern zur Steigerung der Eigenkapitalrentabilität eine Erhöhung des Fremdkapitalanteils empfohlen werden. Die Voraussetzungen für eine Leverage-Chance sind gegeben. Zu beachten ist jedoch, dass die Konstanz der Parameter nicht garantiert ist und somit ein Umschlagen der Leverage-Chance in eine Leverage-Gefahr denkbar ist.

Wird der Fremdkapitalanteil im Unternehmen auf 75 % der Bilanzsumme erhöht, ergibt sich unter den gegebenen Rentabilitätskennzahlen für die Rendite des Eigenkapitals folgendes Bild:

$$r_{EK} = 15\% + \frac{900.000}{300.000} * [15\% - 10\%] = 30\%$$

Unter den geänderten Umständen des letzten Punktes der Aufgabenstellung ergibt sich für die Eigenkapitalrentabilität für beide Kapitalstrukturen Folgendes:

$$r_{EK} = 11\% + \frac{600.000}{600.000} * [11\% - 12\%] = 10\%$$

$$r_{EK} = 11\% + \frac{900.000}{300.000} * [11\% - 12\%] = 8\%$$

Aufgrund des gegenüber der Gesamtkapitalrentabilität größeren Fremdkapitalzinssatzes liegen die Voraussetzungen einer Leverage-Chance nicht mehr vor. Eine Substitution von Eigen- durch Fremdkapital führt folglich zu einer sinkenden Eigenkapitalrentabilität. In diesem Szenario ist daher vom Plan einer Umstrukturierung der Kapitalbasis abzuraten.

5. Jahresabschlussanalyse in der Praxis

Dieser Abschnitt dient nun dazu, die zuvor gewonnenen Erkenntnisse anhand konkreter Jahresabschlüsse umzusetzen.

Grundlegendes Übungsbeispiel zur Jahresabschlussanalyse:

Ein Unternehmen weist die folgende (vereinfachte) Bilanz und Gewinn- und Verlustrechnung auf:

		2007	2008		2007	2008
AV				EK		
	Sachanlagen	14487	16807	Stammkapital	3450	3450
	Finanzanlagen	251	597	Gewinn	1098	2989
				Rücklagen	2975	4225
UV				FK		
	Vorräte kfr.	6756	4462	Pensionsrückstellung	658	940
	Forderungen lfr.	1645	3750	Abfertigungsrückstellung	744	600
	Forderungen kfr.	1360	3020	Lieferverb. kfr.	4625	6456
	Kassa/Bank/Scheck	3252	2850	Bankverb lfr.	14201	12826
		27751	31486		27751	31486

Die GuV zeigt folgendes Bild:

	2008
Umsatzerlöse	37.006
Materialaufwand	-15.370
Personalaufwand	-9.753
Abschreibungen	-3.541
Sonstiger Aufwand	-3.753
Betriebsergebnis	**4.589**
Finanzergebnis (FK-Zinsen)	-663
EGT	**3.926**

Steuern vom EE	-785
Jahresüberschuss	**3.141**
Dotierung URL	-1.250
Gewinnvortrag	1.098
Bilanzgewinn	**2.989**

Zu ermitteln sind nun folgende Kennzahlen: Eigenkapitalquote (2007 + 2008), Fremdkapitalquote (2007 + 2008), Deckungsgrad A, B, C für 2008, Liquiditätsgrad 1, 2, 3 für 2008, der „Praktiker"-Cash-Flow sowie die dynamische Schuldentilgungsdauer.

$$\text{Eigenkapitalquote (2007)} = \frac{\text{Eigenkapital}}{\text{Gesamtkapital (BS)}} = \frac{7.523}{27.751} = 27,11\ \%$$

$$\text{Eigenkapitalquote (2008)} = \frac{\text{Eigenkapital}}{\text{Gesamtkapital (BS)}} = \frac{10.664}{31.486} = 33,87\ \%$$

$$\text{Fremdkapitalquote (2007)} = \frac{\text{Fremdkapital}}{\text{Gesamtkapital (BS)}} = \frac{20.228}{27.751} = 72,89\ \%$$

$$\text{Fremdkapitalquote (2008)} = \frac{\text{Fremdkapital}}{\text{Gesamtkapital (BS)}} = \frac{20.822}{31.486} = 66,13\ \%$$

Die Kapitalstruktur des Unternehmens ist durch diese Kennzahlen abgebildet. Eigen- und Fremdkapitalquote zählen zu den vertikalen Bilanzkennzahlen und geben Auskunft über die Finanzierung des Unternehmens. Zu den Faustregeln die Kapitalstruktur eines Unternehmens betreffend gehört etwa die Bankers Rule, die ein Verhältnis von Eigen- zu Fremdkapital von 2:1 vorsieht. Im analysierten Unternehmen ist das Verhältnis lediglich 1:2 und damit von der Bankers Rule stark abweichend, in der Realität erreichen jedoch nur wenige Unternehmen dieses Ziel, die österreichische Unternehmenslandschaft zeigt etwa eine mittlere Eigenkapitalquote von nur 20 %.

Bezüglich der horizontalen Struktur der Bilanz können folgende Kennzahlen berechnet werden:

$$\text{Deckungsgrad A (2008)} = \frac{\text{Eigenkapital}}{\text{Anlagevermögen}} = \frac{10.664}{17.404} = 61,27\ \%$$

$$\text{Deckungsgrad B (2008)} = \frac{\text{Eigenkapital} + \text{Fremdkapital (lfr.)}}{\text{Anlagevermögen}} =$$

$$\frac{10.664 + 940 + 600 + 12.826}{17.404} = 143,82\ \%$$

$$\text{Deckungsgrad C (2008)} = \frac{\text{Eigenkapital} + \text{Fremdkapital (lfr.)}}{\text{Anlagevermögen} + \text{Umlaufvermögen (lfr.)}} =$$

$$\frac{10.664 + 940 + 600 + 12.826}{17.404 + 3.750} = 118,32\ \%$$

Kassa nicht lfr. UV

Die Deckungsgrade geben Aufschluss über die Finanzierung des langfristig im Unternehmen befindlichen Vermögens. Diese Kennzahlen sollten jeweils 100 % erreichen, somit wäre eine vollständige Deckung des Anlagevermögens durch entsprechend langfristiges Kapital gewährleistet. Im vorliegenden Fall können diese Richtwerte als annähernd bzw. vollständig erreicht eingestuft werden.

Die Liquiditätsgrade weisen für das vorliegende Unternehmen folgende Werte auf:

$$\text{Liquidität 1. Grades (2008)} = \frac{\text{Liquide Mittel}}{\text{Kurzfristiges Fremdkapital}} = \frac{2.850}{6456} = 44{,}15\,\%$$

$$\text{Liquidität 2. Grades (2008)} = \frac{\text{Monetäres Umlaufvermögen}}{\text{Kurzfristiges Fremdkapital}} = \frac{2.850 + 3.020}{6.456} = 90{,}92\,\%$$

$$\text{Liquidität 3. Grades (2008)} = \frac{\text{Kurzfristiges Umlaufvermögen}}{\text{Kurzfristiges Fremdkapital}} =$$

$$\frac{2.850 + 3.020 + 4.462}{6.456} = 160{,}04\,\%$$

Als Richtlinie für die Dimension dieser Kennzahlen gelten 20 %, 100 % bzw. 200 %. Die Liquiditätssituation des Unternehmens kann anhand dieser Kennzahlen als zufriedenstellend bewertet werden.

Der Praktiker-Cash-Flow kann wie folgt ermittelt werden:

	Position	Betrag
	Bilanzgewinn	2.989
−	Gewinnvortrag	-1.098
+	Dotierung von Rücklagen	1.250
+	Abschreibungen	3.541
+	Dotierung von lfr. Rückstellungen	138
=	Praktiker-Cash-flow	6.820

Der Betrag der Position „Dotierung von langfristigen Rückstellungen" in Höhe von 138 setzt sich aus der Dotierung der Pensionsrückstellungen von 282 abzüglich der Auflösung der Abfertigungsrückstellung in Höhe von 144 zusammen.

Aus dieser Kennzahl lässt sich im letzten Schritt noch vereinfacht die dynamische Schuldentilgungsdauer ermitteln. Diese beträgt:

$$\text{Schuldentilgungsdauer} = \frac{\text{Fremdkapital - kfr. UV}}{(\text{Praktiker-})\text{Cash-flow}} = \frac{20.822 - 3020 - 4462 - 2.850}{6.820} = 1{,}54\,\text{Jahre}$$

Umfangreiches Übungsbeispiel zur Ermittlung der Jahresabschlussanalyse

Die Pix Mania GmbH erstellt zum 31.12.2006 den unten dargestellten Jahresabschluss, bestehend aus Bilanz, GuV-Rechnung sowie einem verkürzten Anhang. Anhand dieses Jahresabschlusses soll das Unternehmen möglichst genau hinsichtlich seiner Vermögens-, Finanz- und Ertragslage analysiert werden. Dabei sollen geeignete Kennzahlen für das Abschlussjahr 2006 ermittelt werden, welche möglichst durch äquivalente Kennzahlen des Vorjahres 2005 ergänzt werden sollen, um einen Zeitvergleich vornehmen zu können.

Bilanz zum 31. Dezember 2006					Pix-Mania GmbH	
A K T I V A	**2006**	**2005**	**P A S S I V A**		**2006**	**2005**
	TEUR	**TEUR**			**TEUR**	**TEUR**
A. Anlagevermögen			**A. Eigenkapital**			
I. Immaterielle Vermögensgegenstände Firmenwert	26,00	28,60	I. Stammkapital		80,00	80,00
			II. Kapitalrücklagen			
II. Sachanlagen			Gebundene Rücklage		32,50	32,50
1. Grundstücke, grundstücksgleiche Rechte und Bauten	169,10	178,40				
2. Technische Anlagen und Maschinen	122,30	121,40	III. Gewinnrücklagen			
			andere Rücklagen (freie			
3. Andere Anlagen, BGA	10,90	9,90	Rücklagen)		49,50	2,10
4. Geleistete Anzahlungen, Anlagen in Bau	11,80	11,40				
			IV. Bilanzgewinn			
			1. Gewinn- bzw.			
III. Finanzanlagen			Verlustvortrag		10,90	-17,90
Wertpapiere	20,00	17,90	2. Jahresgewinn		18,80	28,80
B. Umlaufvermögen			**B. Rückstellungen**			
			1. Rückstellungen für			
I. Vorräte			Abfertigungen		60,00	91,50
1. Roh-, Hilfs- und Betriebsstoffe	68,90	53,50	2. Rückstellungen für Pensionen		4,20	3,50
2. Unfertige Erzeugnisse	35,70	30,50	3. Steuerrückstellungen		15,20	
3. Fertige Erzeugnisse und Waren	53,50	38,30	4. Sonstige Rückstellungen		66,40	62,40
4. Geleistete Anzahlungen	0,20	0,90	**C. Verbindlichkeiten**			
II. Forderungen und sonstige Vermögensgegenstände						
1. Forderungen aus Lieferungen und Leistungen	87,70	108,50	1. Verbindlichkeiten gegenüber Kreditinstituten		286,80	286,40
2. Sonstige Forderungen und Vermögensgegenstände			2. Verbindichkeiten aus Lieferungen und Leistungen		61,50	64,70
	17,20	15,00	3. Sonstige Verbindlichkeiten		38,80	34,10
			davon aus Steuern		*4,10*	*3,60*
III. Kassenbestand, Guthaben bei Kreditinstituten	101,20	53,40	*davon im Rahmen der sozialen Sicherheit*		*8,20*	*5,40*
C. Rechnungsabgrenzungs- posten	0,10	0,40				
	724,60	**668,10**			**724,60**	**668,10**

Die GuV hat folgendes Aussehen:

Gewinn- und Verlustrechnung für 2006	2006 TEUR	2005 TEUR
1. Umsatzerlöse	1.174,30	1.002,20
2. Veränderungen des Bestandes an fertigen und unfertigen Erzeugnissen	20,70	2,70
3. Andere aktivierte Eigenleistungen	10,10	15,20
4. Sonstige betriebliche Erträge		
a. Erträge aus dem Abgang vom Anlagevermögen	0,10	1,10
b. Erträge aus der Auflösung von Rückstellungen	2,20	1,00
c. Übrige	8,80	9,30
5. Aufwendungen für Material und sonstige bezogene Herstellungsleistungen		
a. Materialaufwand	-554,70	-449,10
b. Aufwendungen für bezogene Leistungen	-7,90	-7,10
6. Personalaufwand		
a. Löhne	-193,00	-172,40
b. Gehälter	-60,30	-54,70
c. Aufwendungen für Abfertigungen und Leistungen an betriebliche Mitarbeitervorsorgekassen	-7,70	-7,20
d. Aufwendungen für gesetzlich vorgeschriebene Sozialabgaben sowie vom Entgelt abhängige Abgaben und Pflichtbeiträge	-74,80	-65,60
e. Sonstige Sozialaufwendungen	-10,70	-6,20
7. Abschreibungen auf immaterielle Gegenstände des Anlage-vermögens und Sachanlagen	-67,60	-70,00
8. Sonstige betriebliche Aufwendungen		
a. Steuern	-1,40	-1,10
b. Übrige	-146,80	-165,10
9. Betriebserfolg	**91,30**	**33,00**
10. Erträge aus anderen Wertpapieren	1,30	1,10
11. Sonstige Zinsen und ähnliche Erträge	4,60	1,70
12. Zinsen und ähnliche Aufwendungen	-14,80	-13,30
13. Finanzerfolg	**-8,90**	**-10,50**
14. Ergebnis der gewöhnlichen Geschäftstätigkeit	**82,40**	**22,50**
15. Außerordentliche Erträge	-	9,10
16. Außerordentliche Aufwendungen	-1,00	-
17. Außerordentliches Ergebnis	**-1,00**	**9,10**
18. Steuern vom Einkommen und Ertrag	-15,20	-1,00
19. Jahresüberschuss	**66,20**	**30,60**
20. Zuweisung zu Gewinnrücklagen	-47,40	-1,80
21. Gewinnvortrag/Verlustvortrag	10,90	-17,90
22. Bilanzgewinn	**29,70**	**10,90**

Der Anlagenspiegel sieht wie folgt aus:

Anlagenspiegel 2006 (in TEUR) — Pix-Mania

	AK/HSK 01.01.2006 TEUR	Zugänge 2006 TEUR	Abgänge 2006 TEUR	Umbuchungen 2006 TEUR	AK/HSK 31.12.2006 TEUR	kum. Afa 2006 TEUR	Buchwert 31.12.2006 TEUR	Buchwert 31.12.2005 TEUR	lfd. Afa 2006 TEUR
I. Immaterielle Vermögensgegenstände									
Firmenwert	39,00	-	-	-	39,00	13,00	26,00	28,60	2,60
Summe:	39,00	-	-	-	39,00	13,00	26,00	28,60	2,60
II. Sachanlagen									
1. Grundstücke	207,00	0,60	-	-	207,60	38,50	169,10	178,40	9,90
2. Techn. Anlagen	203,40	22,50	0,50	15,30	240,70	118,40	122,30	121,40	36,90
3. Andere Anlagen	120,20	13,30	4,30	6,00	135,20	124,30	10,90	9,90	18,20
4. Geleistete Anz.	11,40	21,70	-	-21,30	11,80	-	11,80	11,40	-
Summe:	542,00	58,10	4,80	-	595,30	281,20	314,10	321,10	65,00
III. Finanzanlagen									
Wertpapiere	17,90	2,60	0,50	-	20,00	-	20,00	17,90	-
Summe:	17,90	2,60	0,50	-	20,00	-	20,00	17,90	-
Summe Anlagenspiegel:	598,90	60,70	5,30	-	654,30	294,20	360,10	367,60	67,60

Aus dem Anhang sind außerdem folgende Informationen zu entnehmen:

**Auszug aus dem Anhang und ergänzende Angaben
zum Jahresabschluss 31. Dezember 2006**

Erläuterungen zu den Posten der
Bilanz und der Gewinn- und Verlustrechnung

1. Forderungen und sonstige Vermögensgegenstände

	Gesamt in TEUR		Davon mit einer Restlaufzeit > 1 Jahr	
	2006	2005	2006	2005
Forderungen aus Lieferungen und Leistungen	87,7	108,5	-	-
Sonstige Forderungen	17,2	15	-	-
Summe:	104,9	123,5	-	-

2. Rückstellungen
Die sonstigen Rückstellungen sind ausschließlich dem kurzfristigen Bereich zuzuordnen.

3. Verbindlichkeiten

	Jahr	Gesamt in TEUR	Restlaufzeit (Werte in TEUR)		
			bis 1 Jahr	über 1 Jahr	über 5 Jahre
Verbindlichkeiten	2006	286,8	86,4	200,4	-
Kreditinstitute	2005	286,4	84,7	201,7	-
Verbindlichkeiten aus Lieferungen	2006	61,5	61,5	-	-
und Leistungen	2005	64,7	64,7	-	-
Sonstige	2006	38,8	38,1	0,7	-
Verbindlichkeiten	2005	34,1	34,1	-	-
Summe	2006	387,1	186	201,1	-

Ergänzende Angaben zur
Bilanz und der Gewinn- und Verlustrechnung

Auf die in der GuV ausgewiesenen Erlöse und Materialaufwendungen entfallen ausschließlich 20 % Umsatzsteuer. Der erzielte Bilanzgewinn i. H. v. TEUR 29,70 wird lt. einstimmigem Gesellschafterbeschluss gänzlich thesauriert. Als verzinsliches Fremdkapital sind ausschließlich die bestehenden Verbindlichkeiten gegenüber Kreditinstituten anzusehen. Die Position „Zinsen und ähnliche Aufwendungen" enthält ausschließlich an Fremdkapitalgeber zu entrichtende Zinsen. In der Bilanzposition Fertige Erzeugnisse und Waren ist ein Warenvorrat von TEUR 12 (im Vorjahr TEUR 5) enthalten.

Analyse der Vermögenslage

$$Anlageintensität = \frac{Anlagevermögen}{Gesamtvermögen} *100$$

$$Anlageintensität_{06} = \frac{360,1}{727,6} *100 = 49,49\%$$

$$Anlageintensität_{05} = \frac{367,6}{668,1} *100 = 55,02\%$$

Zur Ermittlung der **Anlageintensität** ist das Anlagevermögen (oder bestimmte Teile davon) dem Gesamtvermögen gegenüberzustellen. Die Anlageintensität (ebenso wie alle anderen Kennzahlen zur Analyse des Anlagevermögens) könnte demnach spezifisch für die drei Gruppen von Anlagevermögen (Immaterielles Anlagevermögen, Sachanlagevermögen, Finanzanlagevermögen) ermittelt werden. So könnte die Sachanlageintensität genaueren Aufschluss über die Entwicklung der Kapazität geben, während die Finanzanlagenintensität Auskünfte über die Betätigung des Unternehmens in der Vermögensveranlagung liefern würde. Die erforderlichen Zahlen zur Ermittlung der Anlageintensität sind der Aktivseite der Bilanz zu entnehmen, wobei das Gesamtvermögen der Bilanzsumme entspricht. Die ermittelte Anlageintensität zeigt, wie stark das Gesamtvermögen vom Anlagevermögen dominiert wird. Das Gesamtvermögen der Pix Mania GmbH bestand im Jahr 2006 zu 49,49 % aus Anlagevermögen. Im Vergleich zum Jahr 2005 ist ein leichter Rückgang an Anlagevermögen zu erkennen, denn der prozentuelle Anteil des Anlagevermögens am Gesamtvermögen im Vorjahr lag bei 55,02 %. Bei Ermittlung und Interpretation der Anlageintensität ist regelmäßig zu beachten, dass häufig Anlagegegenstände geleast werden. Ist der Leasingvertrag dermaßen gestaltet, dass eine Bilanzierung beim Leasingnehmer zu unterbleiben hat (Zurechnung des Leasinggegenstandes beim Leasinggeber), dann scheinen diese Anlagegüter in der Bilanz nicht auf. Allerdings muss im Verbindlichkeitenspiegel des Anhanges eine Angabe zu solchen Leasingverträgen vorgenommen werden. Nehmen solche Leasingverträge ein wesentliches Ausmaß an, so müssen entsprechende Korrekturen im Rahmen der Jahresabschlussanalyse vorgenommen werden (Aufnahme des Barwertes der Leasingverpflichtungen im Anlagevermögen, Korrektur der GuV-Rechnung).

$$Anlagenabnutzungsgrad = \frac{kum.\ Abschreibung\ SachAV - Zuschreibung\ d.\ GJ}{historische\ AK\ des\ SachAV\ am\ Ende\ d.\ GJ} *100$$

nur Sachanlagen, keine Finanzanl.

$$Anlagenabnutzungsgrad = \frac{281,2 - 0}{595,3} *100 = 47,24\%$$

Der **Anlagenabnutzungsgrad** gibt Aufschluss über die bereits erfolgte Abschreibung des Anlagevermögens. Zu seiner Ermittlung wird die gesamte bisher vorgenommene Abschreibung auf des jeweilige Anlagevermögen (vermindert um die erfolgten Zuschreibungen des aktuellen Geschäftsjahres, die in der kumulierten Abschreibung noch nicht berücksichtigt wurden) mit den seinen historischen (ursprünglichen) Anschaffungskosten in Beziehung gesetzt. Die oben eingesetzten Zahlen sind aus dem Anlageverzeichnis der Pix Mania GmbH abzulesen. Das Sachanlagevermögen der Pix Mania GmbH ist insgesamt bereits zu 47,24 % abgeschrieben. Daraus kann man schließen, dass das Sachanlagevermögen zur Hälfte abgenutzt ist. Aus dieser Altersstruktur wäre noch kein akuter Reinvestitionsbedarf abzuleiten. Allerdings ist zu berücksichtigen, dass die gewählte Abschreibungsmethode großen Einfluss auf den Anlagenabnutzungsgrad hat.

$$Abschreibungsquote = \frac{Afad.\ GJ\ auf\ SachAV}{durchschn.\ SachAV\ zu\ histor.\ AK} * 100$$

$$Abschreibungsquote = \frac{65}{\dfrac{542 + 595,3}{2}} * 100 = 11,43\%$$

Die **Abschreibungsquote** zeigt den im abgelaufenen Wirtschaftsjahr durchschnittlich für das gesamte Sachanlagevermögen angewendeten Abschreibungssatz. Dazu wird im Zähler die gesamte Abschreibung auf das Sachanlagevermögen des abgelaufenen Wirtschaftsjahres angesetzt und in Beziehung zum historischen Anschaffungswert das gesamten Sachanlagevermögens gesetzt. Auch die hier notwendigen Zahlen liefert das Anlageverzeichnis. Die Pix Mania GmbH hat im Durchschnitt eine Abschreibungsquote von 11,43 % auf das Sachanlagevermögen angewendet. Daraus lässt sich eine durchschnittliche Nutzungsdauer der Sachanlagen von rund 9 Jahren ableiten. Damit liegt eine relativ geringe durchschnittliche Abschreibungsquote bzw. eine relativ hohe durchschnittliche Nutzungsdauer vor. Laut Anlageverzeichnis entfällt der Großteil der Abschreibung auf technische und andere Anlagen, die i.d.R. eher kürzere Nutzungsdauern aufweisen. Somit wäre zu prüfen, ob Teile des Sachanlagevermögens bereits voll abgeschrieben sind, wodurch die Kennzahl verzerrt sein kann. Denn in diesem Falle wären diese Sachanlagen mit ihren historischen Anschaffungskosten im Nenner der Kennzahl enthalten, während sie allerdings den Zähler unberührt lassen, weil ja keine Abschreibung mehr anfällt.

$$Investitionsdeckung = \frac{Nettosachanlageinvestitionen\ d.\ GJ}{Afa\ auf\ SachAV\ d.\ GJ} * 100$$

$$Investitionsdeckung = \frac{58}{65} * 100 = 89,23\%$$

	BW SachAV 1.1.d.GJ.	321,10
+	Zugänge SachAV	58,10
+/−	Umbuchungen SachAV	-
+	Zuschreibungen SachAV	-
−	Afa SachAV	65
−	Buchwerte SachAV 31.12.d.GJ.	314,10
=	BW abgegangenes SachAV	0,10
	Zugänge	58,10
−	BW abgegangenes SachAV	0,10
	= Nettoinvestitionen	58,00

Die **Investitionsdeckung** zeigt an, inwieweit es dem Unternehmen im abgelaufenen Wirtschaftsjahr gelungen ist, die Kapazität aufrecht zu erhalten, d.h. eine Entsprechung von Wertverzehr – repräsentiert durch die Abschreibung – und Neuanschaffungen – repräsentiert durch die Nettoinvestitionen – zu gewährleisten. Bei Ermittlung der Kennzahl muss daher im Nenner die gesamte Abschreibung des abgelaufenen Wirtschaftsjahres eingesetzt werden, während im Zähler die Nettoinvestitionen als Saldo aus Neuzugängen des Geschäftsjahres und den Buchwerten abgegangener Anlagen anzuführen sind. Auch hier ermöglicht erst das Anlageverzeichnis den Zugriff auf die notwendigen Daten. Die Pix Mania GmbH kann im Jahr 2006 auf eine Investitionsdeckung von 89,23 % verweisen. Damit ist annähernd die gesamte ausgefallene Kapazität durch Neuinvestitionen aufgefangen worden. Rückgestaute Investitionen sind nicht zu befürchten. Im Zeitvergleich wird aber häufig ein starkes Schwanken dieser Kennzahl als normal erachtet, da Investitionen im Regelfall schubweise und nicht laufend erfolgen können, da die dazu erforderliche Teilbarkeit der Investitionsobjekte kaum gegeben sein wird.

$$Lagerumschlagshäufigkeit = \frac{Materialeinsatz}{durchschnittl. \, Vorratsbestand} * 100$$

$$Lagerumschlagshäufigkeit = \frac{554{,}7 + 7{,}9}{\frac{68{,}9 + 53{,}5}{2} + \frac{12 + 5}{2}} * 100 = 8{,}1x / Jahr$$

$$Lagerumschlagsdauer = \frac{365}{Lagerumschlagshäufigkeit}$$

$$Lagerumschlagsdauer = \frac{365}{8{,}1} = rd. \, 45 \, Tage$$

259

Die **Lagerumschlagshäufigkeit** gibt an, wie oft pro Jahr sich der Bestand an Vorräten dreht. Zu ihrer Berechnung muss daher zunächst eine Bestandsgröße an Vorräten herangezogen werden. Die Bilanz zeigt auf der Aktivseite die Bestände an Roh-, Hilfs- und Betriebsstoffen des aktuellen und vorangegangenen Geschäftsjahres. Daraus lässt sich der durchschnittliche Bestand ermitteln, womit die Veränderungen im Laufe des Jahres berücksichtigt wären. Außerdem sollten die durchschnittlichen Bestände an Waren, d. s. Gegenstände, die als Handelsartikel oder Zubehör von Dritten bezogen werden und ohne wesentliche Be- oder Verarbeitung weiterverkauft werden, mit einbezogen werden. Dazu ist die Bilanzposition Fertige Erzeugnisse und Waren unter Zuhilfenahme des Anhanges näher aufzuschlüsseln. Im Zähler wird nun die entsprechende Stromgröße, die eine Veränderung der oben beschriebenen Bestandsgröße bewirkt, angesetzt. Dazu muss auf die GuV-Rechnung zurückgegriffen werden. Sie zeigt unter den Posten Materialaufwand und Aufwand für bezogene Leistungen die adäquaten Größen auf. Bei der Pix Mania GmbH hat sich der Vorratsbestand an Roh-, Hilfs- und Betriebsstoffen und Waren im Jahr 2006 8,1-mal umgeschlagen. Daraus wird die **Lagerumschlagsdauer** von 45 Tagen abgeleitet, d. h. es hat im Jahr 2006 rund 45 Tage gedauert, bis der gesamte Vorratsbestand einmal erneuert wurde. Damit lässt sich das Lagermanagement der Pix Mania GmbH positiv beurteilen, das Risiko und die Kapitalbindung erscheinen moderat.

$$Debitorenumschlagshäufigkeit = \frac{Umsatzerlöse + USt}{durchschnittl. Forderungen\ aus\ LL} * 100$$

$$Debitorenumschlagshäufigkeit = \frac{1174,30 + 234,86}{\frac{87,7 + 108,5}{2}} * 100 = 14,4 x\,/\,Jahr$$

$$Debitorenumschlagsdauer = \frac{365}{Debitorenumschlagshäufigkeit}$$

$$Debitorenumschlagsdauer = \frac{365}{14,4} = rd.\ 25\ Tage$$

Die **Debitorenumschlagshäufigkeit** gibt an, wie oft pro Jahr der Bestand an Lieferforderungen erneuert wird. Als Bestandsgröße werden die Bestände an Forderungen aus Lieferungen und Leistungen aus der Bilanz entnommen und zu einer Durchschnittsgröße verdichtet. Als Stromgröße werden die Umsatzerlöse, entnommen aus der GuV-Rechnung, eingesetzt. Da die Forderungen aus Lieferungen und Leistungen Bruttogrößen darstellen, ist es notwendig, auf die Umsatzerlöse, die Nettogrößen darstellen, um die Umsatzsteuer zu erhöhen. Dabei ist zu berücksichtigen, dass verschiedene Umsätze auch verschiedenen Umsatzsteuersätzen unterliegen können. Der Anhang gibt dazu nähere

Auskunft. Im Falle der Pix Mania GmbH ist laut Anhang von einer grundsätzlichen Umsatzbesteuerung von 20 % auszugehen. Daraus ergibt sich für die Pix Mania GmbH schlussendlich eine Debitorenumschlagshäufigkeit von 14,4, d.h. die Forderungen aus Lieferungen und Leistungen drehen sich 14,4-mal pro Jahr. Die **Debitorenumschlagsdauer** zeigt, wie viele Tage das betrachtete Unternehmen auf die Begleichung seiner Forderungen gegenüber Kunden warten muss. Die Pix Mania GmbH stundet ihren Kunden die Forderungen aus Lieferungen und Leistungen durchschnittlich 25 Tage lang. Die Außenstandsdauer erscheint vertretbar, das Kapital ist relativ kurz in Forderungen aus Lieferungen und Leistungen gebunden. Daraus lässt sich auch schließen, dass das Unternehmen eine gute Stellung gegenüber den Kunden hat und über ein geordnetes Mahnwesen verfügt.

Analyse der Finanzlage

$$Eigenkapitalquote = \frac{Eigenkapital}{Gesamtkapital} * 100$$

$$Eigenkapitalquote06 = \frac{80 + 32,5 + 49,5 + 10,9 + 18,8}{724,6} * 100 = 26,46\%$$

$$Eigenkapitalquote05 = \frac{80 + 32,5 + 2,1 - 17,9 + 28,8}{668,1} * 100 = 18,79\%$$

Die **Eigenkapitalquote** gibt den prozentuellen Anteil des Eigenkapitals am Gesamtkapital an. Im Zähler werden alle Positionen der Passivseite der Bilanz angeführt, die zum Eigenkapital gehören. Dabei ist zu berücksichtigen, dass der Bilanzgewinn nur mit dem Teil in die Eigenkapitalquote einfließt, der im Unternehmen behalten (thesauriert) wird. Der Teil des Bilanzgewinnes, der ausgeschüttet werden soll, ist als Fremdkapital anzusehen. Auskunft über die Verwendung des erwirtschafteten Bilanzgewinnes gibt einmal mehr der Anhang. Denn nach Erstellung der Bilanz wird in der General- bzw. Hauptversammlung über die Gewinnverwendung abgestimmt und das Ergebnis daraus im Anhang festgehalten. Die Pix Mania GmbH beabsichtigt, den gesamten erwirtschafteten Bilanzgewinn des Jahres 2006 im Unternehmen zu belassen, weshalb dieser auf zur Gänze dem Eigenkapital zugerechnet werden muss. Auch im Jahr 2005 wurde der erwirtschaftete Bilanzgewinn im Unternehmen belassen. Vorweg musste er jedoch um den Verlustvortrag aus Vorjahren gekürzt werden. Der Saldo daraus wurde, wie auf der Passivseite der Bilanz erkennbar, als Gewinnvortrag ins Jahr 2006 vorgetragen. Das ermittelte Eigenkapital muss nun zur Ermittlung der Eigenkapitalquote nur noch mit dem Gesamtkapital (Bilanzsumme) in Beziehung gesetzt werden. Daraus ergibt sich für die Pix Mania GmbH für das Jahr 2006 eine Eigenkapitalquote von 26,46 %. Im Vergleichsjahr 2005 war die Eigenkapitalquote geringer; sie lag bei 18,79 %. Die Passivseite der Bilanz zeigt, dass die Bilanzsumme ebenfalls gestiegen ist und die Erhöhung der Eigenkapitalquote substantiell zu begründen ist, und zwar mit der Bildung von Gewinnrücklagen und Gewinnvorträgen, was durchwegs positiv zu bewerten ist. Auch im zwischenbetrieblichen Vergleich zeigt sich, dass die aktuelle Eigenkapitalquote durchaus im guten Durchschnitt liegt.

$$Fremdkapitalquote = \frac{Fremdkapital}{Gesamtkapital} * 100$$

$$Fremdkapitalquote06 = \frac{60 + 4,2 + 15,2 + 66,4 + 286,8 + 61,5 + 38,8}{724,6} * 100 = 73,54\%$$

$$Fremdkapitalquote05 = \frac{91,5 + 3,5 + 62,4 + 286,4 + 64,7 + 34,1}{668,1} * 100 = 81,21\%$$

Die **Fremdkapitalquote** gibt den Anteil des Fremdkapitals am Gesamtkapital an. Damit werden im Zähler alle Rückstellungen und Verbindlichkeiten sowie eine eventuelle Ausschüttung angeführt, während der Nenner wiederum durch das Gesamtkapital bzw. die Bilanzsumme gestellt wird. Die Pix Mania GmbH weist im Jahr 2006 eine Fremdkapitalquote von 73,54 % auf, welche im Vergleich zum Vorjahr (81,21 %) gefallen ist. Absolut gesehen ist das Fremdkapital annähernd gleich geblieben, allerdings ist das Gesamtkapital aufgrund der oben erörterten Eigenkapitalbildung gestiegen. Daraus ist die relative Verringerung der Fremdkapitalquote abzuleiten.

$$Gearing = \frac{Verzinsliches\ Fremdkapital - Liquide\ Mittel}{Eigenkapital} * 100$$

$$Gearing = \frac{286,8 - 101,2}{191,7} * 100 = 96,82\%$$

Das **Gearing** stellt eine Form des Verschuldungskoeffizienten (Fremdkapital: Eigenkapital) dar. Es setzt damit im Zähler Fremdkapital, welches gegen ein Zinsentgelt vom Unternehmen aufgenommen wurde (z.B. Bankdarlehen, Anleihen). Dieses verzinsliche Fremdkapital wird bereinigt um die liquiden Mittel (Bilanzposition Kassenbestand, Guthaben bei Kreditinstituten), die theoretisch zu seiner sofortigen Tilgung zur Verfügung stehen. Dieser Saldo könnte auch effektives verzinsliches Fremdkapital genannt werden. Es wird – entsprechend der Grundidee des Verschuldungskoeffizienten – mit dem Eigenkapital in Beziehung gesetzt. Somit zeigt die Kennzahl den Anteil des effektiven verzinslichen Fremdkapitals am Eigenkapital. Je geringer das Gearing, desto geringer ist auch die Verschuldung des Unternehmens. Für die Pix Mania GmbH kann ein Gearing in der Höhe von 96,82 % ermittelt werden. Damit entsprechen das effektive verzinsliche Fremdkapital und das Eigenkapital einander annähernd, was durchaus positiv zu beurteilen ist. Aus der Sicht der Rentabilität kann eine Verschuldung, die zu einem Großteil sofort durch liquide Mittel getilgt werden könnte, nicht wünschenswert sein. Auch aus dem Sicherheitsaspekt ist der ermittelte Wert nicht beunruhigend, da zur Deckung der zu verzinsenden Gläubigeransprüche im strengsten Falle ausreichend Eigenmittel zur Verfügung stünden.

$$Selbstfinanzierungsgrad = \frac{Selbstfinanzierung}{Gesamtkapital} * 100$$

$$Selbstfinanzierungsgrad = \frac{79,2}{724,6} * 100 = 10,93\%$$

+	Gewinnrücklagen	49,5
+	thesaurierter Bilanzgewinn	18,8
(–)	(Bilanzverlust)	-
+	Gewinnvortrag	10,9
(–)	(Verlustvortrag)	65 22
+	unversteuerte Rücklagen	–
=	Selbstfinanzierung	79,2

Der **Selbstfinanzierungsgrad** zeigt an, in welchem Ausmaß im abgelaufenen Wirtschaftsjahr erwirtschaftete Gewinne (auch aus Vorjahren) zu Finanzierungszwecken im Unternehmen belassen wurden. Dazu wird im Zähler die gesamte Selbstfinanzierung (ablesbar aus der Passivseite der Bilanz und dem Anhang) angeführt und mit dem Gesamtkapital in Beziehung gesetzt. Die Pix Mania GmbH erreicht einen Selbstfinanzierungsgrad von 10,93 %, d. h. 10,93 % des Gesamtkapitals wird durch Maßnahmen der offenen Selbstfinanzierung aufgebracht. Vergleicht man damit den Anteil des Stammkapitals am Gesamtkapital in der Höhe von 11,04 % (80/724,6*100), zeichnet der Selbstfinanzierungsgrad ein positives Bild.

$$Kreditorenumschlagshäufigkeit = \frac{Materialeinkauf\,(\text{-}einsatz) + USt}{durchschnittl.\,Verbindlichkeiten\,aus\,LL} * 100$$

$$Kreditorenumschlagshäufigkeit = \frac{585 + 117}{\frac{61,5 + 64,7}{2}} * 100 = 11,1x\,/\,Jahr$$

+	Materialaufwand	554,7
+	Aufwand bezogene Leistungen	7,9
+(−)	Bestandsveränderungen RHB	15,4 (68,9 − 53,5)
+(−)	Bestandsveränderungen Waren	7,0 (12- 5)
	Materialeinkauf	585

$$Kreditorenumschlagsdauer = \frac{365}{Kreditorenumschlagshäufigkeit}$$

$$Kreditorenumschlagsdauer = \frac{365}{11,1} = rd.\ 33\ Tage$$

Die **Kreditorenumschlagshäufigkeit** gibt an, wie oft sich der Bestand an Verbindlichkeiten aus Lieferungen und Leistungen pro Jahr erneuert hat. Als Bestandsgröße muss daher im Nenner der Durchschnitt aus den Verbindlichkeiten aus Lieferungen und Leistungen zum Ende des laufenden und des vorangegangenen Geschäftsjahres laut Passivseite der Bilanz angesetzt werden. Die adäquate Stromgröße dazu wäre der gesamte Material- bzw. Wareneinkauf. Daher wird zunächst der Materialaufwand für die produzierte Menge angesetzt, der sich aus der GuV-Rechnung ablesen lässt. Aber auch die Bestandserhöhungen aufgrund des Einkaufs von RHB und Waren müssen berücksichtigt werden, die aus den entsprechenden Bilanzposten und den Hinweisen des Anhanges ableitbar sind. Die Verbindlichkeiten aus Lieferungen und Leistungen der Pix Mania GmbH haben sich im Jahr 2006 11,1-mal gedreht. Daraus lässt sich eine **Kreditorenumschlagsdauer** von rund 33 Tagen ableiten. Die Pix Mania GmbH lässt demnach im Durchschnitt 33 Tage vergehen, bis sie ihrer Lieferverbindlichkeiten begleicht. Diese durchschnittliche Kreditbeanspruchung ist zunächst per se positiv zu bewerten. Im Vergleich mit der Debitorenumschlagsdauer von rund 25 Tagen verstärkt sich der positive Eindruck, denn das Unternehmen ist offensichtlich in der Lage, die Bezahlung seiner Lieferforderungen rasch durchzusetzen, während die Begleichung der Lieferantenrechnungen länger hinausgezögert werden kann. Die Pix Mania GmbH kann die Materialeinkäufe über die Umsatzerlöse finanzieren. Als möglicher Nachteil in dieser Konstellation könnten liegen gelassene Skonti angeführt werden, wobei jedoch eine Kreditorenumschlagsdauer von 33 Tagen jedenfalls nicht die Überschreitung eines üblichen Zahlungsziels und damit das Verrechnen von Verzugszinsen befürchten lässt.

Statische Liquiditätsanalyse

$$Anlagendeckungsgrad\ A = \frac{langfristiges\ Eigenkapital}{langfristiges\ Anlagevermögen} * 100$$

$$Anlagendeckungsgrad\ A = \frac{191,7}{26 + 169,1 + 122,3 + 10,9 + 11,8 + 20} * 100 = 53,24\%$$

Die Anlagendeckungsgrade zeigen auf, ob im langfristigen Bereich der Bilanz Fristenkongruenz herrscht, d.h. ob langfristig gebundenes Vermögen auch mit langfristig zur Verfügung gestelltem Kapital finanziert wurde. Für alle Anlagendeckungsgrade gilt daher derselbe Sollwert, nämlich 100 %. **Anlagendeckungsgrad A** definiert die Begriffe „langfristiges Vermögen" und „langfristiges Kapital" am engsten. Daher wird im Zähler nur das Eigenkapital laut Passivseite der Bilanz angesetzt, während im Nenner das gesamte Anlagevermögen laut Aktivseite der Bilanz angeführt wird. Das Eigenkapital steht grundsätzlich langfristig zur Verfügung, während das Anlagevermögen grundsätzlich langfristig gebunden ist. Da es keine abweichenden Informationen dazu im Anhang gibt, werden alle Posten des Eigenkapitals und des Anlagevermögens angesetzt. Daraus ergibt sich für die Pix Mania GmbH ein Anlagendeckungsgrad A von 53,24 %. Die geforderte Marke von 100 % kann also nicht erreicht werden.

$$Anlagendeckungsgrad\ B = \frac{langfristiges\ Eigenkapital + langfristiges\ Fremdkapital}{langfristiges\ Anlagevermögen} * 100$$

$$Anlagendeckungsgrad\ B = \frac{191,7 + 60 + 4,2 + 200,4 + 0,7}{360,1} * 100 = 126,91\%$$

Anlagendeckungsgrad B verwendet weitere Begriffsdefinitionen und bezieht in den Zähler neben dem Eigenkapital auch langfristige Posten des Fremdkapitals mit ein. Zur Fristigkeit der Verbindlichkeiten gibt der Anhang genaue Auskunft. Für die Rückstellungen gilt, sofern keine abweichenden Angaben im Anhang enthalten sind, dass Abfertigungs- und Pensionsrückstellungen langfristig zur Verfügung stehen, während alle anderen Rückstellungen lediglich kurzfristig ausgerichtet sind. Demgemäß wird beim Anlagendeckungsgrad B der Zähler um die langfristigen Rückstellungen und Verbindlichkeiten erweitert, der Nenner bleibt gleich. Daraus ergibt sich für die Pix Mania GmbH ein Anlagendeckungsgrad B in der Höhe von 126,91 %, womit das Erfordernis der Fristenkongruenz erfüllt wäre.

$$Anlagendeckungsgrad\ C = \frac{langfristiges\ Eigenkapital + langfristiges\ Fremdkapital}{langfristiges\ Anlagevermögen + langfristiges\ Umlaufvermögen} * 100$$

$$Anlagendeckungsgrad\ C = \frac{457}{360,1 + 0} * 100 = 126,91\%$$

Anlagendeckungsgrad C fußt auf der weitesten Definition von „Langfristigkeit" und setzt daher im Zähler alle langfristigen Kapitalpositionen an und stellt sie im Nenner allen langfristigen Vermögenspositionen gegenüber. Damit wird der Nenner erweitert um alle langfristigen Posten, die im Umlaufvermögen „versteckt" sind (z.B. langfristige Forderungen, Bodensätze der Vorräte), wobei Auskünfte darüber im Anhang zu finden sind. Die Pix Mania GmbH verfügt allerdings über keinerlei langfristige Posten im Umlaufvermögen, weshalb sich Anlagendeckungsgrad B und C decken. Beide erreichen mit 126,91 % die Benchmark von 100 %. Gemäß der Definition von „langfristigem Kapital" und „langfristigem Vermögen" des Anlagendeckungsgrades B und C herrscht also jedenfalls Fristenkongruenz. Es ist sogar mehr langfristiges Kapital vorhanden, als in langfristigem Vermögen gebunden ist. Dies weist darauf hin, dass sogar Teile des kurzfristigen Vermögens langfristig finanziert wurden. In einer solchen Situation kann davon ausgegangen werden, dass es nicht dazu kommen kann, dass Kapital, das langfristig im Vermögen gebunden ist, plötzlich abgezogen wird und damit das Unternehmen in ernste (existenzbedrohende) Liquiditätsschwierigkeiten gebracht wird.

$$Liquiditätsgrad\ 1 = \frac{Zahlungsmittelbestand}{Kurzfristiges\ Fremdkapital} * 100$$

$$Liquiditätsgrad\ 1 = \frac{101,2}{15,2 + 66,4 + 86,4 + 61,5 + 38,1} * 100 = 37,82\%$$

Die Liquiditätsgrade vergleichen kurzfristige Bestände der Bilanz miteinander, um daraus eine Aussage über die Liquidität abzuleiten. **Liquiditätsgrad 1** untersucht, in welchem Ausmaß die vorhandenen liquiden Mittel (Bilanzposten Kassenbestand, Guthaben bei Kreditinstituten) sofort zur Tilgung der kurzfristigen Schulden des Unternehmens beitragen könnten. Zu den kurzfristigen Schulden zählen die kurzfristigen Anteile aller Bilanzposten des Fremdkapitals. Bei der Pix Mania GmbH gehören dazu die Steuerrückstellung und die Sonstigen Rückstellungen, die mangels anderer Angaben des Anhanges nur kurzfristig zur Verfügung stehen. Außerdem zählen dazu auch alle kurzfristigen Verbindlichkeiten, wobei dazu der Verbindlichkeitenspiegel des Anhanges Auskunft gibt. Lediglich Erhaltene Anzahlungen und Passive Rechnungsabgrenzungsposten bleiben unberücksichtigt, da diese nicht durch liquide Mittel beglichen werden müssen, sondern durch Sach- oder Dienstleistungen. Aus dieser Gegenüberstellung ergibt sich für die Pix Mania GmbH ein Liquiditätsgrad 1 in der Höhe von 37,82 %. Damit erreicht das Unternehmen die Vorgabe von 20 %, womit die Liquiditätssituation aus diesem Blickwinkel als entspannt erscheint. Die Pix Mania GmbH könnte sofort 37,82 % der kurzfristigen Schulden rein mit Hilfe der zur Verfügung stehenden liquiden Mittel tilgen. Allerdings ist zu bedenken, dass der Liquiditätsgrad 1 relativ leicht zu beeinflussen ist. Treibt das Unternehmen kurz vor Bilanzstichtag bewusst offene

Forderungen ein, erhöhen sich die Liquiden Mittel, wodurch die Kennzahl ansteigt. Damit ist die Aussagekraft des Liquiditätsgrades 1 beschränkt.

$$Liquidität sgrad\ 2 = \frac{Monetäres\ Umlaufvermögen}{Kurzfristiges\ Fremdkapital} * 100$$

$$Liquidität sgrad\ 2 = \frac{101,2 + 87,7 + 17,2}{267,6} * 100 = 77,02\%$$

Auch **Liquiditätsgrad 2** prüft die Deckung der kurzfristigen Schulden, allerdings mit Hilfe des monetären Umlaufvermögens. Dieses setzt sich aus den liquiden Mitteln aus Liquiditätsgrad 1 und den kurzfristigen Forderungen zusammen. Auskunft über die Fristigkeit der Forderungen gibt wiederum der Forderungsspiegel des Anhangs. Liquiditätsgrad 2 beläuft sich für die Pix Mania GmbH auf 77,02 %. Die Vorgabe für Liquiditätsgrad 2 ist 100 %, da die Positionen im Zähler und im Nenner bezüglich ihrer Fristigkeit miteinander korrespondieren. Die im Zähler nunmehr neben den Zahlungsmitteln angesetzten Forderungen werden innerhalb derselben Frist zu liquiden Mitteln, wie das Fremdkapital im Nenner zu Abflüssen von liquiden Mitteln führen wird. Da beim Liquiditätsgrad 2 Zähler und Nenner symmetrisch sind, kommt ihm eine größere Bedeutung zu als dem Liquiditätsgrad 1. Bei der Pix Mania GmbH könnten rund drei Viertel des kurzfristigen Fremdkapitals mit dem monetären Umlaufvermögen sofort abgebaut werden.

$$Liquidität sgrad\ 3 = \frac{Kurzfristiges\ Umlaufvermögen}{Kurzfristiges\ Fremdkapital} * 100$$

$$Liquidität sgrad\ 3 = \frac{206,1 + 68,9 + 35,7 + 53,5}{267,6} * 100 = 136,1\%$$

Liquiditätsgrad 3 erweitert nochmals die Mittel, die zur Abdeckung des kurzfristigen Fremdkapitals herangezogen werden könnten. Es werden nunmehr auch die Vorräte, die i. d. R. zur Gänze kurzfristig sind (Ausnahme: Eiserne Bestände) in die Berechnung mit einbezogen. Lediglich Anzahlungen und Rechnungsabgrenzungsposten bleiben außen vor, da auch diese keine Geldflüsse mehr bewirken. Da nun im Zähler auch Positionen (Vorräte) vertreten sind, bei denen die Geldwerdung zum Teil später erfolgen wird als das Fremdkapital fällig wird, muss der Zähler doppelt so groß sein wie der Nenner, damit davon ausgegangen werden kann, dass die Liquiditätssituation in Ordnung ist. Die Pix Mania GmbH weist einen Liquiditätsgrad 3 in der Höhe von 136,1 % auf, womit die Forderung von 150 – 200 % nicht ganz erfüllt werden kann. Unter Berücksichtigung aller sechs Kennzahlen zur statischen Liquiditätsanalyse kann die Liquiditätssituation der Pix Mania GmbH allerdings zusammenfassend als gut beurteilt werden.

Dynamische Liquiditätsanalyse

Der ÖVFA-Cash-Flow kann nun wie folgt ermittelt werden:

ÖVFA-Cash-Flow		2006
JÜ	66,20 €	lt. GuV
+Afa AV	67,60 €	lt. GuV
- Auflösung lfr. RSt Abfertigungen	- 31,50 €	
+ Dotierung lfr. RSt Pensionen	0,70 €	
- Gewinne Anlagenabgang	- 0,10 €	lt. sonstige Erträge
Cash-Flow aus dem Ergebnis		**102,90 €**
Vorräte (R,H,B,HEZ, FEZ) + AZ	- 35,10 €	
ARA	0,30 €	
PRA		
Anzahlungen		
Forderungen LL	20,80 €	
Konzernforderungen LL		
sonstige Forderungen	- 2,20 €	
Verbindlichkeiten LL	- 3,20 €	
Schuldwechsel		
Konzernverb LL		
sonstige Verbindlichkeiten	4,70 €	
kfr. Rückstellungen Steuer	15,20 €	lt. Anhang kfr.
kfr. Rückstellungen sonstige	4,00 €	lt. Anhang kfr.
Veränderungen Working Capital		**4,50 €**
ÖVFA-Cash-Flow (operativer Bereich)		**107,40 €**

ÖVFA-Kapitalflussrechnung		2006
Cash-Flow aus Investitionstätigkeit		
Investitionen	- 60,70 €	lt. Anlagespiegel
Abgänge RBW	0,60 €	lt Nebenrechnung
Abgänge Gewinn	0,10 €	lt. sonstige Erträge
Cash-Flow aus Investitionstätigkeit	-	**60,00 €**
Cash-Flow Finanzierungstätigkeit		
Verbindlichkeiten KI	0,40 €	
Cash-Flow Finanzierungstätigkeit		**0,40 €**
ÖVFA-Cash-Flow aus dem operativen Bereich		107,40 €
Cash-Flow aus Investitionstätigkeit	-	60,00 €
Cash-Flow aus Finanzierungstätigkeit		0,40 €
Zahlungswirksame Veränderung der liquiden Mittel		47,80 €
Anfangsbestand der liquiden Mittel		53,40 €
Endbestand der liquiden Mittel		**101,20 €**

Die Restbuchwertermittlung der Abgänge aus dem Anlagenspiegel kann wie folgt geschehen:

RBW-Berechnung lt. AVZ:	
Buchwert Anfang	367,60 €
Zugänge	60,70 €
Afa	- 67,60 €
Buchwert Ende	- 360,10 €
BW Abgang	**0,60 €**

Anmerkungen zum ÖVFA-Cash-Flow:
Sowohl der Cash-Flow aus dem Ergebnis als auch die Veränderungen des Working Capitals sind positiv. In Summe ergibt sich daher ein positiver ÖVFA-Cash-Flow. Der positive Cash-Flow wurde jedoch nicht durch den Aufbau von (z.B.) kurzfristigen Verbindlichkeiten verursacht (die Veränderung des Working Capital beträgt nämlich nur 4.500 EUR), sondern fast ausschließlich aus dem Ergebnis.

Anmerkungen zur ÖVFA-Kapitalflussrechnung:
Der positive Cash-Flow wurde zu zwei Drittel für Investitionen verwendet, rückgestaute Investitionen bzw. das Nichtnachkommen eines Investitionsbedarfs sind daher wohl auszuschließen. Kurzfristige Verbindlichkeiten wurden nur in geringem Ausmaß aufgebaut, betreffend den Bankbereich gibt es außerdem keine Neuverschuldung. Offen bleibt unter anderem die Frage, warum die Verbindlichkeiten gegenüber dem Kreditinstitut nicht getilgt wurden, hier hat keine Rückzahlung stattgefunden. Dies wäre durch die vorhandenen liquiden Mittel möglich gewesen.

$$Cash\text{-}Flow\text{-}Umsatzrate = \frac{Cash\text{-}Flow}{Umsatzerlöse} * 100$$

$$Cash\text{-}Flow\text{-}Umsatzrate = \frac{107,4}{1174,30} * 100 = 9,15\%$$

Die **Cash-Flow-Umsatzrate** gibt an, welcher Anteil der Umsatzerlöse in Form von liquiden Mitteln zurück ins Unternehmen gelangt. Zur Ermittlung der Cash-Flow-Umsatzrate wird der Cash-Flow mit den Umsatzerlösen ins Verhältnis gesetzt. Da für die Pix Mania GmbH bereits der ÖVFA-Cash-Flow ermittelt wurde, kann dieser in die obige Formel eingesetzt werden. Die Pix Mania GmbH erzielte im Jahr 2006 eine Cash-Flow-Umsatzrate in der Höhe von 9,15 %, d. h. € 0,0915 pro € Umsatz fließen als liquide Mittel dem Unternehmen zu.

$$Dynamische\ Schuldentilgungsdauer = \frac{Effektivverschuldung}{Cash\text{-}Flow}$$

$$Dynamische\ Schuldentilgungsdauer = \frac{326,8}{107,4} = 3,04\ Jahre$$

+	Fremdkapital	532,9
−	Liquide Mittel	101,2
−	Wertpapiere des UV	–
−	kurzfristige Forderungen	87,7
		17,2
=	Effektivverschuldung	326,8

Die **dynamische Schuldentilgungsdauer** gibt an, innerhalb wie vieler Jahre das Unternehmen in der Lage wäre, die aktuelle Effektivverschuldung aus eigener Kraft, d. h. mit Hilfe des Cash-Flows zu tilgen. Zur Ermittlung der Effektivverzinsung werden vom verzeichneten Fremdkapital die Zahlungsmittel und alle Aktivposten, die kurzfristig zu Zahlungsmitteln werden bzw. gemacht werden können (kurzfristige Forderungen, Wertpapiere des UV) abgezogen. Diese Effektivverschuldung wird dann dem ermittelten Cash-Flow gegenübergestellt. Für die Pix Mania GmbH wurde wiederum der ÖVFA-Cash-Flow verwendet. Als dynamische Schuldentilgungsdauer kann eine Zeitspanne von nur 3,04 Jahren ermittelt werden. Allerdings ist zu bedenken, dass diese Frist nur eingehalten werden kann, wenn der Cash-Flow in dieser Zeit jährlich mindestens in dieser Höhe erzielt wird und ausschließlich in dieser Höhe zur Schuldentilgung verwendet wird.

Die Ermittlung der **Fremdkapitaltilgungsrate** für die Pix Mania GmbH ist obsolet, da im Jahr 2006 keine Fremdkapitaltilgungen vorgenommen wurden. Ebenso verhält es sich mit der **Cash-Flow-Privatentnahmerate**.

Rentabilitätsanalyse

$$Eigenkapitalrentabilität = \frac{EGT}{durchschnittliches\ Eigenkapital} * 100$$

$$Eigenkapitalrentabilität = \frac{82,4}{\frac{191,7 + 125,5}{2}} * 100 = 51,96\%$$

Die **Eigenkapitalrentabilität (ROE)** gibt die Verzinsung des durchschnittlich eingesetzten Eigenkapitals an. Es wird das Ergebnis der gewöhnlichen Geschäftstätigkeit der GuV-Rechnung mit dem durchschnittlichen Bestand an

Eigenkapital in Beziehung gesetzt. Die Pix Mania GmbH erbrachte ihren Eigenkapitalgebern eine stattliche Verzinsung in der Höhe von 51,96 %. Dieser Zinssatz lässt sich relativ einfach mit Zinssätzen alternativer Veranlagungsmöglichkeiten vergleichen, wobei aber auf eine ähnliche Risikoausstattung der Alternativen zu achten ist.

$$Gesamtkapitalrentabilität = \frac{EGT + Fremdkapitalzinsen}{durchschnittliches\ Gesamtkapital} * 100$$

$$Gesamtkapitalrentabilität = \frac{82,4 + 14,8}{\frac{724,6 + 668,1}{2}} * 100 = 13,96\%$$

Die **Gesamtkapitalrentabilität (ROI)** zeigt auf, mit welchem Zinssatz sich das durchschnittlich im Unternehmen eingesetzte Gesamtkapital verzinst hat. Die Summe aus dem Ergebnis der gewöhnlichen Geschäftstätigkeit und den entrichteten Fremdkapitalzinsen (beides abzulesen aus der GuV-Rechnung und dem Anhang) werden dem durchschnittlichen Bestand an Gesamtkapital gegenübergestellt. In der Pix Mania GmbH konnte mit dem gesamten Kapitaleinsatz eine Verzinsung von 13,96 % erwirtschaftet werden. Anhand eines Vergleichs des ROI mit dem durchschnittlichen Fremdkapitalzinssatz könnte geprüft werden, ob eine Substitution eines Teiles des Eigenkapitals durch Fremdkapital zur Steigerung der Eigenkapitalrentabilität sinnvoll wäre.

$$Return\ on\ NetAssets = \frac{EGT + Zinsaufwand}{Eigenkapital + verzinsliches\ Fremdkapital}$$

$$Return\ on\ NetAssets = \frac{82,4 + 14,8}{191,7 + 286,8} * 100 = 20,31\%$$

Der **Return on Net Assets (RONA)** gibt die Verzinsung des im Unternehmen investierten Kapitals an. Im Zähler wird der gesamte erwirtschaftete Ertrag (beides abzulesen aus der GuV-Rechnung und dem Anhang), analog zur Gesamtkapitalrentabilität, angesetzt. Im Nenner werden hingegen das Eigenkapital und das verzinsliche Fremdkapital laut Bilanz und Anhang angeführt. Damit sind Zähler und Nenner konsistent, denn im Nenner sind nur noch Fremdkapitalbestandteile enthalten, die auch mit Zinsaufwand verbunden sind. Die Pix Mania GmbH erwirtschaftet mit dem investierten Kapital einen Return on Net Assets von 20,31 %.
Der RONA ist naturgemäß höher als der ROI.

$$Umsatzrentabilität = \frac{Betriebsergebnis}{Umsatzerlöse} * 100$$

$$Umsatzrentabilität = \frac{91{,}3}{1174{,}3} * 100 = 7{,}78\%$$

Die **Umsatzrentabilität (ROS)** stellt das Betriebsergebnis den Umsatzerlösen, beides in der GuV-Rechnung angeführt, gegenüber, um den prozentuellen Anteil der Umsatzerlöse, die als Betriebsergebnis erwirtschaftet werden, zu ermitteln. Diese Rentabilitätskennzahl fokussiert den zentralen Kern des Unternehmensgegenstandes. Die Pix Mania GmbH kann einen ROS in der Höhe von 7,78 % erwirtschaften. Anders ausgedrückt erwirtschaftet das Unternehmen bei einem Umsatzerlös von € 100 einen betrieblichen Gewinn von € 7,78.

Verwendete und weiterführende Literatur

- Denk, C., Feldbauer-Durstmüller, B., Mitter, C., Externe Unternehmensrechnung, Wien 2007.
- Egger, A., Samer, H., Bertl, R., Der Jahresabschluss nach dem Unternehmensgesetzbuch, Band 1, Der Einzelabschluss, Erstellung und Analyse, 12., überarbeitete und erweiterte Auflage, Wien 2008.
- Urnik, S., Schuschnig, T., Investitionsmanagement, Finanzmanagement, Bilanzanalyse, Wien 2007.
- Wagenhofer, A., Bilanzierung & Bilanzanalyse, Eine Einführung, 9., aktualisierte Auflage, Wien 2008.

Weblinks und Internetquellen

- www.oevfa.at

V. Bank- und Kreditmanagement

A. Grundlagen des Bankwesens

1. Finanzmärkte versus Finanzintermediäre

Auch im Bereich des Bankwesens stehen einander Angebot und Nachfrage gegenüber. So fragen z.B. Unternehmen Kapital zur Anschaffung von Anlagevermögen nach (Kapitalnehmer), während z.B. Privatpersonen Zahlungsmittelüberschüsse zur Veranlagung anbieten (Kapitalgeber).

Zum Ausgleich von Angebot und Nachfrage existieren zunächst spezielle Märkte, sog. Finanzmärkte. Unter **Märkten** versteht man im Allgemeinen formelle oder informelle Einrichtungen, die Käufer und Verkäufer bestimmter Güter zusammenführen, um entsprechenden Handel zu ermöglichen. Auf **Finanzmärkten** werden als spezielle Güter Geld, Wertpapiere und Finanzkontrakte gehandelt, das heißt Verträge, die Ansprüche auf gegenwärtige oder künftige Zahlungen verbriefen. Zu den Finanzmärkten zählen z.B.:

- Aktienmarkt. Handel mit Aktien und Derivaten
- Devisenmarkt. Handel mit Währungen und Derivaten
- Zinsmarkt. Handel mit Anleihen, Renten und Derivaten, Geldmarktgeschäfte

Finanzmärkte erfüllen folgende allgemeine Funktionen:

- Koordinationsfunktion
  Anbieten verschiedenartiger Plattformen, an denen Kapitalgeber und Kapitalnehmer einander treffen können, um Handel zu treiben (z.B. Präsenzbörse, Computerhandel)
- Allokationsfunktion
  Ermöglichen des effizienten Ausgleichs von Angebot und Nachfrage
- Auswahlfunktion
  Selektive Zulassung von Marktteilnehmern über die Erlassung von Zugangsbeschränkungen (z.B. Zulassungsvoraussetzung der Wiener Börse)

Während Finanzmärkte lediglich eine Plattform für den Handel bieten, greifen **Finanzintermediäre** direkt in den Handel ein. Sie treten als Mittler zwischen zwei oder mehreren Parteien auf, indem sie Kapital von Kapitalgebern entgegennehmen und es an Kapitalnehmer weiterleiten. Banken zählen zu den Finanzintermediären.

2. Kreditinstitute bzw. Banken und deren Funktionen

Aus betriebswirtschaftlicher Sicht werden die Begriffe **Kreditinstitut** und **Bank** synonym verwendet. Es sind darunter Dienstleistungsunternehmen zu verstehen, die Veranlagungsmöglichkeiten von Zahlungsmitteln, Finanzierungen von Investitionsvorhaben, laufende Zahlungsabwicklungen und Leistungen wie Beratung, Vermittlung, Verwaltung im Zusammenhang mit Geld anbieten.

In juristischer Hinsicht muss der Bank- bzw. Kreditinstitutsbegriff möglichst genau definiert werden, da an die Qualifikation eines Unternehmens als Bank bzw. Kreditinstitut zahlreiche bankenaufsichtliche gesetzliche Vorgaben anknüpfen. Im Bankwesengesetz (BWG), das die allgemeine Gesetzesgrundlage des Bankwesens darstellt (in Deutschland ist das Kreditwesengesetz [KWG] in Kraft), findet sich ausschließlich der Begriff Kreditinstitut. Gemäß § 1 Abs 1 BWG (ebenso § 1 KWG) liegt dann ein Kreditinstitut vor, wenn eine Berechtigung zum Betreiben von Bankgeschäften erteilt wurde (Konzession). Als Bankgeschäfte werden verschiedene Tätigkeiten aufgezählt (z.B. Einlagengeschäft, Girogeschäft, Kreditgeschäft, Diskontgeschäft, Depotgeschäft), welche gewerblich durchgeführt werden, das heißt selbständig und nachhaltig auf die Erzielung von Einnahmen gerichtet. Als Rechtsträger eines Kreditinstitutes kommen grundsätzlich nur Kapitalgesellschaften, Genossenschaften und Sparkassen in Betracht.

Banken bzw. Kreditinstitute haben folgende gesamtwirtschaftliche Aufgaben zu erfüllen:

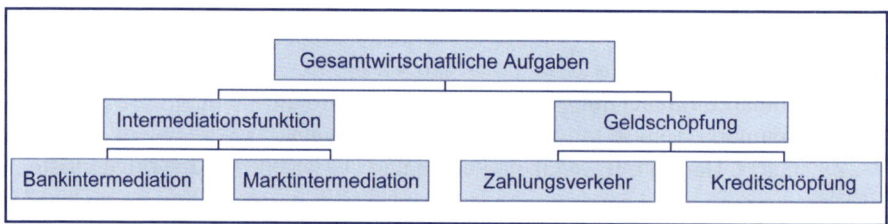

Abbildung V.1: Aufgaben der Kreditinstitute

Die **Bankintermediation** umfasst die traditionellen Transformationsfunktionen der Kreditinstitute, die auch unter dem Begriff „Kapitallenkung" zusammengefasst werden:

- Losgrößentransformation
  Ist die quantitative Anpassung unterschiedlicher Volumina von angebotenem und nachgefragtem Kapital („Losgrößen"). So werden z.B. Banken einerseits über eine große Anzahl von kleinen Einlagen verfügen, während andererseits eine kleinere Anzahl von großen Ausleihungen nachgefragt wird. Banken müssen nun diese Einlagen bündeln, um die Ausleihungen zu ermöglichen.

- Fristentransformation
  Ist der Ausgleich von divergierenden Kapitalüberlassungs- und Zinsbindungsfristen. Kapitalgeber werden i.d.R. rasche Verfügbarkeit über ihr Kapital präferieren, während Kapitalnehmer an möglichst langen Kreditlaufzeiten interessiert sind. Darum müssen kurzfristige Einlagen in langfristige Ausleihungen umgewandelt werden.

- Risikotransformation
  Ist der Interessenausgleich zwischen unterschiedlichen Risikowünschen der Kapitalgeber und -nehmer. Kapitalgeber werden in der Regel sichere Veranlagungsvarianten bevorzugen und würden daher ihr Kapital kaum Kapitalnehmern aus-

leihen, die geringe Bonität aufweisen. Die Bank tritt als Vermittler zwischen die beiden Parteien. Sie verringert das Kreditrisiko für den Kapitalgeber durch die zusätzliche Haftungsmasse, die Erfahrung und ihr Know-how in Zusammenhang mit dem Kreditrisiko.

Obwohl die Kapitallenkung den zentralen Aufgabenbereich der Kreditinstitue ausmacht, kommt der **Marktintermediation**, das heißt der Dienstleistungsfunktion, immer größere Bedeutung zu. Sie umfasst Tätigkeitsschwerpunkte wie z.B. Beratung, Vermittlung, Information, Risikomanagement.

Mit **Geldschöpfung** ist die Vergrößerung der Geldmenge ohne gegenüberstehende Steigerung der Produktions- und Leistungsmenge gemeint. Sie kann aktiv durch die Österreichische Nationalbank erfolgen oder passiv durch die Geschäftsbanken. Wesentliche Elemente dabei sind die Kreditschöpfung und der Zahlungsverkehr.

> **Beispiel**
>
> Ein Kunde eröffnet bei der ABC Bank ein Sparbuch mit einer Einlage von € 50.000. Die Beispiel AG nimmt bei demselben Kreditinstitut einen Kredit von € 30.000 auf, der auf einem Geschäftskonto gutgeschrieben wird. Damit hat sich die Geldmenge von ursprünglich € 50.000 auf nunmehr € 80.000 erhöht, allerdings unter der Voraussetzung, dass der Kredit nicht bar ausbezahlt, sondern auf einem Konto gutgeschrieben wird, von dem die Zahlungen ebenfalls unbar geleistet werden.

3. Gesetzliche Grundlagen

Im Bankwesen müssen verschiedene Regelungsnormen unterschiedlicher Institutionen berücksichtigt werden. So kommen als supranationale Normen die EU-Richtlinien zum Einsatz, die für eine Vereinheitlichung der gesetzlichen Vorschriften im europäischen Bankwesen sorgen sollen. Die Umsetzung erfolgt auf der Basis von nationalen Normen wie Gesetzen und Verordnungen, die vom Gesetzgeber verabschiedet werden. Andererseits werden Mindeststandards, Rundschreiben sowie Leitfäden von Institutionen wie der Österreichischen Nationalbank oder der Finanzmarktaufsicht vorgegeben (z.B. Mindeststandards für Fremdwährungskredite, Leitfaden für Techniken der Kreditrisikominderung).

Insgesamt ist die Gesetzgebung im österreichischen Bankwesen auf eine Vielzahl von Gesetzen aufgeteilt. So ist zur Klärung allgemeiner Grundlagen z.B. auf das Allgemeine bürgerliche Gesetzbuch (ABGB) oder das Bankwesengesetz (BWG) zurückzugreifen. Je nach Bankensektor gelten darüber hinaus spezifische Rechtsgrundlagen wie z.B. das Sparkassengesetz (SpG). Für spezielle Geschäfte der Banken existieren ebenfalls spezifische Gesetze, wie z.B. das Depotgesetz (DepG), das Wechselgesetz (WechselG) oder auch das Konsumentenschutzgesetz (KSchG).

Als zentrale gesetzliche Grundlage für das gesamte Bankwesen gilt das **Bankwesengesetz (BWG)**, das mit 1.1.1994 das ursprünglich aus deutschem Recht übernommene und dort nach wie vor in Kraft befindliche Kreditwesengesetz (KWG) abgelöst hat. Sein zentrales Ziel ist der Funktions- und Gläubigerschutz, womit das Risiko des Bankgeschäfts im Mittelpunkt steht.

4. Aufsichtsorgane

Die Beaufsichtigung des Bankensektors ist von zentralem volkswirtschaftlichem Interesse. Die Ziele der Bankenaufsicht sind:

- Sicherung der Finanzmarktstabilität
- Sicherung der Funktionsfähigkeit des Bankwesens
- Gläubigerschutz
- Weiterentwicklung des österreichischen Finanzplatzes

Die **Bankenaufsicht** widmet sich damit nicht nur der Überprüfung der Einhaltung der Rechtsvorschriften, sondern auch der wirtschaftlichen Überprüfung des Bankwesens, um Missbräuche und drohende Gefahren rechtzeitig zu erkennen und abzuwenden.

Als Aufsichtsmittel stehen Informations-, Eingriffs- und Einschaumöglichkeiten zur Verfügung (z.B. Vorlage von Zwischenabschlüssen und Prüfungsberichten). Außerdem stehen den Aufsichtsbehörden strafbehördliche Befugnisse zu.

Die Aufgaben der Bankenaufsicht werden in Österreich von drei Institutionen wahrgenommen:

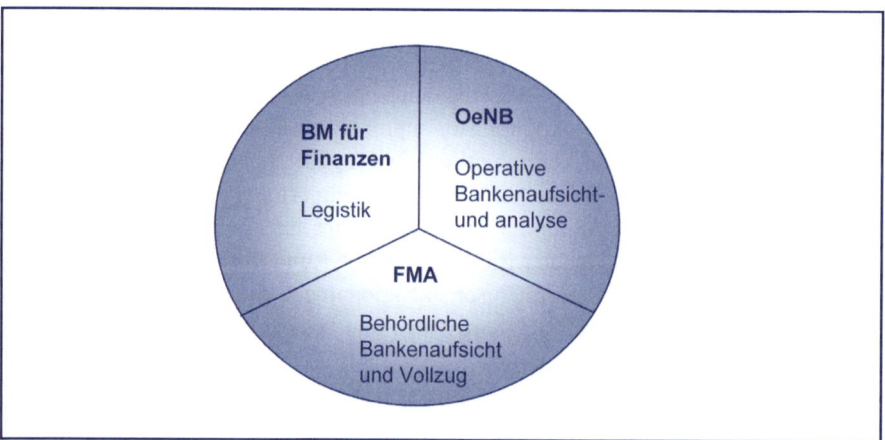

Abbildung V.2: Bankenaufsicht

Das **Bundesministerium für Finanzen** (BMF) ist politisch für die gesamte Finanzmarktaufsicht zuständig. Es ist verantwortlich für die Gesetzgebung im Zusammenhang mit der Bankenaufsicht. Darüber hinaus hat das BMF Kontrollrechte gegenüber der Finanzmarktaufsicht (FMA). So besteht ein generelles Auskunftsrecht des BMF gegenüber der FMA binnen zwei Wochen und eine jährliche Berichtspflicht der

FMA gegenüber dem BMF über das abgelaufene Geschäftsjahr binnen vier Monaten nach Ablauf des Geschäftsjahres.

Die im Jahr 2002 gegründete **Finanzmarktaufsicht** (FMA) ist als unabhängige, weisungsfreie und verfassungsrechtlich gesicherte Allfinanzaufsicht (Bankenaufsicht, Wertpapieraufsicht, Versicherungsaufsicht) tätig. Sie ist mit einer eigenen Rechtspersönlichkeit ausgestattet („Single Regulator"). Sie nimmt die hoheitliche Behördenfunktion wahr und sorgt für den Vollzug der erlassenen Rechtsnormen. Der FMA kommen folgende Aufgaben zu:

- Aufsicht über Banken-, Versicherungs-, Pensionskassen-, Wertpapierwesen
- Marktzulassung, Konzessionierung
- Vornahme behördlicher Rechtsauslegungen
- Erlassung von Normen

Die FMA arbeitet sehr eng mit der **Österreichischen Nationalbank** (OeNB) zusammen. Während die FMA das Vollzugsorgan darstellt, versteht sich die OeNB als das operative Prüf- und Analyseorgan. Die OeNB stellt der FMA die notwendigen Informationen zur Verfügung, die die FMA braucht, um ihre oben angeführten Aufgaben zu erfüllen. Die OeNB erfüllt folgende Aufgaben, die nicht nur das Erbringen von Dienstleistungen gegenüber der FMA umfassen:

- Vor-Ort-Prüfungen
- Gutachterliche Äußerungen (z.B. i.Z.m. der Bewilligung von IRB-Ansätzen)
- Meldewesen (z.B. Großkreditevidenz)
- Bankenanalyse (Aufbereitung und Analyse von Meldedaten)
- Anhörungsrechte
- Mitteilung von Beobachtungen und Feststellungen grundsätzlicher Art oder besonderer Bedeutung

In Deutschland findet sich ein ähnliches System, die Bankenaufsicht ist ebenfalls auf drei Institutionen aufgeteilt: das Bundesministerium der Finanzen (BMF), die Bundesanstalt für Finanzdienstleistungsaufsicht (BaFin) und die Deutsche Bundesbank.

Verwendete und weiterführende Literatur

- Becker, P. H., Peppmeier, A., Bankbetriebslehre, 6., aktualisierte Auflage, Ludwigshafen (Rhein), 2006.
- Borns, R., Das österreichische Bankrecht, Systematische Darstellung des BWG, 2. Auflage, Wien 2006.
- Hartmann-Wendels, T., Pfingsten, A., Weber, A., Bankbetriebslehre, 3., überarbeitete Auflage, Berlin-Heidelberg 2004.
- Obst, G., Geld-, Bank- und Börsenwesen: ein Handbuch, 39., völlig neu bearbeitete Auflage, Stuttgart 1993.

Weblinks und Internetquellen

- http://www.oenb.at/
- http://www.fma.gv.at/

B. Kreditgeschäft

1. Grundbegriffe

Unter einem **Kredit** wird ganz allgemein die Beschaffung von Kapital durch Eingehen einer Schuld mit zeitlich verzögerter Rückführung verstanden. Im bürgerlichen Recht werden verschiedenste Formen des Kredites geregelt. Die wichtigste Kreditform ist das **Darlehen**, das gemäß § 983 ABGB folgendermaßen definiert wird:

„Wenn jemandem verbrauchbare Sachen unter der Bedingung übergeben werden, dass er zwar willkürlich darüber verfügen könne, aber nach einer gewissen Zeit ebenso viel von derselben Gattung und Güte zurückgeben soll; so entsteht ein Darlehensvertrag."

Der Darlehensvertrag ist somit ein **schuldrechtlicher Vertrag**, durch den der Darlehensgeber verpflichtet wird, dem Darlehensnehmer einen bestimmten Geldbetrag oder eine vereinbarte vertretbare Sache zur Verfügung zu stellen. Der Darlehensnehmer wird verpflichtet, ein vereinbartes Darlehensentgelt (Zinsen) zu zahlen und bei Fälligkeit den Betrag bzw. die oder eine Sache gleicher Art, Qualität und Menge zurückzuerstatten (Tilgung).

Der Darlehensvertrag ist ein **Realkontrakt** und kommt daher erst durch die tatsächliche Übergabe des Geldes an den Darlehensnehmer zustande. Der Darlehensnehmer wird Eigentümer der Darlehensvaluta und kann je nach Vertragsinhalt das Darlehen auf einmal oder in Teilbeträgen zurückzahlen. In Deutschland erfolgte mit 1.1.2002 eine Schuldrechtsmodernisierung. Das Gelddarlehen (§§ 488 ff. BGB) und das Sachdarlehen sind seitdem getrennt geregelt. Grundsätzlich ist ein Darlehensvertrag allerdings in Deutschland nunmehr als gegenseitiger Konsensualvertrag zu verstehen.

2. Risikoaspekt

Unter dem Begriff **Risiko** ist grundsätzlich die Gefahr der Abweichung eines tatsächlich eingetretenen Ereignisses vom erwarteten Ereignis zu verstehen. Kreditinstitute sind mit strategischen und operativen Risiken konfrontiert.
Folgende Abbildung zeigt die bankspezifischen Risiken im Überblick:

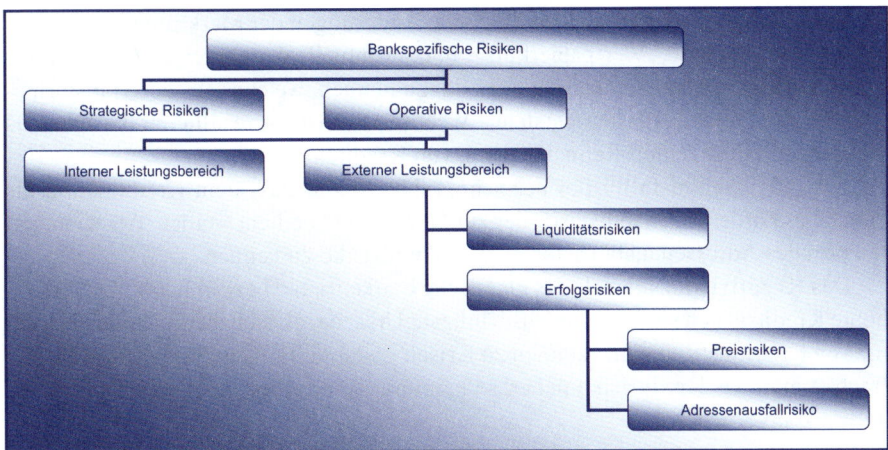

Abbildung V.3: Bankspezifische Risiken

Strategische Risiken hängen nicht mit Einzelgeschäften zusammen, sondern resultieren aus strategischen Entscheidungen der Kreditinstitute. Sie können als komplexe Phänomene bezeichnet werden, die langfristigen Charakter haben, vergleichsweise selten anfallen und dynamisch sind.

Demgegenüber sind **operative Risiken** solche, die aus Einzelgeschäften resultieren und unmittelbar auf konkrete Ergebnisgrößen durchschlagen. Sie lassen sich wiederum aufspalten in operative Risiken des internen Leistungsbereiches (endogen verursachte Risiken) und des externen Leistungsbereiches (exogen verursachte Risiken).

Der **interne Leistungsbereich** meint den Bankbetrieb als technisch-organisatorischen Bereich. Risiken aus diesem Bereich werden im BWG als bankbetriebliche Risiken bezeichnet. Sie entspringen grundsätzlich aus personellen, sachlich-technischen oder ablaufstrukturellen Gegebenheiten.

Im Gegensatz dazu betreffen Risiken des **externen Leistungsbereiches** das Bankgeschäft an sich. Sie ergeben sich unmittelbar aus der Kundenbeziehung und werden im BWG auch als bankgeschäftliche Risiken bezeichnet. In wirkungsbezogener Sichtweise lassen sich diese bankgeschäftlichen Risiken schlussendlich in Liquiditäts- und Erfolgsrisiken einteilen. **Liquiditätsrisiken** sind dadurch charakterisiert, dass sie aus der unterschiedlichen zeitlichen Struktur von Ein- (Passivgeschäft) und Auszahlungen (Aktivgeschäft) resultieren, d.h. Fristigkeitsrisiken beinhalten. Zu den Liquiditätsrisiken zählt z.B. das **Refinanzierungsrisiko**, das schlagend wird, wenn Einlagen fristgerecht abgerufen werden, und in der Folge nicht adäquat ersetzt werden können, d.h. die Anschlussfinanzierung nicht gewährleistet ist.

Da sich **Erfolgsrisiken**, sobald sie virulent werden, direkt auf den Erfolg niederschlagen, d.h. den Gewinn mindern bzw. den Verlust vergrößern, werden sie auch als Verlustrisiken bezeichnet. Die wichtigsten Ausprägungen sind das Preisrisiko und das Adressenausfallrisiko.

Preisrisiken beziehen sich auf mögliche Änderungen der Marktpreise, d.h. Zinssätze, Wechselkurse, Wertpapierkurse und eventuell Warenpreise. Als wichtige Form ist zunächst das Zinsänderungsrisiko zu nennen, welches aus der Transformation der Zinsbindungsfristen entsteht. Wechselkursrisiken resultieren dagegen aus währungsinkongruenter Refinanzierung von Krediten.

Das **Adressenausfallrisiko** bezeichnet die Gefahr, dass dem Kreditinstitut als Gläubiger Forderungen teilweise oder zur Gänze nicht bedient werden. Als wichtigste Form des Adressenausfallrisiko ist das Kreditrisiko zu nennen.

Das **Kreditrisiko** kann als das klassische Bankenrisiko bezeichnet werden. Überhöhte Kreditrisiken sind die weitaus häufigste Ursache existenzbedrohender Probleme von Kreditinstituten und können zu Krisen gesamter Bankensysteme führen. Betrachtet man das Kreditrisiko näher, so kann man eine Aufschlüsselung in mehrere Teilrisiken vornehmen.

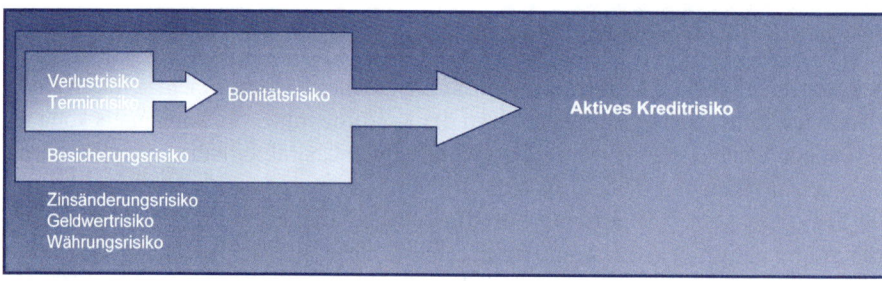

Abbildung V.4: Kreditrisiko

Das **Verlustrisiko** bezeichnet die Gefahr, dass der aushaftende Kreditbetrag sowie Zinsen und Gebühren dem Kreditinstitut teilweise oder zur Gänze nicht zurückgezahlt werden (Kreditrisiko im engeren Sinne).

Das **Terminrisiko** hingegen stellt die Gefahr dar, dass der Kreditnehmer den Kreditbetrag nicht termingerecht tilgt bzw. Zinsen, Provisionen oder Gebühren nicht fristgemäß entrichtet.

Hat sich das Kreditinstitut Vermögenswerte oder Rechte vom Kreditnehmer zur Verfügung stellen bzw. einräumen lassen, damit es sich im Verlustfall daraus die offenstehenden Ansprüche befriedigen kann, ist das **Besicherungsrisiko** zu beachten. Darunter versteht man die Gefahr, dass die Sicherheit zum Zeitpunkt der Verwertung nicht den veranschlagten Wert erbringt oder nicht verwertbar ist.

Das Verlustrisiko wird gemeinsam mit dem Terminrisiko als **Bonitätsrisiko** bezeichnet. Bezieht man zusätzlich das Besicherungsrisiko mit ein, so spricht man vom **aktiven Kreditrisiko**, welches für die weiteren Ausführungen als Kreditrisiko schlechthin gelten soll.

Risikokategorien wie **Zinsänderungsrisiko** (die Gefahr, dass die Kreditzinsen während der Kreditlaufzeit ansteigen und das Kreditinstitut nicht sofort eine Anpassung an das neue Zinsniveau vornehmen kann), **Geldwertrisiko** (die Gefahr, dass das Kreditinstitut aufgrund der Geldentwertung weniger Kaufkraft zurückbekommt, als es zum Zeitpunkt der Kreditzuzählung hingegeben hat) und **Währungs-**

risiko (die Gefahr, dass bei Fremdwährungskrediten Kursschwankungen dazu führen, dass der zurückgezahlte Betrag geringer ist als der ursprünglich erwartete) können ebenfalls zum Kreditrisiko gezählt werden, spielen aber eine untergeordnete Rolle, da sie von den Kreditinstituten abgewälzt bzw. kompensiert werden können.

3. Die Kreditprüfung

Die **Kreditprüfung** ist ein komplexer Informationsprozess mit dem Ziel, das Kreditrisiko zu bestimmen, das mit einer Ausleihung verbunden ist. Das Kreditrisiko ist umso geringer, je besser die Kreditwürdigkeit des Kreditantragstellers einzuschätzen ist. Zur Einschätzung der Kreditwürdigkeit umfasst die Kreditprüfung die Untersuchung der persönlichen Kreditwürdigkeit, der materiellen Kreditwürdigkeit und der Kreditfähigkeit.

Die **persönliche Kreditwürdigkeit** liegt dann vor, wenn die individuellen Eigenschaften des Kreditnehmers (z.B. Charakter, Berufserfahrung, Ausbildung) dafür sprechen, dass er willens und fähig ist, den Kredit vereinbarungsgemäß zurückzuführen. Dieser Aspekt der Kreditwürdigkeit spielt im besonderen Maße bei kleinen und mittleren Unternehmen als Kreditnehmer eine Rolle. Bei solchen „Eigentümer-Unternehmen" sind die Bereitstellung und die Verfügungsmacht über das Kapital auf eine bzw. einige wenige Personen vereint. Darüber hinaus zeigt die Insolvenzursachenforschung, dass Fehler der Unternehmensführung unabhängig von der Unternehmensgröße und Rechtsform generell zu den häufigsten Insolvenzursachen gehören. Die persönliche Kreditwürdigkeit ist damit als unabdingbare Grundvoraussetzung für jede Kreditbewilligung anzusehen.

Bei der Überprüfung der **materiellen Kreditwürdigkeit** geht es um die Frage, ob der Kreditnehmer in wirtschaftlicher Hinsicht in der Lage sein wird, den Kredit vereinbarungsgemäß zurückzuführen. Damit sind Informationen relevant, die die Unternehmensebene betreffen. Das Unternehmen bildet die Basis für die wirtschaftlichen Möglichkeiten und Fähigkeiten des Unternehmers, die in weiterer Folge entscheidend für die Einhaltung der Rückzahlungsvereinbarungen sind. Da der Kreditnehmer mit seinem Unternehmen als primäre Sicherheit anzusehen ist, konzentrieren sich die Prüfungshandlungen auf die Beurteilung der Fähigkeit, Finanzmittel aus dem betrieblichen Umsatzprozess zu erwirtschaften und damit den Kredit aus eigener wirtschaftlicher Kraft zu tilgen. Damit ist der Jahresabschlussanalyse (siehe Kapitel IV) in der Regel eine zentrale Bedeutung beizumessen.

Dabei ist jedoch zu beachten, dass das Unternehmen ein offenes System ist, das in eine ganz spezifische Unternehmensumwelt eingebettet ist. Daher ist im Rahmen der Prüfung der materiellen Kreditwürdigkeit auch die Situation der Gesamtwirtschaft und der spezifischen Branche zu berücksichtigen.

Die Prüfung der **Kreditfähigkeit** widmet sich der Fähigkeit des Kreditnehmers, ein Kreditgeschäft rechtsgültig abzuschließen. Die Kreditfähigkeit setzt zunächst das Bestehen der Rechtsfähigkeit, das heißt der Fähigkeit, Träger von Rechten und

Pflichten zu sein, voraus. Im engeren Sinne muss aber auch die Geschäftsfähigkeit gegeben sein, das heißt die Fähigkeit, sich durch eigenes rechtsgeschäftliches Handeln zu berechtigen bzw. zu verpflichten. Die Eigenschaften der Rechtsfähigkeit und Geschäftsfähigkeit hängen entscheidend von der Person des Kreditnehmers ab.

Die **Rechtsfähigkeit** natürlicher bzw. physischer Personen ist für Einzelunternehmen und Personengesellschaften als Kreditnehmer von Belang. Sie ist gemäß § 16 ABGB (bzw. § 1 BGB) grundsätzlich von Geburt an, unabhängig von besonderen Eigenschaften, in unbeschränktem Ausmaß gegeben. Die Geschäftsfähigkeit dagegen hängt vom Alter der natürlichen Person ab, wobei mit zunehmendem Alter auch das Ausmaß der Geschäftsfähigkeit zunimmt. Ab dem vollendeten 18. Lebensjahr (Volljährigkeit) ist die volle Geschäftsfähigkeit gegeben. Bei Personengesellschaften ist zusätzlich zu beachten, dass grundsätzlich Einzelvertretungsbefugnisse gelten.

Hinsichtlich der Rechtsfähigkeit sind juristische Personen den natürlichen Personen grundsätzlich gleichgestellt und können daher dieselben Rechte und Pflichten haben, wie natürliche Personen. Die Rechtsfähigkeit ist ab der Entstehung der juristischen Person gegeben, wobei dieser Zeitpunkt vom jeweiligen Gründungssystem abhängig ist.

Bezüglich der **Geschäftsfähigkeit** ist zu beachten, dass die juristische Person zwar mit eigener Rechtspersönlichkeit ausgestattet ist. Um nach außen hin tätig werden zu können, braucht sie aber Organe (Vorstand bzw. Geschäftsführer), die mit Vertretungsbefugnissen ausgestattet sind (Gesamtvertretung). Die Mitglieder dieser geschäftsführenden Organe sind in der Satzung festzulegen sowie in das Firmenbuch einzutragen. Für die juristische Person schließen nun die Organe Geschäfte als ihre Vertreter ab. Da die Organe natürliche Personen sind, ist hinsichtlich der Rechts- und Geschäftsfähigkeit auf die Ausführungen des vorigen Absatzes zu verweisen. Das Rechtsgeschäft kommt aber zwischen dem Geschäftspartner und der juristischen Person selbst zustande.

Im Zusammenhang mit der Rechts- und Geschäftsfähigkeit ist für die Kreditinstitute als Kreditgeber der Aspekt der Haftung von entscheidender Relevanz. Denn an die personenspezifische Rechts- und Geschäftsfähigkeit knüpft sich unmittelbar die rechtswirksame Haftung des Kreditnehmers für die Verpflichtungen aus dem Kreditgeschäft gegenüber dem Kreditgeber. Diese ist rechtsformabhängig unterschiedlich gestaltet und hat damit Einfluss auf die zusätzliche Bestellung von banküblichen Sicherheiten. Die Kreditprüfung erfolgt in der Praxis mit Hilfe von unterschiedlich komplexen und standardisierten Kreditprüfungsverfahren, die auf jeweils spezifische Weise versuchen, Kriterien der persönlichen und materiellen Kreditwürdigkeit und Kreditfähigkeit zu einem konsistenten Bild zu verdichten. Im folgenden Kapitel werden die Systeme der Kreditprüfung behandelt.

4. Systeme der Kreditprüfung

4.1. Credit Scoring

Das **Credit Scoring** ist als Punktebewertungsverfahren zu verstehen, bei dem jeder Ausprägung eines als relevant erachteten und spezifisch gewichteten Merkmals des Kreditnehmers (z.B. Kennzahlen, Alter des Kreditnehmers, Ausbildungsniveau, usw.) eine bestimmte Punkteanzahl zugeordnet wird, die den Nutzenbeitrag repräsentiert. Die Auswahl und Gewichtung dieser Merkmale erfolgt auf Basis von Erfahrungen aus bereits abgeschlossenen Kreditfällen der Vergangenheit.

Credit Scoring kann als mathematisch-statistisches Verfahren ausgestaltet sein, welches die Merkmalsauswahl und -bewertung mit Hilfe von statistischen Methoden vornimmt. In der Praxis sind aber auch häufig Credit-Scoring-Systeme zu finden, die mit Hilfe von subjektiven Erfahrungen der Entscheider die genannten Funktionen wahrnehmen, und damit den Präferenzen des Entscheiders Ausdruck verleihen.

Die ausgewählten und gewichteten Merkmale werden in der sog. Scorekarte festgehalten. Sie zeigt in vertikaler Ausrichtung alle relevanten Merkmale, während in der horizontalen Gliederung die jeweils möglichen Ausprägungen mit deren Bewertung und Gewichtung, ausgedrückt in Scores, angeführt sind. Im Folgenden ist ein Auszug aus einer Scorekarte dargestellt, die in ähnlicher Form bei der Beurteilung eines Einzelunternehmers Anwendung finden könnte:

Merkmal	Merkmalsausprägung	Scores	Gewicht
Alter des Unternehmers	18 –24 Jahre	10	17 %
	25 –34 Jahre	40	
	35 – 44 Jahre	20	
	45 – 54 Jahre	20	
	ab 55 Jahre	10	
Familienstand	Ledig ohne Kinder	20	13 %
	Ledig mit Kinder	30	
	Verheiratet ohne Kinder	20	
	Verheiratet mit Kinder	30	

Die einzelnen gewichteten Scores werden zu einem Gesamtscore zusammengefasst, der mit dem sog. Cut Off Score verglichen wird. Der Cut Off Score ist der Schwellenwert, der die guten Kredite möglichst genau von den schlechten Krediten trennt und damit die Entscheidung über Kreditbewilligung oder -ablehnung ermöglicht.

4.2. Expertensysteme

Expertensysteme werden dem immer größer werdenden Gebiet der „**Künstlichen Intelligenz**" zugeordnet. Diese Teildisziplin der Informatik ist aus dem Bedarf heraus entstanden, mit Hilfe der EDV Aufgaben zu lösen, wofür eigentlich die menschliche Intelligenz benötigt wird. Sie versucht daher, die kognitiven Fähigkeiten (Sehen/Bildverstehen, Hören/Sprachverstehen, Kontrolle komplexer Bewegungen/Robotik und abstraktes Denken/logisches Schließen) des Menschen auf dem Computer abzubilden.

Expertensysteme sind demnach als wissensbasierte Informationssysteme zu verstehen, die die menschliche Problemlösungsfähigkeit am Computer nachahmen, indem die Kompetenz eines Fachmannes einer bestimmten Spezialdisziplin am PC modelliert wird.

Zum Aufbau eines Expertensystems sind mehrere Bausteine nötig. Grundlage eines Expertensystems ist die **Wissensbasis**, die von einem Software-Fachmann (Knowledge Engineer) gemeinsam mit dem bzw. den besten Experten auf dem Gebiet der Kreditprüfung im Kreditinstitut modelliert wird. Die Wissensbasis setzt sich grundsätzlich aus der bereichsbezogenen und der fallbezogenen Wissensbasis zusammen. Die **bereichsbezogene Wissensbasis** besteht aus dem bereichsbezogenen Fachwissen der bzw. des besten Experten im Bereich der Kreditprüfung, und wird auch Bereichsmodell genannt. Die zweite Komponente der Wissensbasis ist die **fallspezifische Wissensbasis**, das sind alle Informationen, die zum jeweiligen Kreditantrag, der aktuell zu beurteilen ist, vorhanden sind (z.B. Kennzahlen, persönliche Daten des Kreditnehmers usw.).

Als weiteren Bestandteil benötigt jedes Expertensystem eine **Problemlösungskomponente**. Denn das bereichsbezogene Wissen muss mit den fallspezifischen Informationen verknüpft werden, um damit die Kreditentscheidung herbeizuführen. Die Problemlösungskomponente versucht daher, zu den eingegebenen individuellen Daten des jeweiligen Kreditantrages die entsprechenden Regeln und Fakten aus dem modellierten Expertenwissen auf dem Gebiet der Kreditprüfung zu finden.

Der **Dialogkomponente** kommt als Schnittstelle zwischen dem jeweiligen Benutzer des Expertensystems und dem Computer die Aufgabe zu, deren Interaktion mit Hilfe einer möglichst benutzerfreundlichen Oberfläche zu erleichtern.

Die **Erklärungskomponente** erläutert die Arbeitsweise des Expertensystems und macht damit den Kreditentscheidungsprozess transparent. Der Kreditsachbearbeiter versteht, warum bestimmte Informationen nachgefragt werden, welche Regeln angewendet werden und wie schlussendlich das Ergebnis abgeleitet wird. Das Expertensystem stellt also keine „Black Box" dar, die das Bewertungsergebnis für den Anwender unerklärt lässt.

Damit das Expertensystem laufend weiterentwickelt werden kann, benötigt es die sog **Wissenserwerbskomponente**. Der Knowledge Engineer kann damit das Expertensystem jederzeit um aktuelles bereichsbezogenes Fachwissen erweitern.

Abschließend soll folgende Grafik den Aufbau eines Expertensystems und seine Funktionsweise darstellen:

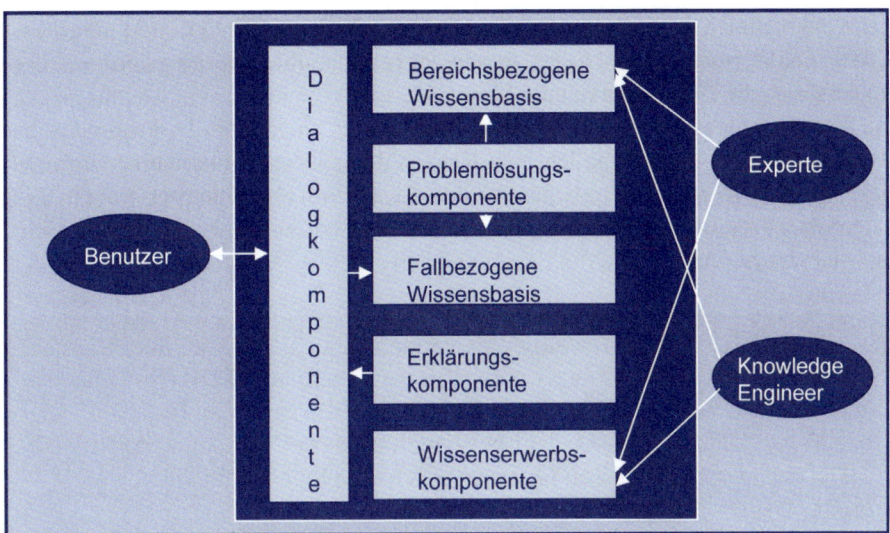

Abbildung V.5: Expertensystem

4.3. Diskriminanzanalysen

Diskriminanzanalysen sind mathematisch-statistische Verfahren zur Gruppentrennung. Sie ermöglichen die Feststellung der Verschiedenheit von zwei oder mehreren Gruppen mit Hilfe einer oder mehrerer Variable(-n). Damit wird auch die Zuordnung von neuen Elementen ermöglicht, deren Gruppenzugehörigkeit nicht bekannt ist.

Bei Einsatz von Diskriminanzanalysen für Zwecke der Kreditprüfung müssen daher zunächst im Rahmen einer Ex-Post-Analyse abgeschlossene Kreditfälle untersucht werden. Es wird versucht, diese Grundgesamtheit mit Hilfe von Kennzahlen oder Kennzahlenkombinationen in zwei Teilgruppen, nämlich gute Kreditnehmer und schlechte Kreditnehmer, zu trennen. Unter guten Kreditnehmern versteht man solche, die den Kredit vereinbarungsgemäß zurückgeführt haben, während schlechte Kreditnehmer solche sind, die ausgefallen sind. Basierend auf dieser Trennung der Grundgesamtheit bereits abgeschlossener Kreditfälle ist es möglich, in einer Ex-Ante-Analyse auf die Zuordnung und damit die Kreditwürdigkeit neuer Kreditantragsteller zu schließen.

Wird eine einzelne Kennzahl zur Trennung der Grundgesamtheit verwendet, spricht man von einer **univariaten Diskriminanzanalyse**. Dabei werden nacheinander verschiedene Kennzahlen für sich auf ihre Trennfähigkeit hin getestet. Ideale Trennfähigkeit liegt dann vor, wenn der Trennwert der Kennzahl die Grundgesamtheit so teilt, dass in der einen Gruppe nur die Kennzahlenwerte der guten Unternehmen liegen, während in der anderen Gruppe nur die Kennzahlenwerte der schlechten Unternehmen zu finden sind. Im Regelfall jedoch wird es ein gewisses Ausmaß an Fehlklassifikationen, also Überlappungen der beiden Gruppen geben. D.h. in der Gruppe der guten Unternehmen werden auch einige Kennzahlenwerte von schlechten Unternehmen vorkommen (**Alpha-Fehler** bzw. **Fehler 1. Art**), und umgekehrt (**Beta-Fehler** bzw. **Fehler 2. Art**). Je weniger Fehlklassifikationen vorkommen, desto besser ist die Trennfähigkeit der Kennzahl.

Werden nun zu beurteilende Kreditanträge einer univariaten Diskriminanzanalyse unterzogen, muss lediglich eine Kennzahl für dieses Unternehmen ermittelt und mit dem Trennwert verglichen werden. Liegt ein Kennzahlenwert über diesem Trennwert, ist das Unternehmen – je nach Aussage der Kennzahl – als insolvent bzw. solvent zu bezeichnen.

Beispiel

Die ABC Bank wendet zur Kreditprüfung eine univariate Diskriminanzanalyse auf der Basis der Eigenkapitalquote an. Der ermittelte Trennwert liegt bei 13 %. Die Beispiel AG legt bei Kreditantragstellung den aktuellen Jahresabschluss vor, auf dessen Grundlage sich eine Eigenkapitalquote von 18 % ergibt. Damit liegt der Kennzahlenwert über dem Trennwert und die ABC-Bank wird die Beispiel AG als gutes bzw. solventes Unternehmen einstufen.

Der wesentliche Mangel der univariaten Diskriminanzanalyse ist, dass die Klassifikationen anhand von einzelnen Kennzahlen nebeneinander zu widersprüchlichen Ergebnissen führen kann. So könnte ein und dasselbe Unternehmen anhand der Klassifikation nach der Eigenkapitalquote als „gut" eingestuft werden, anhand der Eigenkapitalrentabilität hingegen als „schlecht". Der Prüfer steht dann vor dem Problem, diese beiden widersprechenden Teilurteile zu einem konsistenten Gesamturteil zusammenzufassen.

Folgende Grafik soll die Funktionsweise von univariaten Diskriminanzanalysen demonstrieren. Es wird hier eine zweifach univariate Diskriminanzanalyse angewendet, d.h. es wird die Trennung der analysierten Unternehmen anhand von zwei verschiedenen Kennzahlen getrennt vorgenommen.

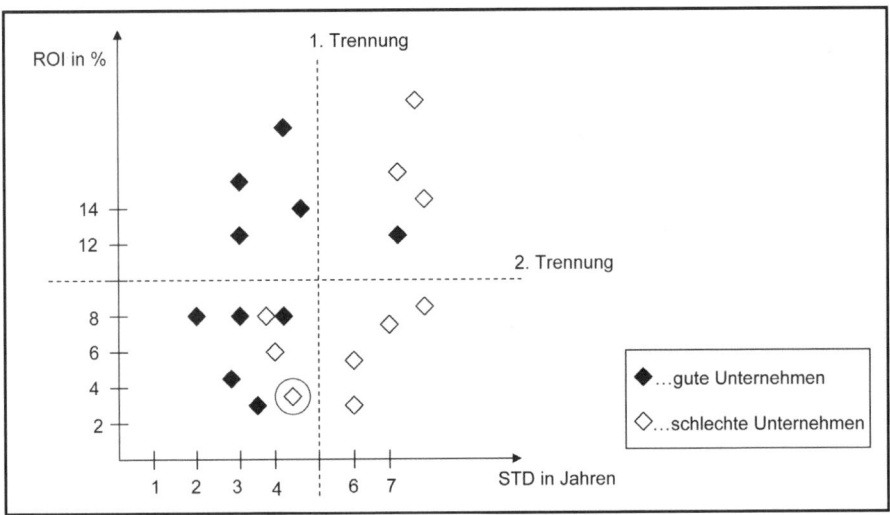

Abbildung V.6: Univariate Diskriminanzanalyse

Die herangezogenen Kennzahlen sind einerseits die Gesamtkapitalrentabilität (ROI) und andererseits die dynamische Schuldentilgungsdauer (STD). Für den ROI gilt die Hypothese, dass schlechte Unternehmen tendenziell einen schlechteren Kennzahlenwert erzielen als gute Unternehmen. Demgegenüber kann für die STD die Hypothese aufgestellt werden, dass schlechte Unternehmen eher eine höhere STD aufweisen als gute Unternehmen. Kurz gesagt: ROI: S < G und STD: S > G. Für den ROI wurde ein Trennwert in der Höhe von 10 % ermittelt, während der Trennwert für die STD bei 5 Jahren liegt.

Die erste Trennung erfolgt hier nach dem Kriterium STD. Es zeigt sich, dass hier drei schlechte Unternehmen fälschlicherweise als gute Unternehmen eingestuft werden. Damit liegt der Alpha-Fehler bzw. Fehler 1. Art bei 3/10. Außerdem wird ein gutes Unternehmen nach diesem Kriterium als schlechtes klassifiziert, woraus sich ein Beta-Fehler bzw. Fehler 2. Art in der Höhe von 1/10 ergibt. So wird z. B. die ABC-AG (erkennbar am Kreis), die ein gescheitertes Unternehmen ist, nach der Anwendung von STD als gutes Unternehmen eingestuft und würde demnach einen beantragten Kredit bekommen.

Auch die 2. Trennung, die bei der univariaten Diskriminanzanalyse separat vorgenommen wird, kann keine wesentlich besseren Ergebnisse aufweisen. Es wird hier ein Alpha-Fehler von 3/10 erzielt und ein Beta-Fehler von 5/10. Die ABC-AG wird nach dem Kriterium des ROI richtig eingeordnet, was bei einer Beurteilung der Kreditwürdigkeit von A gegen eine Kreditgewährung sprechen würde.

Die Grafik zeigt deutlich, dass nur im linken oberen und rechten unteren Quadrat eindeutige Ergebnisse erzielt werden. Dagegen werden im rechten oberen und linken unteren Quadrat zweideutige bzw. widersprüchliche Resultate erzielt, die eine Kreditentscheidung erschweren.

Multivariate Diskriminanzanalysen versuchen diesen Mangel auszugleichen. Sie integrieren mehrere Merkmale bzw. Kennzahlen gleichzeitig, das heißt die einzelnen Kennzahlen werden gewichtet und miteinander addiert bzw. voneinander subtrahiert, woraus sich ein Gesamtwert, der sog Diskriminanzwert ergibt. Dadurch lässt sich die Trennfähigkeit erhöhen.

$$D = a_0 + a_1 * Z_1 + a_2 * Z_2 + ... + a_n * Z_n$$

D....... Diskriminanzwert

a_0...... absoluter Wert

a_i....... Gewichtung bzw. Diskriminanzkoeffizient von i = 1, 2, ..., n

Z_i....... Kennzahl i = 1, 2, ..., n

i........ Anzahl der Kennzahlen der Diskriminanzfunktion

Um die in der Folge zu beurteilenden Unternehmen einer der beiden Gruppen zuordnen zu können, benötigt man nun noch eine Zuordnungsregel. Es muss also ein Cut-Off-Wert bestimmt werden, der zur Klassifikation von Kreditanträgen herangezogen wird.

Folgende Grafik soll wiederum die Funktionsweise einer multivariaten Diskriminanzanalyse aufzeigen:

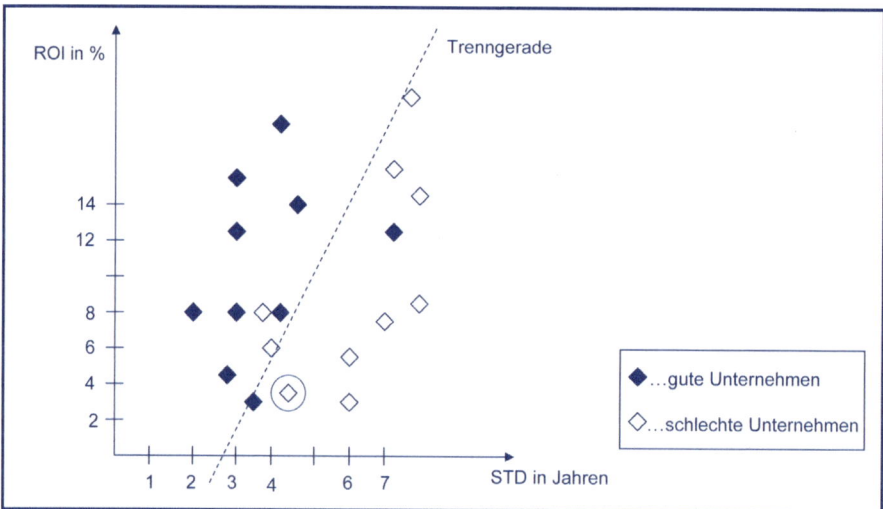

Abbildung V.7: Multivariate Diskriminazanalyse

Die multivariate Diskriminanzanalyse, die im vorliegenden Fall eine bivariate Diskriminanzanalyse ist, berücksichtigt die beiden Kennzahlen ROI und STD gleichzeitig. Sie basiert auf der Diskriminanzfunktion D = a1 * ROI – a_2 * STD. Mit Hilfe dieser Diskriminanzfunktion wird die Diskriminanzlinie bzw. Trenngerade gezogen, die eine weit bessere Trennfähigkeit aufweist, als die beiden univariaten Trennungen. Der Alpha-Fehler liegt nur noch bei 2/10, während der Beta-Fehler gar nur 1/10 ausmacht. Auch die ABC-AG ist nach der bivariaten Trennung eindeutig und richtigerweise den schlechten Unternehmen zugeordnet worden.

4.4. Neuronale Netze

Der Grundgedanke **Neuronaler Netze** ist das Transferieren der enormen Leistungs-fähigkeit des menschlichen Gehirns auf den Computer. Neuronale Netze sind daher als Computersysteme zu verstehen, die die Fähigkeiten des menschlichen Gehirns mit Hilfe von einfachen, künstlichen Neuronen nachahmen.

Neuronale Netze lehnen sich in ihrem Aufbau an ihrem biologischen Vorbild, dem Gehirn bzw. dem zentralen Nervensystem von Lebewesen, an. Ein künstliches Neuron wird dem biologischen Vorbild nachgestaltet und übernimmt folgende drei Basisfunktionen:

- Prüfung der Eingangssignale und Bestimmung ihrer Stärke
- Ermittlung der Summe der gewichteten Eingangssignale
- Ermittlung des Ausgangswertes

Künstliche Neuronen sind wie ihre biologischen Vorbilder in Schichten angeord-net. Jedes Neuron verfügt über mehrere Eingänge, aber nur einen Ausgang. Über die Eingänge empfängt ein Neuron Signale von Neuronen der vorgelagerten Schicht. Die eingegangenen Signale werden vom Neuron unterschiedlich gewichtet. Das zugeteil-te Gewicht bestimmt die Abhängigkeit des Neurons vom vorgelagerten Neuron. Alle gewichteten Eingangssignale werden miteinander zu einem Gesamtwert verknüpft. Sobald dieser Gesamtwert einen vorweg definierten Schwellenwert überschreitet, wird ein Ausgangssignal an das nachgelagerte Neuron weitergeleitet.

Da die einzelnen künstlichen Neuronen nur beschränkt leistungsfähig sind, müs-sen sie zu **Neuronalen Netzwerken** aufgebaut werden. Die einzelnen Neuronen wer-den in schichtförmiger Art und Weise angeordnet, wobei jede Schicht eines Neuro-nalen Netzes zumindest über ein Neuron verfügt. Die maximale Anzahl der Neuro-nen je Schicht ist, zumindest theoretisch, unbegrenzt. Die Schichten eines Neurona-len Netzes sind folgende:

- Eingabeschicht („Input-Layer")
- Verborgene Schicht(en) („Hidden-Layer")
- Ausgabeschicht („Output-Layer")

Die Units der **Eingabeschicht** dienen der Informationsaufnahme aus der Umwelt. Die empfangenen Informationen werden hier jedoch noch nicht verarbeitet, sondern lediglich aufgenommen und weitergeleitet. Die Anzahl der Units der Eingabeschicht wird von den zu berücksichtigenden Einflussfaktoren der Problemstellung bestimmt (z.B. persönliche Daten, Zahlen aus dem Jahresabschluss).

Die Units der **verborgenen Schicht**(en) haben keinerlei Kontakt zur Umwelt, son-dern übernehmen den Großteil der Informationsverarbeitung. Die Anzahl der ver-borgenen Schichten hängt von der Komplexität der zu lösenden Problemstellung ab.

In der **Ausgabeschicht** werden zwar auch Informationen verarbeitet, aber in ers-ter Linie dienen die Units dieser Schicht der Weitergabe der erzielten Ergebnisse an die Umwelt. Die Anzahl der Output-Units ergibt sich aus der Zahl der zu prognosti-zierenden Zielvariablen (z.B. Kreditbewilligung, Kreditablehnung).

In der Eingangsschicht hat jede Unit nur eine Eingangsleitung, sie ist jedoch mit jedem Element der nachgelagerten verborgenen Schicht verbunden. Es gibt allerdings keine Verbindungen von nicht benachbarten verborgenen Schichten. Jedes Neuron der letzten verborgenen Schicht ist mit jedem Element der Ausgabeschicht verbunden, wobei jedes Ausgabeneuron nur eine Ausgangsleitung hat.

Ein Neuronales Netz stellt sich damit folgendermaßen dar:

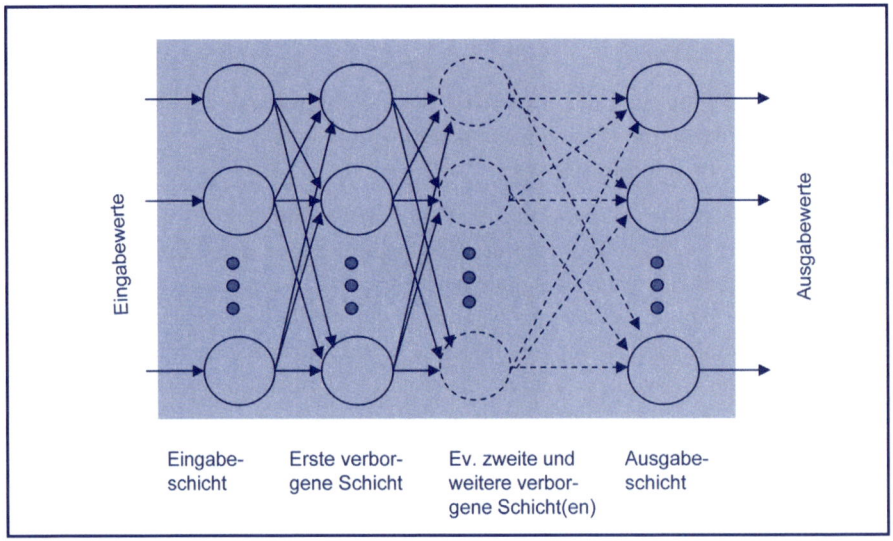

Abbildung V.8: Aufbau eines Neuronalen Netzes

Die oben beschriebene und skizzierte Vernetzung wird als „Feed-Forward", Vorwärtsvermittlung, bezeichnet, denn die Informationen fließen von der Eingabeschicht, über die verborgene(-n) Schicht(-en) bis zur Ausgabeschicht.

Im Gegensatz dazu können bei „Feed-Backward"-Netzen die Informationen auch rückgekoppelt werden. Dabei fungiert ein Ausgangssignal eines Neurons entweder zugleich auch als eines der Eingangssignale desselben Neurons oder als Eingangssignal eines Neurons einer vorgelagerten oder der gleichen Schicht.

Die Besonderheit von Neuronalen Netzen ist ihre Lernfähigkeit. Neuronale Netze werden nicht im herkömmlichen Sinne programmiert, d.h. das Wissen wird nicht von Experten erarbeitet und in Form von auszuführenden Befehlen („Wenn-Dann-Regeln") in einem Speicher abgelegt. Neuronale Netze müssen vor ihrem praktischen Einsatz eine Lernphase durchlaufen. In dieser Lernphase erwerben sie ihre Problemlösungsfähigkeit durch das Festlegen der Verbindungsgewichte anhand von bestimmten ausgewählten Beispielen. Neuronale Netze versuchen anhand dieser Beispiele Gesetzmäßigkeiten oder Merkmale zu identifizieren, die sie in die Lage versetzen, neue, unbekannte Muster zu verarbeiten. Allerdings besteht die Gefahr, dass das Neuronale Netz durch zu genaues Lernen der Details der Beispiele die Fähigkeit des Generalisierens verliert („Overlearning"). Das Neuronale Netz löst dann die Beispiele zwar sehr gut, kann aber neue Beispiele immer schlechter lösen bzw. im Extremfall das Erlernte überhaupt nicht mehr auf neue unbekannte Datensätze anwenden.

In der an die Lernphase anschließenden Verarbeitungsphase stehen die Verbindungsgewichte in den Neuronen fest. Das Wissen verteilt sich danach über das gesamte Netzwerk. Das Neuronale Netz hat seine Aufgabe gelernt und kann versuchen, die erlernten Strukturen bei neu zu beurteilenden Fällen wiederzufinden und darauf aufbauend eine Entscheidung zu fällen.

5. Basel II

Der Basler Ausschuss für Bankenaufsicht wurde 1975 von den Gouverneuren der Zentralbanken der G-10-Gruppe gegründet. Er tritt bei der Bank für Internationalen Zahlungsausgleich (BIZ) in Basel zusammen, wo sein ständiges Sekretariat eingerichtet ist. Der Basler Ausschuss für Bankenaufsicht ist federführend in der Entwicklung von bankenaufsichtsrechtlichen Regelungen, die zu möglichst hohen und einheitlichen Standards im Bereich der Bankenaufsicht führen sollen. Da der Ausschuss aber keine supranationale Autorität besitzt, kann er lediglich Empfehlungen aussprechen. Diese Empfehlungen werden weltweit regelmäßig zu Standards, die sich in den nationalen gesetzlichen Vorschriften manifestieren.

So wurde etwa die Basler Eigenkapitalvereinbarung von 1988 („Basler Akkord", „Basel Capital Accord 1988", „**Basel I**") von über 130 Ländern in nationales Recht übernommen.

Im Juni 2004 wurde die Neue Basler Eigenkapitalvereinbarung („**Basel II**") veröffentlicht. Basel II ist auch die wesentliche Grundlage für die Kapitaladäquanzrichtlinie („New Capital Adequacy Directive") der Europäischen Union. Damit entsteht in den Mitgliedstaaten der Europäischen Union die Notwendigkeit, diese Richtlinie auf innerstaatliches Recht zu übertragen. In Österreich wurde diesem Erfordernis mit einer Novelle des BWG, der Solvabilitätsverordnung und der Offenlegungsverordnung der FMA Rechnung getragen.

Während Basel I lediglich das Eigenkapital einer Bank als Schlüsselfaktor für die Begrenzung des Insolvenzrisikos dieser Bank und damit als Garant für Stabilität des gesamten Finanzsektors in den Mittelpunkt stellte, bezieht die neue Regelung weitere Faktoren mit ein. So finden auch die internen Kontrollsysteme, die Geschäftsführung der Bank, die Überprüfung durch die Aufsicht und die Marktdisziplin Beachtung. Daraus ergibt sich, dass der neue Basler Eigenkapitalakkord aus drei einander ergänzenden und verstärkenden Säulen besteht, die die Sicherheit und Solidität des Finanzsystems gewährleisten sollen. Folgende Abbildung vermittelt einen ersten Eindruck von der Struktur und dem Inhalt von Basel II:

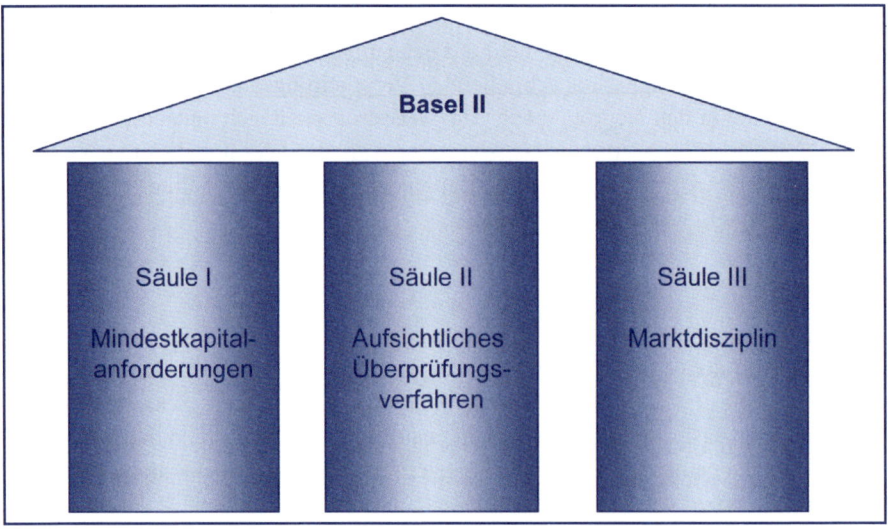

Abbildung V.9: Überblick Basel II

5.1. Säule I – Die Mindesteigenkapitalanforderungen

Die erste Säule stellt mit den **Mindesteigenkapitalanforderungen** („Minimal Capital Requirements") das zentrale Element des gesamten Regelwerkes dar. Sie verlangt von Kreditinstituten zur Absicherung von Ausleihungen Eigenkapital („Mindesteigenkapital") in bestimmter Höhe zu halten. Im Vergleich zu den Vorschriften der Basler Eigenkapitalvereinbarung von 1988 ist die geforderte Mindesteigenkapitalquote (sog. Solvabilitätskoeffizient) von 8 % sowie die aufsichtsrechtliche Eigenkapitaldefinition unverändert geblieben. Während bisher jedoch nur das Kreditrisiko und das Marktrisiko mit Eigenkapital zu unterlegen waren, muss künftig auch das operationelle Risiko explizit miteinbezogen werden.

Nunmehr wird sowohl in Bezug auf das Kreditrisiko als auch auf das operationelle Risiko eine breitere Palette möglicher Ermittlungsmethoden angeboten, woraus die Kreditinstitute je nach individuellem Risikoprofil flexibel auswählen können. Im Bereich des Kreditrisikos wurden die pauschalen und recht einfachen Berechnungsmethoden der risikogewichteten Aktiva, die keine Differenzierung nach der Bonität der Kreditnehmer vornahmen, folgendermaßen weiter entwickelt:

Im ersten Schritt müssen die Banken ihr Anlagebuch anhand einer vorgegebenen Segmentierung strukturieren:

Corporate	Kredite an Unternehmen
Retail	■ Revolvierende Kredite und Kreditlinien ■ Privatkredite und Leasingforderungen ■ Kredite an sowie Kreditlinien für kleine Unternehmen
Sovereign	Kredite an Staaten, Zentralbanken und bestimmte öffentliche Institutionen

Banks	Kredite an Banken und Wertpapierfirmen
Equity	Anteile an anderen Unternehmen
Specialised Lending	Projekt- und Spezialfinanzierungen
Securitised Assets	Verbriefte Forderungen

Im zweiten Schritt kann das Kreditinstitut aus folgenden drei grundlegenden Ansätzen zur Ermittlung der Eigenkapitalanforderung auswählen:

- Standardansatz
- IRB-Ansatz ("Internal Ratings-Based Approach")
  - ☐ Basisansatz ("Foundation Internal Ratings-Based Approach")
  - ☐ Fortgeschrittener IRB-Ansatz ("Advanced Internal Ratings-Based Approach")

Diese drei möglichen Ermittlungsmethoden bauen auf dem Ratingergebnis der Kreditprüfung auf. Diese vorangehende Kreditprüfung ist jedoch nicht nur einmalig bei Kreditantragstellung vorzunehmen, sondern regelmäßig zu wiederholen, um eine ständige Überwachung des Engagements zu gewährleisten.

Der **Standardansatz** lehnt sich am bisher geltenden Ermittlungsverfahren des Mindesteigenkapitals gemäß Basler Akkord von 1988 an, und stellt eigentlich dessen differenziertere Variante dar. Alle Aktiva und außerbilanziellen Positionen werden innerhalb der Schuldnergruppen in mehrere Risikoklassen eingeteilt. Die Einteilung in Risikoklassen ermöglicht zunächst die Strukturierung der Risiken im Kreditportfolio. In weiterer Folge sollen sie der Ableitung risikoklassenspezifischer kalibrierter Ausfallwahrscheinlichkeiten dienen, welche die Grundlage für die Risikoprämienkalkulation und die Quantifizierung der erwarteten und unerwarteten Verluste auf Portfolioebene bilden. Diesen Risikoklassen werden **Risikogewichte** von 0 %, 20 %, 50 %, 100 % oder 150 % zugeordnet. Diese Zuordnung erfolgt auf Basis der Bewertung externer Bonitätsbeurteilungsinstitutionen bzw. Ratingagenturen, womit die Risikosensitivität im Vergleich zur Eigenkapitalvereinbarung von 1988 verbessert werden soll.

Solche externen Ratingagenturen wären z.B. Moody's Investors Service, Standard and Poor's oder Fitch Ratings, die allesamt international anerkannt sind. In Reaktion auf die in der ersten Fassung des Basler Konsultationspapiers vorgesehene beinahe ausschließliche Zulassung von externen Ratings ist es zur Gründung neuer Ratingagenturen gekommen, die sich speziell mit dem Rating von mittelständischen Unternehmen befassen (z.B. R@S Rating Services AG, EuroRatingsAG).

Die nationalen Aufsichtsbehörden sind dazu ermächtigt, darüber zu entscheiden, ob bestimmte externe Ratings von den Kreditinstituten verwendet werden dürfen. Der Basler Ausschuss für Bankenaufsicht hat dazu sechs Zulassungskriterien formuliert (Objektivität, Unabhängigkeit, internationaler Zugang bzw. Transparenz, Veröffentlichung, Ressourcen, Glaubwürdigkeit).

Die folgende Tabelle zeigt die künftig vorgeschriebene Risikogewichtung in Prozent bei vier verschiedenen Schuldnergruppen, gestaffelt nach Risikoklassen, wobei die Ratingmethode von Standard & Poor's als Beispiel herangezogen wird:

Schuldner-Gruppe	AAA bis AA-	A+ bis A-	BBB+ bis BBB-	BB+ bis BB-	B+ bis B-	Unter B-	Nicht beurteilt
Staat	0	20	50	100	100	150	100
Bank	20	50	50	100	100	150	50
Unternehmen	20	50	100	100	150	150	100
Retail	75	75	75	75	75	75	75

Ausleihungen an Unternehmen werden nach dem Standardansatz nun nicht mehr, wie von Basel I vorgeschrieben, einheitlich mit einem Gewicht von 100 % in die Bemessungsgrundlage einbezogen. Es ist vielmehr differenziert nach Risikobehaftung eine unterschiedliche Risikogewichtung heranzuziehen, und zwar jeweils zwischen 20 und 150 %. Die Gewichtung wird offensichtlich für Kreditnehmer exzellenter Bonität geringer, bei Kreditnehmern guter Bonität bzw. nicht gerateten Kreditnehmern bleibt sie gleich, bei Kreditnehmern schlechter Bonität erfolgt nun jedoch eine höhere Gewichtung.

Das vom Kreditinstitut zu haltende Mindesteigenkapital ergibt sich nunmehr wie folgt: Der Kreditbetrag wird mit dem Risikogewicht gemäß des vorangegangenen Ratings multipliziert, woraus sich das anzusetzende risikogewichtete Aktivum („Risk Weighted Asset") ergibt. Dieses wird wiederum mit der weiterhin gültigen pauschalen Eigenkapitalquote von 8 % multipliziert. Dadurch ergibt sich schlussendlich das absolute Mindesteigenkapital, das von Seiten des Kreditinstitutes für diese Ausleihung halten muss.

Beispiel

Die Beispiel AG hat bei der ABC Bank einen Kreditantrag über einen Kreditbetrag von € 1.000.000 gestellt. Sie kann ein Standard & Poor's Rating von „AAA" vorlegen. Die ABC Bank ermittelt nun das erforderliche Mindesteigenkapital, welches sie bei Gewährung der Ausleihung zur deren Absicherung halten muss:

Ratingnote	Kreditbetrag	Risikogewicht	Risikogewichteter Kreditbetrag	Eigenkapitalsatz	Mindesteigenkapital
AAA	€ 1.000.000,–	20%	€ 200.000,–	0,08	€ 16.000,–

Aufgrund des ausgezeichneten Ratings der Beispiel AG erscheint das Risiko, das die ABC Bank mit einer Ausleihung an dieses Unternehmen eingeht, relativ gering. Daher muss der Kreditbetrag nur mit einem Risikogewicht von 20 % versehen werden, d.h. es ergibt sich eine Bemessungsgrundlage von

€ 200.000, auf die der einheitliche Eigenkapitalsatz von 8 % angewendet wird. Die ABC Bank muss zur Absicherung der Ausleihung an die Beispiel AG lediglich ein Mindesteigenkapital von € 16.000 halten.

Für Kredite an Kleinunternehmen hat sich eine wesentliche Erleichterung ergeben, als sie dem sog. Retailsegment zugeordnet werden. Kredite an Kleinunternehmen bis zu 1 Mio. Euro können damit zu „Kreditkörben" zusammengefasst werden, und im Risikomanagement wie Kredite an Privatkunden behandelt werden, womit vereinfachte Beurteilungsverfahren verbunden sind. Außerdem gelten für diese Ausleihungen geringere Eigenmittelanforderungen. Sie werden bei Anwendung des Standardansatzes unabhängig von der Kreditprüfung mit einem generellen Risikogewicht von 75 % belegt. Damit sind im Regelfall im Gegensatz zu den bisher pauschal geforderten 8 % de facto nur noch 6 % Eigenmittel zu halten. Da der Großteil der Ausleihungen an Firmenkunden, die beinahe ausschließlich Kleinunternehmen sind, die Grenze von 1 Mio. Euro nicht übersteigt, ist die Tragweite dieser Regelung enorm.

Eine nochmalige Steigerung der Risikosensitivität der Mindesteigenkapitalanforderungen wird durch die **IRB-Ansätze** erzielt, welche es dem Kreditinstitut erlauben, die Bonität jedes Schuldners selbst zu schätzen. Das bankinterne Ratingsystem, das im Rahmen eines IRB-Ansatzes zur Anwendung kommt, muss im Vorfeld von der nationalen Aufsichtsbehörde akkreditiert werden. Basel II formuliert dazu eine Reihe von qualitativen und quantitativen Anforderungen, die erfüllt werden müssen.

Auf Basis der bankinternen Kreditprüfung weist das Kreditinstitut den jeweiligen Schuldner einer Risikoklasse des bankinternen Ratingsystems zu, wobei dieses Ratingsystem gemäß Basel II mindestens acht Risikoklassen aufweisen muss.

Die IRB-Berechnung für Kredite an Staaten, Banken oder Unternehmen beruht auf vier quantitativen Größen:

- durchschnittliche Ein-Jahres-Ausfallwahrscheinlichkeit je interner Ratingklasse („Probability of Default", PD)
- erwarteter Verlust bei Kreditausfall, ausgedrückt als Prozentsatz der ausstehenden Forderung („Loss Given Default", LGD)
- erwartete Höhe der Inanspruchnahme der Fazilität im Zeitpunkt des Ausfalls des Schuldners („Exposure at Default", EAD)
- effektive Restlaufzeit („Maturity", M)

Bei Anwendung des **IRB-Basisansatzes** muss das Kreditinstitut zu jeder der (mindestens) acht Risikoklassen lediglich die PD-Werte, basierend auf historischen Erfahrungen und empirischen Ergebnissen schätzen. Alle anderen nötigen Parameter (LGD, EAD, M) werden in standardisierter Form von der Aufsichtsbehörde vorgegeben, wobei die Restlaufzeiten auf Entscheidung der nationalen Aufsichtsbehörde auch selbst geschätzt werden können.

Im Rahmen des **fortgeschrittenen IRB-Ansatzes** muss das Kreditinstitut hingegen nicht nur die PD-Werte für jede Risikoklasse schätzen. Es müssen außerdem die LGD-Werte für die einzelnen Kredite separat bestimmt werden, wobei gerade dieser Arbeitsschritt für die meisten Kreditinstitute am schwierigsten sein wird, weshalb davon ausgegangen wird, dass der Großteil der Banken den IRB-Basisansatz anwenden wird. Im fortgeschrittenen IRB-Ansatz muss außerdem die tatsächliche Restlaufzeit der einzelnen Kredite angesetzt werden, wobei ausnahmsweise auch feste Laufzeiten gestattet werden können. Der EAD ergibt sich bei bilanzierten Krediten in der Regel aus den Buchwerten der ausstehenden Forderung.

Aus den drei Risikokomponenten PD, LGD und M sind mittels einer, von der Bankenaufsicht vorgegebenen, stetigen Risikogewichtungsfunktion die aufsichtlichen Risikogewichte zu ermitteln. Aus der Multiplikation des EAD mit dem ermittelten Risikogewicht ergibt sich schlussendlich das risikogewichtete Aktivum. Die Summe der risikogewichteten Aktiva kann dann mit dem Solvabilitätskoeffizienten von 8 % multipliziert werden, woraus sich das gesamte Mindesteigenkapitalerfordernis des Kreditinstitutes ergibt.

5.2. Säule II – Aufsichtliches Überprüfungsverfahren

Aus der größeren Auswahl an Berechnungsmethoden des Mindesteigenkapitals ergibt sich unmittelbar das Erfordernis einer zweiten Säule in Form eines **„Kontinuierlichen Aufsichtsprozesses" („Supervisory Review Process")** bzw. einer qualitativen Bankenaufsicht. Es soll dafür Sorge getragen werden, dass die neu entstandenen Freiheiten nicht auf Kosten der Sicherheit und Stabilität des Finanzsystems ausgenutzt werden.

Der vorgesehene „Kontinuierliche Aufsichtsprozess", der eine verstärkt präventiv ausgerichtete Bankenaufsicht verwirklichen soll, sieht zur Erfüllung der bankaufsichtlichen Aufgaben zunehmend qualitative Normen vor. Bislang war die laufende Bankenaufsicht auf quantitative Regeln ausgerichtet, die für alle Institute gegolten haben und die mit Hilfe von Berichten und Meldungen zu kontrollieren waren. Durch die Formulierung qualitativer Normen wird den Aufsichtsinstanzen ein weit größerer Bewertungsspielraum eingeräumt, als dies rein quantitative Vorgaben könnten. Es sollen nicht mehr starre Relationen zwischen Risikobeträgen und Haftungskapital geprüft werden, sondern die Qualität des Risikomanagements an sich. Insgesamt soll die individuelle Risikoposition des jeweiligen Kreditinstitutes betrachtet werden. Daher sollen künftig Vor-Ort-Prüfungen den Gesamtüberblick über die Risikolage eines Kreditinstitutes verbessern. Der Ressourceneinsatz der Aufsicht wird in Zukunft verstärkt von der Risikolage des einzelnen Institutes und seinem Gefährdungspotential für den gesamten Finanzsektor abhängig gemacht werden.

Der Basler Ausschuss für Bankenaufsicht möchte ausdrücklich einen aktiven Dialog zwischen Banken und Aufsichtsinstanzen fördern, um bei eventuellen Mängeln rasche und wirkungsvolle Abhilfe zu garantieren. Gleichzeitig soll mit dem intensivierten Kontakt zwischen Banken und Aufsicht ein Anreiz zur Weiterentwicklung des Risikomanagements gegeben werden.

5.3. Säule III – Die Marktdisziplin

Da einerseits Säule I den Kreditinstituten hinsichtlich der Risikomessung relativ großen Freiraum einräumt, und andererseits die nationalen Aufsichtsbehörden nur unterschiedlich starke Möglichkeiten zur Durchsetzung von Veröffentlichungspflichten haben, soll Säule III ergänzend gewährleisten, dass die **Marktdisziplin („Market Disciplin")** durch verschärfte Offenlegungspflichten verbessert wird.

Basel II fordert die Offenlegung von quantitativen und qualitativen Informationen über folgende vier Kategorien:

- Anwendungsbereich der Eigenkapitalvorschriften („Scope of Application")
- Eigenkapitalstruktur („Capital")
- Eingegangene Risiken und ihre Beurteilung („Risk Exposure and Assessment")
- Angemessenheit der Eigenkapitalausstattung („Capital Adequancy")

Durch die Offenlegung von Informationen sollen Marktmechanismen ausgenutzt werden, denn gut informierte Marktteilnehmer werden bei ihren Entscheidungen neben Rentabilitätserfordernissen auch die Qualität der Geschäftsführung und des Risikomanagements einer Bank berücksichtigen. Durch die Honorierung einer risikobewussten Geschäftsführung und eines funktionsfähigen Risikomanagements bzw. durch die Sanktionierung risikoreichen Verhaltens sind die Kreditinstitute einer Disziplinierung durch den Markt ausgesetzt.

Verwendete und weiterführende Literatur

- Baetge, J., in: Zeitschrift für betriebswirtschaftliche Forschung, 9/1989.
- Büschgen, H. E., Bankbetriebslehre, 5., völlig überarbeitete und erweiterte Auflage, Wiesbaden 1998.
- Gerke, W., Steiner, M. (Hrsg.), Handwörterbuch des Bank- und Finanzwesens, 2., überarbeitete und erweiterte Auflage, Stuttgart 1995.
- Grof, E., Risikocontrolling und Kreditwürdigkeitsprüfung, Wien 2002.
- Hofmann, G. (Hrsg.), Basel II und MaK: Vorgaben, bankinterne Verfahren, Bewertungen, Frankfurt 2002.
- Krause, C., Kreditwürdigkeitsprüfung mit Neuronalen Netzen, Düsseldorf 1993.
- Koziol, H., Welser, R., Grundriss des bürgerlichen Rechts, Band I, Allgemeiner Teil und Schuldrecht, 10., neu bearbeitete Auflage, Wien 1995.
- Obst, G., Geld-, Bank- und Börsenwesen: ein Handbuch, 39., völlig neu bearbeitete Auflage, Stuttgart 1993.
- Rosenhagen, K., Prüfung der Kreditwürdigkeit im Konsumentenkreditgeschäft mit Hilfe neuronaler Netze, Hannover 1996.
- Schmoll, A., Theorie und Praxis der Kreditprüfung, 3., unveränderte Auflage, Wien 1990.
- Tietmeyer, H., Rolfes, B. (Hrsg.), Basel II – Das neue Aufsichtsrecht und seine Folgen, Beiträge zum Duisburger Banken-Symposium, Wiesbaden 2002.

Weblinks und Internetquellen

- http://www. bis.org/

C. Einlagengeschäft

1. Grundbegriffe

Das **Einlagengeschäft** gehört zum Passivgeschäft der Banken und betrifft die Annahme von Zahlungsmitteln von Nichtbanken. Diese Zahlungsmittel werden Einlagen oder Depositen genannt. Sie werden in weiterer Folge z.B. zur Ausgabe von Krediten verwendet, womit diese Zahlungsmittel in den Aktiva gebunden sind. Sie haben folgende Merkmale:

- Fremdkapital
  Depositen verbriefen einen schuldrechtlichen Anspruch auf Rückzahlung und Verzinsung. Im Insolvenzfall sind sie als Fremdkapitaltitel bevorzugt vor dem Eigenkapitaltitel zu bedienen.
- Kurzfristigkeit
  Depositen stehen der Bank prinzipiell kurzfristig zur Verfügung, d.h. sie können jederzeit vom Kapitalgeber abgezogen werden. Allerdings wird in der Praxis die Laufzeit i.d.R. laufend verlängert.
- Nichthandelbarkeit
  Depositen können nicht am Kapitalmarkt veräußert werden, sondern werden bei Beendigung der Laufzeit abgezogen und damit in liquide Mittel umgewandelt.
- Sequentielle Bedienung der Rückzahlungsforderungen
  Wird eine Deposite aufgelöst, hängt ihr Wert zunächst von ihrem Nominalbetrag ab. Ist allerdings ein Bank Run zu befürchten, hängt der Wert der Deposite zusätzlich vom Zeitpunkt des Abzugs der Einlage ab.

2. Arten von Einlagen

2.1. Sichteinlagen

Sichteinlagen sind täglich fällige Einlagen, die auf geschäftlichen oder privaten Girokonten gehalten werden, um am bargeldlosen Zahlungsverkehr teilnehmen zu können bzw. die Bargeldhaltung zu minimieren. Aufgrund ihrer täglichen Fälligkeit können diese Gelder von den Banken nur im Ausmaß eines sog. Bodensatzes zur Refinanzierung des Aktivgeschäfts eingesetzt werden. Daher werden Sichteinlagen nicht bzw. nur sehr gering verzinst.

2.2. Termineinlagen

Termineinlagen dienen der kurz- bis mittelfristigen zinsbringenden Kapitalanlage. Bei Termineinlagen wird entweder die Laufzeit (Festgeld) oder die Kündigungsfrist (Kündigungsgeld) vorweg fixiert. Die höhere Verweildauer bringt dem Anleger im im Vergleich zu Sichteinlagen eine höhere Verzinsung. Auch zur Spareinlage bildet die Termineinlage eine Anlagealternative, allerdings werden bei Termineinlagen häufig Mindestanlagebeträge gefordert.

2.3. Spareinlagen

Spareinlagen sind gemäß § 31 (1) BWG Geldeinlagen bei Kreditinstituten, die ausdrücklich nicht dem Zahlungsverkehr, sondern der Kapitalanlage dienen. Um über das Kapital einer Spareinlage verfügen zu können, muss die Sparurkunde vorgelegt werden. Der Zweck der Spareinlage ist die gewinnbringende Kapitalanlage, wobei die Verzinsung zwischen jener der Sichteinlagen und der Termineinlagen liegt. Die Spareinlage ist grundsätzlich betragsunabhängig.

Mit 30.6.2002 wurde in Österreich die Sparbuchanonymität aufgehoben, womit zwei Sparbuchtypen eingeführt wurden.

Ein Typ-1-Sparbuch darf maximal ein Guthaben von € 15.000 aufweisen. Es kann ohne Namensbezeichnung geführt werden. Allerdings muss ein Losungswort vereinbart werden, das bei Verfügungen über die Spareinlage neben dem Vorlegen der Sparurkunde vorliegen muss. Es ist als Inhaberpapier ausgestattet, weshalb jeder Überbringer des Sparbuches bei Kenntnis des Losungswortes verfügungsberechtigt ist.

Für Guthaben über € 15.000 muss ein Typ-2-Sparbuch eröffnet werden. Es benötigt eine Namensbezeichnung, womit das Verfügen über das Guthaben auf die legitimierte Person beschränkt ist. Das Typ-2-Sparbuch ist damit ein Rektapapier.

Verwendete und weiterführende Literatur

- Hartmann-Wendels, T., Pfingsten, A., Weber, A., Bankbetriebslehre, 3., überarbeitete Auflage, Berlin-Heidelberg 2004
- Obst, G., Geld-, Bank- und Börsenwesen: ein Handbuch, 39., völlig neu bearbeitete Auflage, Stuttgart 1993

VI. Finanzwirtschaftliche Bewertung von Ansprüchen

A. Finanzmärkte

In der jüngeren Vergangenheit der Finanzwirtschaft sind zahlreiche neue Anlageprodukte wie Investmentfonds, Instrumente zur Risikosteuerung wie z.B. Kreditrisikoprodukte und strukturierte Investments wie etwa Zertifikate entstanden. Neben den Klassikern wie Sparbuch, Anleihen oder auch Aktien gilt es im Bereich der Beurteilung finanzwirtschaftlicher Produkte nun ein breites Spektrum von verschiedensten Alternativen zu überblicken. Aufgrund der Vielschichtigkeit verfügbarer Finanzinstrumente haben sich am gesamten Finanzsektor nicht nur spezialisierte Teilmärkte für einzelne Produkttypen, sondern auch Unternehmen herauskristallisiert, die insbesondere auf den Handel, die Emission oder auch auf Beratungstätigkeiten hinsichtlich verschiedenster Wertpapiere fokussiert sind.

1. Investmentbanken

Besonders im angloamerikanischen Raum sind zahlreiche vornehmlich auf das Wertpapiergeschäft **spezialisierte Banken** zu finden. Hierzu zählen unter anderen Goldman Sachs, ABN Amro, Meryll Lynch oder Morgan Stanley (angesichts der seit 2007 andauernden Krise des Finanzsektors zeigen sich allerdings Tendenzen einer Aufweichung dieser Spezialisierung; bspw. erwägen Goldman Sachs und Morgan Stanley sich zu Universalbanken umzufunktionieren) . Im Gegensatz dazu ist etwa der kontinentaleuropäische Bankensektor von so genannten **Universalbanken** geprägt, der Name leitet sich von der Tatsache ab, dass diese Banken alle denkbaren Bankdienstleistungen anbieten und keine Schwerpunkte im Wertpapiergeschäft setzen. Als ursächlich für diese Entwicklung wird die nach der Weltwirtschaftskrise in den 1930ern gesetzlich vorgeschriebene Trennung (in den USA ist die Grundlage hierfür der 1933 beschlossene Glass-Steagall Act) zwischen dem Kredit- und Einlagegeschäft (**commercial banking**) und dem Wertpapiergeschäft (**investment banking**). Als einer der Gründe für den Zusammenbruch der Börsen wurde das von Gier und Irrationalität bestimmte Spekulieren von Banken mit Spareinlagen ihrer Kunden erachtet, weswegen rechtliche Vorschriften diesem Verhalten Einhalt gebieten sollten. Banken mussten in der Folge entscheiden, welche Art von Bankdienstleistungen sie anbieten wollten, die Konsequenz daraus war eine Spezialisierung und eine Entwicklung von Kernkompetenzen im Kredit- und Einlagengeschäft oder eben im Wertpapiergeschäft. Universalbanken hingegen bieten beide Arten von Dienstleistungen an, eine erschöpfende Aufzählung was hierunter zu subsumieren ist, findet sich z.B. in § 1 öBWG (siehe auch § 1 dKWG).

    Geschäftsbanken (commercial banks) erfüllen an den Finanzmärkten verschiedenste bedeutende Funktionen, hierzu zählen:

- **Fristentransformation.** Langfristiger Kapitalbedarf wird von Geschäftsbanken als Anbieter gedeckt. Dabei ist es vielfach erforderlich, dass solche langfristigen Kapitalbereitstellungen kurzfristig und vor allen Dingen revolvierend finanziert werden. So wird etwa ein 30 Jahre laufender Investitionskredit für ein Unternehmen oder auch ein Kredit für die private Eigenheimschaffung durch Spareinlagen mit wesentlich kürzerer Laufzeit refinanziert.

- **Losgrößentransformation.** Neben der Herstellung einer Kongruenz der Laufzeiten von Kapitalbedarf und Kapitalverfügbarkeit ist es erforderlich, die Menge des nachgefragten Kapitals an die Verfügbarkeit anzupassen. Dies geschieht im Zuge der Losgrößentransformation. Zahlreiche Einlagen werden zu einem Kredit gebündelt, Banken gewährleisten somit, dass z.B. der Kapitalbedarf eines Unternehmens für die Durchführung einer Investition aus einer Hand gedeckt werden kann und das Unternehmen nicht selbst eine große Anzahl von Kreditgebern finden muss.

- **Risikotransformation.** Besteht zwischen der Risikobereitschaft von Kapitalanbietern und dem tatsächlich eingegangenen Risiko von Kapitalnachfragern ein Missverhältnis, treten Banken im Zuge ihrer Funktion der Risikotransformation als Vermittler auf. Ist etwa das Investitionsvorhaben eines Unternehmens für einen Anleger zu risikoreich, wird zwischen diesen beiden kein Kreditverhältnis entstehen können. Der Anleger wählt stattdessen die Einlage seines Kapitals bei einer Bank, die ihrerseits dieses Kapital in Form eines Kredits an das Unternehmen weiterreicht. Das Risiko von Zahlungsverzögerungen und -ausfällen des Unternehmens trägt somit nicht mehr der Anleger, sondern die Bank. Dieses nun durch die Bank übernommene Risiko wird durch eine Zinsspanne abgegolten, so erhält der Anleger einen (deutlich) unter dem Kreditzins des Unternehmens liegenden Zinssatz für seine Einlage.

- **Zahlungsfunktion.** Hierunter ist die Leistung von Zahlungen zu verstehen, etwa die Durchführung einer Überweisung von Geldbeträgen an andere.

- **Depotfunktion.** Banken verwahren zudem Dokumente wie Wertpapiere, Schecks, Wechsel usw. Dies geschieht im Zuge der Wahrnehmung der Depotfunktion.

- **Umtauschfunktion.** Der Wechsel von inländischer und ausländischer Währung ist im Rahmen der Umtauschfunktion möglich.

Demgegenüber nehmen Investmentbanken (investment banks) Aufgaben wahr, die besonders am Wertpapiersektor unterstützend wirken. Hierzu zählen:

- Vermittlerrolle als **Finanzintermediär**. Vielfach treten Investmentbanken als Vermittler zwischen Anbietern und Nachfragern verschiedenster Wertpapiere auf. Im Zuge einer Kapitalerhöhung einer Aktiengesellschaft werden die angebotenen jungen Aktien durch eine oder mehrere Investmentbanken potentiellen Investoren angeboten.

- **Unterstützung des Handels an Finanzmärkten.** Um die Handelbarkeit und Verfügbarkeit von Wertpapieren zu gewährleisten, treten zum Beispiel an Börsen Investmentbanken als große Marktteilnehmer auf, die die Verpflichtung übernehmen, gewisse Wertpapiere laufend (z.B. Aktien eines konkreten Unternehmens) anzubieten und gleichzeitig nachzufragen. So soll ein ununterbrochener Handel mit diesem Wertpapier gewährleistet werden.

- Ermöglichung des Handels mannigfaltigster **Finanzkontrakte**. Zudem emittieren Investmentbanken selbst Wertpapiere, besonders Produkte des Risikomanagements wie Optionen werden regelmäßig von solchen Spezialbanken angeboten.

Typische Geschäftsfelder von Investmentbanken sind:

- **Handel** von Wertpapieren. Dies kann auf eigene oder fremde Rechnung erfolgen, einerseits sind Investmentbanken selbst und auf eigenes Risiko an Finanzmärkten aktiv, andererseits werden sie im Zuge von Börsegängen, Kapitalerhöhungen oder auch der Emission von Schuldtiteln wie Anleihen von Dritten mit der Platzierung dieser Wertpapiere beauftragt.
- **Emission** von Wertpapieren. Hierunter fällt die Emission eigener Wertpapiere. Beispielsweise sind Investmentbanken Anbieter von Optionen, spezieller Typen von Anleihen (z.B. Aktienanleihen) und vor allem von vielfältigsten Typen von Zertifikaten.
- **Mergers & Acquisitions**. Bei der Verschmelzung oder Übernahme von Unternehmen stehen Investmentbanken beratend zur Seite, etwa wenn es um die Kaufpreisfindung des zu übernehmenden Unternehmens geht.
- **Portfoliomanagement**. Als Dienstleistung für Investoren werden Portfoliomanagementprodukte angeboten. Dies kann einerseits durch die Auflage von Investmentfonds geschehen, wo die konkrete Aufteilung der enthaltenen Vermögenspositionen nicht vom Anleger selbst, sondern von der Investmentbank entschieden wird. Andererseits können bestehende Vermögen (z.B. bestehende Sparbücher, Anleihen, Aktien, Fonds, Immobilien, Kunstgegenstände, Derivate usw.) umstrukturiert werden, um bessere Rendite-Risiko-Eigenschaften zu erreichen.
- **Zins- und Währungsmanagement**. Für Personen oder Unternehmen, die in besonderem Maße von schwankenden Zinsen und/oder Wechselkursen betroffen sind (z.B. bei variabel verzinsten Krediten oder bei ex- und importierenden Unternehmen), bieten Investmentbanken geeignete Produkte für das Management dieser Risiken an.

Investmentbanken werden im Zuge der Ausübung ihrer Kerngeschäfte an **Finanzmärkten** tätig. Ganz allgemein sind dies Orte, an denen

- Wertpapiere,
- Geld,
- Währungen und
- Derivate

gehandelt werden. Dabei erfüllen Finanzmärkte analog zu Banken die folgenden Aufgaben, wenngleich die konkrete Ausgestaltung derselben andere Züge annimmt:

- **Maklerfunktion**. Die tatsächliche Zusammenführung von Angebot und Nachfrage an Finanzmärkten erfolgt an Börsen. Während der Finanzmarkt per se ein abstrakter Begriff ist, sind Börsen reale Orte, an denen sich Menschen zum Handel verschiedenster Finanzprodukte zusammenfinden.

- **Fristentransformation.** Nicht übereinstimmende Vorstellungen von Anbietern und Nachfragern von Finanztiteln bezüglich der Laufzeit dieser Produkte können am Finanzmarkt ausgeglichen werden. Beispielsweise steht das Eigenkapital eines Unternehmens grundsätzlich unbefristet zur Verfügung, am Finanzmarkt wird Eigenkapital in Form von Aktien gehandelt. Ein Aktionär kann sein Engagement am Unternehmen jedoch durch den Verkauf der Aktie zu jedem beliebigen Zeitpunkt beenden. Ebenso kann ein durch eine Anleihe verbrieftes Kreditverhältnis mit einer zehnjährigen Laufzeit durch den Inhaber der Anleihe (dem Kapitalgeber) jederzeit vorzeitig durch den Verkauf an der Börse beendet werden.
- **Risikotransformation.** Der Erwerb einer Aktie ist grundsätzlich risikobehaftet, wobei das Preisrisiko eine vorrangige Stellung einnimmt. An Finanzmärkten sind verschiedenste Kontrakte handelbar, die es erlauben, Risiken von Investments zu manipulieren. Beispielsweise kann durch den Erwerb einer Verkaufoption auf die gegenständliche Aktie das Risiko sinkender Aktienpreise ausgeschlossen werden. Somit wurde das Risiko eines alleinigen Aktienerwerbs gegen Zahlung einer Prämie reduziert. Umgekehrt kann auch bewusst Risiko in Kauf genommen werden. Im Falle der Verkaufoption übernimmt der Emittent der Option das Preisrisiko der Aktie und wird mit der hierfür zu entrichtenden Prämie entlohnt. Ganz allgemein können beliebige Risikostrukturen durch entsprechende Produkte generiert werden, der Finanzmarkt sorgt für die Verfügbarkeit und Handelbarkeit dieser Produkte.
- **Trennung von Risikotypen.** Ist etwa ein Unternehmen mehreren Risiken ausgesetzt, stellen Finanzmärkte geeignete Instrumentarien zum Management jedes der Einzelrisiken zur Verfügung. So ist z.B. ein kolumbianischer Kaffeebauer, der seine Ernte in Europa absetzt, nicht nur dem Preisrisiko ausgesetzt – schließlich kann sich der Marktpreis für Kaffee bis zum Einbringen der Ernte verändern –, sondern auch dem Risiko eines sich ändernden Wechselkurses Euro / kolumbianischer Peso. Beide Risiken können isoliert voneinander gemanagt werden, ein mögliches Instrument ist der Abschluss eines Terminkontrakts, mit dem zukünftige Kaffeepreise und Wechselkurse fixiert werden können.

Finanzmärkte werden in folgende **Teilmärkte** untergliedert:

- Kapitalmärkte
- Geldmärkte
- Devisenmärkte
- Derivatemärkte

2. Kapitalmärkte

An **Kapitalmärkten** werden Eigen- und Fremdkapital von Unternehmen gehandelt. Ansprüche auf das Eigenkapital eines Unternehmens werden in Form von **Beteiligungspapieren** wie Aktien (diese verbriefen Rechte wie das Recht auf Mitbestimmung in der Hauptversammlung, Informationsrechte gegenüber dem Vorstand, Beteiligung am Gewinn des Unternehmens, Anteil am Liquidationserlös u.a.) gehandelt, Ansprüche auf Fremdkapital sind **Forderungspapiere** wie Anleihen (mit dem Recht auf Zinszahlungen während der Laufzeit und Tilgungszahlungen während und/oder am Ende der Laufzeit des Papiers). Grundsätzlich werden am Kapitalmarkt langfristige Instrumente gehandelt, die Laufzeiten betragen in der Regel mehr als fünf Jahre. Der Kapitalmarkt wiederum gliedert sich in zwei Teilmärkte, dem Primärmarkt und dem Sekundärmarkt.

2.1. Primärmärkte

Der **Primärmarkt** ist jenes Segment des Kapitalmarkts, an dem die erstmalige Emission von Wertpapieren abgewickelt wird. Hierunter ist kein physisch existenter Ort wie etwa eine Börse zu verstehen, vielmehr bezeichnet der Primärmarkt den Prozess der Ausgabe junger Aktien im Fall einer Kapitalerhöhung oder eines Börsegangs eines Unternehmen (Going Public, Initial Public Offering [IPO]) oder auch die durch die Ausgabe von Anleihen dokumentierte Kreditaufnahme eines kapitalsuchenden Unternehmens. Bildlich gesprochen ist der Primärmarkt für Wertpapiere mit dem Autohaus vergleichbar, das Neuwagen anbietet.

Das Angebot an Primärmärkten wird von Unternehmen oder auch öffentlichen Institutionen bereitgestellt (Aktien, Unternehmensanleihen und z.B. im Falle des österreichischen Staates Bundesanleihen), Nachfrager können wiederum öffentliche Institutionen, Unternehmen, private Haushalte, Kapitalanlagegesellschaften oder auch Banken und Versicherungen sein. Zwischen Angebot und Nachfrage vermittelt in vielen Fällen eine Investmentbank oder ein Bankenkonsortium aus mehreren Banken.

2.2. Sekundärmärkte

Der **Sekundärmarkt** hingegen ist ein physisch existenter Ort, konkret sind es Börsen, an denen der laufende Handel von Wertpapieren verschiedenster Art abgewickelt wird. Sekundärmärkte übernehmen somit die bedeutende Funktion des Zusammenführens von Angebot und Nachfrage. Die erstmalige Emission der an Börsen gehandelten Wertpapiere ist bereits erfolgt, hier findet somit der Handel mit „gebrauchten" Papieren statt, um auf das Beispiel mit dem Autohaus zurückzukommen, sind es hier die Gebrauchtwagen, die Gegenstand des Handels sind. Börsen sind hoch organisierte, (gesetzlich) reglementierte, computergestützte Märkte, an denen täglich mehrere Millionen bis hin zu Milliarden Wertpapiere den Besitzer wechseln.

Börsen sichern die **Liquidität von Wertpapieren**, so ist es Besitzern von Anleihen, Aktien und anderen Wertpapieren stets möglich, ihr Papier am Markt wieder zu veräußern. Mitunter stellt dies auch ein wesentliches Argument für den Erwerb eines Wertpapiers dar. So ist bei Aktien die Aussicht auf einen zukünftigen Verkauf des im Preis gestiegenen Titels ein fundamentaler Kaufgrund. Börsen sorgen für die Möglichkeit, diesen Kursgewinn auch tatsächlich zu realisieren. Die besondere Bedeutung dieser Funktion von Börsen wird deutlich, wenn man sich die Konsequenzen einer völligen Illiquidität von Wertpapieren vorstellt. Die einmal erworbene Aktie würde nicht veräußert werden können, somit erhält der Aktionär höchstens Dividendenzahlungen, jedoch niemals Gewinne aus dem Verkauf der Aktie zu gestiegenen Marktpreisen. Ebenso hätte der Inhaber einer Anleihe keine Möglichkeit, den Titel vorzeitig am Markt zu verkaufen und muss die möglicherweise Jahrzehnte dauernde Laufzeit der Anleihe akzeptieren.

2.3. Börsen

Börsen lassen sich nach folgenden Gesichtspunkten systematisieren:

- Nach Art der gehandelten Objekte. Gegenstand des Handels können Aktien, Anleihen, Geld, Derivate, Waren, Devisen usw. sein.
- Nach Art der Erfüllung der Geschäfte. Hier sind **Kassabörsen** und **Terminbörsen** zu unterscheiden.
- Nach Art der Handelsform.
  - □ **Market-Maker-Börsen**. Große, meist institutionelle Marktteilnehmer wie Investmentbanken sorgen am Markt durch ständiges Einstellen von Kauf- und Verkaufgeboten für Liquidität und bestimmen durch ihre Größe das Marktpreisniveau.
  - □ **Auktionsbörsen**. Durch das Zusammenführen von Kauf- und Verkaufgeboten zahlreicher Marktteilnehmer wird ein Preis bestimmt.
- Nach Art der technischen Organisation des Handels unterscheidet man **Parkett-** und **Computerbörsen**. Im ersten Fall treffen sich Anbieter und Nachfrager persönlich am Börsenparkett und treten einander beim Handel physisch gegenüber. Computerbörsen wickeln den Handel vollautomatisiert ohne die Notwendigkeit einer direkten menschlichen Interaktion über Handelssysteme ab.

Käufer und Verkäufer an Börsen wenden sich an einen Vermittler, den **Börsenmakler**. Oft ist zwischen dem Käufer bzw. dem Verkäufer eines Wertpapiers und dem Makler ein weiterer Vermittler zwischengeschaltet, der Broker. Dieser leitet gegen Gebühr (der **Brokerage**) Kauf- und Verkaufaufträge seiner Kunden an den Börsenmakler weiter. Konkrete Kauf- und Verkaufabsichten werden durch das Erteilen einer Order ausgedrückt. Dabei sind folgende Typen zu unterscheiden:

- **Market Order**. Hier werden Kauf- bzw. Verkaufaufträge zum aktuell geltenden Marktpreis erteilt. Ein Käufer akzeptiert somit den aktuellen Börsenkurs eines Wertpapiers als Kaufpreis – er erteilt eine Order mit dem Zusatz „billigst". Ein Verkäufer, der eine Market Order erteilt, akzeptiert den aktuellen Kurs als Verkaufpreis, die entsprechende Order führt den Zusatz „bestens".
- **Limit Order**. Werden Höchstkaufpreise bei Kaufaufträgen oder Mindestverkaufpreise bei Verkaufaufträgen definiert, spricht man von Limit Ordern. Beispielsweise könnte eine Aktie zum Kauf nachgefragt werden, der Kaufpreis dürfe aber 55 Euro nicht überschreiten. Für den Fall, dass zur selben Zeit ein Verkäufer bereit ist, diese Aktie um höchstens 55 Euro anzubieten, kommt die Order zur Ausführung. Andernfalls bleibt die Order im Orderbuch des Maklers, solange bis

die Aktie um den Höchstkaufpreis angeboten wird oder der potentielle Käufer seine Order zurückzieht.

- **Zeitlich limitierte Order.** Werden Limit Orders erteilt, ist die tatsächliche Ausführung von der Verfügbarkeit der entsprechenden Nachfrage nach angebotenen Papieren oder dem Angebot nachgefragter Papiere abhängig. Ist die Ausführung der Order nicht unmittelbar nach dem Erteilen möglich, bleibt die Order zunächst unausgeführt. Wird die Gültigkeit der Order auf einen gewissen Zeitraum beschränkt – z.B. die nächsten zwei Wochen –, spricht man von einer zeitlich limitierten Order.

Die Ordergrößen können je nach Reglement einzelner Börseplätze ein Mindestvolumen erfordern (z.B. mindestens 1000 Stück), zulässige Ordergrößen sind möglicherweise nur ein Vielfaches davon (**Round Lots**). Unrunde Stückzahlen (**Odd Lots**, z.B. 1732 Stück) werden eventuell nur zu höheren Gebühren durchgeführt oder kommen erst gar nicht ins Orderbuch des Maklers.

Die an die Erteilung von Orders anschließende Preisfeststellung an Börsen kann grundsätzlich auf dreierlei Weise geschehen:

- **Quote Driven.** Werden Preise von Kauf- und Verkaufgeboten großer Marktteilnehmer – den Market Makern – determiniert, ist das Preisniveau von eben diesen Quotes der Market Maker abhängig. Eine Quote ist ein Preispaar, ein Preis, zu dem der Market Maker bereit ist, zu kaufen und ein zweiter Preis, den der Market Maker für den Verkauf eines Wertpapiers verlangt. Die Preise werden auch Geld/ Brief bzw. bid/ask genannt, die Spanne bzw. der Spread zwischen beiden ist der Verdienst des Market Makers, für die Dienstleistung der laufenden Bereitstellung von Liquidität eines Wertpapiers, die er an diesem Markt erbringt.
- **Order Driven.** Ist das Preisniveau von der Vielzahl der erteilten Kauf- und Verkauforders bestimmt, ist die Preisfeststellung order driven. Der Makler ermittelt aus den vorliegenden Aufträgen einen Marktpreis.
- **Quote and Order Driven.** Für die meisten Börseplätze trifft betreffend der Preisfeststellung eine Mischform aus quote driven und order driven zu. Market Maker sorgen für eine garantierte Handelbarkeit der Wertpapiere, weiters gibt es eine Vielzahl anderer Marktteilnehmer, die durch Erteilen von Orders die Preisfeststellung mit beeinflussen.

Eine Möglichkeit der Preisfeststellung durch den Makler bei Vorliegen zahlreicher Orders ist das **umsatzmaximale Verfahren** bzw. auch **Meistausführungsprinzip** genannt. Der Preis eines Wertpapiers wird dabei so festgesetzt, dass möglichst große (Stück-)Umsätze erzielt werden können.

Übungsbeispiel zum Meistausführungsprinzip:

Im Orderbuch eines Maklers scheinen folgende Kauf- und Verkauforders auf:

Kauf		Verkauf	
Stück	Limit	Stück	Limit
40	billigst	30	bestens
70	102	50	100
100	101	90	101
150	100	130	102

Fraglich ist nun, welcher Kurs vom Makler zu wählen ist, damit möglichst viele Orders zur Ausführung kommen. Grundsätzlich kommen drei Kurse in Frage – 100 Euro, 101 Euro oder 102 Euro. Nun ist zu überprüfen, wie viele Aktien in diesen drei Fällen gehandelt werden würden. Die folgende Tabelle zeigt die möglichen Stückumsätze:

Preis	Kauf	Verkauf	Umsatz
100	40 + 70 + 100 + 150 = 360	30 + 50 = 80	80
101	40 + 70 + 100 = 210	30 + 50 + 90 = 170	170
102	40 + 70 = 110	30 + 50 + 90 + 130 = 300	110

Bei einem Preis von 100 Euro würden alle erteilten Kauforders zur Ausführung kommen. Jene, die eine Market Order (billigst) erteilt haben, kaufen zu jedem Preis (40 Stück), die Limit Orders würden bei ausreichendem Angebot auch alle zur Ausführung kommen. Die Gesamtnachfrage bei einem Preis von 100 Euro ist demzufolge 40 + 70 + 100 + 150 = 360 Stück. Demgegenüber steht ein Angebot von nur 80 Stück. Dies setzt sich aus den 30 Aktien zusammen, für die eine Market-Verkauforder erteilt wurde und jenen 50 Stück, die zu einem Preis von mindestens 100 verkauft werden sollen. Die übrigen Limit Orders kommen aufgrund des zu geringen Marktpreises nicht zur Ausführung. Der mögliche Umsatz bei einem gewählten Marktpreis von 100 Euro beträgt folglich 80 Stück. Der maximale Umsatz ist bei einem Marktpreis von 101 zu erzielen, der Makler setzt in der Folge auf Basis der vorliegenden Orders den Kurs genauso fest.

3. Geldmärkte

An **Geldmärkten** werden im Vergleich zu Kapitalmärkten kurzfristige finanzielle Mittel gehandelt. Die Laufzeit dieser Wertpapiere beträgt in der Regel nicht mehr als ein Jahr. Zu unterscheiden ist der

- Geldmarkt im engen Sinne. Hierunter ist der Handel von Geld unter Geschäftsbanken zu verstehen, wobei die Zentralbank als Anbieter dieser Geldmittel auftritt.

- Geldmarkt im weiten Sinne. Der Geldmarkt im weiteren Sinne umfasst auch andere Marktteilnehmer wie Versicherungen oder Unternehmen mit kurzfristigem Bedarf finanzieller Mittel oder der Möglichkeit, über kurze Zeiträume Liquidität anzulegen. Die entsprechenden Instrumente sind z.B.:

  □ **Treasury Bills** und **Schatzanweisungen.** Emittenten dieser Papiere sind Staaten, die so einen kurzfristigen Kapitalbedarf decken wollen. Ein solches Papier weist bei einer Laufzeit von wenigen Monaten bis zu einem Jahr z.B. einen Nennbetrag von 1000 Dollar (Treasury Bill) bzw. Euro (Schatzanweisung) auf und wird mit einem Diskont verkauft (z.B. um 980 Dollar bzw. Euro).

  □ **Commercial Papers.** Der Name drückt bereits aus, dass es sich bei dem Emittenten um ein Unternehmen handelt (Industrie- oder Handelsunternehmen), das kurzfristigen Liquiditätsbedarf durch den Verkauf dieser Papiere decken will.

  □ **Certificates of Deposit.** Depositen sind Einlagen bei Banken solche Papiere verbriefen eine geleistete Einlage bei einer Bank, die zu einem wenige Monate in der Zukunft liegenden Zeitpunkt rückzahlbar ist. Diese Papiere werden analog zu Schatzanweisungen mit einem Abschlag verkauft.

4. Devisenmärkte

An **Devisenmärkten** werden auf ausländische Währungen lautende Buchgelder gehandelt. Hierzu zählen neben Bankguthaben auch Schecks und Wechsel. Marktteilnehmer sind hauptsächlich Großbanken, die durch zahlreiche Transaktionen den Devisenmarkt zum liquidesten Teilmarkt des Finanzmarkts machen, die täglichen Umsätze erreichen mehrere Billionen Dollar. Neben Banken sind es auch Unternehmen, die aufgrund ihrer Geschäftstätigkeit gezwungen sind, ausländische Währungen nachzufragen, z.B. importierende Unternehmen, die Rechnungen in ausländischer Währung zu begleichen haben. Der tatsächliche physische Warenhandel ist nach empirischen Erhebungen zufolge aber nur in sehr wenigen Fällen aller Devisentransaktionen Motiv der Marktteilnehmer. Alle übrigen Geschäfte werden zu Spekulationszwecken getätigt.

5. Derivatemärkte

Der Begriff **Derivat** (lateinisch: derivare = ableiten) bezeichnet ein Wertpapier, dessen Wert sich vom Wert eines anderen Wertpapiers, eines Index, eines Zinssatzes, einer Ware oder auch eines anderen Derivats ableitet. Solche Instrumente eignen sich für das Management der Risiken an Finanzmärkten, wie Preisrisiken, Wechselkursrisiken, Zinsrisiken, Kreditrisiken usw. Derivate sind Termingeschäfte, das bedeutet, dass zum Zeitpunkt des Vertragsabschlusses – eben dem Erwerb des Derivats vom

Emittenten dieses Papiers – die Bedingungen der Erfüllung dieses Geschäfts vollständig definiert sind, die tatsächliche Erfüllung jedoch erst in der Zukunft erfolgt.

Übungsbeispiel zu Derivaten und Termingeschäften:

Ein US-amerikanischer Weizenbauer wird in 6 Monaten seine Ernte (100.000 Scheffel) in Rotterdam verkaufen. Er erwägt, sich sowohl den Preis für Weizen als auch den Wechselkurs Dollar/Euro durch Abschluss eines Termingeschäfts zu fixieren. Der Terminpreis lautet 820 Euro pro 5.000 Scheffel Weizen, der zukünftige Wechselkurs kann mit 1,52 Dollar pro Euro fixiert werden. Alternativ könnte der Bauer in 6 Monaten zu aktuellen Preisen und Wechselkursen verkaufen.

Zu ermitteln ist der Verdienst dieses Bauers in Dollar für folgende Szenarien, annahmegemäß betrage der tatsächliche Weizenpreis in 6 Monaten 770 Euro, der zukünftige Wechselkurs sei 1,58 Dollar/Euro:

- beide Termingeschäfte werden abgeschlossen
- nur das Währungstermingeschäft wird abgeschlossen
- nur das Preistermingeschäft wird abgeschlossen

Im **ersten Fall** kann der Bauer 20 * 5000 Scheffel um 820 Euro je 5000 Scheffel verkaufen, der erlöste Eurobetrag kann um 1,52 Dollar je Euro gewechselt werden. Daraus ergibt sich folgender Erlös in Dollar:

Erlös = 20 * 820 * 1,52 = 24.928 Dollar

Diese Vorgehensweise entspricht der Vereinbarung einer physischen Erfüllung (**physical settlement**) der Termingeschäfte. Die Ware (Weizen) wird tatsächlich an den Vertragspartner um 820 Euro je 5000 Scheffel verkauft, ebenso werden die erlösten Euro um 1,52 Dollar je Euro an den Partner des Währungstermingeschäfts verkauft.

Im Falle einer finanziellen Erfüllung (**financial settlement**) der Termingeschäfte würde der Bauer seine Ware zu geltenden Marktpreisen verkaufen und nach Wechsel der erlösten Euro in Dollar folgenden Erlös erzielen:

Erlös = 20 * 770 * 1,58 = 24.332 Dollar

Aus den abgeschlossenen Termingeschäften ergeben sich am Tag des Verkaufs des Weizens in Rotterdam jedoch weitere Zahlungen:

Erhalt einer Ausgleichszahlung in Höhe von (820 – 770) * 20 = 1000 Euro für den Weizen. Zum aktuellen Wechselkurs erhält der Bauer 1000 * 1,58 = 1580 Dollar

Leisten einer Ausgleichszahlung in Höhe von (770 * 20 + 1000) * (1,58 – 1,52) = 984 Dollar. Der Saldo dieser Zahlungen beträgt +596 Dollar. Folglich ergibt sich ein Gesamterlös von: 24.332 + 1.580 – 984 = 24.928 Dollar.

Im **zweiten Fall** wird nur das Währungstermingeschäft abgeschlossen, der Wechselkurs ist somit mit 1,52 Dollar/Euro fixiert, verkauft wird zum geltenden Marktpreis von 770 Euro je 5000 Scheffel. Der Erlös beträgt:

Erlös = 20 * 770 * 1,52 = 23.408 Dollar

Im **dritten Fall** können durch den Abschluss des Termingeschäfts auf den Preis des Weizens pro 5.000 Scheffel 820 Euro erlöst werden, der geltende Wechselkurs beträgt 1,58 Dollar/Euro. Daraus ergibt sich:
Erlös = 20 * 820 * 1,58 = 25.912 Dollar

6. Kassa- und Terminmärkte

Wie bereits gezeigt wurde, gibt es Finanzinstrumente, welche die Erfüllung eines Geschäfts zu einem in der Zukunft liegenden Zeitpunkt zum Inhalt haben, wobei der konkrete Inhalt dieses Geschäfts in der Gegenwart festgelegt wird. Je nachdem welche Art von Finanzinstrumenten gehandelt wird, unterscheidet man **Kassa-** und **Terminmärkte**. An Kassamärkten fallen Geschäftsabschluss und Geschäftserfüllung zeitlich zusammen, so wird etwa eine Aktie gegen Bezahlung des Kaufpreises sofort geliefert. Dieser Handel findet an einem Kassamarkt statt. Die Vereinbarung zweier Vertragspartner, in sechs Monaten Rohöl zu einem fixierten Preis von 133 Dollar je Barrel zu handeln, ist ein Termingeschäft, Vertragsabschluss und Vertragserfüllung fallen zeitlich auseinander, der Handel wird an einem Terminmarkt abgeschlossen. Zum Beispiel könnte ein Kaffeebauer ein Termingeschäft auf Kaffee abschließen, um das Risiko von in Zukunft sinkenden Kaffeepreisen auszuschließen, ein europäisches Unternehmen mit Handelsbeziehungen zu US-amerikanischen Unternehmen könnte für zukünftig in Dollar zu begleichende Rechnungen den Wechselkurs Euro/Dollar durch Abschluss eines Termingeschäfts fixieren.

B. Rendite-Risiko-Rechnung

1. Definition Rendite

Die Ertragskraft eines (risikobehafteten) Wertpapiers steht im Vordergrund dieses Abschnitts. Hierunter ist die Fähigkeit eines Anspruchs zu verstehen, in Zukunft Überschüsse zu generieren. Eine sehr häufig verwendete Kennzahl für das Ausmaß dieser Überschüsse ist die **Rendite**. Diese Größe setzt das eingesetzte Kapital in Relation zu den dafür erhaltenen Rückflüssen und kann wie folgt definiert werden:

$$Rendite = \frac{Gewinn}{eingesetztes\ Kapital}$$

2. Historische Renditen

Sind historische Preise eines Wertpapiers bekannt, können daraus **historische Renditen** errechnet werden. Im Fall von Aktien sind nicht nur Kurssteigerungen für die Ermittlung der Rendite relevant, sondern auch möglicherweise ausgeschüttete Dividenden, die neben Kurszuwächsen der Aktie eine weitere Komponente der Entlohnung darstellen. Die historische Rendite einer betrachteten Periode r_t errechnet sich wie folgt:

$$r_t = \frac{K_{t+1} + D_t}{K_t}$$

Wobei K_t den Kapitaleinsatz zu Beginn der Periode, K_{t+1} den Wert des Wertpapiers am Ende der Periode und D_t die Dividendenzahlung in der betreffenden Periode bezeichnet. Das folgende Beispiel veranschaulicht diesen Sachverhalt:

Übungsbeispiel zur Renditerechnung:

Für die Beurteilung der Ertragskraft dreier Aktien sind historische Preise sowie die Höhe ausbezahlter Dividenden verfügbar, diese lauten:

	2005	2006	2007	2008
Kurs Dividenden AG	100	110	120	130
Dividende		10	15	20
Kurs highrisk.com AG	100	150	180	100
Dividende		0	0	0
Kurs Volatility AG	100	120	144	100
Dividende		0	0	0

Ausgehend vom Kurs im Jahr 2005 können nun für alle drei Aktien einzelne Jahresrenditen ermittelt werden.

$r_{Div,05/06} = (110 + 10) / 100 - 1 = 20\%$
$r_{Div,06/07} = (120 + 15) / 110 - 1 = 22{,}73\%$
$r_{Div,07/08} = (130 + 20) / 120 - 1 = 25\%$
$r_{high,05/06} = (150 + 0) / 100 - 1 = 50\%$
$r_{high,06/07} = (180 + 0) / 150 - 1 = 20\%$
$r_{high,07/08} = (100 + 0) / 180 - 1 = -44{,}44\%$

$r_{Vola,05/06} = (120 + 0) / 100 - 1 = 20\%$
$r_{Vola,06/07} = (144 + 0) / 120 - 1 = 20\%$
$r_{Vola,07/08} = (100 + 0) / 144 - 1 = -30{,}56\%$

2.1. Durchschnittliche Renditen

Die Angabe aller Periodenrenditen (z.B. Jahre, Quartale, Monate, …) kann für die Beurteilung eines Wertpapiers zu einer unüberschaubaren Datenmenge führen, für börsengehandelte Aktien sind etwa rund 250 Tagesrenditen pro Kalenderjahr verfügbar, es bietet sich daher an, einzelne Periodenrenditen zu einer Kennzahl zu aggregieren. Viele Finanzprodukte wie Aktien, Fonds, Hedgefonds, aber auch Anleihen, Zertifikate und selbst Sparbücher werden mit einer durchschnittlich erzielbaren bzw. über einen vergangenen Zeitraum tatsächlich erzielten Rendite beworben. Die

Durchschnittsbildung kann auf zweierlei Art erfolgen, einerseits durch die Anwendung des **arithmetischen Mittelwerts**, andererseits durch die Verwendung des **geometrischen Mittelwerts**. Das arithmetische Mittel r von Periodenrenditen ist wie folgt definiert:

$$\overline{r}_{arith} = \frac{1}{n}\sum_{t=1}^{n} r_t$$

Wobei r_t die einzelnen Periodenrenditen bezeichnen. Das Ergebnis ist die durchschnittlich erzielte periodenbezogene Rendite über den Betrachtungszeitraum, wurden als Input jährliche Renditen verwendet, ist das arithmetische Mittel eine durchschnittliche Jahresrendite, bei monatlichen Inputdaten liefert das Ergebnis eine durchschnittliche Monatsrendite usw. Für die zuvor im Beispiel ermittelten Jahresrenditen ergeben sich folgende arithmetische Mittelwerte:

Fortsetzung des Übungsbeispiels:

Die bekannten drei Jahresrenditen aller drei Aktien können nun zum arithmetischen Mittelwert verarbeitet werden:

$$\overline{r}_{Div,arith} = \frac{20\% + 22,73\% + 25\%}{3} = 22,58\%$$

$$\overline{r}_{high,arith} = \frac{50\% + 20\% - 44,44\%}{3} = 8,52\%$$

$$\overline{r}_{Vola,arith} = \frac{20\% + 20\% - 30,56\%}{3} = 3,15\%$$

Bei genauerer Betrachtung der tatsächlichen Kursentwicklung sowie der angefallenen Dividendenzahlungen der Aktien der highrisk.com AG und der Volatility AG können die soeben ermittelten durchschnittlichen Renditen über den Betrachtungszeitraum nicht korrekt sein. Tatsächlich konnte mit den beiden letztgenannten Aktien im Zeitraum von 2005 bis 2008 überhaupt keine Rendite erzielt werden. Kaufte man die Papiere in 2005 zum Preis von 100 und verkaufte man sie in 2008 zum selben Preis, ergibt sich, da zudem keine Dividenden ausgeschüttet wurden, eine Null-Rendite. Ursächlich hierfür ist, dass die Verwendung des arithmetischen Mittels nur näherungsweise zum „richtigen" Ergebnis führt. Je größer die Preissprünge (und damit verbunden, betragsmäßig größere Renditen) sind, desto stärker weicht der arithmetische Mittelwert von der tatsächlich erzielten Durchschnittsrendite ab (siehe highrisk.com).

Die Unschärfe des arithmetischen Mittelwerts kann durch Verwendung des **geometrischen Mittels** beseitigt werden. Das geometrische Mittel r_{geo} von Periodenrenditen ist wie folgt definiert:

$$\overline{r}_{geo} = \sqrt[n]{\prod_{t=1}^{n}(1+r_t)} - 1$$

Wobei r_i die einzelnen Periodenrenditen bezeichnen. Das Ergebnis ist wiederum eine durchschnittlich über den Betrachtungszeitraum erzielte Periodenrendite. Für die drei Aktiengesellschaften ergeben sich folgende geometrischen Mittelwerte:

Fortsetzung des Übungsbeispiels:

Die bekannten drei Jahresrenditen aller drei Aktien können nun zum geometrischen Mittelwert verarbeitet werden:

$$\overline{r}_{Div,geo} = \sqrt[3]{(1+0,2)\cdot(1+0,2273)\cdot(1+0,25)} - 1 = 22,56\%$$

$$\overline{r}_{high,geo} = \sqrt[3]{(1+0,5)\cdot(1+0,20)\cdot(1-0,4444)} - 1 = 0\%$$

$$\overline{r}_{Vola,geo} = \sqrt[3]{(1+0,2)\cdot(1+0,20)\cdot(1-0,3056)} - 1 = 0\%$$

Unter Verwendung des geometrischen Mittels können für die highrisk.com AG und die Volatility AG die korrekten durchschnittlichen Renditen, nämlich Nullrenditen, ermittelt werden.

2.2. Durchschnittliche Renditen mit der Internen-Zinssatz-Methode

Eine dritte Variante historische, durchschnittliche Renditen zu ermitteln, ist die Betrachtung des Zahlungsstroms des jeweiligen Aktieninvestments. Der Anschaffungsauszahlung in Höhe des anfänglichen Kaufpreises werden Dividendenzahlungen und der Verkaufserlös am Ende des Betrachtungszeitraums gegenübergestellt. Die durchschnittliche, über den betrachteten Zeitraum erzielte Rendite dieses Investitionsprojekts kann dann mit der Methode des **internen Zinssatzes** ermittelt werden.

Fortsetzung des Übungsbeispiels:

Der (wiederum nur näherungsweise zutreffende) interne Zinssatz lässt sich für die Aktie der Dividenden AG wie folgt ermitteln. Zunächst betrachten wir den Zahlungsstrom der Aktie:

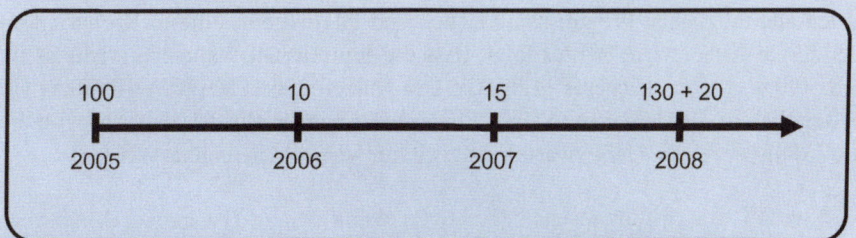

Abbildung VI.1: Zahlungsstrom der Aktie

Bei einem Versuchszinssatz von $i_1 = 30\%$ ergibt sich ein Kapitalwert von $KW_1 = -15{,}16$, ein zweiter Versuchszinssatz von $i_2 = 20\%$ führt zu einem Kapitalwert von $KW_2 = 5{,}56$. Werden diese Daten in die Formel für den internen Zinssatz eingesetzt, ergibt sich:

$$r_{int} = 0{,}3 - (-15{,}16) \cdot \frac{0{,}2 - 0{,}3}{5{,}56 - (-15{,}16)} = 22{,}68\%$$

Die durchschnittlich mit der Aktie der Dividenden AG über den Zeitraum von 2005 bis 2008 zu erzielende Rendite ist nach der Internen-Zinssatz-Methode also 22,68 %.

3. Erwartete Renditen

Viel interessanter (und vermutlich auch lukrativer) als historische Renditen sind zuverlässige Informationen über zukünftig realisierbare Renditen von risikobehafteten Ansprüchen. Im Folgenden wird eine Möglichkeit präsentiert, zukünftige Preise (und daraus abgeleitete Renditen) von Wertpapieren bzw. auch jedem anderen an Finanzmärkten verfügbaren Produkt zu ermitteln.

Die Grundidee ist, für den Ausgang eines Zufallsexperiments mögliche Szenarien zu entwickeln, diesen Szenarien Werte zuzuordnen und die Chance des tatsächlichen Eintretens eines jeden Szenarios mit Wahrscheinlichkeiten zu bemessen. Diese Technik wird **Szenariotechnik** genannt und kann für alle denkbaren zufallsgesteuerten Prozesse verwendet werden. Folgende Schritte sind notwendig:

- Erstellen möglicher, plausibler Szenarien i
- Zuordnung einer Wahrscheinlichkeit p_i für jedes Szenario i
- Zuordnung eines Werts r_i (Preis, Rendite, Stand eines Aktienindex, …) für jedes Szenario i

Bei der Abarbeitung dieser drei Schritte kann auf die Analyse historischer Daten zurückgegriffen werden, es können persönliche Erfahrungen eingebracht, Meinungen eingeholt werden und vieles mehr. Im Vordergrund steht jedenfalls die Plausibilität der gewählten Szenarien und Werte. Es wird angenommen, dass die gewählten Szenarien alle möglichen Ereignisse abdecken und folglich eines dieser Szenarien tatsächlich realisiert wird. Daraus folgt, dass die summierten Wahrscheinlichkeiten 1 bzw. 100% ergeben (sicheres Ereignis). Der Nutzen dieses Verfahrens äußert sich letztendlich in der Berechnung eines **Erwartungswertes** E[r] für den Ausgang dieses Zufallsprozesses. Der Erwartungswert kann wie folgt berechnet werden:

$$\mathrm{E}[r] = p_1 \cdot r_1 + p_2 \cdot r_2 + \cdots + p_n \cdot r_n$$

Anhand eines einfachen Beispiels soll diese Methodik illustriert werden:

Übungsbeispiel zur Bestimmung des erwarteten Werts eines Würfelwurfes:

Ein fairer (nicht manipulierter) Würfel wird einmal geworfen. Mit Hilfe der Szenariotechnik soll nun ermittelt werden, welche Augenzahl für einen Wurf zu erwarten ist. Die möglichen Szenarien für die Augenzahl sind in diesem Fall klar auf sechs denkbare begrenzt, nämlich 1, 2, 3, 4, 5 oder 6 Augen. Ist der Würfel fair, so ist die Chance für den Eintritt dieser Szenarien jeweils ein Sechstel. Im letzten Schritt können den Szenarien die interessierenden Werte zugeordnet werden, in diesem Fall sind dies 1, 2, 3, 4, 5 oder 6 Augen. Tabellarisch zusammengefasst ergibt dies:

	1 Augen	2 Augen	3 Augen	4 Augen	5 Augen	6 Augen
r_i	1	2	3	4	5	6
p_i	1/6	1/6	1/6	1/6	1/6	1/6

Der Erwartungswert kann darauf aufbauend wie folgt ermittelt werden:

$$E[\text{Würfel}] = 0{,}17 * 1 + 0{,}17 * 2 + \ldots + 0{,}17 * 6 = 3{,}5$$

Für risikobehaftete Ansprüche wie etwa Aktien ist eine Vielzahl von zukünftigen Szenarien denkbar. Der Handhabbarkeit dieser Technik ist eine Beschränkung auf einige wenige zuträglich, insbesondere ist eine Erhöhung der Anzahl möglicher Szenarien nicht gleichbedeutend mit einer erhöhten Genauigkeit dieses Verfahrens. Zum Beispiel können für die Beurteilung des künftigen Standes eines Aktienindex wenige, die gesamtwirtschaftliche Entwicklung betreffende Szenarien ausreichend sein.

Übungsbeispiel zur Bestimmung des erwarteten Werts des ATX in 6 Monaten:

Der gegenwärtige Stand des ATX (Austrian Traded Index) lautet 3.900 Punkte. Der Stand in 6 Monaten wird, zumal der ATX die größten österreichischen Unternehmen repräsentiert, vermutlich von der gesamtwirtschaftlichen Entwicklung abhängig sein. Daher könnten folgende Szenarien für die Ermittlung eines erwarteten Standes herangezogen werden:

	Boom	Wachstum	Stagnation	Rezession
r_i	5250	4350	3900	3300
p_i	20%	25%	45%	10%

Der Erwartungswert lautet:

$$E[\text{ATX}] = 0{,}2 * 5250 + 0{,}25 * 4350 + 0{,}45 * 3900 + 0{,}1 * 3300 = 4222{,}50$$

---

4. Risikomessung

Die Unsicherheit künftiger Erträge von Wertpapieren macht es erforderlich, mögliche Abweichungen tatsächlicher, zukünftiger Renditen von erwarteten Renditen zu erfassen und zu quantifizieren. Erwartete Renditen in diesem Zusammenhang können sowohl mittels Szenariotechnik als auch durch die Fortschreibung historischer, durchschnittlicher Renditen in die Zukunft gewonnen werden. Die Wirtschaftswissenschaften definieren:

> Risiko ist die Abweichung der tatsächlichen Rendite von der erwarteten. Es beinhaltet somit die Gefahr einer geringeren, aber auch die Chance einer höheren als der erwarteten Rendite.

4.1. Risikokennzahl Standardabweichung

Zukünftige Aktienrenditen können, wie auch Renditen aller anderen risikobehafteten Ansprüche, als unsicher angesehen werden. Künftige Renditen hängen von einer Vielzahl von Faktoren ab; Versuche, diese gewinnbringend vorherzusagen, blieben weitestgehend erfolglos. Die Struktur historischer, also bereits realisierter Renditen kann mittels geeigneter statistischer Instrumente Rückschlüsse auf mögliche zukünftige Renditen zulassen. Ein Werkzeug bereitet die Häufigkeit vergangener Renditen grafisch auf, dieses Instrument wird **Histogramm** genannt. Hierzu wird eine Vielzahl von Renditen in Intervalle (z.B. von 0% bis 1%, von 1% bis 2% usw.) eingeordnet und die Anzahl aller in ein spezifisches Intervall einzuordnenden Renditen ermittelt. Die folgende Abbildung veranschaulicht diese Vorgehensweise für rund 20.000 tägliche Renditen des Dow Jones Index des Zeitraums von 01.10.1928 bis 14.04. 2008 (Daten: http://de.finance.yahoo.com):

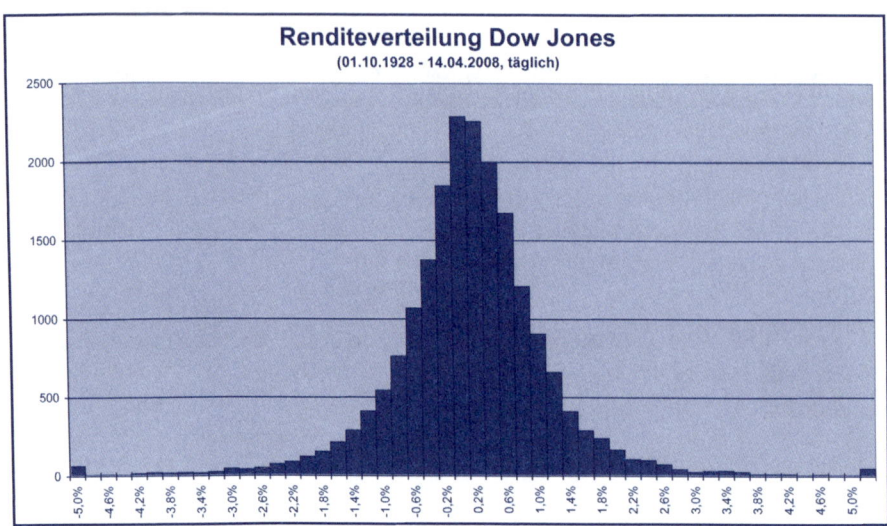

Abbildung VI.2: Histogramm der Dow-Jones-Renditen

Eine visuelle Inspektion der Renditeverteilung lässt ein Muster erkennen. Offenbar häufen sich die täglichen Renditen des Dow Jones Index um einen Mittelwert, Abweichungen von diesem Mittelwert treten mit einer geringeren Chance auf und extreme Ausreißer von diesem Mittelwert sowohl nach oben als auch nach unten sind verhältnismäßig selten zu beobachten. Die Form dieser Verteilung ist auch als **Gaußsche Glockenkurve** oder **Normalverteilung** bekannt und tritt auch in vielen anderen Bereichen – wenigstens annähernd – auf (z.B. Körpergröße von Menschen, …). Das konkrete Aussehen der Verteilung ist von lediglich zwei Parametern determiniert, zunächst ist es der Mittelwert, um den sich die meisten Werte scharen, weiters ist die „Breite" der Verteilung, gemessen durch die Kennzahl **Standardabweichung** relevant. Letztere misst, wie häufig bedeutende Abweichungen vom Mittelwert zu beobachten sind; ist diese Kennzahl klein, sind größere Abweichungen vom Mittelwert selten und die resultierende Glockenkurve weist eine schmale Form auf. Eine große Standardabweichung führt zu einer breiteren Form der Glockenkurve und größere Abweichungen vom Mittelwert sind häufiger zu beobachten als im ersten Fall. Die folgende Abbildung verdeutlicht diesen Sachverhalt:

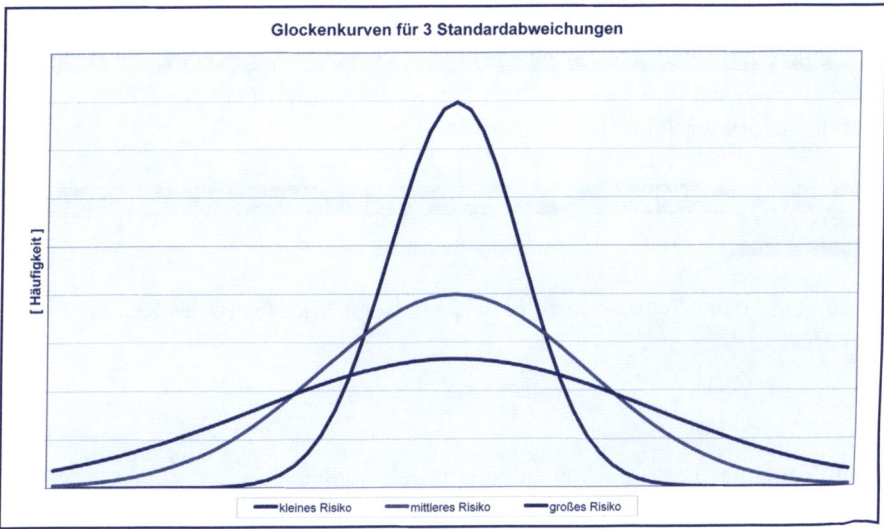

Abbildung VI.3: Verschiedene Glockenkurven

Aufgrund der Eigenschaften der Normalverteilung kann diese Kennzahl wie folgt interpretiert werden:

- Ca. 68% aller Renditen weichen maximal um den Betrag einer Standardabweichung vom Mittelwert ab
- Ca. 95% aller Renditen weichen maximal um den Betrag zweier Standardabweichungen vom Mittelwert ab
- Ca. 99% aller Renditen weichen maximal um den Betrag dreier Standardabweichungen vom Mittelwert ab

Mittels dieser Information können in der Folge Intervalle angegeben werden (z.B. Mittelwert plus/minus eine Standardabweichung), innerhalb derer die zukünftige Rendite eines Wertpapiers – unter der Annahme, dass die zur Ermittlung der Standardabweichung verwendeten Daten Rückschlüsse auf die Zukunft zulassen – mit einer gewissen Chance tatsächlich zu liegen kommt. Selbstverständlich sind Abweichungen von diesem Intervall möglich, die Kennzahl kann jedoch dazu beitragen, mögliche Schwankungsbreiten künftiger Renditen aufzuzeigen.

Die **Standardabweichung** kann sowohl für historische als auch für erwartete Renditen (etwa mittels Szenariotechnik gewonnener) ermittelt werden. Für historische Renditen gilt:

$$\sigma = \sqrt{\frac{1}{n}\sum_{i=1}^{n}(r_i - \bar{r})^2}$$

Wobei r_i die einzelnen Periodenrenditen und r den arithmetischen Mittelwert dieser Renditen bezeichnen. Das folgende Beispiel erläutert diese Vorgehensweise:

Übungsbeispiel zur Risikomessung:

Aus historischen Preisen der Aktie der Risk-Exposure AG konnten bereits folgende historische Jahresrenditen ermittelt werden:

	2005	2006	2007	2008
r_i	4	2	8	2

In einem ersten Schritt wird der arithmetische Mittelwert der Renditen berechnet:

$$\bar{r} = \frac{4+2+8+2}{4} = 4$$

Nun kann die Standardabweichung ermittelt werden:

$$\sigma = \sqrt{\frac{1}{4}\left[(4-4)^2 + (2-4)^2 + (8-4)^2 + (2-4)^2\right]} = 2,45$$

Das Ergebnis deutet darauf hin, dass zukünftige Renditen mit einer Chance von

- 68% im Intervall [4 – 1 * 2,45; 4 + 1 * 2,45]
- 95% im Intervall [4 – 2 * 2,45; 4 + 2 * 2,45]
- 99% im Intervall [4 – 3 * 2,45; 4 + 3 * 2,45]

liegen. Somit kann eine (unseriöse) Punktschätzung für zukünftige Renditen vermieden werden und stattdessen ein Bereich angegeben werden, innerhalb dessen die tatsächliche Rendite mit bekannter Wahrscheinlichkeit liegen wird.

Für zukünftige, erwartete Renditen kann die Standardabweichung nach folgendem Schema ermittelt werden:

$$\sigma = \sqrt{\sum_{i=1}^{n} (r_i - E[r])^2 \cdot p_i}$$

Wobei r_i die möglichen zukünftigen Renditen, E[r] den Erwartungswert der Rendi-ten und p_i die Eintrittswahrscheinlichkeiten der Renditen bezeichnen. Das folgende Beispiel zeigt auch diese Methodik auf:

Übungsbeispiel zum Risiko der ATX-Szenarien in 6 Monaten:

Ausgangspunkt dieser Berechnung ist abermals die Tabelle der ATX-Szena-rien mit den zugehörigen geschätzten Punkteständen und den Eintrittswahr-scheinlichkeiten der Szenarien. In diesem konkreten Beispiel wird nicht die Standardabweichung erwarteter Renditen ermittelt, sondern das Risiko künf-tiger Punktestände quantifiziert:

	Boom	Wachstum	Stagnation	Rezession
r_i	5250	4350	3900	3300
p_i	20%	25%	45%	10%

Der Erwartungswert lautet wie berechnet 4222,50, daraus kann nun die Stan-dardabweichung ermittelt werden:
$\sigma^2 = [(5250 - 4222,5)^2 * 0,20 + (4350 - 4222,5)^2 * 0,25 + (3900 - 4222,5)^2 * 0,45 + (3300 - 4222,5)^2 * 0,10] = 347.119$
$\sigma = \sqrt{\sigma^2} = 589,17$
Die Interpretation dieses Ergebnisses kann analog zu jenem für historische Renditen erfolgen. Innerhalb des Intervalls von Mittelwert plus/minus 1/2/3 Standardabweichung(-en) liegt mit einer Chance von 68% / 95% / 99% der tat-sächliche Punktestand des ATX zum Stichtag in sechs Monaten.

4.2. Risikokennzahl Kovarianz

Die Messung des gemeinsamen Risikos zweier risikobehafteter Ansprüche kann mittels der Kennzahl **Kovarianz** erfolgen. Sie misst die Gleichläufigkeit bzw. Ge-gensätzlichkeit der Renditeentwicklung zweier Ansprüche. Warum konkret diese Kennzahl von Interesse sein kann, soll das folgende Beispiel verdeutlichen:

Beispiel zur Bedeutung der Kovarianz:

Zwei Unternehmen, die Sonnenschirm AG und die Regenschirm AG, produzieren entsprechend dem Firmennamen Sonnen- bzw. Regenschirme. Ein Investor steht nun vor der Entscheidung der Veranlagung seines Vermögens. Würde dieser Investor sein gesamtes Vermögen entweder in Aktien der Sonnenschirm AG oder der Regenschirm AG anlegen, ist die mit diesem Einzelinvestment verbundene Rendite zweifellos abhängig vom Wetter künftiger Jahre. Vermutlich wird die Sonnenschirm AG bei überwiegend sonnigem Wetter und umgekehrt die Regenschirm AG bei vorwiegend regnerischem Wetter gut verdienen können, was sich letztlich im Aktienkurs und in der Folge in den Renditen niederschlägt. Die Renditen dieser beiden Unternehmen dürften also eine tendenziell gegensätzliche Entwicklung aufweisen. Würde nun in beide Unternehmen gleichzeitig investiert werden, ist die kombinierte Rendite vom Wetter unabhängig. In jedem Fall liegt die Aktie eines Unternehmens im Depot, die durch hohe Renditen die niedrigeren Renditen der zweiten Aktie kompensieren kann.

Die Messung der Gleichläufigkeit bzw. wie in diesem Fall der Erkennung der Gegensätzlichkeit zweier Wertpapiere kann für Zwecke der Risikostreuung sehr vorteilhaft sein.

Die Kovarianz für historische Renditen zweier Wertpapiere kann wie folgt ermittelt werden:

$$Cov_{1,2} = \frac{1}{n} \sum_{i=1}^{n} (r_{1,i} - \bar{r}_1) \cdot (r_{2,i} - \bar{r}_2)$$

Wobei $r_{i,j}$ die einzelnen Periodenrenditen des Wertpapiers j und r_j den arithmetischen Mittelwert des Wertpapiers j bezeichnen. Im folgenden Beispiel wird diese Kennzahl für Renditen zweier Aktien berechnet:

Übungsbeispiel zur Berechnung der Kovarianz für historische Renditen:

Zwei Aktien weisen die folgenden historischen Renditen (Angabe in Prozent) auf:

	2005	2006	2007	2008
Aktie A	4	2	8	2
Aktie B	2	6	0	4

Die Mittelwerte der Renditen lauten $r_A = 4$ und $r_B = 3$. Die Kovarianz kann wie folgt berechnet werden:

$$Cov_{A,B} = \frac{1}{4} \cdot [(4-4) \cdot (2-3) + (2-4) \cdot (6-3) + (8-4) \cdot (0-3) + (2-4) \cdot (4-3)] = -5$$

Das Ergebnis lässt aufgrund des negativen Vorzeichens den Schluss zu, dass diese beiden Wertpapiere eine gegensätzliche Entwicklung der Rendite aufweisen. Wie ausgeprägt diese Gegensätzlichkeit ist, kann aus dem Resultat nicht geschlossen werden. Lediglich das Vorzeichen indiziert Gleichläufigkeit (positives Vorzeichen) bzw. Gegensätzlichkeit (negatives Vorzeichen).

Für erwartete Renditen zweier Wertpapiere kann die Kovarianz entsprechend dem folgenden Zusammenhang ermittelt werden:

$$Cov_{1,2} = \frac{1}{n} \sum_{i=1}^{n} (r_{1,i} - E[r_1]) \cdot (r_{2,i} - E[r_2])$$

Im folgenden Beispiel wird die Kovarianz für erwartete Renditen berechnet:

Übungsbeispiel zur Berechnung der Kovarianz für erwartete Renditen:

Die gesamtwirtschaftlichen Szenarien für den ATX werden nun ergänzt um Werte für den Deutschen Aktienindex (DAX) in sechs Monaten. Annahmegemäß betrifft die künftige wirtschaftliche Entwicklung beide Länder in gleichem Ausmaß, so dass die gewählten Szenarien Boom, Wachstum, Stagnation, Rezession auf beide Indizes angewendet werden können. Die Ausgangssituation sieht folgendermaßen aus:

	Boom	Wachstum	Stagnation	Rezession
r_i, ATX	5250	4350	3900	3300
r_i, DAX	8200	7000	6600	5700
p_i	20%	25%	45%	10%

Der Erwartungswert des Standes des ATX wurde bereits mit 4222,50 berechnet, jener des DAX lautet 6930. Die gemeinsame Struktur der Entwicklung beider Indizes kann nun mit der Kovarianz der erwarteten Punktestände in den einzelnen Szenarien ermittelt werden:

$Cov_{ATX,DAX}$ = (5250 – 4222,5)*(8200 – 6930) * 0,20 + (4350 – 4222,5)*(7000 – 6930) * 0,25 + (3900 – 4222,5)*(6600 – 6930) * 0,45 + (3300 – 4222,5)*(5700 – 6930) * 0,10 = 424.575

Das Ergebnis kann nun wiederum nur anhand des positiven Vorzeichens interpretiert werden. Tendenziell ist somit eine ähnliche, also gleichläufige Entwicklung der Indizes in den einzelnen Szenarien zu erwarten. Wie ausgeprägt diese Gleichläufigkeit ist, kann mit dieser Kennzahl nicht beurteilt werden.

Die Frage, wie ausgeprägt die Gleichläufigkeit bzw. Gegensätzlichkeit der Entwicklung zweier Wertpapiere ist, kann mit der Kennzahl Kovarianz nicht beurteilt werden. Wie bereits angedeutet wurde, können Kombinationen von sich gegensätzlich entwickelnden Wertpapieren zur Streuung von Risiko beitragen, je ausgeprägter die Gegensätzlichkeit, desto größer ist das Diversifikationspotential. Insofern ist eine Kennzahl, die auch den Grad der Gleichläufigkeit bzw. Gegensätzlichkeit zweier Wertpapiere erkennen kann, von besonderer Bedeutung.

4.3. Risikokennzahl Korrelation

Die Kovarianz kann adaptiert werden, so dass Rückschlüsse auf das Ausmaß der Beziehung zweier Wertpapiere möglich werden. Die betreffende Kennzahl heißt **Korrelation (Korrelationskoeffizient)** und kann für zwei Aktien 1 und 2 wie folgt berechnet werden:

$$\rho_{1,2} = \frac{Cov_{1,2}}{\sigma_1 \cdot \sigma_2}$$

Das Ergebnis lässt sich nun auf zweierlei Weise interpretieren. Zunächst indiziert das Vorzeichen, ob eine tendenziell gleichläufige (positives Vorzeichen) oder eine gegensätzliche Entwicklung (negatives Vorzeichen) vorliegt. Weiters ist der Korrelationskoeffizient auf das Intervall [-1, +1] beschränkt, wodurch Rückschlüsse auf das Ausmaß der gemeinsamen Beziehung der betrachteten Wertpapiere möglich werden. Folgende Fälle sind dabei besonders interessant:

- Korrelation +1. Die beiden Wertpapiere sind perfekt positiv korreliert. Steigende Kurse des einen Wertpapiers sind immer von steigenden Kursen des anderen begleitet.
- Korrelation 0. Die betrachteten Wertpapiere entwickeln sich ohne (für diese Kennzahl) erkennbares Muster. Steigende Kurse des einen Wertpapiers werden von steigenden oder sinkenden Kursen des anderen begleitet.
- Korrelation -1. Die Wertpapiere sind perfekt negativ korreliert. Steigende Kurse des einen haben stets sinkende Kurse des anderen Wertpapiers zur Folge.

Die Korrelation kann nun für die bereits betrachteten Aktien A und B sowie für die Entwicklung der Indizes ATX und DAX ermittelt werden:

Übungsbeispiel zur Berechnung der Korrelation:

Für die Aktien A und B mit einer Kovarianz von -5 und den beiden Standardabweichungen $\sigma_A = 2{,}24$ und $\sigma_B = 2{,}24$ kann nun die Korrelation berechnet werden:

$$\rho_{A,B} = \frac{-5}{2{,}24 \cdot 2{,}24} = -1$$

Das Ergebnis von -1 deutet auf eine ausgeprägte Gegensätzlichkeit der Renditenentwicklung der Aktien A und B hin. In diesem Fall kann durch Kombination der beiden Aktien das Risiko gestreut werden.

Die Korrelation zwischen ATX und DAX kann ausgehend von der berechneten Kovarianz von 424.575 und den beiden Standardabweichungen von $\sigma_{ATX} = 589,17$ und $\sigma_{DAX} = 726,48$ wie folgt ermittelt werden:

$$\rho_{ATX,DAX} = \frac{424.575}{589,17 \cdot 726,48} = 0,99$$

Der Korrelationskoeffizient nahe +1 deutet auf eine ausgeprägt gleichläufige Entwicklung der beiden Indizes in den jeweiligen Szenarien hin.

C. Wertpapieranalyse – Anleihen

1. Allgemeines

Dieses Kapitel widmet sich einem speziellen Typ von Wertpapieren, den **Anleihen**. Hierunter ist ganz allgemein ein verbriefter und somit handelbarer Kredit (**Schuldverschreibung**) zu verstehen. Der Emittent einer Anleihe, also der Kreditnehmer, benötigt eine größere Summe (konkret geht es bei Anleihenemissionen um Beträge von rund 100 Millionen Euro bis hin zur Aufnahme von mehreren Milliarden Euro, z.B. wenn der Emittent ein Staat, etwa die Bundesrepublik Deutschland oder der österreichische Staat ist), die er nicht oder nur bedingt von einem einzigen Kreditgeber erhalten kann. Die benötigte Kreditsumme wird somit auf eine Vielzahl gleichartiger Urkunden verteilt (**Teilschuldverschreibung**), die in der Folge an ein breites Investorenpublikum verkauft werden. Die Konditionen sowie die Bedingungen der Zins- und Tilgungszahlungen werden in den Emissionsbedingungen der Anleihe festgehalten.

Mit dem Erwerb der Anleihe stellt der Investor (Gläubiger) dem Emittenten der Anleihe (Schuldner) auf bestimmte Zeit Kapital zur Verfügung. Der Investor erwirbt mit der Anleihe das Recht auf Zinszahlungen sowie die Rückzahlung des geliehenen Betrags, die darüber errichtete Urkunde (die Anleihe) dokumentiert diese Rechte des Investors.

2. Ausstattungsmerkmale von Anleihen

2.1. Grundlegende Eigenschaften

Grundlegende Merkmale von Anleihen sind:

- Der **Nominalbetrag**. Dies ist jener Betrag, auf den sich die Rechte aus der Anleihe beziehen. Emissionskurs, Tilgungskurs und die anfallenden Zinszahlungen werden auf Basis des Nominalbetrages berechnet.
- Der **Emissionskurs**. Wie bei allen anderen Wertpapieren auch, richtet sich der Preis bei Ausgabe der Anleihe nach Angebot und Nachfrage. Es ist daher durchaus üblich, dass eine Anleihe mit einem Nominalbetrag von z.B. 1000 € nicht zu

diesem Preis an die Investoren verkauft wird. Kann die Anleihe etwa zum Preis von 99% des Nominalbetrags erworben werden, spricht man von einem Disagio bei der Emission des Papiers, kostet die Anleihe mehr als den Nominalbetrag – bspw. 101% des Nominalbetrags – spricht man von einem Agio, wird die Anleihe exakt zum Nominalbetrag begeben, passiert die Emission al pari.

- Der **Tilgungskurs**. Hier verhält es sich gleich wie bei der Festsetzung des Emissionskurses. Die Tilgung ist grundsätzlich mit Agio, al pari oder mit Disagio denkbar, erfolgt die Tilgung mit Agio, z.B. zu 101% des Nominalbetrages, möchte der Emittent einen zusätzlichen Kaufanreiz für Investoren schaffen. Bei besonderer Nachfrage nach dem Papier könnte der Emittent in den Emissionsbedingungen vorsehen, dass die Anleihe nur zu 99% des Nominalbetrags getilgt wird.

- Der **Nominalzinssatz**. Dieser Zinssatz ist Grundlage für die Ermittlung der laufenden Zinszahlungen während der Lebensdauer der Anleihe. Lautet der Nominalzinssatz 5%, beträgt das Nominale 1000 Euro und wurden jährliche Zins- bzw. Kuponzahlungen vereinbart, so erhält der Inhaber der Anleihe gegen Einlösen des so genannten Kupons jährlich bis zur Tilgung der Anleihe 50 Euro ausbezahlt.

- Die **Laufzeit**. Die Emission von Anleihen ist für den Emittenten mit der Aufnahme von Fremdkapital gleichzusetzen. Dieses steht zeitlich begrenzt zur Verfügung, folglich weisen Anleihen eine zeitlich konkret bestimmte Laufzeit auf. Am Ende der Laufzeit wird der ausstehende Kreditbetrag vollständig getilgt und das Kapital an den Investor zurückgeführt.

2.2. Besonderheiten bei Kuponzahlungen

Grundsätzlich sind hinsichtlich der Kuponzahlungen bei Anleihen zwei Typen zu unterscheiden:

- **Kuponanleihen (straight bonds)**. Diese Anleihen sehen während der Laufzeit regelmäßige Zinszahlungen an den Gläubiger vor. Dies kann monatlich, vierteljährlich, jährlich usw. erfolgen. Während in Mitteleuropa jährliche Kuponzahlungen vorherrschend sind, findet man z.B. bei Papieren angloamerikanischer Emittenten häufig kürzere Intervalle zwischen Kuponterminen.

- **Nullkuponanleihen (zero bonds)**. Der Name verrät bereits die Vereinbarung betreffend der Zinszahlungen. Nullkuponanleihen sind Papiere ohne laufende Kuponzahlungen, die Rendite des Investors ergibt sich aus dem Tilgungsbetrag und dem Anfangs investierten Emissionskurs der mit einem beträchtlichen Disagio versehen ist. Folgendes Beispiel verdeutlicht diesen Sachverhalt:

Beispiel zur Renditeermittlung von Nullkuponanleihen:

Eine Nullkuponanleihe mit einer Laufzeit von fünf Jahren und einem Nominalbetrag von 1000 Euro wird zu einem Emissionspreis von 72,7% des Nominalbetrags ausgegeben. Die Rückzahlung erfolgt zu 100% des Nominalbetrags. Daraus kann folgende jährliche Rendite für einen Investor dieser Anleihe ermittelt werden:

$$r = \sqrt[5]{\frac{100}{72,7}} - 1 = 6,58\%$$

2.3. Besonderheiten bei der Verzinsung

Hinsichtlich der Verzinsung des geliehenen Kreditbetrages können bei Anleihen folgende Varianten unterschieden werden:

- Anleihen mit einer **fixierten Verzinsung (fixed rate bonds)**. Die Verzinsung und somit die laufenden Kuponzahlungen sind während der gesamten Laufzeit der Anleihe konstant.
- Anleihen mit **variabler Verzinsung (floating rate bonds, floating rate notes, floaters)**. Bei diesem Typ von Anleihen ist die Verzinsung des eingesetzten Kapitals von einem variablen Marktzinssatz abhängig. So könnten der **EURIBOR** (european interbank offered rate), die SMR (Sekundärmarktrendite) oder auch ein Swapsatz maßgeblich für die Berechnung der laufenden Kuponzahlungen sein. Eine Vereinbarung könnte lauten:

Beispiel floating rate note:

Eine variabel verzinste Anleihe weist (unter anderem) folgende Emissionsbedingungen auf:

Laufzeit	01.04.2009 bis 31.03.2024
Kupontermine	Jährlich an jedem 01.04., erstmalig am 01.04.2010
Verzinsung	Die Verzinsung der Anleihe orientiert sich an einem Referenzzinssatz, der einmal jährlich berechnet wird und für die kommende Zinsperiode gilt.
Referenzzinssatz	Der für die kommende Zinsperiode geltende Zinssatz bemisst sich nach dem 2 Bankarbeitstage vor Beginn der neuen Zinsperiode veröffentlichten 6-Monats-EURIBOR zuzüglich 0,75%

- **Gleitzinsanleihen (step up bonds , step down bonds)**. Auch dieser Typ von Anleihe weist eine variable Verzinsung auf, allerdings ist im Unterschied zu Floatern schon bei Emission der Anleihe festgelegt, wann welcher Zinssatz gelten wird. Die Vereinbarung bezüglich der Zinszahlungen in den Emissionsbedingungen könnte z.B. vorsehen, dass im ersten Jahr ein Zinssatz von 4% auf den Nominalbetrag für die Ermittlung der Kuponzahlung heranzuziehen ist, im zweiten Jahr 4,5% und ab dem dritten Jahr bis zum Ende der Laufzeit 5% zu bezahlen sind. In diesem Fall spricht man wegen der steigenden Zinsen von einer Step-up-Anleihe. Sind im Zeitablauf sinkende Zinszahlungen vereinbart, nennt man das Papier Step-down-Anleihe.

- **Zinsdeckelungen** und **-sockelungen (Caps, Floors)**. Eine weitere Möglichkeit der Gestaltung der Zinszahlungen sind Zinsobergrenzen (Caps) und Zinsuntergrenzen (Floors) bei variabel verzinsten Anleihen. Wiederum kann hier eine Verzinsung z.B. vom EURIBOR abhängig gemacht werden, jedoch mit der Zusatzklausel maximal 6% (Cap, Zinsobergrenze) oder mindestens 2% (Floor, Zinsuntergrenze). Verknüpft man beide Vereinbarungen, erhält man einen Zinskorridor (zwischen 2% und 6%), die entsprechende Kombination aus Cap und Floor wird **Collar** genannt.

2.4. Besonderheiten bei der Tilgung

Die Tilgung des aushaftenden Kreditbetrags erfolgt seitens des Emittenten normalerweise endfällig, allerdings gibt es auch noch andere Varianten. Nachfolgend sind mögliche Vereinbarungen angeführt:

- **Endfällige Anleihen (bullet bonds)**. Hier wird der gesamte ausstehende Betrag am Ende der Laufzeit auf einmal getilgt. Während der Laufzeit leistet der Emittent der Anleihe nur Zinszahlungen auf das geliehene Kapital. Vergleichbar ist diese Variante mit einem Festdarlehen.
- **Serienanleihen (serial bonds)**. Bei Serienanleihen finden bereits während der Laufzeit Tilgungszahlungen statt. Dem Emittenten stehen zur vorzeitigen Tilgung grundsätzlich zwei Möglichkeiten offen. Einerseits könnten emittierte Anleihen über den Sekundärmarkt zum aktuellen Marktpreis zurückgekauft werden. Somit ist der Emittent Schuldner und Gläubiger in einer Person, der durch die Anleihe verbriefte Kredit kann auf diese Weise getilgt werden. Die zweite Variante einer vorzeitigen Tilgung von Teilen des gesamten Emissionsvolumens ist die Ausgabe einer so genannten Serienanleihe. Der gesamte Kreditbetrag wird auf mehrere Anleihenserien (Tranchen) aufgeteilt. So könnte ein Kredit in Höhe von 500 Millionen Euro durch Ausgabe von zehn Serien von Anleihen zu je 50 Millionen Euro aufgenommen werden. Die Laufzeit des aufgenommenen Fremdkapitals soll zehn Jahre betragen, die Emissionsbedingungen sehen nun allerdings vor, dass jährlich eine Serie z.B. zum Nominalbetrag getilgt wird. Oftmals wird die zu tilgende Serie per Losentscheid bestimmt. Die Konsequenz dieser Vereinbarung ist die vorzeitige Tilgung des aushaftenden Kreditbetrags in zehn gleichen jährlichen Raten, diese Modalitäten können auch bei einem Ratendarlehen gefunden werden.
- **Kündigungsrechte** durch den Gläubiger (**putable bonds**). Werden dem Käufer der Anleihe Kündigungsrechte eingeräumt, z.B. das Recht, die Anleihe zu bestimmten Zeitpunkten zum Nominalbetrag zurückgeben zu können, spricht man von putable bonds. Kündigungsrechte seitens des Gläubigers bestehen zudem für den Fall, dass der Schuldner mit Zins- und/oder Tilgungszahlungen in Verzug gerät oder diese überhaupt nicht leistet. Genaue Bestimmungen hinsichtlich Kündigungsrechten sind wiederum den Emissionsbedingungen zu entnehmen.
- **Kündigungsrechte** durch den Schuldner (**callable bonds**). Hat der Emittent der Anleihe die Möglichkeit, vorzeitig das Papier z.B. zum Nennwert zurückzukau-

fen, spricht man von callable bonds. Die genauen Bestimmungen können in den Emissionsbedingungen nachgelesen werden.

■ **Anleihen ohne Tilgung (perpetual bonds, consols)**. Werden Anleihen ohne Tilgung begeben, heißen sie ewige Anleihen oder perpetual bonds (kurz: perps). Hier werden keine Tilgungszahlungen geleistet, es fallen ausschließlich die laufenden Zinszahlungen an.

2.5. Sonderformen

Die letzten Jahre haben in der Finanzwirtschaft im Zuge der Entwicklung von Finanzinnovationen viele neue Produkte auf den Markt gebracht. Auch Anleihen sind immer öfter durch zahlreiche Bedingungen hinsichtlich Tilgung oder der Bemessung laufender Kuponzahlungen geprägt. Im Folgenden werden zwei Sonderformen von Anleihen präsentiert, neben denen aber auch noch eine Vielzahl anderer Varianten existiert.

■ **Wandelanleihen (convertible bonds)**. Eine Wandelanleihe beinhaltet für ihren Erwerber das Zusatzrecht, am Ende der Laufzeit statt des Tilgungsbetrages eine in den Emissionsbedingungen festgelegte Anzahl von Beteiligungspapieren (z.B. Aktien) des emittierenden Unternehmens zu beziehen. Liegt der Wert der zu beziehenden Aktien am Ende der Laufzeit der Anleihe über dem Tilgungsbetrag, wird der Investor von seinem Wandlungsrecht Gebrauch machen und statt der Tilgung des geliehenen Kapitals die Aktien begehren. In diesem Fall wird der Fremdkapitalgeber zum Eigenkapitalgeber, weswegen die Emission von Wandelanleihen auch zu den mezzaninen Finanzierungsinstrumenten zu zählen ist. Für den Fall der Ausübung des Wandlungsrechts kann die emittierende Aktiengesellschaft eine bedingte Kapitalerhöhung beschließen, die zum Zeitpunkt der Wandlung der Anleihe in Aktien durch den Gläubiger durchzuführen ist. Zumal diese Variante einer Anleihe für den Investor ein Zusatzrecht gegenüber einer herkömmlichen Anleihe darstellt, sind laufende Zinszahlungen in der Regel unter den sonst üblichen Zinsen angesiedelt.

■ **Aktienanleihen (reverse convertible bonds)**. Bei diesem Typus von Anleihe besteht analog zur Wandelanleihe am Ende der Laufzeit ein Wandlungsrecht. In diesem Fall jedoch liegt das Recht beim Schuldner. Es steht dem Emittenten somit frei, am Ende der Laufzeit statt des vereinbarten Tilgungsbetrags eine in den Emissionsbedingungen bestimmte Menge Aktien an den Investor auszugeben. Der Emittent wird diese Variante genau dann wählen, wenn der Wert der Aktien unter dem Tilgungsbetrag liegt, im umgekehrten Fall wird der Gläubiger mit der Rückzahlung des geliehenen Kapitals bedient. Im aus Sicht des Gläubigers schlimmsten Fall erhält dieser an Ende der Laufzeit wertlose Aktien zurück, ein Totalverlust des eingesetzten Kapitals ist somit möglich. Aktienanleihen weisen daher eine über dem Zinssatz herkömmlicher Anleihen liegende Verzinsung auf.

2.6. Risiken von Anleihen

Vermeintlich risikolose Anleihen sind tatsächlich Papiere, die einer Vielzahl an Risiken ausgesetzt sein können. Die relevantesten Risikotypen sind:

- **Bonitätsrisiko.** Hierunter ist die Gefahr zu verstehen, dass der Emittent einer Anleihe seinen Zahlungsverpflichtungen nicht rechtzeitig und/oder nicht zur Gänze nachkommen kann. Im äußersten Fall einer Insolvenz des Schuldners können womöglich überhaupt keine Zahlungen mehr geleistet werden. Die Beurteilung der Bonität des Emittenten und damit des Risikos einer Zahlungsverspätung, -verzögerung oder eines Zahlungsausfalls ist daher von besonderer Bedeutung für den Investor. Eine solche Beurteilung wird z.B. von **Ratingagenturen** wie Standard & Poor's, Moody's oder Fitch übernommen und beschreibt das Ausfallsrisiko eines Emittenten. Emittenten wie der österreichische oder der deutsche Staat genießen das höchstmögliche Rating (AAA, sprich: triple A), eine zukünftige Zahlungsunfähigkeit ist hier entsprechend dem Rating nahezu ausgeschlossen.

- **Zinsänderungsrisiko.** Aktuelle Marktpreise von Anleihen werden analog zu jedem anderen (börsen-)gehandelten Wertpapier durch Angebot und Nachfrage determiniert. Weist eine Kuponanleihe etwa eine Verzinsung von 5% des Nominalbetrages auf, wird die Beurteilung dieses Wertpapiers (unter anderem) davon abhängen, welche Rendite mit alternativen Anlagemöglichkeiten in derselben Risikoklasse zu erzielen ist. Sind am Markt gegenwärtig z.B. 7% zu erzielen, wird diese Kuponanleihe mit einer Verzinsung von nur 5% als eher unattraktiv eingestuft werden. Niemand wäre bereit, dafür den vollen Nominalbetrag zu bezahlen. Folglich muss dieses Wertpapier im Preis sinken, damit Investoren bereit sind, diese Anleihe zu erwerben. Umgekehrt könnte argumentiert werden, dass, wenn am Markt nur 3% zu erzielen sind, obige Anleihe ein besonders attraktives Investment darstellt und Anleger somit bereit sind, mehr als den Nominalbetrag für dieses Papier zu bezahlen. Unter dem Zinsänderungsrisiko versteht man allgemein die Gefahr, dass sich am Markt relevante Zinsen ändern und sich in der Folge auch der Preis der Anleihe ändert. Dieses Risiko betrifft grundsätzlich alle gehandelten Anleihen gleichermaßen, somit sind auch Inhaber von Staatsanleihen nicht vor diesem Risiko gefeit.

- **Auslosungsrisiko.** Bei der Emission von Serienanleihen kann der Emittent durch Los bestimmte Teile der Gesamtemission vorzeitig zurückkaufen. Das Auslosungsrisiko trifft jene Investoren, deren Anlagehorizont möglicherweise von dem durch Los bestimmten Tilgungstermin abweicht. Es besteht für den Investor somit die Gefahr einer vorzeitigen Tilgung oder aber auch einer zu späten Tilgung durch den Emittenten.

- **Wiederanlagerisiko.** Bei Kupon- und Serienanleihen finden bereits vor dem Ende der Laufzeit der Anleihe Zahlungen statt. Der Investor trägt somit das Risiko, dass sich bis zum Zeitpunkt von Kupon- und teilweisen Tilgungszahlungen die Wiederanlagebedingungen für diese erhaltenen Zahlungen nachteilig verändern.

- **Kursrisiko.** Hierunter ist im Allgemeinen das Risiko einer nachteiligen Entwicklung des Marktpreises von (börsen-)gehandelten Ansprüchen zu verstehen. Gründe für eine solche Entwicklung können eine geänderte Bonität des Emittenten oder auch veränderte Marktzinsen sein. In diesem Zusammenhang sollen auch noch die Begriffe **junk bond** und **high yield bond** erläutert werden. Emittiert ein zunächst mit hoher Bonität ausgestattetes Unternehmen eine Anleihe, werden sich die für diese Anleihe gezahlten Zinsen an üblichen Zinssätzen orientieren. Durch eine Herabstufung der Bonität dieses Unternehmens und der damit verbundenen Erhöhung des Risikos werden Investoren eine höhere Rentabilität des eingesetzten Kapitals fordern. Zumal die Verzinsung der bereits emittierten Anleihe in den Emissionsbedingungen festgelegt wurde, ist ein Preisverfall dieses Papiers die Konsequenz, die Anleihe wird zum junk bond. Ein high yield bond hingegen ist eine hoch verzinsliche Anleihe eines bereits zum Zeitpunkt der Ausgabe der Anleihe schlecht eingestuften Emittenten.

3. Grundlegende Bepreisung von Anleihen

Anleihen verbriefen das Recht auf zukünftige Zins- und Tilgungszahlungen, dem Erwerber einer Anleihe wird also ein zukünftiger **Zahlungsstrom** versprochen, den es zu bewerten gilt. Im Fall von fix verzinsten Anleihen bzw. Nullkuponanleihen ist im Vorhinein bestimmt, zu welchem Zeitpunkt Zahlungen anfallen, deren Höhe auch bekannt ist. Aufgrund dieser Tatsache spricht man bei Anleihen auch von **fixed income securities** (Wertpapiere mit fixiertem Zahlungsprofil). Die Bewertung dieser versprochenen Zahlungen kann durch Abzinsen derselben erfolgen. Ein geeigneter Diskontsatz kann z.B. durch Berücksichtigung der folgenden Punkte gefunden werden:

- Verwendung der Rendite / Verzinsung von vergleichbaren Anlageformen
- Berücksichtigung des mit der Anleihe verbundenen Risikos und Wahl eines angemessenen Risikozuschlags
- Berücksichtigung des mit der Anleihe verbundenen Risikos und Reduktion der versprochenen künftigen Zahlungen um einen Risikoabschlag

Ein fairer Marktpreis der Anleihe kann also durch Diskontierung des versprochenen Zahlungsstroms gefunden werden, das Resultat des Abzinsens ist der **Barwert** bzw. **present value** (PV), der wie folgt berechnet wird:

$$PV = \sum_{t=1}^{n} Z_t (1 + i)^{-t}$$

Wobei Z_t die versprochene Zahlung zum Zeitpunkt t und i den (geeigneten) Diskontsatz bezeichnen. Das folgende Beispiel illustriert diesen Zusammenhang:

Übungsbeispiel zur Barwertermittlung:

Eine Kuponanleihe mit einem Nennwert von 100 Euro weist eine dreijährige Restlaufzeit auf. Der jährliche Kupon beträgt 6% vom Nennwert, die Tilgung erfolgt zu 101% des Nominalbetrags. Für Investments in derselben Risikoklasse sind derzeit 7% p.a. am Markt zu erzielen. Der Barwert (present value [PV]) kann wie folgt berechnet werden:

$$PV = 6 \cdot 1{,}07^{-1} + 6 \cdot 1{,}07^{-2} + (6 + 101) \cdot 1{,}07^{-3} = 98{,}19$$

Der ermittelte Barwert kann als fairer Preis für diesen Zahlungsstrom gesehen werden.

Die Frage, welches Vermögen am Ende der Laufzeit der Anleihe verfügbar ist, kann mit dem Endwertkonzept ermittelt werden. Wird anfangs der Kaufpreis der Anleihe investiert und verzinst sich das eingesetzte Kapital mit dem aktuellen Marktzinssatz, ergibt sich der **Endwert** bzw. **future value** (FV) dieses Investments gemäß dem folgenden Zusammenhang:

$$FV = PV \cdot (1 + i)^{n}$$

Wobei PV den zuvor ermittelten Barwert der Anleihe und i den aktuellen Marktzinssatz bezeichnen.

Übungsbeispiel zur Endwertermittlung:

Der Endwert (future value [FV]) des Investments in die obige Anleihe kann nun wie folgt ermittelt werden:

$$FV = 98{,}19 \cdot 1{,}07^{3} = 120{,}29$$

Diese Betrachtungsweise führt – unter den beschriebenen Rahmenbedingungen – natürlich zum richtigen Ergebnis, spiegelt aber nicht den tatsächlichen Prozess der Investition des anfänglichen Kaufpreises und der Reinvestition der laufenden Kuponzahlungen wider.

Fortsetzung des Beispiels zur Endwertermittlung:

Tatsächlich wird sich der Investor – sofern sein Anlagehorizont mit der dreijährigen Laufzeit der Anleihe übereinstimmt – im Zeitablauf um die Reinvestition der Kuponzahlungen zum Zeitpunkt t=1 und t=2 kümmern müssen. Folgende Sichtweise dieser Investition für die Ermittlung des Endwerts beschreibt den wahren Sachverhalt daher besser:

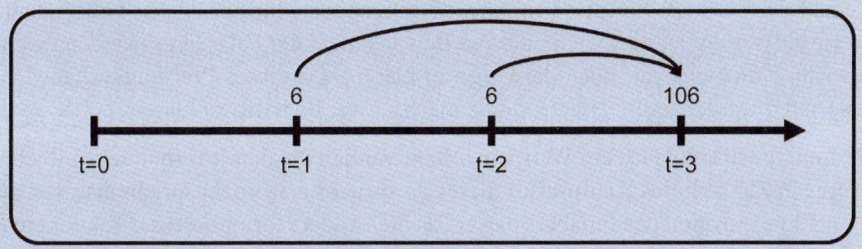

Abbildung VI.4: Endwertermittlung aus dem Zahlungsstrom

Rechnerisch ist die Endwertermittlung dann wie folgt zu lösen:

$$FV = 6 \cdot 1{,}07^2 + 6 \cdot 1{,}07^1 + (6 + 101) = 120{,}29$$

Selbstverständlich ist das Endergebnis dasselbe wie weiter oben, in dieser Sichtweise wird jedoch klarer, inwieweit das Wiederanlagerisiko bei Anleihen schlagend wird. Fraglich ist, ob zukünftige Kuponzahlungen tatsächlich zu dem aus heutiger Sicht angemessenen Zinssatz für Anleihen dieser Risikoklasse wiederveranlagt werden können.

3.1. Preisorientierte Beurteilung von Anleihen

Nachdem nun geklärt wurde, wie einzelne Anleihen bepreist werden können, sollen in diesem Abschnitt **Preissysteme** von Anleihen überprüft werden. Am Markt gibt es eine Vielzahl von Anleihen zu beobachten, die versprochenen Zahlungsströme sowie die aktuell gehandelten Preise sind bekannt. Es erhebt sich nun die Frage, ob die beobachteten Preise in einem „richtigen" Verhältnis zueinander stehen. Ein einleitendes Beispiel soll dies verdeutlichen:

Übungsbeispiel:

Am Markt sind zwei Anleihen derselben Risikoklasse mit folgenden versprochenen Zahlungsströmen und den folgenden Preisen zu t=0:

	Preis	t=1	t=2	t=3
Anleihe 1	100	8	8	108
Anleihe 2	101	8	8	108

Offensichtlich handelt es sich bei beiden Anleihen um ein und dasselbe Produkt, die Zahlungen aus beiden Papieren sind identisch. Es ist daher nicht einzusehen, warum für die betrachteten Anleihen aktuell voneinander abweichende Preise bezahlt werden.

Gemäß dem **law of one price** müssen an effizienten Märkten idente Güter idente Preise aufweisen. Ist dies wie in diesem Beispiel nicht der Fall, gibt es ein Ungleichgewicht. Nun bleibt nur noch die Frage zu klären, wie dieses Preisungleichgewicht ausgenützt werden kann. Hierzu sind zunächst zwei Begriffe zu klären:

- **Long position**. Wird ein Wertpapier bzw. werden die damit verbundenen Rechte gegen Zahlung des Kaufpreises dieses Anspruchs erworben, spricht man von einer long position des Inhabers dieser Rechte. Anders formuliert: der Käufer einer Anleihe, also der Gläubiger, nimmt die long position ein bzw. „geht die Anleihe long". Diese Vorgehensweise ist für den Käufer der Anleihe mit einer anfänglichen Auszahlung (dem Kaufpreis der Anleihe) verbunden, demgegenüber steht das Recht auf künftige Zins- und Tilgungszahlungen, die für den Inhaber der long position Einzahlungen darstellen.
- **Short position**. Verspricht man selbst Rechte, die z.B. durch die Anleihenurkunde dokumentiert sind, nimmt der Versprechende – in diesem Fall der Emittent der Anleihe bzw. der Schuldner – die short position ein, anders formuliert: „er geht die Anleihe short". Die Gewährung dieser Rechte ist für den Verkäufer der Anleihe mit einer anfänglichen Einzahlung verbunden, für die Gewährung des Rechts auf künftige Zins- und Tilgungszahlungen erhält er den aktuellen Preis des versprochenen Zahlungsstroms. Demgegenüber stehen zukünftige Leistungsverpflichtungen an den Inhaber der gewährten Rechte, die Auszahlungen darstellen. Hinzuweisen ist darauf, dass in der Praxis, der Inhaber der short position bzw. der Verkäufer der Anleihe das Papier nicht selbst besitzen muss. Er verkauft somit einen Anspruch, ohne über das Papier selbst zu verfügen. In diesem Zusammenhang spricht man auch von einem Leerverkauf. Bewerkstelligt werden kann dies etwa durch die Ausleihe des betreffenden Papiers, das sofort zum aktuellen Marktpreis verkauft werden kann (heutige Einzahlung). Im Gegenzug verpflichtet sich der Ausleihende, die versprochenen Zahlungen der Anleihe an den Leihenden zu erstatten (künftige Auszahlungen).

Das obige Beispiel kann nun fortgesetzt werden:

Fortsetzung des Übungsbeispiels:

Das bereits erkannte Preisungleichgewicht kann nun ausgenützt werden, indem die billigere Anleihe 1 gekauft (in long position gehalten) und die teurere Anleihe 2 verkauft (in short position gehalten) wird. Die folgende Tabelle veranschaulicht diese Strategie, wobei die Zahlungsströme bereits mit den richtigen Vorzeichen versehen werden:

	t=0	t=1	t=2	t=3
long Anleihe 1	-100	+8	+8	+108
short Anleihe 2	+101	-8	-8	-108
Kombination	+1	0	0	0

Durch die Kombination einer in long position gehaltenen Anleihe 1 und einer in short position gehaltenen Anleihe 2 kann ein Zahlungsstrom generiert werden, der zum heutigen Zeitpunkt eine Einzahlung in Höhe von 1 und in der Zukunft weder zu Ein- noch zu Auszahlungen führt. Das Erkennen dieses Preisungleichgewichts und das Ausnützen desselben ermöglicht es, eine verpflichtungsfreie Zahlung in Höhe von 1 zu generieren.

Die Situation eines vorherrschenden Ungleichgewichts in einem Preissystem wird allgemein als nicht **arbitragefrei** bezeichnet. Das Ausnützen dieses Ungleichgewichts kann durch Arbitrieren erreicht werden, die ausführende Person ist der **Arbitrageur**. Generell können bei Abweichungen eines Preissystems vom law of one price zwei nicht arbitragefreie Situationen unterschieden werden:

- **Free lunch**: Können Finanzinstrumente so kombiniert werden, dass zum heutigen Zeitpunkt ein Nettozufluss, ohne zukünftige Zahlungsverpflichtungen zu haben, erzielt wird, spricht man von einem free lunch.
- **Free lottery**: Können Finanzinstrumente so kombiniert werden, dass ohne einen zum heutigen Zeitpunkt erforderlichen Kapitaleinsatz in der Zukunft zumindest die Chance auf einen Nettozufluss – jedoch ohne Gefahr künftiger Zahlungsverpflichtungen – besteht, spricht man von einer free lottery.

Im Fall der beiden betrachteten Anleihen 1 und 2 kann also durch die gewählte Strategie ein free lunch generiert werden. Selbstverständlich ist ein Ungleichgewicht in einem Preissystem nicht immer so offensichtlich, dies soll das folgende Beispiel verdeutlichen:

Übungsbeispiel zu einem Preissystem:

Am Markt sind drei Anleihen mit den folgenden Zahlungsströmen und Preisen zu beobachten:

	t=0	t=1	t=2
Anleihe A	100	108	
Anleihe B	94,77	6	106
Anleihe C	104,52	12	112

Anleihe A weist eine einjährige Restlaufzeit auf, die beiden Anleihen B und C eine jeweils zweijährige Restlaufzeit. Es ist nun zu beurteilen, ob dieses Preissystem arbitragefrei ist.

Dies kann durch Herbeiführen eines Widerspruchs zum law of one price geschafft werden. Gibt es eine Möglichkeit, diese drei Anleihen so zu kombinieren, dass die gewählte Zusammenstellung zu einem free lunch führt, kann das Preissystem nicht arbitragefrei sein. Ganz allgemein kann daher für die Beantwortung der Frage der Arbitragefreiheit die folgende Vorgehensweise gewählt werden:

- Beliebige Auswahl einer der Anleihen mit der längsten Laufzeit und beliebige Wahl einer Position (long oder short) für diesen Zahlungsstrom.
- Duplikation der am weitesten in der Zukunft liegenden Zahlung durch entsprechende Auswahl einer weiteren Anleihe. Für diese zweite Anleihe ergibt sich nun eindeutig die zu wählende Position sowie die zu berücksichtigende Menge dieses Papiers.
- Fortsetzung dieser Vorgehensweise, bis alle in der Zukunft liegenden Zahlungen der zuerst gewählten Anleihe durch die übrigen Papiere dupliziert wurden.

Die resultierende Zusammenstellung der Anleihen wird auch **Arbitrageportfolio** genannt.

Fortsetzung des Übungsbeispiels:

Zwei der drei Anleihen können für die beschriebene Systematik als Beginn gewählt werden, völlig willkürlich wird nun Anleihe B in long position als Start des Verfahrens ausgewählt:

	t=0	t=1	t=2
1 B long	-94,77	+6	+106

Letztlich sollen durch Hinzufügen weiterer Anleihen zukünftige Zahlungen kompensiert werden und nur zum heutigen Zeitpunkt eine Zahlung resultieren.

Erstes Ziel ist es nun, die Einzahlung in Höhe von 106 zum Zeitpunkt t=2 durch eine entsprechende Auszahlung in selber Höhe zu eliminieren. Hierzu steht Anleihe C zur Verfügung, da auch dieses Papier zum Zeitpunkt t=2 eine Zahlung verspricht. Es ist jedoch kein ganzes Stück der Anleihe C zu berücksichtigen, da Anleihe C zu t=2 eine Zahlung von 112 verspricht, jedoch nur eine Zahlung von 106 zu duplizieren ist. Folglich sind nur 106/112 = 0,9464 Stücke einzubeziehen. Die zu wählende Position für die Anleihe C ist ebenso eindeutig bestimmt, die Einzahlung von 106 kann nur durch die Wahl einer short position für Anleihe C und einer damit verbundenen Auszahlung zu t=2 kompensiert werden:

	t=0	t=1	t=2
1 B long	-94,77	+6	+106
0,9464 C short	+98,92	-11,36	-106
Kombination	+4,15	-5,36	0

Das bisherige Zwischenergebnis ist ein Zahlungsstrom, der nur noch zu den Zeitpunkten t=0 und t=1 von Null verschiedene Zahlungen aufweist. Das Endziel einer Eliminierung aller zukünftigen Zahlungen kann nun durch Hinzuziehen von Anleihe A erreicht werden. Wiederum ist kein ganzes Stück zu berücksichtigen, die Auszahlung der Kombination von 5,36 zum Zeitpunkt t=1 kann durch 5,36/108 = 0,0496 Stücke erreicht werden. Anleihe A ist in long position zu halten, die resultierende Einzahlung zu t=1 kompensiert die Auszahlung der bisherigen Kombination:

	t=0	t=1	t=2
Zwischensumme	+4,15	-5,36	0
0,0496 A long	-4,96	+5,36	0
Kombination	-0,81	0	0

Das Endergebnis weist nur noch zum Zeitpunkt t=0 eine Zahlung auf, zukünftige Zahlungen konnten durch die gewählte Kombination der drei Anleihen eliminiert werden. Die von Null verschiedene Zahlung zum Zeitpunkt t=0 deutet darauf hin, dass das System nicht arbitragefrei ist. Jedoch konnte durch die hier skizzierte Strategie kein free lunch (Arbitragegewinn) erzielt werden, im Gegenteil, die Umsetzung dieser Strategie bedeutet einen Arbitrageverlust. Dies kann ceteris paribus durch das Umkehren der gewählten Positionen (long/short) behoben werden. Folglich sind die Anleihen A und B in short position und Anleihe C in long position zu halten:

	t=0	t=1	t=2
1 B short	+94,77	-6	-106
0,9464 C long	−98,92	+11,36	+106
0,0496 A short	+4,96	-5,36	0
Kombination	+0,81	0	0

Durch Kombination einer Anleihe B in short position, 0,9464 Anleihen C in long position und 0,0496 Anleihen A in short position lässt sich ein free lunch in Höhe von 0,81 erzielen.

3.2. Die Zinsstruktur

Bislang wurde sowohl in Investitionsrechnungen, bei Darlehensverträgen als auch bei der Bepreisung von Anleihen für die Diskontierung der Zahlungen ein und derselbe Zinssatz verwendet. Die Realität zeigt ein anderes Bild, tatsächlich sind (in aller Regel) für unterschiedliche **Fristigkeiten** verschieden hohe Zinssätze zu beobachten. Der grafisch visualisierte Zusammenhang zwischen der Fristigkeit (Laufzeit, **term to maturity** [TtM]) einer Anlage und der damit über die gesamte Laufzeit durchschnittlich erzielbaren Verzinsung (**yield to maturity** [YtM]) wird **Zinsstrukturkurve** (**term structure of interest**) genannt. Die folgende Abbildung zeigt eine Zinsstrukturkurve:

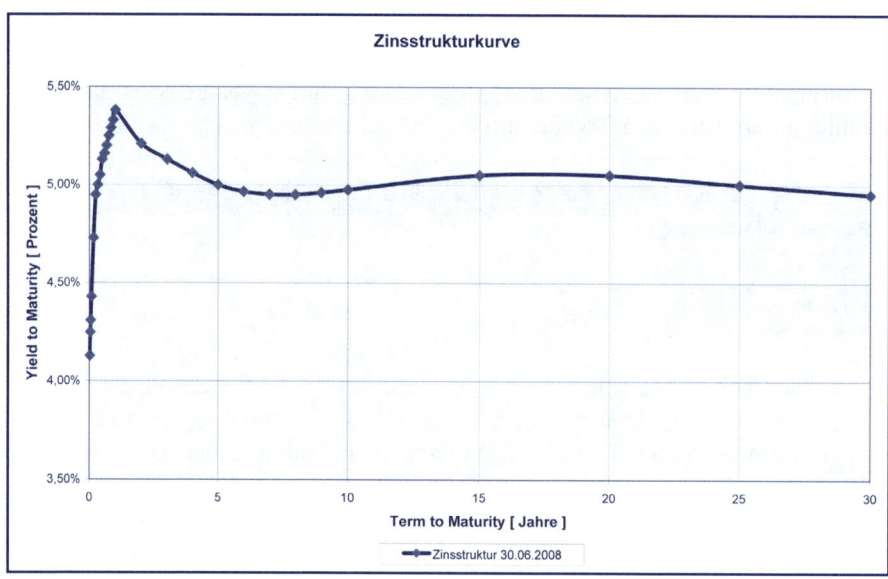

Abbildung VI.5: Zinsstruktur im Euro-Raum vom 30.6.2008

Die Punkte in der Grafik markieren die zu erzielende Verzinsung (Ordinate) bei einer gegebenen Laufzeit (Abszisse). Für die Konstruktion der Zinsstrukturkurve werden Zinssätze einer Risikoklasse – z.B. Zinssätze für (fast) risikolose Anlageformen, wie etwa Staatsanleihen – benötigt. Für Laufzeiten bis zu einem Jahr können z.B. die europäischen Interbankenzinssätze (EURIBOR) verwendet werden, für längere Laufzeiten bieten sich Pfandbriefrenditen, Renditen von Staatsanleihen oder auch Swapsätze an.

Das spezifische Aussehen der Zinsstrukturkurve kann Anlageentscheidungen bestimmen, ganz allgemein werden finanzielle Dispositionen von ihr bestimmt. Folgende Zinsstrukturen sind in der Realität regelmäßig zu beobachten:

- Normale Zinsstruktur. Für kurze Laufzeiten (kurzes Ende) sind niedrigere Zinsen zu erzielen, für längere Laufzeiten (langes Ende) höhere.
- Inverse Zinsstruktur. Am kurzen Ende der Zinsstruktur sind höhere Zinsen zu erzielen als am langen Ende.
- Unregelmäßige („Hump-Shaped" – bucklige) Zinsstruktur. Die höchsten Zinsen sind bei kurzen bis mittleren Laufzeiten zu erzielen, am kurzen Ende sind analog zur normalen Zinsstruktur geringere Zinsen als am langen Ende zu erzielen.
- Flache Zinsstruktur. Die Zinsen sind für alle Laufzeiten gleich.

Die yield to maturity kann auf mehrerlei Weise ermittelt werden. Grundsätzlich werden drei Varianten unterschieden:
- arithmetic yield to maturity
- geometric yield to maturity
- internal yield to maturity

Die **internal yield to maturity** ist analog zum internen Zinssatz der Investitionsrechnung bzw. auch dem Effektivzinssatz bei Darlehensverträgen als jener Zinssatz definiert, bei dessen Verwendung als Diskontsatz der Kapitalwert der betrachteten Zahlungsreihe Null wird. Für den Fall von Anleihen ergibt sich somit die interne yield to maturity aus jenem Zinssatz, der bei Verwendung als Diskontsatz für Kupon- und Tilgungszahlungen zum heutigen Kaufpreis der Anleihe führt. Die **International Securities Market Association (ISMA)** empfiehlt folgenden Zusammenhang zur Ermittlung der yield to maturity:

$$V_\tau^{cum} = \sum_{t=1}^{n} \left[K \cdot (1+i)^{-t+\tau} \right] + T \cdot (1+i)^{-n+\tau}$$

Wobei V^{cum} den Preis der Anleihe inklusive aufgelaufener Stückzinsen und τ einen beliebigen Zeitpunkt zwischen zwei Kuponterminen bezeichnet. Der gesuchte Zinssatz i kann durch **Iteration** gefunden werden, diesen Service bieten einige Finanzportale im Internet an, aber auch gängige Tabellenkalkulationsprogramme können diese Aufgabe lösen.

Übungsbeispiele zur Ermittlung der YtM:

Ein Zerobond mit einer exakt einjährigen Restlaufzeit weist eine Zahlung von 109 auf, der gegenwärtige Marktpreis dieses Papiers lautet 102,83. Daraus lässt sich leicht eine yield to maturity von

$$YtM = \frac{109}{102,83} - 1 = 6\%$$

ermitteln. Ein weiterer Zerobond mit einer 3,78-jährigen Restlaufzeit weist einen heutigen Preis von 100 und eine einmalige Zahlung von 133,76 auf. Daraus ergibt sich:

$$YtM = \sqrt[3,78]{\frac{133,76}{100}} - 1 = 8\%$$

Für Nullkuponanleihen mit beliebigen Restlaufzeiten können so die YtMs ermittelt werden. Aus Zahlungsströmen mit mehr als einem Zahlungszeitpunkt ist die yield to maturity weniger offensichtlich ermittelbar. Das nachstehende Beispiel verdeutlicht dies:

Eine Anleihe zahlt einen halbjährlichen Kupon in Höhe von 4, die endfällige Tilgung erfolgt zu 101. Die Restlaufzeit der Anleihe beträgt 2,17 Jahre, gegenwärtig wird dieses Papier zu 101,22 gehandelt. Daraus lässt sich nun folgender Zusammenhang ableiten:

$$101,22 = 4 \cdot (1+i)^{-0,17} + 4 \cdot (1+i)^{-0,67} + 4 \cdot (1+i)^{-1,17} + 4 \cdot (1+i)^{-1,67} + 105 \cdot (1+i)^{-2,17}$$

Der gesuchte Zinssatz i, eben die yield to maturity dieses Zahlungsstroms, kann durch Iteration gefunden werden und beträgt 9,3620%.

Im Fall von Nullkuponanleihen entspricht die aus dem betreffenden Zahlungsstrom ermittelte yield to maturity exakt jener Verzinsung, die für eine Veranlagung über den Zeitraum der Laufzeit der Nullkuponanleihe zu erzielen ist. Werden, wie etwa bei Kuponanleihen, schon während der Laufzeit Zahlungen geleistet, ist die resultierende yield to maturity ein Mischzinssatz, der sich aus jenen Zinssätzen für die einzelnen Laufzeiten zusammensetzt.

Die Ermittlung der Zinsstruktur kann aus Marktpreisen von Anleihen erfolgen, indem **Spotrates** errechnet werden:

Übungsbeispiel zur Ermittlung der Spotrates:

Folgendes Preissystem von Anleihen ist bekannt, die Kuponzahlungen finden jährlich statt:

	PV	Kupon	Tilgung	Restlaufzeit
A1	99,05	4	100	1
A2	102,79	7	101	2
A3	97,58	6	100	3
A4	102,14	8	100	4
A5	118,48	12	102	5

Die Bewertung dieser Anleihen erfolgt annahmegemäß durch Diskontierung der versprochenen Zahlungen. Im Gegensatz zu den bisherigen Ausführungen zur Barwertermittlung eines Zahlungsstroms werden in diesem Fall möglicherweise unterschiedliche Zinssätze für unterschiedliche Laufzeiten berücksichtigt.

Die Diskontierung der Zahlungen erfolgt also mit den jeweiligen Spotrates der Fristigkeit der einzelnen Zahlungen. Der Barwert eines Zahlungsstroms lässt sich dann wie folgt ermitteln:

$$PV = \sum_{t=1}^{n} Z_t \cdot (1+i_t)^{-t} = Z_1 \cdot (1+i_1)^{-1} + Z_2 \cdot (1+i_2)^{-2} + \cdots + Z_n (1+i_n)^{-n}$$

Wobei Z_t die Zahlungen zum Zeitpunkt t und i_t die Spotrates für die Fristigkeit t bezeichnen.

Fortsetzung des Übungsbeispiels zur Ermittlung der Spotrates:

Aus dem Zahlungsstrom der Anleihe A1 kann nun der für die Bewertung verwendete Zinssatz geschlossen werden:

$99{,}05 = 104*(1 + i_1)^{-1}$

$i_1 = 5\%$

Der Zinssatz – anders ausgedrückt, die Spotrate – für die Veranlagung über eine Periode beträgt also $i_1=5\%$. Der Zahlungsstrom der Anleihe A2 enthält sowohl zum Zeitpunkt t=1 als auch zum Zeitpunkt t=2 eine Zahlung. Entsprechend der bislang gewonnenen Erkenntnis der Spotrate für einjährige Investments ist die erste Zahlung zum Zeitpunkt t=1 mit der Spotrate für einjährige Veranlagungen zu bewerten, die zweite Zahlung zum Zeitpunkt t=2 mit der noch zu ermittelnden Spotrate i_2. Gedanklich kann der Zahlungsstrom der Anleihe A2 in zwei Komponenten zerlegt werden:

	t=0	t=1	t=2
(1)	PV1	7	
(2)	PV2		108
Σ	102,79		

Der erste Teil des Zahlungsstroms ist mit $i_1=5\%$ zu bewerten, der zweite Teil mit der noch unbekannten Spotrate i_2. Der aktuelle Marktpreis dieser Anleihe von 102,79 muss die Summe aus beiden diskontierten Teilbeträgen sein, folglich muss gelten:

$102{,}79 = 7*1{,}05^{-1} + 108*(1 + i_2)^{-2}$

$i_2 = 6\%$

Die Spotrate i_2 kann also mit $i_2=6\%$ beziffert werden. Analog können nun auch die Spotrates für die übrigen Laufzeiten ermittelt werden:

$97{,}58 = 6*1{,}05^{-1} + 6*1{,}06^{-2} + 106*(1 + i_3)^{-3}$

$i_3 = 7\%$

$102{,}14 = 8*1{,}05^{-1} + 8*1{,}06^{-2} + 8*1{,}07^{-3} + 108*(1 + i_4)^{-4}$

$i_4 = 7{,}5\%$

$118{,}48 = 12*1{,}05^{-1} + 12*1{,}06^{-2} + 12*1{,}07^{-3} + 12*1{,}075^{-4} + 114*(1 + i_5)^{-5}$

$i_5 = 8\%$

Die Zinsstrukturkurve aus heutiger Sicht weist eine ansteigende Form auf und kann wie folgt visualisiert werden:

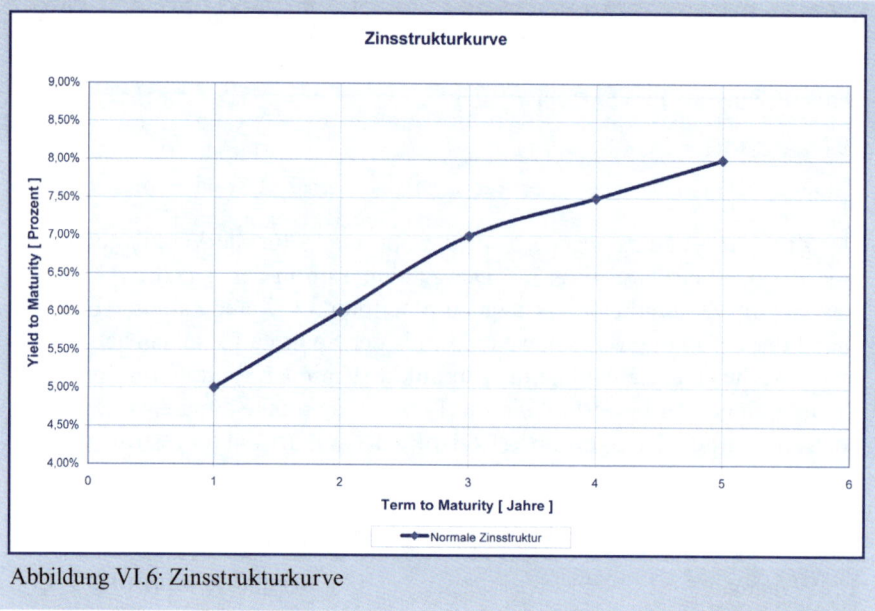

Abbildung VI.6: Zinsstrukturkurve

Es gibt im Wesentlichen drei Theoriegebäude, die das spezifische Aussehen der Zinsstruktur erklären wollen. Diese sind:

- Erwartungshypothese
- Liquiditätspräferenzhypothese
- Marktsegmentierungshypothese

Die (reine) **Erwartungshypothese** unterstellt risikoneutrale Marktteilnehmer, ohne Präferenz für verschiedene Laufzeiten von Investments. Daraus folgt, dass sich das konkrete Aussehen der Zinsstruktur ausschließlich aus Erwartungen bezüglich zukünftiger Zinssätze ergibt. Das folgende Beispiel soll dies verdeutlichen:

Übungsbeispiel Erwartungshypothese:

Eine Nullkuponanleihe weist eine zweijährige Restlaufzeit auf, die Tilgung erfolgt zu 115. Gegenwärtig sind am Markt die Spotrates $i_1 = 8\%$ und $i_2 = 10\%$ zu beobachten. Die Anleihe wird gegenwärtig zu einem Preis von 95,04 gehandelt, dies entspricht der mit i_2 diskontierten Tilgungszahlung. Entsprechend der aktuellen Spotrate von $i_1 = 8\%$ muss ein Käufer dieser Anleihe zu t=1 über ein Vermögen von:

95,04 * 1,08 = 102,64

verfügen können. Die Anleihe wird zu t=1, also zu 102,64 gehandelt werden. Hält man diese Anleihe für ein weiteres Jahr, also von t=1 bis t=2, lässt sich im zweiten Jahr folgende Rendite erzielen:

r $= 115 / 102,64 -1 = 12,04\%$

Entsprechend der Erwartungshypothese sind sich Marktteilnehmer über die zukünftig zu erzielende Spotrate einig, diese muss im vorliegenden Fall $_1i_2$ $= 12,04\%$ betragen, wobei $_1i_2$ den Zinssatz für den Zeitraum von t=1 bis t=2 bezeichnet. Es besteht außerdem keine Präferenz bezüglich des Anlagezeitraums, es ist also für Investoren unerheblich, ob in eine Anleihe mit zweijähriger Restlaufzeit investiert wird, die dann einen Jahreszins von $i_2 = 10\%$ bringt, oder revolvierend in Anleihen mit einer Laufzeit von je einem Jahr und einer Verzinsung von $i_1=8\%$ im ersten Jahr und $_1i_2 = 12,04\%$ im zweiten Jahr.

Somit kann im Kontext der **Erwartungshypothese** der folgende Zusammenhang postuliert werden:

$$(1+_0i_t)^t = (1+_0i_{t-1})^{t-1} \cdot (1+_{t-1}i_t)$$

Wobei $_0i_\tau$ den durchschnittlichen Jahreszinssatz von t=0 bis t=τ bezeichnet.

Fortsetzung des Übungsbeispiels:

Der zunächst aus dem Preis und der Zahlung der Nullkuponanleihe abgeleitete Zinssatz $_1i_2$ kann nun mittels des obigen Zusammenhangs berechnet werden, da gelten muss:

$$(1 + 0,1)^2 = (1 + 0,08)^1 \cdot (1+_1i_2)^1$$

Formt man diesen Ausdruck um, ergibt sich:

$$_1i_2 = \frac{(1 + 0,1)^2}{1 + 0,08} - 1$$

Der resultierende Zinssatz beträgt wie bereits gezeigt $_1i_2 = 12,04\%$.
Wird nun zu t=0 die Nullkuponanleihe mit der versprochenen Tilgungszahlung in Höhe von 115 zu einem Preis von 95,04 erworben, ergibt sich aus diesem Zahlungsstrom jedenfalls eine durchschnittliche jährliche Rendite von 10%. Korrekterweise ist jedoch aufgrund der bekannten Spotrate von $_0i_1=8\%$ von einer Verzinsung des eingesetzten Kapitals im ersten Jahr in Höhe von 8% und im zweiten Jahr von 12,04% auszugehen, die den bekannten Durchschnittszins von 10% ergeben.
Bezüglich des Zinssatzes von $_1i_2 = 12,04\%$ besteht im Fall des Investments in die zweijährige Nullkuponanleihe keine Ungewissheit, da sowohl der heute zu bezahlende Preis als auch die Tilgungszahlung fixiert sind.

Dieser Zinssatz heißt **Forwardrate** und ergibt sich eindeutig aus den bekannten Spotrates. Die Forwardrates können nun aus dem Preissystem, bestehend aus den Anleihen A1 bis A5 ermittelt werden:

Fortsetzung des Übungsbeispiels:

Die Spotrates sind $_0i_1 = 5\%$, $_0i_2 = 6\%$, $_0i_3 = 7\%$, $_0i_4 = 7,5\%$ und $_0i_5 = 8\%$, daraus können nun folgende Forwardrates berechnet werden:

$$_1f_2 = \frac{1,06^2}{1,05} - 1 = 7,01\%$$

$$_1f_3 = \sqrt{\frac{1,07^3}{1,05}} - 1 = 8,01\%$$

$$_1f_4 = \sqrt[3]{\frac{1,075^4}{1,05}} - 1 = 8,35\%$$

$$_1f_5 = \sqrt[4]{\frac{1,08^5}{1,05}} - 1 = 8,76\%$$

$$_2f_3 = \frac{1,07^3}{1,06^2} - 1 = 9,03\%$$

$$_2f_4 = \sqrt[2]{\frac{1,075^4}{1,06^2}} - 1 = 9,02\%$$

$$_2f_5 = \sqrt[3]{\frac{1,08^5}{1,06^2}} - 1 = 9,35\%$$

$$_3f_4 = \frac{1,075^4}{1,07^3} - 1 = 9,01\%$$

$$_3f_5 = \sqrt[2]{\frac{1,08^5}{1,07^3}} - 1 = 9,52\%$$

$$_4f_5 = \frac{1,08^5}{1,075^4} - 1 = 10,02\%$$

Man könnte sich nun die Frage stellen, wie die Zinsstrukturkurve in der Zukunft aussehen wird. Entsprechend der Erwartungshypothese kann die erwartete zukünftige Spotrate aus aktuellen Spotrates abgeleitet werden, da gelten muss:

$$E\left[_{t-1}i_t\right] = {_{t-1}f_t}$$

Das spezifische Aussehen der zukünftigen Zinsstrukturkurve kann also durch Verwendung der Forwardrates und unter der Annahme der Gültigkeit der Erwartungshypothese geschätzt werden. Soll nun etwa die Zinsstrukturkurve, wie sie in einem Jahr aussehen wird, gezeichnet werden, können für diesen Zweck die heute errechneten Forwardrates als Schätzwert für die zukünftigen Spotrates verwendet werden.

Fortsetzung des Übungsbeispiels:

Eine Kuponanleihe mit zu t=0 fünfjähriger Restlaufzeit zahlt jährliche Kupons in Höhe von 7, die Tilgung erfolgt zu 101. Daraus ergibt sich unter Berücksichtigung der Zinsstruktur ein heutiger Marktwert von:

$$PV = 7 \cdot 1,05^{-1} + 7 \cdot 1,06^{-2} + 7 \cdot 1,07^{-3} + 7 \cdot 1,075^{-4} + 108 \cdot 1,08^{-5} = 97,36$$

In einem Jahr wird die dann nur noch über weitere vier Jahre laufende Anleihe unter Verwendung der obigen Zinsstrukturkurve folgenden Preis aufweisen:

$$V_{t=1} = 7 \cdot 1,0701^{-1} + 7 \cdot 1,0801^{-2} + 7 \cdot 1,0835^{-3} + 108 \cdot 1,0876^{-4} = 95,23$$

Eine andere Möglichkeit, den zukünftigen Marktpreis dieser Anleihe zu ermitteln, kann durch folgendes Argument abgeleitet werden. Ein Erwerber dieses Papiers muss im ersten Jahr des Investments gemäß der Spotrate $_0i_1 = 5\%$ eine Verzinsung des eingesetzten Kapitals in dieser Höhe erzielen. Das Vermögen zu t=1 lautet daher

$V_{t=1} = 97,36 * 1,05 = 102,23$

Der ausbezahlte Kupon von 7 wird diesem Betrag abgeschlagen, so dass die Anleihe zu t=1 einen exKupon Preis von $V_{t=1} - 7 = 102,23 - 7 = 95,23$ aufweisen muss. Dies entspricht exakt dem mittels der zukünftigen Zinsstrukturkurve ermitteltem Wert.

3.3. Das Barwertkonzept mit fristigkeitsabhängigen Zinssätzen

Aus dem vorigen Kapitel wissen wir, dass die Bewertung versprochener Zahlungsströme entsprechend der aktuellen Zinsstruktur vorzunehmen ist.

Übungsbeispiel zur Barwertermittlung mit gegebenen Spotrates:

Eine Kuponanleihe mit dreijähriger Restlaufzeit weist folgenden Zahlungsstrom auf:

	t=1	t=2	t=3
Z_t	8	8	108

Die gegenwärtige Zinsstruktur ist normal, für einjährige Veranlagungen sind 6% p.a. zu erzielen, zweijährige Investments werden mit 8% p.a. und über den Zeitraum von drei Jahren sind am Markt 10% zu erzielen. Der Barwert dieser Anleihe lautet dann:

$PV = 8*1,06^{-1} + 8*1,08^{-2} + 108*1,1^{-3} = 95,55$

Fristigkeitsabhängige Zinssätze können nun auch für die Beurteilung der Arbitragefreiheit eines Preissystems verwendet werden. Hierzu werden zunächst aus beobachteten Preisen und den zugehörigen Zahlungsströmen die Spotrates abgeleitet. Ein Ungleichgewicht liegt genau dann vor, wenn bezüglich der Spotrate für eine bestimmte Laufzeit unterschiedliche Erwartungen vorliegen. Das folgende Beispiel soll dies verdeutlichen:

Übungsbeispiel zu einem Preissystem:

Am Markt sind drei Anleihen mit den folgenden Zahlungsströmen und Preisen zu beobachten:

	t=0	t=1	t=2
Anleihe A	100	108	
Anleihe B	94,77	6	106
Anleihe C	104,52	12	112

Aus dem Zahlungsstrom der Anleihe A kann der zurzeit erzielbare Zinssatz für einjährige Veranlagungen ermittelt werden, da gelten muss:

$$100 = 108*(1 + i_1)^{-1}$$

$$i_1 = 8\%$$

Die Spotrate i_1 kann nun verwendet werden, um aus den Zahlungsströmen der Anleihen B und C die Spotrates $i_{2,B}$ und $i_{2,C}$ zu ermitteln. Korrespondieren diese beiden Zinssätze miteinander, ist das System arbitragefrei. Anderenfalls haben offensichtlich die Personen, welche die Anleihe B bzw. Anleihe C bepreist haben, unterschiedliche Vorstellungen bezüglich des zu verwendenden Zinssatzes für zweijährige Veranlagungen. Es liegt also ein Ungleichgewicht vor, das ausgenützt werden kann. Die Spotrates lauten:

$$94,77 = 6*1,08^{-1} + 106*(1 + i_{2,B})^{-2}$$

$$i_{2,B} = 9\%$$

$$104,52 = 12*1,08^{-1} + 112*(1 + i_{2,C})^{-2}$$

$$i_{2,C} = 9,5\%$$

Aus dem Zahlungsstrom der Anleihe B kann also eine Spotrate für zweijährige Veranlagungen in Höhe von 9% ermittelt werden, für die Bepreisung der Anleihe C wurde offensichtlich eine Spotrate von 9,5% verwendet. Dieses Ungleichgewicht kann, wie schon gezeigt, durch die Konstruktion eines Arbitrageportfolios ausgenutzt werden. Eine zweite Möglichkeit besteht darin, den Zahlungsstrom der Anleihe C jenem Investor anzubieten, der für zweijährige Veranlagungen nur eine Rendite von 9% p.a. verlangt. Dieser Investor wäre bereit, für die Anleihe C folgenden Kaufpreis zu bezahlen:

$PV = 12*1{,}08^{-1} + 112*1{,}09^{-2} = 105{,}38$

Es lässt sich also, wie auch schon durch die Konstruktion des Arbitrageportfolios, ein free lunch in Höhe von 0,86 erzielen, wenn die Anleihe am Markt um 104,52 erworben wird und gleich an jenen Investor um 105,38 weiterverkauft wird.

4. Management des Zinsänderungsrisikos

Bei der Bewertung von Zahlungsströmen spielen vorherrschende Marktzinsen eine herausragende Rolle. Das Risiko sich ändernder Marktzinsen und sich in der Folge ändernder Marktpreise nennt man **Zinsänderungsrisiko** bzw. **Marktpreisänderungsrisiko**. Die Frage, ob und wie dieses Risiko gemanagt werden kann, steht im Vordergrund dieses Kapitels. Ein einleitendes Beispiel soll die Problematik verdeutlichen:

Beispiel zum Zinsänderungsrisiko:

Eine Kuponanleihe mit einer zweijährigen Restlaufzeit zahlt einen jährlichen Kupon in Höhe von 10 und leistet eine Tilgungszahlung von 100. Das aktuelle Marktzinsniveau liegt bei 10%. Daraus ergeben sich folgende Bar- und Endwerte für diese Anleihe:

i	PV	t=1	t=2	FV
10%	100	10	110	121

Diese Anleihe würde also zu einem Preis von 100 gehandelt werden, das Endvermögen aus diesem Investment ergibt sich aus der Aufzinsung dieses investierten Betrags über zwei Jahre mit dem geltenden Zinssatz von 10%. Tatsächlich setzt sich das Endvermögen zum Zeitpunkt t=2 aus der dann ausbezahlten letzten Kuponzahlung von 10 sowie der Tilgungszahlung von 100 sowie der zu t=1 reinvestierten ersten Kuponzahlung zusammen. Fraglich ist nun, zu welchem Zinssatz der erste Kupon wiederveranlagt werden kann. Geht man von gleich bleibenden Zinsen aus, kann die Kuponzahlung zu t=1 zu 10% veranlagt werden, das Endvermögen ist demzufolge:

$FV = 10*1{,}1 + 110 = 121$

Sich ändernde Marktzinsen haben einerseits geänderte Preise von Barwerten zur Folge, andererseits ändern sich damit gleichzeitig die Wiederanlagebedingungen für Kuponzahlungen und somit auch Endwerte von Investments in Anleihen. Die folgende Tabelle zeigt zwei Zinsszenarien mit – relativ zum aktuellen Zinssatz von 10% – gesunkenen bzw. gestiegenen Zinsen:

i	PV	t=1	t=2	FV
10%	100	10	110	121
5%	109,3	10	110	120,5
15%	91,87	10	110	121,5

Die genauere Betrachtung dieser Szenarien lässt folgende Schlussfolgerungen zu:

■ Sinkende Marktzinsen führen aufgrund der nun schlechter verzinsten Alternativanlagen zu einem höheren Marktwert (Barwert) der Anleihe (Preiseffekt). Die anfallenden Kuponzahlungen hingegen können nun nur zu dem gesunkenen Zinssatz reinvestiert werden (Reinvestmenteffekt).

■ Somit sind in diesem Fall zwei einander entgegengesetzte Effekte zu beobachten. Einerseits bewirken sinkende Zinsen auf Grund der schwächeren Diskontierung des Zahlungsstroms steigende Marktwerte der Anleihe, dem gegenüber stehen sinkende Erträge der reinvestierten Zahlungen während der Laufzeit. In der Konsequenz führt dies zu einem gestiegenen Barwert und einem gesunkenen Endwert der Anleihe.

■ Steigende Marktzinsen führen aufgrund der nun besser verzinsten Alternativanlagen und der damit verbundenen gesunkenen Attraktivität der gegenständlichen Anleihe zu einem geringeren Marktwert (Barwert) der Anleihe (Preiseffekt). Die anfallenden Kuponzahlungen hingegen können nun zu einem höheren Zinssatz reinvestiert werden (Reinvestmenteffekt).

■ Auch im Falle von steigenden Marktzinsen stehen Preis- und Reinvestmenteffekt einander entgegen. Einem sinkenden Barwert steht ein steigender Endwert gegenüber.

Der Vermögenszuwachs aus einem Investment in eine Anleihe kann allgemein wie folgt ermittelt werden. Der zunächst investierte Kaufpreis der Anleihe verzinst sich im Zeitablauf mit dem herrschenden Marktzinssatz. Der Wert zum beliebigen Zeitpunkt t=τ, V_τ, kann daher wie folgt angeschrieben werden:

$$V_\tau = PV*(1+i)^\tau$$

Wobei der Wert i den geltenden Marktzinssatz und τ einen beliebigen Zeitpunkt während der Laufzeit der Anleihe bezeichnen. Die folgende Abbildung zeigt den Wertzuwachs einer Kuponanleihe mit einer dreijährigen Restlaufzeit, Kuponzahlungen in Höhe von 10 und einer Tilgung von 100 im Zeitablauf für Zinssätze von 5%, 10% und 20%. Die einzelnen Kurven werden **Wertverlaufslinien** genannt:

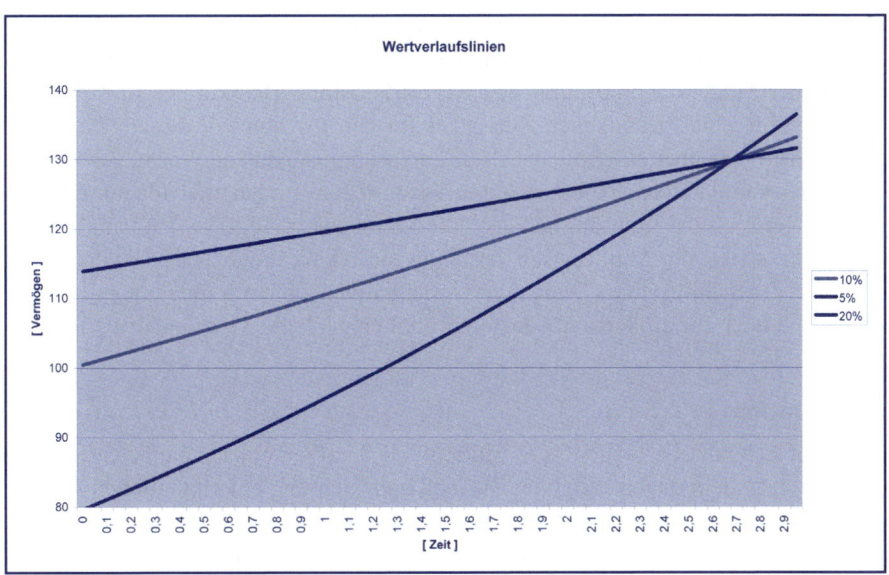

Abbildung VI.7: Vermögensentwicklung für unterschiedliche Zinssätze

Aus der Grafik werden die zuvor rechnerisch gewonnenen Erkenntnisse noch einmal klar. Ausgehend von einem ursprünglichen Marktzinssatz von 10% (siehe mittlere Wertverlaufslinie) führen sich ändernde Marktzinsen zu geänderten Wertverlaufslinien des Investments in diese Anleihe. Es ist ersichtlich, dass sinkende Marktzinsen zu einem steigenden Barwert und zu einem gegenüber dem ursprünglich geplanten Wertverlauf gesunkenen Endwert führen. Anders verhält es sich bei einem gegenüber dem ursprünglichen Zinssatz gestiegenen Marktzinsniveau. Dem gesunkenen Barwert steht ein gestiegener Endwert gegenüber. Aus dieser Konstellation ist ersichtlich, dass sowohl bei sinkenden als auch bei steigenden Marktzinsen die geänderte und die ursprüngliche Wertverlaufslinie einander schneiden müssen. Es gibt also einen Zeitpunkt während der Laufzeit der Anleihe, zu dem der ursprüngliche Wertverlauf und der geänderte Wertverlauf einander entsprechen. In diesem Schnittpunkt kann der Investor auch bei geänderten Zinsbedingungen über das ursprünglich geplante Vermögen verfügen. Die Lage dieses Schnittpunktes, also der Zeitpunkt t=S, zu dem ursprünglich geplanter und geänderter Wertverlauf einander entsprechen, ist nun abhängig vom konkreten Ausmaß sowie der Richtung der Zinsänderung. Dieser Zeitpunkt kann für eine konkrete Zinsänderung von $\Delta = i_{neu} - i$ wie folgt ermittelt werden:

$$ S = \frac{\ln(PV_{neu}) - \ln(PV)}{\ln(1 + i) - \ln(1 + i_{neu})} $$

Wobei ln() den natürlichen Logarithmus bezeichnet. Weiters ist aus der Abbildung erkenntlich, dass für

- Den Fall sinkender Marktzinsen die geänderte Wertverlaufslinie vor diesem Zeitpunkt über der ursprünglich geplanten liegt. Nach dem Zeitpunkt t=S liegt die geänderte unter der ursprünglichen Wertverlaufslinie. Demzufolge sind die Konsequenzen eines gesunkenen Zinssatzes für den Investor vor diesem Zeitpunkt als positiv (da über ein größeres als das ursprünglich geplante Vermögen verfügt werden kann) und nach diesem Zeitpunkt als negativ einzustufen (da nur über ein geringeres als das ursprünglich geplante Vermögen verfügt werden kann).
- Im Fall steigender Marktzinsen verhält es sich exakt umgekehrt. Vor dem Zeitpunkt des Schnittpunkts beider Wertverlaufslinien kann nur über ein geringeres, danach über ein größeres als das ursprünglich geplante Vermögen verfügt werden.

4.1. Duration

Es erhebt sich nun die Frage, ob es während der Laufzeit einer Anleihe einen Zeitpunkt gibt, zu dem unabhängig von Ausmaß und Richtung einer möglichen Zinsänderung ein heute planbares Vermögen jedenfalls erzielt werden kann. Die Antwort kann durch Betrachtung der folgenden Abbildung erahnt werden:

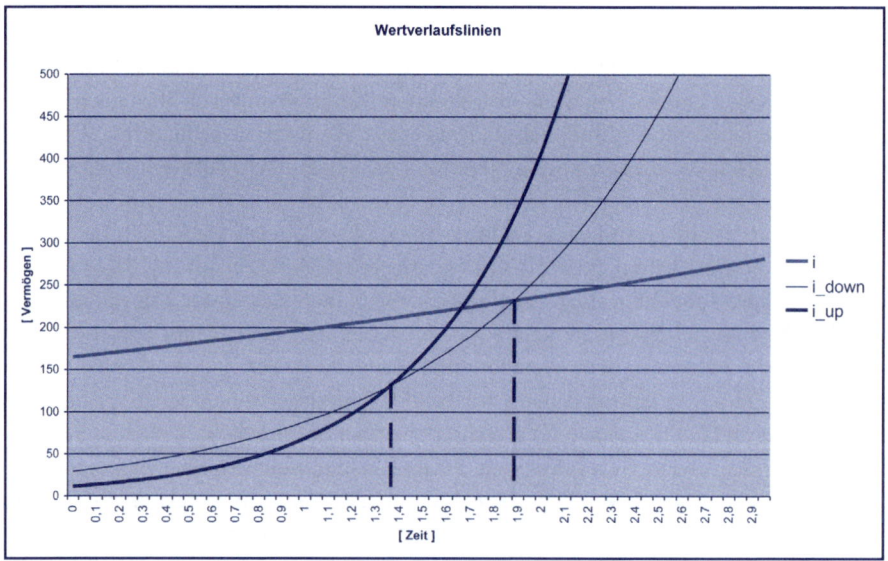

Abbildung VI.8: Wertverlaufslinien

Betrachtet man die dünne ursprünglich geplante Wertverlaufslinie sowie die zwei geänderten Wertverlaufslinien im Zeitraum zwischen den zwei Schnittpunkten, wird ersichtlich, dass innerhalb dieses Intervalls die geänderten Wertverläufe jedenfalls über dem ursprünglich geplanten liegen. Wird das geplante Vermögen aus dem Investment in diesem Zeitfenster benötigt, ist der Investor immun gegenüber den in dieser Grafik konkret getroffenen Annahmen bezüglich möglicher Zinsänderungen. Bei betragsmäßig größeren Zinsänderungen ist im Falle von steigenden Zinsen der

Schnittpunkt der geänderten mit der ursprünglich geplanten Wertverlaufslinie zeitlich früher zu finden, im umgekehrten Fall sinkender Zinsen rückt der Zeitpunkt des Schnittpunkts nach hinten. Folglich resultiert aus großen Zinsänderungen ein zeitlich ausgedehntes Intervall mit geänderten Wertverläufen, die über dem ursprünglich geplanten liegen. Die Frage, zu welchem Zeitpunkt t=D innerhalb dieses Intervalls unabhängig von Ausmaß und Richtung von Zinsänderungen jedenfalls über das ursprünglich geplante Vermögen verfügt werden kann, lässt sich durch folgende Grenzbetrachtung ermitteln (wiederum mit $\Delta = i_{neu} - i$):

$$D = \lim_{\Delta \to 0} \frac{\ln\left[\dfrac{\sum\limits_{t=1}^{n} Z_t (1+i+\Delta)^{-t}}{\sum\limits_{t=1}^{n} Z_t (1+i)^{-t}}\right]}{\ln\left[\dfrac{1+i}{1+i+\Delta}\right]}$$

Wobei Δ die Zinsänderung bezeichnet. Die Lösung dieser Grenzwertermittlung kann durch Anwendung der Regel von de l'Hospital gefunden werden und lautet:

$$D = \frac{\sum\limits_{t=1}^{n} t \cdot Z_t (1+i)^{-t}}{\sum\limits_{t=1}^{n} Z_t (1+i)^{-t}}$$

Der so ermittelte Zeitpunkt bezeichnet jenen Zeitpunkt während der Laufzeit einer Anleihe, zu dem **völlige Immunisierung** gegenüber Zinsänderungen herrscht. Dieser Zeitpunkt wird nach dem Autor dieses Konzepts, **Macaulay Duration** (D) genannt. Das Ergebnis obigen Zusammenhangs hat streng genommen keine Einheit, kann aber als Zeitpunkt interpretiert werden. Das folgende Beispiel soll das Konzept der Duration verdeutlichen:

Beispiel zur Duration:

Eine Kuponanleihe weist eine dreijährige Restlaufzeit auf. Die jährlichen Kuponzahlungen betragen 12, die Tilgung erfolgt zu 100. Gegenwärtig sind am Markt 8% p.a. für vergleichbare Investments zu erzielen.

In einem ersten Schritt wird der Barwert dieses Zahlungsstroms ermittelt, das Ergebnis lautet 110,31. Nun kann auch die Duration dieses Zahlungsstroms ermittelt werden:

$$D = \frac{1 \cdot 12 \cdot 1{,}08^{-1} + 2 \cdot 12 \cdot 1{,}08^{-2} + 3 \cdot 112 \cdot 1{,}08^{-3}}{110{,}31} = 2{,}7053$$

Wird diese Anleihe zum heutigen Zeitpunkt erworben, kann aus heutiger Sicht zum Zeitpunkt der Duration, D=2,7053, mit einem Vermögen von:

$V_D = 110{,}31 * 1{,}08^{2{,}7053} = 135{,}84$

---

gerechnet werden. Es soll nun anhand zweier Zinsszenarien überprüft werden, ob diese Voraussage zutrifft. Im ersten Szenario wird von einem gesunkenen Zinssatz von 4% ausgegangen, das Vermögen zum Zeitpunkt t=2,7053 errechnet sich wie folgt:

$$V_D = 12*1{,}04^{1{,}7053} + 12*1{,}04^{0{,}7053} + 112*1{,}04^{-0{,}2947} = 135{,}88$$

Im zweiten Szenario wird von steigenden Zinsen ausgegangen, der Marktzinssatz beträgt 17%, das Vermögen zu t=D lautet dann:

$$V_D = 12*1{,}17^{1{,}7053} + 12*1{,}17^{0{,}7053} + 112*1{,}17^{-0{,}2947} = 136{,}03$$

Es konnte somit gezeigt werden, dass die Duration jenen Zeitpunkt bezeichnet, zu dem völlige Immunisierung gegenüber Zinsänderungen herrscht.

Die Macaulay Duration geht von zwei wesentlichen Annahmen aus:

- Die vorherrschende Zinsstrukturkurve ist flach. Unabhängig von der Fristigkeit einer Anlage ist stets der gleiche Zinssatz zu erzielen.
- Es kann immer von einer Parallelverschiebung der vorherrschenden flachen Zinsstruktur ausgegangen werden. Folglich ist auch die geänderte Zinsstruktur eine flache Zinsstruktur.

4.2. Modified Duration, Dollar Duration

Das **Zinsänderungsrisiko** erfasst den Umstand, dass geänderte Marktzinsen zu geänderten Barwerten von gehandelten Zahlungsströmen führen. Der Zusammenhang dieser beiden Größen ist in folgender Abbildung dargestellt:

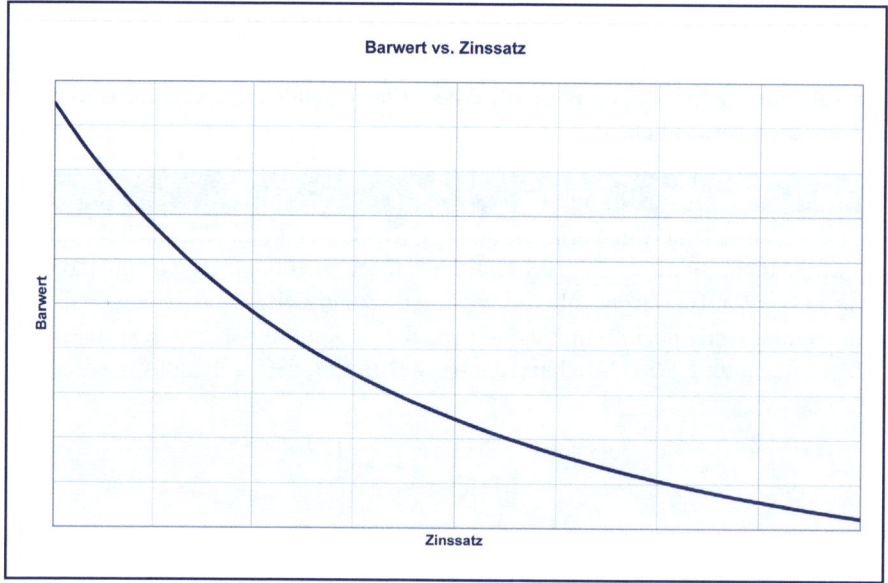

Abbildung VI.9: Barwert in Abhängigkeit des Zinsniveaus

Wie bereits rechnerisch gezeigt wurde, führen steigende Marktzinsen zu sinkenden Barwerten und sinkende Marktzinsen zu steigenden Barwerten. Die Abbildung veranschaulicht diesen Zusammenhang, es wird erkenntlich, dass der Zusammenhang zwischen Zins und Barwert kein linearer ist, tatsächlich weist die Funktion des Barwerts in Abhängigkeit des Zinssatzes einen konvexen Verlauf auf. Man könnte sich nun die Frage stellen, wie sich der Barwert ausgehend von einem gegebenen Zinsniveau i_0 ändert, wenn sich der Marktzinssatz ändert. Diese Frage ist gleichzusetzen mit der Ableitung der **Barwertfunktion** an der Stelle i_0 nach dem Zinssatz i:

$$\frac{\partial PV}{\partial i} = \sum - t \cdot Z_t (1+i)^{-t-1}$$

Erweitert man obigen Ausdruck in Zähler und Nenner um den PV, ergibt sich nach wenigen Umformungen:

$$\frac{\partial PV}{\partial i} = -\frac{D}{1+i} \cdot PV$$

Das Endergebnis dieser Überlegungen weist eine interessante Eigenschaft auf. Offensichtlich ist die Änderung des Barwerts bei einer Änderung des Zinssatzes abhängig von der Duration einer Anleihe. Der Ausdruck D/(1+i) wird als **Modified Duration** bezeichnet, der obige Ausdruck reduziert sich in der Folge auf:

$$\frac{\partial PV}{\partial i} = -MD \cdot PV$$

Zwei weitere Umformungen ergeben einen nun leicht zu interpretierenden Zusammenhang:

$$\frac{\partial PV}{PV} = -MD \cdot \partial i$$

Die erste Zeile gibt die prozentuelle Änderung des Barwerts einer Anleihe bei einer infinitesimal kleinen Zinsänderung an. In der zweiten Zeile ist die absolute Preisänderung bei einer infinitesimal kleinen Zinsänderung abzulesen. Weiters kann der Ausdruck MD*PV als **Dollar Duration** (DD) zusammengefasst werden. Für eine beliebige Zinsänderung Δi gilt dann näherungsweise:

$$\partial PV = -MD \cdot PV \cdot \partial i$$

$$\frac{\Delta PV}{PV} = -MD \cdot \Delta i$$

$$\Delta PV = -DD \cdot \Delta i$$

Die Duration steht also in engem Zusammenhang mit dem Preisänderungsrisiko einer Anleihe. Je größer die Duration einer Anleihe ist, desto höher ist auch das mit dem Investment in dieses Papier verbundene Zinsänderungsrisiko.

Beispiel zur Duration:

Am Markt sind drei Anleihen mit den folgenden Zahlungsströmen zu beobachten:

	PV	t=1	t=2	t=3
A1	100	8	8	108
ZB	96,85	0	0	122
SB	90,86	40	35	30

Der aktuelle Marktzinssatz beträgt 8%. Für diese Anleihen wird zunächst deren Duration und in der Folge Modified Duration und Dollar Duration ermittelt. Exemplarisch erfolgt dies für die Kuponanleihe A1, die nachstehende Tabelle zeigt eine Übersicht der Ergebnisse.

$$D_{A1} = [1*8*1{,}08^{-1} + 2*8*1{,}08^{-2} + 3*108*1{,}08^{-3}] / 100 = 2{,}78$$

$$MD_{A1} = 2{,}78 / 1{,}08 = 2{,}58$$

$$DD_{A1} = 2{,}58 * 100 = 257{,}71$$

	D	MD	DD
A1	2,78	2,58	257,71
ZB	3,00	2,78	269,03
SB	1,85	1,72	156,01

Die detaillierte Berechnung der Duration eines zero bonds kann ausbleiben, die Duration einer solchen Anleihe entspricht immer exakt der Restlaufzeit des Papiers. Auf Basis der ermittelten Kennziffern können für zwei Szenarien geänderter Zinsen die prozentuellen (%) und absoluten (abs) Preisänderungen nun näherungsweise ermittelt werden:

		Delta i = 0,02	Delta i = -0,04
A1	%	- 2,58 * 0,02 = -5,16%	- 2,58 * -0,04 = 10,32%
	abs	- 257,71 * 0,02 = -5,15€	- 257,71 * -0,04 = 10,30€
ZB	%	- 2,78 * 0,02 = -5,56%	- 2,78 * -0,04 = 11,12%
	abs	- 269,03 * 0,02 = -5,38€	- 269,03 * -0,04 = 10,76€
SB	%	- 1,72 * 0,02 = -3,44%	- 1,72 * -0,04 = 6,88%
	abs	- 156,01 * 0,02 = -3,12€	- 156,01 * -0,04 = 6,24€

Die tatsächlichen Barwerte dieser drei Anleihen lauten: PV_{A1} = 95,03 / 111,10, PV_{ZB} = 91,66 / 108,46 und PV_{SB} = 87,83 / 97,49. Mithilfe dieser Werte können die tatsächlichen Wertänderungen der Papiere ermittelt werden:

		Delta i = 0,02	Delta i = -0,04
A1	%	- 4,97%	11,10%
	abs	- 4,97€	11,10 €
ZB	%	- 5,36%	11,99%
	abs	- 5,19€	11,61 €
SB	%	- 3,33%	7,30%
	abs	- 3,03€	6,63 €

Aus obigen Tabellen ist ersichtlich, dass die näherungsweise Berechnung der Marktwertänderung einer Anleihe in jedem Fall den geänderten tatsächlichen Barwert unterschätzt. Die nachstehende Abbildung verdeutlicht die Ursache dieses Schätzfehlers:

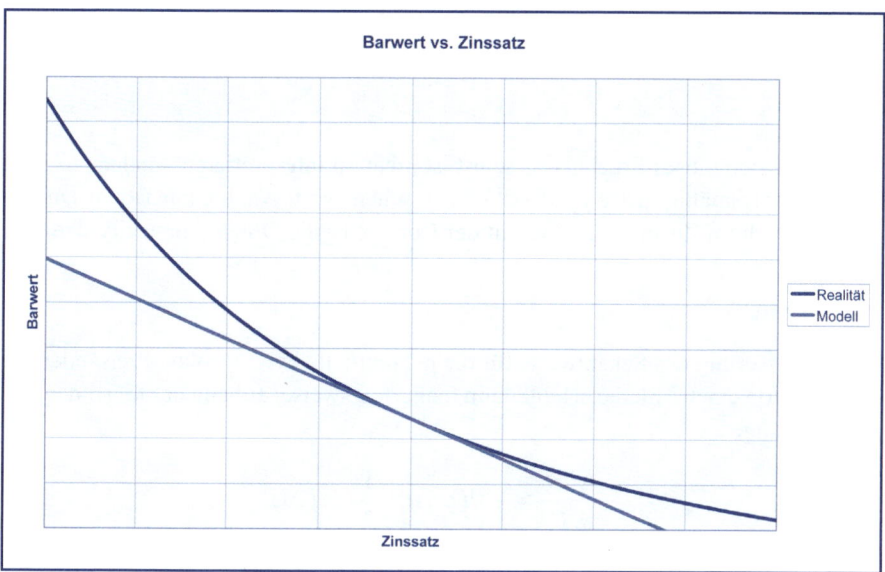

Abbildung VI.10: Näherungsweise Barwertänderung

Der tatsächliche Zusammenhang zwischen Barwert und herrschendem Marktzinssatz ist, wie oben ersichtlich, konvex. Die zuvor entwickelte Ableitung des Barwerts nach dem Zinssatz (bei gegebenem Startzinssatz i_0) bedeutet nichts anderes als das Anlegen der Tangente an die Barwert-Zins-Kurve an der Stelle i_0. Diese lineare Annäherung der Realität durch die Tangente führt nur bei infinitesimal kleinen Zinsänderungen zur korrekten Ermittlung der Barwertänderung. Je größer die Zinsänderung ist, desto ungenauer wird die durch Modified Duration und Dollar Duration implizit unterstellte lineare Annäherung der gekrümmten Realität.

4.3. Convexity

Die Ungenauigkeit der Schätzung der Barwertänderung durch Verwendung von Modified Duration und Dollar Duration kann durch Verwendung einer weiteren Kennzahl verbessert werden. Diese Kennzahl heißt **Konvexität (Convexity)** und erfasst Barwertänderungen „zweiter Ordnung" nach Zinsänderungen. Die Convexity ist wie folgt definiert:

$$C = \frac{\sum (t+1) \cdot t \cdot Z_t (1+i)^{-t}}{(1+i)^2 \cdot PV}$$

Beispiel zur Convexity:

Eine Kuponanleihe weist eine dreijährige Restlaufzeit auf. Die jährlichen Kuponzahlungen betragen 12, die Tilgung erfolgt zu 100. Gegenwärtig sind am Markt 8% p.a. für vergleichbare Anleihen erzielbar. Der Barwert dieses Papiers ist 110,3.1 Die Konvexität dieses Papiers lautet dann:

$$C = \frac{2 \cdot 1 \cdot 12 \cdot 1,08^{-1} + 3 \cdot 2 \cdot 12 \cdot 1,08^{-2} + 4 \cdot 3 \cdot 112 \cdot 1,08^{-3}}{110,31 \cdot 1,08^2} = 8,94$$

Die Dimension dieses Ergebnisses selbst ist nicht zu interpretieren, tendenziell sind jedoch betragsmäßig große Convexities wünschenswert. Analog zur Dollar Duration kann auch im Zusammenhang mit der Convexity die Dollar Convexity definiert werden:

DC = C * PV

Die Verbesserung des Schätzwerts für die prozentuelle bzw. absolute Preisänderung des Barwerts einer Anleihe erfolgt dann (näherungsweise) anhand der folgenden Zusammenhänge:

$$\frac{\Delta PV}{PV} \approx -MD \cdot \Delta i + \frac{1}{2} C \cdot (\Delta i)^2$$

$$\Delta PV \approx -DD \cdot \Delta i + \frac{1}{2} DC \cdot (\Delta i)^2$$

Das folgende Beispiel zeigt wie die Convexity zur Anpassung des Schätzwerts für Barwertänderung mittels Modified Duration bzw. Dollar Duration alleine, angepasst werden kann.

Fortsetzung des Beispiels zur Convexity:

Wiederum sollen folgende Papiere mit den nachstehenden Zahlungsströmen beurteilt werden, der zu verwendende Zinssatz beträgt wiederum 8%:

	PV	t=1	t=2	t=3
A1	100	8	8	108
ZB	96,85	0	0	122
SB	90,86	40	35	30

Die für die Ermittlung der Barwertänderung erforderlichen Kennzahlen Duration (D), Modified Duration (MD), Dollar Duration (DD), Convexity (C) und Dollar Convexity (DC) lauten dann:

	D	MD	DD	C	DC
A1	2,78	2,58	257,71	9,3	930
ZB	3,00	2,78	269,03	12	1162,17
SB	1,85	1,72	156,01	5,09	462,87

Die näherungsweise Ermittlung der Änderung der Barwerte aller drei Papiere ist in folgender Tabelle zusammengefasst:

		$\Delta i = 0,02$	$\Delta i = -0,04$
A1	%	$-2,58 * 0,02 + 0,5 * 9,3 * 0,02^2$ $= -4,97\%$	$-2,58 * -0,04 + 0,5 * 9,3 *$ $(-0,04)^2 = 11,06\%$
	abs	$-257,71 * 0,02 + 0,5 * 930 *$ $0,02^2 = -4,96€$	$-257,71 * -0,04 + 0,5 * 930 *$ $(-0,04)^2 = 11,04€$
ZB	%	$-2,78 * 0,02 + 0,5 * 12 * 0,02^2 =$ $-5,32\%$	$-2,78 * -0,04 + 0,5 * 12 *$ $(-0,04)^2 = 12,18\%$
	abs	$-269,03 * 0,02 + 0,5 * 1162,17 *$ $0,02^2 = -5,15€$	$-269,03 * -0,04 + 0,5 * 1162,17$ $* (-0,04)^2 = 11,69€$
SB	%	$-1,72 * 0,02 + 0,5 * 5,09 * 0,02^2$ $= -3,34\%$	$-1,72 * -0,04 + 0,5 * 5,09 *$ $(-0,04)^2 = 7,29\%$
	abs	$-156,01 * 0,02 + 0,5 * 462,87 *$ $0,02^2 = -3,03€$	$-156,01 * -0,04 + 0,5 * 462,87 *$ $(-0,04)^2 = 6,61€$

Gegenüber den tatsächlichen Barwertänderungen ergeben sich unter Miteinbeziehung nur noch geringfügige Abweichungen. Festzuhalten ist, dass auch mit Verwendung dieses Korrekturterms der geänderte tatsächliche Barwert immer unterschätzt wird.

Betrachtet man den Zusammenhang der approximativen Barwertänderung mit dem Term der Convexity, wird klar, dass der Beitrag der Convexity zur Errechnung des neuen Barwerts immer ein positiver ist, weswegen diese Kennzahl nicht nur zur genaueren Ermittlung der Barwertänderung bei Zinsänderungen, sondern auch als Anlagekriterium herangezogen werden kann. Grundsätzlich sind hohe Convexities wünschenswert, dies indiziert einen geringeren Barwertrückgang nach Zinserhöhungen und eine stärkere Barwertzunahme nach Zinssenkungen.

4.4. Alternative Duration-Maße

Die bislang vorgestellte Duration nach der Definition von Macaulay unterstellt, wie bereits ausgeführt, eine vorherrschende flache Zinsstruktur sowie eine ausschließliche Parallelverschiebung dieser Zinsstruktur, die folglich in einer geänderten flachen Zinsstruktur resultiert. Diese realitätsferne Prämisse soll nun durch ein weiteres Duration-Konzept gelockert werden.

Die nach den Autoren eines 1971 erschienenen Aufsatzes benannte **Fisher/Weill Duration** kann für das Management des Zinsänderungsrisikos auch bei einer nicht-flachen Zinsstruktur herangezogen werden. Die Kennzahl berücksichtigt die aktuellen Spotrates $_0i_n$ und ist für einen bekannten Zahlungsstrom wie folgt definiert:

$$D_{F/W} = \frac{\sum t \cdot Z_t (1 + {}_0 i_t)^{-t}}{PV}$$

Wobei Z_t die Zahlung zum Zeitpunkt t und PV den mittels Spotrates ermittelten Barwert des Zahlungsstroms bezeichnen.

Beispiel zur Fisher/Weil Duration:

Eine Kuponanleihe weist eine fünfjährige Restlaufzeit, mit jährlichen Kuponzahlungen in Höhe von 5 und einer Tilgungszahlung von 101 auf. Die aktuellen Spotrates lauten $_0i_1 = 5\%$, $_0i_2 = 6\%$, $_0i_3 = 6,8\%$, $_0i_4 = 6,2\%$ und $_0i_5 = 5,7\%$. Die gegenwärtige Zinsstruktur ist also unregelmäßig (hump-shaped). Der Barwert dieser Anleihe beträgt 97,59, die Fisher/Weil Duration dieses Zahlungsstroms lautet:

$$D_{F/W} = \frac{1 \cdot 5 \cdot 1,05^{-1} + 2 \cdot 5 \cdot 1,06^{-2} + 3 \cdot 5 \cdot 1,068^{-3} + 4 \cdot 5 \cdot 1,062^{-4} + 5 \cdot 106 \cdot 1,057^{-5}}{97,59} = 4,54$$

Die Macaulay Duration kann im Fall einer nicht flachen Zinsstruktur eine völlige Immunisierung gegenüber Zinsänderungen nicht garantieren. Das folgende Beispiel illustriert diesen Sachverhalt:

Beispiel zur Fisher/Weil Duration:

Eine Anleihe weist eine zweijährige Restlaufzeit auf, der Zahlungsstrom lautet Z1=10, Z2 = 100. Die gegenwärtige Zinsstruktur von $_0i_1 = 5\%$ und $_0i_2 = 15\%$ führt zu einem Barwert dieses Zahlungsstroms von 85,14. Daraus lässt sich eine yield to maturity von 14,41% errechnen. Die Macaulay Duration beträgt 1,8973, die Fisher Weil Duration lautet 1,888.

Fraglich ist nun, ob das geplante Vermögen dieses Investments zu diesen (geringfügig voneinander abweichenden) Zeitpunkten auch bei Zinsänderungen tatsächlich erreicht werden kann. In einem ersten Schritt können unter Berücksichtigung der tatsächlichen Zinsstruktur die Vermögen zu den Zeitpunk-

---

ten $t=D_M$ und $t=D_{F/W}$ ermittelt werden. Hierzu ist zunächst jener Zinssatz zu ermitteln, der für den Zeitraum [1,2] gilt, um einerseits die zu $t=1$ erhaltene Kuponzahlung auf den Zeitpunkt der Duration aufzuzinsen und andererseits die zu $t=2$ versprochene Zahlung auf den Zeitpunkt der Duration abzuzinsen. Annahmegemäß ist die Zinsstruktur im Zeitintervall [1,2] flach, das heißt der zu erzielende Zins für die Wiederveranlagung des Kupons zu $t=1$ bis zum Zeitpunkt der Duration ($t=1,888$ bzw. $t=1,8973$) ist derselbe, der für den Zeitraum von $t=1$ bis $t=2$ erzielt werden kann. Als Schätzwert der zukünftigen Spotrate $_1i_2$ wird die sich aus den heutigen Spotrates ergebende Forwardrate $_1f_2$ verwendet. Diese lautet:

$$_1f_2 = 1,15^2 / 1,05 - 1 = 25,95\%$$

Somit können die Vermögen zu den Zeitpunkten der Macaulay bzw. der Fisher/Weil Duration wie folgt errechnet werden:

$$V_{DM} = 10 \cdot (1 + 0,2595)^{0,8973} + 100 \cdot (1 + 0,2595)^{-0,1027} = 109,9594$$

$$V_{DMF/W} = 10 \cdot (1 + 0,2595)^{0,888} + 100 \cdot (1 + 0,2595)^{-0,112} = 109,7228$$

Nun soll untersucht werden, welches Vermögen nach einer Zinsänderung zu den Zeitpunkten der Durations verfügbar ist. Analog zur Macaulay Duration geht auch die Fisher/Weil Duration von einer Parallelverschiebung der Zinsstruktur aus, in einem ersten Zinsszenario wird daher von einer Zinssenkung ausgegangen, konkret sinken die Spotrates um 2 Prozentpunkte auf $_0i_1 = 3\%$ und $_0i_2 = 13\%$. Daraus ergibt sich eine Forwardrate von $_1f_2 = 23,97\%$ und das tatsächliche Vermögen des Investments in diese Anleihe zu $t=D_M$ bzw. $t=D_{F/W}$ kann wie folgt errechnet werden:

$V_{DM} = 109,9448$

$V_{DF/W} = 109,7244$

Während zum Zeitpunkt der Fisher/Weil Duration das ursprünglich geplante Vermögen sogar übertroffen wird, kann zum Zeitpunkt der Macaulay Duration das geplante Vermögen nicht erreicht werden. Im zweiten Zinsszenario ist von einem steigenden Zinsniveau auszugehen, die Spotrates erhöhen sich um 2 Prozentpunkte auf $_0i_1=7\%$ und $_0i_2=17\%$. Daraus resultiert eine Forwardrate von $_1f_2 = 27,93\%$, das verfügbare Vermögen zu $t=D_M$ bzw. $t=D_{F/W}$ lautet dann:

$V_{DM} = 109,9448$

$V_{DF/W} = 109,7239$

In beiden Fällen kann das ursprünglich geplante Vermögen mindestens erreicht werden. Die Fisher/Weil Duration bietet somit auch bei einer nicht-flachen Zinsstruktur und einer ausschließlichen Parallelverschiebung der Zinsstruktur völlige Immunisierung gegenüber Zinsänderungen. Die Macaulay

Duration hingegen liefert in einem Zinsszenario einen höheren, im anderen Szenario einen niedrigeren als den geplanten Wertverlauf. Das Risiko sich ändernder Zinsen kann also im Falle einer nicht flachen Zinsstruktur mittels der Macaulay Duration nicht eliminiert werden.

Kritisch zu beurteilen ist hinsichtlich der vermeintlichen Verbesserung des Ergebnisses bei Verwendung der Fisher/Weil Duration gegenüber der Macaulay Duration, dass die Dynamik der Zinsstruktur in der Realität keiner ausschließlichen Parallelverschiebung unterliegt. Mit Hilfe der **Hauptkomponentenanalyse** (**Principal Components Analysis** [PCA]) lässt sich die Veränderung des Aussehens der Zinsstruktur auf den Einfluss mehrerer, voneinander unabhängiger Komponenten zurückzuführen. Das Verfahren zerteilt die Dynamik der Zinsstruktur in eine Vielzahl von Einflussgrößen, die einen unterschiedlich hohen Beitrag zur Erklärung der Gesamtdynamik leisten. Sortiert man diese Komponenten nach ihrem Beitrag zur Erklärung der Gesamtdynamik, reichen in der Regel einige wenige Komponenten aus um einen Großteil der Gesamtdynamik zu erfassen. Im Fall der Dynamik der Zinsstruktur können drei Einflussgrößen identifiziert werden, die – je nach verwendetem Datenmaterial – etwa 90% der Gesamtdynamik erfassen können. Diese Komponenten sind:

- **Shift** (Parallelverschiebung der Zinskurve) – erklärt etwa 65% der Gesamtdynamik.
- **Twist** (Drehung der Zinskurve) – erklärt etwa 20% der Gesamtdynamik
- **Butterfly** („flatternde" Enden der Zinskurve) – erklärt etwa 10% der Gesamtdynamik

Die Verwendung der Fisher/Weil Duration impliziert somit das völlige Ausblenden anderer Effekte als jenen der Parallelverschiebung (des Shifts) und kann daher in der Realität auch nur suboptimale Ergebnisse liefern.

4.5. Immunisierungsstrategien

Die Interpretation der Macaulay Duration bzw. auch der Fisher/Weil Duration kann auf zweierlei Weise erfolgen. Einerseits ist die Kennzahl Duration ein Maßstab für das mit dem Erwerb der Anleihe verbundene Zinsänderungsrisiko, andererseits gibt die Duration einen Zeitpunkt innerhalb der Restlaufzeit einer Anleihe an, zu dem unabhängig von Richtung und Ausmaß möglicher Zinsänderungen ein heute planbares Vermögen jedenfalls erzielt werden kann. Die Kenntnis dieses Zeitpunkts kann etwa für den gezielten Vermögensaufbau oder auch für das Ansparen von Mitteln für die Bedienung künftiger Verbindlichkeiten von großem Interesse sein. Möglicherweise kann jedoch am Markt keine Anleihe gefunden werden, die eine mit dem individuellen Anlagehorizont korrespondierende Duration aufweist. In so einem Fall lässt sich durch Kombination zweier Anleihen ein Zahlungsstrom generieren, der die gewünschte Duration aufweist. Im Folgenden wird die notwendige Vorgehensweise für Anleihen unter Verwendung der Macaulay Duration erläutert.

Sind zwei Zahlungsströme mit den unter dem herrschenden Marktzinssatz i ermittelten Barwerten PV_1 und PV_2 und den Durations D_1 und D_2 bekannt, kann eine beliebige Zielduration D^* im Intervall $[D_1, D_2]$ durch Portfoliobildung erzielt werden. Der von der ersten Anleihe zu benötigte Anteil in dieser Zusammenstellung kann wie folgt ermittelt werden:

$$w_1 = \frac{D_2 - D^*}{D_2 - D_1}$$

Das folgende Beispiel illustriert diesen Zusammenhang:

Beispiel zur Immunisierung:

Zwei Anleihen weisen bei einem aktuellen Marktzinssatz von i=10% folgende Zahlungsströme und Barwerte auf:

	PV	t=1	t=2	t=3
Kuponan-leihe	92,54	7	7	107
Zerobond	100	110		

Die Durations der Zahlungsströme lauten D_1=1 (Zerobond) und D_2=2,8 (Kuponanleihe). Soll nun bspw. zum Zeitpunkt D^*=2 eine Immunisierung gegenüber Zinsänderungen erreicht werden, so sind beide Anleihen miteinander zu kombinieren. Der resultierende Zahlungsstrom weist dann durch entsprechende Wahl der Gewichte die gewünschte Zielduration auf. Der von der ersten Anleihe – in diesem Fall die Kuponanleihe – zu erwerbende Anteil kann wie folgt ermittelt werden:

$$w_{ZB} = \frac{2,8 - 2}{2,8 - 1} = 0,4444$$

In den Zerobond sind also 44,44% des verfügbaren Vermögens zu investieren, in die Kuponanleihe 55,56%. Zu beachten sind die verschiedenen Barwerte der beiden Papiere, damit das eben errechnete Verhältnis der investierten Beträge zutrifft, müssen von der Kuponanleihe (aufgrund des geringeren Barwerts) PV1/PV2 Stücke erworben werden. Dies führt zu folgenden modifizierten Zahlungsströmen:

	PV	t=1	t=2	t=3
0,4444 Zerobond	44,44	48,89		
0,5556 * 100/92,54 Kupona.	55,56	4,20	4,20	64,20
Summe	100,00	53,09	4,20	64,20

Der Zahlungsstrom aus beiden Anleihen weist nun eine Duration von:

$$D_{PF} = \frac{1 \cdot 53,09 \cdot 1,1^{-1} + 2 \cdot 4,20 \cdot 1,1^{-2} + 3 \cdot 64,20 \cdot 1,1^{-3}}{100} = 2$$

Formel VI.C.36

auf. Somit konnte das ursprünglich angestrebte Ziel exakt erreicht werden, der resultierende Zahlungsstrom weist nun zum Zeitpunkt der Zielduration eine völlige Immunisierung gegenüber Zinsänderungen auf.

4.6. Andere Kennzahlen

Zur Beurteilung des Wertpapiers Anleihe stehen weitere Kennzahlen zur Auswahl, deren Bedeutung nun erläutert werden soll.

Die **Zinselastizität** gibt die prozentuelle Änderung des Barwerts an, wenn die Marktzinsen sich um einen Prozent (nicht Prozentpunkt!) verändern. Die Zinselastizität ist wie folgt definiert:

$$\varepsilon = MD \cdot i$$

Der **Basispoint Value** gibt die absolute Preisänderung einer Anleihe bei einer Zinsänderung von einem Basispunkt (=0,01%) an und kann wie folgt ermittelt werden.

$$BPV = DD \cdot 0,0001$$

Die Interpretation dieser Kennzahl kann völlig analog zur Dollar Duration erfolgen, die ihrerseits die absolute Preisänderung bei einer Zinsänderung von 100 Basispunkte (=1 Prozentpunkt) angibt.

4.7. Stückzinsen

Kuponanleihen weisen durch die regelmäßig anfallenden Kuponzahlungen einen im Zeitablauf anwachsenden Wertverlauf auf. Der durch die nahende Kuponzahlung induzierte Wertzuwachs wird allerdings am Tag der tatsächlichen Kuponzahlung wieder abgeschlagen. Nachstehendes Beispiel soll dies verdeutlichen:

Beispiel zum Wertverlauf einer Kuponanleihe im Zeitablauf:

Eine Anleihe mit dreijähriger Restlaufzeit zahlt jährliche Kupons in Höhe von 15, die Tilgung erfolgt zu 102, gegenwärtig können am Markt für Papiere in dieser Risikoklasse 9% p.a. erzielt werden. Der Barwert dieser Anleihe ergibt sich durch Diskontierung des Zahlungsstroms und beträgt 116,73. Am Ende der Laufzeit der Anleihe muss der Preis exakt 117 betragen, da am Ende nur noch Anspruch auf eine Kuponzahlung in Höhe von 15 und die Tilgungszahlung von 102 besteht. Der faire Preis der Anleihe während der Laufzeit der Anleihe ist in folgender Grafik ersichtlich:

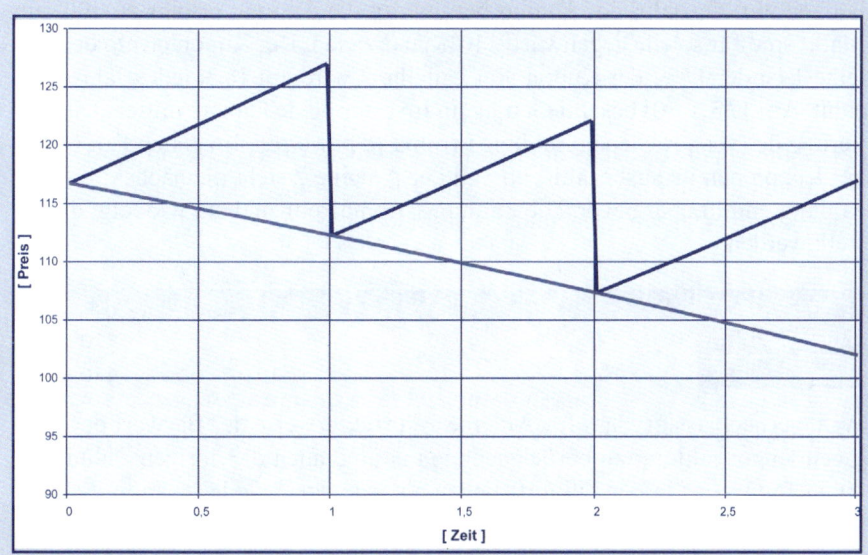

Abbildung VI.11: Wertverlauf einer Kuponanleihe

Das Sägezahnmuster des Wertverlaufs (dunkelblaue Linie) ergibt sich durch den Abschlag der Kuponzahlung am Kuponstichtag.

Allgemein kann der faire Preis eines Zahlungsstroms zu einem unterjährigen Zeitpunkt t=τ, tau in [0,1] (hier ist ein Zeitpunkt zwischen zwei Kuponterminen gemeint) nach folgendem Zusammenhang ermittelt werden:

$$V_\tau = PV \cdot (1 + i)^\tau$$

Wobei Vτ den Wert (Value) der Anleihe zum Zeitpunkt t=τ bezeichnet.

Fortsetzung des Beispiels zum Wertverlauf einer Kuponanleihe im Zeitablauf:

Für die Anleihe aus dem vorangehenden Beispiel kann nun der Wert zum Zeitpunkt t=0,5 ermittelt werden:

$$V_{0,5} = 116{,}73 * 1{,}09^{0{,}5} = 121{,}87$$

Problematisch kann der Effekt des kuponbedingten Wertzuwachses bei Anleihen im Falle einer vergleichenden Betrachtung von Anleihen mit von einander abweichenden Kuponterminen werden. Das folgende Beispiel soll dies illustrieren:

Beispiel:

Ein Unternehmen hat zwei Anleihen begeben, hinsichtlich der Ausstattungsmerkmale sind beide Papiere völlig identisch, einzig der Kupontermin der Anleihen ist voneinander abweichend. Die Papiere weisen eine dreijährige Restlaufzeit auf, der jährliche Kupon beträgt 10, die Tilgung erfolgt zu 100, am Markt sind für solche gegenwärtig 10% zu erzielen. Der Kupontermin der Anleihe 1 ist der 17.3., der Kupon von Anleihe 2 wird am 18.3. jedes Jahres bezahlt. Am 17.3. (=t0) beschließt nun ein Investor beide Papiere mittels Diskontierung des versprochenen Zahlungsstroms zu bewerten. Im ersten Fall wurde der Kupon bereits ausbezahlt, im Fall der Anleihe 2 steht die nächste Kuponzahlung unmittelbar bevor. Die Zahlungsströme können dann wie folgt dargestellt werden:

	t=0	t=1	t=2	t=3
Anleihe 1		10	10	110
Anleihe 2	10	10	10	110

Wird vernachlässigt, dass für Anleihe 2 korrekterweise der Barwert der morgigen Kuponzahlung zu berücksichtigen ist und auch die übrigen Zahlungen einen Tag weiter in der Zukunft liegen als jene der Anleihe 1, kann der Barwert beider Zahlungsströme wie folgt errechnet werden:

$$PV_1 = 10*1{,}1^{-1} + 10*1{,}1^{-2} + 110*1{,}1^{-3} = 100$$

$$PV_2 = 10 + 10*1{,}1^{-1} + 10*1{,}1^{-2} + 110*1{,}1^{-3} = 110$$

Aufgrund der voneinander abweichenden Kupontermine weisen die beiden Papiere trotz sonst völlig identer Eigenschaften einen stark voneinander abweichenden Preis auf.

Die Tatsache, dass zwei in den Ausstattungsmerkmalen idente Anleihen unterschiedliche Preise aufweisen, könnte nun, wie in diesem skizzierten Fall, einen Investor fälschlicherweise zu der Annahme verleiten, dass Anleihe 1 aufgrund des geringeren Preises ein höheres Risiko als die Anleihe 2 aufweist. Tatsächlich ist der Preisunterschied bis zum Bewertungsstichtag nur durch die naherückende Kuponzahlung bedingt und nicht auf unterschiedliche Risiken der Papiere zurückzuführen (zumal beide vom selben Emittenten stammen). Verteilt man die Zahlung des an sich jährlich anfallenden Kupons gedanklich in anteilige Zahlungen auf jeden einzelnen Tag der Kuponperiode eines ganzen Jahres, würde ein Erwerber dieser Anleihe bereits vor dem tatsächlichen Kupontermin Stücke des gesamten Kupons erhalten. Der Wertzuwachs durch näher rückende Kupontermine ist also genau auf diesen Effekt von im Zeitablauf **anwachsender Stückzinsen** (**accrued interests**) zurückzuführen. Anders formuliert könnte der Wertzuwachs für den Halter der Anleihe durch die Entlohnung für die bereits verstrichene Zeit bis zur nächsten Kuponzahlung erklärt werden. Würde obige Anleihe 1 am 17.3. (dem Kupontermin) erworben werden und unterstellt man eine lineare Zinsermittlung, könnte das Papier am 17.9. (ein halbes Jahr später) um 105 veräußert werden. Der Gesamtkupon der betreffenden Kuponperiode in Höhe von 10 würde dem Verkäufer des Papiers im Ausmaß der Haltedauer seit dem letzten Kupontermin abgelöst werden müssen. Dies entspricht exakt der Haltedauer einer halben Kuponperiode, somit sind die aufgelaufenen Stückzinsen mit 5 zu beziffern.

Finanzmathematisch genau kann die Frage der Stückzinsen wie folgt beantwortet werden. Die jährliche Kuponzahlung in Höhe von K kann bei einem gegebenen Zinssatz von i durch Anlage eines Kapitals in Höhe von K/i erzielt werden. Bis zum unterjährigen Zeitpunkt t=τ sind folglich Stückzinsen in Höhe von:

$$\frac{K}{i}\left[(1+i)^{\tau} - 1\right]$$

angefallen. Diese Information kann nun verwendet werden, um den Preis einer Anleihe zu adaptieren. Der sich durch Diskontierung des Zahlungsstroms ergebende Preis wird **dirty price** (inklusive der aufgelaufenen Stückzinsen) genannt, wird dieser Preis um die darin enthaltenen Stückzinsen bereinigt, erhält man den **clean price** der Anleihe. Letzterer ist ein um den Effekt aufgelaufener Stückzinsen bereinigter Preis, Anleihen mit von einander abweichenden Kuponterminen können auf dieser Preisbasis miteinander verglichen werden.

Fortsetzung des Beispiels:

Anleihe 1 aus obigem Beispiel soll nun für folgende Zeitpunkte genauer betrachtet werden:

Anleihe 1	t=0	t=0,4	t=1-	t=1+
dirty price	100	103,89	110	100

Die dirty prices ergeben sich wiederum durch Diskontierung des gegebenen Zahlungsstroms zu den einzelnen Zeitpunkten. Zu t=0 wurde der jährliche Kupon bereits ausbezahlt, t=1- und t=1+ bezeichnen die Zeitpunkte unmittelbar vor bzw. unmittelbar nach der fälligen Kuponzahlung zu t=1. In einem nächsten Schritt werden die angefallenen Stückzinsen ermittelt und daraus kann der clean price der Anleihe zu den gegebenen Zeitpunkten ermittelt werden:

Anleihe 1	t=0	t=0,4	t=1-	t=1+
dirty price	100	103,89	110	100
Stückzinsen	0	3,89	10	0
clean price	100	100	100	100

Es konnte in diesem Kapitel gezeigt werden, dass ein Investment in Anleihen entgegen der landläufigen Meinung ein durchaus riskantes Unterfangen darstellen kann und es vielschichtige Informationen, Kennzahlen und Anlagegrundsätze zu berücksichtigen gilt. Die Historie der Kapitalmärkte zeigt aber, dass Anleihen eine wesentlich weniger schwankende Wertentwicklung als die im folgenden Abschnitt dargestellten Aktien durchlaufen, fundierte Kenntnisse zu diesem Wertpapiertyp aber zweifellos von Wert für den Anleger sind.

D. Wertpapieranalyse – Aktien

1. Grundlegendes zu Aktien

Gemäß § 1 des österreichischen Aktiengesetzes (analoge Bestimmungen finden sich im deutschen Aktiengesetz, AktG) ist unter einer Aktie das zerlegte Grundkapital einer Aktiengesellschaft zu verstehen.

Eine Aktie verbrieft somit das **Miteigentum an einer Aktiengesellschaft**, aus dem unter anderem folgende Rechte des Aktionärs abgeleitet werden können:

- Recht auf **Mitbestimmung**. Aktien räumen dem Aktionär für gewöhnlich Stimmrechte ein, welche dieser auf der Hauptversammlung der Aktiengesellschaft ausüben kann.
- Recht auf **Gewinnbeteiligung**. Der Aktionär ist am Erfolg des Unternehmens beteiligt, beschließt die Hauptversammlung die Ausschüttung des Gewinns der Aktiengesellschaft an ihre Eigentümer (die Aktionäre), kommt der Aktionär in den Genuss einer Dividendenzahlung.
- Recht auf Anteil am **Liquidationserlös**. Wird eine Aktiengesellschaft liquidiert, das bedeutet die Veräußerung aller Vermögensgegenstände mit dem Zweck der Beendigung der Gesellschaft, steht dem Aktionär entsprechend seinem Anteil am Unternehmen ein Teil des Liquidationserlöses zu.
- Recht auf **Auskunft** durch den Vorstand. Der Vorstand ist das Organ der Aktiengesellschaft, das mit der Leitung des Unternehmens beauftragt ist. Dem Aktionär stehen Informationen und Auskünfte durch den Vorstand zu.
- **Bezugsrecht** junger Aktien. Im Zuge einer Kapitalerhöhung einer Aktiengesellschaft werden junge (neue) Aktien gegen Bezahlung des Emissionspreises ausgegeben. Bisher am Unternehmen beteiligten Aktionären sind diese neu hinzukommenden Papiere zuerst anzubieten, bevor sie an bislang noch nicht am Unternehmen beteiligte Investoren verkauft werden können. Dieses Vorkaufsrecht wird Bezugsrecht genannt und steht dem Aktionär zu.

Aktien, insbesondere massenweise ausgegebene und börsengehandelte Aktien (Effekten), sind in der Regel Inhaberpapiere. Träger der durch die Aktie verbrieften Rechte ist der Inhaber des Papiers, die Übertragung der Rechte kann durch Weitergabe des Papiers an einen neuen Inhaber geschehen. Das Recht aus dem Papier folgt somit dem Recht am Papier. Bezüglich der Übertragung dieser Rechte sind allerdings auch andere, restriktivere Bestimmungen möglich.

Grundsätzlich können Aktien nach den folgenden Kriterien systematisiert werden:

- Einteilung nach **Zerlegung des Grundkapitals**
  - ☐ **Nennwertaktien**. Diesem Typus von Aktie ist ein Betrag aufgedruckt, der angibt, in welchem Umfang der Inhaber der Aktie am Grundkapital beteiligt ist. Lautet der Nennwert (auch Nennbetrag, Nominalbetrag oder Nominale) beispielsweise 100 Euro und ist das gesamte Grundkapital der Gesellschaft 1.000.000 Euro, dann verbrieft diese Aktie einen Anteil von 100/1.000.000

= 0,01% am Unternehmen. Laut österreichischem Aktiengesetz (§ 8 Abs. 2) müssen Nennwertaktien mindestens einen Nennwert von 1 Euro aufweisen, davon abweichende Nennwerte müssen ein Vielfaches davon sein. Bei der Emission von Aktien mit Nennwert ist darauf zu achten, dass der Gesetzgeber in § 9 Abs. 1 AktG ein Unterpari-Emissionsverbot ausspricht, Aktien dürfen demnach nicht für einen Betrag unter dem Nennwert begeben werden.

- ☐ **Stückaktien.** Gemäß § 8 Abs. 1 AktG kann das Grundkapital einer Aktiengesellschaft entweder auf Nennwertaktien oder auf Stückaktien aufgeteilt werden, beide Typen dürfen nebeneinander ausgegeben werden. Jede Stückaktie verbrieft denselben Anteil am Grundkapital, weswegen trotz des fehlenden Nennbetrags eine ausgeprägte Ähnlichkeit zu Nennwertaktien besteht. Aus diesem Grund spricht man im Fall von Stückaktien auch von unechten nennwertlosen Aktien.

- ☐ **Quotenaktien.** Diese Aktien verbriefen einen gewissen Anteil am Grundkapital, der als Quote (z.B. 1/100.000) am Papier ersichtlich ist.

- ■ Einteilung nach den **Übertragungsbestimmungen**
  - ☐ **Inhaberaktien.** Die Übertragung der durch eine Inhaberaktie verbrieften Rechte kann durch Abschluss eines Vertrages zwischen Verkäufer und Käufer des Papiers und durch die anschließende Übergabe ohne Einhaltung von bestimmten Formvorschriften erfolgen. Deshalb eignen sich diese Aktien besonders für den Handel an Börsen, wo ein Handel durch besondere Formalitäten bei der Übertragung der Rechte sonst erheblich eingeschränkt wäre.

  - ☐ **Namensaktien.** Namensaktien lauten auf den Namen des Eigentümers des Papiers. Dies kann sowohl eine Person als auch ein Unternehmen oder eine Institution sein. Der Aktionär ist im Aktienbuch der Gesellschaft eingetragen und nur dieser eingetragene Eigentümer kann die Rechte aus der Aktie geltend machen. Im Fall eines Eigentümerwechsels ist eine Löschung des bisherigen Aktionärs und der Eintrag des neuen Aktionärs erforderlich.

  - ☐ **Vinkulierte Namensaktien.** Die Übertragung von vinkulierten Namensaktien ist neben den formalen Erfordernissen von herkömmlichen Namensaktien an die Zustimmung der Gesellschaft gebunden. Solche Aktien werden von der Gesellschaft begeben, um die Eigentümerstruktur besser steuern zu können.

- ■ Einteilung nach dem **Umfang der Rechte**
  - ☐ **Stammaktien.** Dieser Aktientyp stellt bezüglich der Rechte die ursprüngliche Aktienart dar. Stammaktionäre haben Stimmrechte, Anspruch auf Anteil am Unternehmensgewinn, Auskunftsrechte, Recht auf Anteil am Liquidationserlös und auch Bezugsrechte im Fall einer Emission junger Aktien.

  - ☐ **Vorzugsaktien.** Vorzugsaktionäre sind gegenüber Stammaktionären in irgendeiner Weise bevorrechtet. Die üblichste Form des Vorzugs ist jene des **Dividendenvorzugs.** Vorzugsaktien mit Dividendenvorzug räumen den Inhabern einen Vorteil bei der Gewinnverteilung ein, für gewöhnlich verzichten solche Vorzugsaktionäre im Gegenzug auf Rechte, z.B. auf das Stimmrecht.

Vorzugsaktien mit Dividendenvorzug können unterschiedlich ausgeprägt sein, die konkrete Ausgestaltung des Dividendenvorzugs hängt von den von der Gesellschaft vereinbarten Gewinnverteilungsregeln ab. Das folgende Beispiel soll dies verdeutlichen:

Übungsbeispiel zur Gewinnverteilung:

Das Grundkapital der Dividenden AG besteht aus 50.000 Stammaktien und 100.000 Vorzugsaktien. Die Gewinnverteilungsregeln der Gesellschaft sehen folgendes vor:

Die Vorzugsaktionäre erhalten zunächst bis zu 50 Eurocent je Aktie. Ist dann noch Gewinn vorhanden, werden an die Stammaktionäre bis zu 50 Eurocent je Aktie ausgeschüttet. Jeder weitere Euro des Gewinns wird gleichmäßig auf alle Aktien verteilt.

Es kann nun in Abhängigkeit des Bilanzgewinns die Dividende je Aktie ermittelt werden:

	Stammaktie	Vorzugsaktie
0	0,00	0,00
25.000	0,00	0,25
50.000	0,00	0,50
75.000	0,50	0,50
100.000	0,67	0,67
125.000	0,83	0,83
150.000	1,00	1,00
175.000	1,17	1,17
200.000	1,33	1,33

Die folgende Abbildung verdeutlicht diesen Sachverhalt nochmals grafisch:

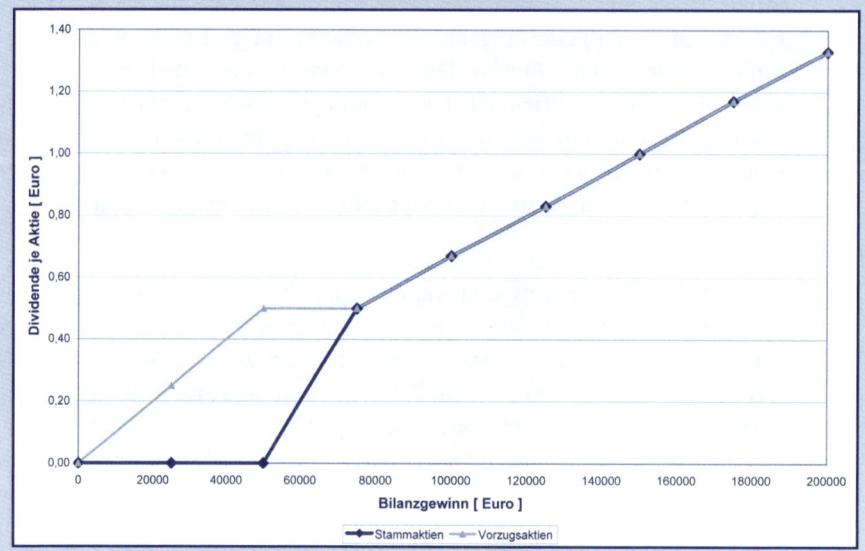

Abbildung VI.12: Grafische Darstellung der Gewinnverteilung

Bei einem Gewinn von 67.000 Euro erhalten die Vorzugsaktionäre 50 Eurocent je Aktie, auf die Stammaktionäre entfallen 34 Eurocent je Stammaktie. Bei 163.500 Euro entfallen auf beide Aktienarten 1,09 Euro je Aktie.

Aus obigem Beispiel ist ersichtlich, dass der Vorteil der Dividendenvorzugsaktien nur im Falle von geringen Gewinnen attraktiv ist, ist ausreichend Gewinn vorhanden, entfallen auf beide Aktientypen dieselben Dividendenzahlungen. Diese konkrete Regelung die Gewinnverteilung betreffend wird prioritätischer Dividendenanspruch genannt. Grundsätzlich sind vier Typen von Gewinnverteilungsregeln voneinander abzugrenzen:

- Prioritätischer Dividendenanspruch
- Prioritätischer Dividendenanspruch mit Überdividende
- Limitierte Vorzugsdividende
- Kumulative Vorzugsdividende

Der **prioritätische Dividendenanspruch** räumt den Vorzugsaktionären wie bereits im Beispiel gezeigt das Recht auf eine bevorzugte Zuteilung des anteiligen Gewinns ein. Ist ausreichend Gewinn zur Verteilung vorhanden, werden jedoch auch Stammaktionäre im gleichen Ausmaß wie die Vorzugsaktionäre bei der Gewinnverteilung bedient. Dieser Typus der Dividendenvorzugsaktie ist somit nur im Falle von geringen Unternehmensgewinnen attraktiv.

Wird den Vorzugsaktionären ein **prioritätischer Dividendenanspruch** mit **Überdividende** gewährt, wird analog zum bloßen prioritätischen Dividendenanspruch der Gewinn zunächst auf die Vorzugsaktionäre verteilt, jedoch auch bei ausreichend großem Gewinn entfällt auf die Vorzugsaktionäre stets eine größere Dividende als auf die Stammaktionäre. Das folgende Beispiel illustriert diese Verteilungsregel:

Fortsetzung des Übungsbeispiels zur Gewinnverteilung:

Das Grundkapital der Dividenden AG besteht aus 50.000 Stammaktien und 100.000 Vorzugsaktien. Die Gewinnverteilungsregeln der Gesellschaft sehen Folgendes vor:

Die Vorzugsaktionäre erhalten zunächst bis zu 50 Eurocent je Aktie. Ist dann noch Gewinn vorhanden, werden an die Stammaktionäre bis zu 30 Eurocent je Aktie ausgeschüttet. Jeder weitere Euro des Gewinns wird gleichmäßig auf alle Aktien verteilt.

Grafisch kann die Dividende je Aktiengattung in Abhängigkeit des Bilanzgewinns nun wie folgt dargestellt werden:

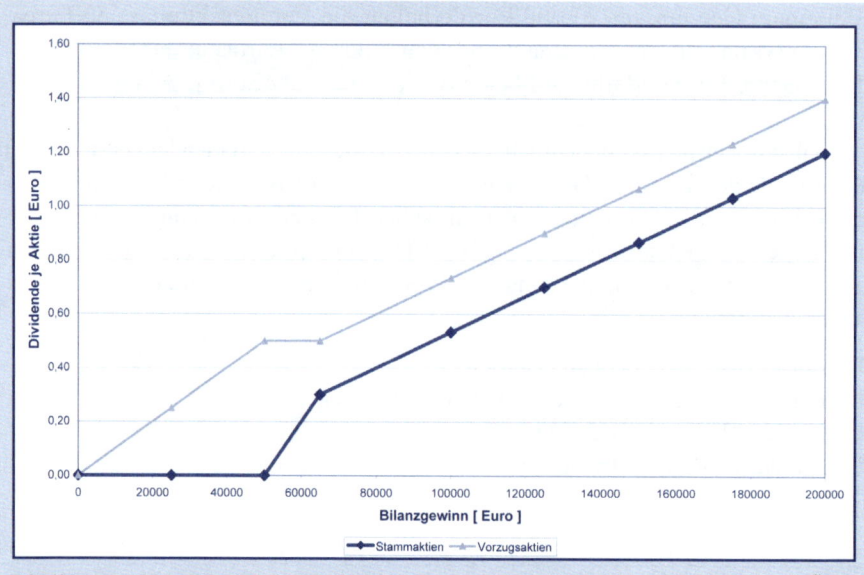

Abbildung VI.13: Gewinn je Aktie bei prioritätischem Dividendenanspruch mit Überdividende

Ist die Dividende für Vorzugsaktionäre gedeckelt, spricht man von einer **limitierten Vorzugsdividende**. Auch hier werden die Vorzugsaktionäre zunächst bis zu einer Obergrenze bedient, der Rest des Gewinns wird ausschließlich an die Stammaktionäre ausgeschüttet.

Fortsetzung des Übungsbeispiels zur Gewinnverteilung:

Das Grundkapital der Dividenden AG besteht aus 50.000 Stammaktien und 100.000 Vorzugsaktien. Die Gewinnverteilungsregeln der Gesellschaft sehen Folgendes vor:

Die Vorzugsaktionäre erhalten zunächst bis zu 50 Eurocent je Aktie. Jeder weitere Euro Gewinn wird an die Stammaktionäre ausgeschüttet.

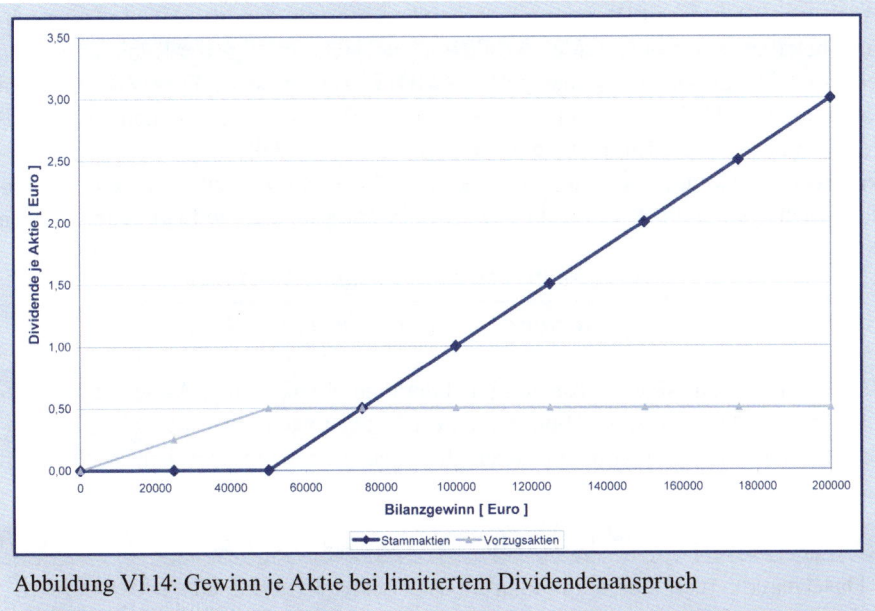

Abbildung VI.14: Gewinn je Aktie bei limitiertem Dividendenanspruch

Eine Dividendenvorzugsaktie mit **kumulativer Vorzugsdividende** garantiert dem Aktionär eine jährliche Dividendenzahlung, die im Fall von Verlustjahren in folgenden Geschäftsjahren mit Gewinn nachgeholt wird. Diese Aktie vereint typische Merkmale von Eigen- und Fremdkapital, neben den Miteigentumsrechten existiert eine vom Erfolg der Aktiengesellschaft (nahezu) unabhängige Entlohnung des eingesetzten Kapitals, was ein Kennzeichen von Fremdkapital ist.

2. Die Kapitalerhöhung von Aktiengesellschaften

Im Rahmen der Eigenfinanzierung steht Aktiengesellschaften die Möglichkeit offen, durch Ausgabe junger (neuer) Aktien frisches Kapital zu beschaffen. Neben dieser effektiven bzw. **ordentlichen Kapitalerhöhung** existieren weitere Varianten der Erhöhung des Grundkapitals einer Aktiengesellschaft. Diese sind:

- Ordentliche Kapitalerhöhung
- Bedingte Kapitalerhöhung
- Genehmigtes Kapital
- Kapitalerhöhung aus Gesellschaftsmitteln

Bei der **ordentlichen Kapitalerhöhung** werden gegen Bar- oder Sacheinlagen junge (neue) Aktien an interessierte Investoren verkauft. Der Gesellschaft fließt somit effektiv frisches Eigenkapital zu, das in der Bilanz die Positionen Grundkapital und Kapitalrücklagen erhöht. Dem gegenüber stehen auf der Aktivseite erhöhte Barmittelbestände, die in der Folge z.B. für Investitionsprojekte verwendet werden können. Die Durchführung einer Kapitalerhöhung wird von der Hauptversammlung der

Aktiengesellschaft mit Dreiviertelmehrheit beschlossen, den bisherig am Unternehmen beteiligten Aktionären (den **Altaktionären**) steht im Zuge der Kapitalerhöhung ein gesetzlich gewährtes (gemäß § 153 öAktG) **Bezugsrecht** zu. Dieses Bezugsrecht kann im Zuge der Kapitalerhöhung geltend gemacht werden oder an andere Investoren verkauft werden. Ein Erwerb junger Aktien ist jedenfalls an den Besitz von Bezugsrechten geknüpft. Wie viele Bezugsrechte für den Erwerb einer jungen Aktie erforderlich sind, gibt die Kennzahl **Bezugsverhältnis** an, die wie folgt definiert ist:

$$BV = \frac{Nennwert\ bzw.\ Anzahl\ alte\ Aktien}{Nennwert\ bzw.\ Anzahl\ junge\ Aktien}$$

Jedem Altaktionär steht je vor der Kapitalerhöhung gehaltenen Aktie ein Bezugsrecht zu, ein Aktionär mit 10.000 Aktien verfügt demnach über 10.000 Bezugsrechte. Das folgende Beispiel demonstriert den Zusammenhang zwischen Bezugsrecht und Bezugsverhältnis.

Übungsbeispiele zum Bezugsverhältnis:

Das Grundkapital der Kapitalgarant AG besteht zurzeit aus 100.000 Aktien mit einem Nennwert von je 50 Euro. Die Beteiligung an der Hedgeinvest GmbH soll durch eine ordentliche Kapitalerhöhung finanziert werden. Hierzu werden 20.000 junge Aktien mit einem Nennwert von 50 Euro ausgegeben. Der Mehrheitseigentümer der Kapitalgarant AG hält vor der Kapitalerhöhung 55.000 Aktien. Wie viele der jungen Aktien müssen diesem Aktionär angeboten werden? Hierzu ist zunächst das Bezugsverhältnis zu ermitteln:

BV = 100.000 / 20.000 = 5:1

Eine andere Variante zur Ermittlung des Bezugsverhältnisses ist, den Nennwert der vorhandenen alten Aktien in Relation zum Nennwert der hinzukommenden jungen Aktien zu betrachten:

BV = 5.000.000 / 1.000.000 = 5:1

Im Ergebnis unterscheiden sich beide Varianten nicht, das Bezugsverhältnis von 5:1 besagt nun, dass einem Altaktionär je fünf vor der Kapitalerhöhung gehaltener Aktien eine junge Aktie angeboten werden muss. Der Mehrheitsaktionär besitzt vor der Kapitalerhöhung 55.000 Aktien und ebenso viele Bezugsrechte, folglich müssen ihm

Anzahl der anzubietenden Aktien = 55.000 / 5 = 11.000

junge Aktien angeboten werden.

Die Osteuropa Invest AG führt zur Finanzierung eines Bürogebäudekomplexes eine ordentliche Kapitalerhöhung durch. Das gegenwärtige Grundkapital von 100 Millionen Euro soll um 25 Millionen Euro erhöht werden. Ein Aktionär der Gesellschaft besitzt aktuell eine Anzahl an Aktien mit einem Gesamtnennwert von 46.000 Euro. Im Folgenden soll nun ermittelt werden, in welchem Ausmaß dieser Aktionär an der Kapitalerhöhung teilnehmen kann. Das Bezugsverhältnis lautet

BV = 100.000.000 / 25.000.000 = 4:1

Der betrachtete Aktionär hat somit Anspruch, jeweils für 4 Euro vor der Kapitalerhöhung gehaltenem Grundkapital im Ausmaß von einem weiteren Euro an der Kapitalerhöhung teilzunehmen. Konkret müssen diesem Aktionär junge Aktien mit einem Nennwert von

46.000 / 4 = 11.500

Euro angeboten werden.

Die Vulture Invest AG plant den Kauf eines in Zahlungsschwierigkeiten geratenen Unternehmens, der Kaufbetrag soll dabei durch eine ordentliche Kapitalerhöhung aufgebracht werden. Der Finanzexperte des Unternehmens errechnet, dass hierzu eine Aufstockung des Grundkapitals um 40% (mit Aktien gleichen Nennwerts) erforderlich ist. Ein Aktionär hält vor der Kapitalerhöhung 13.555 Aktien. Wie viele junge Aktien sind diesem im Zuge der Kapitalerhöhung anzubieten?
Das Bezugsverhältnis lautet:

BV = 100 / 40 = 5:2

Folglich sind diesem Aktionär für je 5 vor der Kapitalerhöhung gehaltenen Aktien 2 junge Aktien anzubieten. In Summe stehen dem Aktionär daher

13.555 / 2,5 = 5.422

junge Aktien zu.

Dem **Bezugsrecht** kommen im Rahmen einer Kapitalerhöhung zwei **Funktionen** zu:

- Wahrung der Stimmrechtsverhältnisse
- Ausgleich von Vermögensnachteilen

Durch die durch das Bezugrecht gewährte Möglichkeit des Kaufs junger Aktien für Altaktionäre können diese den vor der Kapitalerhöhung am Unternehmen gehaltenen Anteil auch nach der Kapitalerhöhung wahren.

Fortsetzung der Übungsbeispiele zum Bezugsverhältnis:

Der Mehrheitseigentümer der Kapitalgarant AG hält vor der Kapitalerhöhung 55.000 Aktien, dies entspricht einer Beteiligung von 55% am Unternehmen. Übt dieser Aktionär all seine Bezugsrechte aus, kann er 11.000 junge Aktien erwerben. Dies führt zu einem Anteil am Unternehmen nach vollzogener Kapitalerhöhung im Ausmaß von:

(55.000 + 11.000) / (100.000 + 20.000) = 55%

Der Aktionär der Osteuropa Invest AG hält vor der Kapitalerhöhung Aktien mit einem Nennwert von 46.000 Euro. Dies entspricht einer Beteiligung von 46.000 / 100.000.000 = 0,046%. Übt dieser Aktionär seine Bezugsrechte aus, werden ihm junge Aktien mit einem Nennwert von 11.500 Euro zugeteilt, der Anteil am Unternehmen nach der Kapitalerhöhung lautet dann:

(46.000 + 11.500) / (100.000.000 + 25.000.000) = 0,046%

Für die Berechnung des konkreten Anteils des Aktionärs der Vulture Invest AG ist die Kenntnis der gesamt ausgegebenen Aktien erforderlich. Angenommen, das Grundkapital der AG besteht aus 100.000 Aktien, dann hält der betrachtete Investor einen Anteil in Höhe von 13.555 / 100.000 = 13,555%. Nach erfolgter Kapitalerhöhung lautet der Anteil dann:

(13.555 + 5.422) / (100.000 + 40.000) = 13,555%

Die zweite Funktion des Bezugsrechts ist, Vermögensnachteile für Altaktionäre auszugleichen. Wie jedes andere Recht auch weist das Bezugsrecht einen Wert auf, im schlimmsten Fall ist dieses Recht wertlos. Vor der Kapitalerhöhung beinhaltet jede Aktie dieses Recht auf den vorrangigen Kauf der emittierten jungen Aktien. Der Gesamtpreis bzw. der Kurs der Aktie vor der Kapitalerhöhung K_{vor} setzt sich somit aus dem Wert des Bezugsrechts und dem Wert aller anderen durch die Aktie verbrieften Rechte zusammen. Nach der Kapitalerhöhung ist dieses Recht nicht mehr im Preis der Aktie enthalten, da es im Zuge der Kapitalerhöhung entweder ausgeübt oder an einen anderen Investor verkauft wurde. Der erste Kurs der Aktie an am Markt (z.B. an der Börse) nach erfolgter Kapitalerhöhung K_{nach} notiert dann mit dem Kurszusatz „exBez", womit Lesern dieser Finanzinformation signalisiert wird, dass der aktuelle (nun möglicherweise gegenüber dem Kurs des Vortages geringere Kurs) durch den Abschlag des Werts des Bezugsrechts BR zustande gekommen ist. Folgender Zusammenhang gilt:

$$K_{nach} = K_{vor} - BR$$

Die Frage nach dem Wert dieses Rechts kann nun wie folgt beantwortet werden: Für einen Aktionär einer Aktiengesellschaft nach erfolgter Kapitalerhöhung gibt es zwei denkbare Wege, wie dieser die Aktionärsstellung erlangt hat. Entweder war er bereits vor der Kapitalerhöhung am Unternehmen beteiligt oder er hat im Zuge der Kapitalerhöhung als zunächst Außenstehender junge Aktien zum Emissionskurs EK erworben. Im zweiten Fall benötigt der Investor für den Erwerb einer jungen Aktie neben dem Emissionskurs zusätzlich eine Anzahl Bezugsrechte, das Bezugsverhältnis gibt Auskunft, wie viele Bezugsrechte erforderlich sind. Der Altaktionär hingegen verfügt nach der Kapitalerhöhung über eine Aktie mit dem Gegenwert K_{nach}, dieser Betrag entspricht dem Kurs vor der Kapitalerhöhung abzüglich des Bezugsrechts, somit $K_{vor} - BR$. Unabhängig wie nun die Aktionärsstellung erlangt wurde, sollen die Vermögen, also der Wert der gehaltenen Aktie, einander entsprechen, anderenfalls wäre der Altaktionär gegenüber dem neu hinzukommenden Aktionär oder umgekehrt benachteiligt. Somit muss folgender Zusammenhang gelten:

$$K_{vor} - BR = EK + BV \cdot BR$$

Auf der linken Seite der Gleichung findet sich die Zusammensetzung des Vermögens des Altaktionärs, dem Preis der Aktie vor der Kapitalerhöhung wurde der Wert des Bezugsrechts abgeschlagen. Auf der rechten Seite der Gleichung findet sich das Vermögen des neuen Aktionärs. Auch dieser verfügt nun über eine Aktie im Gegenwert von K_{nach}, dieser Betrag setzt sich aus seiner Sicht aus dem investierten Emissionskurs sowie dem Erwerb der Anzahl der dafür erforderlichen Bezugsrechte zusammen. Nach Umformungen ergibt sich für das Bezugsrecht letztlich:

$$BR = \frac{K_{vor} - EK}{BV + 1}$$

Durch Verwendung des Zusammenhangs $K_{nach} = K_{vor} - BR$ kann der Wert des Bezugsrechts aus so ausgedrückt werden:

$$BR = \frac{K_{nach} - EK}{BV}$$

Der so ermittelte Wert stellt lediglich einen **rechnerischen Wert** des **Bezugsrechts** dar. Tatsächlich ist in einigen Fällen während einer Kapitalerhöhung das Bezugsrecht als eigenständiges Wertpapier an Börsen handelbar, dessen Preis unterliegt somit dem Wechselspiel aus Angebot und Nachfrage. Ist ein Investor beispielsweise besonders an der Beteiligung an einem Unternehmen im Zuge einer Kapitalerhöhung interessiert, wird dieser bereit sein, einen höheren als den rechnerischen Wert für das Bezugsrecht zu bezahlen.

Aufgrund des Abschlags des Bezugsrechts vom Kurs der alten Aktien nach der Kapitalerhöhung verfügen Altaktionäre nun nur noch über Aktien mit einem gegenüber dem Kurs vor der Kapitalerhöhung reduzierten Wert. Dies stellt jedoch keinen Vermögensnachteil dar, das Vermögen der Altaktionäre setzt sich nach der Kapitalerhöhung nur anders zusammen. Das folgende Beispiel verdeutlicht dies.

Übungsbeispiel zur Errechnung des Aktionärsvermögens:

Ein Aktionär der Roadshow AG hält gegenwärtig 10.000 Aktien, das entspricht 1% des Grundkapitals dieser Gesellschaft (die Gesamtanzahl der Aktien beträgt daher 1.000.000). Die Roadshow AG beabsichtigt eine Kapitalerhöhung im Ausmaß von 40% des vorhandenen Grundkapitals durchzuführen (es werden also 400.000 neue Aktien begeben), der Emissionskurs der jungen Aktien wird 54 betragen, die alten Aktien (mit einem Nennwert von 50 Euro – dies entspricht auch dem Nennwert der jungen Aktien) werden aktuell zu einem Kurs von 68 Euro an der Börse gehandelt. Der obige Aktionär überlegt im Zuge dieser Kapitalerhöhung nun drei Strategien:

- Keine Teilnahme an der Kapitalerhöhung
- Ausüben der Hälfte seiner Bezugsrechte
- Ausüben all seiner Bezugsrechte

Zusätzlich verfügt der Aktionär über Barmittel in Höhe von 240.000 Euro. Die Frage, wie sich das Vermögen dieses Aktionärs nach der Kapitalerhöhung in diesen drei Fällen zusammensetzt, kann wie folgt beantwortet werden: Vor der Kapitalerhöhung verfügt er über 10.000 Aktien zu 68 Euro und 240.000 Euro an Barmitteln, in Summe somit 920.000 Euro.

Das Bezugsverhältnis dieser Kapitalerhöhung lautet 100/40 = 2,5. Das Bezugsrecht weist einen rechnerischen Wert von (68 – 54)/(2,5 + 1) = 4 auf, der Kurs der Aktien nach erfolgter Kapitalerhöhung wird also 68 – 4 = 64 betragen. Die folgende Tabelle zeigt das Gesamtvermögen nach erfolgter Kapitalerhöhung für die betrachteten drei Fälle:

	Fall 1	Fall 2	Fall 3
Aktien alt	10.000	10.000	10.000
ausgeübte BR	0	5.000	10.000
Kauf junger Aktien	0	2.000	4.000
Aktien nach KE	10.000	12.000	14.000
Wert Aktien	640.000	768.000	896.000
Kosten junge Aktien	0	108.000	216.000
verbleibende Barmittel	240.000	132.000	24.000
Erlös BR	40.000	20.000	0
Summe	920.000	920.000	920.000

Für den Fall 2 sollen diese Zahlen nun kurz nachvollzogen werden. Vor der Kapitalerhöhung hält der Aktionär 10.000 Aktien. Er beabsichtigt nun die Hälfte seiner 10.000 Bezugsrechte, also 5.000, auszuüben, die ihn zum Erwerb von 5.000 / 2,5 = 2.000 jungen Aktien berechtigen. Folglich hält dieser Aktionär nach erfolgter Kapitalerhöhung 12.000 Aktien des Unternehmens im Gesamtwert von 12.000 * 64 = 768.000 Euro. Der Erwerb der 2.000 jungen Aktien schlägt mit Kosten in Höhe von 2.000 * 54 = 108.000 Euro zu Buche, die Barmittel betragen nach der Kapitalerhöhung somit nur noch 240.000 – 108.000 = 132.000 Euro. Die nicht ausgeübten 5.000 Bezugsrechte können um 4 Euro pro Stück veräußert werden, dies entspricht einem Gesamterlös von 5.000 * 4 = 20.000 Euro. Das Vermögen nach der Kapitalerhöhung beträgt also 768.000 + 132.000 + 20.000 = 920.000 Euro und ist somit im Vergleich zum Status vor der Kapitalerhöhung unverändert geblieben. Dies trifft auch auf die beiden anderen Fälle zu, das Vermögen des Aktionärs beträgt jedenfalls 920.000 Euro. Die Entscheidung bezüglich des Ausübens von Bezugsrechten wirkt sich somit nicht auf das Vermögen eines Aktionärs aus, wohl aber auf den gehaltenen Anteil am Unternehmen. Dieser beträgt für diesen Aktionär nach der Kapitalerhöhung:

- Fall 1: 10.000 / (1.000.000 + 400.000) = 0,71%
- Fall 2: (10.000 + 2.000) / (1.000.000 + 400.000) = 0,86%
- Fall 3: (10.000 + 4.000) / (1.000.000 + 400.000) = 1%

Der bisherige Anteil am Unternehmen kann also nur durch das Ausüben aller Bezugsrechte gewahrt werden.

Für den Fall, dass ein Aktionär im Rahmen einer Kapitalerhöhung keine Anweisungen bezüglich des Ausübens seiner Bezugsrechte erteilt, führt die seine Aktien verwaltende Depotbank eine **Operation Blanche** aus. Diese Strategie verwirklicht eine Teilnahme an der Kapitalerhöhung ohne zusätzlichen Mittelaufwand des Aktionärs. Im Zuge einer Operation Blanche wird von den vorhandenen Bezugsrechten eine bestimmte Anzahl verkauft, mit dem Erlös aus dem Verkauf der Bezugsrechte und den verbleibenden Bezugsrechten werden junge Aktien zum Emissionskurs bezogen. Die Frage nach der Anzahl der zu verkaufenden Bezugsrechte kann wie folgt beantwortet werden, da gelten muss:

$$x \cdot BR = \frac{a - x}{BV} \cdot EK$$

Wobei x die zu verkaufende Anzahl an Bezugsrechten, a die Anzahl aller Bezugsrechte, BR den rechnerischen Wert des Bezugsrechts, BV das Bezugsverhältnis und EK den Emissionskurs bezeichnen. Auf der linken Seite der Gleichung steht der Gesamterlös aus dem Verkauf von x Bezugsrechten, auf der rechten Seite der Gleichung die Kosten für den Erwerb von (a-x) / BV jungen Aktien zu einem Stückpreis von EK. Löst man diese Gleichung nach x auf erhält man:

$$x = \frac{a}{1 + \dfrac{BR \cdot BV}{EK}}$$

Das folgende Beispiel illustriert diese Methodik:

Übungsbeispiel zur Operation Blanche:

Die Kapitalerhöhung einer Aktiengesellschaft ist durch folgende Eckdaten gekennzeichnet: EK = 100, BR = 10 und BV = 2,5. Ein Aktionär dieses Unternehmens besitzt vor der Kapitalerhöhung 1.000 Aktien, im Zuge dieser Kapitalerhöhung führt die Depotbank für ihn eine Operation Blanche durch. Es werden daher:

x = 1.000 / (1 + 10*2,5 / 100) = 800

Bezugsrechte veräußert, der Gesamterlös beträgt 800 * 10 = 8.000 Euro. Mit den verbleibenden 200 Bezugsrechten können 200 / 2,5 = 80 junge Aktien erworben werden, die Kosten hierfür betragen 80 * 100 = 8.000 Euro.

In diesem Fall halten sich Kosten und Erlöse exakt die Waage, der Aktionär beteiligt sich an der Kapitalerhöhung ohne zusätzlichen Mittelaufwand. Für den Fall eines nicht ganzzahligen Ergebnisses bei der Ermittlung der Anzahl der zu verkaufenden Bezugsrechte ist auf eine sinnvolle Anzahl zu runden. Das folgende Beispiel zeigt die erforderliche Vorgehensweise auf:

Fortsetzung des Übungsbeispiels zur Operation Blanche:

Eine Aktiengesellschaft erhöht im Zuge einer Kapitalerhöhung das Grundkapital um 20%, das Bezugsverhältnis beträgt also 5:1, der rechnerische Wert des Bezugsrechts wurde mit 2 ermittelt, der Emissionskurs der jungen Aktien beträgt 63 Euro. Ein Aktionär hält gegenwärtig 1.200 Aktien und beabsichtigt im Rahmen der Kapitalerhöhung eine Operation Blanche durchzuführen. Die Anzahl der zu verkaufenden Bezugrechte beträgt:

x = 1.200 / (1 + 5*2 / 63) = 1.035,62

Es können nur ganzzahlige Mengen an Bezugsrechten verkauft werden, in diesem Fall ist daher eine Rundung vorzunehmen. Bei der Rundung ist auch das Bezugsverhältnis zu berücksichtigen, die nach dem Verkauf verbleibenden Bezugsrechte sollen gänzlich und ohne Rest für den Erwerb junger Aktien verwendet werden können. Im vorliegenden Fall sollen nun zwei Varianten untersucht werden, die folgende Tabelle zeigt die Konsequenzen auf:

	Verkauf 1.035 BR	Verkauf 1.040 BR
Erlöse Verkauf BR	2.070	2.080
Ausgeübte BR	165	160
Kauf junger Aktien	33	32
Kosten junge Aktien	2.079	2.016

Im ersten Fall ergibt sich das Erfordernis eines Mittelzuschusses in Höhe von 9 Euro, im zweiten Fall ergibt sich ein Mittelüberhang in Höhe von 64 Euro.

3. Portfoliotheorie

Bislang wurden im Zuge der Rendite-Risiko-Rechnung nur Eigenschaften einzelner Wertpapiere errechnet. Die dafür verwendeten Maßzahlen Mittelwert (Erwartungswert) der Renditen und die dazugehörige Standardabweichung beschreiben den im Durchschnitt erzielbaren Ertrag eines Wertpapiers und das damit verbundene Risiko einer Abweichung nach oben oder nach unten von diesem Wert. In diesem Abschnitt sollen nun **Eigenschaften von Kombinationen von Wertpapieren** ermittelt werden.

> Unter einem Portfolio ist ein Bündel aus verschiedenen Investitionsobjekten zu verstehen. Dies können Aktien, Anleihen, Derivate, Geld, Edelmetalle, aber auch nicht börsengehandelte Assets wie Immobilien, Kunstgegenstände oder Anteile an Personengesellschaften sein. Die einzelnen Objekte stehen in einer spezifischen Gewichtung zueinander und determinieren so die Eigenschaften dieses Portfolios.

Neben den in einem Portfolio enthaltenen Vermögensgegenständen spielt also auch die Gewichtung, d.h. die konkrete Aufteilung des zu investierenden Vermögens auf die einzelnen Investitionsobjekte eine wesentliche Rolle. Die Auswahl der Portfoliobestandteile erfolgt im Rahmen der **Asset Allocation**, im Kontext der Portfoliotheorie stellt sich die Frage nach effizienten Gewichtungen der Objekte.

3.1. 2-Wertpapier-Portfolios

Eine besondere Rolle spielt bei der Betrachtung der Portfolioeigenschaften das Verhalten der einzelnen Portfoliobestandteile zueinander. Das gemeinsame Verhalten zweier Wertpapiere kann durch die Maßzahlen Kovarianz und Korrelation beschrieben werden, diese sollen nun für diese Zwecke eingesetzt werden. Durch die geschickte Auswahl und Gewichtung können selbst **inferiore Wertpapiere** dazu beitragen, dass das Gesamtergebnis verbessert wird. Dies ist durch das Ausnützen von risikomindernden Effekten der Portfoliobildung und dem Wirksamwerden von **Synergieeffekten** möglich. Ein einführendes Beispiel soll dies verdeutlichen:

Übungsbeispiel zur Portfoliotheorie:

Die Analyse historischer Preise der Solarenergie AG und der Regenschutz AG hat folgende Renditen erbracht (Angaben in Prozent):

	2005	2006	2007	2008
Solarpower AG	8	-2	8	-2
Regenschutz AG	4	6	4	6

Die Aktien der beiden Unternehmen können nun durch den (arithmetischen) Mittelwert und die Standardabweichung der Renditen beschrieben werden.

Die Aktie der Solarpower AG weist eine mittlere Rendite von 3 bei einer Standardabweichung von 5 auf, die Aktie der Regenschutz AG liefert durchschnittlich 5 Prozent Rendite bei einer Standardabweichung von 1. Diese beiden Papiere können nun in einem Risiko-Rendite-Diagramm (Risk-Return) dargestellt werden:

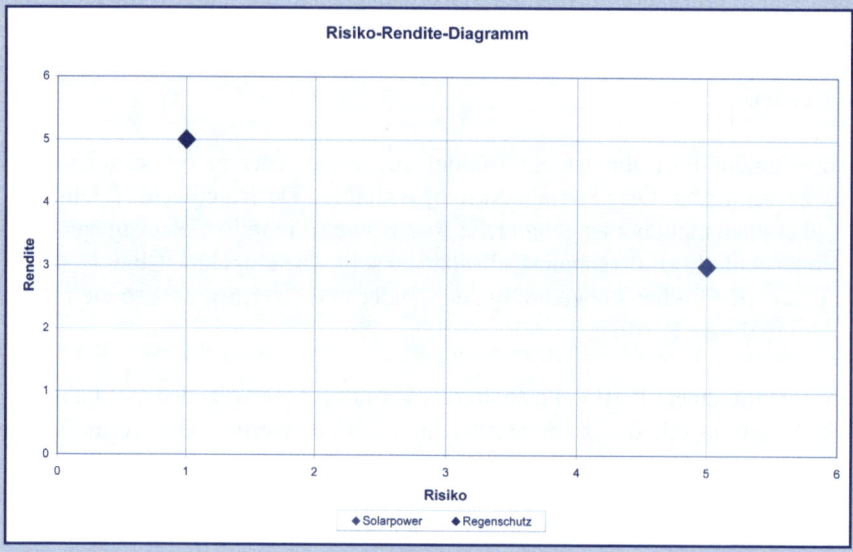

Abbildung VI.15: Risiko-Rendite-Diagramm

In der visualisierten Variante der Eigenschaften beider Aktien wird schnell ersichtlich, welcher Aktie bei einer Auswahlentscheidung der Vorzug zu geben ist. Zumal die Aktien der Solarpower AG eine kleinere Rendite und trotzdem ein größeres Risiko aufweist, ist bei einer isolierten Anlageentscheidung jedenfalls die Aktie der Regenschutz AG attraktiver. Die Aktie der Solarpower AG ist also ein inferiores Wertpapier, das aber dennoch für Anleger interessant sein kann.

Um dies zu verdeutlichen, betrachtet man zunächst die Renditen im Zeitablauf der beiden Titel. Es ist ersichtlich, dass sinkende Renditen der einen Aktie von steigenden Renditen der anderen Aktie begleitet werden. Grundsätzlich ist also eine gegenläufige Tendenz der beiden Unternehmen, auch ohne rechnerische Grundlage, festzustellen. Dies erscheint angesichts der Tatsache, dass die Solarpower AG wohl grundsätzlich von sonnigem Wetter und die Regenschutz AG von nassem Wetter profitieren wird, wenig verwunderlich. Durch Kombination der beiden Wertpapiere lässt sich in der Folge möglicherweise ein Portfolio generieren, das unabhängig vom Wetter eine konstante oder wenigstens wenig schwankende Rendite im Zeitablauf liefern kann.

Diese Frage soll nun geklärt werden. Zunächst ist jedoch zu ergründen, wie Rendite und Risiko einer Kombination aus zwei Wertpapieren ermittelt werden können. Die Rendite eines Portfolios, bestehend aus zwei Aktien mit den Einzelrenditen r_1 und r_2, kann bei gegebenen Gewichtungen der beiden Aktien w_1 und w_2 wie folgt berechnet werden:

$$r_{PF} = w_1 \cdot r_1 + w_2 \cdot r_2$$

Wobei r_{PF} die **Portfoliorendite** bezeichnet und für die beiden Gewichte w_1 und w_2 der Zusammenhang $w_1 + w_2 = 100\%$ gelten muss. Ein Beispiel verdeutlicht diesen Zusammenhang:

Übungsbeispiel zur Portfoliorendite:

Die Aktien der Solarpower AG und der Regenschutz AG werden gegenwärtig zu einem Preis von je 50 Euro an der Börse gehandelt. Ein Investor verfügt über ein zu veranlagendes Vermögen von 100 Euro und beschließt, dieses gleichmäßig in diese beiden Aktien zu investieren. Es wird bei der Berechnung der Gesamtrendite dieser spezifischen Kombination davon ausgegangen, dass die beiden Aktien die zuvor ermittelte durchschnittliche Rendite von 3 Prozent bzw. 5 Prozent liefern werden. Es ergibt sich folgende Vermögensplanung für einen Betrachtungszeitraum von einem Jahr:

	Solarpower AG	Regenschutz AG
Investition	-50	-50
Rendite	3%	5%
Endwert	51,50	52,50
Summe	104,00	

Das erzielte Endvermögen in Höhe von 104 bedeutet eine Rendite in Höhe von 4 Prozent auf das eingesetzte Kapital von 100. Dies entspricht exakt dem gewichteten Durchschnitt der Einzelrenditen:
$r_{PF} = 0,5 * 3 + 0,5 * 5 = 4$

Portfolios können auch einzelne Positionen mit **negativen Gewichten** aufweisen, dies entspricht einem Leerverkauf (einer short position) der betreffenden Position. Bei der Auswahl der Gewichte ist zu beachten, dass die Nebenbedingung

$$\sum_{i=1}^{n} w_i = 1$$

erfüllt sein muss. In der Praxis kann eine short position bzw. ein Leerverkauf etwa durch die Ausleihe einer Aktie bewerkstelligt werden. Die geliehene Aktie wird sofort am Markt zum aktuellen Marktpreis verkauft, die so frei werdenden zusätzlichen Mittel können mit den verfügbaren Eigenmitteln veranlagt werden. Am Ende der Leihperiode bzw. am Ende des Investitionszeitraums ist die Aktie zurückzugeben. Hierzu ist das Papier zunächst am Markt zum gegenwärtigen Marktpreis anzuschaffen, erst danach kann das nun im Besitz des Ausleihenden befindliche Wertpapier zurückgegeben werden.

Ein Leerverkauf bzw. eine short position in einer Aktie und die daraus resultierende Portfoliorendite wird im folgenden Beispiel erörtert:

Fortsetzung des Übungsbeispiels zur Portfoliorendite:

Wiederum verfügt ein Investor über einen Betrag von 100 Euro zur Veranlagung in die Solarpower AG und die Regenschutz AG. Der Investor realisiert eine Strategie, die den Leerverkauf einer Aktie der Solarpower AG und ein Investment der so frei werdenden Mittel und verfügbaren Eigenmittel in die Regenschutz AG. Der Leerverkauf der Solarpower AG Aktie führt zu einem Mittelzufluss in Höhe von 50 Euro, somit stehen insgesamt 150 Euro für den Kauf dreier Aktien der Regenschutz AG zur Verfügung. Die nachstehende Tabelle zeigt die Vermögensentwicklung:

	Solarpower AG	Regenschutz AG
Investition		-150
Leerverkauf	+50	
Rendite	3%	5%
Endwert	-51,50	157,50
Summe	106,00	

Die leerverkaufte Aktie der Solarpower AG ist am Ende des Investitionshorizonts zum dann gültigen Marktpreis zu kaufen und zurückzugeben. Demgegenüber steht der Verkaufserlös der Aktien der Regenschutz AG. In Summe konnte das verfügbare Kapital von 100 Euro eine Rendite von 6 Prozent erzielen. Die Portfoliorendite mit dem Leerverkauf einer Solarpoweraktie im Wert von 50 Euro – das entspricht 50% des verfügbaren Vermögens von 100 Euro – stellt sich daher wie folgt dar:

$r_{PF} = -0,5 * 3 + 1,5 * 5 = 6$

Durch Leerverkäufe kann die Portfoliorendite beliebig erhöht werden, Voraussetzung dafür ist die Zulässigkeit von Leerverkäufen und die Verfügbarkeit der Aktien. Mit der Realisierung immer größerer short positions geht jedoch auch eine Erhöhung des mit dem Erwerb eines solchen Portfolios verbundenen Risikos einher.

Das Zustandekommen und die Ermittlung der Portfoliorendite konnte nun geklärt werden, fraglich ist nun noch das mit einer spezifischen Gewichtung zweier Aktien verbundene Portfoliorisiko. Hierzu wird das Beispiel mit der Solarpower AG und der Regenschutz AG fortgesetzt:

Fortsetzung des Übungsbeispiels:

Die einzelnen Jahresrenditen der zuvor betrachteten Aktien lauteten:

	2005	2006	2007	2008
Solarpower AG	8	-2	8	-2
Regenschutz AG	4	6	4	6

Nun sollen verschiedene Kombination beider Papiere in Betracht gezogen werden und die gewichteten Jahresrenditen ermittelt werden. Beispielsweise ergibt sich für eine Gewichtung von 50% der Aktie der Solarpower AG und 50% der Aktie der Regenschutz AG für 2005 eine kombinierte Jahresrendite von 0,5*3 + 0,5*5 = 4 Prozent. Die folgende Tabelle zeigt alle Jahresrenditen für weitere Gewichtungen:

	2005	2006	2007	2008
Solarpower AG	8	-2	8	-2
Regenschutz AG	4	6	4	6
80% S / 20% R	5,12	-1,92	5,12	-1,92
60% S / 40% R	6,40	1,20	6,40	1,20
40% S / 60% R	5,60	2,80	5,60	2,80
20% S / 80% R	4,80	4,40	4,80	4,40

Die aus den einzelnen Renditezeitreihen resultierenden Mittelwerte und Standardabweichungen können analog zu jenen der Einzelaktien ermittelt werden und sind wie folgt zu beziffern:

	Rendite	Risiko
Solarpower AG	3,00	5,00
Regenschutz AG	5,00	1,00
80% S / 20% R	3,40	3,80
60% S / 40% R	3,80	2,60
40% S / 60% R	4,20	1,40
20% S / 80% R	4,60	0,20

Neben den Einzelaktien können nun auch die Kombinationen in einem Risiko-Rendite-Diagramm dargestellt werden:

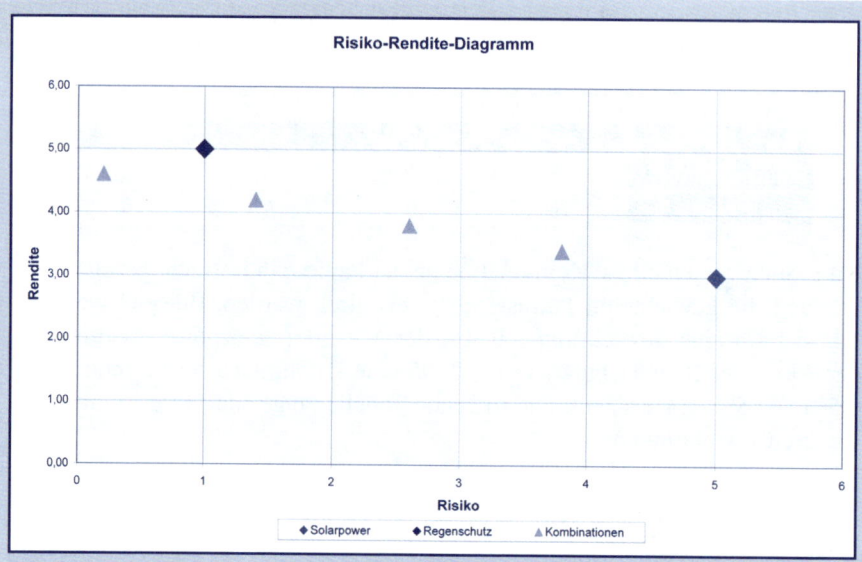

Abbildung VI.16: Einzelaktien und Kombinationen im Risiko-Rendite-Diagramm

Es ist ersichtlich, dass durch eine geschickte Wahl der Gewichte Portfolios generiert werden können, die möglicherweise für manche Investoren attraktivere Eigenschaften aufweisen als die im Portfolio enthaltenen Einzelaktien. Die Kombination aus 20% der Solarpower AG und 80% der Regenschutz AG weist bei einer Rendite von 4,6 ein Risiko von 0,2 auf. Für besonders risikoscheue Investoren wird diese Kombination eine echte Alternative zum alleinigen Investment in die Aktie der Regenschutz AG darstellen, zumal die Rendite des Portfolios nur geringfügig unter jener der Einzelaktie liegt, das Risiko jedoch nahezu eliminiert werden konnte.

Ganz allgemein kann für das Risiko eines Portfolios, bestehend aus zwei Aktien, folgender Zusammenhang hergeleitet werden:

$$\sigma_{PF}^2 = w_1^2 \cdot \sigma_1^2 + w_2^2 \cdot \sigma_2^2 + 2 \cdot w_1 \cdot w_2 \cdot Cov_{1,2}$$

Das gemeinsame Muster in den Renditen zweier Aktien – gemessen durch die Kovarianz der Renditen – spielt bei der Risikoermittlung eine besondere Rolle. Die **Synergieeffekte** durch Portfoliobildung werden von dieser Kennzahl bestimmt, aus obiger Gleichung ist ersichtlich, dass tendenziell gegenläufige Wertpapiere, charakterisiert durch eine negative Kovarianz, besonderes Diversifikationspotential aufweisen. Grundsätzlich ist **Risikostreuung durch Portfoliobildung** möglich, sobald die dafür verwendeten Aktien nicht perfekt positiv korreliert sind. Ist diese Bedingung verletzt, also sind zwei Wertpapiere vollständig positiv korreliert, werden positive Renditen des einen Papiers immer von positiven Renditen des anderen begleitet, zu negativen Renditen des einen Wertpapiers werden negative Renditen des anderen Wertpapiers realisiert. So kann es in keinem Fall zu einem Ausgleich einer negativen ersten Rendite durch eine positive zweite Rendite kommen und das Portfoliorisiko entspricht den gewichteten Einzelrisiken.

Fortsetzung des Übungsbeispiels:

Für die Ermittlung der Portfolioeigenschaften einer beliebigen Kombination aus der Aktie der Solarpower AG und der Regenschutz AG ist nun also noch die Kovarianz der Renditen zu berechnen.

$$Cov_{S,R} = 0,25 * [(8-3)*(4-5) + (-2-3)*(6-5) + (8-3)*(4-5) + (-2-3)*(6-5)] = -5$$

Die Kovarianz von -5 indiziert eine tendenziell gegenläufige Entwicklung dieser beiden Aktien. Der Korrelationskoeffizient gibt Aufschluss, wie ausgeprägt diese Gegensätzlichkeit ist:

$$\rho_{S,R} = -5 / (5 * 1) = -1$$

Offensichtlich sind beide Wertpapiere perfekt negativ korreliert, zu positiven Renditen der Aktie der Solarpower AG gehören stets negative Renditen der Aktie der Regenschutz AG (und umgekehrt), das auszuschöpfende Synergiepotential ist dementsprechend groß. Für eine beliebige Kombination aus etwa 63% der Solarpower AG und 37% der Regenschutz AG können nun mit Kenntnis der Kovarianz beider Titel die Eigenschaften des Portfolios errechnet werden:

$$r_{PF} = 0,63 \cdot 3 + 0,37 \cdot 5 = 3,74$$

Wird die Aktie der Solarpower AG im Ausmaß von 15% des zu veranlagenden Vermögens in short position gehalten, ergeben sich folgende Portfolioeigenschaften:

$$\sigma_{PF} = \sqrt{0,63^2 \cdot 5^2 + 0,37^2 \cdot 1^2 + 2 \cdot 0,63 \cdot 0,37 \cdot (-5)} = 2,78$$

Werden nun alle denkbaren Konstellationen der Kombination zweier beliebiger Wertpapiere – inklusive möglicher Leerverkäufe eines im Portfolio enthaltenen Papiers – durchgespielt und grafisch dargestellt, ergibt sich folgendes Bild:

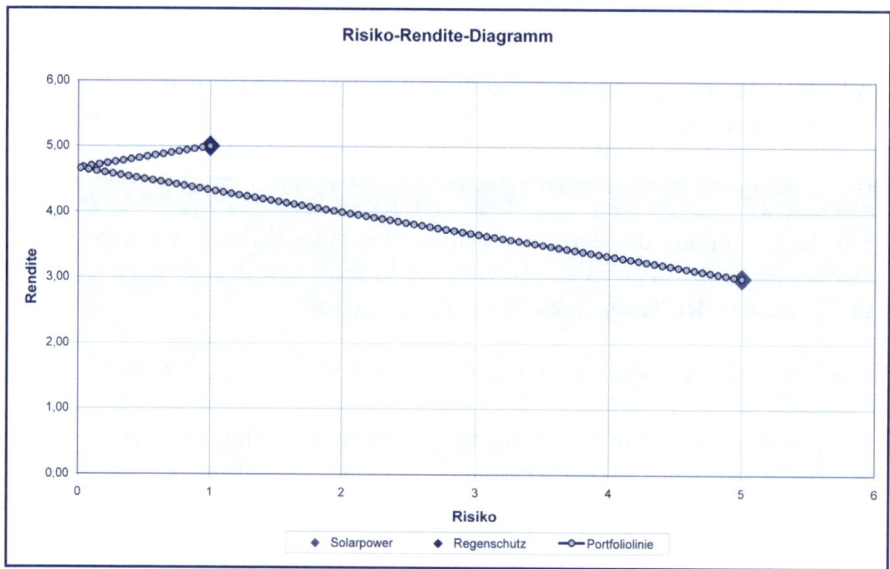

Abbildung VI.17: Risiko-Rendite-Diagramm für beliebig viele Kombinationen

Die Verbindungslinie der verwendeten beiden Aktien wird **Portfoliolinie** genannt, jeder Punkt auf der Portfoliolinie entspricht einer konkreten Gewichtung der beiden Aktien. Sollen Punkte jenseits des Bereiches zwischen den beiden Aktien erreicht werden, ist ein Leerverkauf eines der beiden Papiere erforderlich, der Teil der Verbindungslinie zwischen den beiden Aktien kann durch zwei positive Gewichte erreicht werden. Aus der Abbildung ist ebenso ersichtlich, dass Risikostreuung durch Portfoliobildung möglich ist. Das Ausmaß Krümmung der Portfoliolinie in Richtung der Ordinate und somit in Richtung eines gänzlich risikolosen Portfolios wird von der Gleichläufigkeit bzw. Gegensätzlichkeit der Renditen der kombinierten Aktien determiniert. Die folgende Abbildung zeigt Portfoliolinien für verschiedene Korrelationskoeffizienten zweier Aktien.

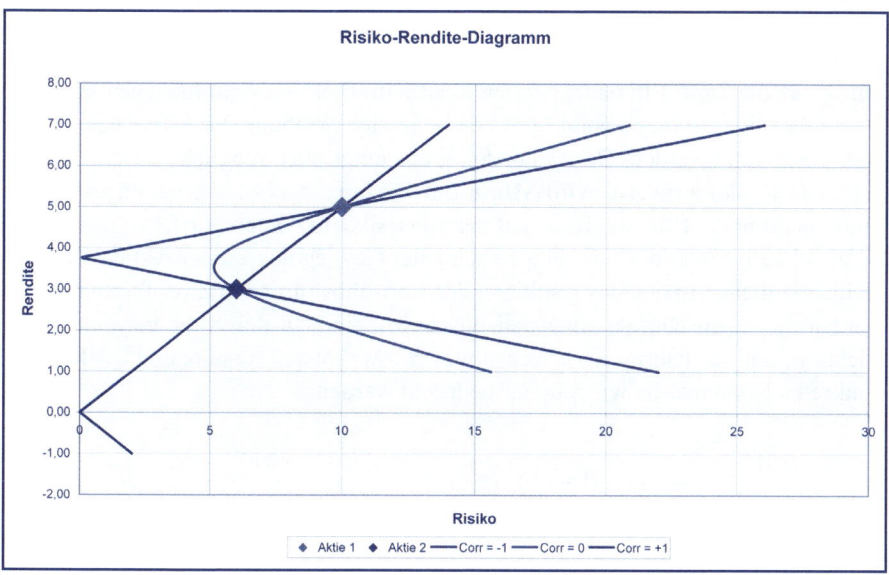

Abbildung VI.18: Portfoliolinien für verschiedene Korrelationskoeffizienten

Die zuvor aufgestellte Behauptung, Synergieeffekte ließen sich nur bei Wertpapieren mit einer Korrelation ungleich +1 erzielen, muss durch die Begutachtung obiger Grafik revidiert werden. Mit perfekt positiv korrelierten Papieren lässt sich sogar ein risikoloses Portfolio zusammenstellen. Dafür ist allerdings die Zulässigkeit von Leerverkäufen nötig. Ohne die Möglichkeit von Leerverkäufen kann im Fall von zwei perfekt negativ korrelierten Wertpapieren das Risiko gänzlich beseitigt werden, für eine Korrelation im Intervall von (-1, +1) ist das Diversifikationspotential entsprechend zwischen vollständiger Risikobeseitigung und keinen Synergieeffekten abgestuft.

Resümierend kann nun festgehalten werden:

- Alle möglichen Kombinationen zweier Aktien liegen auf einer Verbindungslinie der beiden Papiere
- Inferiore Wertpapiere können in einer Risiko-Rendite-Sichtweise durch Portfoliobildung zu einer Verbesserung der Eigenschaften führen

Für die Beurteilung, ob durch Portfoliobildung neue Anlagealternativen zu den Einzelaktien generiert werden können, ist ein Kriterium zur Messung der **Effizienz** von Kombinationen und Einzeltiteln erforderlich. Ein **effizientes Portfolio** bzw. eine effiziente Aktie liegt dann vor, wenn

- es bei einem gegebenen Ertrag keine andere Anlagealternative mit einem geringeren Risiko gibt, oder wenn
- es bei einem gegebenen Risiko keine andere Anlagealternative mit einem höheren Ertrag gibt.

Unter Berücksichtigung dieser Definition wird klar, dass nicht alle Kombinationen von zwei Aktien effizient sein können. Auf der Portfoliolinie finden sich Portfolios, auf die diese Effizienzkriterien nicht zutreffen. Effizient hingegen sind jene Portfolios, die beginnend beim Punkt der stärksten Wölbung der Kurve nach rechts oben fortgesetzt werden. Dieses Portfolio, das unter allen möglichen Portfolios das geringste Risiko aufweist, wird **Minimum-Varianz-Portfolio** genannt, in diesem Punkt beginnt die **Effizienzlinie**, auf der alle risikoeffizienten Portfolios liegen.

Zu klären ist nun noch die Frage nach jener Gewichtung zweier Aktien, die zum kleinstmöglichen Risiko des resultierenden Portfolios führt. Im Zwei-Wertpapierfall werden die Eigenschaften einer beliebigen Kombination durch die gewählten Gewichte w_1 und w_2 determiniert. Wegen $w_2 = 1 - w_1$ können Rendite und Risiko einer konkreten Kombination wie folgt ausgedrückt werden:

$$r_{PF} = w_1 \cdot r_1 + (1 - w_1) \cdot r_2$$

$$\sigma_{PF} = \sqrt{w_1^2 \cdot \sigma_1^2 + (1 - w_1)^2 \cdot \sigma_2^2 + 2 \cdot w_1 \cdot (1 - w_1) \cdot Cov_{1,2}}$$

Das Minimum der Funktion $\sigma(w_1)$ kann durch Ableitung und Nullsetzung dieses Zusammenhangs gefunden werden:

$$\frac{\partial \sigma_{PF}}{\partial w_1} = 0$$

Die Lösung für w_1 lautet:

$$w_1^* = \frac{\sigma_2^2 - Cov_{1,2}}{\sigma_1^2 + \sigma_2^2 - 2 \cdot Cov_{1,2}}$$

Im Zwei-Wertpapierfall weist kein Portfolio ein geringeres Risiko auf als eines mit den Gewichten w_1^* und $w_2^* = 1 - w_1^*$. Die so ermittelten Gewichte führen in den Spezialfällen von perfekt positiv bzw. perfekt negativ korrelierten Wertpapieren zu einer vollständigen Beseitigung von Risiko, in allen anderen Fällen wird das resultierende Portfolio jedenfalls größer als Null sein.

Fortsetzung des Übungsbeispiels:

Das Minimum-Varianz-Portfolio bestehend aus den Aktien der Solarpower AG und der Regenschutz AG weist folgende Gewichtung auf:

$$w_S^* = \frac{1^2 - (-5)}{1^2 + 5^2 - 2 \cdot (-5)} = \frac{1}{6}$$

Daraus ergeben sich folgende Portfolioeigenschaften:

$$r_{MVP} = 0{,}17 \cdot 3 + 0{,}83 \cdot 5 = 4{,}67$$

$$\sigma_{MVP} = \sqrt{0{,}17^2 \cdot 5^2 + 0{,}83^2 \cdot 1^2 + 2 \cdot 0{,}17 \cdot 0{,}83 \cdot (-5)} = 0$$

Im Fall der perfekt negativ korrelierten Aktien der Solarpower AG und der Regenschutz AG lässt sich ein risikoloses Portfolio durch long positions (positive Gewichte) in beiden Aktien erzielen. Sind zwei Wertpapiere perfekt positiv korreliert, ist eine short position eines Wertpapiers erforderlich, um das Risiko der Kombination völlig auszuschalten, das folgende Beispiel illustriert dies:

Die Aktien zweier Unternehmen weisen die folgenden Eckdaten auf (Angaben in Prozent): $r_1 = 5$, $sigma_1 = 8$, $r_2 = 10$, $sigma_2 = 20$, $Cov_{1,2} = 160$. Zu ermitteln sind die Eigenschaften eines Portfolios, bestehend aus je 50% der beiden Aktien und die Eigenschaften des Minimum-Varianz-Portfolios aus beiden Aktien. Rendite und Risiko der ersten Kombination lauten:

$$r_{PF} = 0{,}5 \cdot 5 + 0{,}5 \cdot 10 = 7{,}5$$

$$\sigma_{PF} = \sqrt{0{,}5^2 \cdot 8^2 + 0{,}5^2 \cdot 20^2 + 2 \cdot 0{,}5 \cdot 0{,}5 \cdot 160} = 14$$

Bei der Beurteilung des Risikos von Kombinationen aus diesen beiden Wertpapieren ist die Korrelation im Hinblick auf das Ausmaß möglicher Synergieeffekte ein hilfreicher Indikator, im vorliegenden Fall beträgt diese:

$$\rho_{1,2} = 160 / (8 * 20) = +1$$

Die beiden Wertpapiere sind somit vollständig positiv korreliert, Diversifikationspotential ist also keines vorhanden. Das Risiko eines Portfolios kann für diesen Spezialfall auch als einfache Linearkombination der Einzelrisiken ermittelt werden:

$$\sigma_{PF} = 0{,}5*8 + 0{,}5*20 = 14$$

Sind jedoch Leerverkäufe zulässig, kann das Risiko sogar gänzlich beseitigt werden, die erforderlichen Gewichte der Kombination lauten:

$$w_1^* = \frac{20^2 - 160}{8^2 + 20^2 - 2 \cdot 160} = \frac{5}{3}$$

$$w_2^* = -\frac{2}{3}$$

Die Eigenschaften des Minimum-Varianz-Portfolios sind

$$r_{MVP} = 1{,}67 \cdot 5 + (-0{,}67) \cdot 10 = 1{,}67$$

$$\sigma_{MVP} = \sqrt{1{,}67^2 \cdot 8^2 + (-0{,}67)^2 \cdot 20^2 + 2 \cdot 1{,}67 \cdot (-0{,}67) \cdot 160} = 0$$

Im Allgemeinen ist für das Minimum-Varianz-Portfolio zweier beliebiger Aktien keine vollständige Beseitigung des Risikos zu erwarten, dies ist nur in den Spezialfällen perfekt positiv oder negativ korrelierter Aktien der Fall. Die Aktien der Unternehmen X-beliebig AG und Y-beliebig AG weisen folgende Daten auf (Angaben in Prozent): $r_X = 3$, $\sigma_X = 7$, $r_Y = 5$, $\sigma_Y = 12$, $\rho_{XY} = 0{,}3571$. Zu ermitteln ist nun das Minimum-Varianz-Portfolio bestehend aus diesen Papieren. Zunächst ist die Kovarianz zu berechnen:

$\text{Cov}_{X,Y} = 0{,}3571 * 75 * 12 = 30$

Nun können die erforderlichen Gewichte ermittelt werden:

$$w_1^* = \frac{12^2 - 30}{7^2 + 12^2 - 2 \cdot 30} = \frac{6}{7}$$

$$w_2^* = \frac{1}{7}$$

Daraus ergeben sich die Portfolioeigenschaften:

$$r_{MVP} = 0{,}86 \cdot 3 + 0{,}14 \cdot 5 = 3{,}29$$

$$\sigma_{MVP} = \sqrt{0{,}86^2 \cdot 7^2 + 0{,}14^2 \cdot 12^2 + 2 \cdot 0{,}86 \cdot 0{,}14 \cdot 30} = 6{,}8$$

Werden die Aktien der X-beliebig AG und der Y-beliebig AG kombiniert, muss je nach Gewichtung der beiden Papiere ein Risiko von mindestens 6,8 getragen werden. Eine gänzliche Beseitigung des Risikos ist in diesem Fall nicht möglich.

Ein abschließendes umfangreiches Beispiel soll nun die Portfoliotheorie für den Zwei-Wertpapierfall abschließen:

Übungsbeispiel:

Die historischen Renditen dreier Aktien lauten (Angaben in Prozent):

	2004	2005	2006	2007
A	4	6	4	6
B	6	2	6	2
C	4,5	5,5	4,5	5,5

Zu ermitteln ist die maximale risikolose Rendite, die mit diesen drei Papieren erzielt werden kann. In einem ersten Schritt werden Rendite, Risiko und als Maß der Gleichläufigkeit der Papiere die Kovarianz errechnet:

	2004	2005	2006	2007	r	sigma
A	4	6	4	6	5	1
B	6	2	6	2	4	2
C	4,5	5,5	4,5	5,5	5	0,5

Die Kovarianzen sind $Cov_{A,B} = -2$, $Cov_{A,C} = 0,5$ und $Cov_{B,C} = -1$. Daraus können die Korrelationskoeffizienten errechnet werden, $corr_{A,B} = -1$, $corr_{A,C} = +1$, $corr_{B,C} = -1$. Die grafische Darstellung dieser drei Wertpapiere in einem Risiko-Rendite-Diagramm sieht wie folgt aus:

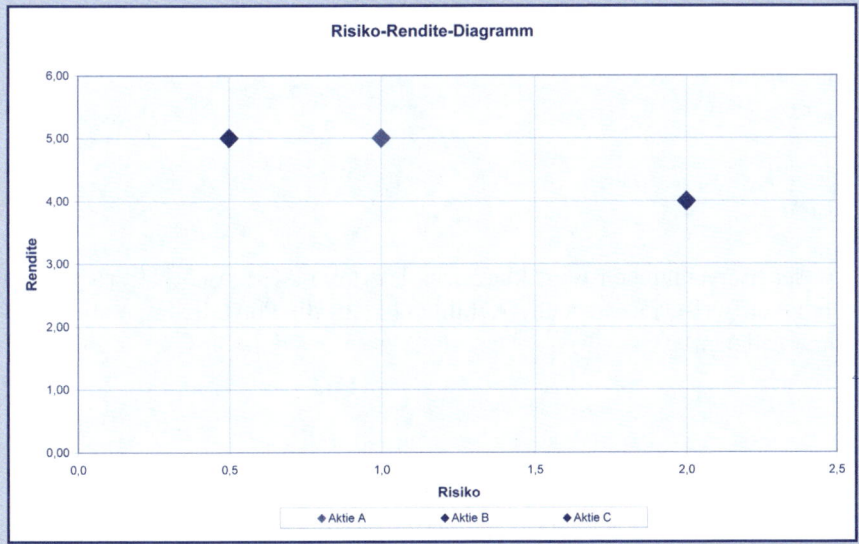

Abbildung VI.19: Risiko-Rendite-Diagramm der drei Aktien

389

Bezüglich der Effizienz der drei Aktien kann nun unter Zuhilfenahme der Effizienzkriterien Folgendes gesagt werden. Die Aktie B kann nicht effizient sein, die beiden anderen Titel weisen sowohl eine höhere Rendite als auch ein geringeres Risiko auf. Zur gegebenen Rendite von 5 Prozent der Aktie A, die ein Risiko von 1 aufweist, gibt es eine andere Aktie – die Aktie C – mit einem geringeren Risiko. Somit kann auch A nicht effizient sein, die einzig risikoeffiziente Aktie ist also Aktie C. Eine Auswahl bei einer Einzelinvestmententscheidung müsste somit auf Aktie C fallen. Die Kenntnis der Korrelationen zwischen den drei Wertpapieren lässt jedoch schnell erkennen, dass Portfoliobildung mit jeweils zwei der drei Aktien bezüglich des Risikos der resultierenden Kombination zu einer gänzlichen Ausschaltung des Risikos führen kann. Alle drei denkbaren Zwei-Wertpapierkombinationen führen – bei entsprechender Wahl der Gewichte – zu einem risikolosen Portfolio, diese Erkenntnis kann schon allein durch die Betrachtung der Korrelationskoeffizienten gewonnen werden. Fraglich ist nun, welche risikolose Kombination zur höchsten Rendite führt, hierzu sind zunächst die Gewichte der Minimum-Varianz-Portfolios (gemäß dem weiter oben beschriebenen Zusammenhang) aller möglichen Zwei-Wertpapier-Kombinationen und die Eigenschaften dieser Portfolios zu ermitteln:

$$w_{1AB}{}^* = 2/3$$
$$w_{1AC}{}^* = -1$$
$$w_{1BC}{}^* = 0{,}2$$

$$r_{AB} = 4{,}67$$
$$\sigma_{AB} = 0$$

$$r_{AC} = 5$$
$$\sigma_{AC} = 0$$

$$r_{BC} = 4{,}8$$
$$\sigma_{BC} = 0$$

Aus den Berechnungen wird klar, dass Portfolio AC die höchste risikolose Rendite aufweist. Die folgende Abbildung zeigt die Portfoliolinien aller drei Kombinationen.

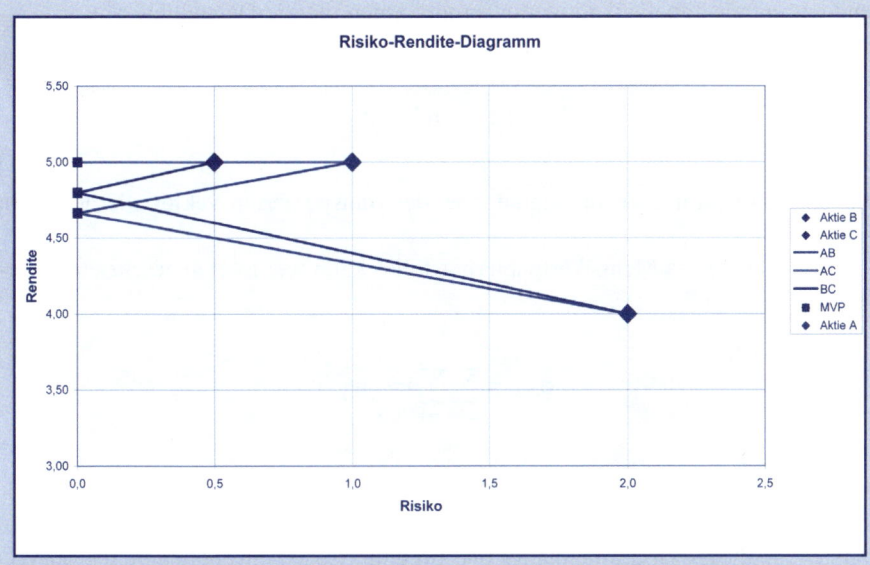

Abbildung VI.20: Portfoliolinie der denkbaren Zwei-Aktien-Kombinationen

Wird jedoch etwa eines der beiden Portofolios mit der kleineren Rendite als jener von PF AC leerverkauft und werden diese Mittel zusätzlich in PF AC investiert, dann lässt sich die Rendite dieser Kombination bei gleich bleibender Risikolosigkeit beliebig steigern. Die maximal erzielbare risikolose Rendite dieses Setups ist folglich beliebig groß. An dieser Stelle sei darauf hingewiesen, dass dies natürlich nur unter sehr restriktiven Annahmen der Fall ist. Unter anderem wird davon ausgegangen, dass die aus historischen Renditen geschätzten Parameter in der Zukunft Bestand haben werden.

3.2. Mehr-Wertpapier-Portfolios

In diesem Abschnitt soll nun geklärt werden, wie die Erkenntnisse der Portfoliotheorie für den Zwei-Wertpapierfall für eine beliebige Anzahl an Wertpapieren im Portfolio verallgemeinert werden können.

Für die Rendite eines Portfolios bestehend aus P Wertpapieren ergibt sich analog zum Zwei-Wertpapierfall die Portfoliorendite aus den gewichteten Einzelrenditen:

$$r_{PF} = \sum_{i=1}^{P} w_i \cdot r_i$$

Wobei r_i die Rendite des i-ten Wertpapiers und w_i das Gewicht des i-ten Wertpapiers bezeichnen. Als einzige Nebenbedingung müssen sich die Gewichte auf 100% summieren, sind Leerverkäufe zulässig, können die gewählten Gewichte auch negativ sein. Für empirische Anwendungen, insbesondere für die Berechnung von Portfoliorenditen mittels Tabellenkalkulationsprogrammen, ist die Darstellung obiger Gleichung in Matrixform sehr nützlich:

$$r_{PF} = w^T \times r$$

Wobei **r** den Vektor aller Renditen und $\mathbf{w}^T$ den transponierten Vektor aller Renditen bezeichnen.

Das Risiko eines Mehr-Wertpapierportfolios kann wie folgt angeschrieben werden:

$$\sigma_{PF}^2 = \sum_{i=1}^{P} \sum_{j=1}^{P} w_i \cdot w_j \cdot \sigma_{ij}$$

Wobei $\sigma_{ii} = \sigma_i^2$ die Varianz des i-ten Wertpapiers und $\sigma_{ij} = Cov_{i,j}$ die Kovarianz zwischen i-tem und j-tem Wertpapier bezeichnen. Wiederum ist für eine komprimierte Darstellung dieses Zusammenhangs und für empirische Anwendungen die Matrixdarstellung obigen Zusammenhangs nützlich:

$$\sigma_{PF}^2 = w^T \times K \times w$$

Wobei w den **Gewichtevektor** und **K** die **Varianz-Kovarianz-Matrix** bezeichnen. In **K** finden sich alle risikorelevanten Informationen für das resultierende Portfoliorisiko. In der Diagonale dieser Matrix können die Varianzen der Einzelpapiere abgelesen werden, die übrigen Zellen enthalten Informationen über die Wechselwirkungen – also die Kovarianzen – der einzelnen Wertpapiere untereinander. Formal lässt sich der Inhalt der Varianz-Kovarianz-Matrix wie folgt darstellen:

$$K = \begin{pmatrix} \sigma_1^2 & \sigma_{12} & \sigma_{13} \\ \sigma_{21} & \sigma_2^2 & \sigma_{23} \\ \sigma_{31} & \sigma_{32} & \sigma_3^2 \end{pmatrix}$$

Ein Beispiel soll den Umgang mit der Matrixschreibweise im Mehr-Wertpapierfall verdeutlichen:

Übungsbeispiel:

Die historischen Renditen dreier Aktien lauten wie folgt:

	2005	2006	2007	2008
A	4	6	2	8
B	8	2	10	12
C	-5	7	11	15

Zunächst werden die Wertpapiere einzeln durch den Mittelwert und die Standardabweichung der Renditen charakterisiert:

$r_A = 5$
$r_B = 8$
$r_C = 7$

$Var_A = 5$
$Var_B = 14$
$Var_C = 56$

Die Beziehungen der Aktien untereinander können durch Ihre Kovarianzen beschrieben werden:

$Cov_{A,B} = 0$
$Cov_{A,C} = 6$
$Cov_{B,C} = 10$

Mit diesen Parametern lassen sich nun der Renditevektor **r** und die Varianz-Kovarianz-Matrix **K** aufstellen:

$$r = \begin{pmatrix} 5 \\ 8 \\ 7 \end{pmatrix}$$

$$K = \begin{pmatrix} 5 & 0 & 6 \\ 0 & 14 & 10 \\ 6 & 10 & 56 \end{pmatrix}$$

Die Darstellung dieser drei Papiere in einem Risiko-Rendite-Diagramm hat folgendes Aussehen (die Messung des Risikos erfolgt hier mittels der Standardabweichung):

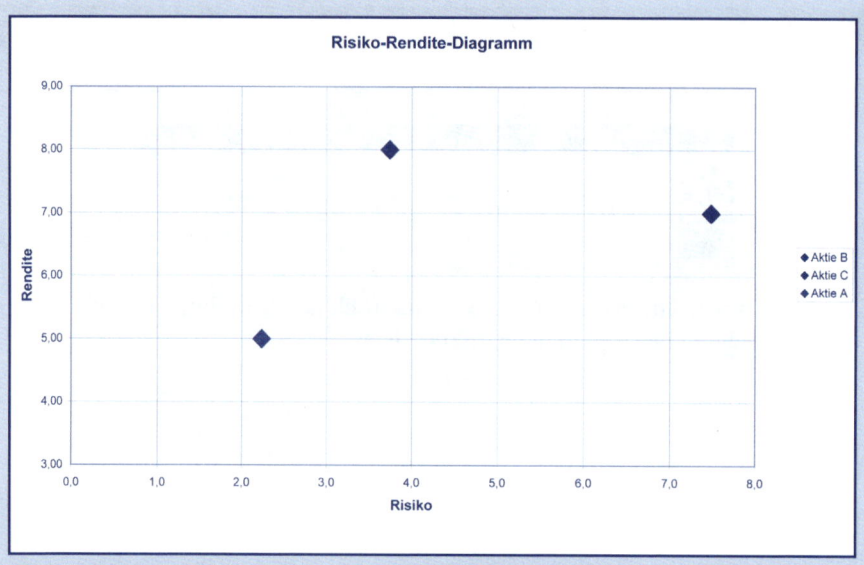

Abbildung VI.21: Risiko-Rendite-Diagramm 3-Wertpapier-Fall

Durch Anwendung der üblichen Effizienzkriterien ist ersichtlich, dass die Aktien A und B für eine Auswahlentscheidung in Betracht gezogen werden können, die Aktie C jedoch von Aktie B dominiert wird, die gegenüber C bei einem geringeren Risiko eine höhere Rendite aufweist.

Für eine konkrete Gewichtung von w_1=20%, w_2=30% und w_3=50% können mit Hilfe der oben gewonnenen Erkenntnisse die Eigenschaften dieses Portfolios ermittelt werden.

$$r_{PF} = \begin{pmatrix} 0,2 & 0,3 & 0,5 \end{pmatrix} \begin{pmatrix} 5 \\ 8 \\ 7 \end{pmatrix} = 0,2 \cdot 5 + 0,3 \cdot 8 + 0,5 \cdot 7 = 6,9$$

$$\sigma_{PF}^2 = \begin{pmatrix} 0,2 & 0,3 & 0,5 \end{pmatrix} \begin{pmatrix} 5 & 0 & 6 \\ 0 & 14 & 10 \\ 6 & 10 & 56 \end{pmatrix} \begin{pmatrix} 0,2 \\ 0,3 \\ 0,5 \end{pmatrix}$$

$$\sigma_{PF}^2 = 0,2 \cdot 0,2 \cdot 5 + 0,2 \cdot 0,3 \cdot 0 + 0,2 \cdot 0,5 \cdot 6 + 0,3 \cdot 0,2 \cdot 0 + \cdots + 0,5 \cdot 0,5 \cdot 56 = 19,66$$

Zeichnet man diese Kombination in das bereits vorhandene Risiko-Rendite-Diagramm der Einzelpapiere ein, erhält man folgendes Ergebnis:

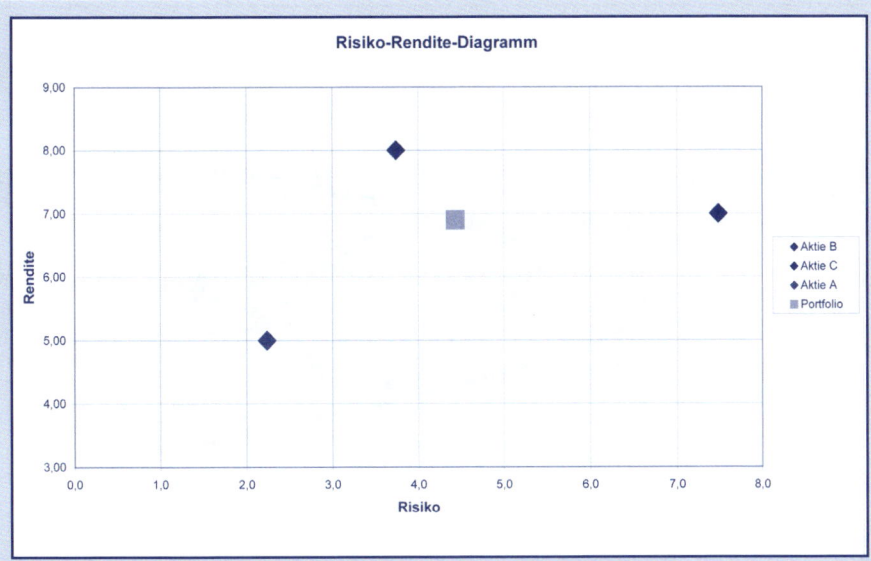

Abbildung VI.22: Risiko-Rendite-Diagramm Einzelaktien und Portfolio

Es wird schnell ersichtlich, dass die Gewichte dieser beliebigen Kombination schlecht im Sinne von nicht effizient gewählt wurden.

Anders als im Zwei-Wertpapierfall resultiert aus Portfoliobildung mehrerer Aktien nicht nur eine Linie, auf der sämtliche Kombinationen zu liegen kommen, sondern eine **Fläche möglicher Portfolios** im Risiko-Rendite-Raum. Neben der Portfolio-linie, die durch Kombination von zwei Aktien zustande kommt, können durch Hin-zufügen einer dritten Aktie beliebig viele weitere Portfoliolinien gewonnen werden, indem die dritte Aktie mit allen möglichen Portfolios aus erster und zweiter Aktie kombiniert wird. Die folgende Abbildung veranschaulicht diesen Sachverhalt:

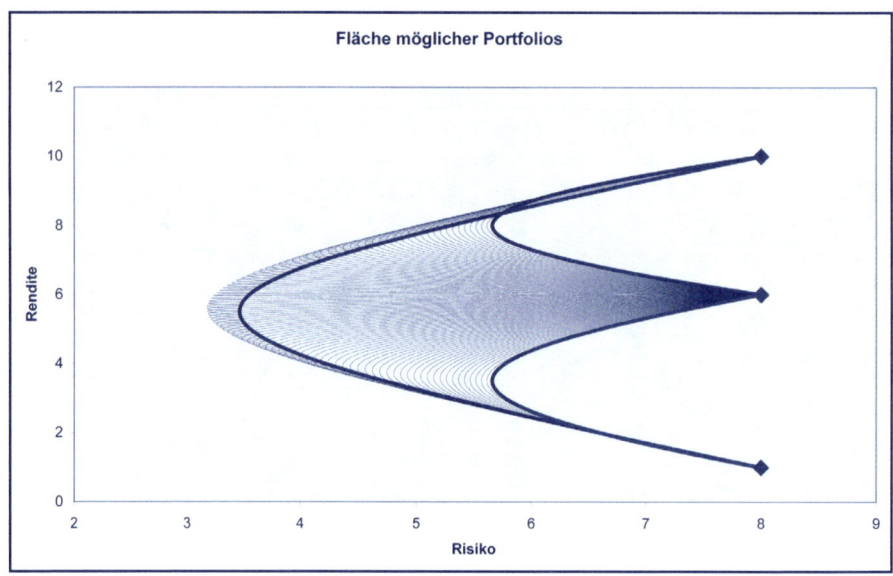

Abbildung VI.23: Fläche möglicher Portfolios

Der Rand dieser Fläche – die Portfoliolinie – beinhaltet auch alle effizienten Kombinationen, die beginnend beim Minimum-Varianz-Portfolio nach rechts oben fortgesetzt werden. Das Auffinden effizienter Portfolios muss im Mehr-Wertpapierfall durch eine entsprechende Gewichtung der im Portfolio enthaltenen Aktien bewerkstelligt werden, anders als im Zwei-Wertpapierfall, wo die Portfolioeigenschaften ausschließlich vom gewählten Gewicht w_1 – und dem sich eindeutig daraus ergebenden Gewicht $w_2 = 1 - w_1$ – abhingen, sind die Eigenschaften des Portfolios – Rendite und Risiko – abhängig von mehreren Parametern, eben den gewählten Gewichten.

Effiziente Portfolios können also nur durch das Lösen einer Optimierungsaufgabe unter Nebenbedingungen gefunden werden. Eine Zielgröße soll unter der Bedingung von sich auf 100% summierenden Gewichten maximiert werden. Wünschenswert sind Portfolios mit maximalem Gewinn und minimalem Risiko, diese beiden Größen stehen jedoch zueinander in Konkurrenz, die Forderung einer größeren Rendite wird das Eingehen eines höheren Risikos erfordern. Somit ist für die konkrete Auswahl effizienter Gewichte eine Zielfunktion zu formulieren. In diesem Fall sollen die Gewichte so gewählt werden, dass Rendite und Risiko des resultierenden Portfolios in einem möglichst attraktiven Verhältnis zueinander stehen. Unter der Annahme risikoaverser Investoren kann als Maßstab für die „Attraktivität" eines Portfolios der damit verbundene **Nutzen** verwendet werden. Die Berechnung dieses **Nutzwerts** U kann anhand des folgenden Zusammenhangs erfolgen

$$U = \Theta \cdot r_{PF} - \sigma_{PF}^2$$

Wobei r_{PF} und σ^2_{PF} Rendite und Varianz eines spezifischen Portfolios bezeichnen, U der Nutzwert des Portfolios ist und Θ (Theta) den **Risiko-Ertrags-Präferenzparameter** bezeichnet. Letzterer ist investorspezifisch und misst den Grad an **Risikoaversion** eines Anlegers. Grundsätzlich gilt, je höher dieser Parameter gewählt wird, desto risikobereiter ist der betreffende Investor. Intuitiv kann der obige Zusammenhang wie folgt interpretiert werden. Der Kauf eines bestimmten Portfolios ist für den Erwerber mit einem Nutzwert verbunden. Dieser Nutzwert ist umso höher, je höher die Rendite des Portfolios und umso geringer, je größer das damit verbundene Risiko ist. Das Gut Rendite wirkt somit nutzenstiftend (positives Vorzeichen in der Gleichung), das Übel Risiko nutzensenkend (negatives Vorzeichen in der Gleichung). In welchem Ausmaß eine weitere Einheit Rendite den Portfolionutzen erhöht, kann durch den Parameter Θ gesteuert werden, Investoren mit einer ausgeprägten **Renditepräferenz** (ausgedrückt durch ein hohes Θ) messen einer Einheit Rendite einen größeren Nutzengewinn bei und sind folglich bereit, ein größeres Risiko einzugehen. Umgekehrt werden besonders risikoaverse Investoren der mit dem Erwerb des Portfolios erzielbaren Renditen nur einen geringen Nutzenzuwachs verbinden, während das einzugehende Risiko einen verhältnismäßig großen Nutzenverlust bedeutet. Im Extremfall eines unendlich risikoscheuen Investors – dies entspricht einem Parameter $\Theta = 0$ – würde eine Einheit Rendite keinen Nutzen stiften, dieser Investor bemisst seinen Portfolio-Nutzen ausschließlich anhand des damit verbundenen Risikos und ist konsequenterweise bestrebt, ein möglichst risikoloses Portfolio zu halten. Die Auswahl fällt in diesem Fall auf das Minimum-Varianz-Portfolio.

Mathematisch kann die obige Nutzenfunktion wie folgt interpretiert werden: Ein optimales Verhältnis zwischen Rendite und Risiko ist genau dann gegeben, wenn der lineare Nutzenzuwachs der Rendite ($\Theta*r_{PF}$) nicht mehr ausreicht, um den quadratisch anwachsenden Nutzenverlust durch hinzukommendes Risiko (σ^2_{PF}) zu decken.

Die Anwendung dieses Konzepts soll das folgende Beispiel verdeutlichen:

Fortsetzung des Übungsbeispiels:

Mittelwert und Standardabweichung der historischen Renditen der drei Aktien wurden bereits wie folgt ermittelt:

	2005	2006	2007	2008	Rendite	Varianz
A	4	6	2	8	5	5
B	8	2	10	12	8	14
C	-5	7	11	15	7	56

Mithilfe der Nutzenfunktion kann nun aus diesen drei Wertpapieren eine Auswahlentscheidung getroffen werden. Für einen Parameter $\Theta = 2$ lautet diese:

$U(A) = 2*5 - 5 = 5$
$U(B) = 2*8 - 14 = 2$
$U(C) = 2*7 - 56 = -42$

Ein Investor mit einer individuellen Risikoeinstellung, die durch eine Nutzenfunktion der Form U = Θ *r_{PF} – σ^2_{PF} und dem Risiko-Ertrags-Präferenz-Parameter Θ = 2 ausgedrückt werden kann, wählt Aktie A als die den Nutzen maximierende Aktie aus.

Ist der Entscheidungsträger risikobereiter, ausgedrückt durch Θ = 5, lauten die resultierenden Nutzwerte:

U(A) = 5*5 – 5 = 20
U(B) = 5*8 – 14 = 26
U(C) = 5*7 – 56 = -21

In diesem Fall würde der Aktie B der Vorzug gegeben werden. Dem verglichen mit Aktie A höheren Risiko steht eine ebenso höhere Rendite gegenüber, wobei Letzterer ein höheres Gewicht beigemessen wird und die Entscheidung zu Gunsten des renditeträchtigeren Wertpapiers gefällt wird.

Ein nutzenmaximierendes Set von Gewichten {w} für die Einzelpapiere kann nun wie folgt gewonnen werden. Der Nutzen aus Rendite und Risiko eines spezifischen Portfolios soll maximiert werden:

$$U = \Theta \cdot r_{PF} - \sigma^2_{PF} \to \max$$

Portfoliorendite und -risiko hängen dabei jeweils von den gewählten Gewichten ab, die hierbei einzuhaltende Nebenbedingung lautet:

$$\sum_{i=1}^{P} w_i = 1$$

Die Summe der gewählten Gewichte muss 1 bzw. 100% betragen. Diese Maximierungsaufgabe unter Nebenbedingungen lässt sich durch Ansatz folgender **Lagrangefunktion** lösen:

$$L = \Theta \cdot r_{PF} - \sigma^2_{PF} - \lambda \left[\sum_{i=1}^{P} w_i - 1 \right] \to \max$$

Das Nutzenmaximum kann durch partielle Ableitung der Lagrangefunktion nach den Gewichten w_i und der Nullsetzung jeder Ableitung gefunden werden. Dieses lineare Gleichungssystem besteht aus P+1 Gleichungen mit P+1 Variablen und kann für die interessierenden Gewichte w_i gelöst werden:

$$
\begin{bmatrix} \Theta \cdot r_1 \\ \vdots \\ \Theta \cdot r_p \\ 1 \end{bmatrix} - \begin{bmatrix} 2 \cdot \sigma_{11} & \cdots & 2 \cdot \sigma_{1P} & 1 \\ \vdots & \ddots & \vdots & 1 \\ 2 \cdot \sigma_{P1} & \cdots & 2 \cdot \sigma_{PP} & 1 \\ 1 & 1 & 1 & 0 \end{bmatrix} \times \begin{bmatrix} w_1 \\ \vdots \\ w_P \\ \lambda \end{bmatrix} = 0
$$

Die erste Matrix ähnelt der bereits bekannten Varianz-Kovarianz-Matrix, die enthaltenen Werte sind mit dem Faktor 2 multipliziert, sie ist zudem um eine Zeile und eine Spalte erweitert und wird daher **erweiterte Varianz-Kovarianz-Matrix** genannt. Eine letzte Umformung, das Endergebnis lautet dann:

$$
w = C^{-1} \times e
$$

Fortsetzung des Übungsbeispiels:

Für die drei Aktien können nun alle relevanten Informationen in die entsprechende Form gebracht werden, um nun mit den gewonnenen Erkenntnissen effiziente Portfolios, bestehend aus drei Aktien zu ermitteln.
Die Renditen werden im Vektor **r** zusammengefasst:

$$
r = \begin{pmatrix} 5 \\ 8 \\ 7 \end{pmatrix}
$$

Für die Ermittlung risikoeffizienter Portfoliogewichte wird zudem der Vektor **e** benötigt:

$$
e = \begin{pmatrix} 7 \cdot 5 \\ 7 \cdot 8 \\ 7 \cdot 7 \\ 1 \end{pmatrix}
$$

Die Varianz-Kovarianz-Matrix **K** hat folgendes Aussehen:

$$
K = \begin{pmatrix} 5 & 0 & 6 \\ 0 & 14 & 10 \\ 6 & 10 & 56 \end{pmatrix}
$$

Die erweiterte Varianz-Kovarianz-Matrix **C** lautet dann:

$$C = \begin{pmatrix} 10 & 0 & 12 & 1 \\ 0 & 28 & 20 & 1 \\ 12 & 20 & 112 & 1 \\ 1 & 1 & 1 & 0 \end{pmatrix}$$

Die Inverse davon ist:

$$C = \begin{pmatrix} 0,0294 & -0,0235 & -0,0059 & 0,7765 \\ -0,0235 & 0,0288 & -0,0053 & 0,2988 \\ -0,0059 & -0,0053 & 0,0112 & -0,0753 \\ 0,7765 & 0,2988 & -0,0753 & -6,8612 \end{pmatrix}$$

Die Inverse der erweiterten Varianz-Kovarianz-Matrix weist allgemein eine besondere Eigenschaft auf, in den ersten P (im 3-Wertpapierfall somit in den ersten drei) Zellen der letzten Spalte bzw. auch in den ersten P Zellen der letzten Zeile dieser Matrix sind die Gewichte des Minimum-Varianz-Portfolios zu finden.

Nun kann für eine gegebene Risikoneigung eines Investors, ausgedrückt durch den Parameter Θ, ein risikoeffizienter Satz von Gewichten gefunden werden. Für $\Theta = 7$ ergibt sich beispielsweise:

$$w = \begin{pmatrix} 0,0294 & -0,0235 & -0,0059 & 0,7765 \\ -0,0235 & 0,0288 & -0,0053 & 0,2988 \\ -0,0059 & -0,0053 & 0,0112 & -0,0753 \\ 0,7765 & 0,2988 & -0,0753 & -6,8612 \end{pmatrix} \cdot \begin{pmatrix} 7 \cdot 5 \\ 7 \cdot 8 \\ 7 \cdot 7 \\ 1 \end{pmatrix} = \begin{pmatrix} 0,2000 \\ 0,8300 \\ -0,0300 \\ 33,3600 \end{pmatrix}$$

Ein Investor mit dieser Risikoeinstellung wählt demnach ein Portfolio mit den Gewichten $w_1 = 20\%$, $w_2 = 83\%$ und $w_3 = -3\%$.
Die Eigenschaften dieser spezifischen Kombination lauten:
$r_{PF} = 7,43$
$\sigma_{PF} = 3,05$

Die Effizienzlinie im Mehr-Wertpapierfall kann wie folgt gefunden werden. Zunächst werden zwei effiziente Portfolios PF1* und PF2* ermittelt, dies kann durch Verwendung zweier unterschiedlicher Parameter Θ erfolgen. Die Menge aller effizienten Portfolios kann nun durch Kombination der beiden gefundenen Portfolios auf der Effizienzlinie erfolgen. Rendite und Risiko von PF1* und PF2* werden nach bekannten Zusammenhängen ermittelt, die Kovarianz kann wie folgt errechnet werden:

$$Cov_{PF1^*,PF2^*} = w_{PF1^*}^T \times K \times w_{PF2^*}$$

Fortsetzung des Übungsbeispiels:

Das Risiko-Rendite-Diagramm unserer drei Aktien kann nun durch das bereits errechnete, risikoeffiziente Portfolio des Investors mit der Risikoeinstellung $\Theta=7$ und durch die Portfoliolinie der drei Einzeltitel ergänzt werden.

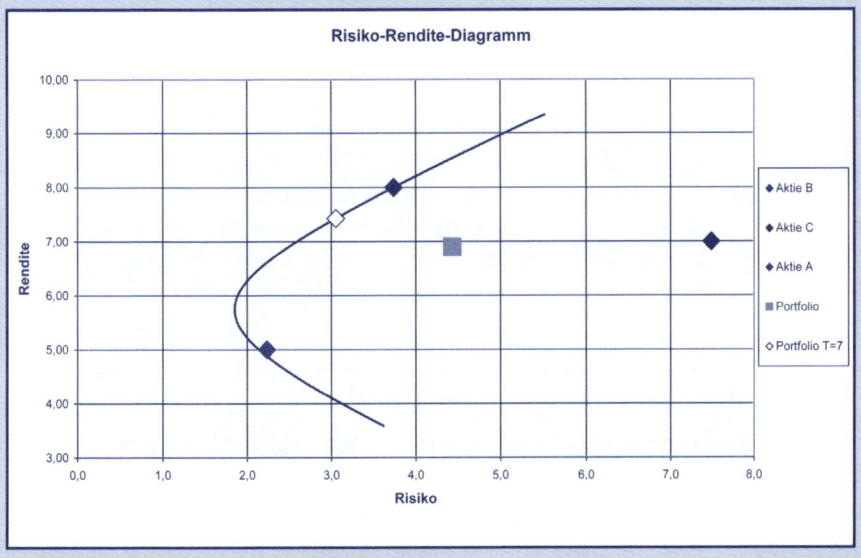

Abbildung VI.24: Risiko-Rendite-Diagramm mit Portfoliolinie

Ein abschließendes, umfangreiches Beispiel zum Mehr-Wertpapierfall soll die gewonnenen Erkenntnisse nun nochmals vertiefen:

Übungsbeispiel:

Eine Kapitalanlagegesellschaft (KAG) beauftragt Sie mit der Berechnung von Risiko-Rendite-Eigenschaften eines Aktienportfolios. Sie haben bereits die betreffende Varianz-Kovarianz-Matrix **K** zur Verfügung:

$$K = \begin{pmatrix} 100 & 0 & 0 & 0 \\ 0 & 144 & 0 & 0 \\ 0 & 0 & 49 & 0 \\ 0 & 0 & 0 & 16 \end{pmatrix}$$

Die Aktien weisen eine durchschnittliche historische Rendite von 12, 6 ,8 bzw. 1 Prozent auf.

Zunächst sind alle Aktien in einem Risiko-Rendite-Diagramm darzustellen, die dafür erforderlichen Standardabweichungen der Aktien können aus der Matrix **K** abgelesen werden, in der Diagonale finden sich die Varianzen der Einzeltitel, daraus ist die Wurzel zu ziehen:

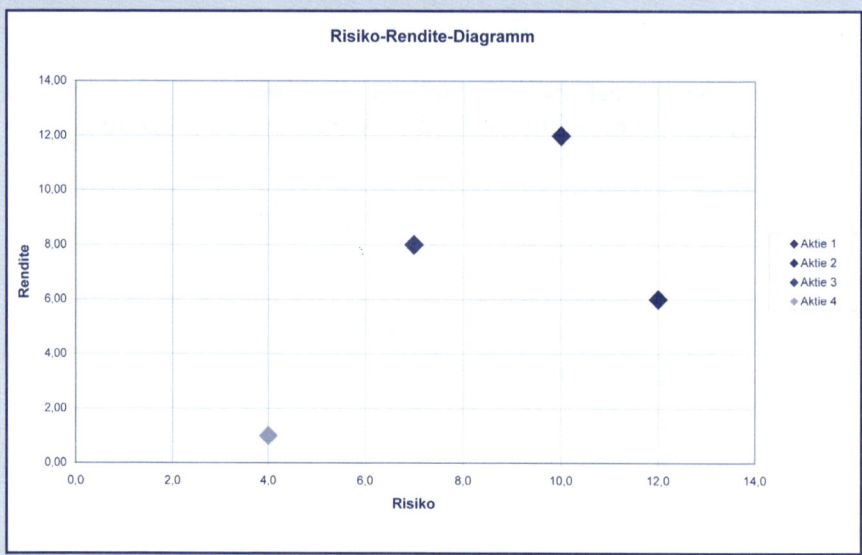

Abbildung VI.25: Risiko-Rendite-Diagramm für 4 Aktien

Aus der Abbildung wird schnell ersichtlich, dass Aktie 2 bei einer Auswahlentscheidung ausgeschieden werden würde, sowohl Aktie 1 als auch Aktie 3 weisen eine größere Rendite bei einem geringeren Risiko auf.

Aus den Wertpapiergeschäften eines langjährigen Kunden der KAG konnte bereits eine spezifische Risikoeinstellung, ausgedrückt durch ein Θ von 12 ermittelt werden. Welche dieser vier Aktien würde dem Kunden auf Basis des mit dem Erwerb verbundenen Nutzens empfohlen werden? Dabei ist von einer Nutzenfunktion der Form $U = \Theta * r_{PF} - \sigma^2_{PF}$ auszugehen. Die Nutzwerte der einzelnen Aktien lauten dann:

$U(1) = 12*12 - 100 = 44$
$U(2) = 12*6 - 144 = -72$
$U(3) = 12*8 - 49 = 47$
$U(4) = 12*1 - 16 = -4$

Im Fall einer isolierten Anlageentscheidung fiele die Wahl auf Aktie 3.

Der Kunde kennt nun auch die Vorzüge von Synergieeffekten durch Portfoliobildung und beauftragt die KAG mit der Ermittlung der Eigenschaften eines naiv diversifizierten Portfolios dieser vier Aktien. Rendite und Risiko eines aus gleichen Teilen aller Aktien zusammengesetzten Portfolios lauten:

$r_{PF,naiv} = 6,75$

$\sigma_{PF,naiv} = 4,39$

Der Nutzen aus dieser Kombination lautet:

U(naiv) = 12*6,75 – 19,3125 = 61,6875

Somit ist nach Nutzengesichtspunkten nun das naiv diversifizierte Portfolio zu empfehlen. Das betreffende Portfolio ist (vorläufig) auch risikoeffizient, bislang konnte keines gefunden werden, das bei gleichem Risiko eine höhere Rendite oder bei gleicher Rendite ein geringeres Risiko aufweist.

Das optimale Portfolio, bestehend aus den vier Aktien für den betreffenden Kunden der KAG, weist folgende Gewichte auf:

$$
w = \begin{pmatrix}
0,0045 & -0,0003 & -0,0010 & -0,0031 & 0,1001 \\
-0,0003 & 0,0032 & -0,0007 & -0,0022 & 0,0695 \\
-0,0010 & -0,0007 & 0,0081 & -0,0064 & 0,2044 \\
-0,0031 & -0,0022 & -0,0064 & 0,0117 & 0,6259 \\
0,1001 & 0,0695 & 0,2044 & 0,6259 & -20,0295
\end{pmatrix}
\begin{pmatrix}
12 \cdot 12 \\
12 \cdot 6 \\
12 \cdot 8 \\
12 \cdot 1 \\
1
\end{pmatrix}
=
\begin{pmatrix}
0,5873 \\
0,1579 \\
0,7089 \\
-0,4541 \\
26,5309
\end{pmatrix}
$$

Rendite und Risiko sind:

$r_{PF} = 13,21$

$\sigma_{PF} = 8,12$

Die Gewichte eines weiteren effizienten Portfolios, die des Minimum-Varianz-Portfolios, können in den ersten vier Zeilen der letzten Spalte der invertierten Matrix C abgelesen werden. Die Kenntnis zweier effizienter Portfolios kann nun verwendet werden, um die Portfoliolinie zu zeichnen:

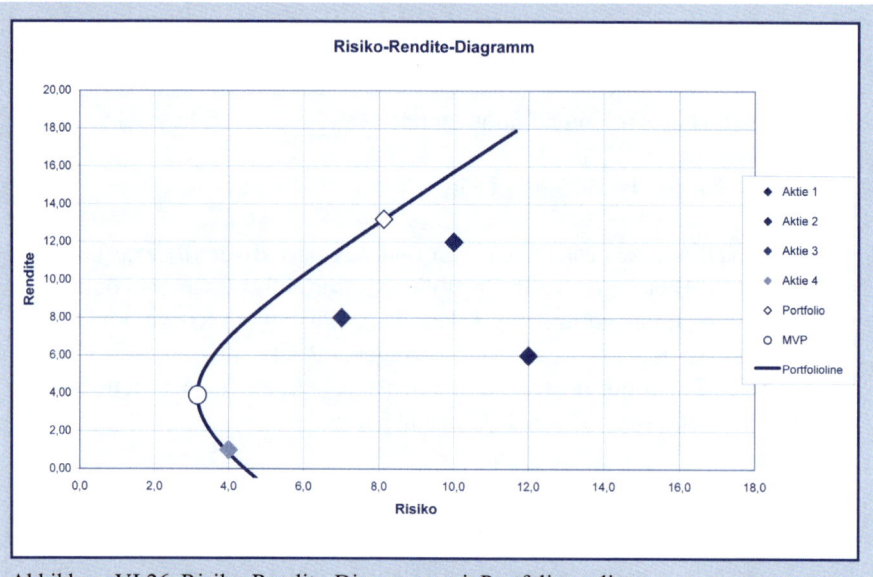

Abbildung VI.26: Risiko-Rendite-Diagramm mit Portfoliorendite

3.3. Das Capital-Asset-Pricing-Modell (CAPM)

Aufbauend auf den Erkenntnissen der im vorigen Kapitel dargestellten Portfoliotheorie von Harry Markowitz (1952) haben Mitte der 1960er Jahre drei Autoren (William Sharpe, John Lintner, Jan Mossin) unabhängig voneinander ein Modell zur Bepreisung von risikobehafteten Wertpapieren (bzw. allgemein: Kapitalgütern – Capital Assets) entwickelt. Das Capital-Asset-Pricing-Modell (CAPM) zerlegt dabei das Risiko eines beliebigen Wertpapiers in eine durch Diversifikation vermeidbare und eine aufgrund vorherrschender allgemeiner Marktrisiken nicht vermeidbare Risikokomponente. Die Entlohnung für die Übernahme dieses nicht vermeidbaren Risikos bemisst sich nach einem eindeutigen Maßstab, dem Marktportfolio. Im Modellrahmen des CAPM ist neben risikobehafteten Ansprüchen wie Aktien eine risikolose Anlageform verfügbar. Aus dieser simplen Erweiterung der Markowitz'schen Portfoliotheorie ergeben sich jedoch weit reichende Konsequenzen. An dieser Stelle ist darauf hinzuweisen, dass jedoch auch das CAP-Modell nur ein Versuch sein kann, die Realität eines Finanzmarkts zu beschreiben. Aufgrund der Komplexität der Realität trifft das Modell einige vereinfachende Annahmen, die aus diesem Modell gewonnenen „fairen" Preise für beliebige Wertpapiere sind daher nur unter den **Prämissen** des Modells korrekt und können in der Realität nur einen Anhaltspunkt darstellen. Konkret werden folgende Annahmen getroffen:

- Es gibt keine Transaktionskosten wie Maklergebühren
- Anlagegüter sind beliebig teilbar, es können also auch halbe Aktien erworben werden
- Es gibt keine verzerrenden, persönlichen Steuern

- Einzelne Marktteilnehmer können durch ihre Handelsaktivität den Marktpreis eines Wertpapiers nicht verändern, alle Marktteilnehmer sind folglich Preisnehmer
- Anlageentscheidungen werden ausschließlich auf Basis von Rendite und Risiko eines Wertpapiers getroffen
- Leerverkäufe (short positions) sind in beliebigem Ausmaß zulässig
- Es gibt eine risikolose Anlageform, zum Zinssatz dieser risikolosen Anlage können in beliebigem Ausmaß Mittel angelegt oder ausgeliehen werden
- Alle Marktteilnehmer haben die selben Erwartungen bezüglich Rendite und Risiko aller am Markt verfügbaren Anlagemöglichkeiten

Dieses Annahmenbündel wird auch unter dem Begriff **vollkommener Kapitalmarkt** zusammengefasst. Es wird schnell klar, dass die hier skizzierten Prämissen den Realitätsbezug des Modells stark einschränken. Dennoch ist das CAPM ein in der Praxis der Wertpapieranalyse oder auch der Unternehmensbewertung akzeptiertes Bewertungsmodell.

Die Herleitung des Modells beginnt mit der grafischen Darstellung der verfügbaren Investitionsalternativen. Grundsätzlich sind **risikobehaftete Ansprüche** und ein **risikoloser Anspruch** verfügbar, vereinfachend wird hier davon ausgegangen, dass es sich um Aktien eines Aktienmarkts und um eine Anleihe erstklassiger Bonität, etwa eine Staatsanleihe handelt. Entsprechend den Erkenntnissen der Portfoliotheorie kann auch der Rand der Fläche aller möglichen Portfolios gezeichnet werden:

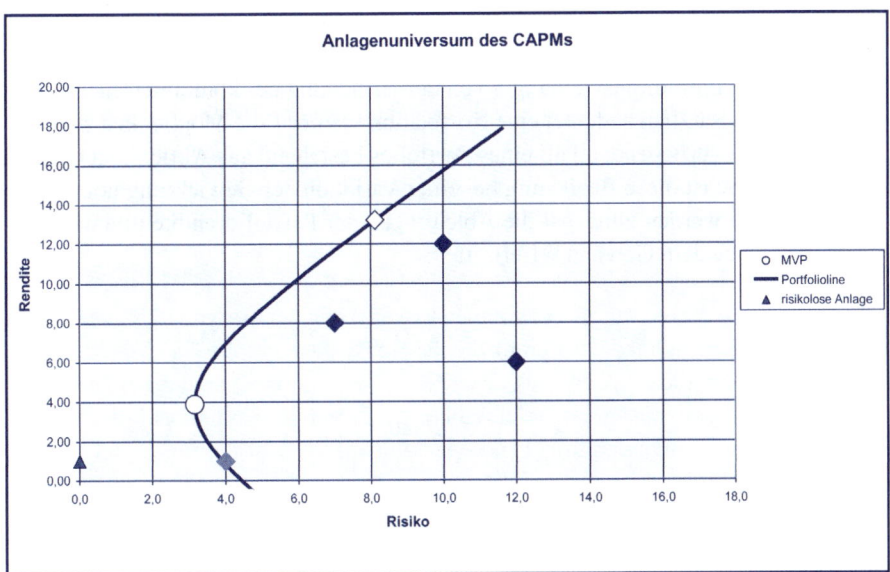

Abbildung VI.27: Anlagenuniversum des CAPM

Nun steht einem Investor an diesem Markt zum Investment in risikobehaftete Aktien oder Portfolios aus Aktien eine risikolose Anlage als Investitionsalternative zur

Verfügung. Die Rendite dieses Investments ist risikolos und wird mit r_f bezeichnet. Zu klären sind noch die Eigenschaften eines Portfolios bestehend aus risikobehafteten Titeln und dem risikolosen Titel. Die Rendite ergibt sich entsprechend portfoliotheoretischer Zusammenhänge aus:

$$r_{PF} = w_f \cdot r_f + (1 - w_f) \cdot r_{risky}$$

Wobei r_{PF} die Portfoliorendite, r_f die risikolose Rendite und r_{risky} die Rendite des risikobehafteten Portfolios bezeichnen. Das Risiko ist wie folgt definiert:

$$\sigma_{PF} = \sqrt{w_f^2 \cdot \sigma_f^2 + (1 - w_f)^2 \cdot \sigma_{risky}^2 + 2 \cdot w_f \cdot (1 - w_f) \cdot Cov_{f,risky}}$$

Obiger Ausdruck reduziert sich wegen $\sigma_f^2 = 0$ und $Cov_{f,risky} = 0$ auf:

$$\sigma_{PF} = (1 - w_f) \cdot \sigma_{risky}$$

Somit können nun die Eigenschaften eines jeden beliebigen Portfolios bestehend aus risikobehafteten Titeln und der risikolosen Anlage ermittelt werden. Die Portfoliotheorie zeigt auf, dass durch Kombination zweier Titel Synergieeffekte im Sinne von Risikostreuung möglich sind, grafisch äußert sich dies in einer gekrümmten Verbindungslinie zwischen den Bestandteilen des Portfolios im Risiko-Rendite-Raum. Das Ausmaß der Krümmung ist abhängig von der Beziehung der kombinierten Titel zueinander, grundsätzlich bedeutet eine Korrelation kleiner 1 die Möglichkeit zur Risikostreuung. Im vorliegenden Fall eines Portfolios bestehend aus Aktien und der risikolosen Anleihe ist diese Beziehung bei einer Variation der Gewichtung noch zu ergründen. Dazu werden zunächst die Ableitungen der Portfoliorendite und des Portfoliorisikos nach dem Gewicht w1 ermittelt:

$$\frac{\partial r}{\partial w_f} = r_f - r_{risky}$$

$$\frac{\partial \sigma}{\partial w_f} = -\sigma_{risky}$$

Die Änderung der Rendite bei einer Änderung des Risikos kann nun wie folgt errechnet werden:

$$\frac{\partial r}{\partial \sigma} = \frac{\partial r}{\partial w_f} \Big/ \frac{\partial \sigma}{\partial w_f} = \frac{r_f - r_{risky}}{-\sigma_{risky}} = \frac{r_{risky} - r_f}{\sigma_{risky}}$$

Die Änderung der Rendite bei einer Änderung des Risikos ist aufgrund der konstanten Inputgrößen r_{risky}, r_f und σ_{risky} ebenfalls konstant. Die Schlussfolgerung muss also lauten, dass alle Kombinationen zwischen der risikolosen Anlage und einer beliebigen Kombination aus risikobehafteten Ansprüchen auf einer Geraden liegen müssen. Für die Kombination mit der risikolosen Anlage kommen beliebig viele Portofolios in Frage, die folgende Abbildung zeigt die Kombination der risikolosen Anlage mit drei potentiellen Kandidaten.

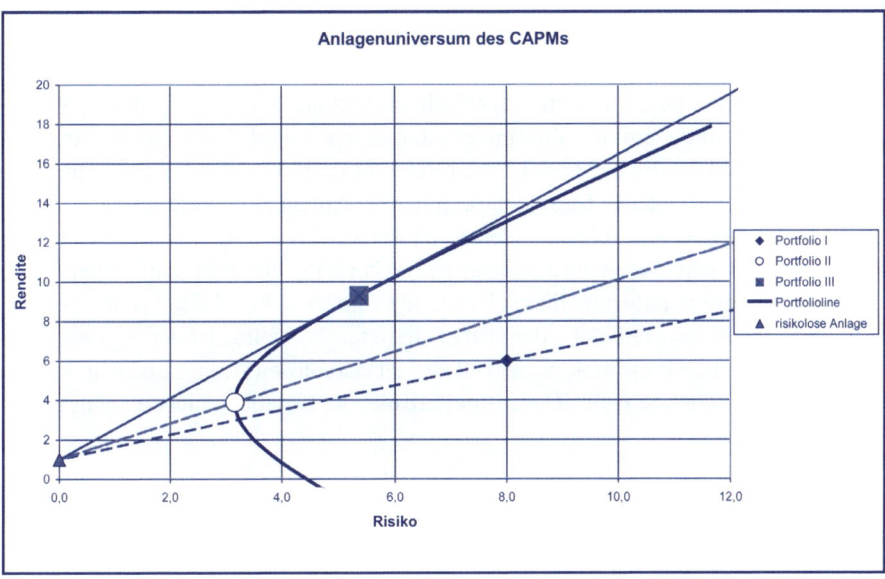

Abbildung VI.28: Kombinationen von verschiedenen Aktien(-portfolios) mit der risikolosen Anlage

Aus der Grafik ist ersichtlich, dass Portfolio (I) nicht zu effizienten Kombinationen führen kann. Entsprechend der üblichen Effizienzkriterien können zu einer gegebenen Rendite Alternativen mit geringerem Risiko und zu einem gegebenen Risiko Alternativen mit höherer Rendite gefunden werden. Dies ist nicht weiter verwunderlich, Portfolio (I) liegt im Universum der risikobehafteten Anlagen nur in der Fläche aller möglichen Portfolios und wird daher von allen Kombinationen auf der Effizienzlinie dominiert. Portfolio (II) (hier: das Minimum-Varianz-Portfolio) hingegen ist selbst auf der Effizienzlinie aller Aktienkombinationen zu finden, dennoch ist nicht jede Kombination aus Portfolio (II) und der risikolosen Anlage effizient. Wiederum gibt es bessere Möglichkeiten, an diesem Kapitalmarkt zu investieren. Diese beste Kombinationsmöglichkeit der risikolosen Anlage mit einem risikobehafteten Portfolio stellt Portfolio (III) dar. Dieser Punkt ist geometrisch betrachtet der Tangentialpunkt der bei der Rendite der risikolosen Anlage beginnenden Geraden mit dem Rand der Fläche möglicher risikobehafteter Anlagen. Ökonomisch interpretiert, markiert dieser Punkt jene spezifische Gewichtung risikobehafteter Anlagen, die in Kombination mit der risikolosen Anlage zum effizientesten Ergebnis führt. Nachdem es nur einen Tangentialpunkt an die konvexe Hülle der Fläche der Aktienportfolios geben kann, ist das so gefundene Portfolio das einzig effiziente, aus risikobehafteten Ansprüchen bestehende Portfolio. Dieses Portfolio heißt **Marktportfolio** und wird in genau dieser Zusammensetzung von jedem der Marktteilnehmer unabhängig von seiner individuellen Risikoneigung gehalten. Risikoscheue Investoren werden das Marktportfolio verstärkt mit der risikolosen Anlage kombinieren, Investoren mit einer größeren Risikobereitschaft kaufen vermehrt das Marktportfolio oder verschulden sich sogar zum Zinssatz der risikolosen Anlage, um weitere Mittel in das Marktportfolio zu investieren. In diesem Zusammenhang spricht man auch vom **Separationstheorem**, weil die Gewichtung risikobehafteter Anlagen in jedem Fall dieselbe ist und lediglich in unterschiedlichem Ausmaß mit der risikolosen Anlage kombiniert ist, und somit die Zusammensetzung der risikobehafteten Teile in individuellen Portfolios von der persönlichen Risikoeinstellung separiert ist. Weiters ist klar, dass an einem solchen Kapitalmarkt nur zwei Anlagegüter nachgefragt werden: einerseits die risikolose Anlage, andererseits das Marktportfolio. Andere als dieses, aus den zwei Bestandteilen zusammengesetzte, Portfolio können nicht effizient sein, die Literatur spricht aufgrund dieses Umstands vom **Two-Fund-Theorem**.

Die Tangente an die Fläche der risikobehafteten Portfolios ist der geometrische Ort aller effizienten Portfolios, bestehend aus der risikolosen Anlage und dem Marktportfolio. Diese Gerade heißt **Kapitalmarktlinie**, die Geradengleichung lautet:

$$\mathrm{E}\big[r_{PF}\big] = r_f + \frac{\mathrm{E}\big[r_M\big] - r_f}{\sigma_M} \cdot \sigma_{PF}$$

Wobei $\mathrm{E}[r_{PF}]$ die erwartete Portfoliorendite, $\mathrm{E}[r_M]$ die erwartete Rendite des Marktportfolios, σ_M die Standardabweichung der Rendite des Marktportfolios, σ_{PF}, das Risiko des Portfolios und r_f die Rendite der risikolosen Anlagen bezeichnen. Mit obigem Zusammenhang können alle risikoeffizienten Investitionsalternativen beschrieben werden. Die erwartete Portfoliorendite setzt sich aus zwei Teilen zusammen. Einerseits kann jedenfalls die Rendite der risikolosen Anlage erzielt werden (**market price of time**), andererseits werden Investoren für die Übernahme von Risiko zusätzlich entlohnt. Für eine Einheit Risiko kann in diesem Modellrahmen der Betrag $(\mathrm{E}[r_M] - r_f)/\sigma_M$ an zusätzlicher Rendite erzielt werden (**market price of risk**), multipliziert man den Preis des Risikos mit der Menge des tatsächlich übernommenen Risikos σ_{PF}, erhält man jenen Teil der Gesamtrendite, der auf die Übernahme von Risiko zurückzuführen ist. Die Summe aus beiden – dem Preis der Zeit (im Sinne von den Kosten für die Überlassung von risikolosen Mitteln) und dem Preis des Risikos mal Menge des Risikos, führt zur erwarteten Portfoliorendite.

Übungsbeispiel zur Kapitalmarktlinie:

Ein Kapitalmarkt ist durch folgende Daten charakterisiert (Angaben in Prozent): $E[r_M] = 9{,}29$, $\sigma_M = 5{,}37$, $r_f = 1$. Welche Rendite lässt sich an diesem Markt erzielen, wenn man bereit ist, 4 Einheiten Risiko zu tragen? Welches Risiko muss man in Kauf nehmen, wenn die Renditeerwartung 13 Prozent betragen soll? Und wie ist das Portfolio in beiden Fällen zu strukturieren?

Ein Investor an diesem Markt wird bestrebt sein, in möglichst effiziente Portfolios zu investieren, folglich wird für die Beantwortung obiger Fragestellung nur ein Portfolio auf der Kapitalmarktlinie in Frage kommen. Die Risikobereitschaft bzw. die Renditeerwartung kann in die Geradengleichung eingesetzt werden:

$$E[r_{PF}] = 1 + (9{,}29 - 1)/5{,}37 * 4 = 7{,}18$$

Ist wie im ersten Fall die Anzahl der Einheiten Risiko, die man bereits ist zu tragen, bekannt, kann die zugehörige Rendite mit 7,18 Prozent durch Einsetzen in die Kapitalmarktlinie ermittelt werden. Im zweiten Fall gilt:

$$13 = 1 + (9{,}29 - 1)/5{,}37 * \sigma_{PF}$$
$$\sigma_{PF} = 7{,}77$$

Wird eine Rendite von 13 Prozent erwartet, müssen 7,77 Einheiten Risiko getragen werden. Die Zusammensetzung dieser beiden Portfolios mit den Eigenschaften $r_{PF1} = 7{,}18$ $\sigma_{PF1} = 4$ und $r_{PF2} = 13$ $\sigma_{PF2} = 7{,}77$ kann wiederum durch Anwendung portfoliotheoretischer Erkenntnisse ermittelt werden. Beide Portfolios müssen ausschließlich aus risikoloser Anlage und dem Marktportfolio bestehen, für die Portfoliorendite gilt daher:

PF1: $7{,}18 = w_1 * 1 + (1-w_1) * 9{,}29$, $w_1 = 0{,}2545$
PF2: $13 = w_1 * 1 + (1-w_1) * 9{,}29$, $w_1 = -0{,}4475$

Im ersten Fall sind 25,45% des verfügbaren Vermögens in die risikolose Anlage zu investieren, der Rest, 74,55%, wird in das Marktportfolio investiert. Im zweiten Fall sind zusätzliche Mittel im Ausmaß von 44,75% der eigenen Mittel aufzunehmen, dies bedeutet eine Verschuldung zum risikolosen Zinssatz. Diese Mittel werden nun zur Gänze in das Marktportfolio investiert. Grafisch kann dieser Kapitalmarkt mit den soeben ermittelten Portfolios wie folgt dargestellt werden:

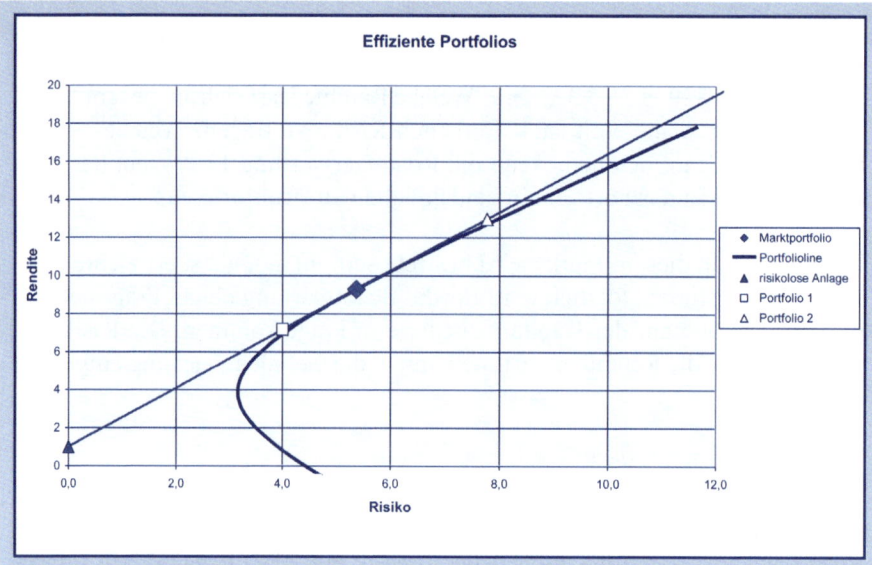

Abbildung VI.29: Kapitalmarktlinie

Aus der Abbildung ist ersichtlich, dass Punkte auf der Kapitalmarktlinie, die zwischen der risikolosen Anlage und dem Marktportfolio zu liegen kommen, durch die Veranlagung von Mitteln in Marktportfolio und risikoloser Anlage erreichbar sind, wird hingegen eine Rendite größer als jene des Marktportfolios gewünscht, sind zusätzliche Mittel zum risikolosen Zins aufzunehmen und ins Marktportfolio zu investieren.

Bislang konnte die Frage geklärt werden, wie an einem Kapitalmarkt effizient investiert wird, wenn neben risikobehafteten Titeln auch eine risikolose Anlageform existiert. Ergebnis der zugrunde liegenden Überlegungen ist die Erkenntnis, dass alle Investoren ein aus zwei Komponenten zusammengesetztes Portfolio halten. In Abhängigkeit ihrer Risikoeinstellungen werden sie ein risikobehaftetes Portfolio mit der risikolosen Anlage kombinieren. Die Zusammensetzung des risikobehafteten Portfolios ist eindeutig determiniert, das Marktportfolio ist folglich das einzige risikoeffiziente Portfolio und dominiert alle anderen Aktienportfolios.

Die eingangs dieses Kapitels erwähnte Fähigkeit des CAPM, auch beliebige risikobehaftete Ansprüche entsprechend ihrem Risiko bewerten zu können, ist Gegenstand der folgenden Ausführungen. Im Vordergrund steht die Ermittlung einer dem Risiko eines beliebigen Wertpapiers angemessenen Rendite. Klar ist, dass die Kapitalmarktlinie – die selbst einen Zusammenhang zwischen Rendite und Risiko von Portfolios herstellt – für die Ermittlung der fairen Rendite für beliebige Wertpapiere nicht in Frage kommen kann. Die Kapitalmarktlinie beschreibt den Zusammenhang zwischen Rendite und Risiko effizienter Portfolios, die entsprechend dem Modell ausschließlich aus risikoloser Anlage und dem Marktportfolio bestehen. Jedes andere risikobehaftete Wertpapier bzw. Wertpapierportfolio kann demnach nicht effizient sein und beinhaltet per definitionem Risiko, das kostenlos diversifiziert werden kann. Hierzu braucht bloß statt des beliebigen Papiers eine Kombination aus risikoloser Anlage und Marktportfolio erworben werden, im Resultat kann so bei gleich bleibendem Risiko eine höhere Rendite erzielt werden bzw. bei gleicher Rendite das Risiko gesenkt werden. Die folgende Abbildung veranschaulicht diesen Sachverhalt:

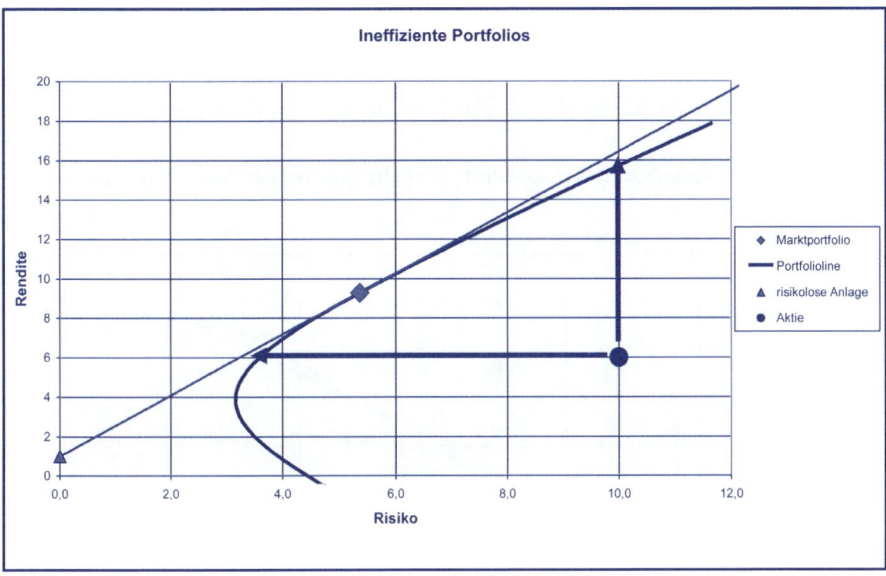

Abbildung VI.30: Ineffiziente Aktien(-portfolios)

Analog zu den Überlegungen des Zusammenhangs zwischen risikoloser Anlage und einem Aktienportfolio (dem Marktportfolio) kann nun die Frage geklärt werden, in welchem Verhältnis Rendite und Risiko einer Kombination aus dem Marktportfolio und einer beliebigen Aktie A zueinander stehen. Die erwarteten Renditen sind $E[r_M]$ und $\mathbf{E}[r_A]$, das Risiko der Titel ist σ_M bzw. σ_A, die Kovarianz zwischen der Aktie und dem Marktportfolio ist mit $Cov_{A,M}$ gegeben. Für Rendite und Risiko einer Kombination gilt dann:

$$r_{PF} = w_A \cdot E[r_A] + (1 - w_A) \cdot E[r_M]$$

$$\sigma_{PF} = \sqrt{w_A^2 \cdot \sigma_A^2 + (1 - w_A)^2 \cdot \sigma_M^2 + 2 \cdot w_A \cdot (1 - w_A) \cdot Cov_{A,M}}$$

Das Verhältnis zwischen Rendite und Risiko dieser Kombination ist (analog zum bereits oben diskutierten Verhältnis zwischen Risiko und Rendite einer Kombination aus risikoloser Anlage und einem risikobehafteten Portfolio) durch folgenden Zusammenhang bestimmt:

$$\frac{\partial r}{\partial \sigma} = \frac{\partial r}{\partial w_f} / \frac{\partial \sigma}{\partial w_f}$$

Das Ergebnis lautet:

$$\frac{E[r_A] - E[r_M]}{\frac{1}{2} \dfrac{2 w_A \sigma_a^2 - 2\sigma_M^2 + 2 w_A \sigma_M^2 + 2 Cov_{A,M} - 2 w_1 Cov_{A,M}}{\sqrt{w_A^2 \sigma_A^2 + (1 - w_A)^2 \sigma_M^2 + 2 w_A (1 - w_A) Cov_{A,M}}}}$$

Für das bessere Verständnis der weiteren Vorgehensweise sei dieser Sachverhalt grafisch dargestellt:

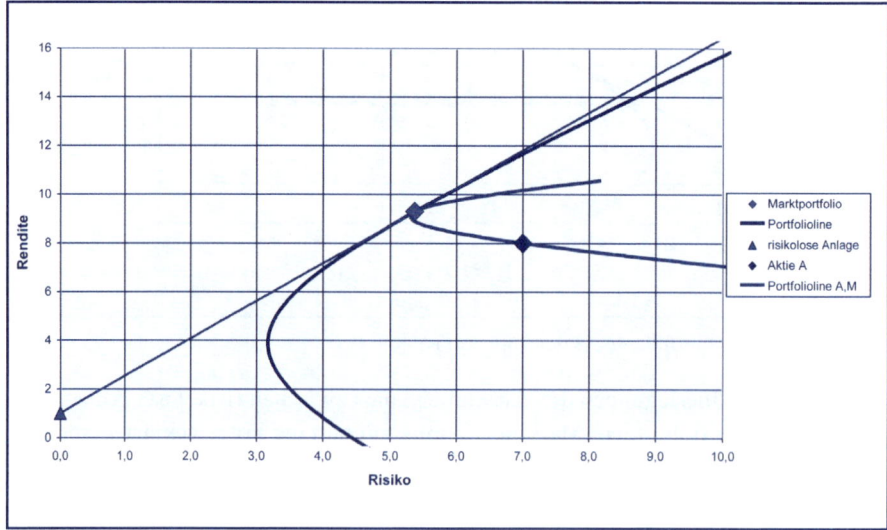

Abbildung VI.31: Portfoliolinie der Kombination mit Wertpapier A

Aus der Abbildung ist ersichtlich, dass die Portfoliolinie aus der Kombination von Aktie A und dem Marktportfolio im Punkt M exakt dieselbe Steigung aufweist wie die Portfoliolinie aller an diesem Markt verfügbaren Wertpapiere. Weiters ist bekannt, dass die Tangente in diesem Punkt der Kapitalmarktlinie entspricht, deren Steigung bekannt ist. Im Punkt M muss also der zuvor ermittelte Quotient $\partial r_{PF}/\partial \sigma_{PF}$ der Steigung der Kapitalmarktlinie entsprechen. Weiters ist offensichtlich, dass im Punkt M der Anteil der Aktie A im Portfolio w_1 gleich Null sein muss. Somit muss folgender Zusammenhang Geltung haben:

$$\left. \frac{\partial r_{PF}}{\partial \sigma_{PF}} \right|_{w_A = 0} = \frac{E[r_M] - r_f}{\sigma_M}$$

$$\frac{E[r_A] - E[r_M]}{\dfrac{-\sigma_M^2 + Cov_{A,M}}{\sqrt{\sigma_M^2}}} = \frac{E[r_M] - r_f}{\sigma_M}$$

Nach einigen Umformungen ergibt sich:

$$E[r_A] = r_f + \frac{E[r_M] - r_f}{\sigma_M} \cdot Cov_{A,M} \sigma_M$$

Anders formuliert:

$$E[r_A] = r_f + \frac{E[r_M] - r_f}{\sigma_M} \cdot \sigma_A \cdot \rho_{A,M}$$

Dieser Zusammenhang wird **Wertpapierlinie (Security Market Line [SML])** genannt und ermöglicht die Bewertung von beliebigen risikobehafteten Investments. Die Rendite eines beliebigen Portfolios bzw. eines beliebigen einzelnen Wertpapiers setzt sich also aus der risikolosen Rendite und einer Entlohnung für die Übernahme von Risiko zusammen. Jedoch ist nicht das ganze Wertpapierrisiko σ_A für die Ermittlung einer risikoadäquaten Rendite heranzuziehen, sondern nur ein Teil dessen. In welchem Ausmaß das Wertpapierrisiko für die Ermittlung der Renditeprämie für die Übernahme von Risiko zu berücksichtigen ist, wird vom Korrelationskoeffizienten $r_{A,M}$ zwischen dem zu beurteilenden Wertpapier A und dem Marktportfolio bestimmt. Der Korrelationskoeffizient kann maximal +1 (oder 100%) betragen, folglich wird nur im Spezialfall eines mit dem Marktportfolio perfekt positiv korrelierten Wertpapiers das volle Risiko in Form einer höheren Rendite abgegolten. In allen anderen Fällen setzt sich die Prämie für die Übernahme von Risiko aus dem Marktpreis des Risikos ($E[r_M] - r_f)/s_M$ multipliziert mit dem bewertungsrelevanten Teil des Wertpapierrisikos $\sigma_A * \rho_{A,M}$ zusammen. Der Korrelationskoeffizient kann in dieser Hinsicht intuitiv als Gradmesser für die Effizienz eines Wertpapiers interpretiert werden. Im Rahmen des CAPM gibt es nur ein risikoeffizientes Wertpapierportfolio, das Marktportfolio. Dieses kann nun als Effizienz-Maßstab für alle anderen risikobehafteten Anlageobjekte fungieren. Inwieweit ein beliebiges Wertpapier die Eigenschaften des einzig effizienten Marktportfolios aufweist, wird über den Korrelationskoeffizienten gemessen. Eine Korrelation von +1 bzw. 100% bedeutet völlige Gleichläufigkeit des zu beurteilenden Wertpapiers mit dem Marktportfolio. Folglich wird die Entwicklung beider von denselben Unsicherheitsquellen gesteuert, das mit beiden Investments verbundene Risiko muss demnach dieselben Ursachen aufweisen. Die Tatsache, dass das mit dem Wertpapier verbundene Risiko, wie jenes des Marktportfolios, nur nicht mehr weiter diversifizierbare Komponenten aufweist, rechtfertigt eine Entlohnung des ganzen mit dem Wertpapier verbundenen Risikos. Weist eine Aktie etwa eine Korrelation von 0,8 (bzw. 80%) mit dem Marktportfolio auf, sind nur 80% des Wertpapierrisikos für die Ermittlung der risikoadäquaten Rendite zu berücksichtigen. Hier kann wiederum (intuitiv) argumentiert werden, dass das betreffende Papier die Entwicklung des Marktportfolios nur zu 80% nachahmt und folglich ein Teil (die verbleibenden 20%) des mit dem Erwerb dieser Aktie verbundenen Risikos auf andere als die Dynamik des Marktportfolios steuernde Ursachen zurückzuführen sind. Hierunter könnten beispielsweise Managementfehler, Unglücksfälle oder Absatzschwierigkeiten der betreffenden AG fallen. Der Anteil des Risikos, das auf dieselben Ursachen zurückzuführen ist, die auch das Marktportfolio betreffen, wird **systematisches** oder **marktbezogenes Risiko** genannt, der verbleibende Teil des Gesamtrisikos hat unternehmensbezogene Ursachen und wird **unsystematisches** oder auch **wertpapierbezogenes Risiko** genannt.

Definiert man

$$\frac{Cov_{A,M}}{\sigma_M^2} = \beta_A$$

bzw. (dies ist der obigen Definition gleichzuhalten)

$$\frac{\sigma_A \cdot \rho_{A,M}}{\sigma_M^2} = \beta_A$$

erhält man eine andere Darstellung der Wertpapierlinie:

$$E[r_A] = r_f + \beta_A \cdot \left[E[r_m] - r_f \right]$$

β_A bezeichnet den Betafaktor des zu beurteilenden Wertpapiers (bzw. Wertpapierportfolios A) und misst den Anteil nicht vermeidbaren **Marktrisikos** im Gesamtrisiko des Wertpapiers A. Definitionsgemäß enthält das Marktportfolio selbst 100% des nicht vermeidbaren Marktrisikos, das auch im Marktportfolio enthalten ist. Der Betafaktor des Marktportfolios beträgt daher 1. Folgende Bereiche für Betafaktoren beliebiger Wertpapiere sind denkbar:

- Beta = 1: Das Wertpapier enthält gleich viel systematisches Risiko wie das Marktportfolio
- Beta < 1: Das Wertpapier enthält weniger systematisches Risiko wie das Marktportfolio
- Beta > 1: Das Wertpapier enthält mehr systematisches Risiko wie das Marktportfolio

Irreführend wäre eine in manchen Literaturquellen diskutierte Verwendung des Betafaktors als Gradmesser für die Schwankungsbreite einer Aktie. So wird etwa argumentiert, dass ein Betafaktor kleiner Eins geringere Schwankungen der Aktie als jene des Marktportfolios zur Folge hätte. Dass dies eine unzutreffende Aussage sein kann, illustriert folgendes Beispiel:

Übungsbeispiel zum Betafaktor:

Das Marktportfolio eines Aktienmarkts weist eine Rendite von $E[r_M] = 12$ und ein Risiko von $\sigma_M = 6$ auf, die Aktie der Volatility AG lässt eine Rendite von $E[r_V] = 20$ bei einem Risiko von $\sigma_V = 30$ erwarten. Die Kovarianz der Aktie mit dem Markt beträgt 18. Daraus lässt sich nun der Betafaktor der Volatility AG ermitteln:

$$\beta_V = 18 / 6^2 = 0{,}5$$

Entsprechend obiger Definition würde aus diesem Ergebnis geschlossen werden, dass die Aktie der Volatility AG weniger stark schwankt als das Marktportfolio. Tatsächlich weist die Aktie jedoch ein fünfmal so hohes Gesamtrisiko auf, die Renditen dieses Papiers werden entsprechend stärkeren Ausschlägen ausgesetzt sein als jene des Marktportfolios.

Richtig ist aber auch, dass die Aktie der Volatility AG weniger – für die Ermittlung einer risikoadäquaten Rendite gemäß CAPM – bewertungsrelevantes Risiko enthält. Der Anteil des systematischen Risikos kann wie folgt ermittelt werden. Zunächst wird der Korrelationskoeffizient der Aktie der Volatility AG und des Marktportfolios ermittelt:

$$\rho_{V,M} = 18 / (6 * 30) = 0{,}1$$

Nun kann das Gesamtrisiko der Volatility AG zerlegt werden, bewertungsrelevant, da systematisch, ist:

$$\sigma_{V,syst} = 30 * 0{,}1 = 3$$

Die Aktie der Volatility AG enthält also 3 Einheiten nicht diversifizierbares Risiko, dies entspricht der Hälfte jenes systematischen Risikos, das auch im Marktportfolio enthalten ist. Diese Relation wird auch durch den Betafaktor von 0,5 ausgedrückt.

Übungsbeispiel zur Wertpapierlinie:

An einem Aktienmarkt sind die risikoadäquaten Renditen dreier Wertpapiere zu ermitteln. Aktie A weist ein Risiko von $\sigma_A = 12$ und eine Korrelation mit dem Marktportfolio von $\rho_{A,M} = 0{,}5$ auf, der Betafaktor der Aktie B lautet $\beta_B = 1{,}2$ und von Aktie C ist die Kovarianz mit dem Marktportfolio bekannt

$Cov_{C,M} = 100$. Das Marktportfolio selbst liefert eine Rendite von $E[r_M] = 12$ bei einem Risiko von $\sigma_M = 10$, der risikolose Zins dieses Marktes liegt bei $r_f = 2$. Die gerechten Renditeforderungen für diese Wertpapiere können durch Einsetzen der bekannten Daten in die (verschiedenen Varianten der) Wertpapierlinie gefunden werden:

$E[r_A] = 2 + (12 - 2) / 10 * 12 * 0,5 = 8$
$E[r_B] = 2 + 1,2 * [12 -2] = 14$
$E[r_C] = 2 + (12 -2) * 100 / 10^2 = 12$

Diese aus dem Modell gewonnenen Renditen können nun mit den tatsächlich erzielten Renditen verglichen werden.

Fortsetzung des Übungsbeispiels zur Wertpapierlinie:

Eine vierte Aktie weist eine tatsächliche Rendite von $E[r_D] = 10$ auf, das Risiko der Aktie ist $\sigma_D = 10$ und $\rho_{D,M} = 0,8$. Daraus ergibt sich eine Modellrendite von:

$E[r_D] = 2 + (12-2)/10 * 10 * 0,8 = 10$

Die Aktie ist demnach modellkonform bewertet. Die aus Marktdaten ermittelte Rendite der Aktie A lautet $E[r_A] = 9$, Aktie B weist eine tatsächliche Rendite von $E[r_B] = 12,5$ bei einem Risiko von $\sigma_B = 20$ und Aktie C eine Rendite von $E[r_C] = 13$ bei einem Risiko von $\sigma_C = 12,5$ auf. Daraus ergeben sich die Betafaktoren $\beta_A = 0,6$, $\beta_B = 1,2$, $\beta_C = 1$ und $\beta_D = 0,8$. Nun sind sämtliche Informationen verfügbar, um diesen Kapitalmarkt mit den Einzelaktien grafisch darzustellen.

Im ersten Teil der Grafik findet sich eine Darstellung aller Einzelpapiere, der risikolosen Anlage und des Marktportfolios im Rendite-Gesamtrisiko-Raum, wobei das Gesamtrisiko durch die Standardabweichung gemessen wird. Zudem sind in diesem Teil die Kapitalmarktlinie und die Portfoliolinie aller risikobehafteten Titel dieses Marktes eingezeichnet. Der zweite Teil der Grafik verdeutlicht den Zusammenhang zwischen der Kapitalmarktlinie und der Wertpapierlinie. Die Titel (inklusive risikoloser Anlage und Marktportfolio) werden vom Rendite-Gesamtrisiko-Raum in den Rendite-Marktrisiko-Raum übertragen, wobei das in einem Titel enthaltene Marktrisiko durch den Betafaktor quantifiziert wird.

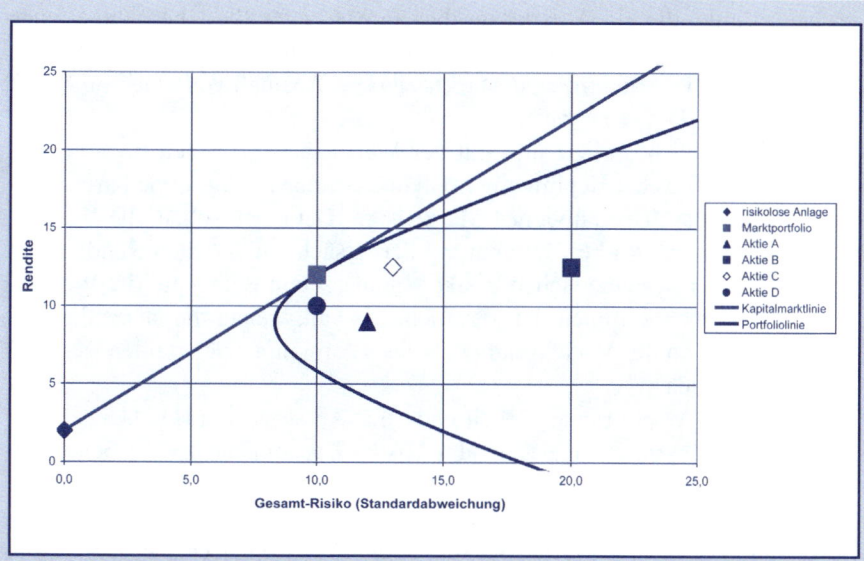

Abbildung VI.32: Darstellung des Gesamtrisikos von Aktien

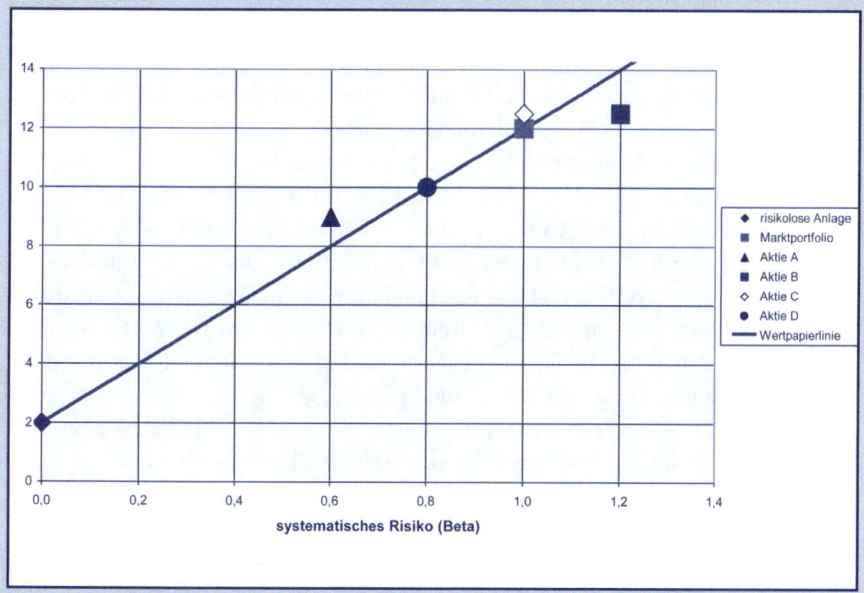

Abbildung VI.33: Darstellung des Marktrisikos von Aktien

Die Wertpapierlinie im zweiten Teil der Grafik gibt den Zusammenhang zwischen Rendite eines beliebigen Wertpapier(-portfolios) an, natürlich können auch effiziente – also solche, die aus risikoloser Anlage und Marktportfolio bestehen – Anlagen mit der Wertpapierlinie bewertet werden. Die Gerade ist bestimmt durch den Punkt r_f und der Steigung $E[r_M] - r_f$. Letzter Ausdruck ist jene Prämie, die ein Anleger an diesem Markt für die Übernahme jenes Marktrisikos erhält, das auch im Marktportfolio enthalten ist. Anders formuliert ist für die Übernahme von Marktrisiko im Ausmaß von einer Einheit β die Prämie $E[r_M] - r_f$ zu erzielen.

Das CAP-Modell postuliert nun mit der Wertpapierlinie einen linearen Zusammenhang zwischen der mit einer risikobehafteten Anlage erzielbaren Rendite und dem damit verbundenen Marktrisiko. Demnach sollen alle Wertpapiere an diesem Markt bei Betrachtung der tatsächlich erzielten Rendite und dem enthaltenen systematischen Risiko – gemessen in Beta – auf der Wertpapierlinie zu liegen kommen. Ist dies nicht der Fall, weicht die tatsächlich erzielte Rendite von der Modellrendite ab. Dies kann nun zweierlei Konsequenzen nach sich ziehen:

- Das Capital-Asset-Pricing-Modell und seine Aussagen werden als adäquates Modell zur Beschreibung des Rendite-Risiko-Zusammenhangs von beliebigen Wertpapieren akzeptiert. In diesem Fall muss die Erkenntnis, dass eine Aktie eine von der Modellrendite abweichende Performance erzielt, in Kauf- bzw. Verkaufaktivitäten münden. Hier sind zwei Fälle zu unterscheiden:

  □ Ist die tatsächliche Rendite größer als die Modellrendite – anders formuliert, liegt die Aktie im Rendite-Marktrisiko-Raum über der Wertpapierlinie – würde die Aktie gekauft werden. Entsprechend dem damit verbundenen Risiko kann eine größere als die laut Modell gerechtfertigte Rendite erzielt werden. Die Aktie ist folglich unterbewertet bzw. zu billig, die zu erwartenden Rückflüsse (Dividenden, Kurszuwächse) stehen in einem sehr günstigen Verhältnis zum heute zu bezahlenden Preis.

  □ Für den zweiten Fall, dass die tatsächliche Rendite kleiner als die Modellrendite ist, ist vom Kauf der Aktie abzuraten. Im Rendite-Marktrisiko-Raum liegt die Aktie unter der Wertpapierlinie, entsprechend dem damit verbundenen systematischen Risiko kann nur eine geringere als die durch das Modell rechtzufertigende Rendite erzielt werden. Die Aktie ist überbewertet bzw. zu teuer, die zu erwartenden Rückflüsse stehen in einem ungünstigen Verhältnis zum aktuellen Preis des Papiers. Unter der Prämisse, dass das Modell diesen Kapitalmarkt korrekt beschreibt, ist anzunehmen, dass diese Fehlbewertung korrigiert wird. Folglich könnte durch die Einnahme einer short position in einer überbewerteten Aktie ein Gewinn erzielt werden. Dem heute erzielten Erlös durch den Leerverkauf der Aktie stehen in Zukunft geringere Kosten des Rückkaufs zum Zweck der Rückgabe der Aktie gegenüber, da angenommen wird, dass das zu teure Papier sich an den Modellpreis anpasst und im Preis sinken wird.

- Werden das CAPM und seine Aussagen bezüglich fairer Wertpapierrenditen, nicht zuletzt aufgrund seiner restriktiven Annahmen, nur als unscharfer Anhaltspunkt für „korrekte" Aktienrenditen angesehen, muss die Erkenntnis nicht auf der Wertpapierlinie liegender Aktien nicht notwendigerweise Handelsaktivitäten führen.

Übungsbeispiel zur Wertpapierlinie:

Ein Aktienmarkt weist neben einer risikolosen Anlage von $r_f= 3$ die folgenden Eigenschaften auf (Angaben in Prozent):

	E[r]	σ	β	$\rho_{M,Aktie}$
M	12	18	?	?
A	9	?	?	0,80
B	8	14	0,70	?
C	15	28	?	0,75
D	7	?	0,50	1,00

Zu berechnen sind die fehlenden Werte. Es ist bekannt, dass Aktie A entsprechend dem CAP-Modell „richtig" bewertet ist. In weiterer Folge ist zu überprüfen, ob die tatsächlichen Renditen der Aktien B – D mit dem Modell vereinbar sind.

Das Marktportfolio weist einen Betafaktor von Eins auf, ebenso die Korrelation mit sich selbst muss Eins betragen.

Die Aktie A muss – da die Rendite dem Modell entspricht – auf der Wertpapierlinie liegen, es gilt daher:

$$9 = 3 + \beta_A * [12 - 3]$$
$$\beta_A = 0,67$$

Für das Risiko der Aktie A gilt:

$$0,67 = (\sigma_A * 0,8) / 18$$
$$\sigma_A = 15$$

Die Korrelation der Aktie B mit dem Marktportfolio kann aus folgendem Zusammenhang ermittelt werden:

$$0,70 = 14 * \rho_{B,M} / 18$$
$$\rho_{B,M} = 0,9$$

Für Aktie C gilt:

$$\beta_C = 28 * 0,75 / 18$$
$$\beta_C = 1,17$$

Und schließlich lautet das Risiko der Aktie D:

$$0,5 = \sigma_D * 1,00 / 18$$

$\sigma_D = 9$

Die Aktien B, C und D können nun mit der Wertpapierlinie bewertet werden, entsprechend ihren Betafaktoren darf folgende risikoadjustierte Rendite für diese Papiere erwartet werden:

$E[r_B] = 3 + 0{,}70 * [12 - 3] = 9{,}3$
$E[r_C] = 3 + 1{,}17 * [12 - 3] = 13{,}5$
$E[r_D] = 3 + 0{,}50 * [12 - 3] = 7{,}5$

Werden die Modellrenditen nun mit den tatsächlich erzielten Renditen der Aktien verglichen, ist festzustellen, dass die Renditen der Papiere B und D unter der Modellrendite und die Rendite der Aktie C über der Modellrendite liegt. Unter der Annahme, dass das CAPM richtige Renditen errechnen lässt, sind B und D überbewertet und C unterbewertet.

Übungsbeispiel zur Wertpapierlinie:

Zu beurteilen sind die fairen (gemäß dem Capital-Asset-Pricing-Modell) Renditen für folgende Wertpapier(-kombinationen):

- 50% Aktie X-beliebig, 50% risikolose Anlage
- 50% Marktportfolio, 50% risikolose Anlage
- 100% Aktie X-beliebig
- 50% X-beliebig, 50% Y-beliebig

Dieser Kapitalmarkt zeichnet sich durch folgende Daten aus: $E[r_M] = 10$, $\sigma_M = 8$, $r_f = 3$, $\sigma_X = 10$, $\sigma_Y = 14$, $\rho_{X,M} = 0{,}8$ und $\rho_{X,Y} = 1$.
Das Gesamtrisiko der ersten Kombination kann aufgrund der Unkorreliertheit zwischen der Aktie und der risikolosen Anlage wie folgt ermittelt werden:

$$\sigma_{50\%X,50\%rf} = \sqrt{0{,}5^2 \cdot 10^2 + 0{,}5^2 \cdot 0^2 + 2 \cdot 0{,}5 \cdot 0{,}5 \cdot 0} = 5$$

Die Korrelation dieser Kombination mit dem Marktportfolio muss aufgrund der Tatsache, dass nur die Aktie X-beliebig für Schwankungen sorgen kann, auch exakt der Korrelation zwischen X-beliebig alleine und dem Marktportfolio entsprechen und beträgt folglich 0,8. Die Rendite laut CAPM ist daher:
$E[r] = 3 + (10-3) / 8 * 5 * 0{,}8 = 6{,}5$
Die zweite Kombination ist eine effiziente Kombination, da sie nur aus Marktportfolio und risikoloser Anlage besteht und muss daher auf der Kapitalmarktlinie liegen. Das Risiko lautet:

$$\sigma_{50\%M,50\%rf} = \sqrt{0{,}5^2 \cdot 8^2 + 0{,}5^2 \cdot 0^2 + 2 \cdot 0{,}5 \cdot 0{,}5 \cdot 0} = 4$$

Dann lautet die Rendite:

E[r] = 3 + (10-3) / 8 * 4 = 6,5

Im Vergleich zur ersten Kombination wird nun auch schnell klar, warum dieses Portfolio effizient ist. Bei gleicher Rendite trägt ein Anleger im Fall der zweiten Kombination nur ein Risiko in Höhe von 4, die erste Kombination weist ein Risiko von 5 auf.

Die dritte Variante ist ohne Vorarbeiten leicht mit der Wertpapierlinie zu bepreisen:

E[r] = 3 + (10-3) / 8 * 10 * 0,8 = 10

Die vierte Kombination ist ein Portfolio bestehend aus zwei beliebigen Aktien. Aufgrund der perfekt positiven Korrelation zwischen den Aktien X-beliebig und Y-beliebig muss auch jede Kombination der beiden dieselbe Korrelation zum Marktportfolio aufweisen, wie die Aktie X-beliebig alleine. Das Risiko einer Kombination ist aufgrund der völligen Gleichläufigkeit der Aktien und der daraus resultierenden Unmöglichkeit einer Risikostreuung eine Linearkombination der Einzelrisiken und beträgt:

$$\sigma_{50\%X,50\%Y} = \sqrt{0,5^2 \cdot 10^2 + 0,5^2 \cdot 14^2 + 2 \cdot 0,5 \cdot 0,5 \cdot 10 \cdot 14} = 12$$

Statt der Kovarianz der beiden Aktien X und Y wurde in obigem Wurzelausdruck die äquivalente Formulierung $\sigma X * \sigma Y * \sigma X,Y$ verwendet. Daraus ergibt sich eine risikoadjustierte Renditeforderung für diese Kombination von:

E[r] = 3 + (10-3) / 8 * 12 * 0,8 = 11,4

Übungsbeispiel zur Wertpapierlinie:

Das Marktportfolio eines Kapitalmarkts weist folgende Eigenschaften auf: $E[r_M]$= 8, σ_M = 6, es kann risikolos zu einem Zins von r_f = 2 Geld aufgenommen bzw. angelegt werden. Zu beurteilen sind nun zwei Wertpapiere, die Aktie der Constant Return AG und die der Independent AG. Die Constant Return AG lieferte in den letzten Jahren konstante Renditen von 3%, die Independent AG konnte im Mittel 4% erwirtschaften, außerdem ist bekannt, dass die Renditen mit jenen des Marktportfolios unkorreliert sind. Sind die Renditen dieser Unternehmen mit dem CAPM vereinbar?

Aus der Tatsache, dass die Renditen der Aktie der Constant Return AG konstant 3% betragen, kann abgeleitet werden, dass die Aktie kein Risiko aufweist und demnach auch kein Marktrisiko mit dem Erwerb des Titels verbunden ist. Der Betafaktor dieses Papiers ist folglich Null. Die Modellrendite lautet dann:

$$E[r_C] = 2 + 0 * [8 - 2] = 2$$

Tatsächlich sind mit der Aktie der Constant Return AG 3% an Rendite zu erwirtschaften, die Aktie ist also unterbewertet. Die zweite Aktie weist eine durchschnittliche Rendite von 4% auf, die Korrelation zum Marktportfolio ist $\rho_{I,M} = 0$. Die Rendite laut Modell ist:

$$E[r_C] = 2 + (8 - 2) / 6 * \sigma_I * 0 = 2$$

Auch für die Aktie der Independent AG ist gemäß CAPM nur eine Rendite von 2 Prozent zu rechtfertigen. Auch diese Aktie ist wegen der tatsächlich erzielbaren Rendite von 4 Prozent unterbewertet.

E. Wertpapieranalyse – Derivate

1. Einführung

Derivative Wertpapiere (vom lateinischen derivare = ableiten) leiten ihren Wert von einem anderen Wertpapier ab. Das für die Bemessung dieses Werts relevante Wertpapier ist das dem Derivat zugrunde liegende Papier und wird auch als Basiswert oder **Underlying** bezeichnet. Als Basiswert kommen Aktien, Anleihen, Waren, Indizes, Zinsen oder auch andere Derivate in Frage.

Beispiel eines Derivats:

Ein typisches derivatives Wertpapier ist die Kaufoption. Dieses Wertpapier räumt dem Inhaber das Recht ein, den Basiswert – z.B. eine Aktie – zu einem zukünftigen Zeitpunkt um einen heute vereinbarten Preis kaufen zu dürfen. Der Wert des Derivats, das in diesem Fall ein Recht darstellt, bemisst sich nach dem Wert des zugrunde liegenden Wertpapiers, also der Aktie. Kann beispielsweise die Aktie in sechs Monaten zu einem Preis von 50 Euro erworben werden und ist die Aktie heute 10 Euro wert, scheint das Recht eher unattraktiv. Es bedürfte schon einer erheblichen Kurssteigerung der Aktie, damit das Recht aus der Kaufoption dem Inhaber in sechs Monaten einen Vorteil verschaffen würde. Ist die Aktie heute 200 Euro wert, würde nur ein außergewöhnlicher Kursverfall der Aktie die Gelegenheit, dieses Papier günstiger als am Markt zu erwerben, zunichte machen.

Grundsätzlich sind Derivate als **Termingeschäfte** konzipiert. Vertragsinhalt dieser Geschäfte ist die Vereinbarung der Vertragspartner, eine heute in Menge, Qualität und Preis bestimmte Ware zu einem in der Zukunft liegenden Zeitpunkt zu handeln. Zu unterscheiden sind:

■ **Symmetrische Termingeschäfte**. Der abgeschlossene Vertrag verpflichtet beide Vertragspartner gleichermaßen. Beide müssen den Vertragsinhalt am Stichtag der Erfüllung jedenfalls erfüllen. So ist etwa ein brasilianischer Kaffeebauer, der seinen Kaffee auf Termin zu einem fixen Preis verkauft, jedenfalls verpflichtet, am vereinbarten Stichtag den Kaffee in zuvor bestimmter Menge und Qualität am vereinbarten Ort zu liefern. Sein Gegenüber muss dem Versprechen, den Kaffee zu kaufen, ebenso nachkommen, beide Vertragspartner sind zur Erfüllung verpflichtet; diese Art von Termingeschäft wird auch unbedingtes Termingeschäft genannt, weil es jedenfalls und unbedingt erfüllt werden muss.

- **Asymmetrische Termingeschäfte.** Die Beteiligten sind bei dieser Art von Termingeschäften unterschiedlich verpflichtet. Eine Partei hat gegen Zahlung einer Prämie von der anderen am Geschäft beteiligten Partei das Recht erworben, eine Ware zu einem fixierten Preis in Zukunft kaufen oder verkaufen zu dürfen. In diesem Vertragsverhältnis ist eine Partei berechtigt, die andere jedenfalls verpflichtet – auf Verlangen – das dem Vertrag zugrunde liegende Geschäft zu erfüllen. Die tatsächliche Vertragserfüllung ist daher an die Bedingung geknüpft, dass der Berechtigte die Erfüllung wünscht, diese Termingeschäfte werden daher auch bedingte Termingeschäfte genannt.

Die Einsatzmöglichkeiten von Derivaten sind vielschichtig. Der Grundgedanke des Abschlusses eines solchen Geschäfts ist – mit langer historischer Tradition – das **Risikomanagement**. Bereits im antiken Griechenland sicherten sich Olivenbauern vorab gegen Bezahlung einer Prämie die Rechte an Olivenpressen zur Herstellung von Öl. Die tatsächliche Ausübung dieses Rechts hing von der Reichhaltigkeit der Ernte ab, im schlimmsten Fall war mangels zu pressender Oliven die investierte Prämie verloren, im Falle einer reichen Ernte konnten die Oliven aber jedenfalls verarbeitet werden und mussten nicht verderben.

Grundsätzlich sind – wie bei allen anderen Finanzprodukten auch – drei Motive für den Erwerb eines derivativen Instruments denkbar:

- **Hedging (Risikoabsicherung).** Derivate eignen sich in besonderem Maße zum Management von Marktrisiken. So kann etwa der zukünftige Preis einer Ware bereits heute fixiert werden, das Risiko sich nachteilig entwickelnder Marktpreise kann dadurch gänzlich ausgeschlossen werden.

- **Trading (Spekulation).** Durch geringe erforderliche Kapitaleinsätze beim Eintreten in ein derivatives Finanzinstrument sind die mit diesen Produkten zu erzielenden Renditen – bei entsprechender Marktentwicklung – oft deutlich höher als beim Erwerb des Underlying selbst. Beispielsweise könnte Kaffee auf Termin zu einem heute fixierten Preis verkauft werden. Der Verkäufer hinterlegt bei Abschluss des Kontrakts eine geringe Sicherheitsleistung, es ist nicht nötig, dass diese Vertragspartei selbst Kaffee besitzt. Erst am Stichtag der Erfüllung des Kontrakts erwirbt der Verkäufer am Markt Kaffee, um ihn an den Vertragspartner weiterzuverkaufen. Kann in der Zukunft der Kaffee am Markt billiger gekauft werden als der Verkaufserlös im Rahmen des Terminprodukts beträgt, erwirtschaftet der Verkäufer einen Gewinn.

- **Arbitrage** (Ausnützen von Preisungleichgewichten). Oftmals besteht zwischen dem aktuellen Kassapreis einer Ware und dem Terminpreis ein Missverhältnis, das von Arbitrageuren am Markt erkannt und ausgenutzt wird. Kann beispielsweise Öl gegenwärtig zu einem Kassapreis von 130 Dollar pro Barrel gekauft werden, sind die Lagerkosten für ein Barrel Öl 6 Dollar und beträgt der Terminpreis 140 Dollar (z.B. für den Verkauf von Öl in sechs Monaten), ergibt sich durch den heutigen Kauf von Öl (um 130 Dollar) und den gleichzeitigen Verkauf von Öl auf Termin (um 140 Dollar) unter Berücksichtigung von Lagerkosten ein Gewinn von 140 – 130 – 6 = 4 Dollar je Barrel.

2. Unbedingte Termingeschäfte

Zu den unbedingten Termingeschäften zählen:

- **Forwards.** Forwards sind für beide am Vertrag beteiligte Parteien verpflichtende Vereinbarungen, eine Ware zu einem zukünftigen Zeitpunkt zu einem heute bestimmten Preis zu handeln. Menge, Qualität der Ware und Lieferort sind vorab festgelegt. Ein am Forwardkontrakt Beteiligter hat die Verpflichtung, die gegenständliche Ware zu liefern (short position), der andere muss die Ware um den vereinbarten Preis abkaufen (long position). Diese Kontrakte sind auf die individuellen Bedürfnisse der Vertragspartner zugeschnitten und infolge mangelnden Standardisierung nicht börsentauglich, der Handel erfolgt außerbörslich (over the counter – OTC).
- **Futures.** Hierbei handelt es sich inhaltlich um Forwardkontrakte, wobei jedoch Menge, Qualität oder auch der Lieferort der dem Vertrag zugrunde liegenden Ware stark standardisiert sind. Futures werden an Terminbörsen gehandelt, je nach Art des Underlyings sind dies spezialisierte Warenterminbörsen oder auf Terminprodukte fokussierte Segmente herkömmlicher Wertpapierbörsen.
- **Swaps.** Der aus dem Englischen stammende Begriff bedeutet einen Tausch (to swap – tauschen). Die Vertragsparteien vereinbaren, zu vorab fixierten Zeitpunkten Leistungen auszutauschen, wobei die zu erbringenden Leistungen ebenfalls nach einem vorab fixierten Schema ermittelt werden. Beispielsweise sehen Zinsswaps den Austausch von regelmäßigen Zinszahlungen zwischen den Vertragspartnern vor. Die Höhe der Zinszahlungen ist abhängig vom vereinbarten zu verzinsenden Kapital und dem relevanten Zinssatz, der für beide Vertragspartner individuell festgelegt wird. Swaps können ebenso als Bündel von Forwards bzw. Futures verstanden werden. Während bei Forwards bzw. Futures nur ein zukünftiger Zeitpunkt für den Leistungsaustausch festgelegt wurde, sind es bei Swapvereinbarungen mehrere Leistungszeitpunkte. Ein entsprechendes Bündel von Forwards bzw. Futures mit jeweils unterschiedlichen Leistungszeitpunkten führt zum selben Zahlungsstrom.

2.1. Futures

Futureskontrakte gliedern sich je nach Art des Underlyings in:

- **Commodity Futures.** Diese Termingeschäfte werden über den Handel von Waren aus landwirtschaftlicher Produktion (Kaffee, Baumwolle, Schweinebäuche,

Orangensaftkonzentrat, Weizen, Sojabohnen usw.), Metall (Gold, Silber, Platin, Kupfer usw.) oder auch Energieträgern (Öl, Gas, Strom usw.) abgeschlossen.

- **Financial Futures.** Das dem Kontrakt zugrunde liegende Objekt ist ein Finanzprodukt wie Aktien, Anleihen, Derivate, Zinsen, Indizes, Währungen usw.

Der Handel von Futureskontrakten findet an Börsen statt, zu den bedeutendsten zählen Chicago Board of Trade (CBOT), Chicago Mercantile Exchange (CME), New York Mercantile Exchange (NYMEX), Euronext (ein Zusammenschluss mehrerer europäischer Terminbörsen) oder auch die EUREX. Die gehandelten Kontrakte sind hinsichtlich folgender Spezifikationen standardisiert:

- Kontraktgegenstand
- Menge
- Preis
- Qualität
- Lieferzeitpunkt
- Lieferort
- Zu hinterlegende Sicherheitsleistungen

Börsen übernehmen im Segment der Termingeschäfte nicht nur die übliche Funktion des Zusammenführens von Angebot und Nachfrage, sondern fungieren auch als Übernehmer des **Kontrahentenrisikos.** Im Gegensatz zu Kassamärkten, wo die gehandelte Ware unmittelbar nach Bezahlung des Kaufpreises übergeben wird (z.B. Kauf einer Aktie, diese wird Zug um Zug gegen Bezahlung des Kaufpreises geliefert), ist es das Wesen von Termingeschäften, dass die tatsächliche Vertragserfüllung erst in der Zukunft stattfinden wird. Unter Umständen ist es jedoch den durch ein Termingeschäft verpflichteten Vertragsparteien zum Zeitpunkt der Vertragserfüllung nicht mehr möglich, den Verpflichtungen nachzukommen, z.B. durch Insolvenz. In diesem Fall übernimmt die Börse die Position des mittlerweile insolventen Beteiligten. Tatsächlich schließen beide Vertragsparteien nicht unmittelbar miteinander den Futureskontrakt ab, sondern je einen mit der vermittelnden Börse. Somit ist durch den Ausfall eines der Vertragspartner der Kontrakt des anderen mit der Börse noch immer aufrecht. Somit kann bei Abschluss eines Futureskontrakts an einer Börse durch die besondere Bonität der Börse mit an Sicherheit grenzender Wahrscheinlichkeit davon ausgegangen werden, dass das Termingeschäft in Zukunft auch tatsächlich zur Ausführung kommt. Diese Dienstleistung der Börse wird Übernahme des Kontrahentenrisikos genannt. Die Vertragspartner haben für diese Leistung der Börse eine Sicherheit zu hinterlegen, die Höhe der erforderlichen Sicherheitsleistung und mögliche weitere Verpflichtungen nach Abschluss des Kontrakts werden in den Margin-Bestimmungen der Terminbörse festgelegt. Folgende Begriffe sind hierbei nützlich:

- **Margin Account.** Für Beteiligte an einem Futureskontrakt wird ein Konto geführt, an dem die zu leistenden Sicherheiten gebucht werden. Dieses Konto wird Margin Account genannt.

- **Initial Margin**. Je eingegangenem Kontrakt ist eine zum Zeitpunk der Eröffnung der Position definierte anfängliche Sicherheitsleistung zu hinterlegen, der Initial Margin.
- **Maintenance Margin**. Dieser Begriff bezeichnet einen erforderlichen Mindestkontostand am Margin Account.
- **Margin Call**. Werden für den Inhaber einer Position innerhalb eines Futureskontrakts durch für ihn ungünstige Marktpreisbewegungen die anfänglich hinterlegten Sicherheitsleistungen aufgezehrt und sinkt der Kontostand unter den Maintenance Margin, spricht die Börse einen Margin Call aus, in dem der Inhaber der Position aufgefordert wird, den Margin Account wieder aufzufüllen (z.B. bis zum ursprünglichen Initial Margin).

Wird durch einen Marktteilnehmer durch Eintreten in einen Futureskontrakt eine Position eröffnet (long oder short position – also die verbindliche Zusage, eine Ware zu kaufen bzw. zu verkaufen), wird der Margin Account mit dem Initial Margin eröffnet. Fortan werden die sich aus dem Futureskontrakt ergebenden Leistungsverpflichtungen mit dem aktuellen Marktpreis des Underlyings verglichen, als Konsequenz ergeben sich Gut- oder Lastschriften am Margin Account. Wird beispielsweise versprochen, Gold um 800 Dollar pro Unze auf Termin zu verkaufen und besitzt der Inhaber dieser Position selbst kein Gold (z.B. weil auf fallende Marktpreise spekuliert wird), muss es am Verfalltag des Futureskontrakts zum dann geltenden Marktpreis zugekauft werden. Steigen die Marktpreise, erwächst dem Verkäufer ein finanzieller Nachteil, schließlich muss nun das Gold teurer zugekauft werden, um die Lieferverpflichtung erfüllen zu können. Diese nachteilige Kursbewegung wird am Margin Account in Form einer Lastschrift erfasst. Für den Fall, dass der Verkäufer tatsächlich Gold besitzt und der Lieferverpflichtung jedenfalls nachkommen kann, stellt die Verpflichtung aus dem Futureskontrakt lediglich Opportunitätskosten dar, da die Ware am Markt teurer verkauft werden könnte. Die tägliche Wertfeststellung der Position innerhalb des Futureskontrakts wird **Marking to Market** genannt.

> **Übungsbeispiel zum Margin Account:**
>
> Ein Elektronikunternehmen verarbeitet unter anderem Gold für die Herstellung hochwertiger Goldkontakte und beschließt aufgrund des Risikos steigender Goldpreise Gold auf Termin zu kaufen. Am 13. Februar werden zwei Julifutures über den Kauf von je 100 Unzen Gold abgeschlossen, der vereinbarte Terminpreis ist 830 Dollar je Unze. Pro Kontrakt sind Anfangs 2500 Dollar an Sicherheiten zu hinterlegen, der Maintenance Margin beträgt 60% des Initial Margins, bei einer Unterschreitung ist der Margin Account wieder bis zum Initial Margin aufzufüllen. Der Goldpreis entwickelt sich wie folgt:

14.02.	15.02.	16.02.	17.02.
831	845	829	820
18.02.	19.02.	20.02.	21.02.
815	814	828	837

Die Entwicklung des Margin Accounts bis zum 21.02. hat dann folgendes Aussehen:

Datum	Preis	G/V	G/V kum	MA	MC
13.02.	830	-	-	5.000	-
14.02.	831	200	200	5.200	-
15.02.	845	2.800	3.000	8.000	-
16.02.	829	-3.200	-200	4.800	-
17.02.	820	-1.800	-2.000	3.000	-
18.02.	815	-1.000	-3.000	2.000	3.000
19.02.	814	-200	-3.200	4.800	-
20.02.	828	2.800	-400	7.600	-
21.02.	837	1.800	1.400	9.400	-

Die Tabelle zeigt den Terminpreis von einer Unze Gold im Zeitablauf. Zum Datum der Eröffnung der Kaufposition (long position) liegt dieser bei 830 Dollar je Unze. Am folgenden Tag (14.02.) ist der Terminpreis von Gold auf 831 Dollar je Unze gestiegen. Daraus ergibt sich ein Gewinn von einem Dollar je Unze – somit 200 Dollar für die gesamte Kontraktmenge von 200 Unzen, denn durch den Abschluss des Futureskontrakts kann das Elektronikunternehmen Gold um einen Dollar je Unze billiger erwerben als gegenwärtig für eine Lieferung von Gold im Juli zu bezahlen wäre. Der kumulierte Gewinn aus dem Geschäft ist ebenso 200 Dollar, die dem Margin Account (MA) gutgeschrieben werden. Ein Margin Call (MC) erfolgt, wenn der Saldo des Margin Accounts unter 60% (3000 Dollar) des Initial Margins sinkt, dies ist zum aktuellen Zeitpunkt nicht der Fall. Die rückläufige Preisentwicklung bis zum 18.02. resultiert in einem Saldo des Margin Accounts von nur noch 2000 Dollar, es sind zu diesem Zeitpunkt weitere Mittel nachzuschießen, insgesamt 3000 Dollar, damit das Konto den Stand des Initial Margins erreicht. Am 21.02. weist der Margin Account einen Saldo von 9400 Dollar auf, würde zu diesem Zeitpunkt die Position geschlossen werden, könnte die bisherige Preissteigerung von Gold gewinnbringend ausgenutzt werden. Die geschieht durch das zusätzliche Eröffnen einer der ursprünglichen Kaufposition (long position – um 830 Dollar je Unze) entgegengesetzten Verkaufsposition (short position – um nun 837), mit dem Resultat, dass im Juli einerseits um 830 gekauft und gleichzeitig Gold um 837 Dollar je Unze verkauft werden muss. Es verbleibt ein Gewinn von 7 Dollar je Unze, entsprechend dem gesamten Kontraktvolumen von 200 Unzen sind dies insgesamt 1400 Dollar. Der gesamte Saldo am 21.02. von 9400 Dollar setzt sich aus dem bereits errechneten Gewinn von 1400, dem Initial Margin in Höhe von 5000 und dem Margin Call von 3000 Dollar zusammen.

Steckt wie beim gegenständlichen Elektronikunternehmen das Interesse einer tatsächlichen physischen Warenlieferung hinter dem Abschluss des Futureskontrakts, wird vermutlich die Position nicht vorzeitig geschlossen werden. Sind hingegen Spekulationsmotive für den Eintritt in einen Futureskontrakt ausschlaggebend, ist das vorzeitige Beenden dieses Kontrakts durch Einnehmen einer Gegenposition durchaus denkbar. In diesem Fall könnte durch das Eröffnen einer Kaufposition am 13.02. mit dem Terminpreis von 830 Dollar je Unze und dem Schließen der Position durch zusätzliches Eröffnen einer Gegenposition – Verkauf von Gold um den Terminpreis von 837 Dollar je Unze – folgende Rendite erzielt werden:

Rendite = Gewinn / Kapitaleinsatz = 1400 / (5000 + 3000) = 17,5%

Der Kapitaleinsatz setzt sich aus dem geforderten Initial Margin von 5000 Dollar und dem geleisteten Margin Call in Höhe von 3000 Dollar zusammen, alternativ könnte die Rendite auch wie folgt berechnet werden:

Rendite = Wert am Ende des Engagements / Kapitaleinsatz – 1 = 9400 / 8000 – 1 = 17,5%

Würde aufgrund der Erwartung steigender Goldpreise direkt in Gold investiert werden, könnte bei Erwerb von 200 Unzen Gold am 13.02. und Verkauf derselben am 21.02. folgende Rendite erzielt werden:

Rendite = (200 * 837) / (200 * 830) – 1 = 0,84%

Der Futureskontrakt bietet also durch den relativ geringen – am Gesamtvolumen und vor allem am Gesamtpreis der 200 Unzen Gold – erforderlichen Kapitaleinsatz eine Hebelwirkung auf die zu erzielende Rendite. Dies trifft auf beiderlei Kursbewegungen des Underlyings zu, durch Abschluss eines Futureskontrakts ist bei positiven Kursbewegungen eine überproportional positive Rendite, im Fall sich negativ entwickelnder Kurse eine überproportional negative Rendite zu erzielen.

2.2. Swaps

Unter einem **Swap** ist eine Vereinbarung zweier Vertragspartner zu verstehen, zukünftig Leistungen (z.B. Zahlungen) zu tauschen (zu swappen). Der Swapvertrag regelt dabei, wann die Zahlungen zu leisten sind und nach welchem **Berechnungsschema** die Zahlungen ermittelt werden. Im Grunde handelt es sich bei einem Swapvertrag um die Zusammenfassung mehrerer Futures (bzw. Forwards), Letztere stellen Vereinbarungen dar, eine Ware zu einem Zeitpunkt in der Zukunft zu handeln (bzw. erfolgt hier ein Tausch einer Ware gegen Geld), werden mehrere Futures mit unterschiedlichen Laufzeiten gebündelt, kann durch diese Vorgehensweise die Struktur einer Swapvereinbarung generiert werden. Die in der Praxis meist gehandelten Swapkontrakte sind **Zins-** und **Währungsswaps**, hierbei werden Zinszahlungen (in verschiedenen Währungen) auf ein Nominalkapital getauscht. Solche Vereinbarungen können für folgende Zwecke eingesetzt werden:

- **Anpassen** von bestehenden **Assets und Liabilities**. Verfügt beispielsweise ein Unternehmen über fix bzw. variabel verzinste Forderungen und/oder Verbindlichkeiten, kann durch den Einsatz von Swaps die Verzinsung adaptiert werden. Sind etwa steigende Marktzinsen zu erwarten und hat ein Unternehmen eine variable Finanzierung, können die sonst durch steigende Zinsen zu leistenden höheren Kapitalkosten durch Abschließen einer Swapvereinbarung abgewendet werden.
- Ausnutzen von **komparativen Kostenvorteilen**. Durch den Abschluss einer Swapvereinbarung können zwei kapitalsuchende Unternehmen mit unterschiedlichen (Risiko-)Zuschlägen auf verschiedene Finanzierungsalternativen voneinander profitieren und so Kapitalkosten senken.

Selbstverständlich lassen sich Swaps wie andere Derivate auch für Spekulationszwecke einsetzen, ebenso sind Arbitragegeschäfte mittels Swaps denkbar.

Im Folgenden wird auf Eigenschaften und Einsatzmöglichkeiten so genannter **Plain Vanilla Zinsswaps** (der Zusatz Plain Vanilla bezeichnet den Grundtyp eines derivativen Instruments, Vereinbarungen mit sehr spezifischem Vertragsinhalt werden hingegen als exotisch bezeichnet) näher eingegangen. Leistet einer der Vertragspartner eines Plain Vanilla Zinsswaps fixe Zinszahlungen auf ein vereinbartes Nominalkapital und der andere Vertragspartner variable Zinszahlungen auf dasselbe Nominalkapital, spricht man von einem **fixed for floating Zinsswap**. Der Partner, der fixe Zinszahlungen leistet, wird **Payer** genannt, der andere **Receiver**.

Übungsbeispiel zu einem Zinsswap:

Zwei Unternehmen – die Floater GmbH und die Fixzins AG – vereinbaren beginnend mit dem 01.01.2009 halbjährliche Zinszahlungen auf ein Nominalkapital von 750.000 Euro zu swappen, wobei die erste Zahlung am 01.07.2009 erfolgt. Die Floater GmbH leistet dabei variable Zinszahlungen, die an den 6-Monats-LIBOR gekoppelt sind, die Fixzins AG zahlt halbjährlich 6% des Nominalkapitals an die Floater GmbH. Die letzte Zinszahlung erfolgt am 01.07.2012, die folgende Tabelle zeigt die Entwicklung der getauschten Zahlungen aus Sicht der Floater GmbH:

Datum	LIBOR	Zahlung an Fixzins	Zahlung von Fixzins	Saldo
01.01.2009	4,5%			
01.07.2009	5,2%	16.875	22.500	5.625
01.01.2010	4,8%	19.500	22.500	3.000
01.07.2010	5,8%	18.000	22.500	4.500
01.01.2011	6,7%	21.750	22.500	750
01.07.2011	6,8%	25.125	22.500	-2.625
01.01.2012	6,4%	25.500	22.500	-3.000
01.07.2012		24.000	22.500	-1.500
				6.750

Für die Ermittlung der halbjährlichen Zinszahlungen ist der LIBOR zu Beginn der Halbjahresperiode relevant, die zu leistenden 16.875 ergeben sich also aus 750000 * 4,5% / 2. Vereinfachend wird eine lineare Zinsabrechnung unterstellt, weswegen der Jahreszins von 4,5% durch zwei geteilt wird. Eine Variante eines Zinsswaps sieht Zinszahlungen vor, deren Höhe nach dem Zinssatz am Ende einer Zinsperiode ermittelt wird, solche Swaps führen den Zusatz „in arrears". Die erhaltenen konstanten Zahlungen der Fixzins AG betragen 750000 * 6% / 2 = 22.500. Daraus ergibt sich ein halbjährlicher Saldo, der über die Laufzeit gerechnet für die Floater GmbH einen Überschuss in Höhe von 6.750 Euro bedeutet.

Der Einsatz eines Zinsswaps zu Spekulationszwecken eignet sich für den Receiver wie im oben gezeigten Fall genau dann zur Erzielung von Gewinnen, wenn die Markterwartung eines niedrigen Zinsniveaus eintrifft. Umgekehrt könnte der Payer eines Zinsswaps von steigenden Zinsen profitieren. Werden solche Instrumente jedoch mit Forderungen oder Verbindlichkeiten kombiniert, rückt das Spekulationsmotiv in den Hintergrund, vorrangig sind dann Absicherungszwecke.

Fortsetzung des Übungsbeispiels zu einem Zinsswap:

Im Folgenden werden mögliche Kombinationen des Zinsswaps mit anderen Assets oder Liabilities betrachtet:
- Die Floater GmbH verfügt neben dem Zinsswap auch über eine variable verzinste Anleihe, die Höhe des halbjährlichen Kupons beträgt 6m-LIBOR + 30 Basispunkte. Aus dieser Konstellation ergeben sich folgende Zahlungsströme:

Zahlung	Höhe der Zahlung
Einzahlung aus Anleihe	+ LIBOR + 0,3%
Einzahlung aus Swap	+ 6%
Auszahlung aus Swap	- LIBOR
SUMME	+ 6,3%

Die Kombination der variabel verzinsten Anleihe mit dem Zinsswap führt in Summe zu einem konstanten Zinsertrag. Das Risiko sinkender Marktzinsen – und damit verbunden, das Risiko geringerer Zinserträge aus der Anleihe – kann mit dieser Strategie abgewendet werden.

- Die Floater GmbH hat neben dem Zinsswap eine fix verzinste Finanzierung, die Kreditzinsen belaufen sich auf 7,3% p.a. Die Gesamtbelastung unter Berücksichtigung der Zahlungen aus dem Swap lautet dann:

Zahlung	Höhe der Zahlung
Auszahlung aus Kredit	- 7,3%
Einzahlung aus Swap	+ 6%
Auszahlung aus Swap	- LIBOR
SUMME	- LIBOR - 1,3%

In Summe ist die Floater GmbH nunmehr mit einer variablen Verzinsung belastet, eine solche Strategie böte sich beispielsweise bei der Markterwartung sinkender Zinsen an.

- Die Fixzins AG besitzt eine fixverzinste Anleihe, der Kupon beläuft sich auf 5,5%. Der mit dem Swap kombinierte Zahlungsstrom sieht dann wie folgt aus:

Zahlung	Höhe der Zahlung
Einzahlung aus Anleihe	+ 5,5%
Einzahlung aus Swap	+ LIBOR
Auszahlung aus Swap	- 6%
SUMME	+ LIBOR -0,5%

Es gelingt der Fixzins AG durch Einsatz des Zinsswaps die fixverzinsten Einzahlungen aus der Anleihe in variabel verzinste Einzahlungen zu wandeln. Eine solche Vorgehensweise empfiehlt sich bei der Markterwartung steigender Zinsen.

- Neben dem Zinsswap hat die Fixzins AG ein variabel verzinstes Darlehen aufgenommen, der Kreditzins beläuft sich auf 6m-LIBOR + 80 Basispunkte, in Kombination mit dem Swap hat die Fixzins AG dann folgende Belastung:

Zahlung	Höhe der Zahlung
Auszahlung aus Kredit	- LIBOR - 0,8%
Einzahlung aus Swap	+ LIBOR
Auszahlung aus Swap	- 6%
SUMME	- 6,8%

Wiederum konnte eine Verbindlichkeit durch Einsatz eines Swaps in der Art der Verzinsung angepasst werden, in diesem Fall wurde ein variabel verzinster Kredit in eine fixe Zinsauszahlung adaptiert.

Die nachstehende Tabelle zeigt, welche Position (Payer oder Receiver) innerhalb eines fixed-for-floating Zinsswaps eingenommen werden muss, um eine bestehende Forderung (z.B. ein Zinseinkommen aus einer Anleihe) oder eine Verbindlichkeit (z.B. eine Zinsverpflichtung aus einem Darlehen) von variabel nach fix oder umgekehrt anzupassen.

	fix › variabel	variabel › fix
Forderung	Payer	Receiver
Verbindlichkeit	Receiver	Payer

Ein zweites Motiv für den Einsatz des Instruments Zinsswaps durch die Vertragsparteien des Swaps ist die Ausnützung komparativer Kostenvorteile bei der Kreditaufnahme und daraus resultierend, geringere Finanzierungskosten für beide am Swap beteiligten Parteien.

Übungsbeispiel zu komparativen Kostenvorteilen:

Die Bonität GmbH und die Riskinvest AG können zu den folgenden Konditionen Kapital aufnehmen:

	fixe Verzinsung	variable Verzinsung
Bonität GmbH	6,0%	EURIBOR + 0,8 %
Riskinvest AG	8,2%	EURIBOR + 1,6 %

Aus dieser Tabelle ist ersichtlich, dass die Bonität GmbH sowohl im fix verzinsten Darlehenssegment als auch im variabel verzinsten Segment die günstigeren Finanzierungskonditionen erhält, der Risikozuschlag für die risikoträchtigere Riskinvest AG ist jedoch in beiden Segmenten unterschiedlich hoch. Gegenüber der Bonität GmbH ist im Fixzinssegment ein Aufschlag von 2,2 Prozentpunkten zu bezahlen, im variablen Segment sind es nur 0,8 Prozentpunkte. Diese ungleiche Behandlung beider Unternehmen in Bezug auf den Risikozuschlag ist nicht einsichtig und stellt folglich ein Ungleichgewicht dar, das durch geschickten Einsatz eines Swapvertrages zwischen beiden Unternehmen ausgenutzt werden kann und in günstigere Finanzierungskosten für beide Unternehmen mündet.

In einem ersten Schritt wird das Ausmaß des ausnutzbaren Ungleichgewichts ermittelt, das sich aus der Differenz der unterschiedlichen Risikozuschläge beider Unternehmen in den zwei Darlehenssegmenten ergibt:

	fixe Verzinsung	variable Verzinsung
Bonität GmbH	6,0%	EURIBOR + 0,8 %
Riskinvest AG	8,2%	EURIBOR + 1,6 %
Differenz	2,2%	0,8%
Synergiepotential	**1,4%**	

In diesem Fall können die Bonität GmbH und die Riskinvest AG durch Abschluss eines Swaps ihre Kreditkosten um insgesamt 1,4 Prozentpunkte senken.

Beide Unternehmen nehmen zunächst einen Kredit in selber Höhe bei dem externen Kreditgeber (z.B. der Hausbank) auf, wobei anschließend beide Verbindlichkeiten durch den zusätzlichen Abschluss des Swaps in der Verzinsung angepasst werden. Voraussetzung für ein Zustandekommen einer solchen Vereinbarung ist, dass die Riskinvest AG einen variabel verzinsten Kredit aufnimmt – in diesem Segment besteht der komparative Vorteil gegenüber der Bonität GmbH, zumal der Zuschlag hier geringer ist als im fix verzinsten Segment – und die Bonität GmbH einen fixverzinsten Kredit aufnimmt. Durch den Abschluss des Swaps, in dem die Riskinvest AG die Position des Payers und die Bonität AG jene des Receivers einnimmt, werden die Verbindlichkeiten beider Unternehmen angepasst. Nach Berücksichtigung der Zahlungen innerhalb des Swaps ist die Bonität AG mit variablen Zinszahlungen und die Riskinvest AG mit fixen Zinszahlungen belastet. Dieses Endergebnis muss natürlich auch den Finanzierungswünschen beider Unternehmen entsprechen. Angenommen dies ist der Fall, dann kann das Synergiepotential im Ausmaß von 1,4 Prozentpunkten auf beide Unternehmen verteilt werden, im Folgenden sollen die Kreditkosten beider im Ausmaß von 0,7 Prozentpunkten gesenkt werden.

Die folgende Abbildung zeigt die Zahlungsströme aus den beiden Krediten sowie jene des abgeschlossenen Swapvertrages:

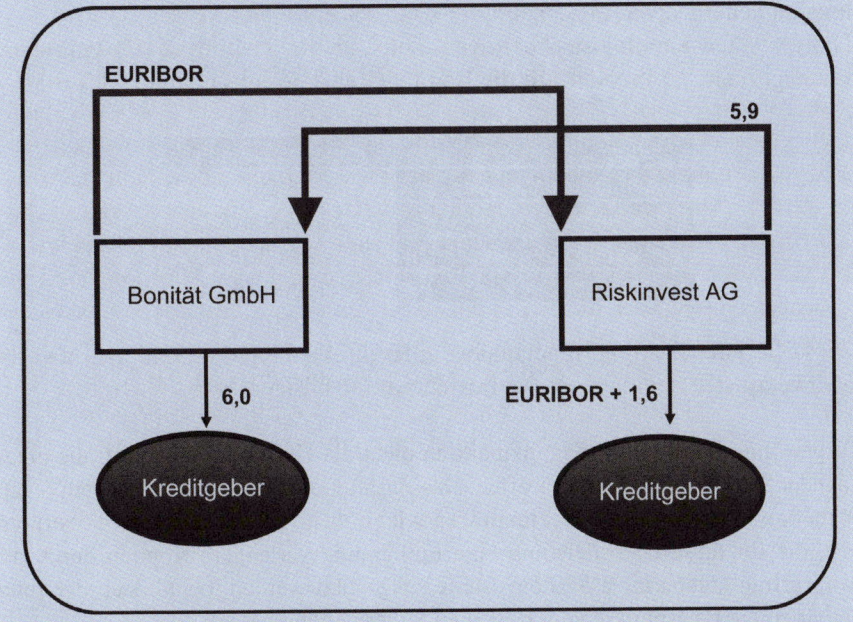

Abbildung VI.34: Einfacher Zinsswap

Die Zahlungen sind bereits mit dem entsprechenden Vorzeichen versehen, solche mit positivem Vorzeichen kennzeichnen Auszahlungen, solche mit negativem Vorzeichen kennzeichnen Auszahlungen. Die Höhe der Zinszahlungen an die Kreditgeber ergeben sich aus den oben angeführten Konditionen, die zu leistenden Zahlungen innerhalb des Swaps können wie folgt ermittelt werden:

- Der Receiver innerhalb des Swaps leistet an den Payer den vereinbarten variablen Zinssatz, ohne Zu- bzw. Abschläge.
- Die Höhe des vom Payer an den Receiver zu bezahlenden Fixzinssatzes kann durch folgende Überlegung ermittelt werden. Die Höhe der (variablen) Kreditkosten an den externen Kreditgeber reduziert um die (variablen) Zahlung innerhalb des Swaps und erhöht um die innerhalb des Swaps zu leistenden (fixen) Zahlungen muss den fixen Kreditkosten abzüglich der durch den Swap zu erzielenden Ersparnis entsprechen, die folgende Tabelle veranschaulicht diesen Gedanken:

Zahlung	Höhe der Zahlung
Auszahlung aus Kredit	- EURIBOR - 1,6%
Einzahlung aus Swap	+ EURIBOR
Auszahlung aus Swap	- x
SUMME	- 8,2% + 0,7% = -7,5%

Die einzige Unbekannte in dieser Überlegung ist die zu leistende fixe Zinszahlung an den Receiver, diese kann mit $x = 5,9\%$ errechnet werden.

Die gesamten Kreditkosten betragen dann für die Riskinvest AG wie oben schon gezeigt, 7,5 Prozent, für die Bonität GmbH ergibt sich folgendes Bild:

Zahlung	Höhe der Zahlung
Auszahlung aus Kredit	- 6,0%
Einzahlung aus Swap	+ 5,9%
Auszahlung aus Swap	- EURIBOR
SUMME	- EURIBOR - 0,1%

Diese Gesamtbelastung ist gegenüber einer direkten Kreditaufnahme im variabel verzinsten Segment um 0,7 Prozentpunkte billiger.

Für gewöhnlich sind es an Finanzmärkten nicht die Unternehmen selbst, die untereinander Swapvereinbarungen treffen. Das Zusammenführen von geeigneten Swappartnern wird von **Finanzintermediären** wie großen Investmenthäusern übernommen, die für diese Dienstleistung eine Entlohnung verlangen. Können durch den Swapvertrag komparative Kostenvorteile ausgenutzt werden, behält sich der Intermediär einige Basispunkte vom gesamten Synergiepotential ein.

Fortsetzung des Übungsbeispiels zu komparativen Kostenvorteilen:

Für den Fall, dass die Bonität GmbH und die Riskinvest AG einen Vermittler für den Abschluss des Swaps eingeschaltet haben, ergeben sich veränderte Zahlungsströme. Annahmegemäß wird das gesamte Synergiepotential wie folgt verteilt: die Bonität GmbH erhält 80 Basispunkte, die Riskinvest AG 45 Basispunkte, der Finanzintermediär erhält 15 Basispunkte, wobei 6 Basispunkte von der Bonität GmbH und 9 Basispunkte von der Riskinvest AG zu tragen sind. Die resultierenden Zahlungsströme sind in nachstehender Grafik zusammengefasst:

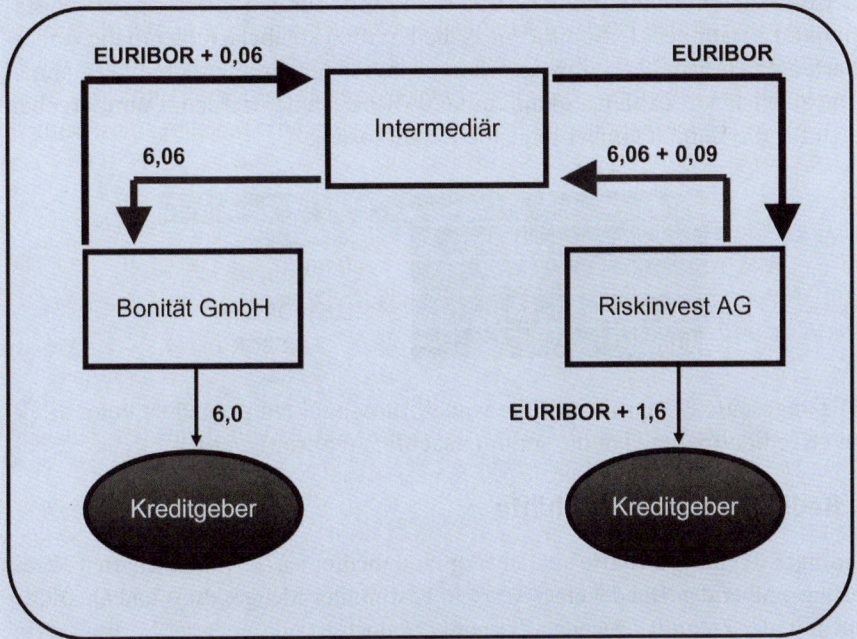

Abbildung VI.35: Zinsswap mit Finanzintermediär

Wiederum nehmen beide Unternehmen zunächst bei ihren externen Kreditgebern ein Darlehen auf, die Zahlungsströme innerhalb des Swapvertrages können wie folgt ermittelt werden:

- Der Receiver innerhalb des Swaps (Bonität GmbH) zahlt den vereinbarten variablen Zins (EURIBOR) zuzüglich der von ihm zu tragenden Prämie für den Intermediär (6 Basispunkte). Der Intermediär behält sich die vereinbarten Basispunkte ein und leitet die Zinszahlung in Höhe des variablen Zinssatzes an den Payer weiter.
- Die Höhe der vom Payer (Riskinvest AG) zu leistenden Fixzinszahlung kann analog zur Variante ohne den Intermediär gefunden werden. Die Tabelle zeigt die Ermittlung dieser Zahlung:

Zahlung	Höhe der Zahlung
Auszahlung aus Kredit	- EURIBOR - 1,6%
Einzahlung aus Swap	+ EURIBOR
Auszahlung aus Swap	- x - 0,09%
SUMME	- 8,2% + 0,45% = -7,75%

Die Zahlung an den Kreditgeber ist durch die angegebenen Konditionen determiniert, innerhalb des Swaps erhält die Riskinvest AG eine Zahlung in Höhe des EURIBOR, die zu leistende Zahlung setzt sich aus dem Betrag, welcher der Bonität GmbH zukommt (x) und der Prämie für den Intermediär (9 Basispunkte) zusammen. In Summe muss die Kreditkostenbelastung um die vereinbarten 45 Basispunkte günstiger sein als bei einer direkten Kreditaufnahme. Die zu leistende Zahlung x kann mit 6,06% berechnet werden. Damit ergeben sich für die Bonität GmbH folgende Kreditkosten:

Zahlung	Höhe der Zahlung
Auszahlung aus Kredit	- 6%
Einzahlung aus Swap	+ 6,06%
Auszahlung aus Swap	- EURIBOR - 0,06
SUMME	- EURIBOR

Die zugesagte Ersparnis in Höhe von 80 Basispunkten gegenüber einer direkten Kreditaufnahme konnte somit tatsächlich realisiert werden.

3. Bedingte Termingeschäfte

Bedingte Termingeschäfte sind analog zu unbedingten Termingeschäften Vereinbarungen über den Handel einer Ware in bestimmter Menge, Preis und Qualität zu einem in der Zukunft liegenden Zeitpunkt. Jedoch ist nur einer der Vertragspartner auch tatsächlich verpflichtet, dieses Geschäft auszuführen, der andere hat das Recht, das Geschäft nicht auszuführen. Somit ist das tatsächliche Zustandekommen des avisierten Handels an eine Bedingung geknüpft, nämlich jene, dass der Berechtigte innerhalb des Termingeschäfts willens ist, das Geschäft auszuführen. Aufgrund dieser ungleichen Verteilung von Rechten und Pflichten innerhalb dieses Termingeschäfts werden diese Kontrakte auch **asymmetrische Termingeschäfte** oder **Optionsgeschäfte** (vom lateinischen optio: freier Wille) genannt.

Unter einer Option ist ein derivatives Wertpapier zu verstehen, das dem Inhaber das Recht, jedoch nicht die Verpflichtung einräumt, eine in Menge und Qualität bestimmte Ware zu einem heute fixierten Preis zu einem in der Zukunft liegenden Zeitpunkt kaufen oder verkaufen zu dürfen.

Verbrieft die Option das Recht zu kaufen, wird sie **Kaufoption** oder **Call** genannt, ist der Inhaber berechtigt, eine Ware zu verkaufen, heißt die Option **Verkaufoption** oder **Put**. Kann die Option nur zu einem Stichtag ausgeübt werden, wird sie

europäische Option genannt, wenn sie während des gesamten Zeitraums bis zum Verfalltag der Option ausgeübt werden kann, heißt sie **amerikanische Option**. Weiters sind folgende Begriffe nützlich:

- **Underlying**. Dies bezeichnet die Ware, die dem Optionsgeschäft zugrunde liegt. Für die Ermittlung des Werts des Optionsrechts ist der Preis des Underlyings relevant.
- **Ausübungspreis** (**Basispreis**, **strike price**, **excercise price**). Der Ausübungspreis ist jener Betrag, den der Inhaber einer Kaufoption für die Ware am Tag der Ausübung zu bezahlen hat bzw. jener Betrag, den der Inhaber einer Verkaufoption am Ausübungstag für den Verkauf der Ware erhält.
- **Optionsprämie**. Der Betrag, den der Inhaber des Optionsrechts an den Vertragspartner für die Gewährung dieses Rechts bezahlt. Im äußersten Fall ist dieses Recht wertlos, in allen anderen Fällen wird dieses Recht – wie alle anderen Rechte auch – einen Wert größer Null aufweisen.
- **Stillhalter**. Der Stillhalter ist jener am Optionsgeschäft Beteiligte, der dem Inhaber der Option das Recht einräumt, das Underlying von ihm kaufen oder an ihn verkaufen zu dürfen. Der Stillhalter ist dabei an die Entscheidung bezüglich der Ausübung des Rechts durch den Inhaber der Option gebunden, er muss also stillhalten und dem Wunsch des Optionärs jedenfalls nachkommen. Der Stillhalter nimmt beim Optionsgeschäft die short position ein – er gewährt das Recht gegen Prämienzahlung –, der Inhaber des Wahlrechts hat gegen Zahlung der Optionsprämie das Recht erworben und hat demzufolge die long position inne.
- **Verfalltag**. Der Tag, an dem das Recht ausgeübt werden kann (europäische Option) bzw. der Tag bis zu dem das Optionsrecht ausgeübt werden kann.

3.1. Bewertung am Verfalltag

Der faire Wert einer Option am Verfalltag kann leicht bestimmt werden:

Übungsbeispiel zur Auszahlungsstruktur von Optionen am Verfalltag:

Eine Kaufoption auf die Aktie der Bullen & Bären AG wurde um 5 Euro erworben. Der Ausübungspreis beträgt $X = 67$ Euro, zu ermitteln ist nun der Gewinn bzw. der Verlust aus diesem Optionsgeschäft, wenn der Kurs der Aktie der Bullen & Bären AG am Verfalltag S_T:

- 82 Euro
- 69 Euro
- 55 Euro

beträgt. Im ersten Fall kann die Aktie aufgrund des Optionsgeschäfts um 67 Euro erworben werden und am Markt sofort um 82 Euro veräußert werden. Dies führt zu einer sofortigen Einzahlung in Höhe von 15 Euro. Auch im zweiten Fall ist durch das Ausüben der Option eine Einzahlung zu erzielen, die Aktie kann

---

um 67 erworben und um 69 verkauft werden, dies generiert eine Einzahlung in Höhe von 2. Im dritten Fall ist es besser, die Option verfallen zu lassen, denn das Underlying kann am Markt billiger erworben werden als es durch Ausüben der Option kosten würde. In diesem Fall ist das Optionsrecht wertlos.

Ganz allgemein kann für eine Kaufoption die Auszahlung am Verfalltag T (dies entspricht dem Optionswert) wie folgt angeschrieben werden:

$$c_T = \max[S_T - X; 0]$$

Wobei c_T den Wert der Option, S_T den Kurs des Underlyings am Verfalltag T und X den Ausübungspreis bezeichnen.

Fortsetzung Übungsbeispiel zur Auszahlungsstruktur von Optionen am Verfalltag:

Nun kann auch der Gewinn bzw. der Verlust aus dem eingegangenen Optionsgeschäft ermittelt werden, hierzu ist von der Auszahlung am Verfalltag die anfänglich gezahlte Prämie abzuziehen:

$S_T = 82$: Gewinn = 15 – 5 = 10
$S_T = 69$: Verlust = 2 – 5 = -3
$S_T = 55$: Verlust = 0 – 5 = -5

Weiters soll die Auszahlungsstruktur einer Verkaufoption auf diese Aktie untersucht werden, der Ausübungspreis des Puts beträgt 72 Euro, die geleistete Prämie war 3 Euro.

Im ersten Fall könnte die Aktie an den Stillhalter der Verkaufoption um die vereinbarten 72 Euro verkauft werden, am Markt können 82 Euro erzielt werden, die Option verfällt daher wertlos. Im zweiten Fall kann durch den Kauf der Aktie am Markt um 69 und den Verkauf an den Stillhalter um 72 eine Zahlung von 3 Euro generiert werden. Im letzten Fall kann die Aktie zunächst am Markt um 55 erworben werden, durch einen Weiterverkauf innerhalb des Optionskontrakts um 72 können 17 Euro lukriert werden. Daraus ergeben sich folgende Gewinne bzw. Verluste aus diesem Optionsgeschäft:

$S_T = 82$: Verlust = 0 – 3 = -3
$S_T = 69$: Gewinn/Verlust = 3 – 3 = 0
$S_T = 55$: Gewinn = 17 – 3 = 14

Die Auszahlung am Verfalltag einer Verkaufoption kann allgemein wie folgt dargestellt werden:

$$p_T = \max[X - S_T; 0]$$

Wobei p_T den Wert des Puts am Verfalltag T, X den Ausübungspreis und S_T den Preis des Underlyings am Verfalltag bezeichnen.

Eine grafische Darstellung der Gewinn-/Verlustprofile von Optionskontrakten erfolgt in den **Hockeystick-Diagrammen**. Die nachstehende Abbildung zeigt diese (für beliebig gewählte Ausübungspreise und Optionsprämien):

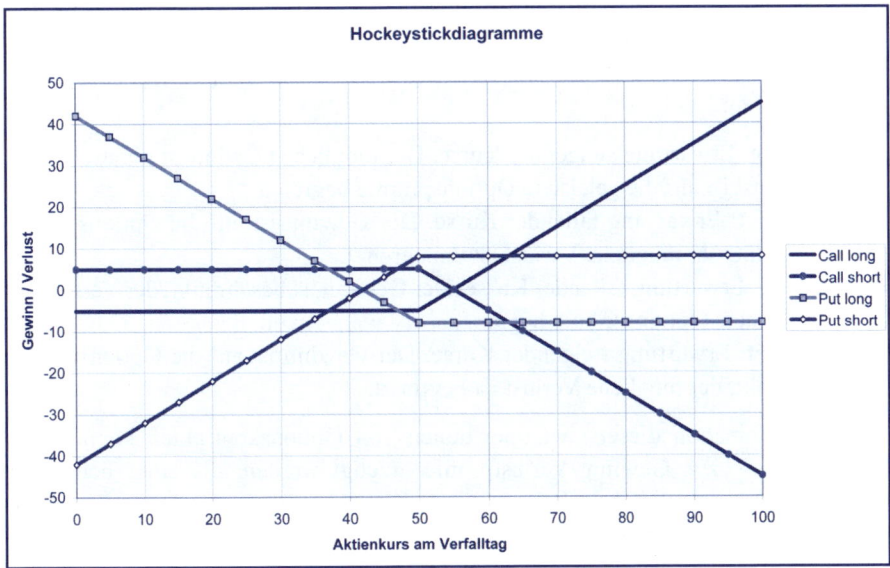

Abbildung VI.36: Hockeystickdiagramme

Die Grafik gibt Anhaltspunkte für die Formulierung von Investmentstrategien bei unterschiedlichen Markterwartungen. Wird beispielsweise von steigenden Kursen einer Aktie ausgegangen, bietet sich der Erwerb der Aktie selbst an. Auch durch die Einnahme der long position innerhalb eines Futureskontrakts könnte von dieser antizipierten Marktentwicklung profitiert werden. Optionen bieten nun eine weitere Möglichkeit, durch steigende Marktpreise einen Gewinn zu erzielen. Einerseits kann eine Kaufoption erworben werden (call long). Trifft die Erwartung steigender Kurse des Underlyings zu, sind die Gewinnmöglichkeiten (theoretisch) unbegrenzt, der Verlust ist auf die geleistete Optionsprämie beschränkt. Von steigenden Kursen des Underlyings kann auch durch den Verkauf einer Verkaufoption profitiert werden (put short). Steigen die Kurse des Underlyings, wird die Option nicht ausgeübt, es bleibt die vereinnahmte Prämie, der Gewinn dieser Strategie ist daher auf die Prämie beschränkt. Der maximal zu erleidende Verlust tritt dann ein, wenn die Aktie am Ausübungstag der Option wertlos ist (z.B. bei Insolvenz des Unternehmens), somit ist der Verlust auch begrenzt.

Werden sinkende Marktpreise einer Aktie erwartet, kann durch einen Leerverkauf dieser Aktie oder durch die Einnahme der short position eines Futures auf diese Aktie Gewinn erwirtschaftet werden. Ebenso eignen sich Optionen, um von dieser Markterwartung zu profitieren. Durch den Verkauf einer Kaufoption (call short) kann bei Eintritt der Markterwartung sinkender Kurse die Optionsprämie vereinnahmt werden, der mögliche Gewinn ist also begrenzt. Im Fall steigender Kurse des Underlyings ist der mögliche Verlust (theoretisch) unbegrenzt. Wird eine Verkaufoption erworben (put long), geht im Falle steigender Preise der Aktie die Optionsprämie verloren, der Verlust ist somit begrenzt. Tritt hingegen die erwartete (sinkende) Kursentwicklung ein, kann im günstigsten Fall eine wertlose Aktie an den Stillhalter der Verkaufoption verkauft werden, der Gewinn ist somit ebenfalls beschränkt. Zusammenfassend lassen sich die **vier Grundpositionen** eines **Optionsgeschäfts** wie folgt darstellen:

- **Call long**: Erwartung steigender Kurse. Der mögliche Gewinn ist unbeschränkt, der Verlust ist auf die geleistete Optionsprämie begrenzt.
- **Call short**: Erwartung fallender Kurse. Der Gewinn ist auf die Optionsprämie beschränkt, der mögliche Verlust ist unbegrenzt.
- **Put long**: Erwartung fallender Kurse. Der Gewinn ist beschränkt, der Verlust auf die geleistete Optionsprämie begrenzt.
- **Put short**: Erwartung steigender Kurse. Der Gewinn ist auf die Optionsprämie beschränkt, der mögliche Verlust ist begrenzt.

Durch Kombination dieser Grundpositionen von Optionskontrakten können nun Auszahlungs- bzw. Gewinn-/Verlustprofile erzeugt werden, die einer beliebigen Markterwartung entsprechen. Beispielsweise lassen sich auch von stark schwankenden bzw. von stagnierenden Kursen des Underlyings Gewinne erzielen. Die Umsetzung dieser Markterwartungen erfolgt in **Optionsstrategien**, im Folgenden werden einige der Vielzahl existierender Strategien diskutiert.

Ein **Long Call Spread** besteht aus folgenden Positionen (bezogen auf dasselbe Underlying):

- Long call mit beliebigem Ausübungspreis
- Short call mit höherem Ausübungspreis

Die Markterwartung bezüglich der Preisentwicklung des Underlyings ist positiv, jedoch sind sowohl Gewinn als auch Verlust dieser Strategie beschränkt. Investoren, die diese Strategie realisieren, gehen zudem von einer geringen Volatilität des Underlyings aus. Der Vorteil der Strategie besteht darin, dass die Umsetzung billiger ist als der Erwerb einer Kaufoption alleine.

Übungsbeispiel zu einem Long Call Spread:

Die folgende Abbildung zeigt das Gewinn-/Verlustprofil folgender Optionsstrategie:

- 1 Call long, X = 100, c0 = 5
- 1 Call short, X = 110, c0 = 3

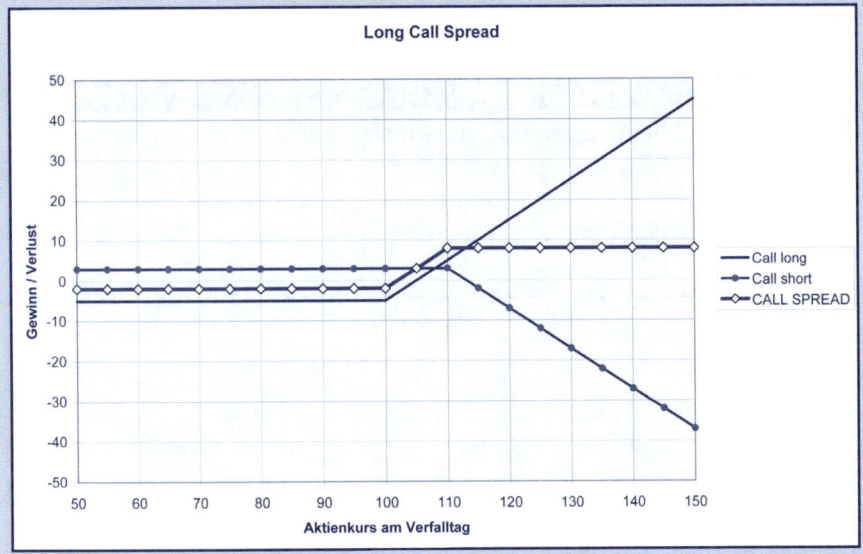

Abbildung VI.37: Long Call Spread

Ein **Long Straddle** besteht aus folgenden Positionen (bezogen auf das selbe Underlying):

- Long Call mit beliebigem Ausübungspreis
- Long Put mit gleichem Ausübungspreis

Diese Strategie bildet die Markterwartung stark schwankender Kurse des Underlyings ab. Dabei ist die Richtung der Kursbewegung unerheblich, profitiert werden kann somit von steigenden und sinkenden Kursen.

Übungsbeispiel zu einem Long Straddle:

Die folgende Abbildung zeigt das Gewinn-/Verlustprofil folgender Optionsstrategie:

- 1 Call long, $X = 100$, $c0 = 5$
- 1 Put long, $X = 100$, $p0 = 4$

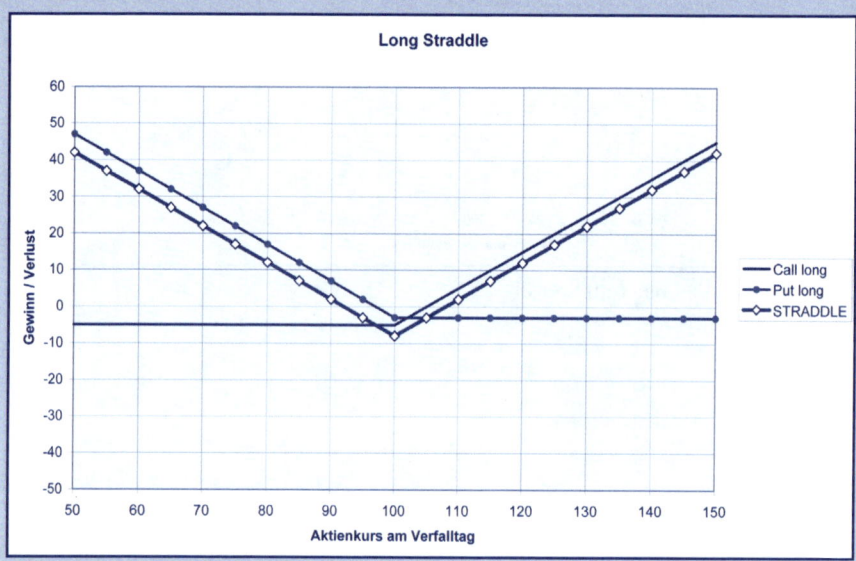

Abbildung VI.38: Long Straddle

Die Markterwartung stagnierender Kurse kann durch einen **short Straddle** abgebildet werden. Bei dieser Strategie können Gewinne realisiert werden, wenn sich der Preis des Underlyings am Verfalltag der Optionen innerhalb eines durch Ausübungspreis und Prämien der Optionen determinierten Intervalls befindet.

Übungsbeispiel zu einem Short Straddle:

Die folgende Abbildung zeigt das Gewinn-/Verlustprofil folgender Optionsstrategie:

- 1 Call short, X = 100, c0 = 5
- 1 Put short, X = 100, p0 = 4

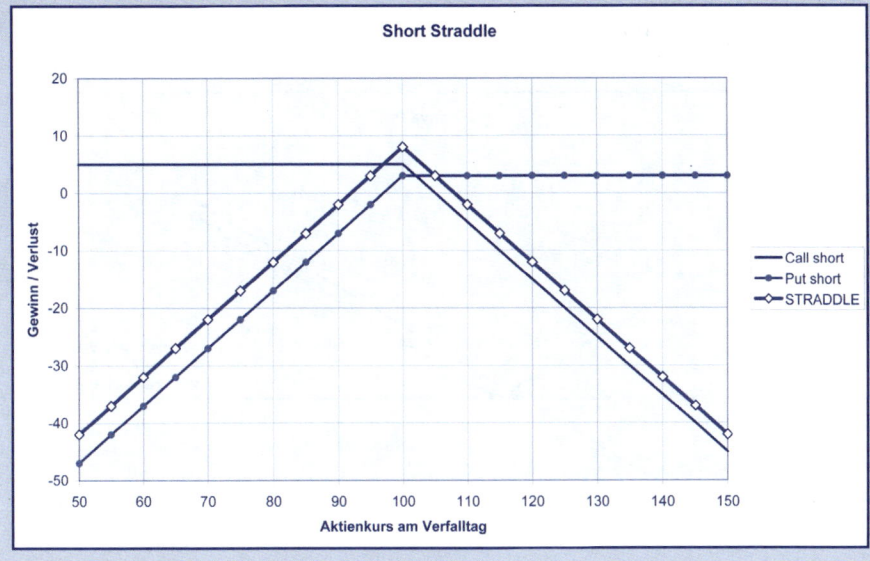

Abbildung VI.39: Short Straddle

Ein **Protective Put** ist eine Strategie, die das Underlying selbst mit einer Option kombiniert. In diesem Fall wird zum erworbenen Underlying eine Verkaufoption gekauft, im Resultat kann so eine Absicherung gegen fallende Kurse des Underlyings erzielt werden. Gegen Zahlung der Optionsprämie erwirbt man eine Versicherung, der Verlust aus dem Erwerb der Aktie ist somit auf die geleistete Prämie beschränkt.

Übungsbeispiel zu einem Protective Put:

Die folgende Abbildung zeigt das Gewinn-/Verlustprofil folgender Optionsstrategie:

■ 1 Underlying long, S0 = 100
■ 1 Put long, X = 100, p0 = 8

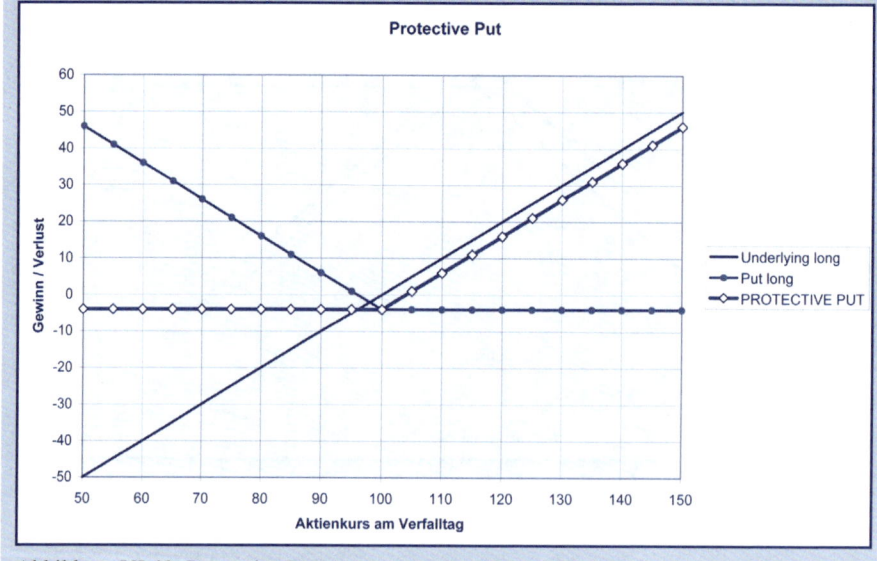

Abbildung VI.40: Protective Put

Die Abbildung des Gewinn-/Verlustprofils des Protective Puts entspricht exakt jener einer Kaufoption auf das Underlying. Dieser visuellen Erkenntnis ist zu entnehmen, dass zwischen Call und Put auf ein gemeinsames Underlying mit identischen Ausübungstagen eine Beziehung bestehen muss. Dieser Zusammenhang wird **Put-Call-Parität** genannt und lässt sich formal wie folgt darstellen:

$$c_0 = p_0 + \underbrace{S_0 - X \cdot (1 + r_f)^{-T}}_{Wertunterschied_{Call-Put}}$$

Wobei c_0 den aktuellen Preis des Calls, p_0 den aktuellen Preis des Puts, S_0 den Kurs des Underlyings und $X(1+r_f)^{-T}$ den abgezinsten (identischen) Ausübungspreis der Optionen bezeichnet.

Eine weitere Strategie, die Optionen mit dem Underlying selbst kombiniert, ist die **Conversion**. Hierbei wird das Underlying erworben, ein Call mit beliebigem Ausübungspreis in short position und ein Put mit selbem Ausübungspreis in long position gehalten. Diese Strategie generiert zum erworbenen Underlying ein synthetisches Underlying in short position. Im Resultat bedeutet dies ein risikoloses Portfolio, das völlig unabhängig vom Kurs des Underlyings am Verfalltag eine sichere Zahlung leistet.

Übungsbeispiel zu einer Conversion:

Die folgende Abbildung zeigt das Gewinn-/Verlustprofil folgender Optionsstrategie:

- 1 Underlying long, S0 = 101
- 1 Call short, X = 100, c0 = 5
- 1 Put long, X = 100, p0 = 3

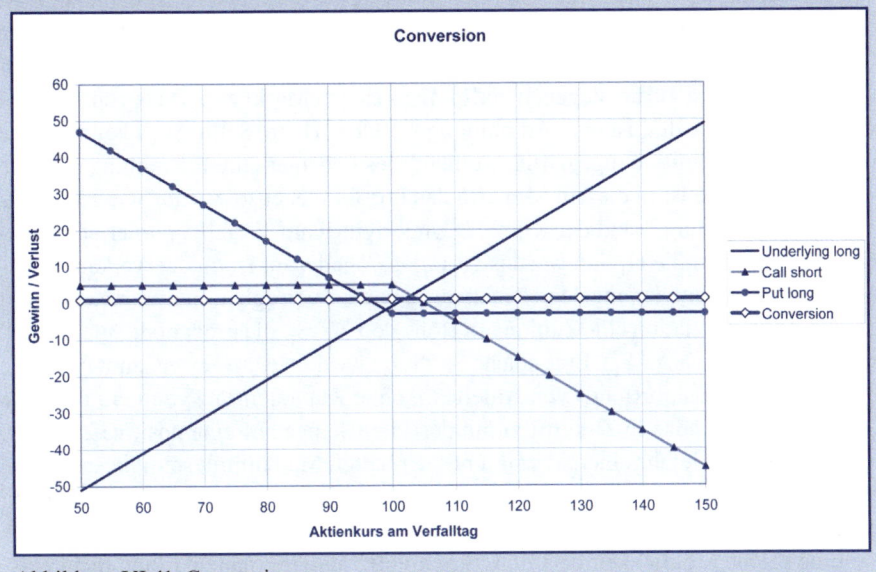

Abbildung VI.41: Conversion

3.2. Bewertung vor dem Verfalltag

Für die Bewertung einer europäischen Option vor dem Verfalltag, also die Findung eines fairen Kaufpreises für das durch die Option verbriefte Recht, können zunächst die folgenden grundsätzlichen Überlegungen angestellt werden. Es wird angenommen, der Preis einer europäischen Kaufoption mit dem Verfalltag T und dem Ausübungspreis X zu einem beliebigen Zeitpunkt t, beträgt $S_t - X$, wobei S_t den Preis des Underlyings zum Zeitpunkt t bezeichnet. Man betrachte nun das folgende Portfolio:

Zeitpunkt	t	T	
		$S_T > X$	$S_T \leq X$
1 Option long	$-(S_t - X)$	$+S_T - X$	0
1 Underlying short	$+S_t$	$-S_T$	$-S_T$
Geldveranlagung	$-X$	$+X$	$+X$
Portfoliowert	0	0	≥ 0

Zum Stichtag der Bewertung t wird eine Option um den angenommenen Preis $S_t - X$ erworben, dies führt zu einer Auszahlung in Höhe von $-(S_t - X)$. Durch den gleichzeitigen Leerverkauf des Underlyings fließen Mittel in Höhe von S_t zu, weiters wird Cash im Ausmaß des Ausübungspreises der Option (risikolos) bis zum Verfalltag der Option veranlagt (Zinsen werden hier vernachlässigt), dies bedeutet eine Auszahlung in Höhe von $-X$. Der Gesamtwert dieses Portfolios beträgt Null, man spricht in diesem Zusammenhang auch von einem **selbstfinanzierenden Portfolio**, da kein Mittelzuschuss bzw. -abfluss bei der Erstellung erfolgt.

Am Verfalltag T sind zwei Szenarien von Interesse. Einerseits ist denkbar, dass der Kurs des Underlying über dem Ausübungspreis liegt. In diesem Fall würde die Option ausgeübt, eine Einzahlung in Höhe von $S_T - X$ ist die Folge. Die anfangs leerverkaufte Aktie ist zurückzugeben, dafür muss sie am Markt zum Preis von S_T zugekauft werden, Resultat ist eine Auszahlung in selber Höhe. Schließlich kann auf die veranlagten Geldmittel zugegriffen werden, dies bedeutet eine Einzahlung in Höhe von X. In Summe ist in diesem Szenario das Portfolio ebenso wertlos wie zum Zeitpunkt der Erstellung. Liegt der Kurs des Underlyings am Verfalltag unter dem Ausübungspreis, wird die Option wertlos verfallen. Wiederum ist die leerverkaufte Aktie zurückzustellen, der angelegte Geldbetrag wieder verfügbar, in Summe resultiert aus dieser Konstellation eine Zahlung in Höhe von $X - S_T$, die größer oder gleich Null sein muss (wegen $X >= S_T$). Eine solche Situation wird **free lottery** genannt (vgl. free lunch bei Arbitrageportfolios von Anleihen), ohne Kapitaleinsatz kann ein Portfolio generiert werden, das in Zukunft zumindest die Chance auf eine positive Zahlung, jedoch nicht die Gefahr einer Auszahlung beinhaltet. Man nimmt somit kostenlos an einer Lotterie teil, die einen Gewinn mit einer positiven Eintrittswahrscheinlichkeit in Aussicht stellt.

Eine solche Möglichkeit darf und wird an effizienten Finanzmärkten nicht existieren. Gäbe es eine Kaufoption, die tatsächlich diesen Preis aufweist, würde diese Situation von Arbitrageuren durch die Nachfrage des skizzierten Portfolios ausgenutzt werden. Die erhöhte Nachfrage nach der Option ließe deren Preis über den zuvor angenommenen Preis von $S_t - X$ steigen, die Erstellung des Portfolios ist somit nicht mehr selbstfinanzierend, sondern es bedarf einer anfänglichen Auszahlung. Diese geänderte Situation, die eine Auszahlung zum Zeitpunkt t und zum Zeitpunkt T entweder ein wertloses bzw. ein Portfolio mit einem Wert größer gleich Null bedeutet, ist mit einem effizienten Finanzmarkt vereinbar. Die Konsequenz aus dieser Überlegung ist, dass der Optionspreis zu einem beliebigen Zeitpunkt vor dem Verfalltag aus zwei Komponenten bestehen und jedenfalls größer als der Betrag $S_t - X$ sein muss.

- **Innerer Wert**. Der innere Wert einer Option ist jener Betrag, der durch das Ausüben der Option vor dem Verfalltag lukriert werden könnte. Formal
  Kaufoption: Innerer Wert = max$[S_t - X; 0]$
  Verkaufoption: Innerer Wert = max$[X - S_t; 0]$
- **Zeitwert**. Der Zeitwert ist jener Teil der zu leistenden Optionsprämie, der für die Chance zu bezahlen ist, dass sich der Kurs des Underlyings für den Inhaber der Option positiv entwickelt. Das Risiko einer negativen Kursentwicklung ist hingegen nicht zu tragen, schließlich räumt die Option dem Inhaber auch die Möglichkeit ein, diese verfallen zu lassen. Der Zeitwert kann durch Preismodelle determiniert werden, die im Folgenden beschrieben werden.

Übungsbeispiel zum Zeitwert von Optionen:

Eine Kaufoption mit einer dreimonatigen Restlaufzeit und einem Ausübungspreis von 55 Euro ist auf die Aktie der OMV AG geschrieben. Die Option wird gegenwärtig zu einem Preis von 3,27 Euro gehandelt, der Kurs der Aktie lautet 53,77 Euro. Die Optionsprämie kann nun in Zeitwert und inneren Wert zerlegt werden.

Innerer Wert = max$[55 - 53; 0] = 2$

Der Zeitwert muss folglich der Restbetrag auf die gesamte Prämie von 3,27 Euro sein, also

Zeitwert = $3,27 - 2 = 1,27$ Euro

Eine Verkaufoption auf die Aktie der VW AG weist eine Restlaufzeit von 2 Monaten und einen Ausübungspreis von 178 Euro auf. Aktuell wird diese Option um 3,66 Euro gehandelt, der gegenwärtige Kurs der VW Aktie beträgt 181 Euro. Der innere Wert dieses Puts beträgt:
Innerer Wert = max$[178 - 181; 0] = 0$
Der aktuelle Preis der Option von 3,66 Euro beinhaltet also keinen inneren Wert, somit ist der zu bezahlende Preis ausschließlich auf die Zeitwertkomponente zurückzuführen.

Die konkrete Ermittlung des Zeitwerts einer Option lässt sich durch Preismodelle bestimmen. Solche Modelle versuchen relevante Einflussgrößen des Optionspreises zu erfassen, um sie zu einem Wert – eben der zu leistenden Optionsprämie – zu aggregieren. Es ist darauf hinzuweisen, dass Modelle immer nur Versuche sein können, die Realität abzubilden und trotz des Umstands, dass Modelle in der Lage sind, Preise auf den Eurocent genau zu errechnen, diese Preise immer nur genau so plausibel sein können wie die Annahmen, die zur Ermittlung derselben getroffen werden mussten. Grundsätzlich sind folgende Parameter optionspreisbestimmend:

- Kurs des Underlyings
- Ausübungspreis
- Restlaufzeit
- Zinssatz
- Volatilität des Underlyings
- Dividenden des Underlyings

Ein einfaches Modell für die Preisbildung von Optionen verwendet einen **Binomialbaum** für die Entwicklung des Kurses des Underlyings. Demzufolge entwickelt sich der Preis des Underlyings entlang eines Pfades, der sich zu gewissen Zeitpunkten teilt und so verschiedene Wertentwicklungen zulässt. Sind so die möglichen Preise des Underlyings am Verfalltag bekannt, lassen sich auch die möglichen Auszahlungen der betrachteten Option ermitteln. Ausgehend von einem heutigen Kurs des Underlyings wird angenommen, dass dieser Kurs sich bis zum (in der Zukunft liegenden) Verfalltag der Option entweder mit einem Faktor U (Up – aufwärts) nach oben oder mit einem Faktor D (Down – abwärts) nach unten entwickeln kann. Es gibt also zwei zukünftige denkbare Preise des Underlyings, daher auch die Bezeichnung Binomialbaum.

Übungsbeispiel zu binomial option pricing:

Auf eine Aktie mit einem aktuellen Preis von S = 100 ist eine Kaufoption mit einjähriger Restlaufzeit und einem Ausübungspreis von 106 geschrieben. Annahmegemäß kann der Preis der Aktie im kommenden Jahr entweder um 10% steigen (U = 1,1) bzw. um 6% sinken (D = 0,94). Dies führt zu folgendem Binomialbaum:

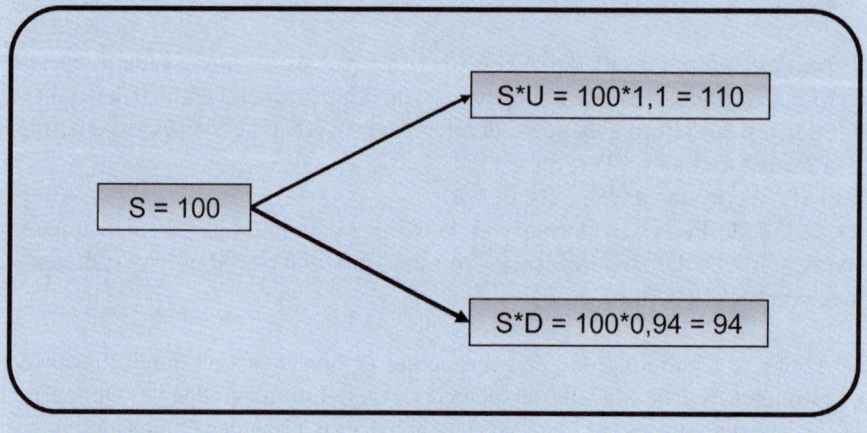

Abbildung VI.42: Einfacher Binomialbaum

Wobei S*U den Preis der Aktie im Szenario steigender Kurse und S*D den Preis der Aktie im Fall sinkender Preise bezeichnen.

Das Modell reduziert die Anzahl möglicher Preise der Aktie in einem Jahr auf zwei, daraus ableiten lassen sich nun folgende Auszahlungen der auf die Aktie geschriebenen Kaufoption:

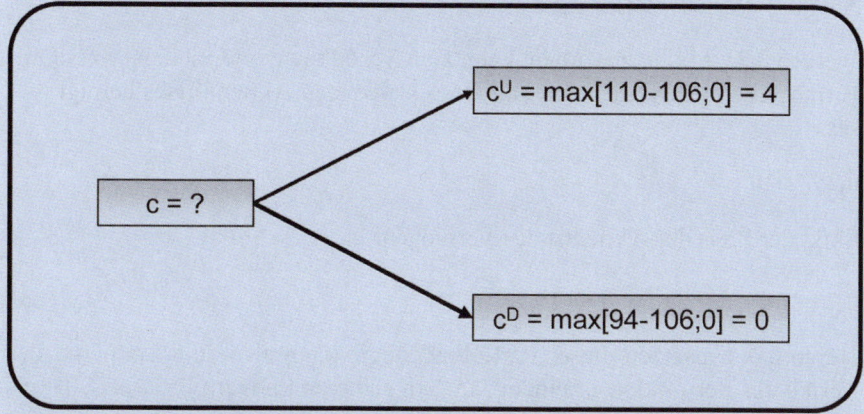

Abbildung VI.43: Mögliche Auszahlungen des Calls

Wobei c^U die Auszahlung der Option bei einem steigenden Aktienkurs und c^D die Auszahlung des Calls bei einem sinkenden Aktienkurs bezeichnen.

Mit der Option und der Aktie wird nun folgendes Portfolio konstruiert:

- Delta Aktien long
- 1 Kaufoption short

Die Wahl der Menge Delta hat so zu erfolgen, dass die Auszahlung dieses Portfolios am Verfalltag der Option unabhängig vom Kurs der Aktie sicher ist, es soll also ein fixes Endvermögen erzielt werden. Formal lässt sich diese Forderung wie folgt darstellen:

$$\Delta*S*U - c^U = \Delta*S*D - c^D$$

Auf der linken Seite der Gleichung ist das Vermögen abzulesen, das bei einem steigenden Aktienkurs erzielt würde. Die erworbenen Delta Aktien können nun zum gestiegenen Preis von S*U veräußert werden, aus der in short position gehaltenen Kaufoption ergibt sich am Verfalltag die Verpflichtung, c^U an den Inhaber des Optionsrechts zu zahlen. Die rechte Seite der Gleichung zeigt analog dazu das Vermögen im Fall eines sinkenden Aktienkurses, dem Veräußerungserlös von Δ Aktien zum Preis von S*D steht die Zahlungsverpflichtung aus der Option gegenüber. Durch das Gleichsetzen beider Terme wird die Forderung eines fixen Endvermögens in beiden denkbaren Preiszuständen der Aktie erreicht. Die Anzahl der zu erwerbenden Aktien kann nun durch Auflösen der Gleichung nach Δ erreicht werden:

$$\Delta = (c^U - c^D) / (S*U - S*D)$$

Fortsetzung des Übungsbeispiels zu binomial option pricing:

Die zu erwerbende Menge an Aktien kann nun durch Einsetzen der möglichen Preise der Aktie am Verfalltag und der möglichen Auszahlungen der Option am Verfalltag ermittelt werden:

$\Delta = (4 - 0) / (110 - 94) = 0,25$

Werden 0,25 Aktien erworben, kann zum Verfalltag der Option ein fixes Endvermögen erzielt werden. Im Fall eines steigenden Aktienkurses beträgt dieses:

$0,25 * 110 - 4 = 27,5 - 4 = 23,5$

Sinkt der Preis der Aktie, ist das Vermögen:

$0,25 * 94 - 0 = 23,5 - 0 = 23,5$

Durch das Umsetzen dieser Portfoliostrategie kann also zum Zeitpunkt des Verfalltags der Option in einem Jahr ein sicheres Endvermögen erzielt werden.

Ein sicheres Endvermögen kann nun mit einem risikolosen Zinssatz bewertet werden. Der auf den heutigen Zeitpunkt abgezinste bekannte und risikolose Wert des Portfolios am Verfallstag der Option, bestehend aus Delta Aktien in long position und einer Kaufoption in short position, muss daher dem heutigen Wert des Portfolios entsprechen. Formal kann dies so angeschrieben werden:

$\Delta*S - c = (\Delta*S*U - c^U) * (1 + r_f)^{-1}$

bzw.

$\Delta*S - c = (\Delta*S*D - c^D) * (1 + r_f)^{-1}$

Wobei S den heutigen Aktienkurs und c den fairen Preis der Option bezeichnen. Daraus ergibt sich der heutige Preis der Option:

$c = \Delta*S - (\Delta*S*U - c^U) * (1 + r_f)^{-1}$

Fortsetzung des Übungsbeispiels zu binomial option pricing:

Der faire Preis der Kaufoption auf die gegenständliche Aktie lautet bei einem risikolosen Zinssatz von 4% p.a.:

$c = 0,25*100 - (0,25*100*1,1 - 4)*1,04^{-1} = 25 - 22,60 = 2,40$

Der Call muss also einen Preis von 2,40 Euro aufweisen.

Im präsentierten Modellrahmen mit nur zwei denkbaren zukünftigen Umweltzuständen ist der heutige Preis der Kaufoption also eindeutig determiniert. Auffällig ist, dass für die Herleitung des Preises keinerlei Kenntnisse über die Wahrscheinlichkeiten der zukünftigen Kursbewegungen nötig sind. Tatsächlich sind die Wahrscheinlichkeiten einer Kursauf- oder Kursabbewegung bereits im aktuellen Marktpreis enthalten. Wird von einer Aktie angenommen, sie könne in der Zukunft nur zwei Preise (110 oder 94 Euro) aufweisen, und liegt der aktuelle Marktpreis nur knapp unter 110, kann daraus geschlossen werden, dass die Marktteilnehmer eine Kursbewegung nach oben für sehr plausibel erachten und dementsprechend die Wahrscheinlichkeit hierfür als hoch angesehen wird. Wenn umgekehrt der gegenwärtige Marktpreis der Aktie nur knapp über 94 liegt, können die Marktteilnehmer als pessimistisch eingestuft werden, was eine künftige Kursbewegung der Aktie nach oben betrifft. Die Wahrscheinlichkeit für eine Kurssteigerung dürfte daher vom Markt als gering eingestuft werden. Weil sich Wahrscheinlichkeiten also bereits in Marktpreisen widerspiegeln, ist eine explizite Kenntnis derselben für die Ermittlung des Callpreises nicht erforderlich.

Es kann gezeigt werden, dass eine Abweichung des ermittelten Callpreises im einperiodigen Binomialmodell durch die Konstruktion eines Arbitrageportfolios ausgenutzt werden kann. Liegt der Preis der Kaufoption unter dem ermittelten Wert, kann durch folgendes Portfolio ein sicherer Arbitragegewinn erzielt werden:

Fortsetzung des Übungsbeispiels zu binomial option pricing:

Der betrachtete Call auf die Aktie kostet statt der ermittelten 2,40 Euro nur 2 Euro, dann lässt sich folgender Arbitragegewinn erzielen:

Zeitpunkt	0	T	
	heute	S*U	S*D
Delta Aktie short	+ 25	- 27,5	- 23,5
1 Call long	- 2	+ 4	0
Veranlagung	-23	23,92	23,92
SUMME	0	0,42	0,42

Delta Teile der Aktie werden in short position gehalten, ein Call zum zu geringen Preis erworben und die noch überschüssigen Mittel aus dem Leerverkauf der Aktie risikolos zu 4% veranlagt, das Portfolio ist wiederum selbstfinanzierend. In der Zukunft sind zwei Umweltzustände denkbar, ein steigender bzw. ein sinkender Aktienkurs. Das Vermögen in beiden Fällen setzt sich aus der Rückgabe der leerverkauften Aktie, der Zahlung aus dem Optionsgeschäft sowie der verzinsten veranlagten Cashposition zusammen und beträgt jedenfalls 0,42 Euro. Somit lässt sich bei einem Optionspreis von nur 2 Euro ein risikoloser zukünftiger Gewinn erzielen. Liegt der Optionspreis bei 3 Euro, lautet das zu errichtende Arbitrageportfolio:

Zeitpunkt	0	T	
	heute	S*U	S*D
Delta Aktie long	- 25	+ 27,5	+ 23,5
1 Call short	+ 3	- 4	0
Kreditaufnahme	+ 22	- 22,88	- 22,88
SUMME	0	0,62	0,62

Die Vorgehensweise bei der Bepreisung der Kaufoption kann nun verallgemeinert werden. Es gilt:

$$c = \Delta*S - (\Delta*S*U - c^U) * R^{-1}$$

Wobei $R = (1+r_f)$. Für Delta wurde bereits folgender Zusammenhang eruiert:

$$\Delta = (c^U - c^D) / (S*U - S*D)$$

Durch Einsetzen von Δ in die Optionspreisformel kann nach wenigen Umformungen folgender Preis für die Kaufoption gefunden werden:

$$c = [p*c^U + (1-p)*c^D] * R^{-1}$$

Wobei für p = (R-D)/(U-D) und für $1-p$ = (U-R)/(U-D) gilt. Der heutige Preis der Kaufoption setzt sich also aus den abgezinsten, gewichteten möglichen künftigen Auszahlungen der Option zusammen. Die Gewichte p und $(1-p)$ können als Wahrscheinlichkeiten interpretiert werden, entsprechend ihrer Definition (für D < R < U) können sie Werte von Null bis Eins annehmen, summiert ergeben sie stets 100%.

Übungsbeispiel zu Wahrscheinlichkeiten p und 1-p:

Werden die zuvor für die Ermittlung des Callpreises verwendeten Wahrscheinlichkeiten für die Berechnung des erwarteten Aktienpreises herangezogen, ergibt sich Folgendes:

p = (1,04 – 0,94)/(1,1 – 0,94) = 0,625
$1 – p$ = 0,375

$E[S_T]$ = 0,625 * 110 + 0,375 * 94 = 104

Angesichts des heutigen Aktienkurses von 100 ergibt sich eine erwartete Rendite von 4%., dies entspricht exakt dem aktuellen risikolosen Zinssatz!

Werden also die Wahrscheinlichkeiten p und $1 – p$ für die Bepreisung der Aktie herangezogen, geht man implizit von risikoneutralen Investoren aus, die für die Übernahme des mit der Aktie verbundenen Risikos keinerlei zusätzliche Vergütung erwarten. Diese Wahrscheinlichkeiten werden daher auch **risikoneutrale Wahrscheinlichkeiten** oder **äquivalentes Martingalemaß** genannt.

Der Vorteil dieser Variante der Bepreisung risikobehafteter Assets liegt in dem Umstand begründet, dass weder die Kenntnis der genauen Wahrscheinlichkeiten einer Kursauf- oder -abbewegung noch der zu verwendende Risikozuschlag für die in der Realität risikoscheuen Investoren notwendig ist.

Fortsetzung des Übungsbeispiels zu Wahrscheinlichkeiten p und 1-p:

Bei der Preisermittlung der Option mittels risikoneutralen Wahrscheinlichkeiten ergibt sich folgendes Bild:

$$c = [0,625 * 4 + 0,375 * 0] * 1,04^{-1} = 2,40$$

Dies entspricht dem bereits zuvor gefundenen Preis, der auch in einer risikoaversen Welt aufgrund der im Fall von Abweichungen von diesem Preis gezeigten Arbitragemöglichkeiten Gültigkeit haben muss.

Im Folgenden wird nun das Einperiodenmodell erweitert und verallgemeinert:

Übungsbeispiel zum zweiperiodigen binomial option pricing:

Das einperiodige Binomialmodell kann nun um eine zweite Periode erweitert werden. Der Verfalltag der Kaufoption liegt ein Jahr in der Zukunft, der Ausübungspreis beträgt nach wie vor X = 106. Während des nächsten Jahres erfährt das Underlying zwei Kursveränderungen, nach jeweils 6 und 12 Monaten gibt es entweder einen Kurszuwachs (mit Faktor U = 1,05) oder einen Kursrückgang (mit Faktor D = 0,97), risikolos kann derzeit zu 2% pro Halbjahr veranlagt werden. Am Verfalltag der Option sind folglich drei mögliche Endpreise der Aktie denkbar, der nachstehende Binomialbaum veranschaulicht die Kursentwicklung des Underlyings:

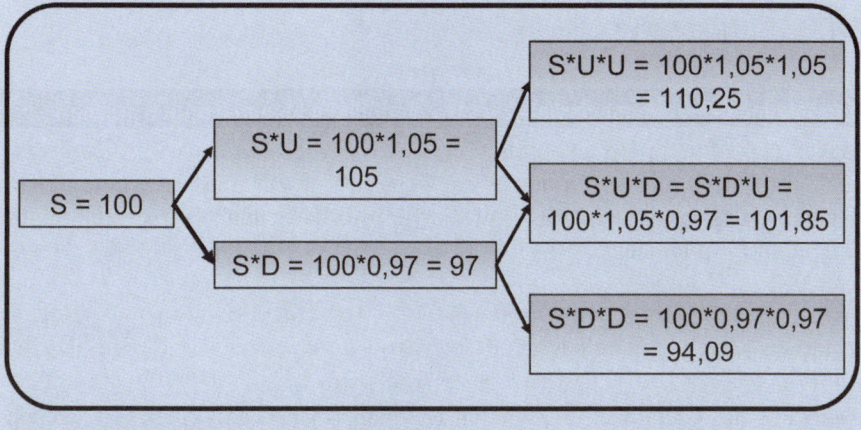

Abbildung VI.44: Zweiperioden-Binomialbaum

Grundsätzlich gilt, dass bei einer Unterteilung der Restlaufzeit der Option in n Subperioden die Aktie am Verfalltag n+1 mögliche Kurse aufweisen kann. Der Auszahlungsbetrag der Option in den drei Fällen lautet dann:

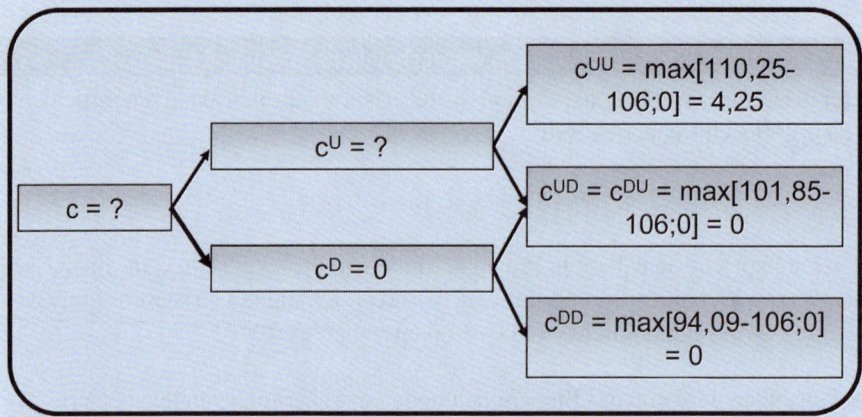

Abbildung VI.45: Mögliche Auszahlungen des Calls nach zwei Perioden

Die Ermittlung des heutigen Preises der Option c kann durch das Anwenden des zuvor gefundenen Zusammenhangs erfolgen. Dabei ist chronologisch rückwärts vorzugehen, zunächst werden die möglichen Auszahlungen am Ende der Laufzeit der Option betrachtet, um daraus Preise der Option vor dem Verfalltag abzuleiten (**backward induction**). Formal kann dies wie folgt passieren:

$c^U = [p * c^{UU} + (1-p) * c^{UD}] * R^{-1}$
$c^D = [p * c^{DU} + (1-p) * c^{DD}] * R^{-1}$

Und schließlich:

$c = [p * c^U + (1-p) * c^D] * R^{-1}$

Fortsetzung des Übungsbeispiels zum zweiperiodigen binomial option pricing:

Bevor der aktuelle Optionspreis c ermittelt werden kann, ist in einem ersten Schritt der Preis der Option c^U nach einem Kurszuwachs zu ermitteln (im Knoten U des Binomialbaums). Die hierfür erforderlichen Wahrscheinlichkeiten p und $1 - p$ lauten:

$p = (1{,}02 - 0{,}97)/(1{,}05 - 0{,}97) = 0{,}625$
$1 - p = 0{,}375$

Der Preis des Calls nach dem ersten Halbjahr für den Fall eines gestiegenen Optionspreises lautet:

$c^U = [0,625 * 4,25 + 0,375 * 0] * 1,02^{-1} = 2,6042$

Weiters ist der Preis des Calls c^D für den Fall eines anfänglichen Kursrückgangs zu bestimmen. Zumal ausgehend von diesem Punkt der Call in einem weiteren Halbjahr jedenfalls wertlos verfällt, kann die Kaufoption auch zu diesem Zeitpunkt keinen Wert aufweisen, daher $c^D = 0$. Dies kann natürlich auch rechnerisch nachvollzogen werden:

$c^D = [0,625 * 0 + 0,375 * 0] * 1,02^{-1} = 0$

Nun sind die für die Berechnung des aktuellen Preises der Option erforderlichen Daten bekannt, ausgehend von den möglichen Preiszuständen nach dem ersten Halbjahr ist jetzt auch die Bestimmung von c möglich. Wiederum wird chronologisch rückwärts vorgegangen:

$c = [0,625 * 2,6042 + 0,375 * 0] * 1,02^{-1} = 1,5957$

Der faire (und arbitragefreie) Callpreis beträgt unter den skizzierten Marktverhältnissen (mögliche Kursbewegungen der Aktie, risikolose Anlagemöglichkeiten) rund 1,60 Euro.

Wird die Restlaufzeit der Option in eine beliebige Anzahl von Subperioden unterteilt, lässt sich der heutige Optionspreis analog zur Vorgehensweise im Zweiperiodenfall bestimmen. Generell ergibt sich der Preis aus den summierten, mit den entsprechenden Wahrscheinlichkeiten gewichteten, abgezinsten möglichen Auszahlungen am Verfalltag.

Übungsbeispiel zum n-Perioden Fall:

Die Aktie der Vola AG wird aktuell um 50 Euro gehandelt, im kommenden Jahr werden zweimonatliche Kursbewegungen von entweder 3% nach oben oder 1% nach unten erwartet, risikolos kann zu 3,0377% p.a. veranlagt werden. Auf diese Aktie ist eine Kaufoption mit einem Ausübungspreis von 51 Euro und einer einjährigen Restlaufzeit geschrieben, zu ermitteln ist der faire Preis dieser Option.

Die Kursentwicklung der Aktie kann folgende Pfade nehmen:

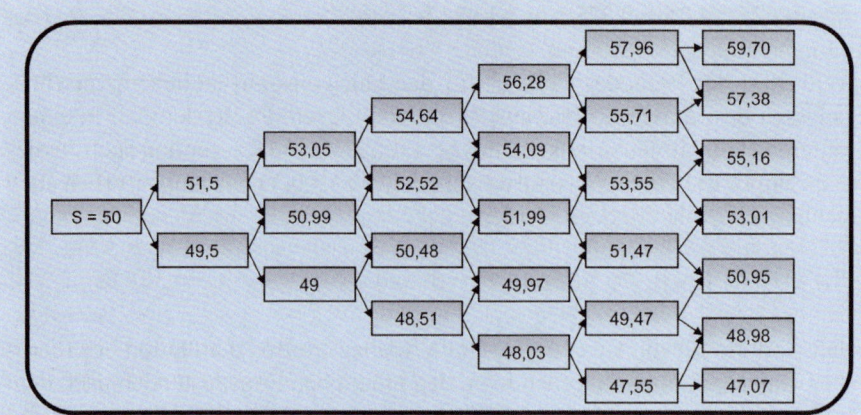

Abbildung VI.46: Mehrperioden-Binomialbaum

Die Auszahlung der Kaufoption ist dann:

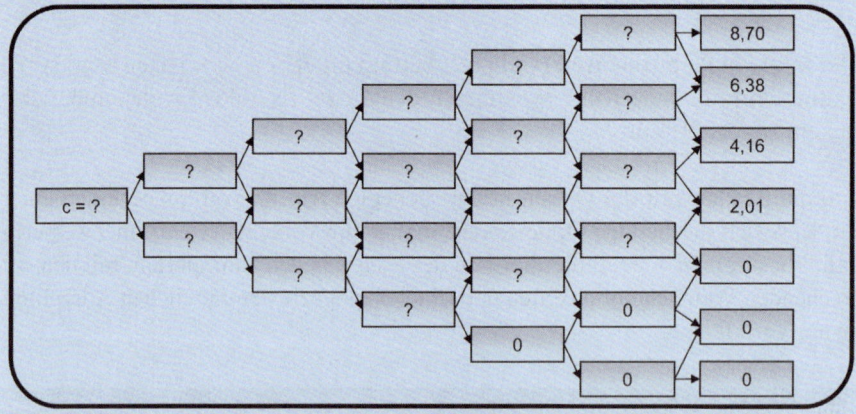

Abbildung VI.47: Mögliche Auszahlungen des Calls im Mehrperioden-Fall

All jene Fälle, in denen die Option am Ausübungstag wertlos verfällt, müssen für die Preisermittlung des Calls nicht berücksichtigt werden, es gibt also eine erforderliche Mindestanzahl a an Aufwärtsbewegungen des Underlyings, damit die Option am Verfalltag im Geld ist.

Allgemein kann die Anzahl der nötigen Kurszuwächse a der Aktie durch folgende Gleichung ermittelt werden:

$$a = INT \left[\frac{\ln \dfrac{X}{D^n \cdot S}}{\ln \dfrac{U}{D}} + 1 \right]$$

wobei INT den Ganzzahlwert des Klammerausdrucks bezeichnet.

Der Preis des Calls kann dann mittels des von Cox / Ross / Rubinstein entwickelten Binomialmodells bestimmt werden:

$$c = S \cdot B(a; n, q) - X \cdot (1 + r_f)^{-T} \cdot B(a; n, p)$$

Wobei S0 den aktuellen Preis des Underlyings, X den Ausübungspreis der Option, T die Restlaufzeit der Option, r_f den risikolosen Zinssatz, n die Anzahl der Subperioden während der Restlaufzeit der Option, p die risikoneutrale Wahrscheinlichkeit einer Aufwärtsbewegung des Underlyings und q = p*U/R eine modifizierte Wahrscheinlichkeit und B(a; n, q) bzw. B(a; n, p) die Wahrscheinlichkeiten bezeichnen, dass bei n Kursschritten der Aktie mindestens a Aufwärtsbewegungen stattfinden, wobei die Chance einer Aufwärtsbewegung bei jedem Kursschritt p bzw. q ist. Diese Werte sind aus der komplementären Verteilungsfunktion einer **Binomialverteilung** abzulesen.

Fortsetzung des Übungsbeispiels zum n-Perioden Fall:

Aus dem jährlich zu erzielenden risikolosen Zins von r_f = 3,0377% ergibt sich eine auf zwei Monate bezogene Rendite von 0,5%, somit gilt für R = 1,005. Die Anzahl der erforderlichen Aufwärtsbewegungen der Aktie ergibt sich unter Berücksichtigung der in 6 Perioden zu je zwei Monaten geteilten Restlaufzeit der Option aus:

a = INT(ln(51 / (0,98^6*50)) / (ln(1,03/0,98)) +1) = 3

Die interessierenden Wahrscheinlichkeiten p und q können wie folgt ermittelt werden:

p = (1,005 – 0,98)/(1,03 – 0,98) = 0,5
q = 0,5 * 1,03 / 1,005 = 0,5124

In einem nächsten Schritt können die Wahrscheinlichkeiten B(a; n, q) und B(a; n, p) ermittelt werden. Mindestens 3 Aufwärtsbewegungen sind gleichzusetzen mit der Gegenwahrscheinlichkeit von höchstens zwei Aufwärtsbewegungen. Diese Wahrscheinlichkeit kann z.B. aus Tabellen zur Binomialverteilung abgelesen werden oder durch die entsprechende Funktion eines Tabellenkalkulationsprogramms ermittelt werden. Im vorliegenden Fall betragen die gesuchten Werte:

B(3; 6, 0,5124) = 0,67927
B(3; 6, 0,5) = 0,65625

Nun kann der Callpreis gemäß dem Binomialmodell ermittelt werden:

c = 50 * 0,67927 + 51 * 1,030377⁻¹ * 0,65625 = 1,4938

Für eine immer größer werdende Anzahl an Subperioden konvergiert das Binomial-modell im Grenzfall (unendlich viele Subperioden, infinitesimal kleine Zeitintervalle zwischen den Kursbewegungen der Aktie) gegen das nobelpreisgewürdigte Optionspreismodell von Fisher Black und Myron Scholes, das als **Black/Scholes-Modell** bekannt ist. Die diskrete Binomialverteilung konvergiert gegen die stetige **Normalverteilung**, gilt:

$\mathbf{B}(a; n, q) \rightarrow \mathbf{N}\{d_1\}$

$\mathbf{B}(a; n, p) \rightarrow \mathbf{N}\{d_2\}$

Wobei N{d} den Wert der Verteilungsfunktion einer Standardnormalverteilung an der Stelle d angibt. Die Optionspreisformel kann im Fall unendlich vieler Subperioden wie folgt angeschrieben werden:

$$c = S \cdot \mathrm{N}\left\{d_1\right\} - X \cdot (1 + r_f)^{-T} \cdot N\left\{d_2\right\}$$

Wobei für d_1 und d_2 Folgendes gilt:

$$d_1 = \frac{\ln \dfrac{S_0}{X} + \left[\ln(1 + r_f) + \dfrac{\sigma^2}{2}\right] \cdot T}{\sigma \sqrt{T}}$$

$$d_2 = d_1 - \sigma \sqrt{T}$$

Übungsbeispiel zum Black/Scholes-Modell:

Eine Kaufoption auf die Aktie der Voest Alpine AG weist eine Restlaufzeit von 7 Monaten auf, der Ausübungspreis beträgt 45 Euro. Der aktuelle Börsenkurs der Aktie lautet 49,41 Euro, die Volatilität der Aktie ist 17%, risikolos können aktuell zu 3% p.a. Mittel veranlagt werden. Für die Ermittlung des Optionspreises nach Black/Scholes sind zuerst die Parameter d_1 und d_2 zu ermitteln:

$$d_1 = \frac{\ln \dfrac{49,41}{45} + \left[\ln(1 + 0,03) + \dfrac{0,17^2}{2}\right] \cdot \dfrac{7}{12}}{0,17 \cdot \sqrt{\dfrac{7}{12}}} = 0,9177$$

$$d_2 = 0,9177 - 0,17 \cdot \sqrt{\dfrac{7}{12}} = 0,7879$$

Die Werte der Verteilungsfunktion der Normalverteilung an den Stellen d_1 und d_2 können wieder aus Tabellen abgelesen werden bzw. durch Tabellenkalkulationsprogramme errechnet werden:

$\mathbf{N}\{d_1\} = 0,8206$

$\mathbf{N}\{d_2\} = 0,7846$

Der Callpreis ist dann:

$c = 49{,}41 * 0{,}8206 - 45 * 1{,}03^{-7/12} * 0{,}7879 = 5{,}6965$

Der Black/Scholes-Preis eines europäischen Puts kann aus der Put/Call-Parität abgeleitet werden, es gilt:

$$p = S \cdot \left(\mathrm{N}\{d_1\} - 1\right) + X \cdot (1 + r_f)^{-T} \cdot \left(1 - \mathrm{N}\{d_2\}\right)$$

$$p = X \cdot (1 + r_f)^{-T} \cdot \left(\mathrm{N}\{-d_2\}\right) - S \cdot \left(\mathrm{N}\{-d_1\}\right)$$

Übungsbeispiel zum Black/Scholes-Modell:

Eine Verkaufoption auf die Aktie der Voest Alpine AG weist eine Restlaufzeit von 7 Monaten auf, der Ausübungspreis beträgt 45 Euro. Der aktuelle Börsenkurs der Aktie lautet 49,41 Euro, die Volatilität der Aktie ist 17%, risikolos können aktuell zu 3% p.a. Mittel veranlagt werden. Die Parameter d_1 und d_2 bleiben im Vergleich zum Beispiel zur Kaufoption unverändert und betragen:

$d_1 = 0{,}9177$
$d_2 = 0{,}7879$

Ebenso sind die Werte der Verteilungsfunktion der Normalverteilung unverändert:

$\mathrm{N}\{d_1\} = 0{,}8206$
$\mathrm{N}\{d_2\} = 0{,}7846$

Der Preis des Puts ist:

$p = 45 * 1{,}03^{-7/12} * (1 - 0{,}7846) - 49{,}41 * (1 - 0{,}8206) = 0{,}6631$

Aus der Gleichung des Black/Scholes-Modells ist ersichtlich, dass (bei dividendenlosen) Aktien der Optionspreis von fünf Parametern determiniert wird. Diese sind der Kurs des Underlyings, der Ausübungspreis, die Restlaufzeit, der risikolose Zins und die Volatilität des Underlyings. Die Änderung des Optionspreises bei Änderung einer dieser Einflussgrößen wird durch folgende Kennzahlen beschrieben, die aufgrund Ihrer Bezeichnung mit griechischen Buchstaben auch „die Griechen" (bzw. **the Greeks**) genannt werden:

- **Delta**. Diese Kennzahl gibt die Änderung des Optionspreises an, wenn sich der Preis des Underlyings ändert.
- **Gamma**. Diese Kennzahl gibt die Änderung des Optionsdeltas bei einer Änderung des Preises des Underlyings an und misst daher die Sensitivität von Delta auf Preisänderungen beim Underlying.

- **Theta**. Theta misst die Änderung des Optionspreises bei einer sich ändernden Restlaufzeit.
- **Rho**. Rho gibt die Preisänderung der Option bei geänderten Marktzinsen an.
- **Vega**. Ändert sich die Volatilität des Underlyings, kann mit dieser Kennzahl die Änderung des Optionspreises gemessen werden.

Eine besondere Rolle, besonders im Hinblick auf das Management von Preisrisiken, spielt die Kennzahl Delta. Das Delta einer Kaufoption ist:

$$\text{Delta} = N\{d_1\}$$

Diese Kennzahl gibt die (näherungsweise) Änderung des Preises der Option an, wenn sich der Preis des Underlyings um 1 ändert. Das folgende Portfolio macht sich nun diese Eigenschaft des Calls zunutze:

- 1 Call long
- Delta Aktien short

Steigt beispielsweise der Preis der Aktie um 1, resultiert aus der short position ein Verlust in Höhe von Delta. Gleichzeitig steigt der Preis der Option (näherungsweise) um Delta, die Wertänderung des Portfolios beträgt daher Null. Ein solches Portfolio wird **deltaneutrales Portfolio** genannt, aufgrund der Änderung des Deltas bei einer Änderung des Preises des Underlyings ist jedoch ein ständiges Anpassen der Portfoliozusammensetzung erforderlich. Dieses Anpassen wird auch **Rebalancing** genannt, nur so kann das Risiko dieser Kombination im Rahmen des **Delta-Hedgings** ausgeschaltet werden.

Übungsbeispiel zum Delta-Hedging:

Eine Kaufoption auf die Aktie der Wienerberger AG weist eine 100-tägige Restlaufzeit auf, der Ausübungspreis beträgt 39 Euro. Das Underlying wird gegenwärtig um 40,99 Euro gehandelt, die Volatilität beträgt 20%. Risikolos kann zu 4% p.a. veranlagt werden. Aus dieser Konstellation ergibt sich ein Black/Scholes-Preis der Option von c = 3,13. Das Delta der Option ist 0,7358. Für den folgenden Handelstag werden zwei Preisszenarien betrachtet: der Preis der Aktie steigt auf 42,33 Euro, der Wert des Calls ist dann 4,17. Sinkt der Aktienkurs auf 40,07 Euro, wird der Call um 2,48 Euro gehandelt werden.

- $S_{t=99} = 42{,}33$
  - Verlust aus der short position der Aktie: $0{,}7358 * (40{,}99 - 42{,}33) = -0{,}9860$
  - Gewinn aus long position des Calls: $4{,}17 - 3{,}13 = 1{,}04$
- $S_{t=99} = 40{,}07$
  - Gewinn aus der short position der Aktie: $0{,}7358 * (40{,}99 - 40{,}07) = 0{,}6769$
  - Verlust aus der short position des Calls: $2{,}48 - 3{,}13 = -0{,}65$

Das Risiko schwankender Aktienkurse kann somit nahezu vollständig eliminiert werden. Ähnlich wie die (Modified) Duration bei Anleihen ist auch das Delta eine lineare Approximation eines nicht-linearen Zusammenhangs. Folglich kann ein deltaneutrales Portfolio nur im Falle infinitesimal kleiner Änderungen des Preises des Underlyings risikolos sein. Aufgrund dieses Umstandes wird in der Realität ein deltaneutrales Portfolio ein Restrisiko aufweisen, das umso größer ist, je größer das Gamma der Option ist. Diese Kennzahl ist mit der Convexity von Anleihen zu vergleichen und misst die Ungenauigkeit des Deltas. Fortgeschrittene Hedgingstrategien berücksichtigen neben dem Delta auch noch das Gamma, um letztlich ein gammaneutrales Portfolios zu konstruieren.

Verwendete und weiterführende Literatur

- Auckenthaler, C., Mathematische Grundlagen des modernen Portfoliomanagements. 3. Auflage, Bern, 2001.
- Beike, R., Schlütz, J., Finanznachrichten lesen, verstehen, nutzen. 4. überarbeitete Auflage, Stuttgart, 2005.
- Benninga, S., Financial Modelling. 3rd revised edition, 2008.
- Brealey, R.A., Myers, S.C., Principles of Corporate Finance. 8th international edition, 2006.
- Copeland et al., Financial Theory and Corporate Policy, 4th international edition, 2005.
- Hull, J.C., Futures, Optionen und andere Derivate. 6. Auflage, München, 2006.
- Jarrow, R., Turnbull, S., Derivative Securities. 2nd edition, 2000.
- Leyv, H., Post, T., Investments. Harlow, 2005.
- Mestel, R., Handelsvolumen auf Aktienmärkten, Wiesbaden, 2008.
- Pernsteiner, H., Andeßner, R., Finanzmanagement kompakt, 2.Auflage, Wien, 2007.
- Pernsteiner, H. (Hrsg.), Finanzmanagement aktuell, Wien, 2008.
- Rudolph, B., Schäfer K., Derivative Finanzmarktinstrumente. Berlin-Heidelberg, 2005.
- Steiner, P., Uhlir, H., Wertpapieranalyse. 4. vollständig überarbeitete und erweiterte Auflage, Heidelberg, 2001.

Internetquellen

- http://de.finance.yahoo.com
- http://www.goldman-sachs.de/
- http://www.euribor.org
- http://www.onvista.de
- http://www.wbag.at
- http://www.cbot.com
- http://www.oenb.at
- http://www.dailyfx.com/
- http://deutsche-boerse.com/
- http://www.oanda.com/

VII. Finanzwirtschaftliche Bewertung von Unternehmen

A. Konzeptionelle Grundlagen der Bewertung von Unternehmen

1. Einführung und konzeptionelle Grundlagen

Die Bewertung von Unternehmen stellt sowohl in der betrieblichen Praxis als auch in der betriebswirtschaftlichen Lehre ein viel diskutiertes Themengebiet dar, welches ständigen Weiterentwicklungen unterliegt. Die Grundüberlegung einer Unternehmensbewertung liegt in der (vereinfachten) Annahme, dass sich der Wert eines Unternehmens ausschließlich aus der Eigenschaft des Unternehmens, abgeleitete, künftige finanzielle Überschüsse (Nettoerlöse) für die Unternehmenseigener zu erwirtschaften, ergibt. Dieser Barwert dieser künftigen finanziellen Überschüsse, die unter der Prämisse der Unternehmensfortführung erwirtschaftet werden können, ergibt, unter Berücksichtigung des eventuellen Vorhandenseins nicht betriebsnotwendigen Vermögens, den Unternehmenswert. Der Barwert wird durch Diskontierung mittels eines Kapitalisierungszinssatzes, der der Rendite einer adäquaten Alternativanlage entspricht, auf einen definierten Bewertungsstichtag bezogen. Das Ergebnis einer Unternehmensbewertung ist der **Marktwert des Eigenkapitals** oder der so genannte **Shareholder Value**. Darunter ist der in Geld ausgedrückte Wert der Eigenkapitalrechte an einem Unternehmen zu verstehen.

> Das Grundprinzip der Unternehmensbewertung besteht darin, dass sich der Unternehmenswert aus dem Barwert der Nettozuflüsse an die Unternehmenseigner ergibt. Dieser Barwert wird mittels eines Kapitalisierungszinssatzes ermittelt.

Der Grundgedanke liegt, vereinfacht gesagt, in einem Vergleich zwischen den ermittelten künftigen finanziellen Überschüssen des zu bewertenden Unternehmens und einer Alternativveranlagung. Die Alternativveranlagung (Kapitalisierungszinssatz i) drückt dabei die Opportunitätskosten aus, d.h. wie könnte das Kapital, welches z.B. für einen potentiellen Unternehmenskauf aufgewendet werden muss, anderweitig veranlagt werden? Dieser anzustellende Vergleich wird mittels Diskontierung (Abzinsung) durchgeführt. Nachfolgende Darstellung stellt die zum Vergleich zu ermittelnden Komponenten und deren Ausprägungsformen grafisch dar.

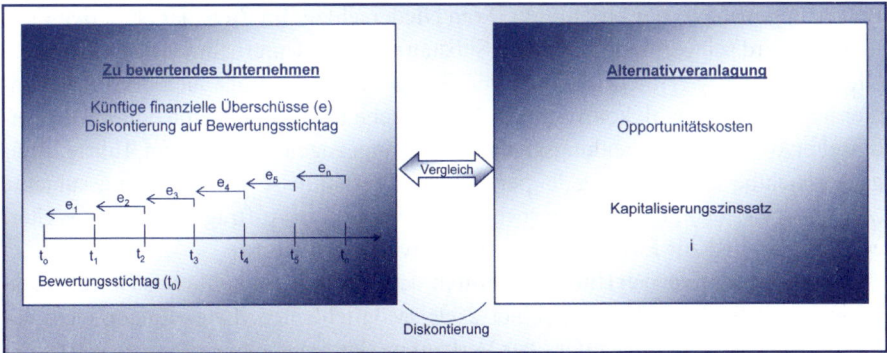

Abbildung VII.1: Grundgedanke einer Unternehmenswertermittlung

Als Nebenbedingung dabei wird gesehen, dass grundsätzlich von einer Fortführung des Unternehmens (**Going-Concern-Prinzip**) ausgegangen wird. Die Untergrenze einer jeden Unternehmenswertermittlung stellt jedoch der Liquidationswert dar. Es handelt sich dabei um den Barwert des Liquidationsüberschusses, der aus der Veräußerung des vorhandenen Unternehmensvermögens generiert werden kann (Abschnitt VII.C.3.2). Kann durch eine Liquidation mehr Kapital erwirtschaftet werden als bei einer Fortführung, wird von diesem Going-Concern-Prinzip abgegangen. Als weitere Nebenbedingung gilt, dass bei Vorhandensein nicht betriebsnotwendigen Vermögens von dessen Veräußerung ausgegangen wird (Abschnitt VII.A.4.2).

Die Ermittlung der entsprechenden künftigen finanziellen Überschüsse sowie der dazugehörige Kapitalisierungszinssatz stehen im Mittelpunkt der nachfolgenden Ausführungen. Um ein Unternehmen bewerten zu können, muss im Vorhinein geklärt werden, was unter den Begriff „Wert" subsumiert werden kann. Nachfolgende Ausführungen sollen die konzeptionellen Grundlagen der Bewertung von Unternehmen darstellen. Hierbei wird vorerst die historische Entwicklung der Wertermittlung, ausgehend von der objektiven, über die subjektive Werttheorie bis zur heutigen funktionalen Werttheorie erörtert und anschließend die darauf aufbauende Zweckabhängigkeit der Wertermittlung sowie ausgewählte Stellungnahmen von Seiten der Praxis erläutert.

2. (Historische) Entwicklung

Die Entwicklung der Bewertung von Unternehmen nimmt in der **objektiven Werttheorie** ihren Ursprung. Diese objektive Bewertung führt, unter Nichtbeachtung der konkreten Absichten, Fähigkeiten oder Beziehungen des potentiellen Käufers oder Verkäufers eines Unternehmens, zu einem Wert, der losgelöst von spezifischen Bezugspersonen objektiv feststellbar, intersubjektiv nachvollziehbar und nachprüfbar ist. Es wird somit ein Wert ermittelt, der für eine Vielzahl von Marktteilnehmern grundsätzlich relevant ist. Im Zuge der Ermittlung eines objektiven Unternehmenswertes orientiert man sich häufig weitgehend an vergangenen und gegenwärtigen Verhältnissen des Unternehmens, künftige erwartete Entwicklungen finden in der

Bewertung insofern nur beschränkt ihren Niederschlag. Im Zuge der objektiven Bewertung wird schwerpunktmäßig ein Substanzwert als Unternehmenswert ermittelt. Diese objektive Werttheorie wurde von Seiten der Theorie als auch der Praxis immer häufiger mit Kritik konfrontiert. Die kritische Fragestellung, ob ein objektiv ermittelter Wert als Entscheidungsgrundlage herangezogen werden kann, führte infolge der Nichtberücksichtigung der persönlichen Verhältnisse der Bewertungssubjekte (z.B. jener Parteien, die die Unternehmensbewertung in Auftrag geben) zur Weiterentwicklung und zur Entstehung der subjektiven Werttheorie.

Diese **subjektive Werttheorie** ermittelt den Wert für ein konkretes Bewertungssubjekt (mit Berücksichtigung seiner Ziele, Möglichkeiten, Erwartungen etc.), somit für einen konkreten Käufer oder Verkäufer. Der ermittelte subjektive Wert spiegelt sodann etwa die Grenze der Konzessionsbereitschaft einer Verhandlungspartei betreffend die Kaufpreisakzeptanz wider. Im Vergleich zur objektiven Wertermittlung wird in der subjektiven Werttheorie verstärkt das Prinzip der Zukunftsbezogenheit angewandt. Daten der Vergangenheit haben keinen direkten Einfluss auf die Bewertung, sie dienen lediglich als mögliche Indikatoren für künftige Entwicklungen. Der zur Berücksichtigung kommende künftige Nutzen stellt den Nutzen dar, der dem konkreten Bewertungssubjekt durch das Bewertungsobjekt gestiftet wird. Die der subjektiven Werttheorie zugrunde liegende Kritik ruht auf der Tatsache, dass im Rahmen einer subjektiven Wertermittlung nicht das gesamte Aufgabenspektrum der Bewertung abgedeckt werden kann bzw. die Bewertungsergebnisse nicht oder nur schwer nachvollziehbar sind. Liegt der Zweck einer durchzuführenden Bewertung z.B. in einer Erstellung eines neutralen gerichtlichen Gutachtens, kann eine subjektive Wertermittlung nicht angewandt werden. Die Begründung liegt in einer geforderten neutralen Stellung.

Aus der kritischen Auseinandersetzung mit der objektiven als auch subjektiven Werttheorie heraus entstand in den 1970er Jahren die **funktionale Werttheorie**, welche noch heute von Relevanz ist. Hierbei wird davon ausgegangen, dass eine durchzuführende Bewertung zahlreichen Zwecken dienen kann und diese zahlreichen Zwecke maßgeblichen Einfluss auf die Bewertung (auf die zur Anwendung kommenden Bewertungsverfahren sowie die Ermittlung der einzelnen Bewertungskomponenten) selbst haben. Die Gültigkeit der so ermittelten funktionalen Unternehmenswerte erstreckt sich somit auf einen konkreten gültigen Bewertungszweck und besitzt keine Allgemeingültigkeit. Basierend auf dem Bewertungszweck wird im Rahmen der funktionalen Werttheorie jedem Bewertungsfall eine Funktion zugeordnet. Diese Funktionen der Bewertung lassen sich in Haupt- sowie Nebenfunktionen unterteilen (Abschnitt VII.A.3.2). Nachfolgende Darstellung verdeutlicht vereinfachend die Entwicklung im Bereich der Unternehmensbewertung mitsamt den spezifischen Charakteristiken.

Abbildung VII.2: Entwicklung der Unternehmenswertermittlung

3. Zweckabhängigkeit der Bewertung

Aufgrund der Anwendung der funktionalen Unternehmensbewertung ist es notwendig, die unterschiedlichen Anlässe und die damit verbundenen Zwecke der Bewertung detailliert darzustellen.

3.1. Anlässe

In der Praxis entstehen zahlreiche Situationen, in denen eine Bewertung von Unternehmen relevant wird. So kann eine Relevanz einer Bewertung aus einer geplanten Veräußerung oder eines Kaufes eines Unternehmens, einer geplanten Fusion, einem geplanten Börsegang etc. entstehen. Je nach Anlass müssen gemäß der funktionalen Werttheorie der Zweck sowie die Funktion des Gutachters der Unternehmensbewertung festgelegt, d.h. auch im Bewertungsgutachten dokumentiert werden. Den „einen" Unternehmenswert gibt es nicht – dieser muss stets in Abhängigkeit des Bewertungszwecks ermittelt werden. Um die zahlreichen Bewertungsanlässe zu kategorisieren, ist es notwendig, diese zu systematisieren. In der nachfolgenden Darstellung werden ausgewählte Anlässe (ohne Anspruch auf Vollständigkeit) zur Bewertung von Unternehmen, kategorisiert nach gesetzlichen, vertraglichen und unternehmerischen **Bewertungsanlässen**, dargestellt.

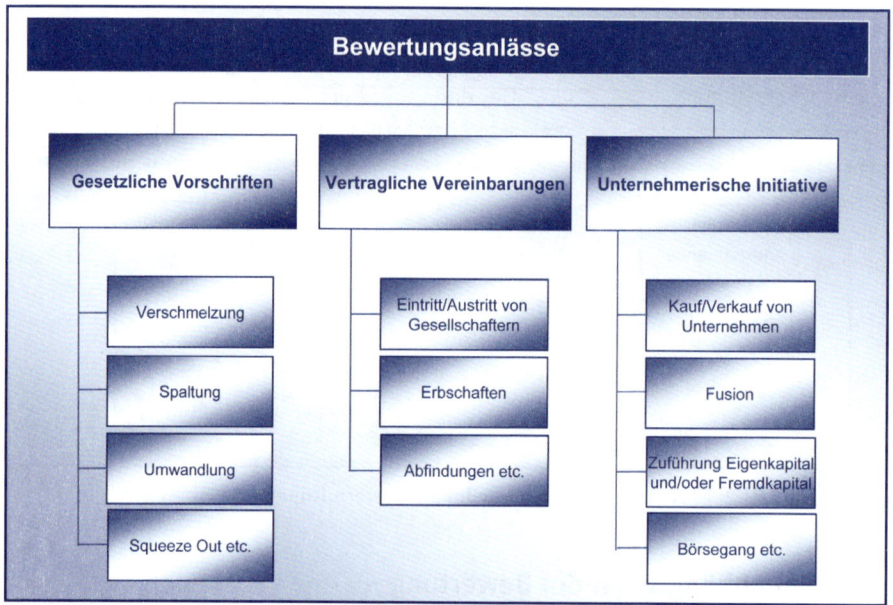

Abbildung VII.3: Bewertungsanlässe (Auszug)

Der Bewertungsanlass Kauf/Verkauf eines Unternehmens stellt dabei den „Paradefall" einer Unternehmensbewertung dar, weshalb theoretische Aufarbeitungen im Bereich Unternehmensbewertung sehr oft vor diesem Hintergrund dargestellt werden.

Wird nicht der Wert eines gesamten Unternehmens als Einheit ermittelt, sondern steht die Wertermittlung eines (quotalen) Anteils eines Unternehmens im Vordergrund, erfolgt die Bewertung dieses Anteils entweder direkt oder indirekt. Die direkte Ermittlung erfolgt anhand der Diskontierung der direkt dem Anteilseigener zufließenden künftigen Überschüsse, es werden somit die Zahlungsströme zwischen dem Unternehmen und den einzelnen Anteilseignern berücksichtigt. Die indirekte Methode berechnet in einem ersten Schritt den Gesamtwert des Unternehmens und ermittelt in einem zweiten Schritt aus der Beteiligungsquote (%) den Wert des jeweiligen Unternehmensanteils. Im Rahmen der Ermittlung subjektiver Unternehmensanteilswerte mittels der direkten Methode werden häufig spezifische Möglichkeiten der Einflussnahme (Zu- oder Abschläge) auf die Unternehmenspolitik berücksichtigt.

Aus der (auszugsweise) angeführten Vielzahl an Bewertungsanlässen ist bereits erkennbar, dass es in Abhängigkeit des Bewertungsanlasses zu unterschiedlich hohen Unternehmenswerten kommen kann. Denn es wird vermutlich der Unternehmenswert zum Zweck eines geplanten Unternehmenskaufes eine andere Höhe ausweisen als eine Bewertung aufgrund einer gesetzlichen Vorschrift. Wie nun die verschiedenen Bewertungsanlässe gemäß der funktionalen Werttheorie dem Bewertungszweck zugeordnet werden, wird im nachfolgenden Abschnitt erläutert.

3.2. Zweckabhängigkeit der Bewertung

Aufgrund der funktionalen Werttheorie und der damit verbundenen Zweckgebundenheit der Bewertung ist es das Ziel des nachfolgenden Abschnitts, die verschiedenen Zwecke einer Unternehmensbewertung zu analysieren. Das Hauptaugenmerk wird dabei auf die sich daraus ergebenden Zusammenhänge zwischen Bewertungsanlass, Bewertungszweck sowie Funktion des Gutachters gelegt. Je nachdem, welchen Zweck eine geplante Wertermittlung erfüllen soll, kann es sich beim Gutachter um einen unparteiischen Sachverständigen, einen Vermittler oder einen Berater einer Partei handeln. Mögliche Zwecke mit den damit verbundenen Funktionen der Bewertung können nachfolgender Tabelle entnommen werden.

Funktionale Unternehmensbewertung		
Bewertungszweck	Funktion der Bewertung	Haupt-/Nebenfunktion
Entscheidungswerte	Beratungsfunktion	Hauptfunktionen
Schiedswerte	Vermittlungs- / Schiedsfunktion	Hauptfunktionen
Argumentationswerte	Argumentationsfunktion	Hauptfunktionen
Informationswerte	Informationsfunktion	Nebenfunktion (Auszug)
Steuerbemessungs-grundlage	Steuerbemessungsfunktion	Nebenfunktion (Auszug)

Ein unparteiischer Sachverständiger (**neutraler Gutachter**) hat mittels einer nachvollziehbaren Methodik einen **objektivierten Unternehmenswert** zu ermitteln. Dieser objektivierte Unternehmenswert entspricht einem von individuellen Vorstellungen losgelösten, typisierten Zukunftswert, der sich bei der Fortführung des Unternehmens mit gleich bleibendem Konzept und realistischen Zukunftserwartungen ergibt. Es handelt sich um einen Unternehmenswert, der sich aus der Fortführung des zu bewertenden Unternehmens „so wie es liegt und steht" ergibt. Es wird somit ein von den individuellen Wertvorstellungen des konkreten Bewertungssubjektes unabhängiger Wert für ein Unternehmen ermittelt. Dabei werden jedoch nicht, im Vergleich zur objektiven Werttheorie, die Vergangenheit bzw. die gegenwärtigen Verhältnisse als Basis der Bewertung herangezogen, sondern es wird eine zukunftsbezogenen Bewertung durchgeführt. Der so ermittelte objektivierte Unternehmenswert entspricht sodann einem Wert, der mit dem bestehenden Unternehmenskonzept in Zukunft realistischerweise realisiert werden kann.

Im Zuge der Ermittlung von **Entscheidungswerten** wird die Grenze der Konzessionsbereitschaft eines potentiellen Käufers oder Verkäufers ermittelt. Hierbei wird ein Grenzpreis eines konkreten Bewertungssubjektes anhand subjektiver Faktoren (wertbestimmende Faktoren einer Verhandlungspartei) ermittelt. Der sich dann ergebende Unternehmenswert bezieht sich auf eine spezielle Entscheidungssituation. Der Gutachter nimmt hierbei die Stellung eines **Beraters** ein und ermittelt auf Basis der Zielvorstellungen des Bewertungssubjektes einen subjektiven Entscheidungswert. Dieser Entscheidungswert kann als **Käufergrenzpreis** (kritischer Unternehmenskaufpreis) oder **Verkäufergrenzpreis** (kritischer Unternehmensverkaufspreis)

bezeichnet werden. Nachfolgende Darstellung verdeutlicht die Stellung des Käufer-
als auch Verkäufergrenzpreises.

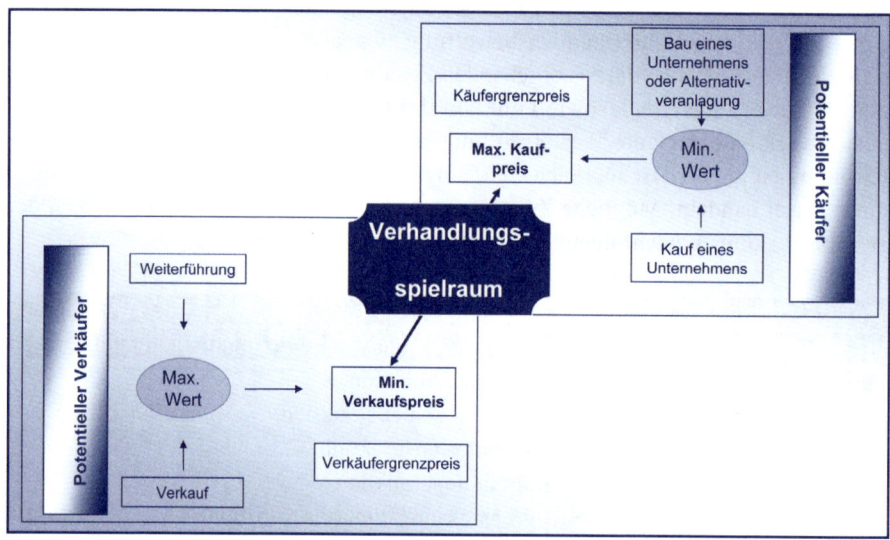

Abbildung VII.4: Käufer- und Verkäufergrenzpreis

Wie aus der Darstellung ersichtlich, stellt der Verkäufergrenzpreis die untere Grenze der Konzessionsbereitschaft des Verkäufers dar. Die Grundüberlegung dabei ist
jene, dass der Verkäufer entscheidet, ob es für ihn ökonomisch sinnvoll ist, das Unternehmen zu verkaufen und den erzielten Kaufpreis am Kapitalmarkt entsprechend
zu veranlagen oder das Unternehmen fortzuführen. Von Seiten des Käufers handelt
es sich dabei um die obere Grenze der Konzessionsbereitschaft und somit um den
Käufergrenzpreis. Hierbei steht die Überlegung im Vordergrund, ob der Käufer das
Unternehmen zum angebotenen Preis kaufen soll oder das ihm zur Verfügung stehende Kapital am Kapitalmarkt anderweitig zu veranlagen bzw. ein Unternehmen
selbst errichten soll. Ein Verkauf oder Kauf wird aus ökonomischer Sicht nur dann
vorteilhaft sein, wenn zumindest eine gleich hohe Verzinsung bzw. Rendite erwirtschaftet werden kann, wie sie in Form einer alternativen Kapitalanlage gewährleistet
wäre. Kommt es zwischen den beteiligten Parteien zu Verhandlungen, liegt der Ver-
handlungsspielraum zwischen dem Verkäufer- und dem Käufergrenzpreis. Nachfolgendes stark vereinfachtes Beispiel soll die Ermittlung des Käufergrenzpreises sowie des Verkäufergrenzpreises darstellen und einfach erläutern, warum es sich hierbei um die jeweiligen Grenzpreise (Grenzen der Konzessionsbereitschaft) handelt.
Bei den nachfolgend angeführten stark vereinfachten Beispielen zur Bewertung handelt es sich um keine konkreten Bewertungsfälle, auf eine Berechnung der den Investoren zufließenden Beträge wird explizit verzichtet. Weiters wird bei den Beispielen grundsätzlich von der zur Zeit in Österreich geltenden Körperschaftsteuer (KöSt)
in Höhe von 25% ausgegangen.

Übungsbeispiel 1: Käufer- und Verkäufergrenzpreis:

Ein Unternehmen wird zum Kauf angeboten und ein potentieller Käufer überlegt, das Unternehmen zu erwerben. Beide Parteien, der potentielle Käufer als auch der bisherige Eigentümer des Unternehmens (Verkäufer), erstellen jeweils eine Prognose der künftigen Entwicklung und leiten daraus den jeweiligen (subjektiven) Unternehmenswert ab. Der Verkäufer plant jährliche Einzahlungen in Höhe von EUR 40.000,–, denen rund EUR 20.000,– an Auszahlungen gegenüberstehen. Der Käufer plant mit seinen subjektiven Vorstellungen EUR 60.000,– Einzahlungen und ebenfalls rund EUR 20.000,– Auszahlungen. Beide Parteien gehen von einer Alternativveranlagung in Höhe von 10 % p.a. aus.

Aufgabenstellung:
Ermittlung der jeweiligen Grenzpreise (Käufer- sowie Verkäufergrenzpreis) sowie Verdeutlichung der Grenzen der Konzessionsbereitschaft mittels eines selbst gewählten Beispiels.

Lösung Käufer- und Verkäufergrenzpreis:
Der Unternehmenswert (UW) ergibt sich zweckmäßigerweise mittels der Formel für die ewige Rente, wobei e_z dem nachhaltigen Zukunftserfolg und i dem Kapitalisierungszinssatz entspricht.

$$UW = \frac{e_z}{i}$$

Käufergrenzpreis:
Einzahlungen 60.000,–
Auszahlungen 20.000,–
Überschuss (e_z) 40.000,–

$$UW = \frac{e_z}{i} = \frac{40.000}{0,10} = 400.000,-$$

Diese ermittelten EUR 400.000,– stellen für den Käufer den Käufergrenzpreis dar. Somit wird mit dessen Ermittlung die Frage geklärt, was der Käufer maximal zahlen darf, um durch die Transaktion nicht schlechter dazustehen. Die Erklärung, warum dies der Grenzpreis, sprich der maximale Preis, ist, kann mit nachfolgender Darstellung erfolgen. Unter der Annahme, dass der potentielle Käufer EUR 400.000,– für das Unternehmen bezahlt, entsprechen die daraus resultierenden EUR 40.000,– Überschuss genau den Opportunitätskosten der Alternativveranlagung (10 % p.a.).

	Kaufpreis	Zinsen Alternative	Ausschüttung Unternehmen
2009	400.000	40.000	40.000
2010	400.000	40.000	40.000
2011	400.000	40.000	40.000
2012	400.000	40.000	40.000
2013	400.000	40.000	40.000
...			
...			

Bezahlt der potentielle Käufer im Vergleich zu der vorhergehenden Darstellung mehr als die EUR 400.000,–, in dem Fall EUR 450.000,–, so wäre die Alternativveranlagung zu präferieren, da diese eine höhere Verzinsung aufweist, als das Unternehmen in der Lage ist zu erwirtschaften.

	Kaufpreis	Zinsen Alternative	Ausschüttung Unternehmen
2009	450.000	45.000	40.000
2010	450.000	45.000	40.000
2011	450.000	45.000	40.000
2012	450.000	45.000	40.000
2013	450.000	45.000	40.000
...			
...			

Verkäufergrenzpreis:
Einzahlungen 40.000,–
Auszahlungen 20.000,–
Überschuss (e_z) 20.000,–

$$UW = \frac{e_z}{i} = \frac{20.000}{0,10} = 200.000,-$$

Diese ermittelten EUR 200.000,– stellen für den Verkäufer den Verkäufergrenzpreis dar. Somit wird mit dessen Ermittlung die Frage geklärt, was der Verkäufer mindestens erzielen muss, um durch die Transaktion nicht schlechter dazustehen. Die Erklärung, warum dies der Grenzpreis, sprich der minimale Preis ist, kann mit nachfolgender Darstellung erfolgen. Unter der Annahme, dass der Verkäufer EUR 200.000,– für das Unternehmen erhält, entsprechen die entgangenen EUR 20.000,– Überschuss genau der Alternativveranlagung (10 % p.a.).

	Verkaufspreis	Zinsertrag	Fehlender Jahresüberschuss
2009	200.000	20.000	20.000
2010	200.000	20.000	20.000
2011	200.000	20.000	20.000
2012	200.000	20.000	20.000
2013	200.000	20.000	20.000
...			
...			

Erhält der Verkäufer im Vergleich zu der vorhergehenden Darstellung weniger als die EUR 200.000,–, in dem Fall EUR 150.000,–, so wäre eine Weiterführung des Unternehmens zu präferieren, da diese einen höheren Überschuss als die Alternativveranlagung aufweist.

	Verkaufspreis	Zinsertrag	Fehlender Jahresüberschuss
2009	150.000	15.000	20.000
2010	150.000	15.000	20.000
2011	150.000	15.000	20.000
2012	150.000	15.000	20.000
2013	150.000	15.000	20.000
...			
...			

Somit kann leicht nachvollzogen werden, warum es sich bei dem ermittelten Wert des Käufers um den maximalen Kaufpreis und bei dem ermittelten Wert des Verkäufers um den minimalen Verkaufspreis handelt. Diese Ausführungen beschränken sich jedoch lediglich auf eine rein kapitalorientierte Sichtweise, andere Einflussfaktoren, wie z.B., dass Verkäufer aufgrund von Krankheit, fehlender Nachfolge etc. gezwungen ist, das Unternehmen zu veräußern etc., finden hierbei keine Berücksichtigung.

Zu beachten ist an dieser Stelle die Unterscheidung zwischen **Wert** und **Preis**. Der Wert eines Unternehmens wird im Zuge der Unternehmenswertermittlung auf Basis eines Investitionsrechnungskalküls bestimmt. Dieser entspricht jedoch nicht zwangsweise dem tatsächlichen Preis des Unternehmens. Der tatsächliche Preis eines Unternehmens ergibt sich einerseits aufgrund der Angebots- und Nachfragesituation am Markt und andererseits aufgrund subjektiver Verhandlungsstärken der beteiligten Parteien. Zudem kann sich der Preis vom Wert des Unternehmens deutlich unterscheiden, da die Einflussmöglichkeit (Stimmrechte, Geschäftsführungsrechte, Vorzugsdividenden etc.) der Unternehmenseigner auf die Unternehmenspolitik dabei ebenfalls eine entscheidende Rolle spielt. Hierbei ist auf die unternehmensrechtlichen Grenzen, qualifizierte Mehrheit, einfache Mehrheit, Sperrminorität etc. zu verweisen. Im Zuge dessen kann es zu Zu- oder Abschlägen kommen, die aus einem Mehr oder Weniger an Einflussnahme resultieren.

Im Zuge der Ermittlung von **Schiedswerten/Vermittlungswerten** wird unter der Funktion eines unparteiischen (neutralen) (Schieds-)Gutachters ein (vorgeschlagener) Einigungswert ermittelt. Dieser Einigungswert soll die Interessen der Konfliktparteien ausgleichen sowie für alle beteiligten Parteien zumutbar sein. Der Schiedsgutachter soll somit eine neutrale Stellung zwischen den beteiligten Parteien einnehmen. Anlässe einer solchen Bewertung sind z.B. Ermittlung von Abfindungen, Barabfindungen oder Erbauseinandersetzungen.

Im Zuge der Ermittlung von **Argumentationswerten** werden Werte ermittelt, die einer Partei argumentativ für Verhandlungen (z.B. Verkaufs- oder Gerichtsverhandlungen) zur Verfügung stehen. Als Grundlage dieser Argumentationswerte wird der Entscheidungswert herangezogen. Aufgrund dieses Zusammenhanges zwischen Entscheidungswert und Argumentationswert wird dem Argumentationswert keine Eigenständigkeit im Rahmen der Bewertungszwecke zugesprochen. Der Gutachter nimmt hierbei wiederum die Funktion eines Beraters ein.

Als Nebenfunktionen werden an dieser Stelle lediglich die **Informationsfunktion (Bilanzfunktion)** als auch die **Steuerbemessungsfunktion** angeführt. Im Zuge der Informationsfunktion werden unter Einhaltung unternehmensrechtlicher Vorschriften Informationen über die Ertragskraft eines Unternehmens ermittelt. Die Steuerbemessungsfunktion, fiskalischen Anforderungen genügend, dient zur adäquaten Ermittlung der Steuerbemessungsgrundlage. Hingewiesen sei an dieser Stelle darauf, dass die hinsichtlich der zugeordneten Funktionen herrschende (begriffliche) Übereinstimmung im Bereich der Hauptfunktionen (Beratungs-, Vermittlungs-, Argumentationsfunktion) im Bereich der Nebenfunktionen (auszugsweise: Informations-, Steuerbemessungs-, Vertragsgestaltungsfunktion) nicht vorliegt.

Das österreichische Fachgutachten KFS/BW1 führt lediglich die Ermittlung von objektivierten und subjektiven Unternehmenswerten sowie die Ermittlung von Schiedswerten als bedeutsame Bewertungszwecke aus. Das IDW S 1 spricht von der Funktion des neutralen Gutachters, des Beraters sowie des Vermittlers bzw. des Schiedsgutachters.

4. Stellungnahmen der Bewertungspraxis

Unternehmensbewertungen werden von unterschiedlichen Berufsgruppen (Wirtschaftsprüfern, Steuerberatern, Banken, Unternehmensberatern etc.) durchgeführt. Die Wertermittlung an sich unterliegt, mit Ausnahme gesetzlicher Bestimmungen im Zuge einzelner Bewertungsanlässe, grundsätzlich keinerlei rechtlichen Vorschriften. Die österreichischen Umgründungssteuerrichtlinien 2002 sehen z.B. vor, dass diesbezüglich geforderte Unternehmensbewertungen zum Nachweis des positiven Verkehrswerts Mindesterfordernissen genügen müssen, dabei wird explizit auf das Fachgutachten KFS/BW1 verwiesen. Unabhängig davon liegen jedoch berufsrechtliche Empfehlungen vor, die als grundlegende Qualitätsstandards für die Unternehmensbewertung aufgefasst werden. Diese Empfehlungen sind rechtlich nicht verbindlich, stellen jedoch den Rahmen einer fachgerechten Bewertung dar. Jegliche Abweichungen von diesen Empfehlungen müssen sorgfältig dokumentiert wie auch argumentiert werden.

4.1. Fachgutachten

In Österreich stellt das Fachgutachten Unternehmensbewertung **KFS/BW1** des Fachsenats für Betriebswirtschaft und Organisation des Instituts für Betriebswirtschaft, Steuerrecht und Organisation der Kammer der Wirtschaftstreuhänder vom 27.02.2006, das Pendant zur deutschen Stellungnahme IDW S 1. KFS/BW1 wurde von der Kammer der Wirtschaftstreuhänder (http://www.kwt.or.at) veröffentlicht und stellt den zur Anwendung kommenden Rahmen einer Unternehmensbewertung dar. Empfehlungen der Kammer der Wirtschaftstreuhänder zu Folge ist in Österreich auch der Standard IDW S 1 „Grundsätze zur Durchführung von Unternehmensbewertungen" des Instituts der Wirtschaftsprüfer (IDW) in Deutschland von Bedeutung. Dieser Standard entspricht in methodischer Hinsicht weitestgehend dem österreichischen Fachgutachten. Die Ausführungen beider genannter Emfehlungen stellen wesentliche allgemeine Grundsätze jeder durchzuführenden Bewertung dar, welche von Experten aus der Bewertungspraxis sowie Wirtschafts- und Rechtswissenschaften bzw. unter Bedachtnahme auf Berufsorganisationen und Verbände erstellt wurden und ständigen Aktualisierungen und Anpassungen unterliegen. Jeder Bewertungsfall an sich stellt jedoch den Gutachter vor eine eigenständige Problemlösung – jeder Bewertungsfall ist anders zu handhaben. Diese Grundsätze können somit lediglich den Rahmen einer Bewertung darstellen, die spezifische Vorgehensweise bei der Bewertung eines speziellen Unternehmens liegt in der eigenverantwortlichen Lösung des Einzelfalls durch den Gutachter.

An dieser Stelle erfolgt keine vollständige Abbildung der jeweiligen Fachgutachten. Das österreichische Fachgutachten wird am Ende von Abschnitt VII beigefügt. Der Standard IDW S 1 steht unter folgendem Link zur Verfügung: http://www.idw. de (Verlautbarungen). Weiters ist an dieser Stelle darauf zu verweisen, dass in Österreich wie auch in Deutschland weitere Bewertungsregeln hinsichtlich der Bewertung freier Berufe vorliegen. Zudem liegen in Österreich wie auch in Deutschland Richtlinien zur Bewertung von Anteilen an Kapitalgesellschaften für verkehrs- und vermögenssteuerliche Zwecke vor. In Österreich handelt es sich dabei um das Wiener Verfahren (Erlass BMF vom 13.11.1996: Richtlinien zur Ermittlung des gemeinen Wertes von inländischen nicht notieren Wertpapieren und Anteilen [Wiener Verfahren 1996]). In Deutschland wird dieses unter dem Stuttgarter Verfahren subsumiert. An dieser Stelle sei jedoch darauf verwiesen, dass das Wiener Verfahren lediglich für steuerliche Zwecke Gültigkeit besitzt und nicht als eigenständiges betriebswirtschaftliches Bewertungsverfahren anerkannt ist. Aus diesem Grund unterbleiben weitere diesbezügliche Ausführungen. Hervorgehoben sei nochmals, dass diese Fachgutachten ständigen Überarbeitungen und Aktualisierungen unterliegen und diese demzufolge vor ihrer Anwendung einer Aktualitätsüberprüfung unterzogen werden müssen.

4.2. Grundsätze der Bewertung

Als Grundsätze für die Ermittlung von Unternehmenswerten dienen, wie bereits erwähnt, allgemein anerkannte zweckorientierte Regeln der Unternehmensbewertung. Da die nachfolgenden Ausführungen auf den Kenntnissen dieser Grundsätze basieren und diese zugleich für die Nachvollziehbarkeit – insbesondere objektivierten Unternehmensbewertung – unerlässlich sind, werden diese Grundsätze im Folgenden kompakt im Gesamtzusammenhang skizziert. Auf eine vollständige Darstellung dieser Grundsätze wird an dieser Stelle verzichtet, sie sind dem beigefügten Fachgutachten KFS/BW1 zu entnehmen. Nachfolgend werden die Grundsätze der Bewertung grafisch dargestellt.

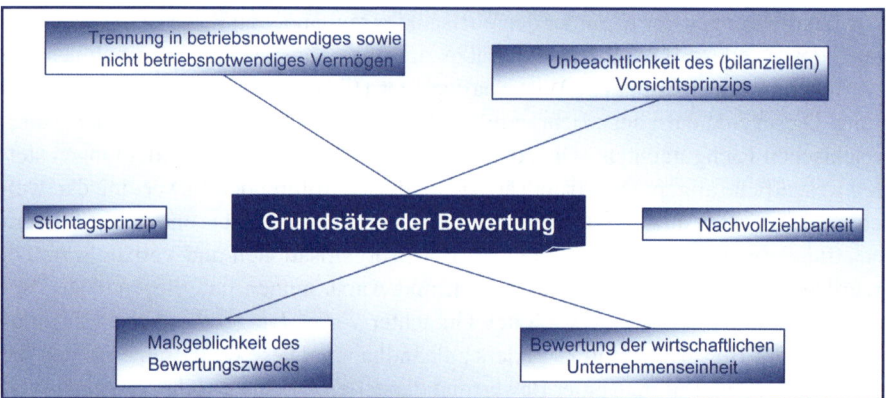

Abbildung VII.5: Grundsätze der Bewertung

- **Maßgeblichkeit des Bewertungszecks**
  Jede durchzuführende Bewertung setzt die Kenntnis des Bewertungszwecks voraus. Dieser Bewertungszweck hat gemäß der Zweckabhängigkeit der Bewertung (Abschnitt VII.A.3) Einfluss auf die Funktion des Gutachters, den Annahmen hinsichtlich der Prognose künftiger finanzieller Überschüsse, der Ermittlung des Kapitalisierungszinssatzes als auch auf das zur Anwendung kommende Bewertungsverfahren. Dieser Grundsatz wird auch häufig als „Dominanz des Bewertungszwecks" bezeichnet. Der Bewertungszweck ist im Gutachten zu dokumentieren.

- **Bewertung der wirtschaftlichen Unternehmenseinheit**
  Als Bewertungsobjekt wird grundsätzlich ein Unternehmen betrachtet. Der Wert eines Unternehmens wird nicht aus der Summe der einzelnen Vermögenswerte bestimmt sondern ergibt sich aus dem Zusammenwirkern aller im Unternehmen befindlichen Werte (Gesamtbewertung). Es wird somit davon ausgegangen, dass sich der Unternehmenswert aus den künftigen finanziellen Überschüssen aller zusammenwirkender Unternehmensbereiche (Beschaffung, Absatz, Forschung & Entwicklung, Organisation, Finanzierung etc.) ergibt, da alle Unternehmensbereiche dazu beitragen, künftige finanzielle Überschüsse zu erwirtschaften.

Hierbei wird das gesamte Vermögen, sprich das betriebsnotwendige und auch das nicht betriebsnotwendige Vermögen berücksichtigt. Wichtig hierbei ist eine vor Beginn der Bewertung durchzuführende genaue Abgrenzung des Bewertungsobjektes. Dabei wird nach wirtschaftlichen, nicht notwendigerweise rechtlichen, Kriterien abgegrenzt, so kann eine Bewertung auch für einen Unternehmensverbund, eine Betriebsstätte, einen Teilbetrieb oder eine strategische Geschäftseinheit erfolgen.

▪ **Stichtagsprinzip**

Unternehmenswerte sind zeitpunktbezogene Werte. Zu Beginn einer Bewertung muss ein Bewertungsstichtag festgelegt werden. Dieser nimmt maßgeblichen Einfluss auf die Abgrenzung der künftigen finanziellen Überschüsse. Demgemäß sind lediglich jene finanziellen Überschüsse, die ab dem Bewertungsstichtag erwirtschaftet werden, in der Bewertung zu berücksichtigen. Zeitlich vorgelagerte erwirtschaftete Überschüsse sind dem bisherigen Eigner zuzurechnen.

Dem österreichischen Fachgutachten zufolge sind alle für die Werermittlung relevanten Informationen zu berücksichtigen, die bei angemessener Sorgfalt zum Bewertungsstichtag erlangt werden können. Änderungen, die sich zwischen dem Bewertungsstichtag und dem Abschluss der Bewertung ergeben, sind nur dann zu berücksichtigen, wenn sich dies aus dem Bewertungszweck ergibt. Liegt für ein Restaurant beispielsweise bereits ein Konzept zur Expansion vor bzw. wurden die ersten Schritte dahingehend bereits eingeleitet, werden diese Auswirkungen (sowie Folgewirkungen wie z.B. Abschreibungen, Zinsen, Erträge etc.) auch in der Prognose der finanziellen Überschüsse berücksichtigt.

▪ **Bewertung des betriebsnotwendigen Vermögens**

Die Unterscheidung in betriebsnotwendiges und nicht betriebsnotwendiges Vermögen ist für die Ermittlung der künftigen finanziellen Überschüsse relevant. Das Grundprinzip der Bewertung, die Ermittlung der Barwerte der Nettozuflüsse an den Unternehmenseigner beruht auf der Bestimmung, dass für die Ermittlung der künftigen Überschüsse des betriebsnotwendigen Vermögens bzw. der Prognose sowie die Berücksichtigung der künftigen finanziellen Überschüsse des betriebsnotwendigen Vermögens eine andere Vorgehensweise empfohlen wird als für jene des nicht betriebsnotwendigen Vermögens (siehe Abschnitt VII.B.2 betreffend betriebsnotwendiges Vermögen). Die Vorgangsweise zur Ermittlung der künftigen finanziellen Überschüsse des nicht betriebsnotwendigen Vermögens wird gesondert behandelt. Als betriebsnotwendiges Vermögen (sowie Schulden) werden jene Vermögenswerte bezeichnet, welche zur Aufrechterhaltung des Unternehmens bzw. zur Erreichung der Unternehmensziele benötigt werden.

▪ **Bewertung des nicht betriebsnotwendigen Vermögens**

Unternehmen verfügen oftmals über Vermögen, welches nicht zur Aufrechterhaltung des Unternehmenszwecks bzw. zur Erhaltung der Ertragskraft benötigt wird. Dieses Vermögen wird als nicht betriebsnotwendiges Vermögen bezeichnet und im Rahmen der Unternehmenswertermittlung in der Regel separiert behandelt. Im Zuge jeder Unternehmensbewertung ist daher eine Abgrenzung des betriebsnotwendigen und des nicht betriebsnotwendigen Vermögens vorzunehmen. Eine entsprechende Abgrenzung des nicht betriebsnotwendigen Vermögens erfolgt anhand einer funktionalen sowie wertmäßigen Abgrenzung.

Die funktionale Abgrenzung erfolgt unter Zugrundelegung der Fragestellung ob das betrachtete Vermögen für die Aufrechterhaltung des Unternehmenszwecks benötigt wird. Beispiele hierfür sind: Betrieblich nicht genutzte Grundstücke, Überbestände an liquiden Mitteln, teilweise leer stehende Bürogebäude, spekulative Vorräte etc. Die im Sinne der funktionalen Abgrenzung betriebsnotwendigen Vermögenswerte werden zusätzlich einer wertmäßigen Abgrenzung unterzogen. Diese wertmäßige Abgrenzung stellt die Frage nach der wertmäßigen Angemessenheit des Vermögens. So kann etwa eine Lagerhalle im Zentrum Wiens als wertmäßig nicht angemessen gelten. Diese Lagerhalle wird zur Aufrechterhaltung des Unternehmenszwecks benötigt, somit funktional nicht als nicht betriebsnotwendiges Vermögen eingestuft, die wertmäßige Abgrenzung ergibt jedoch, dass eine Lagerhalle auch am Rande von Wien – zu günstigeren Konditionen – zur Verfügung stehen würde. Bei der Unternehmensbewertung ist somit grundsätzlich die Berücksichtigung der Aufgabe des bisherigen Lagers (Mietkündigung und alle damit in Verbindung stehenden Zahlungen) und Anmietung eines neuen Lagers (wiederum mit allen damit in Verbindung stehenden Zahlungen) zu unterstellen.

Der Unternehmenswert ergibt sich durch Diskontierung der künftigen Überschüsse aus dem betriebsnotwendigen Vermögen auf den Bewertungsstichtag. Das nicht betriebsnotwendige Vermögen wird in Höhe des möglichen Veräußerungserlöses (nach Abzug eventueller Schulden oder Liquidationskosten, Steuerbelastungen aufgrund aufgelöster stiller Reserven etc.) zum Unternehmenswert addiert. Tritt der Fall ein, dass der Barwert der künftigen finanziellen Überschüsse des nicht betriebsnotwendigen Vermögens (Fortführungswert des nicht betriebsnotwendigen Vermögens) größer als dessen Liquidationswert (Abschnitt VII.C.3.2) ist, liegt die Maßgeblichkeit beim Fortführungswert.

■ **Unbeachtlichkeit des (bilanziellen) Vorsichtsprinzips**
Das unternehmensrechtliche Vorsichtsprinzip kann im Zuge einer neutral durchgeführten Bewertung (Gutachter nimmt die Funktion eines neutralen Gutachters ein) nicht berücksichtigt werden. Eine Berücksichtigung des bilanziellen Vorsichtsprinzips würde in diesem Fall gegen das Gebot der Unparteilichkeit des neutralen Gutachters verstoßen, da durch den vorherrschenden Gläubigerschutz eine Partei benachteiligt behandelt werden würde. Diese Abkehr vom bilanziellen Vorsichtsprinzip ist jedoch nicht mit einer Risikoneutralität gleichzusetzen.

■ **Nachvollziehbarkeit der Bewertungsansätze**
Die zur Durchführung einer Bewertung benötigten Prämissen bzw. zur Anwendung kommende Grundsätze sind im Gutachten offenzulegen und ausführlich zu dokumentieren. Dabei sind insbesondere auch die unterschiedlichen Anforderungen, die sich aus objektivierter Bewertung einerseits und subjektiver Bewertung andererseits ergeben, zu berücksichtigen.

B. Prozess der Bewertung

1. Einführung in die Bewertungskomponenten

Aus finanzwirtschaftlicher Sicht ergibt sich der Unternehmenswert grundsätzlich aus den finanziellen Überschüssen, die dem Eigentümer aus dem Unternehmen in Zukunft zufließen werden. Zur Durchführung einer Bewertung sind somit als Bewertungskomponenten hauptsächlich einerseits die aus dem Unternehmen künftig **entziehbaren finanziellen Überschüsse** sowie andererseits der für ihre Diskontierung relevante **Kapitalisierungszinssatz** zu ermitteln. Aus diesen Bewertungskomponenten wird der Unternehmenswert ermittelt. Der zur Anwendung kommende Kapitalisierungszinssatz nimmt somit in der Bewertung eine zentrale Bedeutung ein und wirkt sich durch die Diskontierung direkt auf die Höhe des Unternehmenswertes aus.

Die **Substanz** des Unternehmens selbst hat im Rahmen der Unternehmensbewertung keine eigenständige Bedeutung. Sie findet keinen unmittelbaren Eingang in das Bewertungskalkül, dient jedoch als Potential zur Erwirtschaftung künftiger finanzieller Überschüsse; ohne die vorhandene Substanz wäre es nicht möglich, künftig finanzielle Überschüsse zu erwirtschaften. Demzufolge ist deren Erhalt, Wachstum als auch Schrumpfung in der Prognose zu berücksichtigen. So müssen z.B. Rationalisierungsinvestitionen (überholte Technologien, Modernisierung), Ersatzinvestitionen (veraltete Anlagen) etc. in der Prognose dementsprechend berücksichtigt werden.

Verfügt das Unternehmen weiters über **nicht betriebsnotwendiges Vermögen**, ist dieses durch gesonderte Berücksichtigung als Bestandteil des Unternehmenswertes aufzunehmen (Abschnitt VII.A.4.2). Nachfolgende Darstellung stellt die Ermittlung des Unternehmenswertes, einmal unter dem Going-Concern-Prinzip und einmal unter Annahme einer begrenzten Lebensdauer des zu bewertenden Unternehmens (U) dar.

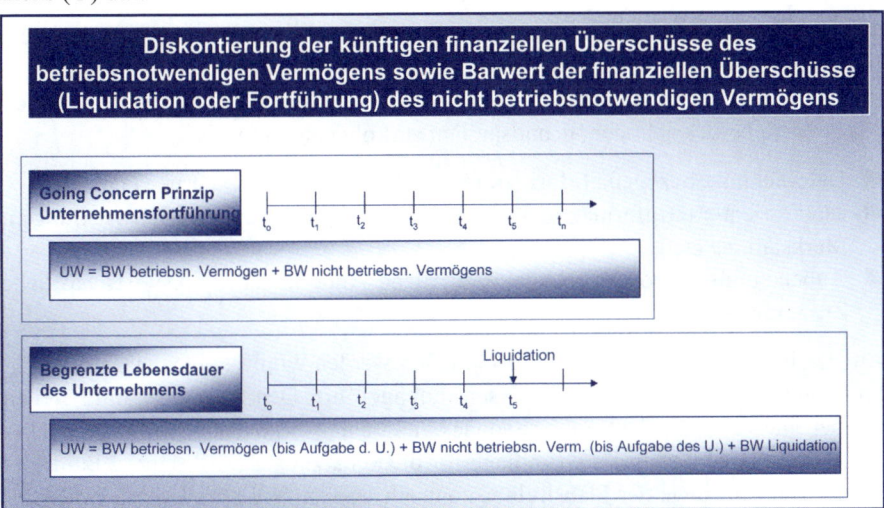

Abbildung VII.6: Ermittlung Unternehmenswert (Going-Concern-Prinzip sowie Betriebsaufgabe)

Im Zuge des Going-Concern-Prinzips setzt sich der Unternehmenswert aus dem Barwert (BW) der künftigen finanziellen Überschüsse des betriebsnotwendigen Vermögens und der Summe der Barwerte der künftigen finanziellen Überschüsse des nicht betriebsnotwendigen Vermögens zusammen. Unter der Annahme einer begrenzten Lebensdauer des Unternehmens ergibt sich der Unternehmenswert (UW) wiederum aus dem Barwert (BW) der künftigen finanziellen Überschüsse des betriebsnotwendigen Vermögens und der Summe der Barwerte der künftigen finanziellen Überschüsse des nicht betriebsnotwendigen Vermögens, jedoch lediglich bis zum Zeitpunkt der Liquidation, sprich der Aufgabe des Unternehmens (U). Weiters sind dann Überschüsse bzw. Fehlbeträge aufgrund der Aufgabe des Unternehmens (z.B. Schulden, Liquidationskosten etc.) zu berücksichtigen.

2. Ermittlung der künftig (entziehbaren) finanziellen Überschüsse

Die zur Bewertung von Unternehmen benötigten künftigen finanziellen Überschüsse stellen die Ausgangsbasis der Bewertung dar. Aufgrund der großen Bedeutung dieser sowie deren Auswirkung auf den Unternehmenswert hat bei jeder Bewertung ein großes Augenmerk darauf zu liegen.

2.1. Die Prognose der Überschüsse

Die Prognose der zur Bewertung benötigten künftig entziehbaren finanziellen Überschüsse stellt in der Theorie und zugleich als auch Praxis das zentrale Problem der Unternehmenswertermittlung dar. Die Qualität der zur Verfügung stehenden Informationen über die zukünftige Vermögens-, Finanz- und Ertragslage entscheidet über den ermittelten Unternehmenswert. Um eine entsprechende Qualität gewährleisten zu können, bedarf es einer genauen und sorgfältigen Planung der Zukunft des Unternehmens.

Im Rahmen der **Informationsbeschaffung** sind all jene Daten zu erheben, die für eine entsprechende Prognose der künftigen finanziellen Überschüsse von Bedeutung sind. Die Informationsbeschaffung bezieht sich, um sämtliche wertrelevanten Faktoren zu berücksichtigen, grundsätzlich auf folgende Bereiche:

- Unternehmensbezogene Informationen (Jahresabschlüsse, interne Daten etc.)
- Marktorientierte Informationen (Branchenspezifika, technische Entwicklungen, Markstellung etc.)
- Außeneinflüsse (politische oder steuerliche Änderungen, volkswirtschaftliche Zusammenhänge)

Auf Basis dieser gesammelten Informationen werden dann vergangenheits-, stichtags- und zukunftsorientierte Analysen durchgeführt. Den Ausgangspunkt stellen hierbei eine Vergangenheitsanalyse sowie eine stichtagsbezogene Erhebung dar. Diese Informationen dienen als Grundlage für die Schätzung bzw. Prognose künftiger Entwicklungen sowie der Plausibilitätskontrolle geplanter Werte. Unternehmensintern werden vergangene Jahresabschlüsse auf relevante Informationen hinsichtlich der Erwartungshaltung des Unternehmens analysiert. In der Regel werden die (geprüften) Jahresabschlüsse der letzten drei (bis fünf) Jahre herangezogen. Weiters kann mittels eines Soll-Ist-Vergleiches Rückschluss über die Qualität der bisher getätigten Planungen gezogen werden. Grundsätzlich können durch die Vergangenheitsanalyse wertvolle Informationen über strategische Geschäftseinheiten, Erfolgspotentiale (Produkt- und Markt), Markt- und Wettbewerbspositionierung, Produktlebenszyklen sowie Anhaltspunkte (Einflussfaktoren) für die künftige Entwicklung des Unternehmens gewonnen werden. Die Vergangenheitsdaten sind anschließend um wesentliche betriebsfremde (Aufwendungen und Erträge aus nicht betriebsnotwendigem Vermögen), einmalige oder periodenfremde Vorgänge zu bereinigen. Weiters sind Bilanzierungswahlrechte, Rechnungslegungswahlrechte etc. entsprechend zu berücksichtigen bzw. zu „neutralisieren".

Durch Unterfertigen einer Vollständigkeitserklärung von Seiten des zu bewertenden Unternehmens kann bestätigt werden, dass das Unternehmen dem Gutachter sämtliche für die Bewertung relevanten Informationen ausgehändigt hat (Haftungsfrage!). Diese Erklärung entbindet den Gutachter jedoch nicht von einer sorgfältigen Analyse und Plausibilitätskontrolle dieser.

Darauf aufbauend ist eine **Planungsrechnung** zu erstellen, um die Zukunftswerte zu prognostizieren. Hierbei handelt es sich im Rahmen der Unternehmensbewertung um eine integrierte Planungsrechnung, welche aus Plan-Gewinn- und Verlustrechnung, Plan-Bilanzen und Finanzplan besteht. Dieser Planung liegen die zuvor ermittelten Erkenntnisse der unternehmensinternen Vergangenheits- sowie Stichtagserhebung sowie der Markt- und Umweltentwicklungen zu Grunde. Werden dem Gutachter bereits Planungsdaten des Unternehmens zur Verfügung gestellt, sind diese auf Verlässlichkeit und Vollständigkeit genauestens zu überprüfen und zu beurteilten und dementsprechend im Bewertungsgutachten darzulegen. Hinsichtlich der Prognose der künftigen finanziellen Überschüsse ist es für den Gutachter naturgemäß von Bedeutung, ob es sich um eine objektivierte oder eine subjektive Bewertung handelt. Während beim objektivierten Unternehmenswert für die Prognose lediglich intersubjektiv nachvollziehbare Zukunftserfolge berücksichtigt werden dürfen, beinhaltet der subjektive Unternehmenswert individuelle Vorstellungen des Auftraggebers. Diese Unterscheidung wirkt sich regelmäßig auf die in der nachfolgenden Darstellung abgebildeten Komponenten aus:

Objektivierter Unternehmenswert	Subjektiver Unternehmenswert
Zum Stichtag bereits eingeleitete Maßnahmen	Geplante, aber noch nicht eingeleitete Maßnahmen
So genannte unechte Synergieeffekte	So genannte echte und unechte Synergieeffekte
Ausschüttungsannahme	Finanzierungsannahmen
Typisierte Managementfaktoren	Individuelle Managementfaktoren
Ertragsteuern der Unternehmenseigner	Ertragsteuern der Unternehmenseigner
Maßgeblichkeit des Sitzlandes des zu bewertenden Unternehmens	

Grundsätzlich (mit Ausnahme rechtlicher Vorgaben) kann lt KFS/BW 1 davon ausgegangen werden, dass bei der Ermittlung eines objektivierten Unternehmenswertes im Vergleich zur subjektiven Unternehmenswertermittlung keine Transaktionskosten (Kosten, die in Verbindung mit einem Kauf/Verkauf etc. eines Unternehmens stehen) sowie transaktionsbedingten Ertragsteuerwirkungen (z.B. Ertragsteuerersparnis aus einem erhöhten Abschreibungspotential aus aufgedeckten stillen Reserven) berücksichtigt werden.

Nachfolgend wird auf wesentliche unterschiedliche Komponenten eingegangen, welche im Zuge der Ermittlung subjektiver oder objektivierter Unternehmenswerte von Bedeutung sind. Ausgegangen wird hierbei von der subjektiven Unternehmenswertermittlung, die Unterschiede zur objektivierten Unternehmenswertermittlung werden jeweils ergänzt:

- **Unternehmenskonzept:** Die subjektive Wertermittlung erfordert eine Berücksichtigung individueller auftragsbezogener Konzepte bzw. Annahmen des Bewertungssubjektes. Der objektivierte Unternehmenswert darf lediglich im Sinne einer Typisierung des bestehenden Unternehmenskonzeptes gesehen werden. Geplante, und zum Bewertungsstichtag noch nicht eingeleitete Maßnahmen sind demzufolge bei der subjektiven Wertermittlung zu berücksichtigen, bei der objektivierten jedoch nicht. Hier sind lt. KFS/BW 1 lediglich die zum Bewertungsstichtag bereits eingeleiteten Maßnahmen zu berücksichtigen.

- **Echte und unechte Synergieeffekte:** Synergieeffekte bezeichnen das Ergebnis des Zusammenwirkens. Werden diese Synergieeffekte auf die Unternehmenswertermittlung übergewälzt, versteht man darunter Effekte, die z.B. durch das Fusionieren zweier Unternehmen entstehen können. Beispielsweise können diese Effekte in der bekannten Ertragswertsteigerung 2 + 2 = 5 liegen. Berücksichtigt werden muss allerdings, dass Synergieeffekte nicht immer positive Verbundeffekte darstellen. Synergien können auch dazu führen, dass z.B. die Flexibilität leidet oder dass der Verwaltungsaufwand im Unternehmen steigt. Synergieeffekte können demgemäß Chancen als auch Risiken darstellen. Positive Synergieeffekte können günstigere Einkaufsmöglichkeiten, Einsparungen im Organisationsbereich etc. sein. Im Zuge der subjektiven Wertermittlung werden jegliche Synergieeffekte berücksichtigt. Im Zuge der objektivierten Wertermittlung dürfen jedoch nur so genannte unechte Synergieeffekte berücksichtigt werden. Echte Synergieeffekte sind Effekte, die ohne das Zusammenwirken zweier oder mehrerer Unternehmen nicht realisierbar wären. Hierunter ist die bereits erwähnte Ertragswertsteigerung 2 + 2 = 5 zu zählen. Beispiele für echte Synergieeffekte sind: Economic of Scale, verbesserte Einkaufskonditionen aufgrund höherer Bestellmengen, Einsparungspotentiale im Bereich Marketing, Vertrieb, Know-how Transfer etc., Erhöhung der Forschungsleistung etc. Unechte Synergieeffekte sind im Vergleich zu echten Synergieeffekten Effekte, die auch ohne das Zusammenwirken zweier oder mehrerer Unternehmen entstehen können. Unechte Synergieeffekte können durch tief greifende Veränderungen in der Unternehmensstruktur aufgedeckt und behoben werden. Hierzu zählen beispielsweise Ineffizienzen in der bisherigen Organisationsstruktur des Unternehmens, die jedoch im bestehenden Unternehmen behoben werden können.

- **Finanzierungs- und Ausschüttungsannahmen**: Hier beruht die Ermittlung des subjektiven Unternehmenswertes wiederum auf den Vorgaben bzw. Vorstellungen des Bewertungssubjektes. Die objektivierte Unternehmenswertermittlung geht zumindest vom vorliegenden Unternehmenskonzept (Finanzierungsplan) einschließlich etwaiger rechtlicher Restriktionen aus und stellt dann im Rahmen der zweiten Phase typisierend auf das Ausschüttungsverhalten der Alternativanlage ab.
- **Managementfaktoren**: Im Zuge der subjektiven Wertermittlung wird Rücksicht auf die geplanten Managementmaßnahmen genommen, wohingegen im Zuge der objektivierten Wertermittlung unverändertes Management bzw. auf Basis durchschnittlicher Managementleistungen prognostiziert wird.
- **Ertragsteuern**: Die Ertragsteuern im Zuge der subjektiven Wertermittlung sind gemäß der am Bewertungsstichtag vorliegenden Rechtsform des Bewertungsobjektes oder auch gemäß eines beabsichtigten Rechtsformwechsels zu ermitteln; im Zuge einer objektivierten Unternehmenswertermittlung ist grundsätzlich die bestehende Rechtsform diesbezüglich relevant, außer die Änderung ist sicher zu erwarten.

Hinsichtlich der Prognose der künftigen finanziellen Überschüsse können unterschiedliche Ausprägungsformen dieser zur Bewertung von Unternehmen herangezogen werden. Grundsätzlich kann zwischen zwei bestehenden Auffassungen, der zahlungsstromorientierten (moderne These) und der periodenorientierten (traditionelle These) Bemessung der finanziellen Überschüsse, unterschieden werden. Im Zuge der Durchführung einer Bewertung ergibt sich die Pflicht zur Methodenwahl sowie deren Begründung, d.h. vor Durchführung einer Bewertung muss, auch im Gutachten dokumentiert, die zur Anwendung kommende Methode (Bewertungsverfahren) argumentiert werden. In diesem Zusammenhang ist aber darauf hinzuweisen, dass der Maßstab jeder Bewertung die den Eigentümern zufließenden Zahlungen sein müssen – unter der Prämisse einer ausschließlich finanziell orientierten Bewertung!

Der **zahlungsstromorientierte Ansatz** diskontiert künftige finanzielle Zahlungsüberschüsse (Cash-Flows). Die Vorhersagegenauigkeit hinsichtlich der künftigen finanziellen Zahlungsüberschüsse stellt hierbei allerdings eine große Problematik dar. Der zahlungsstromorientierte Ansatz wird einerseits als der theoretisch richtige Ansatz bezeichnet, andererseits steht er jedoch vor dem Problem der hohen Unsicherheit in der erwähnten Vorhersagegenauigkeit. Beispielsweise kann die Bildung von Rückstellungen erwähnt werden. Wann bzw. ob und in welcher Höhe diese Rückstellungsbildung zu einer Liquiditätswirkung führt, kann nur unter Unsicherheit prognostiziert werden.

Der **periodenorientierte Ansatz** diskontiert die künftigen ausschüttbaren Jahresüberschüsse, entnommen aus der entsprechenden Ertrags- und Aufwandsrechnung. Dieser Ansatz entspricht nur dann (relativ genau) den tatsächlichen Geldüberschüssen, wenn kompensatorische Effekte (z.B. Kompensation der Abschreibung mit entsprechenden Investitionen) so wirken, dass die Periodenerfolge den Geldüberschüssen entsprechen. Besonderes Augenmerk muss hierbei vor allem auch den Bereichen der Rückstellungen, z.B. der Sozialkapitalrückstellungen, Verbindlichkeitsrückstellungen, gelegt werden. Nachfolgendes Beispiel verdeutlicht die Anwendung des periodenorientierten Ansatzes.

Übungsbeispiel 2: Periodenorientierter Ansatz:

Ein Unternehmen verfügt über fünf LKWs (Anschaffungswert EUR 50.000,– je LKW) mit einer jeweiligen Nutzungsdauer von fünf Jahren. Durch eine jährliche Investition in einen LKW gleicht sich die vorzunehmende Abschreibung (EUR 50.000 / 5 = EUR 10.000,– pro LKW) und die durchzuführende Investitionszahlung aus und der periodenorientierte Ansatz kann hier zur Anwendung kommen.

	Jahr 1	Jahr 2	Jahr 3	Jahr 4	Jahr 5
LKW 1	10.000	10.000	10.000	10.000	10.000
LKW 2	10.000	10.000	10.000	10.000	10.000
LKW 3	10.000	10.000	10.000	10.000	10.000
LKW 4	10.000	10.000	10.000	10.000	10.000
LKW 5	10.000	10.000	10.000	10.000	10.000
Summe Abschreibung (Aufwand)	**50.000**	**50.000**	**50.000**	**50.000**	**50.000**
Kauf neuer LKW	50.000	50.000	50.000	50.000	50.000
Summe Auszahlung	**50.000**	**50.000**	**50.000**	**50.000**	**50.000**

Wie der oben angeführten Tabelle zu entnehmen ist, entsprechen die jährlichen Aufwendungen (Summe Abschreibung beträgt EUR 50.000,–) den jährlichen Investitionsauszahlungen (Kauf LKW EUR 50.000,–). Somit kann von einem Ausgleich zwischen Aufwand und Auszahlung gesprochen werden und der periodenorientierte Ansatz kann zur Anwendung kommen.

Der Immobilienbereich ist hingegen von einem anfänglichen hohen Investitionsbetrag (Investitionsauszahlung EUR 150.000,–) und entsprechend langen Nutzungsdauerperioden (dementsprechende Verteilung mittels Abschreibung auf 33,33 Jahre) gekennzeichnet, sodass der periodenorientierte Ansatz nicht den Geldflussverlauf widerspiegelt. Nachfolgendes Beispiel verdeutlicht die Anwendung des zahlungsstromorientierten Ansatzes.

Übungsbeispiel 3: Zahlungsstromorientierter Ansatz:

Ein Unternehmen erwirbt eine Immobilie mit einer Anschaffungsauszahlung in Höhe von EUR 150.000,–. Die Immobilie wird auf 33,33 Jahre abgeschrieben, womit jährlich ein Abschreibungsbetrag in Höhe von EUR 4.500,45 anfällt.

	Jahr 0	Jahr 1	Jahr 2	Jahr 3	...	Jahr n
Immobilie		4.500,45	4.500,45	4.500,45		4.500,45
Summe Abschreibung (Aufwand)	**-**	**4.500,45**	**4.500,45**	**4.500,45**		**4.500,45**
Kauf Immobilie	150.000					
Summe Auszahlung	**150.000**	**-**	**-**	**-**	**-**	**-**

Da es sich um eine einmalige Investition handelt, das Unternehmen nicht der Immobilienbranche angehört, wo eventuell die Abschreibungsbeträge durch immer wiederkehrende Investitionen in Immobilien ausgeglichen werden, liegt ein zeitlicher bzw. auch betragsmäßiger Unterschied zwischen Anschaffungsauszahlung (EUR 150.000,–) und jährlicher Abschreibung (sprich Aufwand von EUR 4.500,45) vor, welcher zur Anwendung des zahlungsstromorientierten Ansatzes führt.

Zwischen dem periodenorientierten und dem zahlungsstromorientierten Ansatz haben sich zahlreiche „Erfolgsbegriffe" angesiedelt. Diese unterscheiden sich in ihrer Ausprägungsform erheblich. Nachfolgende Darstellung stellt die unterschiedlichen Erfolgsbegriffe, aufsteigend nach dem Ermittlungsaufwand und absteigend nach deren Vorhersagegenauigkeit, dar.

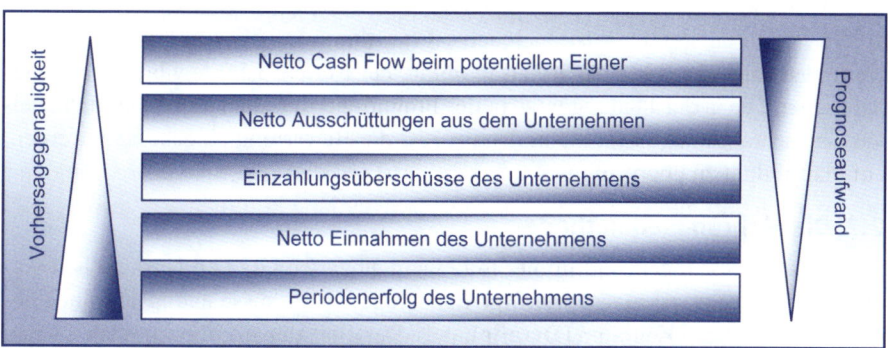

Abbildung VII.7: Darstellung unterschiedlicher Erfolgsbegriffe

■ **Netto Cash-Flow beim potentiellen Eigner:** Diese Erfolgsgröße repräsentiert den theoretisch richtigen Inhalt künftiger finanzieller Überschüsse in der Unternehmensbewertung und entspricht den oben angeführten Ausführungen im Bereich des zahlungsstromorientierten Ansatzes. Hier ist entscheidend, welcher wirtschaftliche Vorteil effektiv dem Bewertungssubjekt zur Verfügung steht bzw. stehen wird. Dabei werden jegliche Zahlungsströme zwischen dem Unternehmen und dem Bewertungssubjekt als auch jegliche Zahlungsströme zwischen Dritten und dem Unternehmen berücksichtigt. Dieser Erfolgsbegriff entspricht einerseits der theoretisch richtigen Vorgehensweise, erfordert andererseits jedoch für den Bewerter von Seiten des Unternehmens umfangreiche Erfolgs- und Finanzplanungen, Kapitalstrukturplanungen, Ausschüttungsplanungen, Pläne über Kapitalrück- als auch -zufuhr etc.

■ Netto-Ausschüttungen aus dem Unternehmen: Die Netto Ausschüttung aus dem Unternehmen ist eine Erfolgsgröße, welche keine persönlichen Steuerbelastungen der Investoren oder insofern externe Synergien berücksichtigt. Es handelt sich hierbei somit um jene Zahlungsströme, die vom Unternehmen Richtung Investor fließen.

■ Einzahlungsüberschüsse des Unternehmens: Werden Einzahlungsüberschüsse des Unternehmens zur Bewertung herangezogen, erfolgt dies häufig unter der Annahme, dass die gesamten erwirtschafteten Einzahlungsüberschüsse des Unternehmens an die Eigner ausgeschüttet werden.

■ Netto-Einnahmen des Unternehmens: Die Netto-Einnahmen des Unternehmens stellen die Differenz zwischen den Einnahmen und den Ausgaben des Unternehmens dar.

■ Periodenerfolg des Unternehmens: Die Periodenerfolge des Unternehmens entsprechen den Erfolgsgrößen der Gewinn- und Verlustrechnung. Diesbezüglich ist auf die Ausführungen zum periodenorientierten Ansatz zu verweisen. Dieser Ansatz wird häufig als der „zweitbeste Ansatz", dafür aber „machbare Ansatz" bezeichnet.

Grundsätzlich kann gesagt werden, dass je näher der in der Unternehmensbewertung verwendete „finanzielle Überschuss" dem zahlungsstromorientierten Ansatz kommt, desto aufwendiger ist auch seine Ermittlung. Die theoretisch richtige Bewertungskomponente ist, wie bereits erwähnt, der Netto Cash-Flow beim potentiellen Eigner. Die in der Planung bzw. in der Prognose ermittelten künftigen finanziellen Überschüsse sind, bevor sie in den Prozess der Bewertung eingebunden werden, auf Plausibilität zu überprüfen.

2.2. Die Mehrphasenmethode

Zukunftsentwicklungen sind immer mit einem gewissen Grad an Unsicherheit verbunden. Trotzdem lassen sich künftige finanzielle Überschüsse häufig für einen bestimmten künftigen Zeitraum (**Detailphase** – Detailplanungszeitraum) relativ genau planen. Dieser Zeitraum ist in Abhängigkeit der Branche, Größe und Struktur üblicherweise zwischen drei und fünf Jahren anzulegen. Nach dieser Phase können zumeist lediglich pauschale Annahmen (**Forecast Phase** – Fortführungsphase – Continuing Value Phase) über die künftige Entwicklung eines Unternehmens getroffen werden. Hierbei wird oft vereinfachend davon ausgegangen, dass die künftigen finanziellen Überschüsse in den Perioden gleich hoch sein werden. Es handelt sich demzufolge um einen für die restliche Unternehmensdauer (grundsätzliche Annahme einer unendlichen Lebensdauer – Going-Concern-Prinzip) bestehenden einheitlichen Zukunftserfolg. Dieser Zukunftserfolg (e_z) wird häufig durch eine pauschale Fortschreibung der Detailplanung (letzte Detailplanungsperiode) ermittelt. Hierbei muss jedoch die Vermögens-, Ertrags- sowie Finanzlage des Unternehmens detailliert analysiert werden. Der zur Anwendung kommende nachhaltige Zukunftserfolg muss sich in einem Gleichgewichts- oder Beharrungszustand befinden. Geht aus der Planung etwa hervor, dass dieser einheitliche Zukunftserfolg jedoch einem jährlichen konstanten Wachstum unterliegt, sollte dies im Rahmen der Ermittlung des Kapitalisierungszinssatzes berücksichtigt werden. Geplante **Wachstumsraten** können in die im Rahmen der Detailphase ermittelten künftigen Überschüsse direkt einfließen. Erst in der Forecast Phase kann ein geplantes Wachstum nicht mehr direkt in die künftigen Überschüsse (e_z) eingehen. Es wird dann vielmehr mittels eines Wachstumsabschlags (w) vom Kapitalisierungszinsfuß (i) berücksichtigt. Somit muss der Kapitalisierungszinssatz in der Formel der ewigen Rente um die Wachstumsrate vermindert werden, der Barwert (BW) der Forecast Phase ist dann auf den Bewertungsstichtag zu diskontieren. Nachfolgend die dazugehörige Formel:

$$BW\ Forecast\ Phase\ = \frac{e_z}{i - w} * (1 + i)^{-n}$$

Übungsbeispiel 4: Wachstum:

Die Planungsdaten eines zu bewertenden Unternehmens weisen die Eigenheiten der Mehrphasenmethode auf. Für die Detailphase liegen detaillierte Planungsdaten vor. In der Forecast Phase (Fortführungsphase) erfolgt eine pauschale Weiterführung der Ergebnisse des letzten Detailjahres (Gewinn EUR 10.000,–) unter Berücksichtigung eines jährlichen Wachstums in Höhe von 1,5 %.

Aufgabenstellung:

Stellen Sie lediglich die Ermittlung des Barwertes (BW) der Forecast Phase, unter Berücksichtigung des jährlichen Wachstums, dar. Gehen Sie hierbei davon aus, dass die Detailphase einen Zeitraum von 3 Jahren abdeckt. Ab dem 4. Jahr wird mit dem Ergebnis aus Jahr 3 gerechnet. Unterstellen Sie Ihrer Berechnung einen Kapitalisierungszinssatz in Höhe von 5 % p.a.

Lösung Wachstum:

Der Barwert der Forecast Phase ergibt sich wie folgt:

$$BW\ Forecast\ Phase\ = \frac{e_z}{i - w} * (1 + i)^{-n} = \frac{10.000}{0,05 - 0,015} * (1 + 0,05)^{-3} = 246.810,74$$

In Folge der Trennung in eine Detailphase und eine Forecast Phase wird von einer **Mehrphasenmethode** gesprochen. Bereits an dieser Stelle muss darauf hingewiesen werden, dass der Beitrag der Forecast Phase einen beträchtlichen Anteil des Gesamtwertes des Unternehmens (oftmals mehr als 60 %) ausmacht. Aus diesem Grund ist vor allem die Beurteilung dieser Phase vom Gutachter besonders umsichtig durchzuführen und zu plausibilisieren. Der Barwert der künftigen finanziellen Überschüsse der zweiten Phase wird als Residualwert oder Continuing Value bezeichnet. Nachfolgende Darstellung gibt einen Überblick über die Vorgehensweise mittels der Mehrphasenmethode.

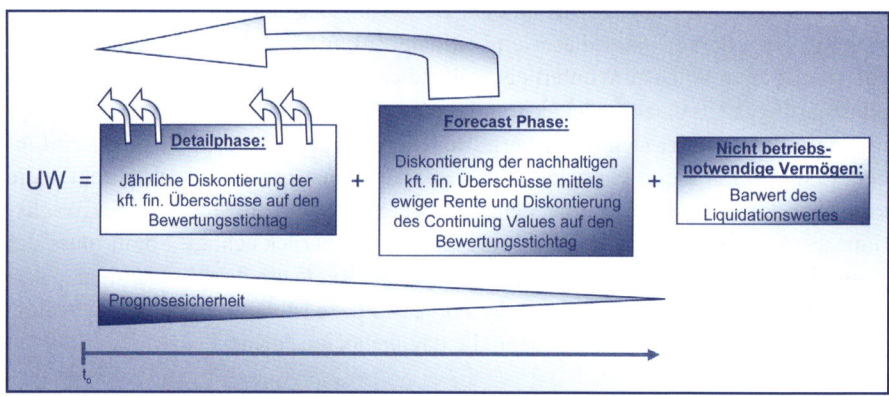

Abbildung VII.8: Mehrphasenmodell

Folgende Formeln kommen hierbei zur Anwendung:

$$UW = \sum_{t=1}^{n} e * (1+i)^{-t} + \frac{e_z}{i} * (1+i)^{-n} + W$$

Oder

$$UW = e_1 * v_1 + e_2 * v_2 + \dots e_m * v_m + \frac{e_z}{i} * v_m + W$$

UW stellt den Unternehmenswert, e die künftigen jährlichen Überschüsse, e_z den nachhaltigen finanziellen Überschuss, i den Kapitalisierungszinssatz, n das jeweilige Jahr, v den Abzinsungsfaktor und W das nicht betriebsnotwendige Vermögen dar.

Übungsbeispiel 5: Mehrphasenmodell:

Einem Gutachter stehen zur Bewertung folgende Planungsdaten zur Verfügung:

	Jahr 1	Jahr 2	Jahr 3	ab Jahr 4
Überschüsse	10.000	12.000	11.500	11.700

Die ersten vier Jahre können aufgrund der vorliegenden Planungsrechnungen detailliert prognostiziert werden. Ab dem fünften Jahr erfolgt eine pauschale Fortschreibung der finanziellen Überschüsse des vierten Jahres. Weiters verfügt das Unternehmen über nicht betriebsnotwendiges Vermögen zu einem Liquidationswert in Höhe von EUR 2.000,– (dieser Wert entspricht dem Wert am Bewertungsstichtag). Legt man dieser Prognose einen Kapitalisierungszinssatz in Höhe von 8 % p.a. zu Grunde, ergibt sich aufgrund der Mehrphasenmethode folgende Vorgehensweise zur Ermittlung des Unternehmenswerts.

Lösung Mehrphasenmodell:

Variante 1:

$$UW = \sum_{t=1}^{n} e*(1+i)^{-t} + \frac{e_z}{i}*(1+i)^{-n} + W = 10.000*(1+0,08)^{-1} + 12.000*(1+0,08)^{-2} +$$

$$11.500*(1+0,08)^{-3} + \frac{11.700}{0,08}*(1+0,08)^{-3} + 2.000 = 146.774,36$$

Zu achten ist auf die Berechnung des Continuing Values und auf die anschließende Diskontierung dieses auf den Bewertungsstichtag. Durch die Anwendung der Formel der ewigen Rente erfolgt bereits eine Diskontierung auf den Beginn des Jahres 4. Dieser Continuing Value muss anschließend noch auf den Bewertungsstichtag diskontiert werden.

Um an diesem Beispiel darzustellen, dass die oben angeführten Formeln zum selben Ergebnis führen, werden nachfolgend die einzelnen Formeln zur Anwendung gebracht.

Variante 2:

$$UW = e_1*v_1 + e_2*v_2 + ...e_m*v_m + \frac{e_z}{i}*v_m + W = 10.000*0,925925926 + 12.000*0,85733882 +$$

$$11.500*0,793832241 + \frac{11.700}{0,08}*0,793832241 + 2.000 = 146.774,36$$

wobei

$$v_1 = \frac{1}{(1+0,08)^1} = 0,925925926$$

$$v_2 = \frac{1}{(1+0,08)^2} = 0,85733882$$

$$v_3 = \frac{1}{(1+0,08)^3} = 0,79383224$$

3. Kapitalisierungszinssatz/Kapitalkosten

Das Grundprinzip der Unternehmensbewertung beruht auf der Diskontierung künftiger Überschüsse auf den Bewertungsstichtag. Aus ökonomischer Sicht erfolgt somit ein Vergleich künftiger Überschüsse eines Unternehmens mit einer anderen Investitionsalternative. Im Zuge der Diskontierung orientiert man sich in der Investitionstheorie am bekannten Kapitalwertmodell. Grundsätzlich repräsentiert dieser Kapitalisierungszinssatz die Rendite jener Alternativanlage, die anstatt der Unternehmensinvestition zur Verfügung stünde. Somit spiegelt der Kapitalisierungszinssatz die (äquivalente) Renditeforderung bzw. –erwartung des Investors wieder. Selbst wenn ein Unternehmen zu 100 % eigenfinanziert ist, darf hierbei nicht der Fehler gemacht werden, dass von „gratis" zur Verfügung stehendem Kapital gesprochen wird.

Das im Unternehmen eingesetzte Eigenkapital weist ebenfalls, wie eventuell vorhandenes Fremdkapital, Kapitalkosten, so genannte Opportunitätskosten, auf. Das verwendete Eigenkapital könnte, anstelle des Einsatzes im Unternehmen anderweitig veranlagt werden. Die Ermittlung bzw. die Zusammensetzung des Kapitalisierungszinssatzes orientiert sich grundsätzlich an den folgenden Äquivalenzprinzipien.

3.1. Äquivalenzprinzipien

Die Rendite einer Alternativanlage stellt den Maßstab bzw. die Basis des zur Anwendung kommenden Kapitalisierungszinssatzes dar. Diese Basis muss weiters gemäß den Äquivalenzprinzipien an das zu bewertende Investitionsobjekt angeglichen werden. Nachfolgende Darstellung gibt einen Überblick über die zu berücksichtigenden Äquivalenzprinzipien.

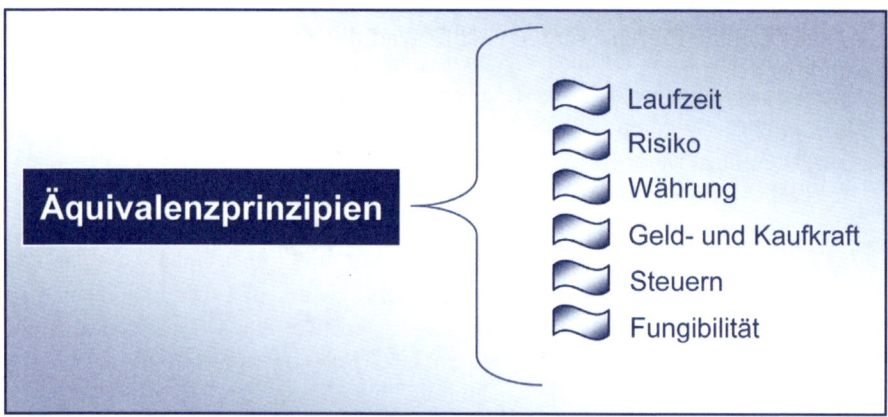

Abbildung VII.9: Äquivalenzprinzipien

■ **Laufzeit**

Das Grundprinzip der Unternehmensfortführung (Going Concern Prinzip), welches der Unternehmensbewertung zugrunde liegt, fordert im Bereich der zur Anwendung kommenden Alternativanlage eine Äquivalenz hinsichtlich der Laufzeit. Gefordert wird, dass sich der Kapitalisierungszinssatz auf den gleichen Zeitraum bezieht wie die Investition in das zu bewertende Unternehmen.

Der im Rahmen der Unternehmensbewertung zur Anwendung kommende **Basiszinssatz** muss dem Alternativanlagegedanken entsprechen. Der geforderten Laufzeitäquivalenz zufolge müsste als Basiszinssatz theoretisch die Rendite einer zeitlich unbegrenzten öffentlichen Anleihe herangezogen werden. Da solche Anleihen am Markt nicht existieren, wird hierbei vereinfachend auf lang laufende Staatsanleihen (10 bis 30 Jahre) bester Bonität zurückgegriffen. Oftmals wird mit einem konstanten Basiszinssatz gerechnet, der entweder aus der Zinsstrukturkurve abgeleitet wird oder der Effektivrendite langfristiger festverzinslicher österreichischer Staatsanleihen (Sekundärmarktrendite – von der OeNB bzw. der Deutschen Bundesbank monatlich veröffentlicht) entspricht.

Diese Vorgehensweise entspricht der Forderung des KFS/BW1, welches von einer Vergleichsveranlagung in „festverzinsliche Anleihen von Schuldnern erster Bonität" ausgeht.

Im Zuge einer subjektiven Bewertung orientiert sich der Basiszinssatz hingegen stärker an den individuellen Vorstellungen des jeweiligen Investors. Grundsätzlich wird hierbei von der Renditeerwartung seiner subjektiven Alternativanlage ausgegangen.

■ **Risiko**

Der durchzuführende Vergleich zwischen den künftigen finanziellen Überschüssen des Unternehmens und der Alternativrendite fordert weiters eine Äquivalenz des enthaltenen Risikos. Da die künftigen finanziellen Überschüsse nicht mit Sicherheit feststehen, sondern in Abhängigkeit von der künftigen Entwicklung schwanken können, muss die Alternativrendite ebenfalls dieses Risiko widerspiegeln. Andernfalls würden unsichere Zukunftsgrößen (künftige finanzielle Überschüsse) mit einer quasi sicheren Alternativrendite verglichen werden. Die Berücksichtigung des Risikos des unternehmerischen Engagements mittels einer Risikoprämie wird auf die so genannte Risikoaversion der Wirtschaftssubjekte zurückgeführt. Unter einer Risikoaversion versteht man, dass Wirtschaftssubjekte zukünftige Risiken stärker gewichten als zukünftige Chancen. Zur Herstellung der geforderten Risikoäquivalenz bedient man sich unterschiedlicher Methoden. Zum einen besteht die Möglichkeit, das Risiko direkt über einen Abschlag von zu diskontierenden künftigen Überschüssen (Sicherheitsäquivalenzmethode) zu berücksichtigen, zum anderen kann das Risiko über einen Risikozuschlag auf den quasi sicheren Diskontierungszinssatz (Basiszinssatz) (Risikozuschlags-/ Zinszuschlagsmethode) Berücksichtigung finden.

Die **Sicherheitsäquivalenzmethode** wird in der Praxis zur Berücksichtigung des entsprechenden Risikos relativ selten verwendet. Hierbei werden die Sicherheitsäquivalente der künftigen finanziellen Überschüsse zur Diskontierung herangezogen. Sicherheitsäquivalente sind jene sicheren künftigen finanziellen Überschüsse, welche – in der Sprache der Entscheidungstheorie – den selben Nutzen stiften, wie die in der Realität natürlich im Zeitablauf schwankenden und damit risikobehafteten künftigen Überschüsse. Somit ermittelt sich jeder Investor (subjektiv) aus einem unsicheren Zahlungsstrom einen fiktiven sicheren Zahlungsstrom. Beispielsweise könnte ein risikoaverser Bewerter einem riskanten künftigen Überschuss von – mit jeweils gleicher Wahrscheinlichkeit – 100 bzw. 0 das Sicherheitsäquivalent von 40 zuordnen. Das Risiko schwankender zukünftiger Überschüsse wird bei dieser Methode im unter dem Erwartungswert der Risikosituation liegenden Betrag des Sicherheitsäquivalents ausgedrückt. Die Sicherheitsäquivalente werden daher nur mehr mit einer risikofreien Alternativrendite diskontiert. Die Kritik der Sicherheitsäquivalenzmethode liegt in der individuellen Risikonutzenfunktion eines jeden einzelnen Entscheidungsträgers, so liegt eine gewisse Subjektivität und dementsprechend keine Nachvollziehbarkeit in der Ermittlung der entsprechenden Sicherheitsäquivalente vor.

In der Praxis hat sich – auch gestützt auf das Fachgutachten – die **Risiko-/Zinszuschlagsmethode** durchgesetzt. Die Risikozuschlagsmethode kann subjektiv wie auch objektiv durchgeführt werden. Die subjektive Risikozuschlagsmethode besteht grundsätzlich aus einer subjektiven Einschätzung des Risikos von Seiten des Bewertungssubjektes, somit wird die jeweilige subjektive Risiko(ab-)neigung zum Ausdruck gebracht. Hierbei steht allerdings die Kritik der mangelnden Nachvollziehbarkeit sowie der bestehenden Ermessensspielräume von Seiten des Bewertungssubjektes im Vordergrund. Im Bereich der subjektiven Risikozuschläge liegt nicht selten eine Bandbreite von 2–10 Prozentpunkten vor.

Die objektive Risikozuschlagsmethode bedient sich kapitalmarkttheoretischer Ansätze und ist somit objektiv nachvollziehbar und wird in den Fachgutachten dementsprechend empfohlen. Detailliertere Ausführungen hierzu finden sich in Kapitel VI.

- **Währung**

Das Grundprinzip der Unternehmensbewertung, der Vergleich der künftigen Überschüsse mit einer Alternativanlage führt dazu, dass auch die Handlungsalternative (welche als Vergleich zur Verfügung steht) in derselben Währung ausgedrückt sein muss wie die künftigen finanziellen Überschüsse.

- **Geld- und Kaufkraft**

Vergleiche künftiger Überschüsse mit Alternativanlagen können nur dann zu einem aussagekräftigen Ergebnis führen, wenn beide Handlungsalternativen die gleiche Kaufkraft aufweisen. Werden nominelle finanzielle Überschüsse zur Bewertung herangezogen, muss die Alternative ebenfalls mit Nominalwerten berücksichtigt werden. Bei Realwerten verhält es sich genau umgekehrt.

Bei der **Nominalrechnung** werden nominell geplante künftige finanzielle Überschüsse mit einem Nominalzinssatz auf den Bewertungsstichtag diskontiert. Hierbei wird in allen zur Anwendung kommenden Komponenten die künftige Kaufkraftveränderung berücksichtigt, d.h. die künftigen finanziellen Überschüsse wie auch der Kapitalisierungszinssatz werden einschließlich der Preissteigerung ermittelt. Im Vergleich dazu werden in der **Realrechnung** die zur Anwendung kommenden Komponenten mit der Kaufkraft zum Bewertungsstichtag dargestellt, d.h. die künftigen finanziellen Überschüsse wie auch der Kapitalisierungszinssatz werden um die Preissteigerung bereinigt. Wichtig ist, dass es zu keiner Vermischung nominaler und realer Werte kommt. Theoretisch richtig wäre es, wenn jeder einzelne Einflussfaktor (alle Ein- und Auszahlungskomponenten) separat betrachtet und hinsichtlich ihrer Anfälligkeit für Preissteigerungen untersucht würden. Vereinfachend wird in der Praxis jedoch häufig mit pauschalen Annahmen über das inflationsbedingte Wachstum gearbeitet. Nachfolgendes Beispiel dient der Darstellung der Berechnung einer Inflationsrate.

Übungsbeispiel 6: Ableitung Inflationsrate aus Verbraucherpeisindex:

Auf der Homepage der Österreichischen Nationalbank (www.oenb.at) oder auf der Homepage von Statistik Austria (www.statistik.at) kann der jeweilige Verbraucherpreisindex heruntergeladen werden. In Deutschland werden diese Informationen von der Deutschen Bundesbank zur Verfügung gestellt (www.bundesbank.de). Der Verbraucherpreisindex (VPI) ist ein Maß für die allgemeine Preisentwicklung bzw. für die Inflation eines Landes.

Aufgabenstellung:
Ermitteln Sie ausgehend von u.a. VPI die Inflationsrate für 2005, 2006 sowie 2007.

Lösung Ableitung Inflationsrate aus Verbraucherpeisindex:
Zur Berechnung der jeweiligen Inflationsraten ist darauf zu achten, dass die Inflationsrate nicht der Veränderung der VPIs entspricht, sondern erst in Relation zum jeweiligen Vorjahr gesetzt werden muss.

VPI (2005)	2005	2006	2007
Index	100	101,5	103,7
Veränderung		1,5	2,2
Inflation		**1,5 %**	**2,2 %**

Die dargestellte Tabelle zeigt den VPI jeweils für 2006 und 2007. Als Basis dient das Jahr 2005, deshalb auch die Darstellung VPI (2005). Die Inflationsraten für die Jahre 2006 und 2007 ergeben sich nun wie folgt:
Inflationsrate 2006:
Veränderung VPI 2005–2006 = 1,5 Punkte
Diese Veränderung des VPI wird nun in Relation zum VPI des Vorjahres gesetzt:
1,5 / 1,00 = 1,5 % Inflation
Inflationsrate 2007:
Veränderung VPI 2006–2007 = 2,2 Punkte
Diese Veränderung des VPI wird nun in Relation zum VPI des Vorjahres gesetzt:
2,2 / 1,015 = 2,2 % Inflation

Nachfolgend ein vereinfachtes Beispiel zur Nominalrechnung.

Übungsbeispiel 7: Nominalrechnung:

Für ein Unternehmen liegen folgende nominelle Plandaten vor. Es handelt sich hierbei um die Detailphase (Zeitraum Jahr 2009–2013). Der zur Anwendung kommende Kapitalisierungszinssatz beträgt 7,5 % und entspricht einem nominellen Zinssatz. Die Inflationsrate ist über den gesamten Zeitraum als konstant anzunehmen und beträgt 3,0 %.

	2009	2010	2011	2012	2013
nominelle Unternehmenserträge	80	120	110	130	150

Aufgabenstellung:
Ermitteln Sie den Barwert der Detailplanungsphase anhand der Nominalrechnung.

Lösung Nominalrechnung:
Zur Ermittlung des Barwertes der Detailphase (BW_{Detail}) ist lediglich eine Diskontierung der nominellen Unternehmenserträge mittels des bekannten nominellen Kapitalisierungszinssatzes notwendig.

$$BW_{Detail} = 80 * \frac{1}{(1+0,075)^1} + 120 * \frac{1}{(1+0,075)^2} + 110 * \frac{1}{(1+0,075)^3} + 130 * \frac{1}{(1+0,075)^4}$$

$$+ 150 * \frac{1}{(1+0,075)^5} = 468,63$$

Der Barwert der Detailphase beträgt EUR 468,63.

In der Praxis sowie gemäß dem KFS/BW1 wird zumeist auf Nominalwerte zurückgegriffen. Die Begründung liegt in einer zumeist nominell durchgeführten Planung der künftigen Überschüsse als auch in der Eigenheit des Basiszinssatzes. Da als Basiszinssatz zur Ermittlung des Kapitalisierungszinssatzes zumeist auf die Sekundärmarktrendite zurückgegriffen wird und diese bereits eine Geldentwertungsprämie beinhaltet, stellt der Basiszinssatz einen Nominalwert dar. Die Berechnung des Unternehmenswertes anhand der Realrechnung würde einen erheblichen Mehraufwand mit sich bringen, da die nominell geplanten Überschüsse auf Realwerte zurückgerechnet werden müssten. Weiters müsste der nominelle Basiszinssatz (i) in einen Realzins (i_{real}) umgerechnet werden. Diese Umrechnung erfolgt gemäß folgender Formel, wobei g die Inflationsrate darstellt:

$$i_{real} = \frac{i - g}{1 + g}$$

Nachfolgendes Beispiel verdeutlicht die Vorgehensweise der Realrechnung.

Übungsbeispiel 8: Realrechnung:

Fortsetzung Beispiel Nominalrechnung.

	2009	2010	2011	2012	2013
nominelle Unternehmenserträge	80	120	110	130	150

Aufgabenstellung:
Berechnen Sie ausgehend von den nominellen Unternehmenserträgen, dem nominellen Kapitalisierungszinssatz sowie einer konstanten Inflationsrate in Höhe von 3,0 % mittels der Realrechnung den Barwert der Detailphase.

Lösung Realrechnung:

1. Schritt: Ermittlung realer Unternehmenserträge
Reale Unternehmenserträge können mittels Diskontierung (Inflationsrate) der nominell geplanten Unternehmenserträge ermittelt werden. Diese Diskontierung ergibt folgende reale Unternehmenserträge.

	2009	2010	2011	2012	2013
reale Unternehmenserträge	77,67	113,1	100,7	115,5	129,4

Berechnungshinweise Jahr 2010:

$$120 * \frac{1}{(1+0,03)^{-2}} = 113,1$$

2. Schritt: Ermittlung realer Kapitalisierungszinssatz

$$i_{real} = \frac{i-g}{1+g} = \frac{0,075-0,03}{1+0,03} = 0,043689$$

3. Schritt: Barwertermittlung Detailphase

$$BW_{Detail} = 77,67 * \frac{1}{(1+0,043689)^1} + 113,1 * \frac{1}{(1+0,043689)^2} + 100,7 * \frac{1}{(1+0,043689)^3} +$$

$$115,5 * \frac{1}{(1+0,043689)^4} + 129,4 * \frac{1}{(1+0,043689)^5} = 468,65$$

Der Barwert der Detailphase beträgt gemäß der Realrechnung ebenfalls EUR 468,65. (Etwaige Unterschiede in den Nachkommastellen sind auf Rundungsdifferenzen zurückzuführen.)

In der Detailphase ist grundsätzlich – soweit eine Nominalplanung vorliegt – kein Geldentwertungsabschlag vorzunehmen, da dieser bereits in der Planung der künftigen finanziellen Überschüsse seinen Niederschlag findet. In der Forecast Phase muss jedoch berücksichtigt werden, ob und inwieweit das Unternehmen in der Lage ist, künftige Inflationsraten auf den Kunden überzuwälzen. Dabei unterscheidet man zwischen

- inflationsproportionalem Wachstum
- realem Wachstum
- Kaufkraftabnahme

Inflationsproportionales Wachstum bedeutet, dass das Unternehmen in der Lage ist, die Preissteigerung auf Seiten des Beschaffungsmarktes auf den Kunden auf Seiten des Absatzmarktes überzuwälzen und somit zu kompensieren. Die künftigen finanziellen Überschüsse verändern sich, ihre Kaufkraft bleibt bezogen auf den Bewertungsstichtag jedoch gleich.

Reales Wachstum tritt dann ein, wenn die Preissteigerung auf Seiten des Absatzmarktes höher ist als die Preissteigerung auf Seiten des Beschaffungsmarktes. Hierbei wird ein inflationsbedingtes Wachstum erreicht, welches über die inflationsbedingte Preissteigerung hinausgeht. Die Folge ist die Zunahme der Kaufkraft der künftigen finanziellen Überschüsse.

Eine **Kaufkraftabnahme** tritt dann ein, wenn das Unternehmen nicht oder nur zum Teil in der Lage ist, die inflationsbedingte Preissteigerung auf die Kunden umzuwälzen. Es tritt somit ein Verlust der Kaufkraft der künftigen finanziellen Überschüsse ein.

Der Barwert (BW) der ewigen Rente wird entsprechend den Fähigkeiten des Unternehmens aus dem Nominalzins (i), korrigiert um den Wachstumsfaktor (inflationsbedingtes Wachstum) abgeleitet. Relevant für die Bewertung ist die Erwartungshaltung darüber, inwieweit das Unternehmen in der Lage ist, die Preissteigerung auf der Beschaffungsseite auf die Absatzseite umzuwälzen. Für den Wachstumsfaktor (w) ist somit das geplante inflationsbedingte Wachstum relevant, dieses kann größer, gleich oder kleiner der (als die) jeweilige(-n) Inflationsrate (g) sein. e_z entspricht wiederum dem nachhaltigen Zukunftserfolg.

$$BW\ der\ ewigen\ Rente = \frac{e_z}{i-w} + (1+i)^{-n}$$

Nachfolgendes Beispiel verdeutlicht die Auswirkungen des inflationsbedingten Wachstums, des realen Wachstums sowie der Kaufkraftabnahme.

Übungsbeispiel 9: Inflationsbedingtes Wachstum:

(Fortsetzung zu Beispiel Nominalrechnung)
Für die Zeit nach dem Planungshorizont wird davon ausgegangen, dass ein nomineller Unternehmensertrag von EUR 140,– erwartet wird, der in Folge
- jährlich mit einer konstanten Wachstumsrate (w) in Höhe der Inflationsrate wächst,

- jährlich mit einer konstanten Wachstumsrate (w) in Höhe von nur 2 % p.a. wächst,
- nominell konstant bleibt.

Der von Ihnen ermittelte äquivalente Kapitalisierungszinssatz beträgt 7,5 % p.a. Es ist mit einer Inflation in Höhe von 3,0 % p.a. zu rechnen.

Aufgabenstellung:

Berechnen Sie unter den gegebenen Voraussetzungen den Continuing Value (CV) und anschließend unter Einbeziehung der Ergebnisse des Beispiels Nominalrechnung den Unternehmenswert.

Lösung inflationsbedingtes Wachstum:

1. Schritt: Ermittlung Continuing Value:

Die grundsätzliche Ermittlung des Residualwertes erfolgt mittels der Formel der ewigen Rente $\frac{e_z}{i}$. Diese wird, entsprechend dem inflationsbedingten Wachstum angepasst. Diese Anpassung ergibt folgende Erweiterung:

$$\frac{e_z}{i-w}$$

- Das Unternehmen ist in der Lage, die gesamte Preissteigerung auf den Kunden überzuwälzen, somit ein inflationsbedingtes Wachstum in Höhe von 3 % p.a. zu erreichen. Demzufolge ergibt sich keine Änderung der Kaufkraft des Unternehmens und der Continuing Value ergibt sich wie folgt:

$$CV = \frac{e_z}{i-w} = \frac{140}{0,075-0,03} = 3.111.11$$

- Das Unternehmen ist nur zum Teil in der Lage, die gesamte Preissteigerung auf den Kunden umzuwälzen. Es ist somit nicht in der Lage, die Kaufkraft aufrecht zu erhalten. Der Continuing Value ergibt sich wie folgt:

$$CV = \frac{e_z}{i-w} = \frac{140}{0,075-0,02} = 2.545,45$$

- Das Unternehmen ist nicht in der Lage, die Preissteigerung auf den Kunden umzuwälzen. Der Continuing Value ergibt sich wie folgt:

$$CV = \frac{e_z}{i-w} = \frac{140}{0,075} = 1.866,67$$

- Das Unternehmen ist in der Lage, ein inflationsbedingtes Wachstum in Höhe von 4 % p.a. zu erreichen. Der Continuing Value ergibt sich dann wie folgt:

$$CV = \frac{e_z}{i-w} = \frac{140}{0,075-0,04} = 4.000$$

Aus den vier unterschiedlichen Inflationsüberwälzungen ist leicht erkennbar, dass der Wert des Continuing Values umso niedriger ist, umso weniger das Unternehmen in der Lage ist, die Preissteigerung auf den Kunden überzuwälzen.

2. Schritt: Ermittlung Unternehmenswert:
Der Unternehmenswert (UW) ergibt sich nun aus dem Barwert der Detailphase und dem Barwert des ermittelten Continuing Values.

- $$UW = BW_{Detail} + CV * \frac{1}{(1+i)^n} = 468{,}63 + 3.111{,}11 * \frac{1}{(1+0{,}075)^5} = 2.635{,}70$$

- $$UW = BW_{Detail} + CV * \frac{1}{(1+i)^n} = 468{,}63 + 2.545{,}45 * \frac{1}{(1+0{,}075)^5} = 2.241{,}69$$

- $$UW = BW_{Detail} + CV * \frac{1}{(1+i)^n} = 468{,}63 + 1.866{,}67 * \frac{1}{(1+0{,}075)^5} = 1.768{,}88$$

- $$UW = BW_{Detail} + CV * \frac{1}{(1+i)^n} = 468{,}63 + 4.000 * \frac{1}{(1+0{,}075)^5} = 3.254{,}86$$

Inflationsproportionales Wachstum impliziert, dass das Unternehmen einen Unternehmenswert in Höhe von EUR 2.635,70 hat. Ist das Unternehmen nicht in der Lage, die jeweilige Preissteigerung überzuwälzen, verringert sich, wie dem Beispiel zu entnehmen ist, der Unternehmenswert.

- **Steuern**

Die im Zuge der Bewertung zur Diskontierung herangezogenen künftigen finanziellen Überschüsse unterliegen in Abhängigkeit der jeweiligen Rechtsform des zu bewertenden Unternehmens der Besteuerung. Im Unternehmensbereich sind dies die Unternehmenssteuer Körperschaftsteuer (KöSt) (Kapitalgesellschaften – juristische Person) und/oder die Einkommensteuer (ESt) (Einzelunternehmen oder Personengesellschaften – natürliche Person). Durchlaufposten wie z.B. die Umsatzsteuer (USt) werden dabei nicht berücksichtigt. Die persönliche Ertragsteuer kann bei Kapitalgesellschaften die Kapitalertragsteuer (KESt, bzw. in Deutschland die Gewerbesteuer) oder die halbe Einkommensteuer sein (jeweils auf die geplante unterstellte Gewinnausschüttung) und bei Einzelunternehmen oder Personengesellschaften die jeweilige Einkommensteuerbelastung.

Aufgrund der geforderten Steueräquivalenz muss die Vergleichsanlage ebenfalls einer Versteuerung unterzogen werden. Der in diesem Fall zur Anwendung kommende Steuersatz hängt vom Vergleichsobjekt ab. Die versteuerte Vergleichsanlage (i*), sprich der versteuerte Kapitalisierungszinssatz, ergibt sich aufgrund folgender Formel, wobei i dem Kapitalisierungszinssatz vor Steuern entspricht und s der jeweiligen zur Anwendung kommenden Steuerbelastung (KöSt, ESt, KESt etc.) entspricht.

$$i* = i * (1 - s)$$

Aufgrund der Ermittlung der jeweiligen Renditen bzw. Risikozuschläge auf Basis kapitalmarktorientierter Verfahren (CAPM), welche in der Regel die Steuern auf Unternehmensebene, nicht aber persönlicher Ebene berücksichtigen, wird im Zuge der Wertermittlung einer Kapitalgesellschaft vereinfachend auf die Berücksichtigung persönlicher Ertragsteuern verzichtet. (Hinweis: Im IDW S 1 wird die Berücksichtigung der persönlichen Ertragsteuer im CAPM als Tax-CAPM bezeichnet und in IDW S 1 7.2.4.1.119ff. näher erläutert) Die Bewertung von Einzelunternehmen bzw. Personengesellschaften hat jedoch auf Basis persönlicher Ertragsteuer zu erfolgen.

Das KFS/BW1 unterstreicht dabei die Notwendigkeit der Berücksichtigung der persönlichen Ertragsteuern im Rahmen der Ermittlung subjektiver Unternehmenswerte. Soll gemäß KFS/BW 1 ein objektivierter Unternehmenswert ermittelt werden, ist von typisierten steuerlichen Verhältnissen auszugehen. Soweit bei der Bewertung von Kapitalgesellschaften in typisierender Betrachtung Ausschüttungsäquivalenz zwischen dem zu bewertenden Unternehmen und der Alternativanlage unterstellt wird, kann vereinafchend auf eine Berücksichtigung der persönlichen Ertragsteuern auf Gewinnausschüttungen verzichtet werden.

Zu beachten ist, dass es sich bei dem zur Anwendung kommenden Risikozuschlag um einen Brutto- oder einen Netto-Risikozuschlag handeln kann. Der Brutto-Risikozuschlag entspricht einem Aufschlag auf einen unversteuerten risikofreien Basiszinssatz, der Netto-Risikozuschlag demzufolge einem Aufschlag auf einen versteuerten risikofreien Basiszinssatz. Der am Markt zu beobachtende Risikozuschlag ist zumeist ein Brutto-Risikozuschlag, somit ein unversteuerter Risikozuschlag.

- **Verfügbarkeit/Mobilität/Fungibilität/Immobilität**

Ein Fungibilitätszuschlag kommt dann zur Anwendung, wenn eine erschwerte Veräußerbarkeit (Wiederverkauf des Unternehmens oder der Unternehmensanteile) vorliegt. Hierbei steht die Frage „Wie schnell kann etwas wieder zu Geld gemacht werden?" im Vordergrund. Diese erschwerte Veräußerbarkeit liegt vor allem bei nicht börsennotierten Unternehmen oder Unternehmensanteilen vor, wenn von einer begrenzten Lebensdauer des zu bewertenden Unternehmens ausgegangen wird (kein Going-Concern-Prinzip). Dieser Zuschlag ist gemäß KFS/BW1 lediglich dann zur Anwendung zu bringen, wenn von Anfang an eine begrenzte Behaltedauer unterstellt wird. Für diesen Immobilitätszuschlag liegt kein objektives Maß vor, gemäß KFS/BW1 hängt dieser von der Branche, der Unternehmensgröße, der Rechtsform, dem Standort, der Standortgebundenheit sowie der Einbindung in einen Unternehmensverbund ab.

Nachfolgende Darstellung verdeutlicht nochmals eine mögliche Vorgehensweise im Zuge der Ermittlung des jeweiligen Kapitalisierungszinsatzes. Hierbei ist nochmals zu erwähnen, dass der Risikozuschlag sowohl subjektiv als auch objektiv ermittelt werden kann.

Ermittlung Brutto- sowie Nettozinssatz		
1.		Basiszinssatz
2.	+	Risikozuschlag
3.	+	Immobilitätszuschlag
4.	**=**	**Bruttozinssatz**
5.	–	Ertragsteuerabschlag
6.	–	[Geldwertanpassung (Wachstumsabschlag)]
7.	**=**	**Nettozinssatz**

Die Geldwertanpassung ist in der Darstellung in Klammer gesetzt, da diese lediglich, wie bereits erwähnt, in der Forecast Phase zur Anwendung kommt bzw. kommen kann. Auch die Ertragsteueranpassung kann in gewissen Fällen – wie oben angeführt – durchaus fakultativ gesehen werden.

Übungsbeispiel 10: Nettozinssatz:

Zur Berechnung der Kapitalkosten stehen Ihnen annahmegemäß folgende Daten zur Verfügung:

Sekundärmarktrendite (zum Bewertungsstichtag)3,10 %
Risikozuschlag (subjektiv ermittelt)   100 % (Basis SMR)
Immobilitätszuschlag   1 Prozentpunkt
Unternehmenssteuer   25 % KöSt

Aufgabenstellung:
Berechnen Sie in einem ersten Schritt den Bruttozinssatz, wobei Sie davon ausgehen, dass für die Bewertung vom Going-Concern-Prinzip abgegangen wird und die Bewertung demzufolge für eine begrenzte Lebensdauer des Unternehmens durchgeführt wird. Ermitteln Sie anschließend den Nettozinssatz unter der Annahme eines inflationsbedingten Wachstums in Höhe von 2,0 %.

Lösung Nettozinssatz:
1. Schritt Ermittlung Bruttozinssatz:

Basiszinssatz	3,10 %
Risikozuschlag	3,10 % (100 % von SMR)
Immobilitätszuschlag	1,00 %
= Bruttozinssatz	**7,20 %**

2. Schritt Ermittlung Nettozinssatz:

Bruttozinssatz	7,20 %
– KöSt	1,80 % (25 % von 7,20)
	5,40 %
– Wachstumsabschlag	2,00 %
= Nettozinssatz	**3,40 %**

3.2 Risikozuschlagsmethode/Zinszuschlagsmethode

Die vom Eigenkapitalgeber geforderter Rendite kann auch nach dem **Capital Asset Pricing Modell** (CAPM) ermittelt werden. Diese Renditeforderung stellt somit auch die theoretische Grundlage für die objektive Festlegung des Kapitalisierungszinssatzes in der Unternehmensbewertung dar. Dabei wird die Risikoprämie durch Multiplikation des unternehmensindividuellen Beta Faktors mit der Marktrisikoprämie ermittelt. Damodaran schätzt die Marktrisikoprämien für den österreichischen und den deutschen Kapitalmarkt mit 4,91 % (Ausführliche Ausführungen zum CAP-Modell und seinen Aussagen in Abschnitt VI – an dieser Stelle wird lediglich auf den für die Unternehmensbewertung relevanten zusätzlichen Teilbereich – Beta Faktor verschuldet - eingegangen).

Der **Beta-Faktor** spiegelt hierbei das systematische Risiko eines speziellen Unternehmens wieder und ist das Maß der Reagibilität zwischen einer Marktschwankung und der daraus resultierenden Schwankung unternehmensspezifischer Erfolgsgrößen (etwa des Aktienkurses). Der Beta-Faktor gibt somit Auskunft über die Sensitivität des Unternehmensgewinns gegenüber Schwankungen des Gesamtmarktes.

Der zur Anwendung kommende Beta-Faktor muss weiters der Kapitalstruktur des Unternehmens entsprechen. Hierbei besteht eine wichtige Unterscheidung zwischen levered Beta und unlevered Beta. Während das levered Beta (verschuldeter Beta-Faktor) der Kapitalstruktur eines verschuldeten Unternehmens entspricht, gibt der unlevered Beta Auskunft über das systematische Risiko eines gänzlich unverschuldeten Unternehmens. Der unverschuldete Beta-Faktor spiegelt das Geschäftsrisiko (Business Risk) wider. Da jedoch ein Unternehmen, mit Ausnahme eines unverschuldeten Unternehmens, einem Kapitalstrukturrisiko (Financial Risk) ausgesetzt ist, muss in der Regel ein verschuldeter Beta-Faktor (sprich ein auf die tatsächliche Kapitalstruktur des Unternehmens angeglichener Beta-Faktor) verwendet werden. Die Risiken, die sich für einen potentiellen Investor durch die Fremdkapitalfinanzierung ergeben, spiegeln sich in der Differenz Beta unverschuldet und Beta verschuldet wider. Somit kann von folgendem Zusammenhang ausgegangen werden: Je höher der Verschuldungsgrad eines Unternehmens ist, desto höher ist das für den Investor damit verbundene finanzwirtschaftliche Risiko. Dementsprechend wird die Renditeforderung der Eigenkapitalgeber umso höher sein, je größer der Verschuldungsgrad ist, diese Erhöhung ergibt sich aus dem Beta-Faktor verschuldet. Für die Ermittlung der Renditeforderung der Eigenkapitalgeber ist der Beta-Faktor verschuldet von Relevanz. Dieser lässt sich, unter der Annahme, dass die Fremdkapitalkosten dem risikofreien Zinssatz entsprechen (sprich es handelt sich um risikoloses Fremdkapital) wie folgt berechnen:

$$\beta_v = \beta_u * \left[\left(1 + (1-s) * \frac{FK}{EK} \right) \right]$$

ß$_v$ entspricht dem Beta-Faktor verschuldet, ß$_u$ dem Beta-Faktor unverschuldet, s dem jeweiligen Unternehmenssteuersatz, FK dem Fremdkapital zu Marktwerten und EK dem Eigenkapital zu Marktwerten. Der Beta-Faktor verschuldet wird gemäß der

Formel an den Verschuldungskoeffizienten (Fremdkapital im Verhältnis zum Eigenkapital) des Unternehmens angepasst. Weiters ist die steuerliche Absetzbarkeit der Fremdkapitalzinsen (1-s) zu berücksichtigen. Nachfolgendes Beispiel verdeutlicht diese Vorgehensweise.

Übungsbeispiel 11: Beta-Faktor verschuldet:

Der Beta-Faktor eines unverschuldeten Unternehmens beträgt annahmegemäß 0,95. Das zu bewertende Unternehmen weist einen Verschuldungskoeffizienten (FK/EK) von 2 auf. Die Marktrisikoprämie beträgt 4,5 %, der Unternehmenssteuersatz 25 %.

Aufgabenstellung:
Ermitteln Sie den an die Kapitalstruktur des zu bewertenden Unternehmens angepassten Beta-Faktor.
Lösung Beta-Faktor verschuldet:

$$\beta_v = \beta_u * \left[\left(1+(1-s)*\frac{FK}{EK}\right)\right] = 0{,}95 * \left[(1+(1-0{,}25)*2)\right] = 2{,}375$$

Nachfolgendes Beispiel verdeutlicht als Wiederholung die Ermittlung der Renditeforderung der Eigenkapitalgeber mittels des CAPM:

Übungsbeispiel 12: Renditeforderung Eigenkapitalgeber:

Beta-Faktor (verschuldet): 2,375 (entnommen aus Übungsbeispiel
Beta-Faktor verschuldet – entspricht der
Kapitalstruktur des vorliegenden Beispiels)

Risikoloser Zinssatz:	4,00 % p.a.
Fremdkapitalzinssatz:	4.00 % p.a.
Rendite des Marktportfolios:	8,50 % p.a.
Unternehmenssteuer:	25 % KöSt

Das Unternehmen weist folgende Kapitalstruktur auf:

Eigenkapital:	EUR 100.000,–
Fremdkapital:	EUR 200.000,–

Aufgabenstellung:
Berechnen Sie die risikoadäquate Renditeforderung der Eigenkapitalgeber.

Lösung Renditeforderung Eigenkapitalgeber:
Gemäß der Formel, wobei i_{RF} die risikofreie Rendite, i_{EK} die Renditeforderung Eigenkapital, i_{RM} die Marktrendite bezeichnen und β_v dem Beta-Faktor des verschuldeten Unternehmens entspricht, zur Berechnung der Renditeforderung der Eigenkapitalgeber $i_{EK} = i_{RF} + \beta_v * (i_{RM} - i_{RF})$ müsste theoretisch in einem ersten Schritt der der Kapitalstruktur des Unternehmens angepasste Beta-Faktor ermittelt werden. Da dieser dem vorangegangenen Beispiel entnommen wird, kann hier darauf verzichtet werden.

1. Schritt: Ermittlung Marktrisikoprämie (MRP):

$MRP = (i_{RM} - i_{RF}) = 0,085 - 0,04 = 0,045 = 4,50\,\%$

Die Marktrisikoprämie, als Differenz zwischen der Rendite des Marktportfolios und der risikolosen Verzinsung, ergibt 4,50 %.

Hinweis: Zu achten ist immer darauf, ob bereits eine Marktrisikoprämie bekannt ist oder diese erst aus den vorhandenen Daten ermittelt werden muss. Ist die Marktrisikoprämie bereits bekannt, darf von dieser nicht nochmals der risikolose Zinssatz subtrahiert werden!

2. Schritt: Ermittlung Risikoprämie (RP):

Durch Multiplikation der MRP mit dem Beta-Faktor (verschuldet) wird die Risikoprämie ermittelt.

$RP = 2,375 * 0,045 = 0,1069 = 10,69\,\%$

Die Risikoprämie beträgt 10,69 %.

3. Schritt: Ermittlung Renditeforderung Eigenkapitalgeber:

Mittels der vorliegenden Komponenten kann nun die Renditeforderung der Eigenkapitalgeber (i_{EK}) ermittelt werden. Diese Ermittlung erfolgt durch Heranziehen des Basiszinssatzes (risikolose Verzinsung) und Addition der ermittelten Risikoprämie.

$i_{EK} = Basiszinssatz + Risikozuschlag = 0,04 + 0,1069 = 14,69\,\%$

Zusammenfassend (ohne die schrittweise Erläuterung der Ermittlung) ergibt sich folgendes Bild: $i_{EK} = i_{RF} + \beta_v * (i_{RM} - i_{RF}) = 0,04 + 2,375 * (0,085 - 0,04) = 14,69\,\%$

Die Eigenkapitalgeber fordern, bezogen auf das ausgewählte Unternehmen und dessen Kapitalstruktur, eine Rendite in Höhe von 14,69 %.

Nachfolgendes Beispiel verdeutlicht den Zusammenhang zwischen der Kapitalstruktur (Erhöhung/Senkung des Verschuldungsgrades) eines Unternehmens und der daraus ermittelten veränderten Renditeforderung der Eigenkapitalgeber.

Übungsbeispiel 13: Zusammenhang Kapitalstruktur – Renditeforderung EK-Geber:

Bei der Ermittlung der Eigenkapitalkosten mit Hilfe des CAPM wird eine Abhängigkeit des Eigenkapitalkostensatzes vom Verschuldungsgrad unterstellt.
Beta verschuldet: 0,75 bei einem Verschuldungskoeffizienten (FK/EK) von 1
Marktrendite: 13 % p.a.
Marktrisikoprämie: 6 % p.a.
Unternehmenssteuersatz: 25 % KöSt
Fremdkapitalzinssatz: 7 % p.a.

Aufgabenstellung:

Berechnen Sie mit den Ihnen vorliegenden Daten die geforderte Eigenkapitalrendite bei einem Verschuldungskoeffizient von 0,5 sowie 2!

Lösung Zusammenhang Kapitalstruktur – Renditeforderung EK-Geber:

Bevor mit der Ermittlung der Renditeforderung der EK-Geber für die jeweiligen Verschuldungskoeffizienten begonnen werden kann, wird ein Beta-Faktor unverschuldet (β_u) benötigt, der in weiterer Folge als Ausgangsbasis herangezogen wird.

1. Schritt: Ermittlung Beta-Faktor unverschuldet:
Im Beispiel ist ein Beta-Faktor verschuldet (β_v) in Höhe von 0,75 (bezogen auf einen Verschuldungskoeffizienten von 1) gegeben. Um aus dem Beta-Faktor verschuldet einen Beta-Faktor unverschuldet zu berechnen, muss die Formel

$$\beta_v = \beta_u * \left[\left(1 + (1-s) * \frac{FK}{EK} \right) \right]$$

derart umgeformt werden, dass der Beta-Faktor unverschuldet berechnet werden kann. Dies ergibt folgende Formel:

$$\beta_u = \frac{\beta_v}{1 + (1-s) * \dfrac{FK}{EK}}$$

Da bereits ein Verschuldungskoeffizient gegeben ist, kann dieser gleich, ohne Bekanntsein von Absolutbeträgen (Betrag Eigen- sowie Fremdkapital), eingesetzt werden.

$$\beta_u = \frac{\beta_v}{1 + (1-s) * \dfrac{FK}{EK}} = \frac{0,75}{1 + (1-0,25) * 1} = 0,429$$

Dieser Beta-Faktor unverschuldet in Höhe von 0,429 dient nun als Ausgangsbasis zur Berechnung der nachfolgenden Renditeforderungen.

2. Schritt Ermittlung Renditeforderung EK-Geber – Verschuldungskoeffizient von 0,5:
Zu Beginn muss der Beta-Faktor verschuldet für einen Verschuldungskoeffizienten von 0,5 ermittelt werden.

$$\beta_v = \beta_u * \left[\left(1 + (1-s) * \frac{FK}{EK} \right) \right] = 0,429 * \left[(1 + (1-0,25) * 0,5) \right] = 0,59$$

Dieser Beta-Faktor verschuldet wird anschließend in die Formel zur Berechnung der Renditeforderung der EK-Geber eingesetzt. Hierbei ist zu beachten, dass sich die risikolose Verzinsung aus der Differenz zwischen Marktrendite und Marktrisikoprämie $i_{RF} = (i_{RM} - MRP) = 0,13 - 0,06 = 7,00\,\%$ ergibt. Weiters ist zu berücksichtigen, dass bereits die Marktrisikoprämie in Höhe von 6 % bekannt ist und diese direkt in die Formel eingesetzt werden kann.
$i_{EK} = i_{RF} + \beta_v * MRP = 0,07 + 0,59 * 0,06 = 10,54\,\%$
Somit ergibt sich unter Berücksichtigung des Verschuldungskoeffizienten von 0,5 eine Renditeforderung der EK-Geber in Höhe von 10,54 %.

3. Schritt Ermittlung Renditeforderung EK-Geber – Verschuldungskoeffizient von 2:
Zu Beginn muss wiederum ein Beta-Faktor verschuldet für einen Verschuldungskoeffizienten von 2 ermittelt werden.

$$\beta_v = \beta_u * \left[\left(1 + (1-s) * \frac{FK}{EK} \right) \right] = 0{,}429 * \left[(1 + (1-0{,}25) * 2) \right] = 1{,}0725$$

Dieser Beta-Faktor verschuldet wird anschließend in die Formel zur Berechnung der Renditeforderung der EK-Geber eingesetzt. Hierbei ist zu beachten, dass sich die risikolose Verzinsung aus der Differenz zwischen Marktrendite und Marktrisikoprämie $i_{RF} = (i_{RM} - MRP) = 0{,}13 - 0{,}06 = 0{,}07 = 7{,}00\,\%$ ergibt. Weiters ist zu berücksichtigen, dass bereits die Marktrisikoprämie in Höhe von 6 % bekannt ist und diese direkt in die Formel eingesetzt werden kann.

$$i_{EK} = i_{RF} + \beta_v * MRP = 0{,}07 + 1{,}0725 * 0{,}06 = 13{,}44\,\%$$

Somit ergibt sich unter Berücksichtigung des Verschuldungskoeffizienten von 2 eine Renditeforderung der EK-Geber in Höhe von 13,44 %.

Interpretation: Wie aus den Ergebnissen ersichtlich, hat der Verschuldungskoeffizient erheblichen Einfluss auf den Beta-Faktor und damit auf die Risikoprämie (Risikozuschlag) und demzufolge auf die Renditeforderung der EK-Geber.

Zusammengefasst kann die Auswirkung der Veränderung des Verschuldungsgrades auf die Renditeforderung der Eigenkapitalgeber wie folgt dargestellt werden.

Beispiel 14: Auswirkung Verschuldungsgrad auf Renditeforderung Eigenkapitalgeber:

Nachfolgende Tabelle stellt unterschiedliche unverschuldete Beta-Faktoren dar (0,25; 0, 5; 0,75; 1; und 1,25). Weiters sind jeweils unterschiedliche EK-Quoten angeführt. Die jeweiligen zugehörigen verschuldeten Beta-Faktoren wurden anhand der bereits erläuterten Formel ermittelt.

Die Entwicklung ausgewählter Betafaktoren bei sich veränderndem Verschuldungsgrad				
Beta eines unverschuldeten Unternehmens				
EK-Anteil	0,25	0,5	0,75	1	1,25
100%	0,25	0,50	0,75	1,00	1,25
90%	0,27	0,54	0,81	1,08	1,35
80%	0,30	0,59	0,89	1,19	1,48
70%	0,33	0,66	0,99	1,32	1,65
60%	0,38	0,75	1,13	1,50	1,88
50%	0,44	0,88	1,31	1,75	2,19
40%	0,53	1,06	1,59	2,13	2,66
30%	0,69	1,38	2,06	2,75	3,44
20%	1,00	2,00	3,00	4,00	5,00
10%	1,94	3,88	5,81	7,75	9,69

So ergibt sich bei einem Beta-Faktor unverschuldet von 0,5, einem Eigenkapitalanteil von 40 % und einer Unternehmenssteuer in Höhe von 25 % der Beta-Faktor verschuldet wie folgt:

$$\beta_v = \beta_u * (1 + (1-s) * \frac{FK}{EK} = 0,5 * \left[1 + (1-0,25) * \frac{60}{40}\right] = 1,06$$

Diese Tabelle kann auch grafisch dargestellt werden. Dadurch wird die jeweilige Veränderung der Beta-Faktoren bei unterschiedlichen Verschuldungsgraden bzw. unterschiedlichen Eigenkapitalanteilen leichter ersichtlich.

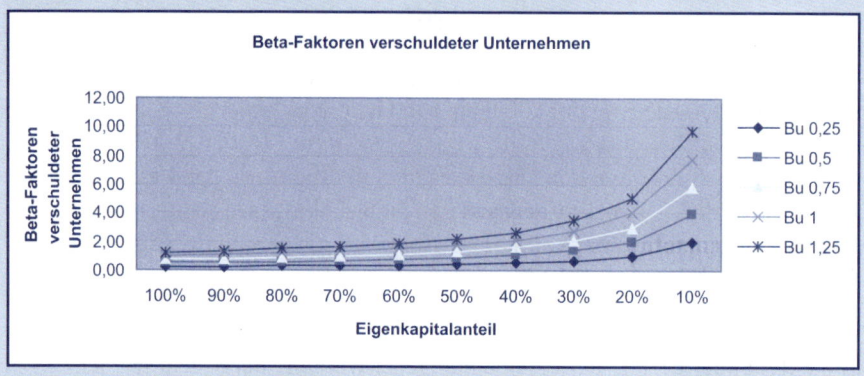

Bei ansteigender Verschuldung steigt der Beta-Faktor verschuldet. Ein Beta-Faktor unverschuldet in Höhe von 0,5 entwickelt sich bei einem Eigenkapitalanteil von 20 % zu einem Beta-Faktor verschuldet in Höhe von 2,0. Dies bedeutet eine Vervierfachung. Dementsprechend verhält sich die Auswirkung dieser Kapitalstruktur auf die Renditeforderung der Eigenkapitalgeber. So vervierfacht sich die Marktrisikoprämie und zeigt, welche Auswirkung dies auf den Gesamtunternehmenswert hat.

Im Falle von Bewertungen börsenotierter Unternehmen wird hierbei oft auf veröffentlichte Beta-Schätzungen anerkannter Finanzinformationssysteme (bspw. Bloomberg [www.bloomberg.com], Reuters [http://de.reuters.com] etc.) zurückgegriffen. Diese Vorgehensweise ist bei nicht börsenotierten Unternehmen nicht möglich, hier muss der Beta-Faktor indirekt hergeleitet werden. Diese indirekte Herleitung erfolgt über die Bestimmung einer Peer Group (Auswahl von börsenotierten Unternehmen mit denen das Bewertungsobjekt vergleichbar ist – und in der Praxis sehr schwer möglich ist). Vereinfachend wird dabei auch auf Branchendurchschnitte (z.B. Webseite von Damodaran – www.damodaran.com), so genannte **Branchen-Beta-Faktoren** zurückgegriffen, wie sich sich etwa im Internet finden. Nachfolgende Tabelle vermittelt einen Auszug europäischer Branchenwerte Beta-Faktoren. Die Verwendung von Beta-Faktoren für konkrete Unternehmensbewertungen wird – nicht selten – von Experten kritisch gesehen. Ein Grund für die Kritik liegt etwa in der mangelnden Repräsentativität ermittelter Beta-Faktoren.

Industry	Number of firms	Beta	D/E Ratio	Tax rate	Unlevered Beta	Cash/Firm Value	Unlevered Beta corrected for cash
Advanced Materials/Prd	5	0,6263	0,0339	0,0429	0,6066	0,0535	0,6409
Advertising Agencies	2	0,5617	0,1170	0,3776	0,5236	0,4221	0,9060
Advertising Sales	3	0,6178	0,1443	0,2593	0,5582	0,0794	0,6063
Advertising Services	15	0,6011	0,3340	0,2589	0,4818	0,1051	0,5384
Aerospace/Defense	10	1,1630	0,1724	0,2662	1,0324	0,1070	1,1561
Aerospace/Defense-Equip	12	1,2647	0,1578	0,1718	1,1185	0,0992	1,2417
Agricultural Biotech	4	0,9840	0,0515	0,1280	0,9417	0,0593	1,0011
Agricultural Chemicals	8	0,8391	0,0757	0,2475	0,7938	0,0247	0,8139
Agricultural Operations	28	0,6459	0,1541	0,2243	0,5769	0,0619	0,6149
Airlines	20	1,2942	0,8484	0,1552	0,7539	0,2186	0,9648
Airport Develop/Maint	10	0,8081	0,2485	0,3748	0,6994	0,0396	0,7282
Alternative Waste Tech	3	0,8157	0,0081	0,3463	0,8114	0,0588	0,8621
......							
Internet Telephony	1	1,3861	0,0296	0,0574	1,3484	0,0925	1,4860
Intimate Apparel	1	1,6386	0,6541	0,0000	0,9906	0,0188	1,0096
Invest Comp - Resources	6	1,0856	0,0137	0,0113	1,0711	0,1907	1,3235
Invest Mgmnt/Advis Serv	51	1,1802	0,0659	0,1928	1,1206	0,1140	1,2648
Investment Companies	155	0,7277	0,7205	0,0868	0,4389	0,1144	0,4956
Lasers-Syst/Components	4	1,1543	0,2232	0,5522	1,0494	0,1886	1,2933
Leisure&Rec Products	15	0,7560	0,1646	0,2979	0,6777	0,0863	0,7418
Leisure&Rec/Games	2	0,8302	2,2868	0,0000	0,2526	0,0554	0,2674
Life/Health Insurance	23	1,4248	0,3113	0,2214	1,1468	0,2781	1,5887
Lighting Products&Sys	4	0,2463	0,2383	0,2784	0,2101	0,0851	0,2297
Lottery Services	2	1,3179	0,5933	0,6298	1,0805	0,1326	1,2457
Mach Tools&Rel Products	15	1,0571	0,1322	0,2568	0,9626	0,0822	1,0488
Machinery-Constr&Mining	12	1,6424	0,0712	0,2835	1,5627	0,1202	1,7763
Machinery-Electrical	7	0,9347	0,1395	0,2918	0,8506	0,0651	0,9099
Machinery-Farm	4	0,6480	0,0546	0,1816	0,6203	0,0255	0,6365
Machinery-General Indust	63	1,1168	0,2896	0,2596	0,9196	0,0936	1,0146
Machinery-Material Handl	11	0,8520	0,1733	0,2729	0,7566	0,0662	0,8103
Machinery-Print Trade	6	0,8982	0,3683	0,2474	0,7032	0,1156	0,7951
Machinery-Pumps	5	1,3289	0,1029	0,2975	1,2393	0,1436	1,4471
Marine Services	10	0,9848	0,3768	0,2220	0,7615	0,0885	0,8354
Medical Imaging Systems	2	0,8824	0,1186	0,1481	0,8015	0,0811	0,8722
Medical Information Sys	5	0,3636	0,0311	0,2272	0,3550	0,0796	0,3857
Medical Instruments	10	0,9577	0,1254	0,1825	0,8687	0,0308	0,8963
Medical Labs&Testing Srv	6	0,6495	0,0667	0,2822	0,6198	0,0273	0,6372
Medical Laser Systems	3	1,2518	0,0678	0,2588	1,1920	0,0948	1,3167
Medical Products	35	0,8324	0,0382	0,2198	0,8083	0,0996	0,8977
Medical Steriliz Product	2	NA	0,6369	0,2986	NA	0,3369	NA
......							
Stevedoring	1	NA	0,0977	0,3739	NA	0,0053	NA
Storage/Warehousing	5	0,4093	0,1988	0,2209	0,3544	0,0473	0,3720
Sugar	6	0,8116	0,5259	0,4457	0,6284	0,0322	0,6493
Superconductor Prod&Sys	2	0,2671	0,0000	0,0315	0,2671	0,1539	0,3156
Telecom Eq Fiber Optics	1	1,0856	0,1277	0,0000	0,9627	0,0807	1,0472
Telecom Services	37	1,1352	0,1928	0,1926	0,9822	0,0715	1,0578
Telecommunication Equip	33	1,2784	0,3596	0,1823	0,9879	0,1572	1,1722
Telephone-Integrated	21	0,8912	0,4280	0,1976	0,6634	0,0668	0,7109

Television	22	0,9042	0,0677	0,3091	0,8638	0,0705	0,9293
Textile-Apparel	8	0,5525	0,3976	0,2369	0,4239	0,0709	0,4563
Textile-Home Furnishings	1	0,8215	0,5178	0,2922	0,6011	0,0825	0,6552
Textile-Products	16	0,7053	0,2479	0,2722	0,5975	0,0455	0,6260
Theaters	2	0,4006	1,3304	0,1307	0,1858	0,0478	0,1951
Therapeutics	6	1,1132	0,0683	0,0500	1,0453	0,1145	1,1805
Tobacco	6	0,6209	0,2025	0,2306	0,5372	0,1392	0,6241
Toys	4	1,0994	0,7844	0,0918	0,6420	0,1805	0,7835
Traffic Management Sys	3	1,3244	0,0349	0,1762	1,2874	0,0669	1,3797

Vor allem hinsichtlich Klein- und Mittelunternehmen in Österreich ist die Möglichkeit der Verwendung von Peer Groups sehr eingeschränkt, da schon die Anzahl von KMUs, die an der Börse notieren, äußerst gering ist. Beim Rückgriff auf Branchen-Betas liegt ein ähnliches Problem vor. Hier kann wiederum auf keine umfassende Datenbank in Österreich verwiesen werden. Aufgrund dieser vorliegenden Problematik findet sich auch der Vorschlag des Rückgriffs auf so genannte Accounting-Betas. Dabei werden Kennzahlen gesucht, die eine starke Korrelation zu dem im Beta-Faktor zum Ausdruck kommenden systematischen Risiko haben. Die Problematik hierbei ist jedoch, dass für KMUs oftmals nicht geprüfte Jahresabschlüsse vorliegen und dieses oftmals betont steuerlich ausgerichtet sind.

Generell muss auch beachtet werden, dass die veröffentlichen Beta-Faktoren das systematische Risiko des Eigenkapitals verschuldeter Unternehmen beinhalten, deren Verschuldungsgrad vom Verschuldungsgrad des zu bewertenden Unternehmens in der Regel oftmals abweichen wird. Hierbei ist demzufolge die Ermittlung des unverschuldeten Beta-Faktors sowie die Anpassung an die jeweilige Kapitalstruktur des zu bewertenden Unternehmens notwendig. Abschließend sei noch darauf hinzuweisen, dass der Beta-Faktor als Maß für das sytematische Risiko auch deshalb kritisch gesehen wird, da der Berechnung des Beta-Faktors äußerst restriktive Prämissen zugrunde liegen, und daher seine Anwendung kritisch zu beurteilen ist.

4. Bewertungsverfahren

Der Bereich der Unternehmensbewertung ist durch eine Methodenvielfalt gekennzeichnet. Diese begründet sich einerseits in den sich ändernden Rahmenbedingungen von Seiten der Unternehmen als auch den an eine Bewertung gestellten Anforderungen. Grundsätzlich können die Bewertungsverfahren nach zwei verschiedenen Sichtweisen kategorisiert werden. Einerseits die zukunftsorientierte Bewertung und andererseits die substanzwertorientierte Bewertung bzw. eine Kombination beider. Die Bewertungsverfahren per se werden in Abschnitt VII.C detailliert ausgeführt und mit Beispielen nachvollziehbar erläutert.

5. Plausibilitätskontrolle der Ergebnisse

Der aufgrund eines Bewertungsverfahrens (vorerst) ermittelte Unternehmenswert kann nicht ohne Plausibilitätskontrolle übernommen werden. Unter Plausibilisierung ist hierbei eine Methode zu verstehen, welche einen Wert daraufhin überprüft, ob dieser überhaupt plausibel (nachvollziehbar, annehmbar) ist. Diese Plausibilitätskontrolle muss im Rahmen der Unternehmensbewertung ebenfalls durchgeführt werden. Zur Durchführung dieser geforderten Plausibilitätskontrolle stehen im Rahmen der Unternehmensbewertung verschiedene Verfahren bzw. Vorgehensweisen zur Verfügung, die im Folgenden übersichtsweise dargestellt sind.

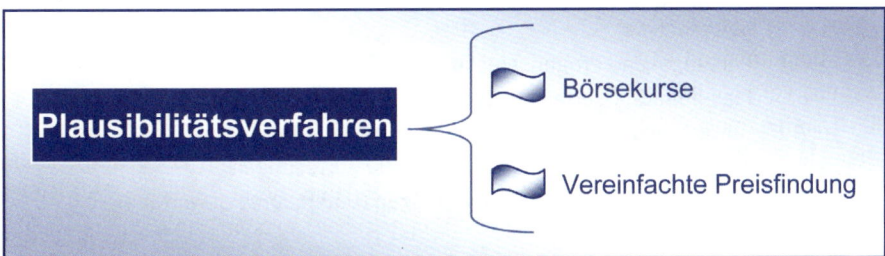

Abbildung VII.10: Plausibilitätsverfahren

Liegen für das zu bewertende Unternehmen **Börsekurse** (und damit ein Marktpreis des Unternehmens) vor, können diese zur Plausibilitätskontrolle herangezogen werden. (Gemäß IDW S 1 3.15 ist bei einigen speziellen Unternehmensbewertungsanlässen der Verkehrswert von börsenotierten Aktien nach der höchstrichterlichen Rechtsprechung nicht ohne Rücksicht auf den Börsekurs zu ermitteln.) Hierbei ist jedoch zu bedenken, dass derartige Marktpreise durch teilweise irrationale Handlungen sowie vielfältige Einflussmöglichkeiten (z.B. Spekulationen, kurzfristige Marktreaktionen, Zinsniveau, Währungskurs, politische Ereignisse, psychologische Momente etc.) beeinflusst sein können. Weiters können so genannte **vereinfachte Preisfindungsmethoden** zur Plausibilitätskontrolle herangezogen werden. Diesen vereinfachten Preisfindungsmethoden werden die **Multiplikatorverfahren** (Abschnitt VII.C.2.3) zugerechnet. Hierbei handelt es sich, von Seiten der Fachgutachten, jedoch um ein nicht eigenständiges Bewertungsverfahren. Sie werden eben zumeist für die eben ausgeführte Plausibilitätskontrolle herangezogen.

6. Bewertungsgutachten

Die im Zuge der Erstellung eines Bewertungsgutachtens verwendeten bzw. angefertigten Arbeitspapiere (Auftrag, Darstellung einzelner Sachverhalte, diverse Gutachten etc.) sind aufzubewahren. Weiters muss der Gutachter zu Beginn der Erstellung des Gutachtens festhalten, in welcher Funktion er die Unternehmenswertermittlung wahrnimmt. Diese Funktion wird gemäß der Zweckabhängigkeit des Unternehmens vom Bewertungsanlass determiniert und beeinflusst den gesamten Prozess der Bewertung (Planung – Prognose – Kapitalisierungszinssatz – Bewertungsverfahren). Weiters muss der Gutachter das gewählte Bewertungsverfahren argumentativ begründen und allfällige Prämissen und Annahmen für Sachverständige und Dritte nachvollziehbar erläutern.

Der Aufbau eines Bewertungsgutachtens folgt grundsätzlich folgendem Schema:

Bewertungsgutachten	
1.	Auftrag (Bewertungsanlass, Bewertungsfunktion)
2.	Beschreibung des Bewertungsobjektes (wirtschaftlich, rechtlich, steuerlich)
3.	Erhaltene und verwendete Unterlagen
4.	Entwicklung des Bewertungsobjektes (Vergangenheit, Vergangenheitsanalyse)
5.	Planungs- und Prognoserechnung
6.	Plausibilitätsbeurteilung der Planung
7.	Bewertungsverfahren und Begründung der Anwendung
8.	Bewertungsschritte und Plausibilitätsbeurteilungen
9.	Nicht betriebsnotwendiges Vermögen (Darstellung, Bewertung)
10.	Schlussfolgerung

C. Bewertungsverfahren

1. Einführung

Die Anzahl der zur Verfügung stehenden Bewertungsverfahren nimmt stetig zu. Dies ist einerseits in den sich ändernden Rahmenbedingungen begründet und andererseits darin, dass gemäß der funktionalen Bewertungslehre bestimmte Bewertungszwecke unterschiedliche Bewertungsverfahren erfordern. Die Verfahren der Unternehmenswertermittlung lassen sich folgendermaßen systematisieren:

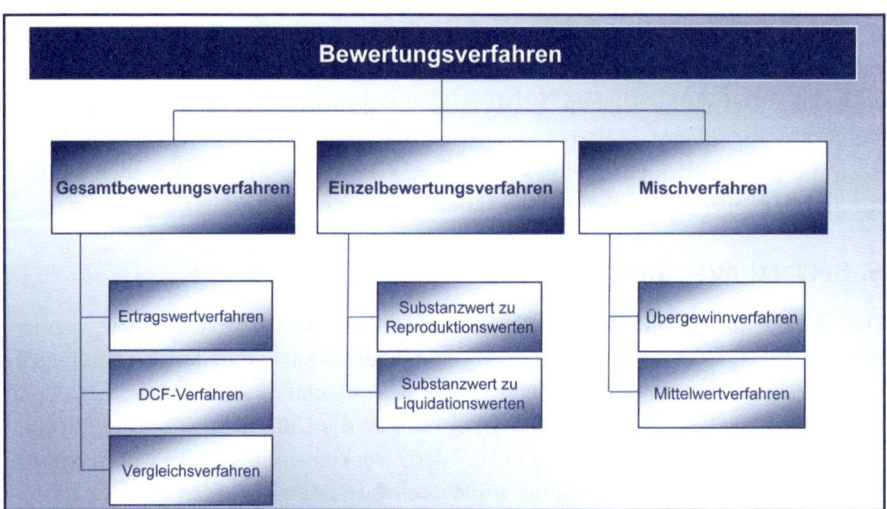

Abbildung VII.11: Überblick Bewertungsverfahren

Detaillierte Ausführungen zu den einzelnen Bewertungsverfahren an sich erfolgen in den nachfolgenden Kapiteln. An dieser Stelle soll nur ein kurzer Gesamtüberblick gegeben werden. **Gesamtbewertungsverfahren** beruhen auf dem Kalkül der Investitionstheorie. Hierbei erfolgt die Ermittlung des Unternehmenswertes anhand der Betrachtung des Gesamtunternehmens mit allen Verbundeffekten an sich. Es erfolgt somit keine Addition einzelner Vermögenswerte, sondern eine Gesamtbetrachtung. Den Gesamtbewertungsverfahren werden die Ertragswertverfahren, die DCF-Verfahren sowie die Vergleichsverfahren zugeordnet. Von besonderer Bedeutung sowohl für das Ertragswertverfahren als auch die DCF-Verfahren ist die Tatsache, dass die danach ermittelten Unternehmenswerte – im Gegensatz zu den anhand der Einzelbewertungsverfahren ermittelten Unternehmenswerten – auch originäre Goodwillkomponenten beinhalten.

Die **Einzelbewertungsverfahren** ermitteln den Unternehmenswert als Summe aller einzeln im Unternehmen vorhandenen Vermögenswerte. Dabei wird jeweils der Wert jedes einzelnen Vermögenswertes ermittelt und zum Gesamtunternehmenswert addiert. Dies erfolgt dann in Form eines Substanzwertes zu Reproduktionswerten bzw. als Substanzwert zu Liquidationswerten (Liquidationswertverfahren). Die Zielsetzung liegt somit in der Ermittlung eines Substanz- oder Liquidationswertes.

Einzel- und Gesamtbewertungsverfahren führen zu unterschiedlichen Ergebnissen. Die Begründung liegt in der unterschiedlichen konzeptionellen Auffassung hinsichtlich der Ermittlung von Unternehmenswerten. Die Gesamtbewertungsverfahren berücksichtigen die Kombinationseffekte, die Synergieeffekte der einzelnen Vermögenswerte untereinander. Diese Berücksichtigung wird im Zuge der Einzelbewertungsverfahren nicht vorgenommen.

Mischverfahren benützen zur Ermittlung von Unternehmenswerten Komponenten der Gesamt- als auch Einzelbewertungsverfahren. Den Mischverfahren gehören die Mittelwertverfahren sowie die Übergewinnmethode an.

2. Gesamtbewertungsverfahren

Gesamtbewertungsverfahren ermitteln den Unternehmenswert auf Basis investitionstheoretischer Modelle. Hierbei wird der Unternehmenswert als Barwert der künftigen finanziellen Überschüsse ermittelt.

2.1. Ertragswertverfahren

Das Ertragswertverfahren stellt ein häufig zur Anwendung kommendes Bewertungsverfahren dar, wenn es um die Bewertung nicht börsennotierter Unternehmen geht. Dabei wird der Unternehmenswert unter Anwendung der Kapitalwertmethode durch Diskontierung (Barwertermittlung) der künftigen (entnehmbaren) finanziellen Überschüsse (Nettozuflüsse an die Unternehmenseigner) der jeweiligen zukünftigen Perioden auf den Bewertungsstichtag ermittelt. Die Überschüsse können dabei aus den künftigen Unternehmenserfolgen abgeleitet werden (Ertragsüberschussrechnung). Aus den Periodenerfolgen werden dabei demgemäß Zahlungsströme abgeleitet bzw. die Periodenerfolge insofern korrigiert, sofern sie relevant von Zahlungsströmen abweichen. Die Vorgehensweise entspricht dem Grundprinzip der Unternehmenswertermittlung, dem Prinzip, dass sich der Unternehmenswert als Barwert der „Nettozuflüsse" an die Unternehmenseigener definieren lässt.

Demzufolge ergibt sich der Unternehmenswert (UW) nach dem Ertragswertverfahren unter Annahme nachhaltiger jährlich gleich bleibender finanzieller Überschüsse (e_z) und einem Kapitalisierungszinssatz von i nach folgender Formel (ewige Rente):

$$UW = \frac{e_z}{i}$$

Übungsbeispiel 15: Jährlich gleich bleibende finanzielle Überschüsse:

Ein Unternehmen plant einen jährlichen Periodenerfolg in Höhe von EUR 10.000,– (dieser entspricht dem künftigen entnehmbaren finanziellen Überschuss [Nettozufluss]).

Aufgabenstellung:
Ermitteln Sie den Unternehmenswert des Unternehmens, wenn Sie von einem Kapitalisierungszinssatz in Höhe von 5,0 % ausgehen.

Lösung Jährlich gleich bleibende finanzielle Überschüsse:

$$UW = \frac{e_z}{i} = \frac{10.000}{0,05} = 200.000,-$$

Unter Berücksichtigung der vorab beschriebenen Mehrphasenmethode, welche den prognostizierten Zeitraum in eine Detailphase und in eine Forecast Phase untergliedert, ergibt sich der Unternehmenswert wie folgt:

$$UW = \sum_{t=0}^{n} e * (1+i)^{-t} + \frac{e_z}{i} * (1+i)^{-n}$$

Wird dieser Situation noch das Vorhandensein nicht betriebsnotwendigen Vermögens (W) unterstellt, erweitert sich die oben angeführte Formel wie folgt:

$$UW = \sum_{t=0}^{n} e * (1+i)^{-t} + \frac{e_z}{i} * (1+i)^{-n} + W$$

Ist die Lebensdauer eines Unternehmens begrenzt, sprich weicht man vom Going-Concern-Prinzip ab, tritt an die Stelle der ewigen Rente die Kapitalisierung des Liquidationserlöses (LE) abzüglich der Liquidationskosten (LK):

$$UW = \sum_{t=0}^{n} e * (1+i)^{-t} + (LE - LK) + W$$

Übungsbeispiel 16: Begrenzte Lebensdauer:

Ein Unternehmen steht zum Verkauf. Ein potentieller Käufer möchte den Unternehmenswert ermitteln. Er geht von folgendem Verlauf der künftigen entnehmbaren finanziellen Überschüsse aus:

1. Jahr EUR 10.000,–

2. Jahr EUR 11.000,–

3. Jahr EUR 9.000,–

Nach dem dritten Jahr (Ende drittes Jahr) möchte sich der Käufer aus dem Unternehmen aus strategischen Gründen wieder zurückziehen und ermittelt einen Liquidationswert in Höhe von EUR 150.000,– (Wert am Verkaufstag).

Aufgabenstellung:

Ermitteln Sie den Unternehmenswert anhand der Ertragswertmethode unter der Berücksichtigung, dass der Liquidationswert noch mit Liquidationskosten in Höhe von EUR 15.000,– (Wert Verkaufstag) belastet wird. Gehen Sie von einem Kapitalisierungszinssatz in Höhe von 8,0 % aus.

Lösung Begrenzte Lebensdauer:

$$UW = \sum_{t=0}^{n} e*(1+i)^{-t} + (LE-LK) + W = 10.000*(1+0,08)^{-1} + 11.000*(1+0,08)^{-2} +$$

$$9.000*(1+0,08)^{-3} + (150.000-15.000)*(1+0,08)^{-3} = 133.001,83$$

Übungsbeispiel 17: Ertragswertverfahren:

Nach Beendigung Ihres Studiums sind Sie im kaufmännischen Bereich tätig. Nach langjähriger Erfahrung beabsichtigen Sie, mit Ihrem gesparten Kapital die am Ort ansässige Wellness-Consulting zu kaufen. Alternativ könnten Sie Ihr Geld bei der ortsansässigen Hausbank zu 8,0 % p.a. anlegen. Nach eingehender Planung entwickelt sich der nachhaltige Überschuss in den nächsten Jahren wie folgt:

	2009	2010	2011	2012
Gewinn/Verlust	40.000	60.000	100.000	110.000

Zu beachten ist weiters, dass die Wellness-Consulting ein nicht mehr genutztes Patent besitzt. Dieses könnte aufgrund bestehender Nachfrage um EUR 30.000,– zum Bewertungsstichtag verkauft werden und wird dementsprechend in der Bewertung berücksichtigt.

Aufgabenstellung:

Berechnen Sie aufgrund der Ihnen vorliegenden Daten den Unternehmenswert zum Bewertungsstichtag 1.1.2009 anhand der Mehrphasenmethode. Berücksichtigen Sie, dass Sie von einer Vollausschüttung ausgehen, sprich die Gewinne werden jeweils am Ende des Jahres ausgeschüttet (steuerliche Auswirkungen bleiben vereinfachend unberücksichtigt). Gehen Sie weiters davon aus, dass ab dem Jahr 2012 ein nachhaltiger Überschuss in Höhe des von EUR 110.000,– erwirtschaftet werden kann. Vereinfachend soll zudem von Inflationsauswirkungen abgesehen werden.

Lösung Ertragswertverfahren:
Gemäß der Vorgehensweise des Ertragswertverfahren werden die einzelnen künftigen finanziellen Überschüsse der Detailphase sowie der ermittelte Continuing Value auf den Bewertungsstichtag diskontiert und um eventuell vorhandenes nicht betriebsnotwendiges Vermögen erweitert. Somit ergibt sich der Unternehmenswert wie folgt:

1. Schritt: Diskontierung der Überschüsse der Detailphase (BW$_{Detail}$):

$$BW_{Detail} = \sum_{t=0}^{n} e*(1+i)^{-t} = 40.000*(1+0,08)^{-1} + 60.000*(1+0,08)^{-2} + 100.000*(1+0,08)^{-3}$$
$$+110.000*(1+0,08)^{-4} = 248.713,87$$

2. Schritt: Ermittlung des Continuing Values (CV):

$$CV = \frac{e_z}{i} = \frac{110.000}{0,08} = 1.375.000$$

3. Schritt: Diskontierung des Continuing Values auf den Bewertungsstichtag (BW$_{CV}$):

$$BW_{CV} = CV*(1+i)^{-n} = 1.375.000*(1+0,08)^{-4} = 1.010.666,05$$

An dieser Stelle muss erwähnt werden, dass auch bereits ab dem Jahr 2012 mit der ewigen Rente gerechnet werden könnte. Diese Vorgehensweise würde dann in der Detailphase die EUR 40.000,–, die EUR 60.000,– sowie die EUR 100.000,– berücksichtigen und dann ab dem Jahr 2012 die EUR 110.000,– sofort mittels ewiger Rente diskontieren und auf den Bewertungsstichtag diskontieren. Diese Vorgehensweise zusammengefasst ergibt folgendes Bild:

$$BW = 40.000*(1+0,08)^{-1} + 60.000*(1+0,08)^{-2}$$
$$+100.000*(1+0,08)^{-3} + \frac{110.000}{0,08}*(1+0,08)^{-3} = 1.259.379,92$$

4. Schritt: Berücksichtigung des nicht betriebsnotwendigen Vermögens:
Da das Unternehmen das nicht betriebnotwendige Patent am Bewertungsstichtag veräußert, kann der Liquidationswert in Höhe von EUR 30.000,– ohne Diskontierung übernommen werden.

5. Schritt: Ermittlung Unternehmenswert:

Der Unternehmenswert ergibt sich nun aus der Detailphase (BW_{Detail}), dem diskontierten Continuing Value (BW_{CV}) sowie dem Liquidationswert des nicht betriebsnotwendigen Vermögens (W).

$$UW = BW_{Detail} + BW_{CV} + W = 248.713,87 + 1.010.666,05 + 30.000 = 1.289.379,92$$

Ohne die Aufgliederung in die einzelnen Schritte ergibt sich folgendes Bild zur Ermittlung des Unternehmenswerts:

$$UW = \sum_{t=0}^{n} e * (1+i)^{-t} + \frac{e_z}{i} * (1+i)^{-n} + W = 40.000 * (1+0,08)^{-1} + 60.000 * (1+0,08)^{-2} +$$

$$100.000 * (1+0,08)^{-3} + 110.000 * (1+0,08)^{-4} + \frac{110.000}{0,08} * (1+0,08)^{-4} + 30.000 = 1.289.379,92$$

Wird diese Ausgangssituation um ein inflationsbedingtes Wachstum sowie ein zu diskontierendes nicht betriebsnotwendiges Vermögen erweitert, ergibt sich folgendes Bild:

Übungsbeispiel 18: Ertragswertverfahren (Erweiterung):

- Das Unternehmen ist in der 2. Phase in der Lage, 2,0 Prozentpunkte der anfallenden 3,0 %igen Inflation auf den Kunden umzuwälzen.
- Das nicht betriebsnotwendige Patent kann erst nach einem Jahr und nur unter zusätzlichen Liquidationskosten (LK) in Höhe von EUR 1.000,– (Höhe entspricht dem Wert am Verkaufstag) veräußert werden. Somit würden sich die EUR 30.000,– Liquidationserlös (LE) auf den Verkaufstag beziehen.

Lösung Ertragswertverfahren (Erweiterung):

Zur oben angeführten Lösung ergibt sich nun im Lösungsweg folgendes Bild:

$$UW = \sum_{t=0}^{n} e * (1+i)^{-t} + \frac{e_z}{i-w} * (1+i)^{-n} + (LE - LK) * (1+i)^{-n} = 40.000 * (1+0,08)^{-1} +$$

$$60.000 * (1+0,08)^{-2} + 100.000 * (1+0,08)^{-3} + 110.000 * (1+0,08)^{-4} + \frac{110.000}{0,08 - 0,02} * (1+0,08)^{-4} +$$

$$(30.000 - 1.000) * (1+0,08)^{-1} = 1.623.120,46$$

Die Veränderungen betreffen die Berechnung des Continuing Values sowie die Übernahme des nicht betriebsnotwendigen Vermögens. Die Berechnung des Continuing Values hat gemäß der Berücksichtigung des inflationsbedingten Wachstums (w) zu erfolgen (es liegt eine Kaufkraftabnahme vor – das Unternehmen ist nicht in der Lage, die gesamte Preissteigerung auf die Kunden umzuwälzen), womit der Kapitalisierungszinssatz um das inflationsbedingte Wachstum bereinigt werden muss. Dies erfolgt durch folgende Variation: (0,08 – 0,02). Weiters ist der Liquidationserlös (LE) des nicht betriebsnotwendigen Vermögens (W) um die anfallenden Liquidationskosten (LK) zu verringern und der Differenzbetrag auf den Bewertungsstichtag zu diskontieren.

Der zur Anwendung kommende Kapitalisierungszinssatz kann, wie bereits in Abschnitt VII.B.3.2 erläutert, auf subjektive oder objektive Art und Weise ermittelt werden. Die subjektive Bestimmung des jeweiligen Kapitalisierungszinssatzes markiert den wesentlichsten Unterschied zu den Discounted-Cash-Flow-Verfahren (siehe Abschnitt VII.3.1).

2.2. Discounted-Cash-Flow-Verfahren

Im Rahmen der **Discounted-Cash-Flow-Verfahren** (DCF-Verfahren) erfolgt die Ermittlung des Unternehmenswertes durch Diskontierung der künftigen Cash-Flows (zukünftige Zahlungsüberschüsse) eines Unternehmens auf den Bewertungsstichtag. Die Orientierung an künftigen Zahlungsströmen entspricht den Erkenntnissen der Investitionstheorie und stellt bei der Ermittlung eines Unternehmenswertes sowohl von Seiten der Literatur, der Rechtsprechung als auch der Bewertungspraxis die (theoretisch) zutreffende Vorgangsweise dar. Im Zuge der Bestimmung der Kapitalisierungszinssätze greifen die DCF-Verfahren auf kapitalmarktorientierte Ansätze zurück. Hierbei gelangt zumeist das CAPM-Modell zur Anwendung. Die Bestimmung der jeweiligen Kapitalisierungszinssätze mittels kapitalmarkttheoretischer Konzepte bildet zugleich auch den wesentlichen Unterschied zum Ertragswertverfahren, wo der benötigte Risikozuschlag grundsätzlich gemäß den Ausführungen aber eher pauschal objektiv oder eben subjektiv ermittelt wird.

Das Ergebnis der Bewertung, der **Marktwert des Eigenkapitals (Shareholder Value)**, wird in Abhängigkeit des zur Anwendung kommenden Verfahrens direkt (einstufig) oder indirekt (zweistufig) ermittelt. Je nach Berücksichtigung der vorherrschenden Kapitalstruktur (Kapitalstrukturänderung, Besteuerung, Fremdfinanzierung) des Bewertungsobjektes im Zuge der Cash-Flow-Ermittlung kann zwischen Brutto- und Nettokapitalisierung unterschieden werden. Während die **Nettokapitalisierung (Equity-Ansatz)** genauso wie das Ertragswertverfahren durch Diskontierung (Kapitalisierungszinssatz relevant für Eigenkapitalgeber) der den Eigenkapitalgebern zufließenden Zahlungsströme (Flow to Equity) direkt den Unternehmenswert ermittelt, werden im Zuge der **Bruttokapitalisierung (Entity-Ansatz)** Zahlungsüberschüsse (zumeist Free Cash-Flow) eines fiktiv unverschuldeten Unternehmens diskontiert (Kapitalisierungszinssatz relevant für Eigenkapital- als auch Fremdkapitalgeber) und der Unternehmenswert (Marktwert des Eigenkapitals) im Anschluss durch Subtraktion des Marktwertes des (verzinslichen) Fremdkapitals vom Marktwert des Gesamtkapitals ermittelt. Der Marktwert des Gesamtkapitals entspricht hierbei dem Marktwert des Unternehmens aus der Sicht des Kapitalmarktes (Eigenkapital- wie Fremdkapitalgeber). Nachfolgende Darstellung zeigt, kategorisiert nach Brutto- sowie Nettokapitalisierung, einen Überblick über die DCF-Verfahren.

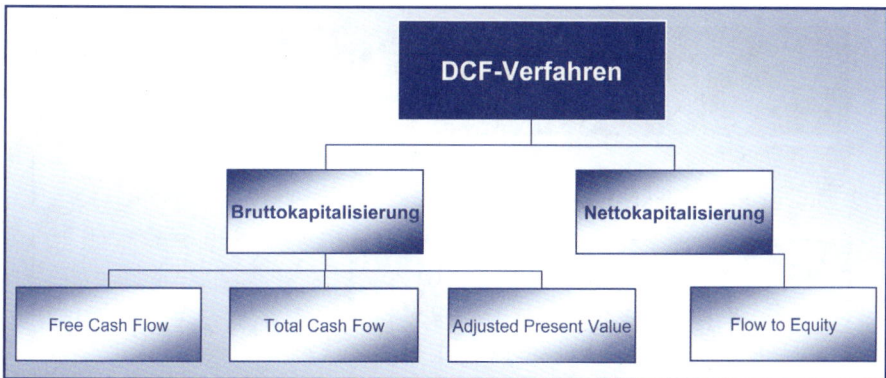

Abbildung VII.12: DCF-Verfahren im Überblick

Da die ermittelten Free Cash-Flows (FCF) im Zuge der Bruttokapitalisierung sowohl zur Befriedigung von Eigen- als auch Fremdkapitalgebern relevant sind, muss der in der Bewertung vollzogene Vergleich mit einer risikoadäquaten Alternativanlage als Zinsforderung des Eigenkapitalgebers um die Zinsforderung der Fremdkapitalgeber erweitert werden. Der geforderte Kapitalisierungszinssatz muss somit die Renditeforderung der Eigen- als auch Fremdkapitalgeber beinhalten, da der FCF Eigen- sowie Fremdkapitalgeber befriedigen muss. Dieser Mischzinssatz wird als Weighted Average Cost of Capital (WACC) bezeichnet und kumuliert die Forderungen der Eigen- wie auch Fremdkapitalgeber. Der im Zuge der Nettokapitalisierung ermittelte Flow to Equity (FTE) steht im Vergleich dazu nur mehr zur Befriedigung der Ansprüche der Eigenkapitalgeber zur Verfügung, denn die Zinsansprüche der Fremdkapitalgeber fanden bereits bei der Cash-Flow-Ermittlung (Flow to Equity) Berücksichtigung. Demzufolge muss dieser mit einer Alternativanlage verglichen werden, welche wiederum lediglich die Forderung der Eigenkapitalgeber widerspiegelt. Diese Forderung wird als Renditeforderung der Eigenkapitalgeber im Zuge des CAPM-Modells ermittelt. Der stattzufindende Vergleich, künftige finanzielle Überschüsse versus entsprechende Alternativanlage, hat somit immer auf gleicher Basis zu erfolgen. Wird ein finanziell für Eigenkapitalgeber relevanter Überschuss herangezogen, muss dieser mit der entsprechenden Forderung der Eigenkapitalgeber diskontiert werden, liegen finanzielle Überschüsse der Gesamtkapitalgeber vor, müssen diese mit Renditeforderungen verglichen werden, welche ebenfalls die Forderung beider Seiten der Kapitalgeber beinhalten. Demzufolge ergibt die Diskontierung der FCF mit dem WACC einen Marktwert des Gesamtkapitals, während die Diskontierung der FTE mittels der Renditeforderung der Eigenkapitalgeber direkt den Marktwert des Eigenkapitals ergibt. Befindet sich eventuell nicht betriebsnotwendiges Vermögen im Unternehmen, muss dieses, wie beim Ertragswertverfahren, gesondert berücksichtigt werden. Die Zusammenhänge zwischen den künftigen Cash-Flows in ihrer jeweiligen Ausprägung und den zugehörigen Kapitalisierungszinssätzen werden in nachfolgender Darstellung kompakt illustriert.

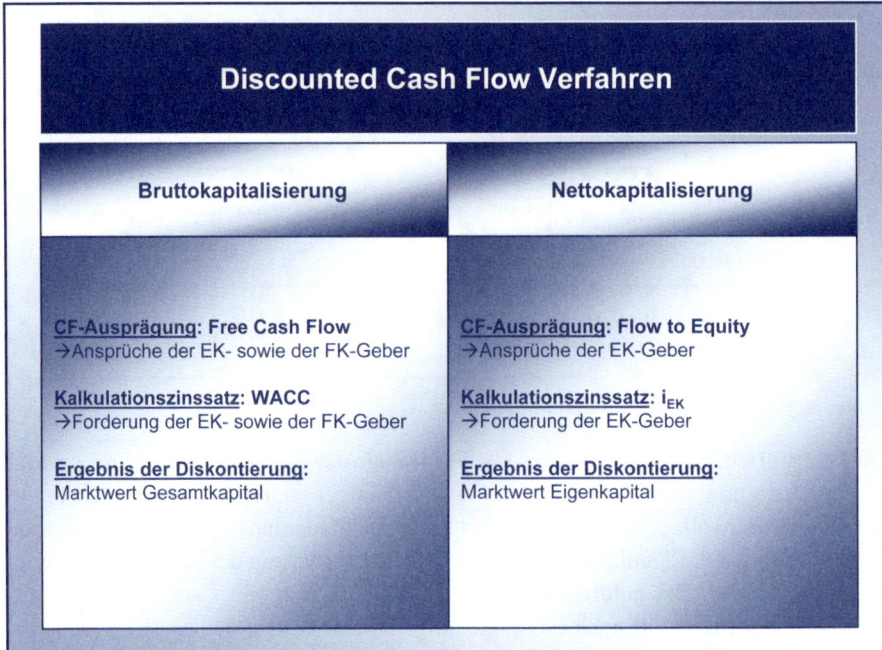

Abbildung VII.13: Zusammenhang Ausprägungsform Cash-Flow und Kapitalisierungszinssatz

> Die **Bruttokapitalisierung** ermittelt durch Diskontierung der FCFs mittels eines gewichteten Kapitalkostensatzes den Marktwert des Gesamtkapitals. Dieser Marktwert muss um den Marktwert des (verzinslichen) Fremdkapitals vermindert werden, um den Marktwert des Eigenkapitals zu erhalten.

Im Bereich der **Bruttokapitalisierung** wird in der Praxis vorwiegend auf Free Cash Flows (FCF) als künftige Zahlungsströme abgestellt. Die Ermittlung des FCF erfordert, aufgrund einer angestrebten Finanzierungsneutralität (Fiktion vollständiger Eigenfinanzierung), lediglich die Berücksichtigung des Leistungsbereichs des Unternehmens. Die Zahlungsströme aus dem Finanzierungsbereich (Fremdkapitalzinsen, Kreditaufnahme, -tilgung etc.) dürfen somit in der Ermittlung des FCF an sich nicht berücksichtigt werden, da ansonsten der geforderten Finanzierungsneutralität nicht genüge getan werden kann. Dieser Finanzierungsbereich wird sodann in der Ermittlung der jeweiligen Kapitalkosten (Diskontierungssatz) berücksichtigt. Nachfolgendes Schema verdeutlicht dies vereinfachend:

Position	
1.	Operatives Ergebnis vor Zinsen und Steuern (EBIT)
2. –	Adaptierte Steuerzahlungen
3. =	**Operatives Ergebnis vor Zinsen, nach adaptierten Steuern (NOPLAT)**
4. +/–	Abschreibungen/Zuschreibungen
5. +/–	Aufwendungen/Erträge aus Anlageabgängen
6. +/–	Erhöhung/Verminderung d. langfr. Rückstellungen
7. =	**Operativer Brutto Cash-Flow**
8. +/–	Verminderung/Erhöhung des Netto-Umlaufvermögens (ohne liquide Mittel und kurzfristige Bankverbindlichkeiten)
9. –/+	Mittelabflüsse/Mittelzuflüsse aus Investitionen/Desinvestitionen
10. =	**Operativer Free Cash-Flow**
11. +/–	Nicht operativer Free Cash-Flow
12. =	**Free Cash-Flow**

Die Ausgangsgröße zur Ermittlung des FCF kann das EBIT (earnings before interest and taxes – Betriebsergebnis – Operatives Ergebnis vor Zinsen und Steuern) der Plan-Gewinn- und Verlustrechnung darstellen. Diese Kenngröße stellt die geforderte finanzierungsneutrale Ausgangsgröße dar. Um die Annahme der reinen Eigenkapitalfinanzierung aufrecht zu erhalten, darf die Steuerlast nicht aus den geplanten Periodenergebnissen, welche die steuerliche Abzugsfähigkeit der Fremdkapitalzinsen berücksichtigt, übernommen werden, sondern sie muss entweder bereinigt oder neu berechnet werden. Eine Bereinigung erfolgt durch die Berücksichtigung der im geplanten Periodenergebnis enthaltenen Steuerminderung, wie sie sich aufgrund der vorhandenen Fremdkapitalzinsen ergibt. Im Zuge der Neuberechnung kann die Steuerlast vereinfachend auf Basis des EBIT und nicht auf Basis des EGT (Ergebnis gewöhnlicher Geschäftstätigkeit) neu ermittelt werden. Somit handelt es sich um eine adaptierte Steuerlast, also jene, die das Unternehmen zu tragen hätte, wäre es zu 100 % eigenfinanziert.

Eine Neuberechnung der Steuerlast kann unter folgendem Schema erfolgen:

Position	
1.	Operatives Ergebnis vor Zinsen und Steuern (EBIT)
2. –	Adaptierte Steuerzahlungen
3. =	**Operatives Ergebnis vor Zinsen, nach adaptierten Steuern (NOPLAT)**
...	...
...	...
12. =	**Free Cash-Flow**

Ab dem operativen Ergebnis vor Zinsen und nach adaptierten Steuern (NOPLAT) folgt die gleiche Vorgehensweise wie bereits in Abbildung VII.17 dargestellt.

Übungsbeispiel 19: FCF unter Neuberechnung Steuerlast:

Auszug aus Plan-GuV (vereinfachte Darstellung)					
in TEUR	2009	2010	2011	2012	2013
EBIT	120,00	60,00	100,00	100,00	110,00
Zinsaufwand	8,00	8,00	8,00	8,00	8,00
EGT	112,00	52,00	92,00	92,00	102,00
Steuern	28,00	13,00	23,00	23,00	25,50
JÜ	84,00	39,00	69,00	69,00	76,50

Zusatzangaben					
Veränderung lgfr. RST	20,00	30,00	-20,00	10,00	10,00
Abschreibungen	110,00	110,00	110,00	110,00	110,00
Veränderung Netto-umlaufvermögen	10,00	-20,00	-10,00	20,00	0,00
Investitionen	-20,00	-60,00	-50,00	-60,00	-55,00

Aufgabenstellung:

Berechnen Sie den FCF der einzelnen Perioden mittels Neuberechnung der Steuerlast unter der Annahme der ausschließlichen Berücksichtigung einer 25%igen KöSt-Last. Das EGT entspricht vereinfachend der Steuerbemessungsgrundlage.

Lösung FCF unter Neuberechnung Steuerlast:

Ermittlung FCF					
	2009	2010	2011	2012	2013
Operatives Ergebnis vor Zinsen und Steuern	120,00	60,00	100,00	100,00	110,00
– adaptierte Steuerzahlungen	-30,00	-15,00	-25,00	-25,00	-27,50
NOPLAT	90,00	45,00	75,00	75,00	82,50
+/– Abschreibungen/Zuschreibungen	110,00	110,00	110,00	110,00	110,00
+/– Erhöhung/ Verminderung d. lgfr. Rückstellungen	20,00	30,00	-20,00	10,00	10,00
= Operativer Brutto Cash-Flow	220,00	185,00	165,00	195,00	202,50
+/– Verminderung/Erhöhung des Netto-Umlaufvermögens	-10,00	20,00	10,00	-20,00	0,00
–/+ Mittelabflüsse/Mittelzuflüsse aus Investitionen/Desinvestitionen	-20,00	-60,00	-50,00	-60,00	-55,00
Free Cash-Flow	190,00	145,00	125,00	115,00	147,50

Eine Bereinigung der Steuerlast kann unter folgendem Schema erfolgen:

Position	
1.	Unternehmensrechtliches Ergebnis
2. +	Fremdkapitalzinsen
3. –	Steuerersparnis aus der Absetzbarkeit der FK-Zinsen (Tax Shields)
3. =	**Operatives Ergebnis vor Zinsen, nach adaptierten Steuern (NOPLAT)**
...	...
...	...
12. =	**Free Cash-Flow**

Nachfolgendes Beispiel soll dies verdeutlichen.

Übungsbeispiel 20: Ermittlung FCF unter Bereinigung Steuerlast:

Auszug aus Plan-GuV (vereinfachte Darstellung)					
in TEUR	2009	2010	2011	2012	2013
EBIT	**120,00**	**60,00**	**100,00**	**100,00**	**110,00**
Zinsaufwand	8,00	8,00	8,00	8,00	8,00
EGT	**112,00**	**52,00**	**92,00**	**92,00**	**102,00**
Steuern	28,00	13,00	23,00	23,00	25,50
JÜ	**84,00**	**39,00**	**69,00**	**69,00**	**76,50**

Zusatzangaben					
Veränderung lgfr. RST	20,00	30,00	-20,00	10,00	10,00
Abschreibungen	110,00	110,00	110,00	110,00	110,00
Veränderung Nettoumlaufvermögen	10,00	-20,00	-10,00	20,00	0,00
Investitionen	-20,00	-60,00	-50,00	-60,00	-55,00
Aufnahme/Tilgung	0,00	0,00	0,00	0,00	0,00

Aufgabenstellung:
Berechnen Sie den FCF der einzelnen Perioden mittels Bereinigung der Steuerlast.

Lösung FCF unter Bereinigung Steuerlast:

Ermittlung FCF					
	2009	2010	2011	2012	2013
Unternehmensrechtliches Ergebnis	84,00	39,00	69,00	69,00	76,50
+ Fremdkapitalzinsen	8,00	8,00	8,00	8,00	8,00
– Steuerersparnis aus der Absetzbarkeit der FK-Zinsen (Tax Shields)	-2,00	-2,00	-2,00	-2,00	-2,00

NOPLAT	90,00	45,00	75,00	75,00	82,50
+/– Abschreibungen/Zuschreibungen	110,00	110,00	110,00	110,00	110,00
+/– Erhöhung/ Verminderung d. lgfr. Rückstellungen	20,00	30,00	-20,00	10,00	10,00
= Operativer Brutto Cash-Flow	220,00	185,00	165,00	195,00	202,50
+/– Verminderung/Erhöhung des Netto-Umlaufvermögens	-10,00	20,00	10,00	-20,00	0,00
–/+ Mittelabflüsse/Mittelzuflüsse aus Investitionen/Desinvestitionen	-20,00	-60,00	-50,00	-60,00	-55,00
Free Cash-Flow	190,00	145,00	125,00	115,00	147,50

Nach Abzug der adaptierten Steuerlast vom EBIT erhält man das NOPLAT (Net operating profit less adjusted taxes). Diese Größe wird nun Schritt für Schritt um erfolgswirksame, aber zahlungsneutrale sowie um erfolgsunwirksame, aber zahlungswirksame Erträge und Aufwendungen korrigiert. Dieses Vorgehen entspricht der Vorgehensweise der bereits erläuterten Cash-Flow-Ermittlung im Rahmen des ÖVFA-Schemas. Hierbei ist jedoch darauf hinzuweisen, dass es sich dabei lediglich um den operativen Cash-Flow und den Investitions-Cash-Flow handelt. Der im ÖVFA-Schema berücksichtigte Finanzierungs-Cash-Flow muss hierbei infolge der geforderten Finanzierungsneutralität ausgeklammert werden. Die Zwischengröße, der operative Brutto-Cash-Flow, entspricht dem Cash-Flow, den ein eigenfinanziertes Unternehmen aus der reinen Betriebstätigkeit vor Berücksichtigung der Investitionen in das Anlage- als auch Umlaufvermögen erwirtschaftet. Im Bereich der Veränderungen im Netto-Umlaufvermögen besteht die Annahme, dass die Veränderungen im Bereich kurzfristiger (Bank-)Verbindlichkeiten nicht berücksichtigt werden, da diese dem Fremdfinanzierungsbereich zuzuordnen sind und aufgrund der Annahme der 100%igen Eigenfinanzierung nicht miteinbezogen werden dürfen. Somit beinhalten die Veränderungen des Netto-Umaufvermögens insbesondere folgende Positionen:

- Veränderungen der Vorräte
- Veränderungen der Debitoren
- Veränderungen der Kreditoren
- Veränderungen kurzfristiger Rückstellungen

Der nicht operative Free Cash-Flow ist im Anschluss ebenfalls zu berücksichtigen. Dieser beinhaltet Cash-Flows aus außerordentlichen Vorgängen oder etwa bestimmte Investitionen in eigenständige Tochtergesellschaften. Die Summe aus dem operativen sowie dem nicht operativen Free Cash-Flow muss sodann den FCF des Unternehmens ergeben.

Nachfolgend wird – um die Methodik zu zeigen – ein stark vereinfachtes Beispiel einer Unternehmensbewertung mittels der Bruttomethode verwendet.

Übungsbeispiel 21: Berechnung Free Cash-Flow:

Zur Bewertung eines Unternehmens stehen folgende Daten zur Verfügung.

Umsatz abgelaufenes Jahr	25.000,00
Jährliche Umsatzwachstumsrate	10,00 %
Jährliche Umsatzrentabilität (EBIT/Umsatz)	6,00 %
Ertragsteuersatz	25,00 %
Nettoinvestitionsrate ins WC: NI wc	16,00 %
Nettoinvestitionsrate ins Anlagevermögen: NI av	9,00 %
Detailprognosezeitraum (Detailphase)	5 Jahre

Anmerkungen:

NI wc   Nettoinvestitionen ins working capital (basierend auf Umsatzzuwachs gegenüber Vorjahr)

NI av   Nettoinvestitionen ins Anlagevermögen (basierend auf Umsatzzuwachs gegenüber Vorjahr)

In der Detailphase (2009–2013) wird davon ausgegangen, dass alle angegebenen Wachstumsraten konstant bleiben. In der Forecast Phase (ab 2014) wird davon ausgegangen, dass eine pauschale Fortschreibung der FCFs des letzten Jahres der Detailphase erfolgen kann.

Zum Bewertungsstichtag weist das Unternehmen eine Kapitalstruktur auf, welche einen Verschuldungskoeffizienten (Fremdkapital/Eigenkapital) in Höhe von 1 ergibt.

Aufgabenstellung:

Berechnen Sie mit den Ihnen zur Verfügung stehenden Daten die jeweiligen FCFs. Auf eine Berücksichtigung persönlicher Ertragsteuern kann verzichtet werden.

Lösung Berechnung Free Cash-Flow:

Ausgehend von den zur Verfügung stehenden Daten ergeben sich folgende FCFs für die geplanten Jahre:

Ermittlung FCF						
	2008	2009	2010	2011	2012	2013
Umsatz	25.000,00	27.500,00	30.250,00	33.275,00	36.602,50	40.262,75
EBIT/Betriebsergebnis		1.650,00	1.815,00	1.996,50	2.196,15	2.415,77
– Unternehmenssteuer (adaptiert)		-412,50	-453,75	-499,13	-549,04	-603,94
NOPLAT		1.237,50	1.361,25	1.497,38	1.647,11	1.811,82
– Investitionen ins Working Capital		-400,00	-440,00	-484,00	-532,40	-585,64

– Investitionen ins Anlagevermögen	-225,00	-247,50	-272,25	-299,48	-329,42
Free Cash-Flow	612,50	673,75	741,13	815,24	896,76

Berechnungshinweise:
- Umsatz: Ausgehend vom Umsatz des Jahres 2008 immer 10 % erhöhen (z.B. Jahr 2010: Umsatz Jahr 2009 27.500 * 1,1 = 30.250,–)
- EBIT: Aufgrund der Umsatzrentabilität beträgt das EBIT jeweils 6 % vom Umsatz
- Unternehmenssteuer: Adaptierte Steuerbelastung; 25 % auf EBIT
- Investitionen ins WC / AV: Jeweils 16 % bzw. 9 % auf den jährlichen Umsatzzuwachs

Liegt eine Cash-Flow-Berechnung auf Basis des ÖVFA-Schemas vor, kann der FCF modifiziert berechnet werden. Die Summe aus dem operativen Cash-Flow und dem Investitions-Cash-Flow ist um die zu berücksichtigenden Zahlungsströme aufgrund des Fremdkapitals zu bereinigen. Dies betrifft die Fremdkapitalzinsen sowie die daraus resultierende Steuerersparnis.

Der so ermittelte FCF ist finanzierungsneutral, d.h. es wird so getan, als hätte das zu bewertende Unternehmen keine Verschuldung. Dieser FCF steht aufgrund dieser Annahme den Ansprüchen der Eigen-(Dividendenzahlungen, Kapitalherabsetzungen etc.) als auch Fremdkapitalgeber (Zins- und Tilgungszahlungen, Kreditaufnahme etc.) zur Verfügung. Da die tatsächliche (besser: geplante) Kapitalstruktur des zu bewertenden Unternehmens jedoch im Zuge der Bewertung berücksichtigt werden muss, erfolgt diese im Kapitalisierungszinssatz. Dieser Forderung wird durch die Verwendung des gewogenen/gewichteten Kapitalkostensatzes, dem **Weighted Average Cost of Capital** (WACC) Genüge getan. Dieser gewogene Kapitalkostensatz stellt einen Mischzinssatz aus der Renditeforderung der Eigenkapitalgeber sowie dem Fremdfinanzierungszinssatz dar und ergibt sich aus den gewichteten Fremdkapitalkosten und den gewichteten Eigenkapitalkosten. Nachfolgende Formel verdeutlicht die Ermittlung des WACC, wobei i_{wacc} dem WACC, i_{EK} der Renditeforderung der EK-Geber, EK dem Eigenkapital, GK dem Gesamtkapital, i_{FK} der Renditeforderung der FK-Geber, s dem Steuersatz sowie FK dem Fremdkapital entspricht.

$$i_{wacc} = i_{EK} * \frac{EK}{GK} + i_{FK} * (1-s) * \frac{FK}{GK}$$

Wie aus der Formel zu entnehmen ist, erfolgt die Ermittlung des WACC mittels Summierung der gewichteten Eigenkapitalkosten (Renditeforderung Eigenkapitalgeber [i_{EK}] mal Eigenkapitalquote = Gewichtungsfaktor [EK/GK]) und der gewichteten Fremdkapitalkosten (Fremdfinanzierungszinssatz [i_{FK}] mal Fremdkapitalquote = Gewichtungsfaktor [FK/GK]) des Unternehmens. Die Renditeforderung der Eigenkapitalgeber wird mittels des CAPM-Modells ermittelt. Der Fremdfinanzierungszinssatz entspricht den marktüblichen Kosten für das im Unternehmen eingesetzte verzinsliche Fremdkapital. Weiters muss, da die Steuerersparnis resultierend aus der Absetzbarkeit der Fremdkapitalzinsen (falls Fremdkapitalzinsen bei der Ermittlung des steuerpflichtigen Gewinns abzugsfähig sind) im FCF nicht berücksichtigt wurde, diese Ergänzung im WACC vollzogen werden. Die Ermittlung der Eigenkapital- als auch Fremdkapitalquote erfolgt richtigerweise jeweils auf Basis des Marktwertes des Eigenkapitals (Zirkularität!) als auch des Marktwertes des Fremdkapitals. Der Marktwert des verzinslichen Fremdkapitals entspricht bei Vorliegen marktüblicher Zinskonditionen dem Buchwert zum Bewertungsstichtag. Entspricht die Verzinsung des Fremdkapitals nicht den marküblichen Konditionen, wird der Marktwert des Fremdkapitals durch Diskontierung der Fremdfinanzierungszahlungen mittels marktüblicher Zinssätze ermittelt.

Übungsbeispiel 22: Weighted Average Cost of Capital:

Ausgangsbasis sind die Daten aus Übungsbeispiel 21. Weiters stehen folgende Informationen zur Verfügung:

Beta-Faktor verschuldet: 1,25
Unternehmenssteuersatz: 25 %
Marktrisikoprämie: 6,0 %
Risikofreier Zinssatz: 3,0 % p.a.
Fremdkapitalzinssatz: 3,0 % p.a.
Verschuldungskoeffizient: 1

Aufgabenstellung:
Ermitteln Sie den WACC unter oben angeführten Annahmen.

Lösung Weighted Average Cost of Capital:

1. Schritt: Ermittlung Renditeforderung EK-Geber:

$$i_{EK} = i_{FR} + \beta_v * (i_{RM} - i_{RF}) = 0,03 + 1,25 * 0,06 = 10,5\,\%$$

2. Schritt: Ermittlung WACC:

$$WACC = i_{EK} * \frac{EK}{GK} + i_{FK} * (1 - s) * \frac{FK}{GK} = 0,105 * 0,5 + 0,03 * (1 - 0,25) * 0,5 = 6,38\,\%$$

Unabhängig von der Bewertungsmethode benötigt die Berechnung des Kapitalisierungszinssatzes (Renditeforderung der Eigenkapitalgeber oder WACC) genau genommen den Marktwert und nicht den Buchwert des Eigenkapitals. Der Marktwert des Eigenkapitals wird jedoch erst im Zuge der Unternehmenswertermittlung ermittelt. Somit wird insbesondere die Kenntnis des künftigen Marktwertes des Eigenkapitals zur Unternehmenswertermittlung vorausgesetzt. Dieser Umstand wird als Zirkularitätsproblem bezeichnet. Diese Abhängigkeit des WACC (aber auch der Renditeforderung der Eigenkapitalgeber) vom Marktwert des Eigenkapitals kann nur durch eine iterative (näherungsweise) Vorgangsweise gelöst werden. In einem ersten Schritt wird als „vorläufiger" Marktwert entweder der Buchwert des Eigenkapitals oder eine Schätzung herangezogen. Auf dieser Grundlage werden dann die entsprechenden Kapitalkosten und der anzuwendende Kapitalisierungszinssatz errechnet, woraus sich dann ein Marktwert des Eigenkapitals ergibt. Mit dem so ermittelten Marktwert des Eigenkapitals werden nun erneut die Kapitalkosten, der anzuwendende Kapitalisierungszinssatz sowie der Marktwert des Eigenkapitals ermittelt. Diese Vorgehensweise wird so lange wiederholt, bis der Marktwert des Eigenkapitals mit dem „eingesetzten" Marktwert des Eigenkapitals übereinstimmt.

Durch Diskontierung der ermittelten künftigen FCF mittels des WACC (i_{wacc}) und der Berücksichtigung eines eventuell vorhandenen nicht betriebsnotwendigen Vermögens ergibt sich der Marktwert des Gesamtkapitals. Dieser Marktwert des Gesamtkapitals entspricht dem Marktwert des Unternehmens aus der Sicht der Eigen- als auch Fremdkapitalgeber. Der Marktwert des Gesamtkapitals (MW_{GK}) ergibt sich formelhaft wie folgt, wobei W wieder dem nicht betriebnotwendigen Vermögen und der FCF_z dem nachhaltigen FCF entspricht.

$$MW_{GK} = \sum_{t=1}^{n} FCF * \frac{1}{(1+i_{wacc})^t} + \frac{FCF_z}{i_{wacc}} * \frac{1}{(1+i_{wacc})^n} + W$$

Übungsbeispiel 23: Marktwert des Gesamtkapitals:

Ausgangsbasis sind die Daten aus Übungsbeispiel 21 sowie die ermittelten Kapitalkosten aus Übungsbeispiel 22.

Aufgabenstellung:
Ermitteln Sie den Marktwert des Gesamtkapitals.

Lösung Marktwert des Gesamtkapitals:

$$MW_{GK} = \sum_{t=1}^{n} FCF * (\frac{1}{(1+i_{wacc})^t} + \frac{FCF_z}{i_{wacc}} * \frac{1}{(1+i_{wacc})^n} = 612,5 * \frac{1}{(1+0,0638)^1} + 673,75 * \frac{1}{(1+0,0638)^2} +$$

$$741,13 * \frac{1}{(1+0,0638)^3} + 815,24 * \frac{1}{(1+0,0638)^4} + 896,76 * \frac{1}{(1+0,0638)^5} +$$

$$\frac{896,76}{0,0638} * \frac{1}{(1+0,0638)^5} = 13.398,60$$

Hinweis: Liegt nun noch nicht betriebsnotwendiges Vermögen vor, muss dieses – gleich der Vorgehensweise der Ertragswertmethode – berücksichtigt werden und als Barwert der künftigen finanziellen Überschüsse des nicht betriebsnotwendigen Vermögens zum Marktwert des Gesamtkapitals hinzugezählt werden.

Vom Marktwert des Gesamtkapitals ist der Marktwert des verzinslichen Fremdkapitals abzuziehen, woraus sich dann der Marktwert des Eigenkapitals, der Shareholder Value, der Unternehmenswert, ergibt. Dieses Abzugskapital (Marktwert des verzinslichen Fremdkapitals) weist folgende Charakteristika auf: Verpflichtung zur Rückzahlung, Verzinslichkeit, Vorrangigkeit. Das nicht verzinsliche Fremdkapital, z.B. Verbindlichkeiten aus Lieferung und Leistung, Kundenanzahlungen etc., ist bereits implizit in den betrieblichen Aufwendungen, sprich im operativen Bereich des FCFs, berücksichtigt.

Ermittlung Marktwert des Eigenkapitals	
1.	Marktwert des Gesamtkapitals
2.	– Marktwert des (verzinslichen) Fremdkapitals
3.	**= Marktwert des Eigenkapitals (Shareholder Value)**

Nachfolgendes Beispiel verdeutlicht diese Vorgehensweise.

Übungsbeispiel 24: Marktwert des Eigenkapitals:

Ausgangsbasis sind die Daten aus Übungsbeispiel 21, die ermittelten Kapitalkosten aus Übungsbeispiel 22 sowie der Marktwert des Gesamtkapitals von Übungsbeispiel 23. Weiters stehen folgende Informationen zur Verfügung:

■ Verzinsliches Fremdkapital: EUR 5.000,–

Aufgabenstellung:
Ermitteln Sie den Marktwert des Eigenkapitals.

Lösung Marktwert Eigenkapital:

Marktwert Gesamtkapital	13.398,61
Marktwert Fremdkapital	5.000,00
Marktwert Eigenkapital	**8.398,61**

Der ermittelte Marktwert des Eigenkapitals entspricht dem vorläufigen Marktwert des Eigenkapitals (Problematik Iteration). Der ermittelte Wert des Eigenkapitals wird zur erneuten Berechnung des Kapitalisierungszinssatzes herangezogen. Diese Vorgehensweise wird so lange wiederholt, bis es zu einer entsprechenden Annäherung kommt.

Als besonderer Vorteil der FCF-Methode wird die angenommene Finanzierungsneutralität gesehen. Somit hat die Form der Finanzierung keinen Einfluss auf die Höhe des FCF. Zur Planung der FCFs ist somit keine detaillierte Planung der Fremdfinanzierungszahlungen notwendig. Hierdurch ist eine periodenspezifische Prognose der Fremdkapitaländerungen nicht notwendig. Da der zur Anwendung kommende Kapitalisierungszinssatz (WACC) der Annahme unterliegt, dass die Kapitalstruktur des Unternehmens konstant ist (konstanter Verschuldungsgrad), erfordert dies eine entsprechende Finanzierungs- als auch Ausschüttungspolitik des Unternehmens. Die Annahme einer konstanten Kapitalstruktur muss aber als stark vereinfachte Prämisse angesehen werden. Bei sich ändernder Kapitalstruktur muss der Kapitalisierungszinssatz periodengerecht an die jeweilige Kapitalstruktur angepasst werden.

Der **Total Cash-Flow** (TCF-Verfahren) ist ebenfalls der Bruttokapitalisierung zuzuordnen. Der grundsätzliche Unterschied zum FCF-Verfahren liegt in der etwas anderen Berücksichtigung der Steuerersparnis aufgrund der Abzugsfähigkeit der Fremdkapitalzinsen. Während beim FCF-Verfahren diese im Rahmen der Diskontierung mittels WACC erfolgt, wird beim TCF-Verfahren diese Steuerersparnis separiert und dem FCF als so genanntes Tax Shield zugeschlagen. Durch Addition des FCF und des Tax Shields erhält man den TCF. Nachfolgendes Schema zeigt die Berechnung des TCF, ausgehend vom bereits ermittelten FCF.

Ermittlung Total Cash-Flow		
1.		Free Cash-Flow
2.	+	Tax Shield (Unternehmensteuerersparnis aus FK-Zinsen)
3.	**=**	**Total Cash-Flow (TCF)**

Übungsbeispiel 25: Total Cash-Flow:

Aufgabenstellung:
Das zu bewertende Unternehmen möchte aus den bereits ermittelten FCFs des Übungsbeispiels 19 bzw. 20 die jeweiligen Total Cash-Flows ermitteln.

Lösung Total Cash-Flow:

Ermittlung TCF					
	2009	2010	2011	2012	2013
Free Cash-Flow	190,00	145,00	125,00	115,00	147,50
+ Tax Shield	2,00	2,00	2,00	2,00	2,00
Total Cash-Flow	**192,00**	**147,00**	**127,00**	**117,00**	**149,50**

Das Tax Shield ergibt sich aus der Steuerersparnis aufgrund der FK-Zinsen. Z.B. für das Jahr 2010: FK-Zinsen in Höhe von EUR 8,0 – davon angemessene 25 %, ergeben EUR 2,0 Steuerersparnis.
Der ermittelte TCF ist somit um die Steuerersparnis aus den FK-Zinsen höher als der FCF.

Dieser TCF darf sodann nur noch mit einem WACC ohne Berücksichtigung der Steuerwirkung (1-s) aus der Abzugsfähigkeit der Fremdkapitalzinsen diskontiert werden, da es ansonsten zu einer Doppelberücksichtigung der Steuerersparnis kommen würde. Die gewichteten Kapitalkosten (WACC) berechnen sich demzufolge nach folgender Formel, wobei i_{wacc} dem WACC, i_{EK} der Renditeforderung der EK-Geber, EK dem Eigenkapital, GK dem Gesamtkapital, i_{FK} der Renditeforderung der FK-Geber sowie FK dem Fremdkapital entspricht.

$$i_{wacc} = i_{EK} * \frac{EK}{GK} + i_{FK} * \frac{FK}{GK}$$

Die Bewertung mittels der FCF-Methode führt zum selben Ergebnis wie eine Bewertung mittels des TCF-Verfahrens. Die Unterscheidung liegt in der Finanzierungsneutralität des Cash-Flows. Während der FCF finanzierungsneutral ist, kann der TCF diese Charaktereigenschaft durch Berücksichtigung der entsprechenden Steuerersparnis nicht mehr aufweisen. Bei Anwendung des Bruttoverfahrens wird die Steuerwirkung in der Praxis üblicherweise im Kapitalisierungszinssatz berücksichtigt, d.h. der Unternehmenswert wird auf Basis des FCF ermittelt. Die TCF-Methode unterliegt wie die FCF-Methode der Annahme einer konstanten Kapitalstruktur.

Die **Adjusted-Present-Value-Methode** (APV-Methode) ist ebenfalls der Bruttokapitalisierung zuzuordnen. Der Unterschied zur bereits beschriebenen FCF-Methode liegt in der Diskontierung der ermittelten FCF basierend auf der Renditeforderung der Eigenkapitalgeber für ein unverschuldetes Unternehmen (r_{EKu}). Liegt die Renditeforderung der Eigenkapitalgeber für ein verschuldetes Unternehmen (r_{EKv}) vor, so kann die Renditeforderung der Eigenkapitalgeber für unverschuldetes Unternehmen daraus abgeleitet werden. Nachfolgende Formel zeigt diese Vorgehensweise. i_{RF} entspricht dabei der risikolosen Verzinsung, s dem Steuersatz, FK dem Fremdkapital, EK dem Eigenkapital.

$$i_{EKu} = \frac{i_{EKv} + i_{RF} * (1-s) * \dfrac{FK}{EK}}{1 + (1-s) * \dfrac{FK}{EK}}$$

Übungsbeispiel 26: Renditeforderung EK-Geber eines unverschuldeten Unternehmens:

Risikolose Verzinsung: 4 % p.a.

Aufgabenstellung:
Ausgehend von der bereits ermittelten Renditeforderung der EK-Geber eines verschuldeten Unternehmens in Höhe von 14,69 % (Verschuldungskoeffizient von 2) soll die Renditeforderung der EK-Geber für ein unverschuldetes Unternehmen ermittelt werden. Das Unternehmen unterliegt der KöSt.

Lösung Renditeforderung EK-Geber eines unverschuldeten Unternehmens:

$$i_{EKu} = \frac{0{,}1469 + 0{,}04 * (1 - 0{,}25) * 2}{1 + (1 - 0{,}25) * 2} = 8{,}28\,\%$$

Die Renditeforderung der EK-Geber für ein unverschuldetes Unternehmen beträgt danach 8,28 %.

Somit wird lt. IDW S 1 in einem ersten Schritt der Marktwert eines fiktiven unverschuldeten Unternehmens ermittelt. Der Grundgedanke des APV-Verfahrens liegt in der Unterstellung, dass die ermittelten FCF rein eigenfinanziert erwirtschaftet werden. Die Diskontierung der FCF erfolgt mit den EK-Kosten eines unverschuldeten Unternehmens. Der Steuervorteil aufgrund der Fremdkapitalzinsen wird in einem zweiten Schritt in die Ermittlung des Marktwertes des Gesamtkapitals berücksichtigt. Hierbei wird der Wertbeitrag der Verschuldung (Barwert des Steuervorteils – tax shield) durch Diskontierung der jeweiligen prognostizierten Steuervorteile mittels des Fremdkapitalzinssatzes (risikoadäquater, periodengerechter Kapitalkostensatz) ermittelt. Durch diese Vorgehensweise erfolgt eine Separierung der wertbeeinflussenden Merkmale eines Unternehmens.

Dem Konzept der Bruttokapitalisierung zufolge wird dann vom Marktwert des Gesamtkapitals der Marktwert des verzinslichen Fremdkapitals subtrahiert, um zum gewünschten Marktwert des Eigenkapitals zu gelangen. Nachfolgendes Schema verdeutlicht diese Vorgehensweise nochmals:

Ermittlung Marktwert Eigenkapital (APV-Verfahren)
1. Marktwert unverschuldetes Unternehmen
2. + Wertbeitrag der Verschuldung
3. = Marktwert Gesamtkapital
4. – Marktwert (verzinsliches) Fremdkapital
5. = Marktwert Eigenkapital

Die Vorteile der APV-Methode liegen in der komponentenweisen Vorgehensweise in der Ermittlung des Marktwertes des Gesamtkapitals. Ändert sich die Kapitalstruktur von Periode zu Periode, wäre eine periodenmäßige Anpassung der Kapitalkosten vonnöten. Diese periodenmäßige Anpassung kann durch die Anwendung des APV-Verfahrens vermieden werden. Durch die Aufgliederung kann erkannt werden, inwieweit die Kapitalstruktur Einfluss auf den Gesamtwert des Unternehmens nimmt. Durch die Separierung kann es jedoch dazu kommen, dass dem werterhöhenden Faktor „Wertbeitrag der Verschuldung" zu hohe Bedeutung beigemessen wird und demzufolge eine hohe Verschuldung angestrebt wird.

> Bei der Nettokapitalisierung wird der Marktwert des Eigenkapitals gleich direkt, durch Diskontierung der FTEs mittels der Renditeforderung der EK-Geber ermittelt.

Im Zuge der **Nettokapitalisierung** (**Equity-Ansatz**) wird der Marktwert des Eigenkapitals direkt ohne Umweg über den Marktwert des Gesamtkapitals ermittelt. Somit sind jene künftigen Überschüsse zur Diskontierung auf den Bewertungsstichtag heranzuziehen, welche allein für die Ansprüche der Eigenkapitalgeber relevant sind. Dies erfordert eine Berücksichtigung der entsprechenden Zahlungsströme aufgrund des vorhandenen Fremdkapitals (Zinsen!) bei der Ermittlung der zugehörigen Cash-Flows. Diese künftigen Überschüsse werden als **Flow to Equity** (FTE) bezeichnet und beinhalten im Vergleich zum FCF bereits alle Zahlungsströme aufgrund der bestehenden Kapitalstruktur (Zahlungen an und von Fremdkapitalgebern) des Unternehmens. Dieser FTE berücksichtigt z.B. neben den FK-Zinsen auch Zahlungen für Tilgungen und Einzahlungen neu aufgenommener Kredite. Nachfolgendes Schema stellt die Berechnung des FTE schrittweise dar:

Position		
1.		Operatives Ergebnis vor Zinsen und Steuern (EBIT)
2.	–	Fremdkapitalzinsen
3.	**=**	**Operatives Ergebnis vor Steuern**
4.	–	Körperschaftsteuer
5.	**=**	**Operatives Ergebnis nach Steuern**
6.	+/–	Abschreibungen/Zuschreibungen
7.	+/–	Aufwendungen/Erträge aus Anlageabgängen
8.	+/–	Erhöhung/Verminderung d. langfr. Rückstellungen
9.	+/–	Verminderung/Erhöhung des Netto-Umlaufvermögens
		(ohne liquide Mittel und kfr. Bankverbindlichkeiten)
10.	–/+	Mittelabflüsse/Mittelzuflüsse aus Investitionen/Desinvestitionen
11.	+/–	Aufnahmen/Tilgungen v. verzinslichem Fremdkapital
12.	**=**	**Flow to Equity**

An dieser Stelle wird lediglich auf die zur Ermittlung des FCF abweichenden Komponenten eingegangen. Durch die Berücksichtigung der Fremdkapitalzinsen wird der Steuervorteil aufgrund der Abzugsfähigkeit der Fremdkapitalzinsen bereits in der Ermittlung des FTE berücksichtigt. Die hier zur Anwendungen kommende Steuerbelastung entspricht jener der Gewinn- und Verlustrechnung, somit der tatsächlichen und nicht der adaptierten Steuerbelastung des Unternehmens. Aufgrund der Berücksichtigung der Zahlungsströme aus der Fremdfinanzierung schon in FTE ist im Zuge der Berechnung des FTE die Trennung zwischen Leistungs- und Finanzierungsbereich obsolet.

Übungsbeispiel 27: Flow to Equity:

Zur Bewertung eines Unternehmens, es handelt sich um eine Kapitalgesellschaft, stehen folgende Daten zur Verfügung. Als Ausgangspunkt der Bewertung hat Ihnen die Geschäftsführung eine stark vereinfachte Bilanz des abgelaufenen Geschäftsjahres vorgelegt.

Bilanz des abgelaufenen Geschäftsjahres				
Aktiva	**2008**	**Passiva**		**2008**
A. Anlagevermögen		A. Eigenkapital		
1. Bebaute Grundstücke	7.560	1. Stammkapital		37.000
2. Gebäude	21.500	2. Gewinnrücklagen		9.500
3. Betr.- und Geschäftsausstattung	6.500	3. Bilanzgewinn		0
4. Fuhrpark	14.560	Eigenkapital		46.500
Anlagevermögen	50.120			
		B. Rückstellungen		
B. Umlaufvermögen		1. Rückstellungen kurzfristig		6.580
		2. Rückstellungen für Abfertigungen		16.850
1. Warenvorrat	24.560	Rückstellungen		23.430
2. Lieferforderungen	25.680			
3. Sonstiges Umlaufvermögen	13.540	C. Verbindlichkeiten		
4. Kassabestand, Guthaben b. Kreditinstituten	7.560	1. Bankverbindlichkeiten		29.730
Umlaufvermögen	71.340	2. Lieferverbindlichkeiten		17.780
		3. Sonstige Verbindlichkeiten		6.580
C. Aktive Rechnungsabgrenzungsposten	2.560	Verbindlichkeiten		54.090
	124.020			124.020

Die Planungsrechnung der folgenden Jahre ergibt folgendes Bild:

Planbilanzen (2009 – 2011)							
Aktiva	2009	2010	2011	Passiva	2009	2010	2011
A. Anlagevermögen				**A. Eigenkapital**			
1. Bebaute Grundstücke	7.560	7.560	7.560	1. Stammkapital	37.000	37.000	37.000
2. Gebäude	20.560	21.480	21.500	2. Gewinnrücklagen	9.500	9.500	9.500
3. Betr.- und Geschäftsausstattung	6.850	6.920	7.250	3. Bilanzgewinn	12.735	13.320	16.440
4. Fuhrpark	14.850	16.580	16.850	**Eigenkapital**	59.235	59.820	62.940
Anlagevermögen	**49.820**	**52.540**	**53.160**				
				B. Rückstellungen			
B. Umlaufvermögen				1. Rückstellungen kurzfristig	5.250	6.250	6.340
				2. Rückstellungen für Abfertigungen	16.580	17.500	17.458
1. Warenvorrat	25.680	27.850	29.800	**Rückstellungen**	21.830	23.750	23.798
2. Lieferforderungen	26.840	28.840	31.500				
3. Sonstiges Umlaufvermögen	15.480	14.890	15.480	**C. Verbindlichkeiten**			
4. Kassabestand, Guthaben b. Kreditinstituten	7.560	7.560	7.560	1. Bankverbindlichkeiten	28.480	31.580	33.580
Umlaufvermögen	**75.560**	**79.140**	**84.340**	2. Lieferverbindlichkeiten	17.800	18.570	19.580
				3. Sonstige Verbindlichkeiten	4.885	5.850	6.012
C. Aktive Rechnungsabgrenzungsposten	**6.850**	**7.890**	**8.410**	**Verbindlichkeiten**	51.165	56.000	59.172
	132.230	139.570	145.910		132.230	139.570	145.910

Erfolgsplanung (2009 – 2011)	2009	2010	2011
1 Umsatzerlöse	208.500	225.000	221.000
2 Bestandsveränderungen	2.500	3.560	4.520
3 **Betriebsleistung**	**211.000**	**228.560**	**225.520**
4 Sonstiger betrieblicher Ertrag	2.510	2.460	1.950
5 Materialaufwand	-75.880	-81.000	-79.500
6 Personalaufwand	-80.000	-85.000	-81.500
7 Abschreibung	-6.500	-7.500	-7.320
8 Sonstiger betrieblicher Aufwand	-18.500	-21.500	-19.580
9 **Betriebsergebnis**	**32.630**	**36.020**	**39.570**
10 Zinsertrag	0	0	0
11 Zinsaufwand	-15.650	-18.260	-17.650
12 **EGT**	**16.980**	**17.760**	**21.920**
13 ao. Erträge	0	0	0
14 ao. Aufwände	0	0	0
15 Steuern Einkommen/Ertrag	-4.245	-4.440	-5.480
16 **Jahresüberschuss/Bilanzgewinn**	**12.735**	**13.320**	**16.440**

Bei der Planung wird davon ausgegangen, dass ab dem Jahr 2012 eine pauschale Weiterführung der Ergebnisse von 2011 erfolgt. Somit handelt es sich beim jeweiligen Cash-Flow des Jahres 2012 um einen nachhaltigen Cash-Flow. Das Unternehmen verfügt über kein Wachstumspotential mehr. Es werden in der Forecast Phase lediglich Reinvestition getätigt, die genau den geplanten Abschreibungsbeträgen entsprechen. Weiters sind im Bereich Working Capital keine Änderungen geplant.

Zum Bewertungsstichtag weist das Unternehmen folgende Kapitalstruktur auf:

- Eigenkapital: EUR 140.000,–
- (verzinsliches) Fremdkapital: EUR 60.000,–

Aufgabenstellung:
Berechnen Sie mit den Ihnen zur Verfügung stehenden Daten die jeweiligen FTEs. Auf eine Berücksichtigung persönlicher Ertragsteuern kann verzichtet werden.

Lösung Flow to Equity:

Ermittlung FTE			
	2009	2010	2011
Betriebsergebnis	32.630	36.020	39.570
– Zinsaufwand	-15.650	-18.260	-17.650
EGT	**16.980**	**17.760**	**21.920**
– Unternehmenssteuer	-4.245	-4.440	-5.480
Jahresüberschuss	**12.735**	**13.320**	**16.440**
+ Abschreibungen	6.500	7.500	7.320
+ Erhöhung/– Verminderung lgfr. Rückstellungen	-270	920	-42
= Brutto Cash-Flow	**18.965**	**21.740**	**23.718**
– Erhöhung/+ Verminderung Vorräte	-1.120	-2.170	-1.950
– Erhöhung/+ Verminderung Forderungen aus LL	-1.160	-2.000	-2.660
– Erhöhung/+ Verminderung so. UV	-1.940	590	-590
+/– Veränderungen ARA	-4.290	-1.040	-520
+ Erhöhung/– Verminderung kfr. Rückstellungen	-1.330	1.000	90
– Verminderung/+ Erhöhung Lieferverbindlichkeiten	20	770	1.010
+ Erhöhung/-Verminderung sonst. Verb.	-1.695	965	162
– Investitionen/+ Deinvestitionen AV	-6.200	-10.220	-7.940
+ Kreditaufnahmen/– Kredittilgungen	-1.250	3.100	2.000
Flow to Equity	**0**	**12.735**	**13.320**

Berechnungshinweise:

- Betriebsergebnis/Zinsaufwand/EGT/Unternehmenssteuer/Jahresüberschuss: Übernahme aus der Erfolgsplanung
- Abschreibungsbeträge werden aus der Erfolgsplanung übernommen
- Veränderung lgfr. Rückstellungen: Berechnung aufgrund der Veränderungen in der Planbilanz (z.B. Jahr 2009: Beginn 2009 Bestand EUR 16.850,–; Ende 2009 Bestand EUR 16.580,–. Demzufolge liegt eine Auflösung von Rückstellungen [EUR 270,–] vor, welche sich negativ auf den Cash-Flow auswirkt.)
- Vorräte, Forderungen LL, so. UV, ARA, kurzfr. Rückstellungen, Lieferverbindlichkeiten, sonst. Verb. werden ebenfalls aufgrund der Veränderungen in der Planbilanz übernommen (Vorgehensweise wie bei lgfr. Rückstellungen)
- Investitionen/Desinvestitionen: Die Berechnung der Höhe der jährlichen Investitionen bzw. Desinvestitionen erfolgt mittels folgender Nebenrechnung: Anfangstand AV – Endbestand AV – Abschreibung = Zugänge AV (z.B. Jahr 2009: Anfangsbestand AV EUR 50.120,–; Endbestand AV EUR 49.820,–; Abschreibung EUR 6.500,–. Demzufolge liegen im Jahr 2009 Investitionen in Höhe von EUR 6.200,– vor. Diese wirken sich negativ auf den Cash-Flow aus.)
- Kreditaufnahmen/Kredittilgungen: Veränderungen der Position Bankverbindlichkeiten

Da die prognostizierten FTE nur noch den Eigenkapitalgebern zur Verfügung stehen, sind diese nur mit der risikoadäquaten Renditeforderung der Eigenkapitalgeber auf den Bewertungsstichtag zu diskontieren. Die Systematik des Equity Approach verlagert somit im Vergleich zum Entity Approach die Renditeansprüche der Fremdkapitalgeber von der Kapitalisierungsseite direkt in die Ermittlung der Cash-Flows. Bei sich ändernder Kapitalstrukturen ist das daraus resultierende Kapitalstrukturrisiko als periodenspezifische Anpassung der Renditeforderung der Eigenkapitalgeber zu berücksichtigen. Bei unwesentlichen Schwankungen kann vereinfachend darauf verzichtet werden. Das Ergebnis dieser Diskontierung entspricht sodann dem Marktwert des Eigenkapitals (MW$_{EK}$) (Shareholder Value), somit dem Unternehmenswert. Nachfolgendes Schema stellt die Ermittlung des Marktwertes des Eigenkapitals unter Berücksichtigung eines eventuell vorhandenen nicht betriebsnotwendigen Vermögens (W) dar, wobei FTE dem Flow to Equity, i$_{EK}$ der Renditeforderung der EK-Geber, FTE$_z$ dem nachhaltigen FTE entspricht.

$$MW_{EK} = \sum FTE * (1 + i_{EK})^{-n} + \frac{FTE_z}{i_{EK}} * (1 + i_{EK})^{-n} + W$$

Übungsbeispiel 28: Marktwert Eigenkapital:

Ausgangsbasis sind die Daten aus Übungsbeispiel 27. Weiters stehen folgende Informationen zur Verfügung:

Beta-Faktor unverschuldet:	0,8
Unternehmenssteuersatz:	25 %
Marktrisikoprämie:	4,5 %
Risikofreier Zinssatz:	4,5 % p.a.
Fremdkapitalzinssatz:	4,5 % p.a.

Aufgabenstellung:
Ermitteln Sie die den Marktwert des Eigenkapitals.

Lösung Marktwert Eigenkapital:
1. Schritt: Ermittlung Beta-Faktor verschuldet:

$$\beta_v = \beta_u * \left[\left(1 + (1 - s) * \frac{FK}{EK}\right)\right] = 0,8 * \left[\left(1 + (1 - 0,25) * \frac{60.000}{140.000}\right)\right] = 1,06$$

2. Schritt: Ermittlung Renditeforderung EK-Geber:

$$i_{EK} = i_{RF} + \beta_v * (i_{RM} - i_{RF}) = 0,045 + 1,06 * 0,045 = 9,27\%$$

3. Schritt: Ermittlung Marktwert Eigenkapital:

$$MW_{EK} = \sum FTE * (1 + i_{EK})^{-n} + \frac{FTE_z}{i_{EK}} * (1 + i_{EK})^{-n} = 0 * (1 + 0,0927)^{-1} +$$

$$12.735 * (1 + 0,0927)^{-2} + 13.320 * (1 + 0,0927)^{-3} + \frac{13.320}{0,0927} * (1 + 0,0927)^{-3} = 131.009,38$$

Im Zuge der Nettokapitalisierung ist eine detaillierte Finanzplanung vonnöten, da die entsprechende Kapitalstruktur Auswirkungen auf die Ermittlung der FTEs hat. Dieser Mehraufwand erhöht jedoch auch die Transparenz im Unternehmen.

Zwischen dem FCF der Bruttomethode und dem FTE der Nettomethode kann folgender Zusammenhang hergestellt werden:

Überleitung FCF zu FTE		
1.		Free Cash-Flow
2.	–	Fremdkapitalzinsen
3.	+	Steuerersparnis durch Fremdkapitalzinsen
4.	–	Kredittilgungen
5.	+	Kreditaufnahmen
6.	**=**	**Flow to Equity**

Bei korrekter Anwendung, besonders hinsichtlich der zugrunde gelegten Annahmen des künftigen Finanzierungsverhaltens, führen alle Ansätze der DCF-Verfahren zum selben Unternehmenswert. Nachfolgendes stark vereinfachtes Beispiel soll dies kurz darstellen. In diesem Zusammenhang soll aber auch darauf hingewiesen werden, dass auch die Ertragswertmethode – bei zahlungsstromadäquater Adaption – zum selben Ergebnis führen muss. Abweichungen ergeben sich „nur" infolge von in die Rechnung geändert eingehender Prämissen.

Übungsbeispiel 29: FCF – TCF – FTE:

Ein Unternehmen weist folgende stark vereinfachte Bilanz auf:

Aktiva	Bilanz zum 31.12.2008	Passiva	
Anlagevermögen	15.000	**Eigenkapital**	8.000
Umlaufvermögen	5.000	**Fremdkapital**	12.000
	20.000		20.000

Weiters liegen Ihnen folgende Informationen vor:
Fremdkapitalzinssatz: 6,00 % p.a.
Renditeforderung EK-Geber: 10,4 %
Earning before interest and tax: EUR 4.000,–

Aufgabenstellung:
Ermitteln Sie für das Unternehmen den Unternehmenswert anhand der Bruttokapitalisierung mittels FCF und TCF sowie anhand der Nettokapitalisierung. Gehen Sie dabei davon aus, dass das Unternehmen der Körperschaftsteuer unterliegt. Weiters liegt die Annahme zugrunde, dass alle weiteren Komponenten der Cash-Flow-Ermittlung nicht berücksichtigt werden.

Lösung FCF – TCF – FTE:

1. Schritt Bruttokapitalisierung FCF:
Ermittlung FCF:

Ermittlung FCF		
	EBIT	4.000
−	Körperschaftsteuer	1.000
=	**Operatives Ergebnis nach Steuern**	**3.000**
+/−	Abschreibungen/Zuschreibungen	0
+/−	Veränderung lgfr. Rückstellungen	0
+/−	Veränderung Netto-Umlaufvermögen	0
−/+	Investitionen/Desinvestitionen	0
=	**FCF**	**3.000**

Ermittlung WACC:

$$i_{WACC} = i_{EK} * \frac{EK}{GK} + i_{FK} * (1-s) * \frac{FK}{GK} = 0{,}104 * \frac{8.000}{20.000} + 0{,}06 * (1-0{,}25) * \frac{12.000}{20.000} = 6{,}86 \ \%$$

Ermittlung (vorläufiger) Marktwert Eigenkapital:

in TEUR	
Marktwert Gesamtkapital	43.731,78
Marktwert Fremdkapital	12.000,00
Marktwert Eigenkapital	**31.731,78**

Als vorläufiger Marktwert Eigenkapital kann ein Wert von EUR 31.731,78 ermittelt werden. Wird mittels Iteration diese Bewertung fortgesetzt, kann ein Marktwert Eigenkapital in Höhe von EUR 23.653,85 ermittelt werden. (Dies unter der vereinfachten Annahme, dass die Renditeforderung der EK-Geber [10,4 %] bei sich ändernder Kapitalstruktur gleich bleibt.)

2. Schritt Bruttokapitalisierung TCF:
Ermittlung TCF:

Ermittlung TCF		
	FCF	3.000
+	Tax Shield	180
=	**TCF**	**3.180**

Ermittlung WACC (ohne Steuerersparnis):

$$i_{WACC} = i_{EK} * \frac{EK}{GK} + i_{FK} * \frac{FK}{GK} = 0{,}104 * \frac{8.000}{20.000} + 0{,}06 * \frac{12.000}{20.000} = 7{,}76 \ \%$$

Ermittlung (vorläufiger) Marktwert Eigenkapital:

in TEUR	
Marktwert Gesamtkapital	40.979,38
Marktwert Fremdkapital	12.000,00
Marktwert Eigenkapital	**28.979,38**

Als vorläufiger Marktwert Eigenkapital kann ein Wert von EUR 28.979,38 ermittelt werden. Wird mittels Iteration diese Bewertung fortgesetzt, kann wiederum ein Marktwert Eigenkapital in Höhe von EUR 23.653,85 ermittelt werden. (Dies unter der vereinfachten Annahme, dass die Renditeforderung der EK-Geber bei sich ändernder Kapitalstruktur gleich bleibt.)

3. Schritt Bruttokapitalisierung FTE:
Ermittlung FTE:

	Ermittlung FTE	
	EBIT	4.000
−	Fremdkapitalzinsen	720
=	Operatives Ergebnis nach Zinsen	**3.280**
−	Körperschaftsteuer	820
=	Operatives Ergebnis nach Steuern	**2.460**
+/−	Abschreibungen/Zuschreibungen	0
+/−	Veränderung lgfr. Rückstellungen	0
+/−	Veränderung Netto-Umlaufvermögen	0
−/+	Investitionen/Desinvestitionen	0
+/−	Veränderung verzinsl. Fremdkapital	0
=	FTE	**2.460**

Ermittlung (vorläufiger Marktwert Eigenkapital):

in TEUR	
Marktwert Eigenkapital	**23.653,85**

Als vorläufiger Marktwert Eigenkapital kann ein Wert von EUR 23.653,85 ermittelt werden. Wird mittels Iteration diese Bewertung fortgesetzt, kann wiederum ein Marktwert Eigenkapital in Höhe von EUR 23.653,85 ermittelt werden. (Dies unter der vereinfachten Annahme, dass die Renditeforderung der EK-Geber bei sich ändernder Kapitalstruktur gleich bleibt.)

2.3. Vergleichsverfahren

Der Grundgedanke der Vergleichsverfahren beruht auf der Annahme, dass sich der Wert eines zu bewertenden Unternehmens aus einem Vergleich mit einem Referenzunternehmen ergibt. Marktorientierte Vergleichsverfahren finden vor allem in jenen Fällen (bzw. Ländern) ihre Anwendung, in denen auf eine ausreichende Datenbasis zurückgegriffen werden kann. Hierbei erfolgt die Bewertung eines Unternehmens nicht auf Basis künftiger finanzieller Überschüsse, sondern auf Basis realisierter Marktpreise, Transaktionspreise, Emissionspreise etc. für vergleichbare Unternehmen. Um diese Bewertung durchführen zu können, bedarf es einer ausreichenden Datenbasis über Marktpreise gleichartiger Transaktionen. Den Vergleichsverfahren werden der Comparative Company Approach als auch die Multiplikatormethode zugerechnet. Nachfolgende Darstellung gibt einen Überblick über die Vergleichsverfahren:

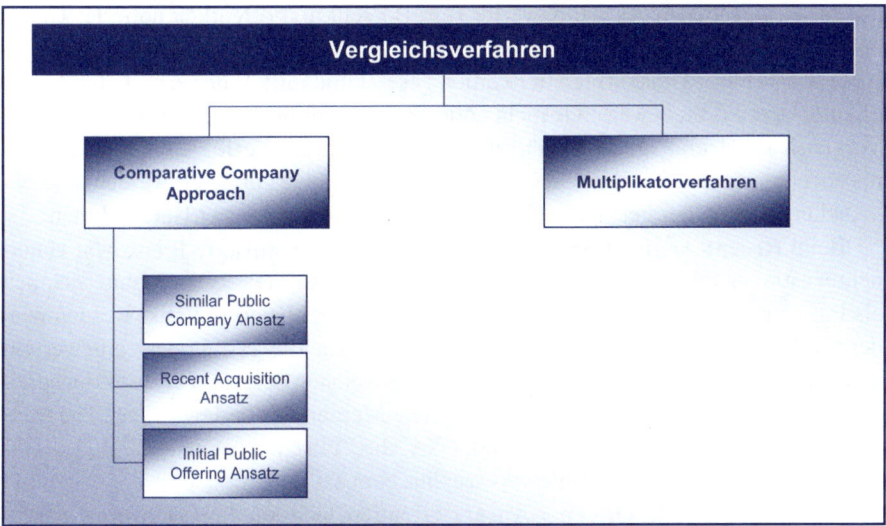

Abbildung VII.14: Überblick Vergleichsverfahren

> Der **Comparative Company Approach** leitet den Unternehmenswert nicht börsenotierter Unternehmen aus vergleichbaren börsenotierten Referenzunternehmen ab.

Dabei orientiert sich der Comparative Company Approach (CCA) an unterschiedlichen Ausprägungsformen (z.B. Marktpreise, Emissionspreise, realisierte Kauf- oder Verkaufspreise). Anhand dieser Daten wird auf den Wert des zu bewertenden Unternehmens Bezug genommen. Die schrittweise Vorgehensweise erfordert zunächst die Suche nach einem geeigneten Referenzunternehmen. Diese Referenzunternehmen müssen gewissen Kriterien (Branchenzugehörigkeit, Produktpalette, Umsatzgröße etc.) entsprechen. Anschließend werden Performancedaten (z.B. Umsatz, Gewinn, Cash-Flow, EBIT) zum Vergleich ermittelt und diese als Basis zur Bewertung herangezogen. Der Unternehmenswert wird durch Multiplikation dieser Kenngröße mit einem branchenspezifischen Faktor (Multiplikator) ermittelt. Die Berechnung von Multiplikatoren erfolgt, indem die gewählten Performancedaten des Vergleichsunternehmens (P_V) zum Unternehmenswert des Vergleichsunternehmens (UW_V) in

Relation gesetzt werden und daraus der Unternehmenswert des zu bewertenden Unternehmens (UW_B) ermittelt wird, indem der ermittelte Multiplikator (UW_V/P_V) mit den Performancedaten des zu bewertenden Unternehmens (P_B) multipliziert wird. Diese Vorgehensweise ist in der nachfolgenden Formel nochmals ersichtlich.

$$UW_B = P_{B*}\frac{UW_V}{P_V}$$

In Abhängigkeit der verwendeten Vergleichspreise unterscheidet der Comparative Company Approach folgende Ansätze:

Der **Similar-Public-Company-Ansatz** orientiert sich an den Marktpreisen (Summe der ausgegebenen Aktien bewertet zum Börsenkurs) öffentlich notierter Unternehmen. Diese Marktpreise werden zu aussagekräftigen Performancedaten (z.B. EBIT, Cash-Flow, Umsatz etc.) in Relation gesetzt und mittels des ermittelten Multiplikators auf das zu bewertende nicht notierte Unternehmen angewendet. Da hier der Vergleich auf Grundlage eines börsennotierten Marktpreises erfolgt, muss das Ergebnis noch um einen (oftmals nicht unerheblichen) Abschlag korrigiert werden. Die Begründung liegt in der geringeren Fungibilität nicht börsennotierter Unternehmen.

Beim **Recent-Acquisition-Ansatz** dienen kürzlich realisierte Preise von Unternehmenstransaktionen (Kauf- bzw. Verkauf) ausgewählter Referenzunternehmen als Basis zur Durchführung einer Bewertung. Diese realisierten Preise werden wieder mit Performancedaten in Relation gesetzt und zur Bewertung des zu bewertenden Unternehmens herangezogen. Quellen, aus welchen derartige Transaktionspreise entnommen werden können, sind z.B. „The Mergerstat Review" oder „The Merger & Acquisitions Sourcebook" in den USA, die Zeitschrift „Finance" in Deutschland sowie die Onlinedatenbank www.zephus.com.

Der **Initial-Public-Offering-Ansatz** orientiert sich am Emissionspreis ausgewählter Referenzunternehmen. Hierbei werden die Emissionspreise zeitnaher Emissionen als Grundlage zur Bewertung herangezogen.

Im Hinblick auf die Anwendbarkeit der angeführten CCA ist im deutschsprachigen Raum festzustellen, dass eine geeignete Datenbasis fehlt. Die fehlende Verfügbarkeit adäquater Referenzunternehmen lässt eine Bewertung mittels dieses CCA nicht oder nur schwer zu. Im Bereich des Similar-Public-Company-Ansatzes wird ein effizienter Kapitalmarkt als Grundlage zur Auswahl adäquater Referenzunternehmen benötigt. Österreich kann diese benötigte Effizient (noch) nicht aufweisen. Weiters ist zu hinterfragen, ob aktuelle Marktpreise (die unter anderem aufgrund von Spekulationen und kurzfristigen Marktreaktionen [psychologische Momente, politische Ereignisse, Währungskurse etc.] zu Stande kommen) für eine aussagekräftige Bewertung eines Unternehmens herangezogen werden können. Im Rahmen des Recent-Acquisition-Ansatzes handelt es sich um tatsächlich realisierte Preise, somit nicht um eventuelle irrationale Bewertungen des Marktes. Die Problematik ist jedoch darin zu sehen, dass in Österreich keine hinreichend große Anzahl solcher Transaktionen vorliegt, um diese als geeignete Datenbasis heranzuziehen. Der Initial-Public-Offering-Ansatz scheitert in Österreich an der geringen Anzahl an (zeitnahen) Neuemissionen.

Das Grundprinzip der **Multiplikatormethode** liegt in der Anwendung (branchenspezifischer) Erfahrungssätze (=Multiplikatoren). Mit Hilfe dieser Erfahrungssätze kann auf relativ einfache Weise der Marktpreis von Unternehmen ermittelt werden.

Hierbei handelt es sich jedoch zumeist um Erfahrungssätze aus der Praxis oder um empirisch erhobene Werte. Der jeweilige Unternehmenswert ergibt sich durch Multiplikation der jeweiligen Performancedaten mit einem Multiplikator. Eine vorherige Analyse ausgewählter Referenzunternehmen, wie es im Fall des CCA nötig ist, wird nicht benötigt. Für Österreich liegen hierbei allerdings wenige Publikationen vor. Häufig anzutreffende Multiplikatoren sind Branchenmultiplikatoren. Nachfolgende Tabelle gibt einen Überblick veröffentlichter Branchenmultiplikatoren (Barthel, 1996). Weitere Branchenmultiplikatoren können auf www.finance-research.de abgerufen werden.

Multiplikatoren (in % vom Umsatz)			
	Mindestsatz	Mittelsatz	Höchstsatz
Wirtschaftsprüferpraxen	110%	125%	140%
Steuerberater Stadt	100%	116%	125%
Steuerberater Land	90%	100%	110%
Rechtsanwaltspraxen Stadt	52%	62%	70%
Rechtsanwaltspraxen Land	28%	40%	52%
Patentanwaltspraxen	37%	54%	60%

Weiters muss das ermittelte Ergebnis häufig um eventuelle Zu- oder Abschläge (breite Kundenstreuung, Expansionsmöglichkeiten, abgenutztes Inventar, kurzer Bestand des Unternehmens etc.) korrigiert werden. Nachfolgende Formel verdeutlicht den Zusammenhang zwischen den gewählten Performancedaten (z.B. Umsatz [U]) und dem zur Anwendung kommenden Multiplikator (M_U).

$$Goodwill = U + M_U$$

Wird auf Basis eines Umsatzmultiplikators (M_U) der Unternehmenswert (UW) ermittelt, muss berücksichtigt werden, dass zum Ergebnis aus der Multiplikation noch der Substanzwert berücksichtigt werden muss, da der Umsatzmultiplikator häufig lediglich den potentiellen Marktpreis des Goodwills widerspiegelt. Aus diesem Grund erweitert sich die grundsätzliche Formel zur Ermittlung eines Unternehmenswertes mittels Multiplikatoren um die Komponente Substanz (S). Umsatzmultiplikatoren kommen zumeist im Bereich der Bewertung von freiberuflichen Praxen zur Anwendung. Nachfolgende Formel verdeutlicht diese Vorgehensweise.

$$UW = U * M_U + S$$

Nachfolgendes Beispiel soll die Funktionsweise der Multiplikatormethode zeigen:

Übungsbeispiel 30: Multiplikatormethode:

Für die Bewertung eines Unternehmens werden Umsatzmultiplikatoren herangezogen. Entsprechend der Branche ergeben sich folgende Sätze:

- Mindestsatz: 3,0
- Mittelsatz: 4,5
- Höchstsatz: 5,25

Das zu bewertende Unternehmen weist einen Umsatz in Höhe von EUR 150.000,– aus. Der Wert der Substanz beträgt EUR 10.000,–.

Aufgabenstellung:
Ermitteln Sie den Unternehmenswert anhand der Multiplikatormethode.

Lösung Multiplikatormethode:

- Mindestsatz: $UW = U * M_U + S = 150.000 * 3,0 + 10.000 = 460.000,-$
- Mittelsatz: $UW = U * M_U + S = 150.000 * 4,5 + 10.000 = 685.000,-$
- Höchstsatz: $UW = U * M_U + S = 150.000 * 5,25 + 10.000 = 797.500,-$

Die Bewertung mittels der Umsatzmultiplikatoren führt zu einer Bandbreite potentieller Marktpreise zwischen EUR 460.000,– und EUR 797.500,–.

Grundlage der Multiplikatormethode ist die Annahme der Vergleichbarkeit. Diese Vergleichbarkeit ist jedoch nicht immer gegeben. Weiters hängt die Genauigkeit des Ergebnisses von den zur Anwendung kommenden Multiplikatoren ab. So ist der Gewinn als Bezugsgröße anfällig für Manipulationen, Umsatzmultiplikatoren sind demgemäß weniger manipulierbar. Weiters liegt es im Ermessen des Gutachters zu entscheiden, wie die oftmals vorhandene Bandbreite ausgenützt wird. Trotz der vorherrschenden Kritik (zahlreiche Vereinfachungen, grobe Abschätzung des Unternehmenswertes, keine Berücksichtigung unternehmensspezifischer Besonderheiten etc.) wird die Multiplikatormethode in der Praxis immer wieder gern herangezogen. In der Praxis ist die Multiplikatormethode vor allem im Bereich Klein- und Mittelunternehmen (insbesondere Freiberuflerpraxen) beobachtbar. Hierbei wird häufig auf einen Umsatzmultiplikator zurückgegriffen. Zudem kann ihr Ergebnis Anhaltspunkte für Plausibilitätsüberlegungen zu Bewertungsergebnissen nach der Ertragswertmethode oder den DCF-Verfahren liefern.

3. Einzelbewertungsverfahren

Einzelbewertungsverfahren ermitteln die entsprechenden Unternehmenswerte durch isolierte Betrachtung einzelner Vermögenswerte. Nachfolgende Darstellung bietet einen Überblick über die zur Anwendung kommenden Einzelbewertungsverfahren.

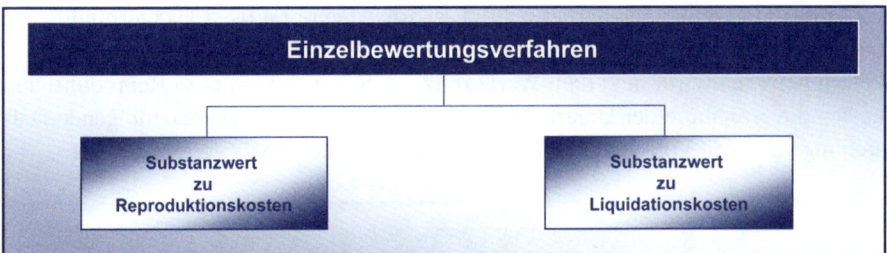

Abbildung VII.15: Überblick Einzelbewertungsverfahren

Die Substanzwertverfahren ermitteln den Unternehmenswert als statische, stichtagsbezogene sowie isolierte Bewertung einzelner Vermögensgegenstände und Schulden. Die vorhandene Substanz entspricht somit der Summe aller materiellen und immateriellen, betriebsnotwendigen als auch nicht betriebsnotwendigen Vermögenswerten des zu bewertenden Unternehmens. Demzufolge spiegelt der Substanzwert den Gebrauchswert der betrieblichen Substanz wider. Der Substanzwert errechnet sich daher allgemein nach folgendem Schema:

Ermittlung Substanzwert	
1.	Wert der einzelnen Vermögensgegenstände
2. −	Wert der Schulden
3. =	**Substanzwert**

Innerhalb der Substanzwertverfahren ist zwischen dem Substanzwert zu Reproduktionskosten und dem Substanzwert zu Liquidationswerten zu unterscheiden. Im Rahmen der Unternehmensbewertung ist die Ermittlung von so genannten Reproduktionswerten von primärem Interesse.

3.1. Substanzwertverfahren zu Reproduktionswerten

Beim **Reproduktionswert** steht die Frage im Vordergrund, wie viel ein potentieller Investor aufwenden müsste, um das betrachtete Unternehmen in der derzeit bestehenden Gestalt sowie technischen Kapazität nachzubauen.

Die Annahme des Unternehmensnachbaus erfordert eine Erfassung sämtlicher Aktiva als auch Passiva, unabhängig ob diese in der Bilanz ausgewiesen sind oder nicht. Aufgrund der bestehenden Problematik der Quantifizierung nicht ausgewiesener Vermögenswerte (z.B. selbst erstellte immaterielle Vermögensgegenstände, Qualität des Managements, Kundenstock, Image, Organisation, Betriebsklima) wird oftmals auf den so genannten **Teilreproduktionswert** zurückgegriffen. Dieser erfasst im Vergleich zum **Vollreproduktionswert**, welcher sämtliche im Unternehmen befindlichen Vermögensgegenstände und Schulden berücksichtigt, lediglich die selbständig verkehrsfähigen Vermögenswerte. Dieser Teilreproduktionswert unterliegt damit jedoch konsequenterweise dem Nachteil, dass er nicht sämtliche Vermögenswerte des Unternehmens berücksichtigt, er ist jedoch praktisch leichter und damit nachvollziehbarer erfassbar. Unabhängig davon, ob zu Voll- oder Teilreproduktionskosten bewertet wird, liegt dem Wertansatz des Substanzwertes zu Reproduktionskosten die Annahme der Unternehmensfortführung zu Grunde. Nachfolgende Darstellung stellt den Voll- und den Reproduktionswert nochmals vereinfacht dar.

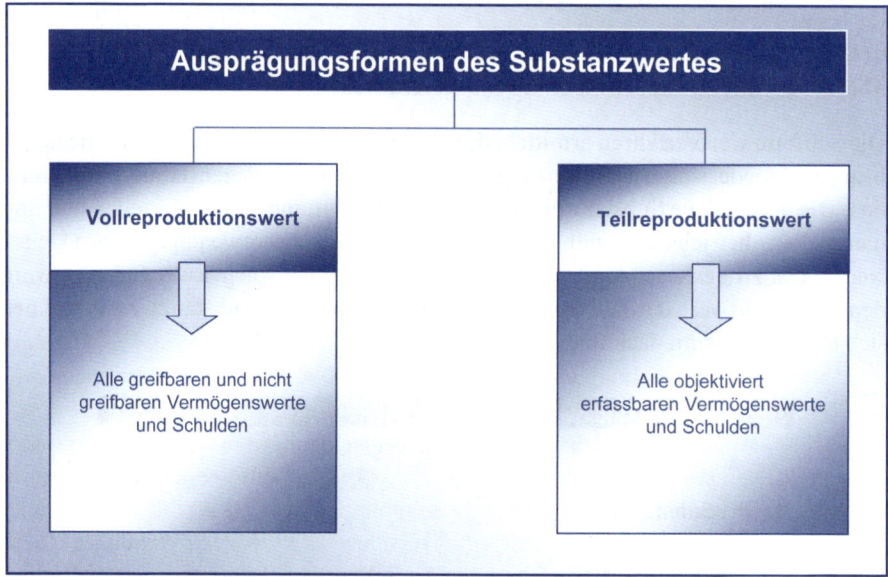

Abbildung VII.16: Ausprägungsformen des Substanzwertes

Zur Bestimmung der Reproduktionskosten wird auf Wiederbeschaffungskosten (WBK) zurückgegriffen, dabei ist insbesondere dem Alter und dem (technischen) Zustand der entsprechenden Vermögenswerte entsprechendes Augenmerk beizulegen. Es werden somit vereinfacht ausgedrückt die Kosten summiert, welche aufzuwenden wären, würde das gesamte Unternehmen – so wie es liegt und steht – reproduziert werden. Zu berücksichtigen sind demzufolge auch die vorhandenen Schulden/Verbindlichkeiten des Unternehmens, welche sich negativ auf den Substanzwert auswirken. Nicht betriebsnotwendiges Vermögen fließt grundsätzlich unter Ansatz der Liquidationswerte in die Bewertung mit ein. Die Begründung dafür liegt in der Annahme, dass das nicht betriebsnotwendige Vermögen der Verwertung im Sinne einer Einzelveräußerung unterstellt wird. Zusammenfassend lässt sich die Berechnung des Substanzwertes zu Reproduktionskosten demgemäß anhand dem folgendem Schema darstellen:

Ermittlung Substanzwert (Reproduktion)	
1.	Reproduktionswert betriebsnotwendiges Vermögen (WBK)
2. +	Liquidationswert nicht betriebsnotwendiges Vermögen
3. −	Schulden/Verbindlichkeiten
4. =	**Substanzwert (Reproduktionswert)**

3.2. Substanzwertverfahren zu Liquidationswerten

Der Substanzwert zu **Liquidationswerten** ergibt sich aus der Annahme einer Beendigung des betrieblichen Leistungsprozesses und einer damit einhergehenden Liquidation bzw. Zerschlagung des Unternehmens.

Die gesonderte Bewertung der einzelnen Vermögenswerte erfolgt sodann nicht mit einem Wiederbeschaffungswert, sondern mit den erwarteten Liquidationserlösen (LE); Schulden sowie Liquidationskosten (Sozialpläne, Transaktionskosten etc.) sind ebenfalls in der Bewertung zu berücksichtigen. Weiters sind alle mit der Liquidation/Zerschlagung verbundenen finanziellen Auswirkungen zu berücksichtigen. Hierbei sind z.B. Dauerschuldverhältnisse (Mieten, Lizenzen, bestehende Dienstverhältnisse etc.), Abfertigungen von Mitarbeitern, Auflösung stiller Reserven und damit verbundene Steuerbelastungen, vorzeitige Kündigungen von Bankverbindlichkeiten, laufende Verträge, Nachversteuerungen unversteuerter Rücklagen zu nennen. Weiters müssen eventuell vorhandene rechtliche Zwänge einer Unternehmensfortführung berücksichtigt werden. Der Unternehmenswert ergibt sich somit aus folgendem Schema:

Ermittlung Substanzwert (Liquidation)	
1.	Barwert der Liquidationserlöse (LE)
2. +	Barwert Schulden/Verbindlichkeiten
3. −	Barwert Liquidationskosten
4. =	**Liquidationswert**

Die Höhe der erwirtschaftbaren Liquidationserlöse hängt einerseits von der Zerschlagungsintensität und andererseits von der Zerschlagungsgeschwindigkeit ab. Je mehr Zeit zur Abwicklung einer Liquidation zur Verfügung steht, desto höher ist der Liquidationserlös. Hierbei tritt eine mögliche begriffliche Unterscheidung zwischen einer Liquidation und einer Zerschlagung zu Tage. Während eine Liquidation eine Auflösung des Unternehmens ohne Zeitdruck bedeuten kann, wird unter einer Zerschlagung häufig eine Auflösung unter Zeitdruck verstanden. Erstreckt sich eine Liquidation über einen längeren Zeitraum, sind die zu erwartenden Liquidationserlöse auf den Bewertungsstichtag zu diskontieren. Im Sinne der Zerschlagungsintensität ist eine Unterscheidung dahingehend zu sehen, ob eine Einzelveräußerung sämtlicher Vermögenswerte vorgenommen wird oder es sich um einen Verkauf zusammengehöriger Vermögenswerte handelt. Ein möglicher Verkauf zusammengehöriger Vermögenswerte erhöht aufgrund der Möglichkeit, Synergieeffekte bzw. Kombinationseffekte auszunutzen, den möglichen Liquidationserlös. Als Beispiel kann hier eine mögliche Liquidation eines Restaurants angeführt werden. Die Liquidation der gesamten Küchenausstattung kann einen höheren Liquidationserlös mit sich bringen als die Zerschlagung sämtlicher Geräte und Einrichtungsgegenstände im Einzelnen.

Kritisch anzumerken ist an dieser Stelle, dass einem solchen Substanzwert der direkte Bezug zu den künftigen finanziellen Überschüssen fehlt, der ermittelte Unternehmenswert drückt somit nicht den Wert des Unternehmens im Sinne der Fortführung aus. Durch die isolierte und stichtagsbezogene Wertermittlung ist weiters auf den Verlust eventuell vorhandener Kombinationseffekte (Synergieeffekte) hinzuweisen, woraus sich ein Verstoß gegen den Grundsatz der „Bewertung der wirtschaftlichen Unternehmenseinheit" ergibt. Aufgrund der vorherrschenden Kritik gegenüber den Substanzwertverfahren kommt diesen keine eigenständige Bedeutung zu. Sie fungieren demzufolge lediglich als Hilfs- bzw. Kontrollgröße sowie zur Plausibilitätsbeurteilung. Der Substanzwert zu Liquidationswerten wird oftmals nicht zu den grundsätzlichen Bewertungsverfahren gezählt. Die Begründung liegt in der abweichenden Grundhaltung (Prämisse der Zerschlagung des Unternehmens) gegenüber dem bereits erwähnten Going-Concern-Prinzip. Die Anwendung des Liquidationswertes als Unternehmenswert findet dort seine Befürwortung, wo eine Liquidation einen höheren Wert ergeben würde als eine Unternehmensweiterführung. Dies trifft dann zu, wenn der Fortführungswert niedriger als der Liquidationswert ist, der Liquidationswert stellt somit unter ökonomischen Gesichtspunkten bzw. aufgrund rationalen Handelns die Wertuntergrenze der Bewertung dar. Dieser Umstand ist vor allem in Hinblick auf die Durchführung einer Bewertung eines ertragsschwachen Unternehmens (Abschnitt VII.D.2) zu berücksichtigen. Lediglich bei Vorliegen rechtlicher oder tatsächlicher Zwänge der Unternehmensfortführung kann trotz höherem Liquidationswert auf den niedrigeren Fortführungswert abzustellen sein.

4. Mischverfahren

Mischverfahren sind Verfahren, welchen sowohl Komponenten der Gesamtbewertungsverfahren als auch Komponenten der Einzelbewertungsverfahren inhärent sind. Der Unternehmenswert wird somit aus einem Substanz- und einem Ertragswert ermittelt. Nachfolgende Darstellung gibt einen Überblick zu Mischverfahren im Rahmen der Unternehmensbewertung.

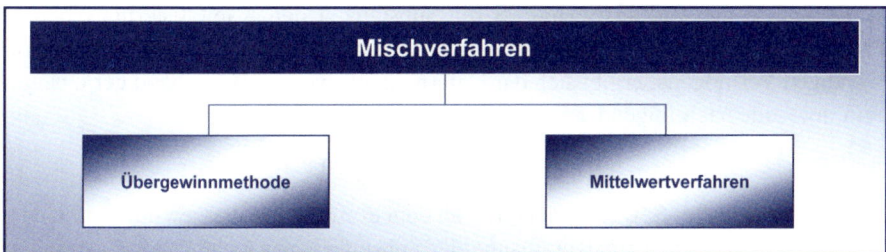

Abbildung VII.17: Überblick Mischverfahren

4.1. Übergewinnmethode

Die Übergewinnmethode stellt eine Mischung aus einer Gesamt- und einer Einzelbewertung dar. Dabei werden die speziellen Ausprägungen des Ertragswertverfahrens als Basis herangezogen und um eine Substanzwertbetrachtung erweitert. Die Grundüberlegung der Übergewinnmethode liegt in der Annahme, dass ein Unternehmen langfristig eine Normalverzinsung des eingesetzten Kapitals erwirtschaften kann. Diese Normalverzinsung, dieser Normalertrag, steht für einen Mindestertrag, den ein potentieller Investor für seinen Kapitaleinsatz erwartet und damit einen angemessenen Ertrag der Investition in das betriebsnotwendige Vermögen darstellt. Jeglicher Mehrgewinn (Übergewinn), welcher aufgrund überdurchschnittlicher Unternehmensleistungen, guter Konjunkturlage etc. erwirtschaftet werden kann, ist lediglich für eine gewisse Nachhaltigkeitsdauer möglich. Nach Ende dieser Nachhaltigkeitsdauer erwirtschaftet das Unternehmen wieder die Normalverzinsung bzw. sind es beispielsweise bereits die Leistungen eines etwaigen neuen Eigentümers, die einen derartigen Übergewinn generieren.

Im Zuge der Übergewinnmethode werden die künftigen Erträge somit in zwei Komponenten unterteilt. Einerseits in jenen Anteil (Normalertrag), der für eine angemessene Verzinsung des betrieblichen Vermögens notwendig ist und andererseits in einen darüber hinaus gehenden erwirtschafteten Anteil (Übergewinn). Dieser Übergewinn wird kapitalisiert und als Goodwill oder Firmenwert dem Substanzwert hinzugefügt. Die Übergewinnmethode geht somit von der Annahme aus, dass ein Unternehmen in der Lage ist, über einen gewissen Zeitraum (Nachhaltigkeitsdauer) eine Verzinsung der Unternehmenssubstanz über der Normalverzinsung hinaus zu erwirtschaften. Die Nachhaltigkeitsdauer hängt dabei von den Einflussgrößen auf zukünftige Erfolge ab und wird – gemäß praktischer Erfahrungen – zumeist zwischen ein und acht Jahren angenommen. Der Unternehmenswert anhand der Übergewinnmethode ergibt sich sodann aus folgendem Schema:

Übergewinnmethode		
1.		Substanzwert
2.	+	Barwert der Übergewinne
3.	**=**	**Unternehmenswert**

Bezeichnet e den Zukunftserfolg, S die Substanz, i den Kapitalisierungszinssatz (Normalertrag), $T_{IV/m}$ den Barwertfaktor sowie W den Wert des nicht betriebsnotwendigen Vermögens, ergibt sich der Unternehmenswert (UW) anhand der Übergewinnmethode nach folgender Formel:

$$UW = (e - S * i) * T_{IV/m} + S + W$$

Die Komponente (e–S*i) entspricht hierbei dem ermittelten Übergewinn, sprich dem Ertrag, der über die Normalverzinsung der Substanz hinausgeht. Grafisch kann der gesamte Sachverhalt wie folgt dargestellt werden:

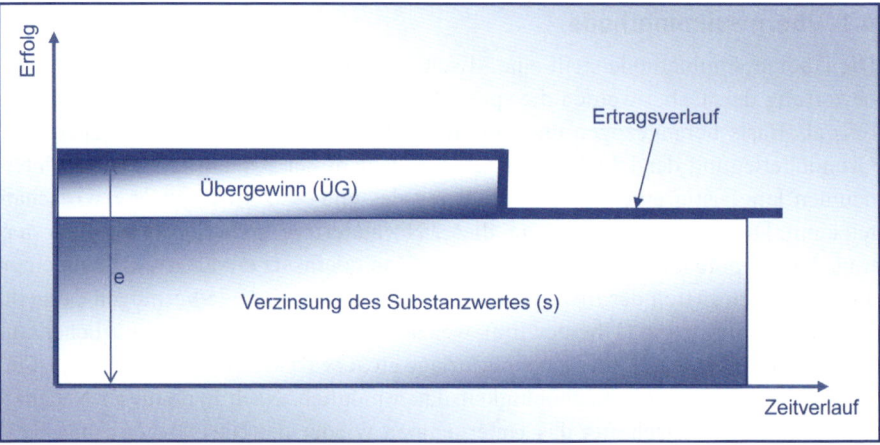

Abbildung VII.18: Übergewinnmethode

Übungsbeispiel 31: Übergewinnmethode:

Der nach den Gegebenheiten vom 31.12.2009 als nachhaltig erzielbar anzusehende Periodenerfolg des Unternehmens wird mit EUR 15.690,– angenommen. Zur Errechnung des Übergewinns ist von einer Normalverzinsung in Höhe von 6,5 % p.a. auszugehen. Beziehungsgröße für die Ermittlung von Übergewinnen ist der vorläufige Substanzwert auf der Grundlage von Teilreproduktionswerten in Höhe von EUR 136.590,–. Des Weiteren befindet sich ein nicht betrieblich genutztes Grundstück im Vermögen des Unternehmens. Dieses wird mit einem Liquidationswert in Höhe von EUR 30.000,– in der Unternehmensbewertung berücksichtigt. Gehen Sie bei der Bewertung davon aus, dass das Grundstück zum Bewertungsstichtag (Liquidationswert entspricht dem Wert am Bewertungsstichtag) veräußert wird. Des Weiteren ist von einer Nachhaltigkeitsdauer von 5 Jahren auszugehen.

Aufgabenstellung:
Bewerten Sie das Unternehmen anhand der Übergewinnmethode.

Lösung Übergewinnmethode:

1. Schritt: Ermittlung Normalertrag:

$Normalertrag = S*i = 136.590 * 0,065 = 8.878,35$

Vom Substanzwert wird die Normalverzinsung ermittelt, indem die 6,5 % von EUR 136.590,– berechnet werden. Die ermittelten EUR 8.878,35 entsprechen der Normalverzinsung eines Unternehmens in dieser Branche. Da das Unternehmen aber offensichtlich in der Lage ist, über eine gewisse Zeit (=Nachhaltigkeitsdauer) über diesen Normalertrag hinaus Erfolge (Überschüsse) zu erwirtschaften, muss in einem weiteren Schritt der dementsprechende Übergewinn ermittelt werden.

2. Schritt: Ermittlung Übergewinn:

$Übergewinn = e - Normalertrag = 15.690 - 8.878,35 = 6.811,65$

Dieser Übergewinn ergibt sich als Differenz zwischen dem im Unternehmen als erzielbar anzusehenden Periodenerfolg und dem ermittelten Normalertrag. Diese ermittelten EUR 6.811,65 kann das Unternehmen über eine Dauer von 5 Jahren mehr als den Normalertrag erwirtschaften. Die Begründung kann z.B. in einer überdurchschnittlich guten unternehmerischen Leistung liegen.

Schritt 1 und Schritt 2 sind in der Formel als folgende Komponente anzusehen: $(e - S*i)$

3. Schritt: Ermittlung des diskontierten Übergewinns:

Die Komponente $T_{IV/m}$ entspricht dem Diskontierungsfaktor. Hierbei wird der jeweilige Übergewinn eines jeden Jahres (bis zum Ende der Nachhaltigkeitsdauer) auf den Bewertungsstichtag diskontiert. Dieser Vorgang kann entweder einzeln (sprich jedes Jahr wird separat diskontiert) (Variante 1) oder mittels der Barwertformel (Variante 2) erfolgen.

Variante 1:

$$BW = \sum_{t=0}^{n} A * (1+i)^{-t} = 6.811,65 * 1,065^{-1} + 6.811,65 * 1,065^{-2} + 6.811,65 * 1,065^{-3} +$$

$$6.811,65 * 1,065^{-4} + 6.811,65 * 1,065^{-5} = 28.307,03$$

Variante 2:

$$BW = A * \frac{1-(1+i)^{-n}}{i} = 6.811,65 * \frac{1-(1+0,065)^{-5}}{0,065} = 28.307,03$$

Die Komponente $T_{IV/m}$ entspricht hier dem Ergebnis folgender Berechnung

$$T_{IV/m} = \frac{1-(1+i)^{-n}}{i} = \frac{1-(1+0,065)^{-5}}{0,065} = 4,155679438$$

4. Schritt: Ermittlung des Unternehmenswerts:

Gemäß der bereits erläuterten Formel ergibt sich nun im Zuge der Übergewinnmethode der Unternehmenswert wie folgt: Der ermittelte diskontierte Übergewinn ($e_z - S * i * T_{IV/m}$) beträgt EUR 28.307,03, die Substanz (S) weist einen Wert in Höhe von EUR 136.590,– auf, das nicht betrieblich genutzte Grundstück (W) wird mit einem Liquidationswert in Höhe von EUR 30.000,– in der Bewertung berücksichtigt. Somit ergibt sich folgender Unternehmenswert.

$$UW = (e_z - S * i) * T_{IV/m} + S + W = 28.307,03 + 136.590 + 30.000 = 194.897,03$$

Hinweis: Sollte der Verkauf des Grundstücks nicht, wie in diesem Beispiel angeführt, am Bewertungsstichtag erfolgen, muss der Liquidationserlös (mit Berücksichtigung allfälliger Liquidationskosten) ebenfalls auf den Bewertungsstichtag diskontiert werden. Die EUR 30.000,– würden z.B. im Falle einer Veräußerung erst in 2 Jahren dann wie folgt berücksichtigt werden:

$$30.000 * 1,065^{-2} = 26.449,78$$
$$UW = 28.307,03 + 136.590 + 26.449,78 = 191.346,81$$

Somit würde sich unter diesen Annahmen ein Unternehmenswert in Höhe von EUR 191.346,81 ergeben.

Die Übergewinnmethode, welche eine Sonderform der Mehrphasenmethode darstellt, findet in der heutigen Bewertungspraxis kaum mehr seine Anwendung, lediglich bei Unternehmen, dessen Substanz besondere Bedeutung aufweist. Gemäß KFS/BW1 wird das Verfahren aufgrund seiner Substanzwertorientierung abgelehnt. Wird das Verfahren jedoch aufgrund vertraglicher oder spezieller anderer Gründe angewendet, verweist das aktuelle Fachgutachten auf die Ausführungen des KFS/BW1 vom 20.12.1989, Abschnitt 10.3.3.

4.2. Mittelwertverfahren

Das Mittelwertverfahren ermittelt den Unternehmenswert aus dem arithmetischen Mittel zwischen dem ermittelten Substanzwert (SW) und dem Ertragswert (EW). Nachfolgende Formel verdeutlicht diesen Sachverhalt:

$$UW = \frac{EW + SW}{2}$$

Weiters gibt es zahlreiche Ausprägungsformen des Mittelwertverfahrens. So kann es zur stärkeren Gewichtung von EW oder SW zu einer Modifizierung der oben angeführten Formel kommen. Dies könnte wie folgt geschehen:

$$UW = \frac{2 * EW + SW}{2}$$

Das Mittelwertverfahren ist theoretisch nicht angemessen und wird in der Praxis nur in seltenen Fällen vorgefunden.

D. Branchenspezifische Eigenheiten

Jede durchzuführende Bewertung ist abhängig von den spezifischen Eigenschaften des zu bewertenden Unternehmens. Die Grundsätze der Unternehmensbewertung gelten hierbei, wie bereits mehrfach erwähnt, als Rahmen, innerhalb dessen eine Bewertung durchgeführt wird. In Einzelfällen können zudem branchenspezifische Eigenheiten von Seiten des zu bewertenden Unternehmens dazu führen, dass im Zuge der Bewertung besondere Eigenschaften des Unternehmens sowohl im Rahmen der Prognose als auch im Rahmen der zur Anwendung kommenden Bewertungsverfahren berücksichtigt werden müssen. Nachfolgende Abbildung zeigt vier Besonderheiten im Rahmen der Unternehmensbewertung auf:

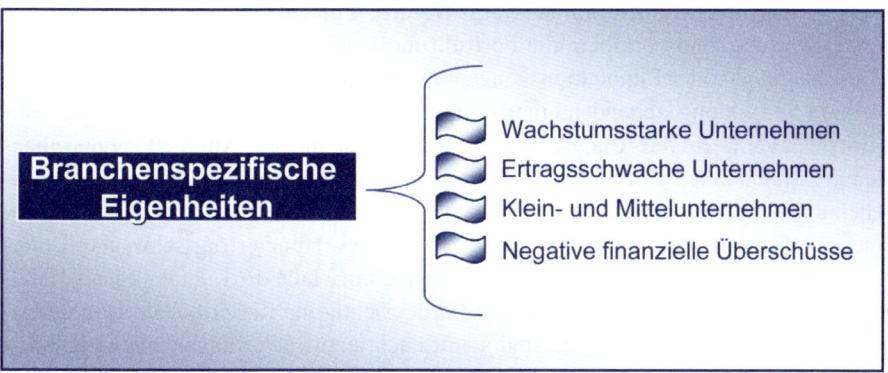

Abbildung VII.19: Branchenspezifische Eigenheiten

1. Wachstumsstarke Unternehmen

Wachstumsstarke Unternehmen zeichnen sich häufig durch zahlreiche Produkt- und Leistungsinnovationen, hohe Investitionsbeträge, wachsenden Bedarf an Kapital (häufiger Einsatz von Risikokapital) sowie progressiv steigende Umsätze aus. Diese Charaktereigenschaften beeinflussen vor allem die Prognose der künftigen finanziellen Überschüsse im Rahmen einer durchzuführenden Bewertung. Die grundsätzlich vorzunehmende Vergangenheitsanalyse als Basis zur Erstellung künftiger Prognosen führt bei diesen Unternehmen zu keinen geeigneten Ergebnissen.

Einerseits stehen bei diesen Unternehmen gegenwärtig oder künftig hohe Investitionen unsicheren Erwartungen (gesehen als Chance oder als Risiko) von Seiten des Marktes gegenüber. Dies ist in der Prognose der künftigen finanziellen Überschüsse zu berücksichtigen. Die erheblichen Unsicherheiten und Schwankungen im Bereich der Markt- und Wettbewerbsfähigkeit, in der Ressourcenverfügbarkeit, in der Organisation etc. sind mit entsprechenden Risikoprämien einerseits sowie Wachstumsabschlägen (bei schnell wachsenden Unternehmen) andererseits zu berücksichtigen.

Die Prognose der künftigen finanziellen Überschüsse solcher Unternehmen ist somit unter besonderer Berücksichtigung der Risiko- als auch Chanceneinschätzung vorzunehmen.

2. Ertragsschwache Unternehmen

Ertragsschwache Unternehmen sind Unternehmen, die sich in einer schlechten Ertragslage befinden und keine angemessene Eigenkapitalverzinsung (bzw. sogar Verluste) aufweisen. Eine fehlende angemessene Eigenkapitalverzinsung liegt dann vor, wenn die Kapitalverzinsung des Unternehmens nachhaltig unter dem Kapitalisierungszinssatz liegt, das Unternehmen somit nicht in der Lage ist, einen Normalertrag (im Sinne des bereits im Rahmen der Übergewinnmethode behandelten Normalertrags [Abschnitt VII.C.4.1]) zu erwirtschaften.

Bei solchen Unternehmen muss der Prognose der künftigen finanziellen Überschüsse besondere Bedeutung beigelegt werden. Zur Durchführung einer adäquaten Bewertung sind vor allem die Fortführungskonzepte bzw. andererseits etwaige Zerschlagungs- oder Liquidationskonzepte zu prüfen. Diese sind zusammen mit den dazu in Verbindung stehenden Finanzströmen zu analysieren. Das Fortführungskonzept dient vor allem der Analyse sowie Plausibilitätskontrolle eventuell bereits eingeleiteter Maßnahmen von Seiten des Unternehmens, die gegenwärtige Ertragsschwäche zu überwinden. Grundsätzlich wird wiederum nach dem Prinzip der Unternehmensfortführung vorgegangen. Im Rahmen der Bewertung ertragsschwacher Unternehmen steht neben der Fortführung in besonderem Maße die Liquidation als Handlungsalternative zur Verfügung. Unter Berücksichtigung dieser beiden Handlungsalternativen ist jene zu wählen, und somit auch jene Bewertungsmethode zur Anwendung zu bringen, welche die bestmögliche finanzielle Handlungsalternative darstellt. Liegt der Ertragswert sowohl über dem Substanzwert als auch dem Liquidationswert, wird nicht die Liquidation, sondern die Fortführung des Unternehmens als relevante Handlungsalternative erachtet. Liegt der Ertragswert jedoch unter dem Liquidationswert, wird die Bewertung anhand des Liquidationswertes durchgeführt. Hierbei ist wiederum darauf zu verweisen, dass der Liquidationswert als Wertuntergrenze (Abschnitt VII.C.3.2) angesehen werden kann.

Zudem können Bewertungen für Unternehmen durchgeführt werden, welche nicht primär finanzielle Ziele im Vordergrund haben, sondern deren Dominanz in nicht finanziellen Zielsetzungen liegt. Als Beispiel können an dieser Stelle Non-Profit-Organisationen (NPO) angeführt werden. Derartige Unternehmen sind dadurch gekennzeichnet, dass ihre primäre Unternehmensaufgabe nicht in der Erwirtschaftung finanzieller Überschüsse (lediglich Kostendeckungsprinzip) liegt, sondern bestimmte (anderwertige) Leistungen im Vordergrund stehen. Das Fehlen der Fokussierung finanzieller Überschüsse lässt eine reine Bewertung anhand künftiger finanzieller Überschüsse nicht zu. Somit ist eine Ermittlung eines Unternehmenswertes nach allgemeinen Bewertungsgrundsätzen nicht sinnvoll, da die genannten Unternehmen nicht ertragsbezogene, sondern außerökonomische Zielsetzungen verfolgen und somit nicht an deren künftigen finanziellen Erträgen gemessen werden können. Zur Anwendung kommen demzufolge etwa Einzelbewertungsverfahren im Sinne des Substanzwertes zu Reproduktionskosten.

3. Klein- und Mittelunternehmen

Klein- und Mittelunternehmen (KMUs) weisen Eigenheiten bzw. Eigenschaften auf, welche auch im Zuge der Unternehmenswertermittlung ihre Berücksichtigung finden müssen. Besonders hervorzuheben ist die starke Personenbezogenheit im Bereich der KMUs. Oftmals steigt und fällt der „Wert" eines Unternehmens mit der Unternehmerpersönlichkeit selbst. Somit ist im Rahmen einer Bewertung eines KMUs die Fragestellung im Vordergrund, ob das Unternehmen selbst, ohne die bisherigen Unternehmenseigner in der Lage ist, die Ertragskraft aufrecht zu erhalten. Diese Problematik der Personenbezogenheit ist vor allem im Zuge von Unternehmensübernahmen (z.B. durch unternehmensfremde Personen) oder Unternehmensübergaben (z.B. Nachfolge innerhalb der Familie) häufig zu beobachten. Als Beispiel sei hier ein Familienbetrieb im Tourismusbereich erwähnt, bei dem die Kunden (= Urlauber) Stammgäste sind und häufig aufgrund der bereits entstandenen familiären Verhältnisse zu den Unterkunftsgebern ihre Urlaubswahl treffen. Steht hier ein Wechsel der Unternehmensleitung bevor, kann dies demzufolge zu gravierenden Auswirkungen auf die künftigen finanziellen Überschüsse führen. Diese müssen im Zuge der Plausibilitätskontrolle der Planungs- sowie Prognosedaten berücksichtigt werden.

Zusätzlich sind oft folgende Besonderheiten von Relevanz:

- Abgrenzung des Bewertungsobjektes: Vor allem im Bereich von Klein- und Mittelunternehmen ist es oft schwierig, eine Abgrenzung der privaten und betrieblichen Sphäre vorzunehmen. Häufig werden betrieblich genutzte Vermögenswerte im Privatvermögen gehalten werden. Hierzu zählen z.B. betrieblich genutzte Grundstücke oder Patentrechte. Diese sind im Rahmen der Bewertung zu bewerten und entsprechend zu berücksichtigen.
- Bestimmung des Unternehmerlohns: Leistungen, die bisher von der Unternehmensleitung unentgeltlich geleistet wurden, sind im Zuge der Bereinigung der Planungsdaten als Unternehmerlohn zu berücksichtigen.
- Sämtliche unentgeltliche Leistungen, die bis dato von der Unternehmerfamilie dem Betrieb frei zur Verfügung gestellt wurden, sind dementsprechend in der Planung zu berücksichtigen. Hier kann z.B. das unentgeltliche Zurverfügungstellen von Räumen erwähnt werden. Diese sind nun mit entsprechenden (ortsüblichen) Mietleistungen zu berücksichtigen.
- Eingeschränkte Informationsquellen: Bei der Bewertung von Klein- und Mittelunternehmen liegen zumeist lediglich eingeschränkte Informationen über das Unternehmen vor. Weiters muss darauf geachtet werden, dass Vergangenheitsergebnisse oft betont steuerlich ausgerichtet sind und dementsprechend zum Heranziehen als Basis der Bewertung bereinigt werden müssen, um als geeignete Bewertungsbasis dienen zu können.

Aufgrund der bestehenden Unsicherheiten und Schwierigkeiten im Rahmen der Prognose künftiger finanzieller Überschüsse bei KMUs wird häufig auf vereinfachte Preisfindungsmethoden, sprich Multiplikatormethoden, zurückgegriffen.

4. Unternehmen mit negativen finanziellen Überschüssen

Handelt es sich beim zu bewertenden Unternehmen um ein Unternehmen, das negative finanziellen Überschüsse aufweist, ist vorerst zu überprüfen, ob mit Hilfe von Fremdkapitalaufnahme oder Gewinnthesaurierung ein Ausgleich dieser fehlenden finanziellen Mittel möglich ist. Verbleibt danach immer noch ein negativer finanzieller Überschuss, d.h. müssen von Seiten der Unternehmenseigner Einzahlungen geleistet werden, ist zu unterscheiden, ob es sich bei der Unternehmenswertermittlung um die Ermittlung eines Entscheidungswertes (subjektive Bewertung) oder um die Ermittlung eines objektivierten Unternehmenswertes handeln soll. Im Zuge einer subjektiven Bewertung wird in der Periode, in der ein negativer künftiger finanzieller Überschuss vorliegt, ein Risikoabschlag vom Basiszinssatz vorgenommen. Im Zuge einer objektivierten Unternehmenswertermittlung wird hingegen sowohl für positive als auch für negative finanzielle Überschüsse ein Risikozuschlag zum Basiszinssatz verwendet.

Weiters muss zum Abschluss erwähnt werden, dass sich Unternehmen und die Unternehmensumwelt im Laufe der Zeit verändern und weiterentwickeln. Demzufolge unterziehen sich auch die Bewertungsverfahren und deren Ausprägungsformen einer Wandelbarkeit. An dieser Stelle sei exemplarisch die immer größer werdende Bedeutung immaterieller Vermögenswerte (z.B. Wissen, Software, Patente) erwähnt.

Verwendete und weiterführende Literatur

- Bachl, R., Einführung in die Unternehmensbewertung, Wien, 2007.
- Ballwieser, W., Unternehmensbewertung – Prozess, Methoden und Probleme, 2. Auflage, Stuttgart, 2007.
- Englert, J., Die Bewertung von freiberuflichen Praxen in: Arnold, H., Englert, J., Werte messen – Werte schaffen, Wiesbaden, 2000, S. 281 – 297.
- Fachsenat für Betriebswirtschaft und Organisation des Instituts für Betriebswirtschaft, Steuerrecht und Organisation der Kammer der Wirtschaftstreuhänder, Fachgutachten Unternehmensbewertung – KFS/BW 1, 2006.
- Grechenig, S., Die monetäre Bewertung von Patenten, Diss., Klagenfurt, 2007.
- Hommel, M., Dehmel, I., Unternehmensbewertung case by case, 2. Auflage, Frankfurt, 2006.
- Institut für Wirtschaftsprüfer, IDW S 1, Grundsätze zur Durchführung von Unternehmensbewertungen (IDW S 1). Stand: 2.4.2008.
- Kranebitter, G., Unternehmensbewertung für Praktiker, Wien, 2007.
- Mandl, G., Discounted Cash-flow-Verfahren: Ein Verfahrensvergleich in: Kofler, H., Nadvornik, W., Pernsteiner, H., Betriebswirtschaftliches Prüfungswesen in Österreich, Wien, 1996, S. 405 – 484.

- Mandl, G./Rabel, K., Unternehmensbewertung – eine praxisorientierte Einführung, Wien, 1997.
- Matschke, M., J./Brösel, G., Unternehmensbewertung – Funktionen – Methoden – Grundsätze, Wiesbaden, 2005.
- Nadvornik, W., Brauneis, A., Quantifizierung von Investitionsrisiken. Möglichkeiten und Grenzen des Beta-Faktors als Maß für finanzwirtschaftliche Risiken. In: Wohlgemuth, N. (Hrsg.), Arbeit, Humankapital und Wirtschaftspolitik, Berlin, 2006.
- Nadvornik, W., Grechenig, S., Unternehmenserwerb in den neuen Mitgliedsstaaten. In: Kailer, N., Pernsteiner, H., Wachstumsmanagement für Mittel- und Kleinbetriebe, Berlin, 2006, S. 43-61.
- Nadvornik, W., Volgger, S., Die Bewertung ertragsschwacher Unternehmen. In: Feldbauer-Durstmüller, B., Schlager, J., Krisenmanagement, Wien, 2006, S.751 – 777.
- Nadvornik, W., Strasser, R., Die Bewertung börsenotierter Unternehmen nach dem Discounted-Cash-Flow-Verfahren – Erkenntnisse für die Wertermittlung von KMUs in: Girkinger, W., Stiegler, H., Mergers & Acquisitions – Konzeption – Instrumentarium – Fallstudien, Linz, 2001, S. 109 – 122.
- Nadvornik, W., Schwarz, R., Moderne Verfahren der Unternehmensbewertung und Performance-Messung, Der Wirtschaftstreuhänder, 2000, S.18 – 19.
- Peemöller, V., Praxishandbuch der Unternehmensbewertung, Berlin, 2001.
- Schacht, U., Fackler, M., Praxishandbuch Unternehmensbewertung – Grundlagen, Methoden, Fallbeispiele, Wiesbaden, 2005.
- Schwarz, R., Die Bewertung von Unternehmen im Rahmen von M&A-Aktivitäten aus der Sicht des Wirtschaftstreuhänders unter besonderer Berücksichtigung des Discounted-Cash-Flow-Verfahrens nach der Bruttomethode in: Girkinger, W., Stiegler, H., Mergers & Acquisitions – Konzeption – Instrumentarium – Fallstudien, Linz, 2001, S. 87 – 108.
- Strasser, R., Die Wertermittlung bei kleinen und mittleren Unternehmen unter besonderer Berücksichtigung des Risikoaspekts, Diss., Klagenfurt, 2004.
- Voigt, C., Voigt, J., Voigt, J., Voigt, R., Unternehmensbewertung – Erfolgsfaktoren von Unternehmen professionell analysieren und bewerten, Wiesbaden, 2005.
- Volgger, S., Die Bedeutung des Realoptionenansatzes für die strategische Investitions- und Unternehmensbewertung, Diss., Klagenfurt, 2004.
- Widmann, B., Bewertung in: Hölters, W., Handbuch des Unternehmens- und Beteiligungskaufs, Köln, 2002, S. 71 – 174.

Weblinks und Internetquellen

- http://www.bloomberg.com
- http://www.damodaran.com
- http://de.reuters.com
- http://www.idw.de
- http://www.kwt.or.at

- http://www.oenb.at
- http://www.statistik.at
- http://www.zephus.com
- http://www.finance-research.de
- http://www.bundesbank.de

Hinweis: Das in der Folge abgedruckte Fachgutachten entspricht dem aktuellen Stand (27.2.2006). Es wird jedoch darauf hingewiesen, dass es sich um eine im Format gegenüber dem Original abgeänderte Version (Buchformat) handelt und daher etwaige Abweichungen möglich sind.

Fachgutachten

des **Fachsenats für Betriebswirtschaft und Organisation** des Instituts für Betriebswirtschaft, Steuerrecht und Organisation der **Kammer der Wirtschaftstreuhänder** zur

Unternehmensbewertung
(beschlossen am 27.2.2006)

Inhaltsübersicht

8 Besonderheiten bei der Bewertung bestimmter Unternehmen

9 Bewertung von Unternehmensanteilen

10 Dokumentation und Berichterstattung

1. Vorbemerkungen

Der Fachsenat für Betriebswirtschaft und Organisation des Instituts für Betriebswirtschaft, Steuerrecht und Organisation der Kammer der Wirtschaftstreuhänder hat nach eingehenden Beratungen am 27.2.2006 das vorliegende Fachgutachten beschlossen, welches das Fachgutachten KFS/BW1 vom 20.12.1989 mit Wirkung ab 1.5.2006 ersetzt. Eine frühere Anwendung wird empfohlen.

Dieses Fachgutachten legt vor dem Hintergrund der in Theorie, Praxis und Rechtsprechung entwickelten Standpunkte die Grundsätze dar, nach denen Wirtschaftstreuhänder Unternehmen bewerten. Dem Fachsenat war es ein Anliegen, die derzeit international gängigen Methoden sowie die Besonderheiten bei der Bewertung von Klein- und Mittelunternehmen zu berücksichtigen.

Der Fachsenat verweist darauf, dass es sich bei diesem Fachgutachten um allgemeine Grundsätze zur Ermittlung von Unternehmenswerten handelt. Diese Grundsätze können nur den Rahmen festlegen, in dem die fachgerechte Problemlösung im Einzelfall liegen muss. Die Auswahl und Anwendung einer bestimmten Methode sowie Abweichungen von den vorgegebenen Grundsätzen liegen in der alleinigen Entscheidung und Verantwortung des Wirtschaftstreuhänders.

Fälle vertraglicher oder auftragsgemäßer Wertfeststellungen, die sich nach abweichenden vorgegebenen Regelungen richten, bleiben insoweit von diesem Fachgutachten unberührt.

2. Grundlagen

2.1 Bewertungsobjekt

Bewertungsobjekte (Gegenstand der Unternehmensbewertung) sind Unternehmen. Unter einem Unternehmen wird eine als Gesamtheit zu betrachtende wirtschaftliche Einheit verstanden. In der Regel ist das ein rechtlich abgegrenztes Unternehmen, es kann aber auch ein Unternehmensverbund, eine Betriebsstätte, ein Teilbetrieb oder eine strategische Geschäftseinheit sein.

Die wirtschaftliche Einheit muss selbständig geführt werden können, d.h. dass sie in ihren Beziehungen zum Beschaffungs- und Absatzmarkt und bei ihrer Leistungserstellung nicht der Eingliederung in einen anderen Betrieb bedarf. Teilbereiche der wirtschaftlichen Einheit (z.B. Beschaffung, Absatz, Forschung und Organisation), die für sich allein keine finanziellen Überschüsse erzielen, sind keine Bewertungsobjekte. Der Wert der wirtschaftlichen Einheit ergibt sich daher nicht aus dem Wert der einzelnen Faktoren, sondern aus dem Zusammenwirken aller Faktoren.

Das Bewertungsobjekt umfasst auch das nicht betriebsnotwendige Vermögen.

2.2 Bewertungssubjekte

Unternehmen sind immer aus der Sicht einer Partei oder mehrerer Parteien zu bewerten. Diese Parteien werden als Bewertungssubjekte bezeichnet.

2.3 Inhalt des Unternehmenswerts

Unter der Voraussetzung ausschließlich finanzieller Ziele ergibt sich der Unternehmenswert aus dem Barwert der mit dem Eigentum am Unternehmen verbundenen Nettozuflüsse an die Unternehmenseigner (Nettoeinnahmen der Unternehmenseigner), die aus der Fortführung des Unternehmens und aus der Veräußerung etwaigen nicht betriebsnotwendigen Vermögens erzielt werden (Zukunftserfolgswert). Die Berechnung des Barwerts erfolgt mit jenem Kapitalisierungszinssatz, der der Rendite einer adäquaten Alternativanlage entspricht.

Der Zukunftserfolgswert kann nach dem Ertragswertverfahren (vgl. Abschn. 6.2.) oder nach einem der Discounted Cash-Flow-Verfahren (vgl. Abschn. 6.3.) ermittelt werden.

Die Untergrenze für den Unternehmenswert bildet grundsätzlich der Liquidationswert (vgl. Abschn. 6.5.).

2.4 Bewertungsanlässe

Die Anlässe für Unternehmensbewertungen sind vielfältig. Bewertungen können auf Grund rechtlicher Vorschriften, auf Grund vertraglicher Vereinbarungen oder aus sonstigen Gründen erfolgen. Als Beispiele seien (ohne Anspruch auf Vollständigkeit) genannt:

Erwerb und Veräußerung von Unternehmen und Unternehmensanteilen, Ein- und Austritt von Gesellschaftern in ein bzw. aus einem Unternehmen, Umgründung (Verschmelzung, Umwandlung, Einbringung, Zusammenschluss, Realteilung und Spaltung), Abfindung, Börseneinführung, Privatisierung, Erbteilung, Feststellung von Pflichtteilsansprüchen, Enteignung, Kreditwürdigkeitsprüfung, Sanierung, wertorientierte Vergütung von Managern.

2.5 Bewertungszwecke – Funktionen des Wirtschaftstreuhänders

Aus der Gesamtheit der in der Realität vorkommenden Bewertungsanlässe können für die Praxis des Wirtschaftstreuhänders folgende bedeutsame Zwecksetzungen abgeleitet werden:

- Ermittlung von objektivierten Unternehmenswerten
- Ermittlung von subjektiven Unternehmenswerten
- Ermittlung von Schiedswerten

Der objektivierte Unternehmenswert ist ein typisierter Zukunftserfolgswert, der sich bei Fortführung des Unternehmens auf Basis des bestehenden Unternehmenskonzepts mit allen realistischen Zukunftserwartungen im Rahmen der Marktchancen und -risiken, der finanziellen Möglichkeiten des Unternehmens sowie der sonstigen Einflussfaktoren ergibt. Bestehen rechtliche Vorgaben für die Wertermittlung, richten sich der Blickwinkel der Bewertung sowie der Umfang der erforderlichen Typisierungen und Objektivierungen nach dem Zweck der für die Wertermittlung relevanten rechtlichen Regelungen.

Der subjektive Unternehmenswert ist ein Entscheidungswert. In diesen fließen die subjektiven Vorstellungen und persönlichen Verhältnisse sowie sonstige Gegebenheiten (z.B. Synergieeffekte) des Bewertungssubjekts ein. Für einen potenziellen Käufer bzw. Verkäufer soll dieser Wert die relevante Preisober- bzw. Preisuntergrenze aufzeigen.

Der Schiedswert wird in einer Konfliktsituation unter Berücksichtigung der unterschiedlichen Wertvorstellungen der Parteien ausschließlich nach sachlichen Gesichtspunkten festgestellt oder vorgeschlagen. Indem er die Investitionsalternativen und die persönlichen Verhältnisse der Bewertungssubjekte in angemessenem Umfang einbezieht, stellt der Schiedswert einen fairen und angemessenen Interessenausgleich zwischen den betroffenen Bewertungssubjekten dar.

Der Wirtschaftstreuhänder kann in der Funktion eines neutralen Gutachters, eines Beraters einer Partei oder eines Schiedsgutachters/Vermittlers tätig werden.

3. Grundsätze der Ermittlung von Unternehmenswerten

3.1 Maßgeblichkeit des Bewertungszwecks

Da mit einem Bewertungsanlass unterschiedliche Bewertungszwecke verbunden sein können, ist die Aufgabenstellung für die Unternehmensbewertung allein aus dem mit der Bewertung verbundenen Zweck abzuleiten. Dieser bestimmt die Vorgangsweise bei der Unternehmensbewertung, insbesondere die Auswahl des geeigneten Bewertungsverfahrens und die Annahmen hinsichtlich Prognose und Kapitalisierung der künftigen finanziellen Überschüsse. Eine sachgerechte Unternehmenswertermittlung setzt daher voraus, dass im Rahmen der Auftragserteilung der Bewertungszweck und die Funktion, in der der Wirtschaftstreuhänder tätig wird, festgelegt werden.

3.2 Stichtagsprinzip

Unternehmenswerte sind zeitpunktbezogen. Bewertungsstichtag ist jener Zeitpunkt, für den der Wert des Unternehmens festgestellt wird; er ergibt sich aus dem Auftrag oder aus vertraglichen oder rechtlichen Regelungen. Ab diesem Zeitpunkt sind die finanziellen Überschüsse (Nettozuflüsse an die Eigner) in die Unternehmensbewertung einzubeziehen.

Alle für die Wertermittlung beachtlichen Informationen, die bei angemessener Sorgfalt zum Bewertungsstichtag hätten erlangt werden können, sind zu berücksichtigen. Änderungen der wertbestimmenden Faktoren zwischen dem Bewertungsstichtag und dem Abschluss der Bewertung sind nur dann zu berücksichtigen, wenn sich dies aus dem Bewertungszweck ergibt.

3.3 Ableitung des Unternehmenswerts aus künftigen finanziellen Überschüssen

Die Nettoeinnahmen der Unternehmenseigner resultieren vor allem aus der Ausschüttung (Entnahme) der vom Unternehmen erwirtschafteten finanziellen Überschüsse abzüglich allfälliger Einlagen (Zahlungsstromorientierung). Die Grundlage der Ermittlung der künftigen finanziellen Überschüsse bildet eine integrierte Planungsrechnung (Plan-Bilanzen, Plan-Gewinn- und Verlustrechnungen sowie Finanzpläne).

3.4 Betriebsnotwendiges Vermögen

Das betriebsnotwendige Vermögen umfasst die Gesamtheit jener immateriellen und materiellen Gegenstände sowie Schulden, die dem Unternehmen für seine Leistungserstellung notwendigerweise zur Verfügung stehen.

Ist das Vermögen quantitativ oder qualitativ für die den Zukunftserfolgen zugrunde gelegten Leistungen nicht geeignet, sind die Auswirkungen notwendiger Anpassungen in der Planungsrechnung zu berücksichtigen. Das betriebsnotwendige Vermögen besitzt auch im Rahmen der Risikobeurteilung erhebliche Bedeutung.

Dem Substanzwert, verstanden als Rekonstruktionszeitwert (Vermögen abzüglich Schulden) des betriebsnotwendigen Vermögens, kommt bei der Ermittlung des Unternehmenswerts keine eigenständige Bedeutung zu.

3.5 Nicht betriebsnotwendiges Vermögen

Nicht betriebsnotwendiges Vermögen sind jene Vermögensteile, die für die Fortführung des Bewertungsobjekts nicht notwendig sind (z.B. betrieblich nicht genutzte Grundstücke und Gebäude oder Überbestände an liquiden Mitteln).

Die Bewertung des nicht betriebsnotwendigen Vermögens erfolgt grundsätzlich zum Barwert der daraus resultierenden künftigen Nettozuflüsse. Untergrenze ist der Liquidationswert.

3.6 Berücksichtigung von Ertragsteuern

Im Rahmen der Ermittlung des Unternehmenswerts wird grundsätzlich auf die künftigen für das Bewertungssubjekt verfügbaren Überschüsse abgestellt. Bei deren Ermittlung sind daher sowohl die Ertragsteuern des Unternehmens als auch die auf Grund des Eigentums am Unternehmen entstehenden Ertragsteuern der Eigner (persönliche Ertragsteuern) zu berücksichtigen.

Bei der Bewertung von Kapitalgesellschaften mindert die Körperschaftsteuer die finanziellen Überschüsse auf Unternehmensebene. Auf Ebene der Anteilseigner vermindert die Kapitalertragsteuer bzw. die halbe durchschnittliche Einkommensteuer für die in der Planung unterstellten Gewinnausschüttungen an natürliche Personen die Nettozuflüsse.

Bei der Bewertung von Einzelunternehmen oder Personengesellschaften aus dem Blickwinkel natürlicher Personen sind die finanziellen Überschüsse um die beim jeweiligen Bewertungssubjekt entstehende Einkommensteuerbelastung, die aus den steuerpflichtigen Einkünften aus dem zu bewertenden Unternehmen resultiert, zu kürzen.

Die in die Bewertung einfließenden Unternehmens- und Alternativverträge müssen in Bezug auf die Berücksichtigung von Ertragsteuerwirkungen äquivalent sein. Daher sind die Ertragsteuerwirkungen sowohl bei den Nettozuflüssen an die Unternehmenseigner als auch im Kapitalisierungszinssatz zu berücksichtigen.

Zur Berücksichtigung von transaktionsbedingten Ertragsteuerwirkungen wird auf Abschn. 3.8. verwiesen.

3.7 Unbeachtlichkeit des bilanziellen Vorsichtsprinzips

Das in den unternehmensrechtlichen Rechnungslegungsvorschriften enthaltene Vorsichtsprinzip ist bei der Unternehmensbewertung nicht zu beachten.

3.8 Berücksichtigung von Transaktionskosten und transaktionsbedingten Ertragsteuerwirkungen

Bei der Ermittlung eines subjektiven Unternehmenswerts aus dem Blickwinkel eines potenziellen Käufers bzw. Verkäufers zur Bestimmung der Preisobergrenze bzw. Preisuntergrenze sind Transaktionskosten, das sind Kosten in Verbindung mit dem Kauf bzw. Verkauf des Unternehmens, zu berücksichtigen, z.B. Verkehrsteuerbelastungen bei der Übernahme von Grundstücken. Gleiches gilt für transaktionsbedingte Ertragsteuerwirkungen wie Ertragsteuerersparnisse aus einem erhöhten Abschreibungspotenzial aus aufgedeckten stillen Reserven und Firmenwertkomponenten bzw. Ertragsteuerbelastungen aus einem Veräußerungsgewinn.

Bei der Ermittlung eines objektivierten Unternehmenswerts hat eine Berücksichtigung von Transaktionskosten und transaktionsbedingten Ertragsteuerwirkungen grundsätzlich zu unterbleiben. Eine Berücksichtigung derartiger Faktoren ist nur dann geboten, wenn sich dies aus rechtlichen Vorgaben für den Bewertungsanlass oder aus dem Auftrag ergibt.

4. Ermittlung der künftigen finanziellen Überschüsse

4.1 Finanzielle Überschüsse bei der Ermittlung eines objektivierten Unternehmenswerts

4.1.1 Unternehmenskonzept

Es ist darauf zu achten, dass die Unternehmensplanungsrechnung mit den daraus resultierenden Erfolgsprognosen auf dem zum Bewertungsstichtag bestehenden Unternehmenskonzept aufbaut. Dies bedeutet, dass Maßnahmen, die zu strukturellen Veränderungen des Unternehmens führen sollen, nur dann berücksichtigt werden dürfen, wenn sie zu diesem Zeitpunkt bereits eingeleitet bzw. hinreichend konkretisiert sind.

4.1.2 Finanzierungs- und Ausschüttungsannahmen

Es ist von der Ausschüttung derjenigen finanziellen Überschüsse auszugehen, die entsprechend der Planungsrechnung unter Berücksichtigung des zum Bewertungsstichtag dokumentierten Unternehmenskonzepts und rechtlicher Restriktionen zur Ausschüttung zur Verfügung stehen.

Unterscheidet die Planung zwei Phasen (vgl. Abschn. 4.3.4.), ist das Ausschüttungsverhalten in der ersten Phase (Detailprognosezeitraum) aus dem zum Bewertungsstichtag dokumentierten Unternehmenskonzept abzuleiten (Finanzplanung). Im Rahmen der zweiten Phase wird grundsätzlich typisierend angenommen, dass das Ausschüttungsverhalten des zu bewertenden Unternehmens äquivalent zu jenem der Alternativanlage ist. Für die Wiederanlage thesaurierter Beträge kann typisierend eine Veranlagung zum Kapitalisierungszinssatz vor Unternehmenssteuern angenommen werden. Dies lässt den Unternehmenswert unverändert (kapitalwertneutrale Veranlagung).

4.1.3 Managementfaktoren

Im Rahmen der objektivierten Unternehmensbewertung ist grundsätzlich von einem unveränderten Management oder für den Fall des Wechsels des Managements von durchschnittlichen Managementleistungen auszugehen (typisierte Managementfaktoren).

Soweit bei personenbezogenen Unternehmen die in der Person des Eigners (der Eigner) begründeten Erfolgsbeiträge in Zukunft nicht realisiert werden können, sind sie bei der Prognose der finanziellen Überschüsse außer Acht zu lassen. Ebenso sind Einflüsse aus einem Unternehmensverbund oder aus sonstigen Beziehungen personeller oder familiärer Art zwischen Management und dritten Unternehmen, die bei einem Eigentümerwechsel nicht mit übergehen würden, zu eliminieren.

4.1.4 Berücksichtigung von Ertragsteuern

Für die Beantwortung der Frage, welche Ertragsteuern im Rahmen der Prognose der finanziellen Überschüsse zu berücksichtigen sind, ist grundsätzlich auf die Verhältnisse zum Bewertungsstichtag abzustellen, die sich aus der Rechtsform des Bewertungsobjekts in Verbindung mit der Rechtsform des Bewertungssubjekts ergeben. Rechtsformänderungen sind zu berücksichtigen, wenn diese Änderungen sicher zu erwarten sind, insbesondere wenn bereits Maßnahmen getroffen worden sind, um diese Änderungen herbeizuführen.

Soll der objektivierte Unternehmenswert einheitlich für mehrere Anteilseigner unabhängig von deren tatsächlicher Steuerbelastung gelten, ist von typisierten steuerlichen Verhältnissen auszugehen. Soweit bei der Bewertung von Kapitalgesellschaften in typisierender Betrachtung Ausschüttungsäquivalenz zwischen dem zu bewertenden Unternehmen und der Alternativanlage unterstellt wird, kann vereinfachend auf eine Berücksichtigung der persönlichen Ertragsteuern auf Gewinnausschüttungen verzichtet werden. Die Begründung liegt in dem Argument, dass sowohl die Dividendenzahlungen aus dem Unternehmen als auch die sichere Alternativveranlagung der Kapitalertragsteuer unterliegen. In diesem Fall hat die Kapitalisierung mit der Alternativrendite vor persönlicher Einkommensteuer zu erfolgen (vgl. Abschn. 5.3.5.).

4.2 Finanzielle Überschüsse bei der Ermittlung eines subjektiven Unternehmenswerts

4.2.1 Unternehmenskonzept

Bei der Ermittlung eines subjektiven Unternehmenswerts (Entscheidungswerts) ersetzt der Wirtschaftstreuhänder in der Beraterfunktion die bei der Ermittlung objektivierter Unternehmenswerte erforderlichen Typisierungen durch individuelle auftragsbezogene Konzepte bzw. Annahmen. Daher sind auch geplante, aber zum Bewertungsstichtag noch nicht eingeleitete oder noch nicht im Unternehmenskonzept dokumentierte Maßnahmen strukturverändernder Art wie Erweiterungsinvestitionen, Desinvestitionen, Bereinigungen des Produktprogramms oder Veränderungen der strategischen Geschäftsfelder zu berücksichtigen. Synergieeffekte sind je nach der konkreten Situation des Bewertungssubjekts (Käufer bzw. Verkäufer) einzubeziehen.

4.2.2 Finanzierungs- und Ausschüttungsannahmen

Die Annahmen über die künftige Finanzierungs- und Ausschüttungspolitik (Kapitalstruktur) sind auf Basis der Vorgaben bzw. Vorstellungen des Bewertungssubjekts unter Beachtung rechtlicher Restriktionen (z.B. gesetzlicher oder vertraglicher Ausschüttungsbeschränkungen) zu treffen.

4.2.3 Managementfaktoren

Aus der Sicht eines Käufers sind jene finanziellen Überschüsse anzusetzen, die mit dem geplanten Management erwartet werden können (individuelle Managementfaktoren), wobei je nach Bewertungszweck unterschiedliche Planungsannahmen getroffen werden können.

Die Preisuntergrenze eines potenziellen Verkäufers berücksichtigt nicht nur die übertragbare Ertragskraft des Bewertungsobjekts, sondern z.B. auch persönliche Managementfaktoren.

4.2.4 Berücksichtigung von Ertragsteuern

Die Ertragsteuerbelastung der finanziellen Überschüsse ist nach Maßgabe der Rechtsform des Bewertungsobjekts unter Berücksichtigung der individuellen steuerlichen Verhältnisse (z.B. Steuersätze, steuerliche Verlustvorträge) des Bewertungssubjekts zu ermitteln. Rechtsformänderungen sind auf Basis der Vorgaben bzw. Vorstellungen des Bewertungssubjekts zu berücksichtigen.

4.3 Prognose der finanziellen Überschüsse

4.3.1 Überblick

Die Prognose der finanziellen Überschüsse stellt das zentrale Problem jeder Unternehmensbewertung dar. Sie erfordert eine umfangreiche Informationsbeschaffung und darauf aufbauende vergangenheits-, stichtags- und zukunftsorientierte Unternehmensanalysen, die durch Plausibilitätsüberlegungen hinsichtlich ihrer Angemessenheit und Widerspruchsfreiheit zu überprüfen sind.

4.3.2 Informationsbeschaffung

Grundsätzlich sind alle Informationen zu erheben, die für die Prognose der finanziellen Überschüsse des Unternehmens von Bedeutung sind. Dazu gehören in erster Linie zukunftsbezogene unternehmens- und marktorientierte Informationen. Unternehmensbezogene Informationen sind insbesondere interne Plandaten sowie Analysen der Stärken und Schwächen des Unternehmens und der von diesem angebotenen Leistungen. Marktbezogene Informationen sind unter anderem Daten über die Entwicklung der Branche, der Konkurrenzsituation und der bearbeiteten Absatzmärkte, aber auch langfristige gesamtwirtschaftliche sowie länder- und branchenspezifische Trendprognosen.

Vergangenheits- und stichtagsbezogene Informationen dienen als Orientierungsgrundlage für die Prognose künftiger Entwicklungen und für die Vornahme von Plausibilitätskontrollen.

Der Wirtschaftstreuhänder hat die Vollständigkeit und die Verlässlichkeit der verwendeten Planungsunterlagen zu beurteilen.

4.3.3 Vergangenheitsanalyse

Die Vergangenheitsanalyse soll auf der Grundlage der Jahresabschlüsse, der Geldflussrechnungen sowie der internen Ergebnisrechnungen konkrete Anhaltspunkte für die Prognose der Unternehmenserfolge liefern. Erfolgsfaktoren der Vergangenheit sind insbesondere daraufhin zu analysieren, inwieweit sie auch künftig wirksam sein werden (vgl. die diesbezüglichen Ausführungen im Abschn. 8.5.4.2.) und ob sie das nicht betriebsnotwendige Vermögen betreffen.

Die unternehmensbezogenen Informationen sind um eine Analyse der Unternehmensumwelt in der (jüngeren) Vergangenheit zu ergänzen. Hiezu gehören die Entwicklung der Marktstellung des Unternehmens und sonstige Markt- und Umweltentwicklungen (z.B. Entwicklungen in politischer, rechtlicher, ökonomischer, technischer, ökologischer und sozialer Hinsicht).

4.3.4 Planung und Prognose (Phasenmethode)

Die Unternehmensbewertung basiert grundsätzlich auf einer möglichst umfassenden vom Management erstellten Planungsrechnung, die ihre Zusammenfassung in integrierten Plan-Bilanzen, Plan-Gewinn- und Verlustrechnungen und Finanzplänen findet. Die Planungsrechnung hat die prognostizierte leistungs- und finanzwirtschaftliche Entwicklung im Rahmen der erwarteten Markt- und Umweltbedingungen zu reflektieren. Unter Berücksichtigung der beschafften Informationen und der Erkenntnisse aus der vergangenheits- und stichtagsorientierten Unternehmensanalyse sind aus dieser Planungsrechnung die künftigen finanziellen Überschüsse abzuleiten. Thesaurierungen finanzieller Überschüsse des Unternehmens und deren Verwendung sind in der Planungsrechnung zu berücksichtigen.

Da mit zunehmender Entfernung vom Bewertungsstichtag der Grad der Prognosesicherheit abnimmt, werden – bei unterstellter unbegrenzter Lebensdauer des Unternehmens – die finanziellen Überschüsse in der Regel in mehreren Phasen geplant und prognostiziert (Phasenmethode). Die Phasen können in Abhängigkeit von Größe, Struktur und Branche des zu bewertenden Unternehmens unterschiedlich lang sein. In den meisten Fällen wird die Planung in zwei Phasen vorgenommen.

Der Detailprognosezeitraum (nähere oder erste Phase bis zum Planungshorizont), für den eine periodenspezifische Prognose der finanziellen Überschüsse erfolgen kann, ist in Abhängigkeit von Größe, Struktur und Branche des Unternehmens in der Regel auf drei bis fünf Jahre begrenzt. Der Detailprognosezeitraum ist auszudehnen, wenn auf Grund von Investitionszyklen die vereinfachende Annahme, dass Abschreibungen und Investitionen einander entsprechen, nicht plausibel erscheint. Auch längerfristige Produktlebenszyklen können eine Verschiebung des Planungshorizonts erfordern.

Für die Zeit nach dem Planungshorizont (fernere oder zweite Phase) können lediglich globale bzw. pauschale Annahmen getroffen werden. In der Regel wird eine Unternehmensentwicklung mit gleichbleibenden oder konstant wachsenden finanziellen Überschüssen unterstellt, die den Periodenerfolgen entsprechen. Wegen des oft starken Gewichts der finanziellen Überschüsse in der zweiten Phase kommt der kritischen Überprüfung der zugrunde liegenden Annahmen besondere Bedeutung zu.

Bei erheblicher Unsicherheit erscheint es empfehlenswert, mehrere mit der Wahrscheinlichkeit ihres Eintreffens gewichtete Ergebnisreihen darzustellen, aus denen Ergebnisbandbreiten abgeleitet werden.

4.3.5 Plausibilitätsbeurteilung

Die Planung bzw. Prognose der finanziellen Überschüsse ist auf ihre Plausibilität hin zu beurteilen. Zu beachten ist insbesondere, dass die einzelnen Erfolgsposten zueinander im Zeitablauf nachvollziehbar und die Finanzierungsannahmen zutreffend gewählt sind. Für die Beurteilung der Verlässlichkeit der Prognose der finanziellen Überschüsse kann auch ein Soll-Ist-Vergleich von in der Vergangenheit vom Unternehmen erstellten Planungsrechnungen dienlich sein.

5. Kapitalisierung der künftigen finanziellen Überschüsse

5.1 Grundlagen

Der Unternehmenswert ergibt sich grundsätzlich aus der Kapitalisierung der künftigen Nettozuflüsse an die Unternehmenseigner unter Verwendung eines dem angewendeten Bewertungsverfahren entsprechenden Kapitalisierungszinssatzes.

Bei unbegrenzter Lebensdauer entspricht der Unternehmenswert grundsätzlich dem Barwert der künftig den Eignern für eine unbegrenzte Zeit zufließenden finanziellen Überschüsse.

Ist eine begrenzte Dauer des Unternehmens zu unterstellen, ergibt sich der Unternehmenswert als Summe der Barwerte der künftigen Nettozuflüsse bis zur Aufgabe des Unternehmens zuzüglich des Barwerts der Nettozuflüsse aus der Aufgabe des Unternehmens (z.B. der Liquidation).

5.2 Berücksichtigung des Risikos

Jede Investition in ein Unternehmen ist mit dem Risiko verbunden, dass künftige Erträge nicht im erwarteten Umfang anfallen. Dieses Unternehmensrisiko umfasst grundsätzlich sowohl das aus der Investition in ein Unternehmen sich ergebende allgemeine Risiko, dem alle Unternehmen bzw. Unternehmen einer bestimmten Branche unterliegen und das seine Ursache in der Entwicklung der gesamtwirtschaftlichen Lage bzw. der entsprechenden Branche (Konjunkturschwankungen) hat, als auch das sich aus der besonderen Situation des zu bewertenden Unternehmens ergebende spezielle (leistungs- und finanzwirtschaftliche) Risiko. Ein allfälliges Risiko, das sich aus einer im Vergleich zur Alternativanlage geringeren Mobilität der Veranlagung in das zu bewertende Unternehmen ergibt, ist nur dann zu berücksichtigen, wenn von einer begrenzten Behaltedauer auszugehen ist.

Zum allgemeinen Unternehmensrisiko gehören Unwägbarkeiten genereller Art wie nicht absehbare Entwicklungen aus Konjunktur, Politik, Umwelt und Branche des Unternehmens.

Das spezielle Unternehmensrisiko ist das auf ein bestimmtes Unternehmen bezogene Risiko. Hiezu zählen etwa die Konkurrenzsituation, die Managementqualifikation, besondere Einkaufs- und Absatzverträge, der Stand der Produktinnovation, die Art der Unternehmensorganisation, die Finanzierungs- und Kapitalstrukturverhältnisse, die Flexibilität des Unternehmens, d.h. die Fähigkeit, sich geänderten Umwelteinflüssen mehr oder weniger rasch anzupassen, das Alter und die Eignung der Vermögensausstattung des Unternehmens, der Umfang und die Qualität der Forschungs- und Entwicklungstätigkeit, die Qualifikation der Mitarbeiter und die Wettbewerbssituation, der das Unternehmen ausgesetzt ist.

Wegen der Problematik einer eindeutigen Abgrenzung zwischen dem unternehmensspeziellen und dem allgemeinen Unternehmensrisiko ist das gesamte Unternehmensrisiko einheitlich entweder in Form der Sicherheitsäquivalenzmethode durch einen Abschlag vom Erwartungswert der finanziellen Überschüsse oder durch einen Risikozuschlag zum risikolosen Zinssatz (Basiszinssatz) zu berücksichtigen.

National und international geht die Tendenz dahin, die Risikozuschlagsmethode anzuwenden. Im Folgenden wird daher von der Risikozuschlagsmethode ausgegangen.

5.3 Komponenten des Kapitalisierungszinssatzes

5.3.1 Überblick

Der Kapitalisierungszinssatz setzt sich im Allgemeinen aus einem Basiszinssatz und einem Risikozuschlag zusammen. Weiters sind das erwartete Wachstum der finanziellen Überschüsse und Ertragsteuerwirkungen zu berücksichtigen. Zu Alternativen bei der Bestimmung des Kapitalisierungszinssatzes im Rahmen der Ermittlung eines subjektiven Unternehmenswerts wird auf Abschn. 6.2.3. verwiesen.

5.3.2 Basiszinssatz

Bei der Bestimmung des Basiszinssatzes ist von einer risikolosen Kapitalmarktanlage auszugehen. Der Basiszinssatz kann unter Berücksichtigung der Laufzeitäquivalenz zum zu bewertenden Unternehmen aus der zum Bewertungsstichtag gültigen Zinsstrukturkurve abgeleitet werden. Alternativ kann die am Bewertungsstichtag bestehende Effektivrendite einer Staatsanleihe mit einer Laufzeit von 10 bis 30 Jahren herangezogen werden.

5.3.3 Risikozuschlag

Für die konkrete Höhe des Risikozuschlags sind auf dem Markt beobachtete Risikoprämien geeignete Ausgangsgrößen, die den speziellen Gegebenheiten des Bewertungsobjekts und des Bewertungssubjekts anzupassen sind. Eine Anpassung in der Vergangenheit beobachteter Risikoprämien hat zu erfolgen, wenn für die Zukunft Veränderungen erwartet werden.

Marktorientierte Risikozuschläge können auf Grundlage des Capital Asset Pricing Model (CAPM) oder auf Grund anderer kapitalmarktorientierter Methoden ermittelt werden. Auf Basis des CAPM ergibt sich der Risikozuschlag für das zu bewertende Unternehmen durch Multiplikation der Marktrisikoprämie mit dem unternehmensindividuellen Beta-Faktor. Marktrisikoprämien und unternehmensindividuelle Beta-Faktoren werden von Finanzdienstleistern erhoben bzw. können einschlägigen Publikationen entnommen werden. Bei der Bewertung nicht börsennotierter Unternehmen können vereinfachend Beta-Faktoren bzw. Risikoprämien für vergleichbare Unternehmen oder für Branchen herangezogen werden.

Risikoprämien nach dem CAPM erfassen das Geschäftsrisiko (Business Risk) und das Kapitalstrukturrisiko (Financial Risk). Der Beta-Faktor für ein verschuldetes Unternehmen ist höher als jener für ein unverschuldetes Unternehmen, weil er auch das Kapitalstrukturrisiko berücksichtigt. Veränderungen in der Kapitalstruktur erfordern daher eine Anpassung der Risikoprämie.

Die Angemessenheit der auf Basis des CAPM ermittelten Risikoprämie für das konkret zu bewertende Unternehmen ist vom Wirtschaftstreuhänder zu würdigen; allenfalls sind Anpassungen vorzunehmen.

Wird der Risikozuschlag nach dem CAPM bestimmt, repräsentiert der Kapitalisierungszinssatz die Eigenkapitalkosten (Renditeforderung der Eigenkapitalgeber).

5.3.4 Berücksichtigung wachsender finanzieller Überschüsse

Die künftigen finanziellen Überschüsse können nominell oder real geplant werden. Bei korrekter Anwendung führen beide Vorgangsweisen zum selben Ergebnis. Der Nominalrechnung wird in Theorie und Praxis der Vorzug gegeben.

Die finanziellen Überschüsse werden u.a. durch Preisänderungen (welcher Art immer) beeinflusst. Ursachen für Veränderungen der nominellen finanziellen Überschüsse können neben Preisänderungen auch Mengen- und Strukturänderungen (Absatzausweitungen oder -einbrüche, Kosteneinsparungen) sein. Für die Schätzung des künftigen nominellen Wachstums kann daher die erwartete Geldentwertungsrate (die auch im landesüblichen risikolosen Zinssatz enthalten ist) nicht allein maßgebend sein.

In der Phase bis zum Planungshorizont können anhand von Detailplanungen Absatz- und Kostenentwicklungen sowie unterschiedliche Preisänderungen auf Beschaffungs- und Absatzmärkten rechnerisch in der Regel ohne große Probleme in den finanziellen Überschüssen ihren Niederschlag finden (Nominalrechnung). Diese einzeln geplanten finanziellen Überschüsse sind mit einem nominellen Kapitalisierungszinssatz auf den Bewertungsstichtag zu kapitalisieren.

Kann im konkreten Bewertungsfall in der Phase nach dem Planungshorizont auf der Grundlage einer eingehenden Analyse ein nachhaltiges Wachstum angenommen werden, ist dies in dieser Phase durch einen entsprechenden Wachstumsabschlag vom nominellen Kapitalisierungszinssatz zu berücksichtigen. Die weitere Abzinsung auf den Bewertungsstichtag hat mit dem nominellen Kapitalisierungszinssatz zu erfolgen.

5.3.5 Berücksichtigung von Ertragsteuern

Wie im Abschn. 3.6. ausgeführt, müssen die in die Bewertung einfließenden Unternehmens- und Alternativverträge in Bezug auf die Berücksichtigung von Ertragsteuerwirkungen äquivalent sein, sodass diese sowohl bei den Nettozuflüssen an die Unternehmenseigner als auch im Kapitalisierungszinssatz zu berücksichtigen sind.

Die auf Basis des CAPM ermittelten Renditen bzw. Risikozuschläge sind Renditen bzw. Risikozuschläge nach Körperschaftsteuer, jedoch vor persönlicher Einkommensteuer.

Bei der Bewertung von Kapitalgesellschaften kann in der zweiten Phase unter der Annahme der Ausschüttungsäquivalenz zwischen dem zu bewertenden Unternehmen und der Alternativanlage von der Wertneutralität der persönlichen Besteuerung ausgegangen werden. In der zweiten Phase kann daher die persönliche Besteuerung außer Ansatz gelassen werden, d.h. Basis für die Kapitalisierung sind der ausschüttbare Gewinn (Jahresüberschuss) und die Alternativrendite vor persönlicher Einkommensteuer. Vereinfachend kann auch in der ersten Phase auf die Berücksichtigung der persönlichen Besteuerung verzichtet werden.

Bei der Bewertung von Einzelunternehmen und Personengesellschaften aus dem Blickwinkel natürlicher Personen sind die finanziellen Überschüsse nach Einkommensteuer mit der Alternativrendite nach persönlichen Ertragsteuern zu kapitalisieren. Da das CAPM Renditen bzw. Risikozuschläge vor persönlicher Einkommensteuer liefert, müssen diese in Renditen bzw. Risikozuschläge nach persönlicher Einkommensteuer umgerechnet werden. Dabei ist zu berücksichtigen, dass die Dividenden der persönlichen Besteuerung unterliegen und die Kursgewinne in der Regel als steuerfrei angenommen werden können. Zu Rechtsformänderungen wird auf die Abschnitte 4.1.4. und 4.2.4. verwiesen.

5.4 Netto- oder Bruttokapitalisierung

Bei der Nettokapitalisierung wird der Unternehmenswert in einem einstufigen Verfahren durch Kapitalisierung der den Eignern künftig zufließenden Zahlungsströme ermittelt. Die Nettokapitalisierung erfolgt entweder nach dem Ertragswertverfahren oder nach dem Equity-Ansatz als einer Variante der Discounted Cash-Flow (DCF)-Verfahren.

Bei der Bruttokapitalisierung (Entity-Ansatz) wird der Unternehmenswert zweistufig ermittelt. In der ersten Stufe wird der Wert des Gesamtkapitals aus der Sicht von Eigen- und Fremdkapitalgebern bestimmt. In der zweiten Stufe wird durch den Abzug des Marktwerts des verzinslichen Fremdkapitals der Wert des Eigenkapitals als Unternehmenswert ermittelt.

Der Bruttokapitalisierung entsprechen das Weighted Average Cost of Capital (WACC)-Konzept und das Adjusted Present Value (APV)-Konzept als Varianten der DCF-Verfahren.

6. Bewertungsverfahren

6.1 Anwendung von Ertragswert- oder DCF-Verfahren

Das Ertragswertverfahren und die DCF-Verfahren beruhen insoweit auf der gleichen konzeptionellen Grundlage, als sie den Unternehmenswert als Barwert künftiger finanzieller Überschüsse ermitteln. Diese Verfahren eignen sich zur Bestimmung sowohl von objektivierten als auch von subjektiven Unternehmenswerten und führen bei identischen Annahmen zu identischen Ergebnissen. Die Ausführungen in den Abschnitten 2. bis 5. gelten sowohl für das Ertragswert- als auch für die DCF-Verfahren.

6.2 Ertragswertverfahren

6.2.1 Grundsätzliches Vorgehen

Das Ertragswertverfahren ermittelt den Unternehmenswert durch Kapitalisierung der Nettozuflüsse an die Unternehmenseigner.

6.2.2 Kapitalisierungszinssatz bei Ermittlung eines objektivierten Unternehmenswerts

Als Kapitalisierungszinssatz ist die Rendite jener Alternativanlage heranzuziehen, die dem Zahlungsstrom des zu bewertenden Unternehmens hinsichtlich Laufzeit, Risiko und Verfügbarkeit äquivalent ist. Dabei ist typisierend auf Renditen von auf dem Kapitalmarkt notierten Unternehmensanteilen (Aktienportefeuille) als Ausgangsgröße abzustellen. Dies gilt unabhängig von der Rechtsform des zu bewertenden Unternehmens, weil die Möglichkeit der Alternativanlage in Aktien grundsätzlich allen Anteilseignern zur Verfügung steht.

Unter der typisierenden Annahme einer Alternativanlage in ein Aktienportefeuille ist daher der Basiszinssatz (vgl. Abschn. 5.3.2.) um einen marktorientierten Risikozuschlag (vgl. Abschn. 5.3.3.) zu erhöhen und gegebenenfalls um einen Wachstumsabschlag (vgl. Abschn. 5.3.4.) zu vermindern. Zur Berücksichtigung von Ertragsteuerwirkungen wird auf Abschn. 5.3.5. verwiesen.

6.2.3 Kapitalisierungszinssatz bei Ermittlung eines subjektiven Unternehmenswerts

Bei der Ermittlung eines subjektiven Unternehmenswerts wird der Kapitalisierungszinssatz durch die individuellen Verhältnisse bzw. Vorgaben des jeweiligen Investors bestimmt. Als Kapitalisierungszinssatz können individuelle Renditevorgaben, die Renditeerwartung der besten Alternative oder aus Kapitalmarktdaten abgeleitete Renditen (z.B. über das CAPM) dienen. Auch in diesem Fall ist das Erfordernis der Laufzeitäquivalenz zu beachten; gegebenenfalls ist ein Wachstumsabschlag zu berücksichtigen.

6.3 DCF-Verfahren

6.3.1 Grundsätzliches

Die DCF-Verfahren ermitteln den Unternehmenswert durch Kapitalisierung von Cash-Flows, die je nach Verfahren unterschiedlich definiert werden. Sie werden im Allgemeinen zur Bewertung von Kapitalgesellschaften herangezogen. Im Folgenden wird daher auf die Bewertung von Kapitalgesellschaften abgestellt. Dabei wird es als zulässig erachtet, vereinfachend auf die Berücksichtigung der persönlichen Einkommensteuer sowohl bei den zu kapitalisierenden Cash-Flows als auch im Kapitalisierungszinssatz zu verzichten (vgl. Abschn. 5.3.5.).

Die DCF-Verfahren erfordern Informationen bzw. Annahmen über die Eigenkapitalkosten (Renditeforderung der Eigenkapitalgeber). Dazu wird in der Regel das CAPM herangezogen.

6.3.2 Bruttoverfahren (Entity-Ansatz)

6.3.2.1 Das Konzept der gewichteten Kapitalkosten (WACC-Konzept)

Vorgangsweise

Nach dem WACC-Konzept mit Free Cash-Flows wird der Marktwert des Gesamtkapitals durch Kapitalisierung der Free Cash-Flows mit dem WACC ermittelt. Der Marktwert des Eigenkapitals (Unternehmenswert) ergibt sich, indem vom Marktwert des Gesamtkapitals der Marktwert des verzinslichen Fremdkapitals abgezogen wird.

Der WACC ist ein nach der Kapitalstruktur gewichteter Mischzinssatz aus Eigen- und Fremdkapitalkosten. Die Gewichtung erfolgt nach dem Verhältnis der Marktwerte von Eigen- und Fremdkapital.

Der Marktwert des verzinslichen Fremdkapitals entspricht bei marktüblicher Verzinsung dem Buchwert des Fremdkapitals. Wird das Fremdkapital niedriger oder höher verzinst, als es dem marktüblichen Zinssatz entspricht, ergibt sich der Marktwert des Fremdkapitals aus den mit dem marktüblichen Zinssatz kapitalisierten Fremdfinanzierungszahlungen.

Ermittlung der künftigen Free Cash-Flows

Die künftigen Free Cash-Flows werden unter der Fiktion vollständiger Eigenfinanzierung ermittelt. Bei Vorliegen einer integrierten Planungsrechnung, die explizite Annahmen über die Entwicklung des verzinslichen Fremdkapitals enthält, lässt sich der Free Cash-Flow indirekt wie folgt errechnen (Schema 1):

	Handelsrechtliches Jahresergebnis
+	Fremdkapitalzinsen
–	Steuerersparnisse aus der Absetzbarkeit der Fremdkapitalzinsen
=	Ergebnis vor Zinsen nach angepassten Ertragssteuern
+/–	Aufwendungen/Erträge aus Anlagenabgängen
+/–	Abschreibungen/Zuschreibungen
+/–	Bildung/Auflösung langfristiger Rückstellungen und sonstige zahlungsunwirksame Aufwendungen/Erträge
–/+	Erhöhung/Verminderung des Nettoumlaufvermögens (ohne kurzfristige verzinsliche Verbindlichkeiten)
–/+	Cash-Flow aus Investitionen/Desinvestitionen
=	Free Cash-Flow (FCF)

Da die Free Cash-Flows unter der Fiktion vollständiger Eigenfinanzierung ermittelt werden, sind die Fremdkapitalzinsen hinzuzurechnen und die mit der steuerlichen Absetzbarkeit der Fremdkapitalzinsen verbundene Steuerersparnis (Tax Shield) abzuziehen.

Liegt eine integrierte Planung mit expliziten Annahmen über die Entwicklung des verzinslichen Fremdkapitals nicht vor, kann vereinfachend das nachfolgende Schema verwendet werden (Schema 2):

> Ergebnis vor Zinsen und Steuern
> − Steuern bei reiner Eigenfinanzierung
> = Ergebnis vor Zinsen nach angepassten Ertragsteuern
> +/− Aufwendungen/Erträge aus Anlagenabgängen
> +/− Abschreibungen/Zuschreibungen
> +/− Bildung/Auflösung langfristiger Rückstellungen und sonstige zahlungsunwirksame Aufwendungen/Erträge
> −/+ Erhöhung/Verminderung des Nettoumlaufvermögens (ohne kurzfristige verzinsliche Verbindlichkeiten)
> −/+ Cash-Flow aus Investitionen/Desinvestitionen
> = Free Cash-Flow (FCF)

In diesem Fall unterbleibt eine explizite Darstellung des Cash-Flow aus dem Finanzierungsbereich. Die Finanzierung wird durch die Kapitalstruktur determiniert, die in den WACC eingeht. Eventuelle Ausschüttungsrestriktionen werden nicht berücksichtigt. Die Plausibilität der (implizit) getroffenen Annahmen und die Eignung dieser Vorgangsweise zur Ermittlung eines objektivierten Unternehmenswerts sind durch den Wirtschaftstreuhänder zu würdigen.

Für die Zeit nach der Detailplanungsphase sind plausible Annahmen über die weitere Entwicklung der Free Cash-Flows zu treffen. Die Free Cash-Flows können entweder konstant bleiben oder mit einer bestimmten Wachstumsrate wachsen. Die letztere Annahme führt zu einem Wachstumsabschlag vom WACC.

Der Barwert der Free Cash-Flows zu Beginn der zweiten Phase wird auch Residualwert genannt. Bei Fortführung des Unternehmens wird er als Fortführungswert bezeichnet, bei Liquidation des Unternehmens entspricht er dem Liquidationswert.

Ermittlung des WACC
Der WACC hängt von den Kosten des Fremd- und des Eigenkapitals sowie vom Verschuldungsgrad ab. Die Kosten des Fremdkapitals ergeben sich aus dem Zinssatz für Fremdkapital abzüglich der Steuerersparnis durch Fremdfinanzierung, weil im Free Cash-Flow die Steuerersparnis durch Fremdkapitalzinsen nicht berücksichtigt wird. Zur Ermittlung der dem Verschuldungsgrad entsprechenden Eigenkapitalkosten vgl. die Ausführungen im Abschn. 5.3.

Der WACC kann einfach berechnet werden, wenn das Verhältnis Fremdkapital zu Eigenkapital auf Basis von Marktwerten als periodenunabhängige Zielkapitalstruktur vorgegeben wird. Damit erhält man einen im Zeitablauf konstanten WACC. Die Eigenkapitalkosten haben der Kapitalstruktur zu entsprechen.

Wie ausgeführt, werden die Free Cash-Flows nach Schema 1 auf der Grundlage einer vollständigen Unternehmensplanung ermittelt. Die Planung bzw. Vorgabe der

Fremdkapitalbestände in der Finanzplanung führt in der Regel dazu, dass die Kapitalstruktur von Periode zu Periode schwankt, sodass der WACC im Zeitablauf nicht konstant bleibt. Auf Grund der dann erforderlichen aufwendigeren Berechnungen kann es in derartigen Fällen zweckmäßig sein, anstelle des WACC-Konzepts das APV-Konzept oder den Equity-Ansatz anzuwenden.

6.3.2.2 Das Konzept des angepassten Barwerts (APV-Konzept)

Nach dem APV-Konzept wird zunächst unter der Annahme vollständiger Eigenfinanzierung der Marktwert des (fiktiv) unverschuldeten Unternehmens ermittelt. Dazu werden die Free Cash-Flows mit den Eigenkapitalkosten des unverschuldeten Unternehmens kapitalisiert. Der Marktwert des unverschuldeten Unternehmens wird um die durch die Verschuldung bewirkte kapitalisierte Steuerersparnis aus den Fremdkapitalzinsen (Tax Shield) erhöht. Die Summe aus Marktwert des unverschuldeten Unternehmens und Tax Shield ergibt den Marktwert des Gesamtkapitals. Nach Abzug des Marktwerts des Fremdkapitals verbleibt der Marktwert des Eigenkapitals (Unternehmenswert).

> Barwert der Free Cash-Flows bei Kapitalisierung mit $r(EK)_u$
> \+ Marktwert des nicht betriebsnotwendigen Vermögens
> = Marktwert des unverschuldeten Unternehmens
> \+ Marktwerterhöhung durch Fremdfinanzierung (Tax Shield)
> = Marktwert des Gesamtkapitals des verschuldeten Unternehmens
> – Marktwert des verzinslichen Fremdkapitals
> = Marktwert des Eigenkapitals (Unternehmenswert)
> $r(EK)_u$ = Eigenkapitalkosten für das unverschuldete Unternehmen

Bei geplanten bzw. vorgegebenen Fremdkapitalbeständen kann angenommen werden, dass die Steuerersparnis aus der Absetzbarkeit der Fremdkapitalzinsen sicher ist. Die Steuerersparnisse sind dann mit dem risikolosen Zinssatz zu kapitalisieren.

Beim APV-Konzept wirken sich Änderungen der Kapitalstruktur des zu bewertenden Unternehmens nicht auf die Höhe der Eigenkapitalkosten aus, sodass das Erfordernis der Verwendung periodenspezifischer Kapitalisierungszinssätze entfällt. Allerdings müssen die Eigenkapitalkosten für das unverschuldete Unternehmen bekannt sein bzw. mittels Anpassungsformeln aus den auf dem Markt erhobenen Eigenkapitalkosten für das verschuldete Unternehmen abgeleitet werden.

6.3.3 Nettoverfahren (Equity-Ansatz)

Beim Nettoverfahren werden die Nettozuflüsse an die Unternehmenseigner (Flows to Equity) mit den Eigenkapitalkosten für das verschuldete Unternehmen kapitalisiert. In der Regel bleiben dabei die persönlichen Ertragsteuern außer Ansatz (vgl. Abschn. 6.3.1.). Der Equity-Ansatz entspricht dem Ertragswertverfahren mit marktorientierter Risikoberücksichtigung.

Die Planung bzw. Vorgabe der Fremdkapitalbestände in der Finanzplanung führt in der Regel dazu, dass sich die Kapitalstruktur im Detailplanungszeitraum von Periode zu Periode verändert. Die daraus resultierende Veränderung des Kapitalstrukturrisikos erfordert grundsätzlich eine periodenspezifische Anpassung der Eigenkapitalkosten. Verändert sich die Kapitalstruktur im Zeitablauf nur unwesentlich, kann auf eine periodenspezifische Anpassung der Eigenkapitalkosten verzichtet werden.

6.4 Übergewinnverfahren

Das Übergewinnverfahren wird in der Theorie auf Grund seiner Orientierung am Substanzwert abgelehnt. Soweit dieses Verfahren auf Grund vertraglicher Regelungen oder aus anderen Gründen anzuwenden ist, wird auf das Fachgutachten KFS/BW1 vom 20.12.1989, Abschn. 10.3.3., verwiesen.

6.5 Liquidationswert

Übersteigt der Barwert der finanziellen Überschüsse, die sich bei Liquidation des gesamten Unternehmens ergeben, den Fortführungswert, bildet der Liquidationswert die Untergrenze für den Unternehmenswert. Bestehen jedoch rechtliche oder tatsächliche Zwänge zur Unternehmensfortführung, ist abweichend davon auf den Fortführungswert abzustellen.

Der Liquidationswert ergibt sich als Barwert der finanziellen Überschüsse aus der Veräußerung der Vermögenswerte und der Bedeckung der Schulden unter Berücksichtigung der Liquidationskosten und der mit der Liquidation verbundenen Steuerwirkungen.

7. Anhaltspunkte für Plausibilitätsbeurteilungen

7.1 Börsenkurse

Bei börsennotierten Unternehmen sind die Börsenkurse zur Plausibilitätsbeurteilung des nach den Grundsätzen dieses Fachgutachtens ermittelten Unternehmenswerts heranzuziehen. Wesentliche Abweichungen sind zu analysieren und darzustellen (z.B. geringer Anteil börsengehandelter Anteile, fehlende Marktgängigkeit, Manipulation des Börsenkurses). Sachlich nicht begründbare Abweichungen sollten zum Anlass genommen werden, die der Bewertung zugrunde liegenden Ausgangsdaten und Prämissen kritisch zu überprüfen.

7.2 Multiplikatormethoden

Preisfindungen mittels ergebnis-, umsatz- oder produktmengenorientierter Multiplikatoren können im Einzelfall Anhaltspunkte für eine Plausibilitätsbeurteilung der Bewertungsergebnisse bieten.

In der Praxis wird gelegentlich zur Preisfindung insbesondere für kleine und mittlere Unternehmen (z.B. freiberufliche Praxen) die Multiplikatormethode angewendet. Eine derartige Vorgangsweise kann jedoch nicht an die Stelle einer Unternehmensbewertung treten.

8. Besonderheiten bei der Bewertung bestimmter Unternehmen

8.1 Wachstumsunternehmen

Wachstumsunternehmen sind Unternehmen mit erwarteten überdurchschnittlichen Wachstumsraten der Umsätze. Sie sind insbesondere durch Produktinnovationen gekennzeichnet, die mit hohen Investitionen und Vorleistungen in Entwicklung, Produktion und Absatz, begleitet von wachsendem Kapitalbedarf, verbunden sind. Vielfach befinden sich derartige Unternehmen erfolgsmäßig zum Zeitpunkt der Bewertung in einer Verlustphase, sodass eine Vergangenheitsanalyse für Plausibilitätsüberlegungen im Hinblick auf die künftige Entwicklung des Unternehmens in der Regel nicht geeignet ist.

Die Prognose der finanziellen Überschüsse unterliegt in diesem Fall erheblichen Unsicherheiten, weshalb vor allem die nachhaltige Wettbewerbsfähigkeit des Produkt- und Leistungsprogramms, das Marktvolumen, die Ressourcenverfügbarkeit, die wachstumsbedingten Anpassungsmaßnahmen der internen Organisation und die Finanzierbarkeit des Unternehmenswachstums analysiert werden müssen. Besonderes Augenmerk ist auf die Risikoeinschätzung zu legen.

Bei der Prognose der finanziellen Überschüsse erscheint es sinnvoll, die Planung in mehreren Phasen (Anlaufphase, Phase mit überdurchschnittlichem Umsatz- und Ertragswachstum und Phase mit normalem Wachstum) vorzunehmen und Ergebnisbandbreiten abzuleiten (vgl. Abschn. 4.3.4.).

8.2 Ertragsschwache Unternehmen

Die Ertragsschwäche eines Unternehmens zeigt sich darin, dass seine Rentabilität nachhaltig geringer ist als der Kapitalisierungszinssatz.

Bei der Bewertung ertragsschwacher Unternehmen ist neben der Beurteilung von Fortführungskonzepten auch die Beurteilung von Zerschlagungskonzepten erforderlich. Führt das optimale Zerschlagungskonzept zu einem höheren Barwert finanzieller Überschüsse als das optimale Fortführungskonzept, entspricht der Unternehmenswert grundsätzlich dem Liquidationswert (vgl. Abschn. 6.5.). Erweist sich die Fortführung des Unternehmens auf Grund der zur Verbesserung der Ertragskraft geplanten Maßnahmen als vorteilhaft, hat der Wirtschaftstreuhänder diese Maßnahmen hinsichtlich ihrer Plausibilität und Realisierbarkeit kritisch zu beurteilen.

8.3 Unternehmen mit bedarfswirtschaftlichem Leistungsauftrag

Unternehmen mit bedarfswirtschaftlichem Leistungsauftrag (Non- Profit-Unternehmen) erhalten diesen entweder vom Unternehmensträger (z.B. bestimmte kommunale Institutionen, Sozialwerke, Genossenschaften, gemeinnützige Vereine) oder von einem Subventionsgeber (z.B. Gemeinde, Land).

In solchen Unternehmen hat das Kostendeckungsprinzip zwecks Sicherung der Leistungserstellung Vorrang vor einer (begrenzten) Gewinnerzielung. Da nicht-finanzielle Ziele dominieren, ist als Unternehmenswert nicht der Zukunftserfolgswert anzusetzen, sondern ein Rekonstruktionszeitwert, wobei zu berücksichtigen ist, ob die Leistungserstellung allenfalls mit einer effizienteren Substanz oder Struktur erreicht werden kann. Wegen der Dominanz des Leistungserstellungszwecks kommt bei unzureichender Ertragskraft eine Liquidation als Alternative zur Fortführung des Unternehmens nicht in Frage, es sei denn, die erforderliche Kostendeckung (einschließlich aller Zuschüsse) ist künftig nicht mehr gewährleistet.

8.4 Unternehmen mit negativen finanziellen Überschüssen

Ergibt die Unternehmensplanung negative finanzielle Überschüsse, ist zunächst zu prüfen, inwieweit diese durch Fremdkapitalaufnahmen oder Gewinnthesaurierungen ausgeglichen werden können bzw. sollen. Sieht z.B. die Planung bei Kraftwerken, Abbau- oder Deponieunternehmen für die Nachsorgephase negative finanzielle Überschüsse vor, muss sie in der Regel dahingehend überarbeitet werden, dass dafür in der Aktivphase durch ausreichende Rückstellungsbildung und Einbehaltung finanzieller Mittel vorgesorgt wird.

Verbleiben auf Grundlage der Unternehmensplanung negative finanzielle Überschüsse, d.h. von den Unternehmenseignern sind Einzahlungen zu leisten, dann ist unter Zugrundelegung einer individuellen Bewertung bei der Abzinsung dieser Einzahlungen ein Risikoabschlag vom Basiszinssatz vorzunehmen. Bezieht man jedoch den Kapitalmarkt in die Bewertung ein, wie für die Ermittlung des objektivierten Unternehmenswerts vorgesehen (vgl. Abschn. 6.2.2.), dann ist davon auszugehen, dass sowohl für positive als auch für negative finanzielle Überschüsse in der Regel ein Risikozuschlag zum Basiszinssatz anzusetzen ist.

8.5 Kleine und mittlere Unternehmen

8.5.1 Kennzeichen

Kennzeichen vieler kleiner und mittlerer Unternehmen (KMU) sind insbesondere ein begrenzter Eignerkreis, Eigner mit geschäftsführender Funktion, Mitarbeit von Familienmitgliedern des Eigners (der Eigner) im Unternehmen, keine eindeutige Abgrenzung zwischen Betriebs- und Privatvermögen, wenige Geschäftsbereiche, einfaches Rechnungswesen und einfache interne Kontrollen. Bei diesen Unternehmen resultieren daher Risiken insbesondere aus der unternehmerischen Fähigkeit des Eigners (der Eigner), der Abhängigkeit von nur wenigen Produkten, Dienstleistungen oder Kunden, einer fehlenden bzw. nicht dokumentierten Unternehmensplanung, einer ungenügenden Eigenkapitalausstattung und eingeschränkten Finanzierungsmöglichkeiten. Auf Grund dieser spezifischen Risikofaktoren hat der Wirtschaftstreuhänder besonderes Augenmerk auf die Abgrenzung des Bewertungsobjekts, die Bestimmung des Unternehmerlohns und die Zuverlässigkeit der vorhandenen Informationsquellen zu richten.

8.5.2 Abgrenzung des Bewertungsobjekts

Bei personenbezogenen, von den Eigentümern dominierten Unternehmen ist bei der Abgrenzung des Bewertungsobjekts auf eine korrekte Trennung zwischen betrieblicher und privater Sphäre zu achten. Dabei kann z.B. die Heranziehung steuerlicher

Sonderbilanzen für die Identifikation von nicht bilanziertem, aber betriebsnotwendigem Vermögen hilfreich sein. Werden wesentliche Bestandteile des Anlagevermögens (insbesondere Grundstücke und Patente) im Privatvermögen gehalten, müssen sie in die zu bewertende Vermögensmasse einbezogen oder anderweitig (z.B. durch den Ansatz von Miet-, Pacht- oder Lizenzzahlungen) berücksichtigt werden.

Bei der Ermittlung eines objektivierten Unternehmenswerts sind typisierende Annahmen über die künftige Innen- und Außenfinanzierung bzw. Kapitalstruktur zu treffen, wenn dafür kein dokumentiertes Unternehmenskonzept vorliegt. Im Fall der Beibringung von Sicherheiten aus dem Privatbereich von Unternehmenseignern sind entsprechende Aufwendungen für Avalprovisionen anzusetzen.

8.5.3 Bestimmung des Unternehmerlohns

Bei KMU sind die persönlichen Kenntnisse, Fähigkeiten und Beziehungen sowie das persönliche Engagement der Unternehmenseigner oft von herausragender Bedeutung für die Höhe der finanziellen Überschüsse. Es ist daher darauf zu achten, dass diese Erfolgsfaktoren durch einen angemessenen Unternehmerlohn berücksichtigt werden. Soweit Familienangehörige des Eigners (der Eigner) im Unternehmen unentgeltlich tätig sind, ist ein angemessener Lohnaufwand anzusetzen.

8.5.4 Eingeschränkte Informationsquellen
8.5.4.1 Fehlende oder mangelhafte Planungsrechnung

Liegt eine ausreichend dokumentierte Planungsrechnung nicht vor, ist die Unternehmensleitung zu veranlassen, unter Zugrundelegung ihrer Vorstellungen über die künftige Entwicklung des Unternehmens eine Erfolgs- und Finanzprognose zu erstellen. Dabei sind neben den verfügbaren externen Informationen (z.B. Branchenanalysen, Marktstudien) als weitere Grundlage für die Prognose der Zukunftserträge die im Rahmen einer Vergangenheitsanalyse festgestellten Entwicklungslinien zu berücksichtigen (vgl. dazu Abschn. 8.5.4.2.). Im Zuge der Plausibilisierung durch den Wirtschaftstreuhänder sind gegebenenfalls entsprechende Anpassungen vorzunehmen.

Unsicherheiten, die ausschließlich auf Mängel der oder das Fehlen einer Planungsrechnung zurückzuführen sind, dürfen bei der Bewertung weder durch Abschläge von den zu kapitalisierenden finanziellen Überschüssen noch durch Zuschläge zum Kapitalisierungszinssatz berücksichtigt werden. Der Wirtschaftstreuhänder hat auf das Fehlen oder die Mangelhaftigkeit der Planungsrechnung und die damit verbundene eingeschränkte Verlässlichkeit des Ergebnisses im Bewertungsgutachten hinzuweisen.

8.5.4.2 Analyse der Ertragskraft auf Basis von Vergangenheitsdaten

Bei der Bewertung von KMU ist im Vergleich zu großen Unternehmen die Zuverlässigkeit der vorhandenen Informationen stärker zu hinterfragen. Da Jahresabschlüsse dieser Unternehmen in der Regel nicht geprüft werden oder steuerlich ausgerichtet sind, muss sich der Wirtschaftstreuhänder im Rahmen der Feststellung der Ertragskraft durch eine Analyse der Vergangenheitsergebnisse von der Plausibilität der wesentlichen Basisdaten überzeugen. Dabei sind die Vergangenheitserfolge um außerordentliche Komponenten und einmalige Einflüsse, die sich künftig voraussichtlich nicht wiederholen werden, zu bereinigen. Zu beachten ist ferner, dass bei langen Investitionsintervallen die Gewinn- und Verlustrechnungen der nächstzurückliegenden Perioden die Ergebnisse möglicherweise nicht zutreffend widerspiegeln.

Die bereinigten Vergangenheitserfolge sind weiters um die bei Durchführung der Unternehmensbewertung bereits eingetretenen oder erkennbaren Veränderungen der für die Vergangenheit wirksam gewesenen Erfolgsfaktoren zu berichtigen, Derartige Veränderungen liegen insbesondere vor,

- wenn sich das Leistungsprogramm oder die Kapazität des Unternehmens in der jüngeren Vergangenheit erheblich geändert hat oder solche Änderungen bereits in Durchführung oder beschlossen sind,
- wenn die Erfolge der Vergangenheit durch Strukturänderungen negativ beeinflusst waren, das Unternehmen in der Zwischenzeit aber an die geänderten strukturellen Gegebenheiten angepasst wurde,
- wenn in den Vergleichsjahren der Vergangenheit außerordentlich günstige oder ungünstige Konjunkturverhältnisse vorlagen und künftig mit Änderungen der Konjunkturlage gerechnet werden muss,
- wenn sich die Wettbewerbsverhältnisse auf den Beschaffungs- oder Absatzmärkten gegenüber den Vergleichsjahren wesentlich verändert haben,
- wenn damit gerechnet werden muss, dass wesentliche Änderungen bei den Führungskräften und im Mitarbeiterstab des Unternehmens eintreten werden, und
- wenn in den Vergleichsjahren der Vergangenheit entweder besonders intensiv und mit konkreter Aussicht auf erfolgbringende Innovationen geforscht oder die Forschung vernachlässigt wurde.

9. Bewertung von Unternehmensanteilen

Der objektivierte Wert eines Unternehmensanteils ergibt sich in der Regel aus der Multiplikation des objektivierten Gesamtwerts des Unternehmens mit dem jeweiligen Beteiligungsprozentsatz (indirekte Methode). Die Berücksichtigung von Minderheitsab- oder -zuschlägen ist unzulässig. Einer unterschiedlichen Ausstattung von Unternehmensanteilen mit Vermögensrechten (z.B. Vorzugsaktien) ist allerdings bei der Bewertung Rechnung zu tragen.

Im Rahmen der Bewertung von Unternehmensanteilen börsennotierter Unternehmen ist zu prüfen, inwieweit der Börsenkurs als Wertuntergrenze relevant ist.

Die Ermittlung eines subjektiven Anteilswerts erfolgt unter Berücksichtigung der spezifischen Möglichkeiten des (potenziellen) Anteilseigners zur Einflussnahme auf das Unternehmen durch Abstellen auf die für den konkreten Anteilseigner erwarteten Nettoeinnahmen (direkte Methode). Die Anwendung der indirekten Methode ist insoweit problematisch, als in diesem Fall in der Regel subjektive Zu- und Abschläge zum bzw. vom quotalen Wert vorzunehmen sind.

10. Dokumentation und Berichterstattung

10.1 Dokumentation des Auftrags

Bei Beginn der Arbeiten zu einer Unternehmensbewertung soll der Wirtschaftstreuhänder einen schriftlichen Auftrag mit folgendem Mindestinhalt einholen:

Auftraggeber, Auftragnehmer, Auftragsbedingungen, Bewertungsobjekt, Bewertungsanlass, Bewertungszweck, Funktion des Wirtschaftstreuhänders, Bewertungsstichtag, eventuelle Weitergabebeschränkungen für das Bewertungsgutachten, Hinweis auf die Einholung einer Vollständigkeitserklärung vor Ausfertigung des Bewertungsgutachtens.

10.2 Arbeitspapiere

Bei der Ermittlung von Unternehmenswerten sind die berufsüblichen Grundsätze in Bezug auf die Anlage von Arbeitspapieren entsprechend anzuwenden. Die Arbeitspapiere dienen einerseits der Dokumentation des Umfangs der geleisteten Arbeiten und sollen andererseits einem sachverständigen Dritten den Nachvollzug der Bewertungsschritte und des Bewertungsergebnisses ermöglichen.

10.3 Vollständigkeitserklärung

Der Wirtschaftstreuhänder hat vom Unternehmen (Bewertungsobjekt) eine Vollständigkeitserklärung einzuholen. Darin ist auch zu erklären, dass die vorgelegten Plandaten den aktuellen Erwartungen der Unternehmensleitung entsprechen, plausibel abgeleitet sind und alle erkennbaren Chancen und Risiken berücksichtigen.

10.4 Bewertungsgutachten

Das Bewertungsgutachten hat Aussagen zu folgenden Punkten zu enthalten:

- Auftrag (siehe Abschn. 10.1.),
- Beschreibung des Bewertungsobjekts, insbesondere in wirtschaftlicher, rechtlicher und steuerlicher Hinsicht,
- erhaltene und verwendete Unterlagen (einschließlich Gutachten Dritter) sowie sonstige verwendete Informationen,
- Entwicklung des Bewertungsobjekts in der Vergangenheit und Vergangenheitsanalyse,
- Planungs- und Prognoserechnungen,
- Plausibilitätsbeurteilung der Planung,
- angewandte Bewertungsmethode und Begründung ihrer Anwendung,
- Bewertungsschritte und Plausibilitätsbeurteilungen,
- Darstellung und Bewertung des nicht betriebsnotwendigen Vermögens, Bewertungsergebnis.

Sofern vertrauliche Unternehmensdaten zu schützen sind, kann die Berichterstattung dergestalt erfolgen, dass das Bewertungsgutachten nur eine verbale Darstellung einschließlich des Bewertungsergebnisses enthält und in einem getrennten Anhang die geheimhaltungsbedürftigen Daten angeführt werden.

Stichwortverzeichnis